全国高等院校土建类专业实用型规划教材

结构力学

主　编　张系斌
副主编　李广军　李冠鹏
参　编　张　露　张　波　孟　玮

中国电力出版社
www.cepp.com.cn

本书依据教育部非力学专业教学指导委员会结构力学和弹性力学课程指导小组制定的“结构力学课程教学基本要求”的内容进行编写，适应于多学时结构力学课程的需要。本书内容主要包括绪论、几何组成分析、静定结构的内力计算、虚功原理和结构的位移计算、力法、位移法、力矩分配法、结构在移动荷载作用下的计算、矩阵位移法、结构的动力分析、结构的稳定分析、结构的极限荷载分析。全书注意与已修课程的平滑过渡；注重贯穿课程中的分析方法和基本理论及其在各种结构中的应用，主线清晰；深化基本概念；注意启发式编写，为学生独立思考留了适当的空间。

本书可作为普通高等院校土木工程专业的本科生教材，也可供交通、水利、机械等相关专业的师生参考。

图书在版编目（CIP）数据

结构力学/张系斌主编. —北京：中国电力出版社，2010.2
全国高等院校土建类专业实用型规划教材
ISBN 978-7-5083-9669-9

Ⅰ.①结… Ⅱ.①张… Ⅲ.①结构力学—高等学校—教材 Ⅳ.①O342

中国版本图书馆 CIP 数据核字（2009）第 208933 号

中国电力出版社出版发行
北京三里河路 6 号　100044　http://www.cepp.com.cn
责任编辑：未翠霞　关　童　　电话：010-6341 2611
责任印制：郭华清　　责任校对：常燕昆
航远印刷有限公司印刷·各地新华书店经售
2011 年 1 月第 1 版·第 1 次印刷
印数：0001～3000 册
787mm×1092mm　1/16·20.25 印张·494 千字
定价：39.80 元

前　言

《结构力学》是土木工程、水利工程等专业的一门专业基础课。在《理论力学》和《材料力学》等课程的基础上，通过本课程的学习，掌握较简单的平面杆件结构内力和位移的计算原理和方法，了解常用结构的受力性能，为学习工程结构方面专业课提供必需的力学基本知识，培养学生的分析和计算能力。

本教材是全国高等院校土建类专业实用型规划教材，依据教育部非力学专业教学指导委员会结构力学和弹性力学课程指导小组制定的“结构力学课程教学基本要求”的内容进行编写，适应于实用型多学时结构力学课程的需要，在保证教育部颁布的基本要求前提下，突出了实用型人才的培养需要。

根据对21世纪人才进行素质教育和创新意识培养的要求，适当降低了对结构力学深度和难度的要求，更加注重于基本理论、基本方法和基本计算的训练，注重于培养创新能力。内容的选取借鉴了国内的优秀教材，本教材的特点是注重基础训练，淡化纯理论推导，注重公式物理意义的讲解和基本方法的学习掌握。

本书为了与前修课程理论力学和材料力学的衔接，适当回顾了前修课程的相关内容，但对初学结构力学的读者，也许还嫌不够。这些安排至少可使读者了解前修内容与结构力学的学习关系密切，要切实掌握结构力学知识，就必须很好地掌握这些前修课程内容。

全书共分12章，包括：绪论、几何组成分析、静定结构的内力计算、虚功原理和结构的位移计算、力法、位移法、力矩分配法、结构在移动荷载作用下的计算、矩阵位移法、结构的动力分析、结构的稳定分析和结构的极限荷载分析。为便于读者学习，本书配有复习思考题等。全书定位在中、多学时的教学安排，内容按90～110学时安排。因此，对少于此学时的使用者，可酌情删减部分内容。本书其他专业学习结构力学的教材或参考书，也可作自学考试等的学习资料。

全书由张系斌主编并统稿，由李广军、李冠鹏担任副主编。具体编写分工是：第1章、第2章由长江大学张露编写；第3章、第9章由河南城建学院李冠鹏编写；第4章、第10章由佳木斯大学李广军编写；第5章、第12章由陕西理工学院张波编写；第6章、第7章和第11章由长江大学张系斌编写，第8章由南京理工大学泰州科技学院孟玮编写。

由于作者水平有限，书中疏漏和不妥之处在所难免，望读者不吝指正。

编　者

目　　录

第1章

绪　论

本章学习的主要内容是结构力学的研究对象和任务、结构的分类和研究方法；讨论结构计算简图的简化原则、结点和支座的简化方法，给出了杆件结构的分类和荷载的分类。

本章要求学生应熟悉结构力学的研究对象和任务。了解结构计算简图的简化原则及简化要点，能合理对支座和结点进行简化，并能针对具体情况进行具体分析，熟练地画出物体的计算简图。了解杆件结构的分类，荷载的分类。

1.1　结构力学的研究对象和任务

1.1.1　结构和结构的分类

在工程中，能承受和传递荷载起到骨架作用的物体或体系称为结构，如工业与民用建筑中的桥梁体系、工业厂房、公路桥梁、铁路上的桥梁、立交桥等。结构按几何特征可分为以下三类：

1. 杆系结构

杆系结构是由若干个杆件相互联结而组成的结构。其几何特征是长度方向尺寸远大于其他两个方向的尺寸。梁、刚架、拱和桁架等都是杆系结构。

2. 板壳结构

板壳结构也称薄壁结构。其几何特征是厚度方向尺寸远小于其他两个方向的尺寸。房屋建筑中的楼板、壳体屋盖等属于板壳结构。

3. 实体结构

实体结构也称三维连续体结构。其几何特征是结构的长、宽、高三个方向的尺度大小相仿。重力式挡土墙和水工建筑中的重力坝等属于实体结构。

1.1.2　结构力学的任务和研究方法

结构力学作为力学的一个分支，其研究对象甚广。本书仅限于由杆件所组成的平面体系，即平面杆件结构。以此为对象的结构力学称为杆系结构力学，也称为经典结构力学。

结构力学是研究结构的合理形式以及结构在受力状态下内力、变形、动力反应和稳定性等方面的规律性的学科。研究的目的是使结构满足安全性、适用性和经济方面的要求。

结构力学的基本任务包括以下四个方面：

(1) 研究结构组成规律与合理形式，保证结构组成合理，能够承担荷载并保持平衡。

（2）研究结构内力与变形的计算原理和计算方法——强度和刚度，也就是本课程的重要内容。

（3）研究结构的整体稳定和动力荷载作用下的计算原理和计算方法。

（4）了解各类结构的受力性能和特点，选取合理的结构类型，以利结构设计。

结构力学有各种计算方法，但都必须满足以下三个基本条件：

（1）力系的平衡条件。结构的整体或结构的一部分（如一部分杆件、杆件的一部分及杆件的结点等）都应满足力系的平衡条件。

（2）变形连续条件。一方面是指结构的杆件发生各种变形后仍是连续的，没有重叠或缝隙；另一方面指结构发生变形和位移后，仍应满足结构的支座和结点的约束条件。

（3）物理条件。即把结构的应力和应变通过物理方程联系起来，如轴向应力和轴向应变、剪切应力和剪切应变、弯曲应力和弯曲应变之间都应满足相应的物理方程。

结构力学的计算问题分为静定和超静定两类：静定问题只需考虑平衡条件，而超静定问题还需考虑变形连续条件和物理条件。

1.2 结构的计算简图

1.2.1 简化原则

一个实际结构的受力情况往往是很复杂的，在计算时不可能采用实际结构，同时也是不必要的，因而在结构力学的计算中一般采用一个简化的结构图形代替实际结构。这种简化了的结构图形称为结构的计算简图，计算简图的选择原则如下：

（1）保留主要因素，使计算简图能反映实际结构的主要受力特征。因此，选择计算简图以前，应搞清结构杆件之间或杆件与基础之间实际连接构造，以保证计算的可靠性和必要的精确性。

（2）略去次要因素，便于计算。结构的实际构造是很复杂的，必须分清主次，略去次要因素使计算简图便于计算。

因此，选取计算简图是结构受力分析的基础，是非常重要的。

1.2.2 简化要点

1. 结构体系的简化

杆系结构可分为平面杆系结构和空间杆系结构两大类。实际结构一般都是空间结构，各部分相互连接成为一个空间整体，以承受各个方向可能出现的荷载。但在多数情况下，常可以忽略一些次要的空间约束而将实际结构分解为平面结构，使计算得以简化。本书主要讨论平面结构的计算问题。

2. 杆件的简化

杆件的宽度、厚度通常比杆件长度小得多，因此，在计算简图中，杆件可用其轴线表示，杆件之间的连接区用结点表示，杆长用结点间的距离表示，荷载的作用点也转移到轴线上。

3. 结点的简化

结构中杆件与杆件之间的相互连接处称为结点。木结构、钢结构和混凝土结构的结点，具体构造形式虽不尽相同，但其结点的计算简图常可归纳为以下两种类型：

(1) 铰结点。铰结点的机动特征是各杆之间不能相对移动，可以绕铰结点作自由转动。受力特征能承受和传递力，不能承受和传递力矩，如图 1-1 (a)、(b) 所示。

(2) 刚结点。刚结点的机动特征是各杆之间不能相对移动，也不能相对转动，即在刚结点处各杆之间的夹角在变形前后保持不变。受力特征是能承受和传递力，也能承受和传递力矩，如图 1-1 (c) 所示。

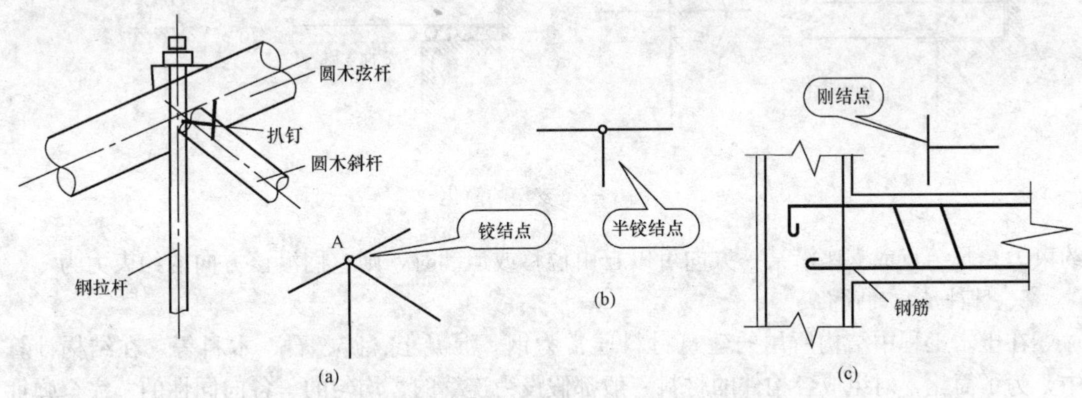

图 1-1 结点的简化

4. 支座的简化

结构与基础相联结的部分称为支座。结构所受的荷载通过支座传递给基础和地基。支座对结构的反作用力称为支座反力。平面结构的支座形式主要有以下四种类型：

(1) 活动铰支座。如图 1-2 (a) 所示，活动铰支座的机动特征是杆端可以绕 A 点转动，且可沿以 B 为圆心 AB 为半径圆弧微小移动，但不能有竖向移动。支座反力特征是没有反力矩，没有水平支座反力，只有竖向支座反力。计算简图可以用一根垂直于支承面的链杆表示。

(2) 固定铰支座。如图 1-2 (b) 所示，固定铰支座的机动特征是杆端可以绕铰中心 A 转动，不能有水平方向和竖直方向移动。支座反力特征是没有反力矩，有水平方向和竖直方向支座反力。这种支座的计算简图可用交于 A 点的两根支承链杆来表示。

(3) 固定支座。如图 1-2 (c) 所示，固定支座的机动特征是杆端的水平方向移动、竖直方向移动和转动都受到限制。支座反力特征是有水平方向、竖直方向支座反力和反力偶。

(4) 定向支座。如图 1-2 (d) 所示，定向支座的机动特征是杆端沿一个方向上的移动和转动都受到限制，但允许结构在另一个方向上有滑动的自由。支座反力特征是有垂直于支承面的一个反力和一个反力偶。计算简图可用垂直于支承面的两根平行链杆表示。

由以上结点和支座的机动特征和受力分析可以看出，约束的机动特征和受力分析是紧密相应的。凡是结点或支座沿某一方向的位移或运动受到约束时，则结点或支座具有该方向的

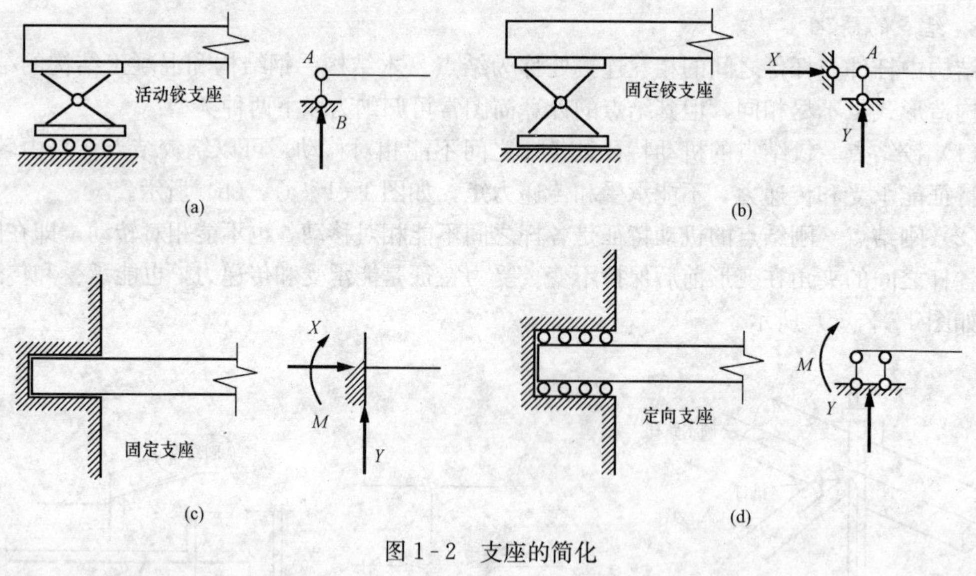

图 1-2 支座的简化

约束力；凡结点或支座沿某一方向可以自由位移或运动时，则它们沿该方向的约束力为零。

5. 材料性质的简化

在土木工程中结构所用的建筑材料通常为钢、混凝土、砖、石、木料等。在结构计算中，为了简化，对组成各构件的材料一般都假设为连续的、均匀的、各向同性的、完全弹性或弹塑性的。

6. 荷载的简化

结构承受的荷载可分为体积力和表面力两大类。体积力指的是结构的重力或惯性力等；表面力则是由其他物体通过接触面而传给结构的作用力，如土压力、车辆的轮压力等。在计算简图中将杆件简化为轴线，因此不管是体积力还是表面力都可以简化为作用在杆件轴线上的力。荷载按其分布情况可简化为集中荷载和分布荷载。

初学者应对一般结构计算简图的选取有初步的了解；重点应掌握结构杆件之间连接的结点和杆件与基础连接的支座的计算简图。

1.2.3 结构计算简图示例

如图 1-3（a）所示为一工业厂房结构示意图。该厂是钢筋混凝土厂房结构，梁和柱都是预制的。柱子下端插入基础的杯口内，然后用细石混凝土填实。梁与柱的连接是通过将梁端和柱顶的预埋钢板进行焊接而实现的。在横向平面内柱与梁组成排架，如图 1-3（b）所示，各个排架之间，在梁上有屋面板连接，在柱的牛腿上有吊车梁连接。计算上述的厂房结构时，可采用图 1-3（c）所示的计算简图。

该厂房是由许多排架用屋面板和吊车梁连接起来的空间结构，但各排架在纵向以一定的间距有规律地排列着。作用于厂房上的荷载，如恒载、雪载和风载等一般是沿纵向均匀分布的，通常可把这些荷载分配给每个排架，而将每一排架看作一个独立的体系，于是该厂房结构就由纵向构件组成的空间结构简化为由一系列屋架、柱和基础组成的平面单元，如图 1-3（b）所示。另外，梁和柱都可用它们的几何轴线来代表，是因为梁和柱的截面尺寸比长度小得多，轴线都可近似地看作是直线。另外梁和柱的连接只依靠预埋钢板焊接，梁端和柱顶之间虽不能发生相对移动，但仍有发生微小相对转动的可能，因此可取为铰结点。柱底和基础之间可以认为不能发生相对移动和相对转动，因此柱底可取为固定端。如图 1-3（c）所示的结构称为铰结排架，是单层工业厂房常用的一种结构型式。

从以上分析可知，简化采用了以下的做法：

（1）屋架的杆件（梁和柱）用轴线表示。

（2）屋架杆件之间的结点简化为铰结点。

（3）屋面荷载通过屋面板的 4 个角点以集中力的形式作用在屋架弦上。

（4）屋架的两端通过钢板焊接在柱上，可将其端点分别简化为铰支座和滚轴支座。

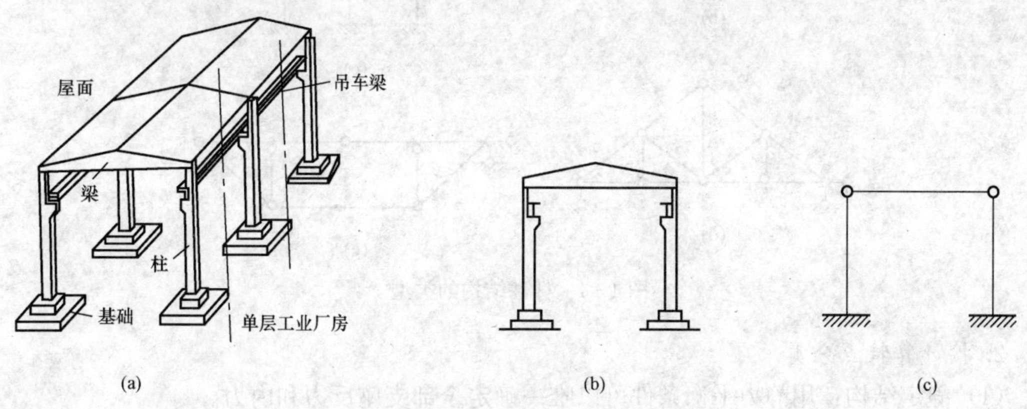

图 1-3 单层工业厂房结构型式

结构计算简图的选择十分重要，又很复杂；需要选择者有较多的实际经验，并善于判断各种不同因素的相对重要性。对一些新型结构，往往要通过多次的实验和实践，才能获得比较合理的计算简图；但对常用的结构形式，已有前人积累的经验，可以直接取其常用的计算简图。所以，选择结构计算简图的能力是在本课程、后继结构课程以及长期工程实践中逐步形成的。

1.3 杆件结构的分类和荷载的分类

1.3.1 杆件结构的分类

1. 按组成和受力特点分类

（1）梁。梁的组成特点是轴线通常为直线。受力特点是在竖向荷载下无水平支座反力，内力有弯矩、剪力。梁可以是单跨的，也可以是多跨的，如图 1-4（a）所示。

（2）拱。拱的组成特点是轴线为曲线。受力特点是在竖向荷载下有水平支座反力，从而可以减少拱截面上的弯矩。内力有弯矩、剪力及轴力，如图 1-4（b）所示。

（3）刚架。刚架的组成特点是由梁、柱直杆用刚结点组成。受力特点是内力有弯矩、剪力、轴力，以弯矩为主，如图 1-4（c）所示。

（4）桁架。桁架的组成特点是由直链杆用铰结点联结而成。受力特点是荷载作用于结点时，各杆只受轴力，如图 1-4（d）所示。

（5）组合结构。组合结构的组成特点是由梁式杆和链杆组成。受力特点是梁式杆有弯矩、剪力、轴力，链杆只受轴力，如图 1-4（e）所示。

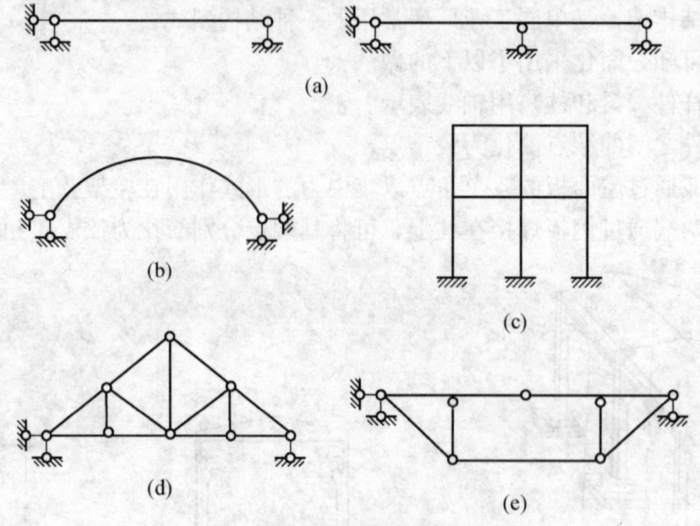

图 1-4 杆件结构的类型

2. 按计算特点分类

（1）静定结构：用静力平衡条件可以唯一确定全部支座反力和内力。

（2）超静定结构：不能由静力平衡条件确定全部支座反力和内力。

3. 按杆件和荷载在空间位置分类

（1）平面结构：各杆件的轴线和荷载都在同一平面内。

（2）空间结构：各杆件的轴线和荷载其中之一不在同一平面内。

1.3.2 荷载的分类

荷载是主动作用于结构的外力。

（1）根据作用时间的久暂，可分为以下几种：

1）恒载（不变荷载）：永久作用于结构上，如结构自重、固定设备质量。

2）活载（可变荷载）：又分为可动荷载和移动荷载。可动荷载能作用于结构上的任意位置，如人群、雪载、风载；移动荷载互相平行、间距不变、能在结构上移动，如列车荷载、吊车荷载。

（2）根据荷载作用的性质，可分为以下几种：

1）静力荷载：荷载的大小、方向和位置不随时间变化的荷载（包括只考虑位置改变、不考虑动力效应的荷载），对结构不产生显著的振动，如恒载等。

2）动力荷载：荷载随时间迅速变化的荷载，对结构产生显著的振动。如机械转动时的荷载、地震作用、冲击波等。

除荷载外，还有其他一些因素也可以使结构产生内力或位移，如温度变化、支座沉陷、制造误差、材料收缩以及松弛、徐变等。从广义上来说，这些因素也可视为广义荷载。

第2章

几何组成分析

本章研究的主要内容是体系的几何方面的问题。杆件体系是由若干杆件及地基用链杆、铰或刚结点连接而成的。本章对平面杆系的几何组成进行分析，以解决怎样组成的杆系才能承受荷载这个基本问题。同时，由于结构的组成方式不同将影响其力学性能和分析方法，因此，在分析结构受力、变形之前，也必须首先了解结构的组成。

本章让学生了解几何组成分析的目的，重点掌握以下基本概念：几何不变体、几何可变体、自由度、约束、瞬铰、必要约束、多余约束、静定结构和超静定结构；理解几何不变无多余约束的平面杆件体系的基本组成规律。并能够熟练地运用组成规律分析各种复杂的杆件体系。

2.1 概述

实际工程结构中，杆件结构一般是由若干根杆件通过结点间的连接及与支座的连接组成的。结构是用来承受荷载的，首先必须保证结构的几何构造是合理的，即它本身应该是稳固的，可以保持几何形状的稳定。一个几何不稳固的结构是不能承受荷载的。例如，图2-1（a）所示结构由于内部的组成不健全，即使受到很小的扰动，结构也会引起很大的形状改变。

对结构的几何组成分析目的在于：判断结构有无保持自身形状和位置的能力；研究几何不变体系的组成规律；为区分静定结构和超静定结构及进行结构内力分析打下必要的基础。

1. 几何不变体系和几何可变体系

杆件结构在不计材料应变的条件下，体系的形状和位置保持不变，称为几何不变体系，如图2-1（a）所示。反之，称为几何可变体系，如图2-1（b）所示。

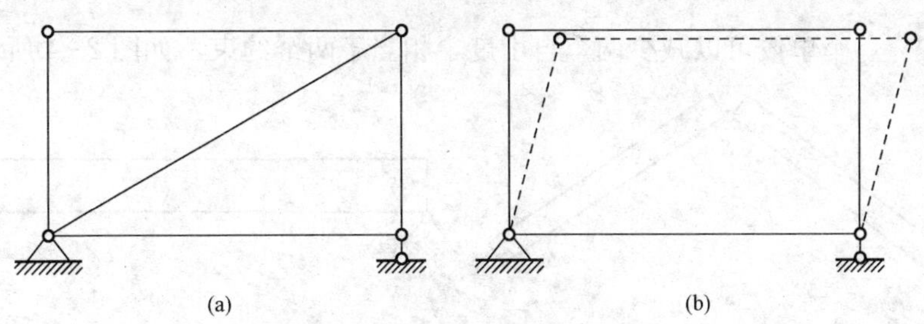

图2-1　几何不变体系和几何可变体系

（a）几何不变体系；（b）几何可变体系

显然，只有几何不变体系可作为结构，而几何可变体系是不可以作为结构的。因此在选择或组成一个结构时必须掌握几何不变体系的组成规律。

2. 自由度 S

判断一个体系是否可变，涉及体系运动的自由度问题。物体或体系运动时，彼此可以独立改变的几何参数的个数，称为该物体或体系的自由度。换句话说，一个物体或体系的自由度就是它运动时可以独立改变的坐标个数。

(1) 点的自由度。点在平面内的自由度为 $S=2$，即图 2-2 (a) 中所示点的自由度 (x, y)。

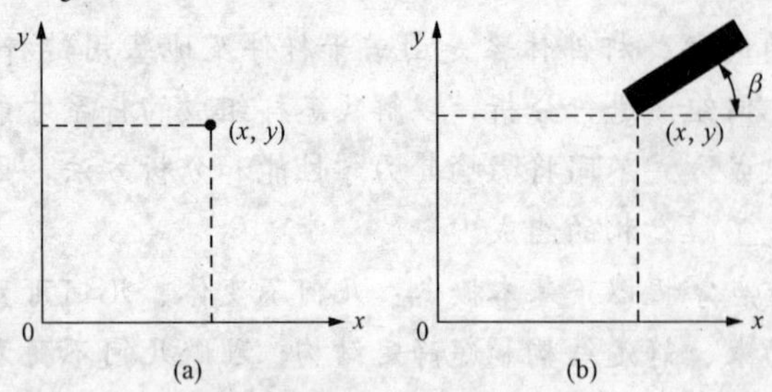

图 2-2 平面内点的自由度和平面内刚片的自由度

(a) 点的自由度；(b) 刚片的自由度

(2) 刚片的自由度。所谓刚片，就是几何形状不变的部分。由于在讨论体系的几何组成时是不考虑材料应变，因此可以把一根梁、一根柱、一根链杆甚至体系中已被确定为几何不变的部分看作是一个刚片，图 2-2 (b) 所示为一平面内刚片。

刚片在平面内的自由度为 $S=3$，即图 2-2 (b) 中所示刚片的自由度 (x, y, β)。

3. 约束

约束是指限制物体或体系运动的各种装置，分外部约束（体系与基础之间的联系，即支座）和内部约束（体系内部各杆件或结点之间的联系）两种。物体的自由度，将会因加入限制运动的装置而减少，所以约束就是能减少自由度的装置。常见的约束装置的类型有下列几种：

(1) 链杆。链杆可减少一个自由度，相当于一个约束，如图 2-3 所示。

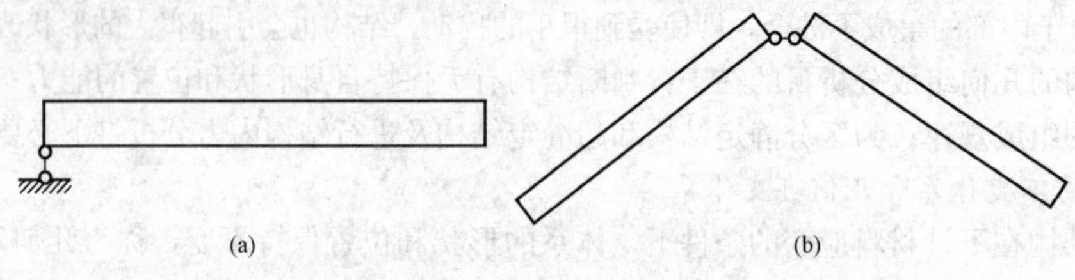

图 2-3 链杆约束

(2) 单铰。一个单铰可以减少两个自由度，相当于两个约束，如图 2-4 所示。

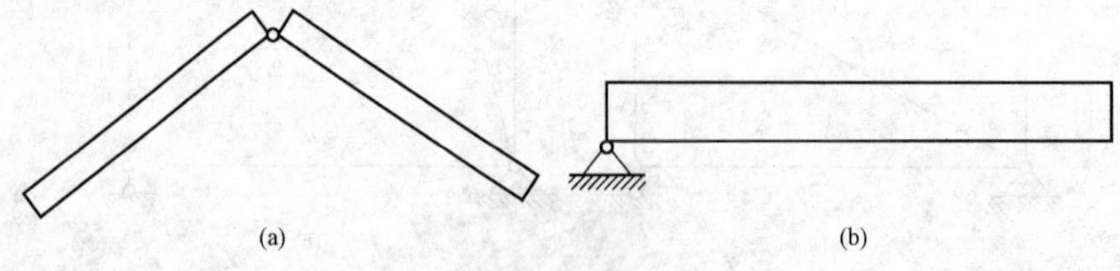

图 2-4 单铰约束

(3) 复铰。复铰是指连接两个以上刚片的铰，如图 2-5 所示。

连接 n 个刚片的复铰，相当于 $n-1$ 个单铰。

(4) 刚结点。一个刚结点能减少 3 个自由度，相当于 3 个约束，如图 2-6 所示。

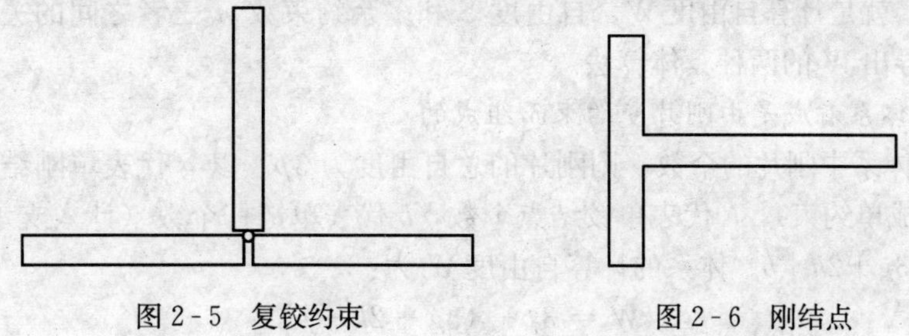

图 2-5　复铰约束　　　图 2-6　刚结点

(5) 复刚结点。复刚结点是指连接两个以上刚片的刚结点。

连接 n 个刚片的复刚结点，相当于 $n-1$ 个单刚结点。

4. 必要约束和多余约束

所谓必要约束，是指保证体系几何不变所需的最少的、合理约束；相反，必要约束以外的约束就称为多余约束。多余约束不改变体系的自由度。

5. 瞬变体系

瞬变体系指原来是几何可变，经微小位移后又成为几何不变的体系。图 2-7 所示两个刚片用 3 根互相平行但不等长的链杆联结，它是几何可变的。刚片Ⅰ相对刚片Ⅱ发生一个微小的位移 Δ 后，$\beta_1=\frac{\Delta}{L_1}$，$\beta_2=\frac{\Delta}{L_2}$，$\beta_3=\frac{\Delta}{L_3}$。

由于 $\beta_1 \neq \beta_2 \neq \beta_3$，也就是说当两刚片发生了微小的相对运动后，三根链杆就不再平行了，也不交于一点，故体系就变成了不可变体系。这种在短暂的瞬间是几何可变的体系称为瞬变体系。

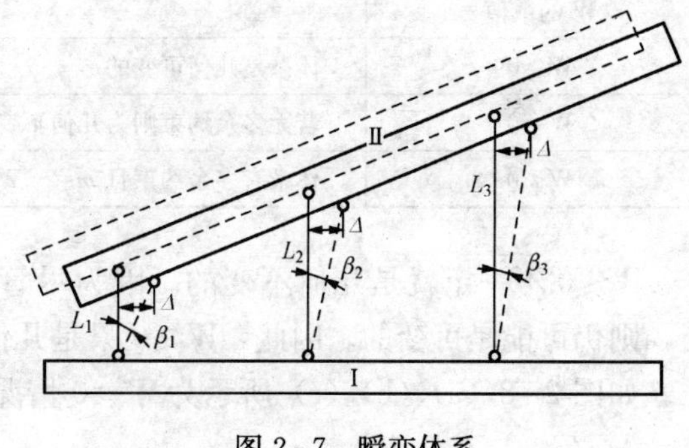

图 2-7　瞬变体系

2.2　体系的计算自由度

为了能对结构的几何组成分析进行量化，引入计算自由度 W 的概念。在给出计算自由度 W 的定义前，先给出自由度 S 的算法。假设结构体系中约束都不存在，各构件的自由度综合为 a；再确定结构体系的必要约束个数为 c，则结构体系的自由度 S 为：

$$S=a-c \tag{2-1}$$

在使用式 (2-1) 前必须区分必要约束和多余约束，这个问题往往很困难。为了回避这个困难，构造新的参数，即计算自由度 W。

$$W=a-d \tag{2-2}$$

式中　d——全部约束个数。

可见，式 (2-2) 计算自由度 W 就避免了研究哪些约束是多余约束 m 的难题。

由于多余约束和必要约束的和就是全部约束，所以有

$$S-W=m \tag{2-3}$$

式中 m——多余约束的个数。

式（2-3）就是计算自由度 W、自由度 S 和多余约束数 m 三者之间的关系。下面讲解由式（2-2）导出 W 的两种具体算法。

1. 把结构体系看成是由刚片受约束而组成的

以 p 表示体系中刚片的个数，则刚片的总自由度为 $3p$。以 g 代表单刚结点的个数（复约束应事先拆成单约束），h 代表单铰结点个数，b 代表单链杆个数（计入支承链杆），则总的约束个数为 $3g+2h+b$。体系的计算自由度 W 为：

$$W = 3p-(3g+2h+b) \tag{2-4}$$

2. 把体系看成结点受链杆的约束而组成的

以 j 代表节点个数，b 代表单链杆个数（计入支承链杆），则体系的计算自由度 W 为：

$$W = 2j-b \tag{2-5}$$

由式（2-4）、式（2-5）算出的 W 值可能为正、负或零。所以根据算出的 W 值还不能得出自由度 S 和多余约束 m 的确切值，但可以得出它们的差值 $S-m=W$，从而得出定性结论，见表 2-1。

表 2-1　　计算自由度与几何组成性质的关系

W 的数值	几 何 组 成 性 质
$W>0$	体系是几何可变的
$W=0$	若无多余约束则为几何不变；如有多余约束则为几何可变
$W<0$	体系有多余约束且 $m=-W$。若为体系几何不变，则为超静定结构

$W\leqslant 0$ 不一定就是几何不变的。因为尽管约束数目足够多甚至还有多余，但若布置不当，则仍可能是可变的。因此，$W\leqslant 0$ 只是几何不变体系的必要条件，还不是充分条件。

如图 2-8（a）、(b)、(c) 所示为 $W=0$ 情况；图 2-8（d）、(e)、(f) 所示为 $W=-1$ 情况。

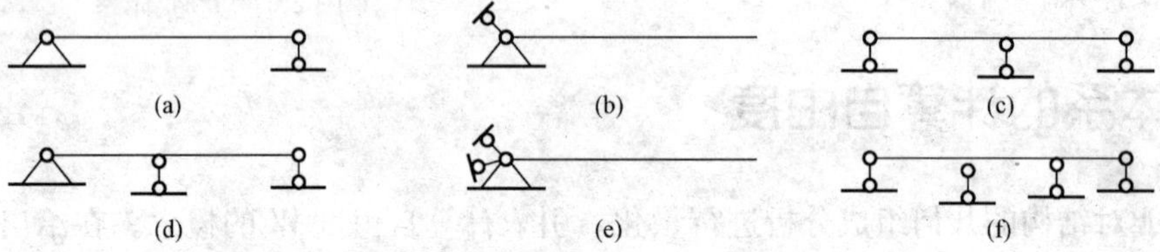

图 2-8　$W\leqslant 0$ 情况举例

例 2-1　计算图 2-9（a）所示体系的计算自由度。

解： 把图 2-9（a）所示体系的全部支座去掉以后，剩下的是一个内部有多余约束的刚片。如果再在截面 G 处切开，这样才变为无多余约束的刚片，如图 2-9（b）所示。按式（2-4）计算，刚片数 $p=1$，链杆数 $b=4+6$，铰结点数 $h=0$，G 处的单刚结点数 $g=1$，因此，$W=3p-(3g+2h+b)=3\times1-(3\times1+2\times0+10)=-10$。由于这个体系是几何不变的，故自由度为零，因此，由式（2-3）可以求出多余约束数 m 如下：

$$m = S-W = 0-(-10) = 10$$

这是一个具有 10 个多余约束的几何不变体系。

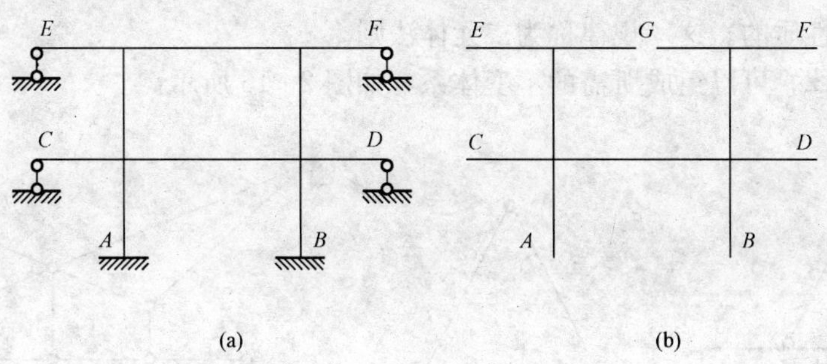

图 2-9　例 2-1 图

例 2-2　计算图 2-10 所示体系的计算自由度。

解： 按式（2-5）计算，结点数 $j=4$，链杆数 $b=4+3$，得 $W=2\times4-(4+3)=1>0$，所示体系为几何可变体系。

图 2-10　例 2-2 图

例 2-3　计算图 2-11 所示体系的计算自由度。

解： 按式（2-5）计算，结点数 $j=8$，链杆数 $b=12+4$，得 $W=2\times8-(12+4)=0$，体系无多余约束。

例 2-4　计算图 2-12 所示体系的计算自由度。

解： 按式（2-4）计算，刚片数 $p=7$，单铰结点数 $h=5+4=9$，链杆数 $b=3$，得 $W=3\times7-(2\times9+3)=0$，无多余约束。

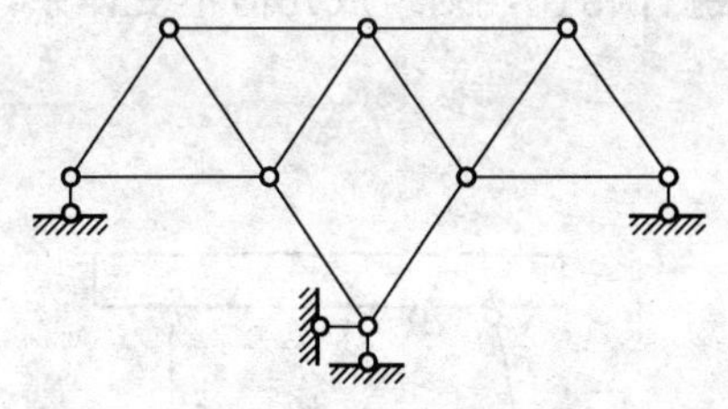

图 2-11　例 2-3 图

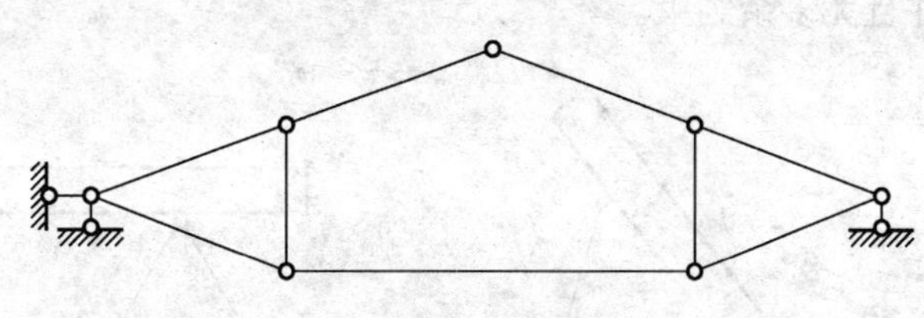

图 2-12　例 2-4 图

2.3　平面几何不变体系的基本组成规则

本节重点讨论无多余约束的几何不变体系的组成规则，它是几何组成分析的基础。

2.3.1　基本组成规则

1. 1 个点与 1 个刚片之间的联结方式（图 2-13）

规律一　1 个刚片与 1 个点用两根链杆相连，且 3 个铰不在一条直线上，则组成几何不变体系，并且没有多余约束。

将图 2-14 所示的部分称为二元体，则以上规律还可以这样叙述：在 1 个刚片上加上 1 个二元体，仍为无多余约束的几何不变体系。即在一个体系上加上或去掉 1 个二元体，是不会改变体系原来性质的。这一规律称为二元体法则。

利用以上规律，可以组成所需的不变体系，如图 2-15 所示。

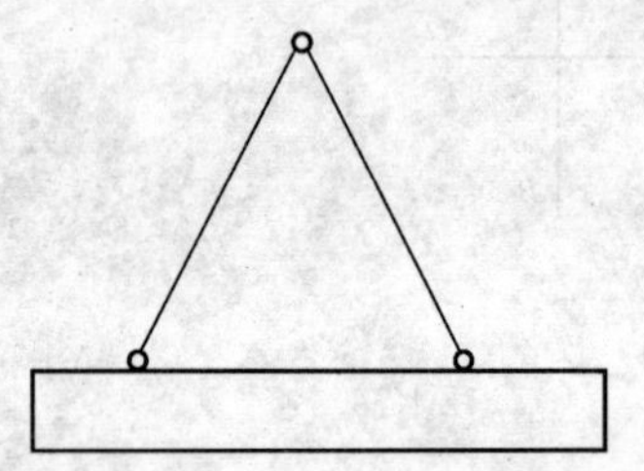

图 2-13　点与刚片联结

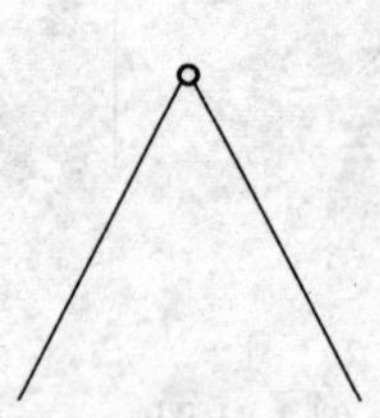

图 2-14　二元体

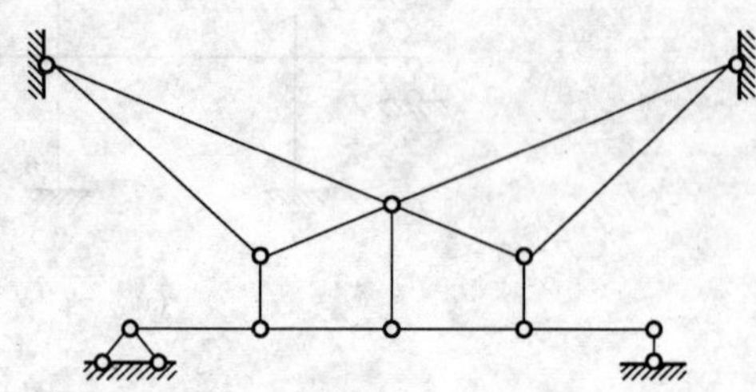

图 2-15　几何不变体系

2. 2 个刚片之间的联结方式

在图 2-13 的基础上，将其中的一根链杆看作刚片，如图 2-16 所示。这时二者在几何组成性质上是等价的，即图 2-16 所示结构也是无多余约束的几何不变体系。于是，我们可以得到以下规律：

规律二　2 个刚片用一个铰和一根链杆相联结，且 3 个铰不在一条直线上，则组成几何不变体系，并且无多余约束。这一规律称为两刚片法则。

前面说过：一根链杆相当于一个约束，一个单铰相当于两个约束，因此一个单铰可以用两根链杆来代替。于是，图 2-16 和图 2-17 中的结构在几何组成性质上是等价的。因此两刚片法则又可以描述如下。

规律三　2 个刚片用 3 根不全平行也不交于同一点的链杆相连，则组成几何不变体系，并且无多余约束。

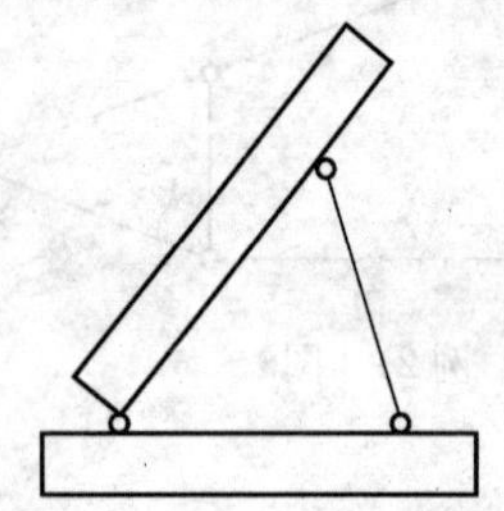

图 2-16　两刚片法则

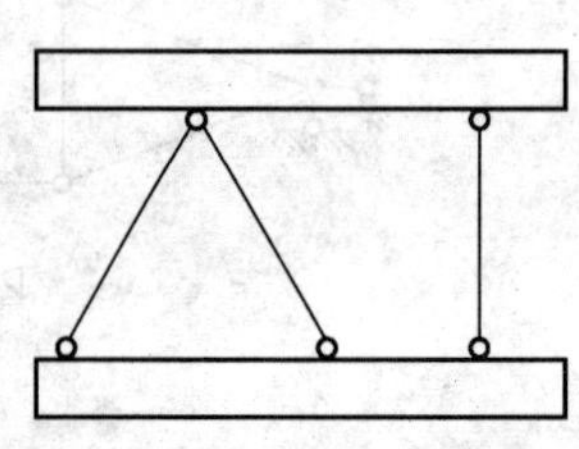

图 2-17　两刚片法则

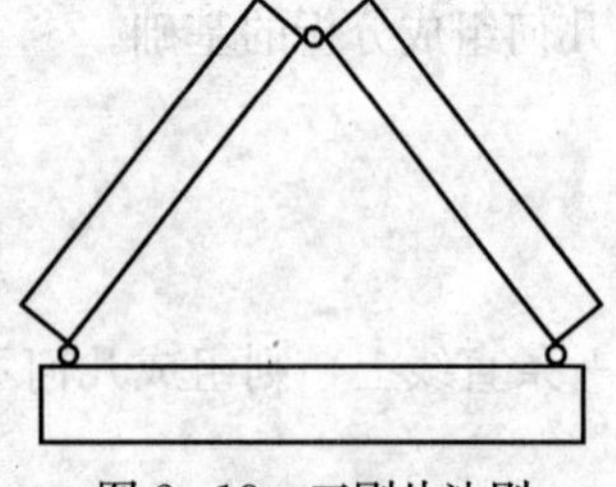

图 2-18　三刚片法则

3. 3 个刚片之间的联结方式

在图 2-13 的基础上，将其中的两根链杆均看作刚片，如图 2-18 所示。这时它仍然是无多余约束的几何不变体系。于是，我们可以得到以下规律。

规律四　3 个刚片用 3 个铰两两相连，且 3 个铰不在一条直线上，则组成几何不变体系，并且无多余约束。这一规律称为三刚片法则。

以上3条规律实际上可以归纳为一个基本规律：三角形规律，即如果三个铰不共线，则一个铰结三角形的形状是不变的，而且没有多余约束。

2.3.2　瞬变体系的几种情况

（1）两个刚片用3根互相平行但不等长的链杆相连，如图2-7所示。

如果3根链杆互相平行又等长，体系是可变的，如图2-19所示。

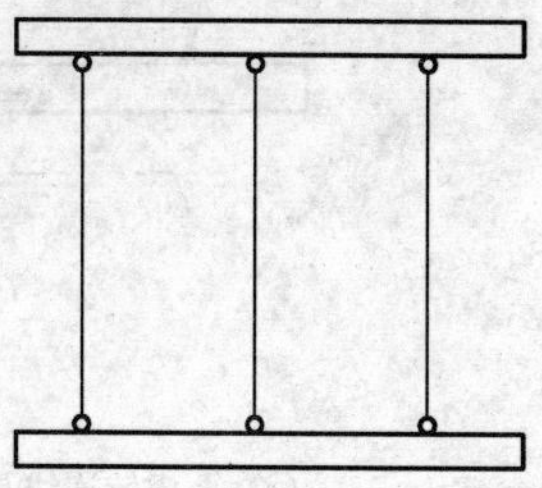

图2-19　几何可变体系

（2）两个刚片用3根链杆联结，其延长线交于一点的。

图2-20中3根链杆的延长线交于点“O”，两刚片在瞬间就会发生绕“O”点的相对转动，但是在短暂的运动发生以后，3根链杆的延长线不再交于一点，体系就变成了不可变体系。“O”称为虚铰或瞬铰。如果3根链杆直接交于点“O”，则组成的是可变体系，如图2-21所示。此时“O”称为实铰。

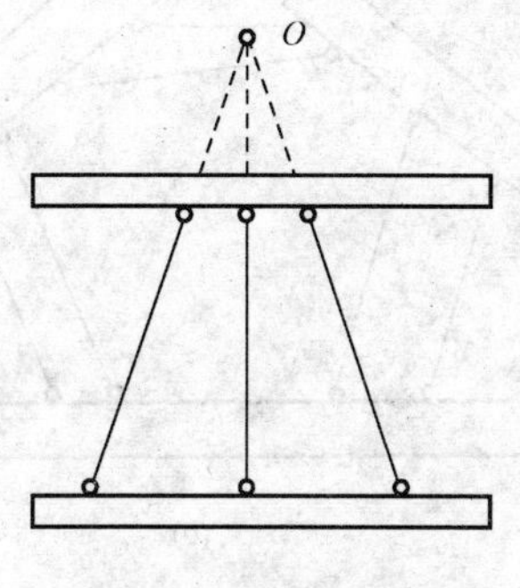

图2-20　瞬铰（虚铰）

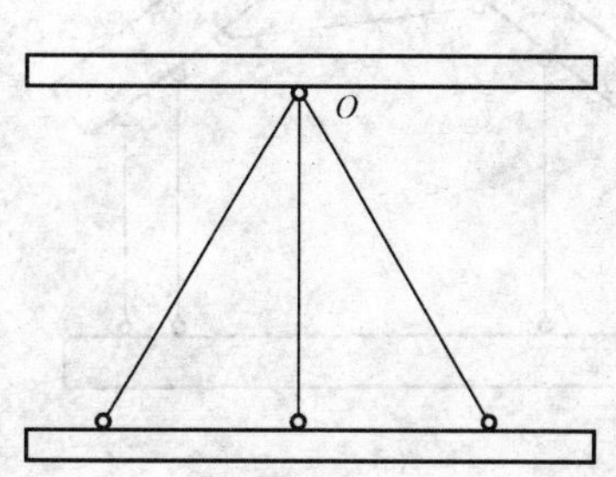

图2-21　实铰

（3）3个刚片用3个在一条直线上的铰两两联结。

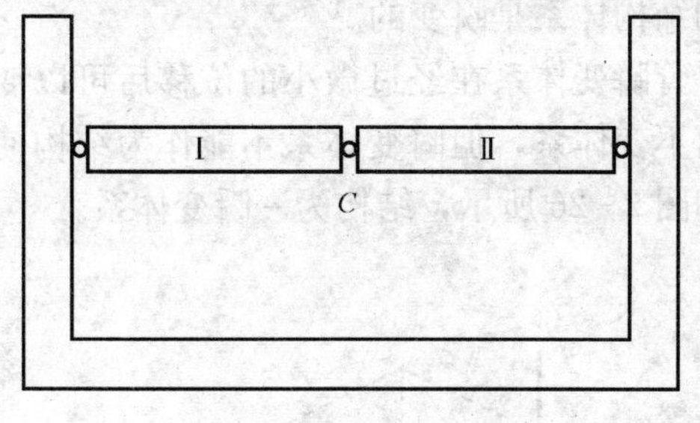

图2-22　瞬变体系

图2-22中，在C点两刚片（Ⅰ、Ⅱ）有共同的运动趋势，因此它们可沿公共切线做微小的运动，但运动以后，3个铰就不再共线，体系变成了不可变体系。

（4）3个刚片用3对链杆联结情况。

1）一对平行链杆。图2-23（a）中，两虚铰（O_1、O_2）的连线与组成无穷远铰（O_3）的两根链杆平行，体系是瞬变的。若两虚铰变成两实铰，如图2-23（b）所示，且连线与组成无穷远铰的链杆平行，体系也是瞬变的。若两虚铰的连线与组成无穷远铰的链杆不平行，体系是不变的。

2）两对平行链杆。组成无穷远铰的两对链杆互相平行不等长，体系是瞬变的，如图2-24（a)所示。组成无穷远铰的两对链杆互相不平行，体系是几何不变的，如图2-24（b）所示。若组成无穷远铰的两对链杆互相平行又等长，体系是可变的。

3）3对平行链杆。图2-25所示结构中，组成体系中3个瞬铰的3对链杆两两平行，所

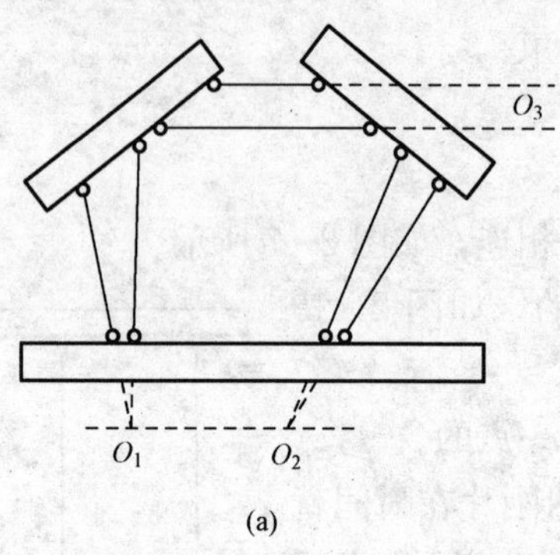

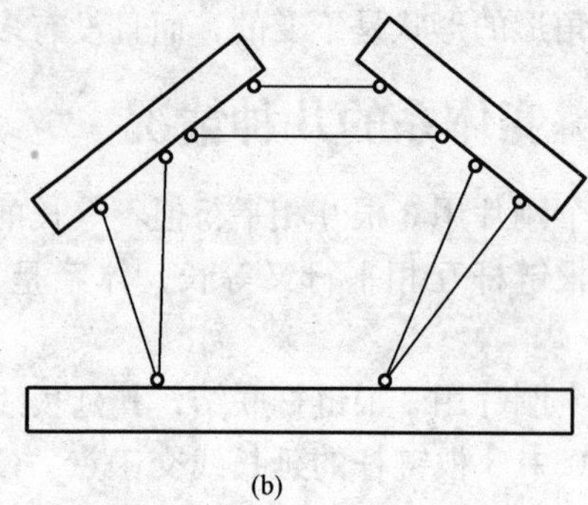

图 2-23 一对平行链杆

(a) 两虚铰连线与组成无穷远铰两链杆平行；(b) 两实铰连线与组成无穷远铰两链杆平行

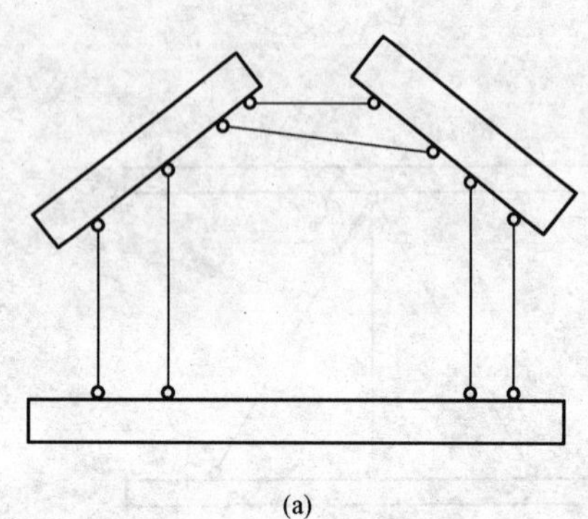

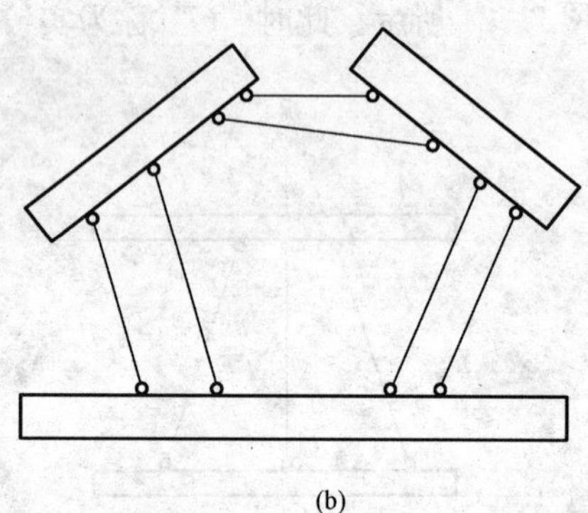

图 2-24 两对平行链杆

(a) 两对链杆平行；(b) 两对链杆不平行

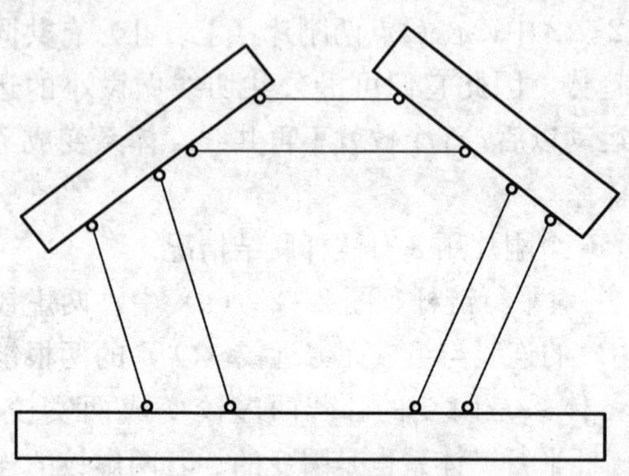

图 2-25 三对链杆都平行

组成的结构体系是瞬变的。

尽管瞬变体系在经过微小的位移后可以变成几何不变体系，但瞬变体系不能作为结构使用，如图 2-26 所示，结构为一瞬变体系。

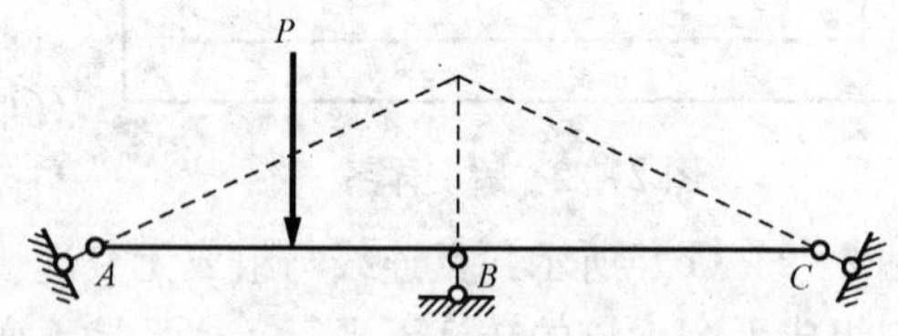

图 2-26 瞬变体系 1

由静力平衡条件：

$$\sum X = 0 \qquad R_A = R_C \tag{2-6}$$

$$\sum M_A = 0 \qquad R_B L + R_C h = Pa \tag{2-7}$$

$$\sum M_C = 0 \qquad R_B L + R_A h = Pb \tag{2-8}$$

其中 R_A、R_B 和 R_C 分别为 A、B 和 C 支座的支座反力，由式（2-7）和式（2-8）得：$R_A \neq R_C$，与式（2-6）矛盾，因此无解。这是因为瞬变体系在图示状态是可变的，因此不能运用平衡原理。

再看一个例子，如图 2-27 所示为一瞬变体系，经过微小的位移 β 后，变成几何不变体系。

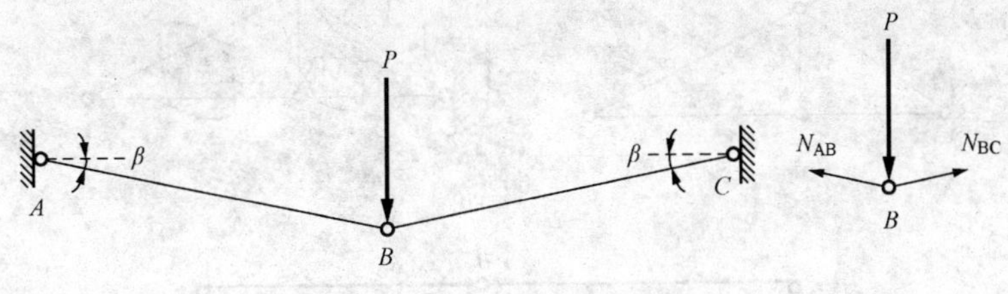

图 2-27　瞬变体系 2

取 B 结点研究，由静力平衡条件：

$$\sum Y = 0 \qquad 2N_{AB}\sin\beta = P$$

得到：

$$N_{AB} = \frac{P}{2\sin\beta}$$

若 β 很小，N_{AB} 就趋向无穷大。由此可以看出，瞬变体系是不能作为结构使用的。

2.3.3　体系的几何组成与静定性

作为实际工程中的结构体系，其几何组成必须是几何不变的。几何不变体系又可分为无多余约束的和有多余约束的体系。有多余约束几何不变体系中的约束除了满足几何不变性的要求外，还有多余的。

对于无多余约束的几何不变体系，结构的全部支座反力和内力都可由静力平衡条件求得，且为唯一解，这类结构称为静定结构。

对于有多余约束的几何不变体系，由于多余约束的存在，结构中的未知力的个数超过了静力平衡方程的个数，所以此类结构的反力和内力不能由静力平衡条件全部求出，必须补充其他条件才能求出所有反力和内力，比如补充变形协调条件。这类结构称为超静定结构。

2.4　平面体系几何组成分析示例

利用几何组成的基本规则，我们可以组成各种各样的几何不变体系，也可以对已组成的体系进行几何组成分析。

1. 组装几何不变体系

（1）从基础出发进行组装。把基础作为一个刚片，然后运用各条规律把基础和其他构件组装成一个不变体系。

图 2-28（a）中基础为几何不变部分，可把它看作刚片，在此基础上依次加上二元体，

由二元体法则，体系为无多余约束几何不变体系。

图 2-28（b）中也可将基础看作刚片，在此基础上增加两次二元体构造，体系为无多余约束的几何不变体系。

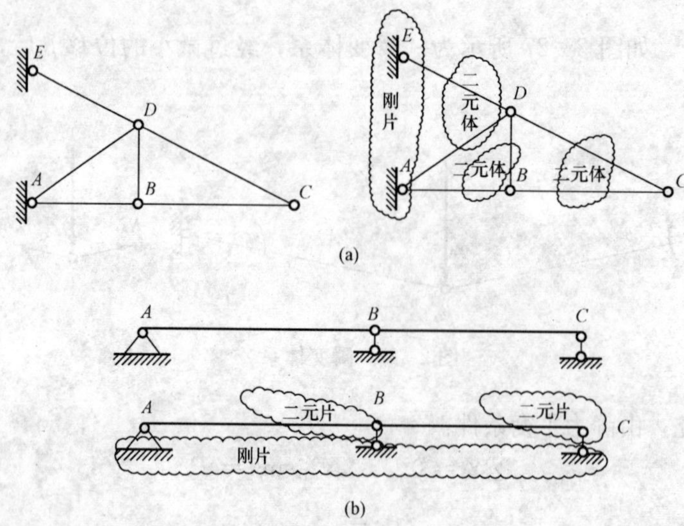

图 2-28 从基础开始组装

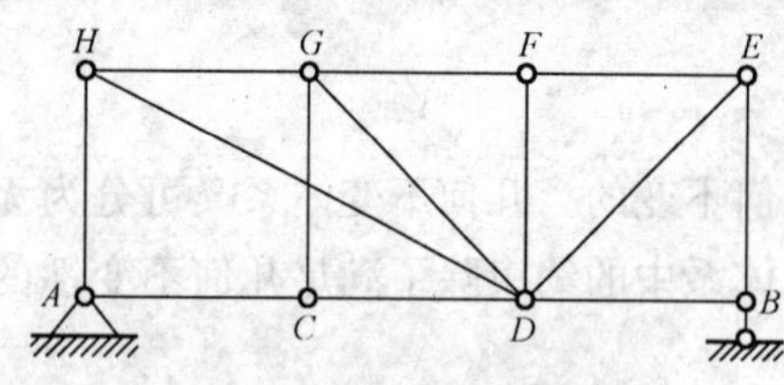

图 2-29 从上部体系开始组装

（2）从上部体系出发进行组装。先运用基本规则将上部体系组装成一个几何不变体系，然后运用规律 3 把它与基础相连。

如图 2-29 所示，上部体系可看作由一个铰接三角形依次增加二元体组成，可看作一个大刚片，再与基础由一个固定铰和一个活动铰支座相连，由两刚片规则知体系为无多余约束的几何不变体系。

2. 几何组成分析

例 2-5 分析图 2-30 所示体系的几何组成。

解： 将图 2-30 中的铰接三角形 ABG、CED 分别看作刚片，两个刚片由铰 F 和链杆 BC 联结，由于 BC 不通过铰 F，由两刚片规则，上部结构为无多余约束几何不变体系，将其看作一个大刚片，另外将基础看作刚片，再由两刚片规则，得原体系为无多余约束的几何不变体系。

例 2-6 分析图 2-31 所示体系的几何组成。

解： 将图 2-31 中铰接三角形 ACD、BEF 看作刚片，两刚片由不交于同一点的三根链杆 AF、ED 和 BC 联结，由规律三，上部结构为无多余约束几何不变体系。将其看作刚片Ⅰ，将基础看作刚片Ⅱ，两刚片由铰支座 A 和不通过 A 的链杆支座 B 联结，由两刚片规则，体系为无多余约束几何不变体系。

例 2-7 分析图 2-32（a）所示体系的几何组成。

解： EF 杆为刚片Ⅰ，基础上增加二元体 AC、BC，再增加二元体 CD、BD，看作刚片

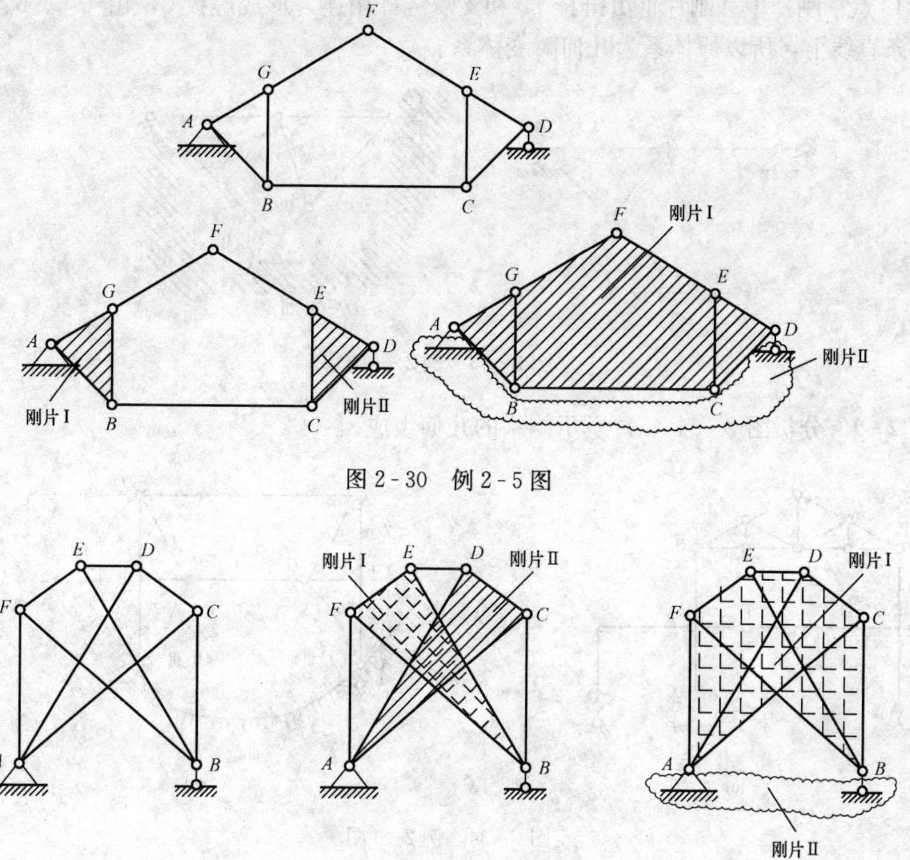

图 2-30　例 2-5 图

图 2-31　例 2-6 图

Ⅱ，如图 2-32（b）所示。刚片Ⅰ和刚片Ⅱ由不相交于一点也不平行的三根链杆相连，符合两刚片规则，所以体系几何不变，并且无多余约束。

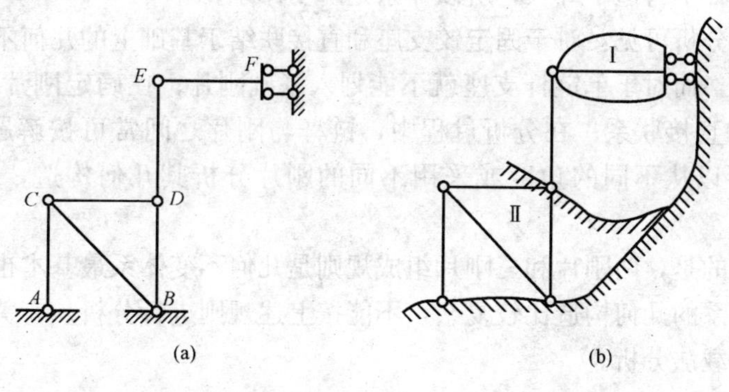

图 2-32　例 2-7 图

例 2-8　分析图 2-33 所示体系的几何组成。

解：将基础作为刚片Ⅰ，链杆 46 作为刚片Ⅱ，铰接三角形 235 作为刚片Ⅲ，刚片Ⅰ和刚片Ⅱ由链杆 14 和支承链杆相连，形成虚铰 6；刚片Ⅱ和刚片Ⅲ由链杆 24 和 56 相连，延长线交于O点；刚片Ⅰ和刚片Ⅲ由链杆12和支承链杆相连，形成虚铰3，由于3、6、O三个铰在一条直线上，所以原体系为几何瞬变体系。

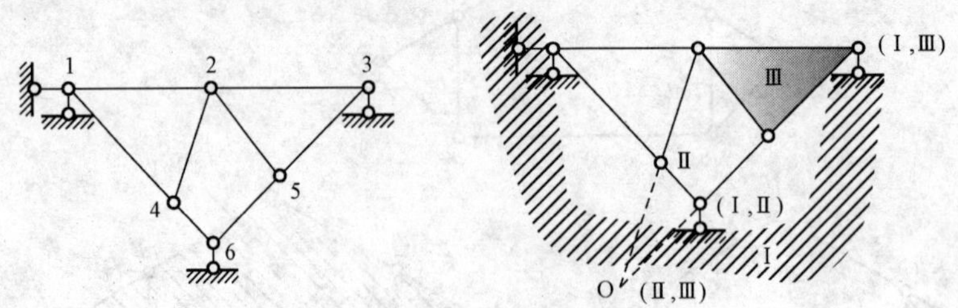

图2-33 例2-8图

例2-9 分析图2-34（a）所示体系的几何组成。

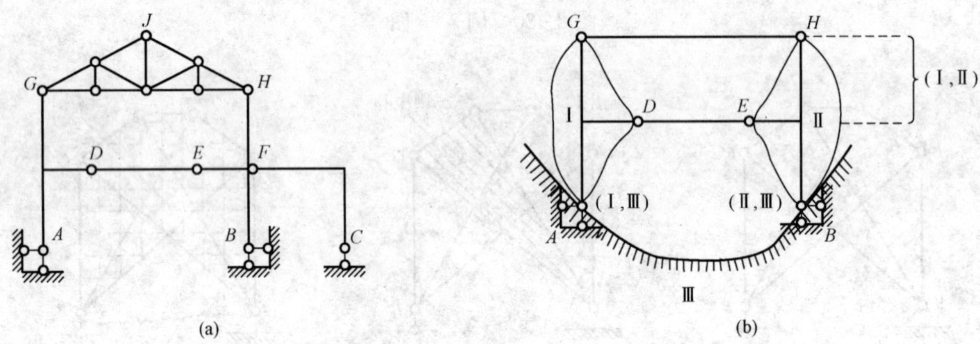

图2-34 例2-9图

解：先去除FC（视为由FC和C处支杆所构成的二元体），再将刚片GJJ用链杆GH代替，如图2-34（b）所示。GAD为刚片Ⅰ、EHB为刚片Ⅱ、基础为刚片Ⅲ，刚片Ⅰ和刚片Ⅱ由一组平行链杆相联，刚片Ⅰ和刚片Ⅲ由铰A相联，刚片Ⅱ和刚片Ⅲ由铰B相联，因两铰连线与平行链杆平行但不等长，所以体系是瞬变体系。

由以上的例题分析可见：对于固定铰支座和直接联结于基础上的几何不变部分，均可划入基础刚片的范围，而对于单链杆支座就不能划入基础刚片；在确定刚片时，应考虑到两两之间应有足够的直接联系；在分析过程中，链杆与刚片之间常可按解题需要相互替换，对于有些体系，可以从不同的角度或采用不同的刚片分析其几何构造，所得的结论是相同的。

最后值得一提的是，两刚片和三刚片组成规则是几何不变体系最基本也是最常用的组成规则。但有一些体系的几何构造比较复杂，不能按上述规则进行分析。有关这类体系的几何构造分析可采用零载法分析。

复习思考题

2-1 计算图2-35所示各体系的自由度。

2-2 试对图2-35所示各体系进行几何组成分析。

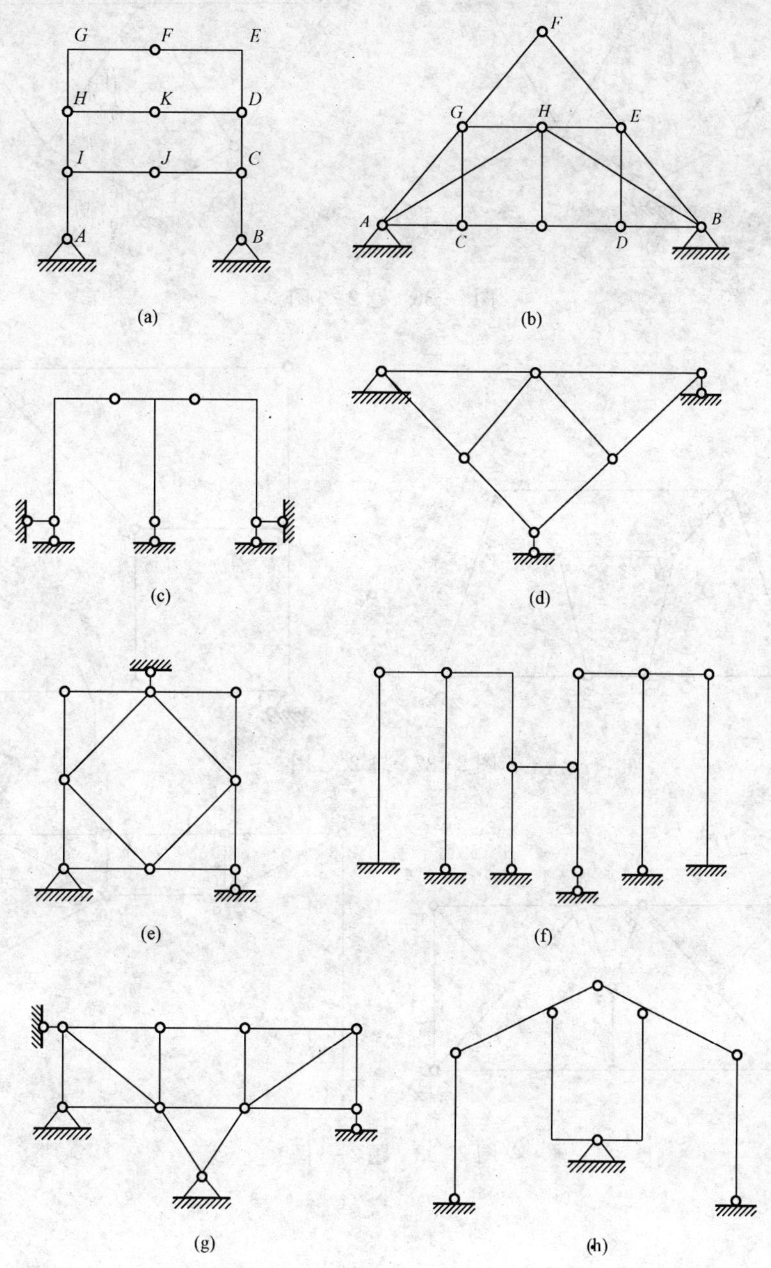

图 2-35　题 2-1 图

2-3　试对图 2-36 所示体系进行几何组成分析。

2-4　试对图 2-37 所示体系进行几何组成分析。

2-5　试对图 2-38 所示体系进行几何组成分析。

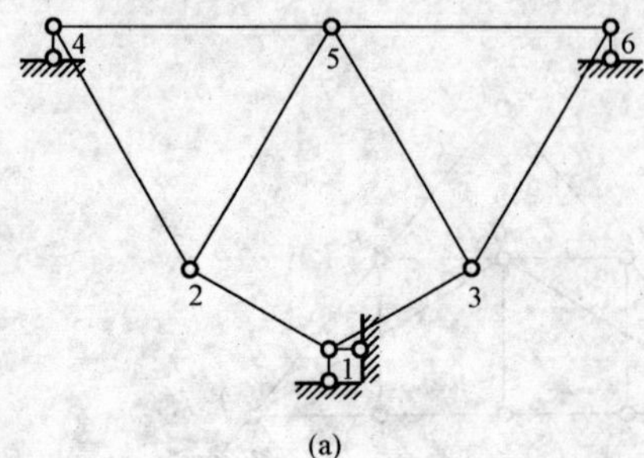

(a)

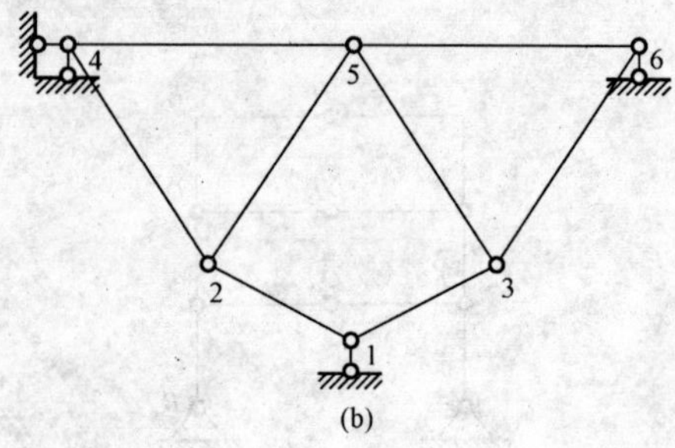

(b)

图 2-36 题 2-3 图

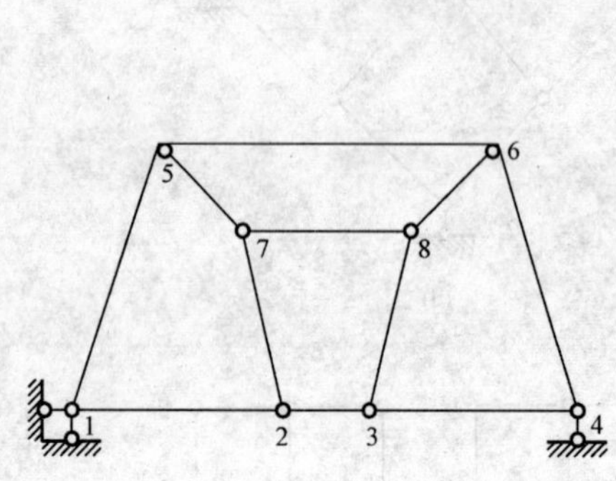

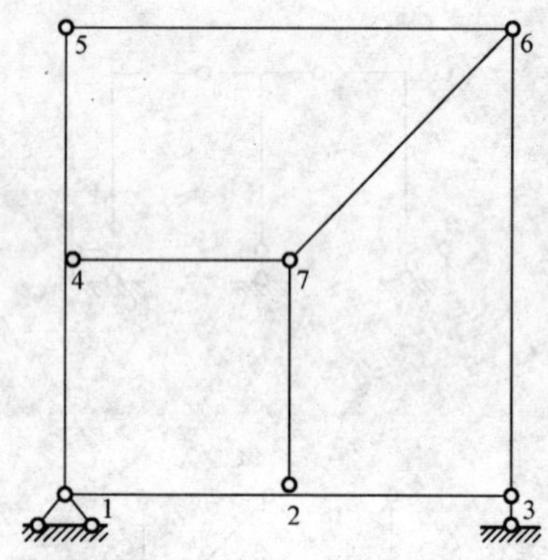

图 2-37 题 2-4 图

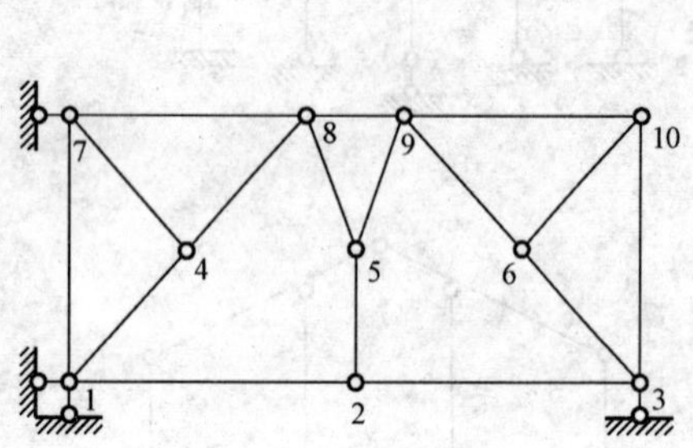

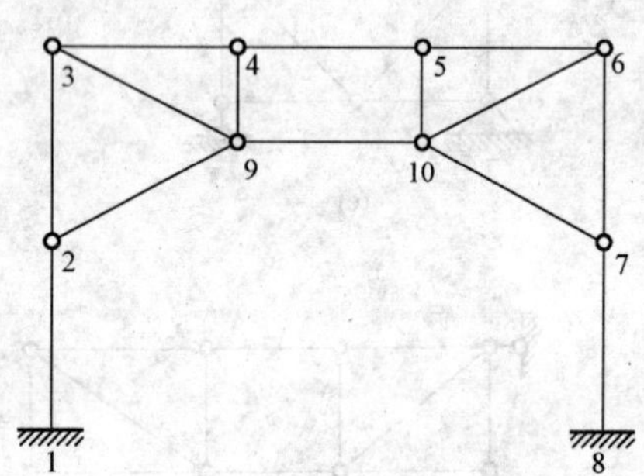

图 2-38 题 2-5 图

第3章

静定结构的内力计算

本章结合几种典型结构型式讨论静定结构的受力分析问题，主要是确定各类结构由荷载所引起的内力和相应的内力图。应用结点法、截面法和内力与荷载之间的微分关系来计算静定平面梁、静定平面刚架、静定平面桁架、拱、组合结构，内容包括支座反力和内力的计算、内力图的绘制、各种结构受力性能的分析。

本章让学生掌握轴力、弯矩和剪力的概念及其正负号的规定；能灵活运用结点法、截面法和内力与荷载之间的微分关系计算静定结构的支座反力和各截面内力并绘制内力图；理解不同结构的受力特性。

3.1 静定梁

3.1.1 静定结构内力计算概述

计算杆件内力的基本方法是截面法：将杆件沿拟求内力的截面截开，取截面任一侧的部分为隔离体，利用平衡条件计算所求内力。

由截面法的运算可以得知：

(1) 轴力等于截面一侧所有外力（包括荷载和反力）沿截面法线方向的投影代数和。

(2) 剪力等于截面一侧所有外力沿截面切线方向的投影代数和。

(3) 弯矩等于截面一侧所有外力对截面形心的力矩的代数和。

对于直梁，当所有外力均垂直于梁轴线时，横截面上只有剪力和弯矩，没有轴力。

画隔离体受力图时，要注意以下几点：

(1) 作隔离体，由平衡条件求截面的内力时，要注意隔离体与其周围相连接约束的要全部截断，以相应的约束反力代替。

(2) 不要遗漏作用于隔离体上的力。作用于隔离体上的力有两类：一类是荷载，一类是被截断约束处的约束反力。

(3) 指定截面处的未知内力，方向一般假设为正方向；已知力按实际方向画出。未知内力计算所得到的正负号就是实际的正负号。

内力正负号规定：轴力以拉为正；剪力以绕隔离体顺时针转者为正；弯矩通常不设正负，对于水平直杆，当弯矩使杆件下部受拉时，弯矩常设为正。

在作结构内力图时，轴力图和剪力图要注明正负号；规定弯矩图的纵坐标应画在杆件纤维受拉的一边，不注明正负号。

3.1.2 内力与荷载集度的微分关系

若以 x 表示梁中某一截面的位置，则此截面上的内力可用 x 的函数表示，这就是内力函数，据此作出的图形就是内力图。在荷载连续分布的直杆段内，取微段 $\mathrm{d}x$ 为隔离体，如图 3-1 所示。由平衡条件可得微分关系见式（3-1）。

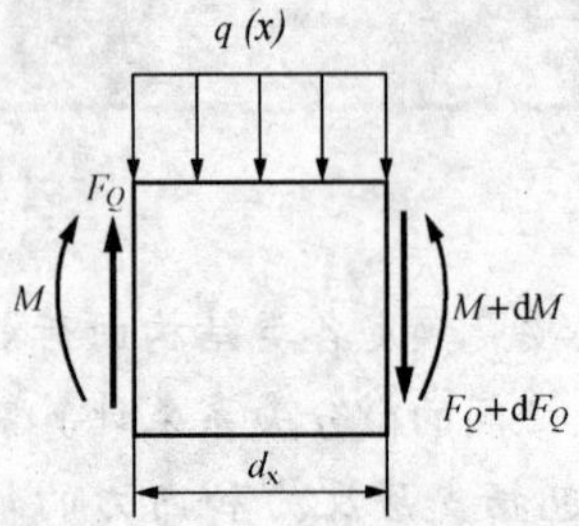

$$\left.\begin{aligned}\frac{\mathrm{d}F_Q}{\mathrm{d}x}&=-q(x)\\ \frac{\mathrm{d}M}{\mathrm{d}x}&=F_Q\\ \frac{\mathrm{d}^2M}{\mathrm{d}x^2}&=-q(x)\end{aligned}\right\}\tag{3-1}$$

图 3-1 内力的微分关系

一般情况下，分布于梁上的荷载使梁的某些区段成为无荷载区（$q=0$）；某些区段的荷载为均布荷载（q 为常量）；某些区段的荷载为直线分布（q 为 x 的一次函数）。根据式（3-1）的微分关系，可得出剪力图和弯矩图如下规律：当 $q(x)=0$ 时，剪力图为平行于 x 轴的直线，弯矩 $M(x)$ 是 x 的一次函数，弯矩图必为斜直线；当 $q(x)=$常数$\neq 0$ 时，该梁段内各横截面上的剪力 $F_Q(x)$ 为 x 的一次函数，剪力图必为斜直线，弯矩 M 是 x 的二次函数，弯矩图必为二次抛物线。

集中荷载作用点，集中力矩作用点以及分布荷载的两端是荷载分布的间断点，在这些点处，内力图的形状会发生一定的改变，这些点称为特征点。集中荷载作用点处，剪力图发生突变，弯矩图发生转折；集中力矩作用点处弯矩图发生转折，剪力图无变化；分布荷载的两端处，弯矩图的直线段与曲线段在此相切。

根据弯矩、剪力与分布荷载之间的微分关系，如果梁上作用有按线性规律分布的荷载，即当 $q(x)$ 为 x 的一次函数时，剪力图为二次抛物线，弯矩图为三次曲线。

3.1.3 内力与荷载集度的积分关系

如图 3-2 所示，从直杆中取出荷载连续分布的一段 AB，由式（3-1）积分可得：

$$\int_a^b \mathrm{d}F_Q(x)=\int_a^b -q(x)\mathrm{d}x$$

可写为

$$F_{QB}-F_{QA}=\int_a^b -q(x)\mathrm{d}x$$

$$F_{QB}=F_{QA}-\int_a^b q(x)\mathrm{d}x \tag{3-2}$$

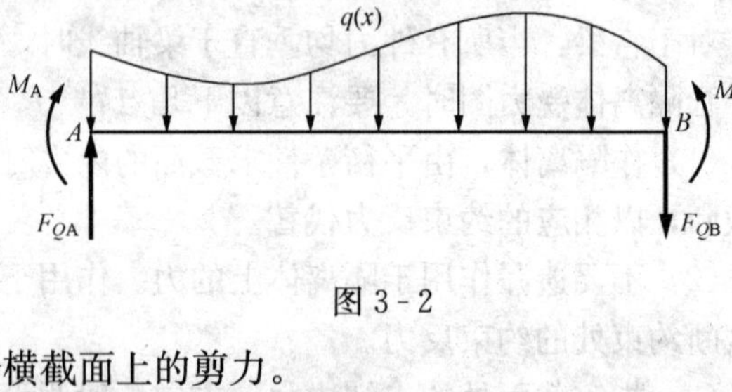

图 3-2

式中 F_{QA}，F_{QB}——在 $x=a$ 和 $x=b$ 处两个横截面上的剪力。

式（3-2）表明：B 端的剪力等于 A 端的剪力减去该段荷载图的面积。

同理，由式（3-1）可以得出：

$$M_B=M_A+\int_a^b \mathrm{d}F_Q(x)\tag{3-3}$$

式中 M_A，M_B——在 $x=a$ 和 $x=b$ 处两个横截面上的弯矩。

式（3-3）表明：B 端弯矩等于 A 端的弯矩加上此段剪力图的面积。

3.1.4　分段叠加法做弯矩图

对梁式直杆作弯矩图时，可将梁式杆分段，弯矩 M 图利用叠加法绘出，既可使绘制工作简化，又可得到图形简单的弯矩图叠加，易于工程计算。

首先，讨论图 3-3（a）所示简支梁的弯矩图绘制。简支梁上作用的荷载包括两部分：跨间均布荷载 q 和端部集中力偶荷载 M_A 和 M_B。当端部集中力偶荷载单独作用时，梁的弯矩图为一直线，如图 3-3（b）所示。当跨间均布荷载 q 单独作用时，梁的弯矩图为一条二次抛物线，如图 3-3（c）所示。当跨间均布荷载 q 和端部集中力偶荷载 M_A 和 M_B 共同作用时，梁的弯矩图如图 3-3（d）所示，它是图 3-3（b）和图 3-3（c）两个图形的叠加。

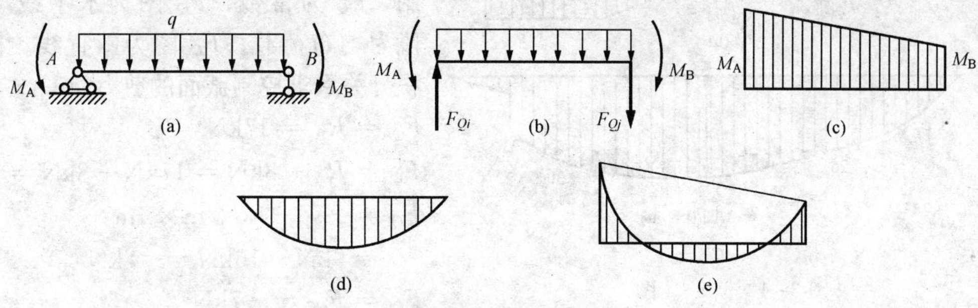

图 3-3　叠加关系图

应当注意的是：弯矩图的叠加，是指纵坐标的叠加，而不是指图形的简单拼合，即在图 3-3（d）中，纵坐标 M_q 与 M_F 一样，垂直于杆轴线 AB，而不是垂直于图中虚线。图 3-3（d)所示三个纵标 M、M_F、M_q 之间的叠加关系为：

$$M(x)=M_F(x)+M_q(x) \tag{3-4}$$

式中　$M(x)$ ——x 截面的弯矩；

$M_F(x)$ ——端部集中力偶作用时产生的弯矩；

$M_q(x)$ ——均布荷载产生的弯矩。

其次，讨论结构中任意直线段弯矩图的绘制。以图 3-3（b）中所示杆段 AB 为例。取杆段 AB 为研究对象，其上的作用力除均布荷载 q 外，还有 A、B 两个端面上的内力。比较 AB 段和图 3-3（a）所示简支梁（又称为 AB 段的相应简支梁），发现两者的受力是完全相同的，因此，二者的弯矩图也完全相同。于是，做任意直杆段弯矩图的问题，就归结为做相应简支梁弯矩图的问题。如前所述，相应简支梁的弯矩图可利用叠加原理绘制，这就是利用叠加原理绘制结构直杆段弯矩图的区段叠加法。具体的作法分为两步，如图 3-3（c），首先根据 A、B 两个截面上弯矩的 M_A、M_B，作直线弯矩图 M_F；然后以这条直线为基线，叠加相应的简支梁 AB 在均布荷载 q 作用下的弯矩图 M_q［图 3-3（d)］；得结构的弯矩图［图3-3（e)］。

3.1.5　单跨静定梁

例 3-1　试做图 3-4（a）所示简支梁的内力图。

解：（1）求支座反力。

由梁的平衡方程

$$\sum F_y = 0$$

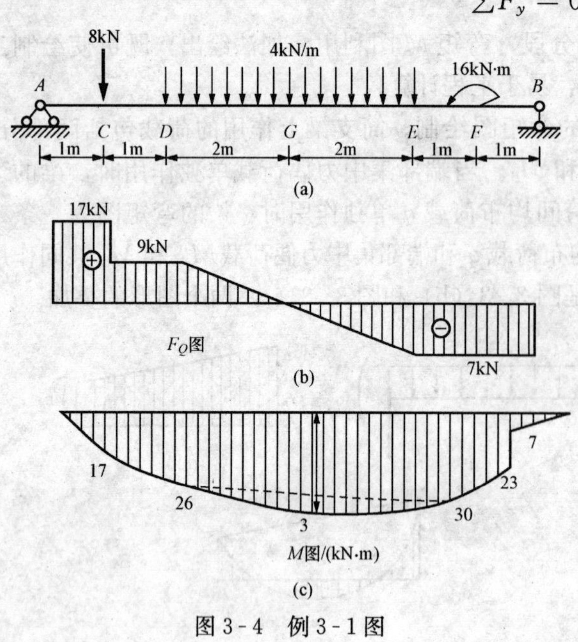

图 3-4 例 3-1 图

$$R_A + R_B - 8\text{kN} - 4\times 4\text{kN} = 0$$

$$\sum M_A = 0$$

$$R_B \times 8\text{m} + 16\text{kN}\cdot\text{m} - 4\times 4\times 4\text{kN}\cdot\text{m} - 8\times 1\text{kN}\cdot\text{m} = 0$$

得： $R_A = 17\text{kN}$ $R_B = 7\text{kN}$

(2) 作剪力图。根据微分关系判断，AC、CD、EF、FB 段无荷载作用，F_Q 为常数，F_Q 图为水平线，CE 段为均布荷载，F_Q 图为斜直线。根据积分关系求控制截面的剪力如下：

$$F_{QA} = R_A = 17\text{kN}$$

$$F_{QC}^{R} = R_A - 8\text{kN} = 17\text{kN} - 8\text{kN} = 9\text{kN}$$

$$F_{QE} = F_{QC} - 4\text{kN/m}\times 4\text{m} = 9\text{kN} - 16\text{kN} = -7\text{kN}$$

$$F_{QG} = F_{QE} = -7\text{kN}$$

其中 F_{QC}^{R}表示 C 截面右侧的剪力。整个梁的剪力图如图 3-4（b）所示。

(3) 做弯矩图。选择 A、C、D、E、F、B 作为控制截面，求出控制截面的弯矩值如下：

$$M_A = 0$$

$$M_C = M_A + 17\times 1\text{kN}\cdot\text{m} = 17\text{kN}\cdot\text{m}$$

$$M_D = M_C + 9\times 1\text{kN}\cdot\text{m} = 26\text{kN}\cdot\text{m}$$

$$M_E = M_D + \frac{1}{2}\times 9\times 2.25\text{kN}\cdot\text{m} - \frac{1}{2}\times 7\times 1.75\text{kN}\cdot\text{m} = 30\text{kN}\cdot\text{m}$$

$$M_F^{L} = M_E - 7\times 1\text{kN}\cdot\text{m} = 23\text{kN}\cdot\text{m}$$

$$M_F^{R} = M_F^{L} - 16\text{kN}\cdot\text{m} = 7\text{kN}\cdot\text{m}$$

$$M_B = M_F^{R} - 7\times 1\text{kN}\cdot\text{m} = 0$$

依次在 M 图上定出各点，在 AC、CD、EF、FG 段无荷载作用，连接两点的直线即为弯矩图。

对于 DE 段，作用的有均布荷载，可采用区段叠加法做弯矩图。以虚线连接 D、E 两点，再叠加上相应的简支梁在均布荷载作用下的弯矩图，就可以绘出 DE 段的弯矩图。G 截面上的弯矩值为：

$$M_G = \frac{26+30}{2}\text{kN}\cdot\text{m} + \frac{1}{8}\times 4\times 4^2\text{kN}\cdot\text{m} = 36\text{kN}\cdot\text{m}$$

为了确定弯矩最大值 M_{max}，首先要确定发生弯矩最大弯矩的截面位置。由微分关系$\frac{dM}{dx}=F_Q$可知，F_Q 图的零点相应于 M 图的极值点。弯矩图如 3-4（c）所示。

例 3-2 如图 3-5（a）所示斜简支梁，倾角为 α，均布荷载 q 沿水平分布，试做梁的内力图。

解：（1）坐标轴的选取。若 x' 轴沿梁轴布置，则得 $x'Oy'$ 坐标系；若 x 轴沿水平方向布置，则得 xOy 坐标系，如图 3-5（a）所示。

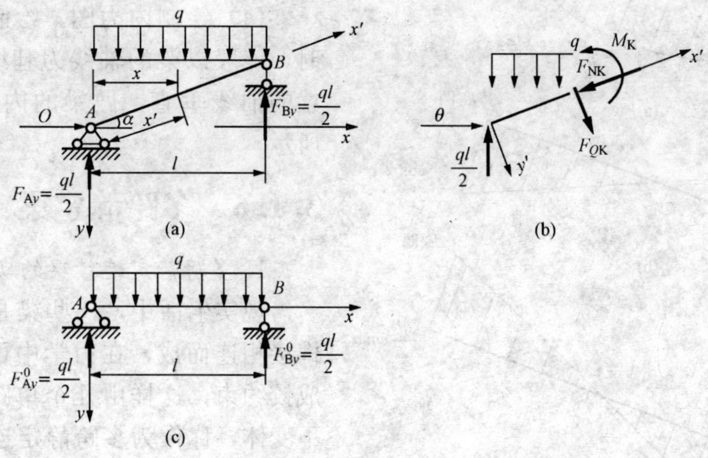

图 3-5　例 3-2 图

（2）求支反力。

根据平衡方程可得：

$$F_{Ay}=\frac{ql}{2}\qquad F_{By}=\frac{ql}{2}$$

若以 F^0_{Ay}，F^0_{By} 表示相应水平简支梁［其荷载、跨度与斜简支梁相同，如图 3-5（b）所示］的支反力，则可得：

$$F_{Ay}=F^0_{Ay},\ F_{By}=F^0_{By}$$

（3）内力方程。

列内力方程时取 xOy 坐标系，任一截面 K 的坐标为 x。取隔离体如图 3-5（c）所示，可得截面 K 弯矩方程：

$$M_K=\frac{ql}{2}x-\frac{1}{2}qx^2$$

或写成

$$M_K=M^0_K$$

式中　M^0_K——相应简支梁截面 K 的弯矩。

截面 K 剪力方程：

$$F_{QK}=\left(\frac{ql}{2}-qx\right)\cos\alpha$$

或

$$F_{QK}=F^0_{QK}\cos\alpha$$

式中　F^0_{QK}——相应简支梁截面 K 的剪力。

截面 K 轴力方程：

$$F_{NK}=\left(-\frac{ql}{2}+qx\right)\sin\alpha$$

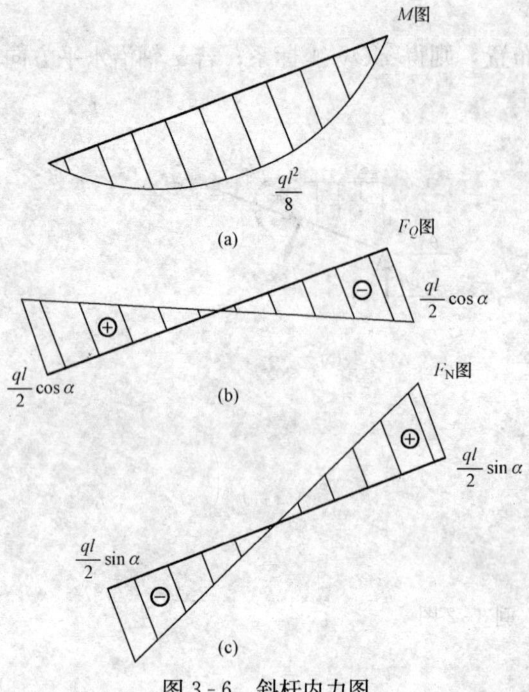

图 3-6 斜杆内力图

或

$$F_{NK} = F^0_{NK}\sin\alpha$$

式中 F^0_{NK}——相应简支梁截面 K 的轴力。

（4）绘制内力图。绘制斜梁的内力图时，一般以梁的轴线为基线，内力竖标与梁的轴线垂直，做梁的内力图如图 3-6 所示。

3.1.6 多跨静定梁

1. 多跨静定连续梁的实例

现实生活中，一些梁是由几根短梁用榫接相连而成，在力学中可以将榫接简化成铰约束，这样由几个单跨梁组成的几何不变体，称作为多跨静定连续梁。图 3-7 所示为简化的多跨静定连续梁。

2. 多跨静定连续梁的受力特点和结构特点

根据多跨静定梁的几何组成规律，将多跨静定梁的各部分区分为基本部分和附属部分。图 3-7（a）中 AC 三根既不完全平行又不交于一点的三根链杆与基础联结，为几何不变体；CE 梁通过铰 C 和支座链杆 D 与基础和梁 AC 相联结；EF 通过铰 E 与链杆 F 与基础和梁 CE 联结。AC 直接与基础相连接，组成几何不变体，称为基本部分，CE 梁必须依靠基本部分 AC 才能维持其几何不变性，所以说 CE 梁是 AC 的基本部分。同理，EF 梁是相对于 AC 和 CE 部分的附属部分。

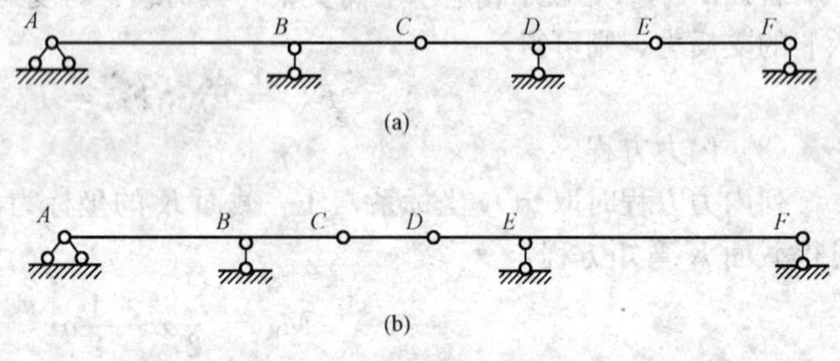

图 3-7 多跨静定梁实例

因此，多跨静定梁的解题顺序为先解附属部分后解基本部分。为了更好的分析梁的受力，往往先画出能够表示多跨静定梁各个部分相互依赖关系如图 3-8 所示的层次图。计算多跨静定梁时，应遵守以下原则：先计算附属部分后计算基本部分。将附属部分的支座反力反向作用在基本部分上，把多跨梁拆成多个单跨梁，依次解决。将单跨梁的内力图连在一起，就是多跨梁的内力图。弯矩图和剪力图的画法与单跨梁相同。

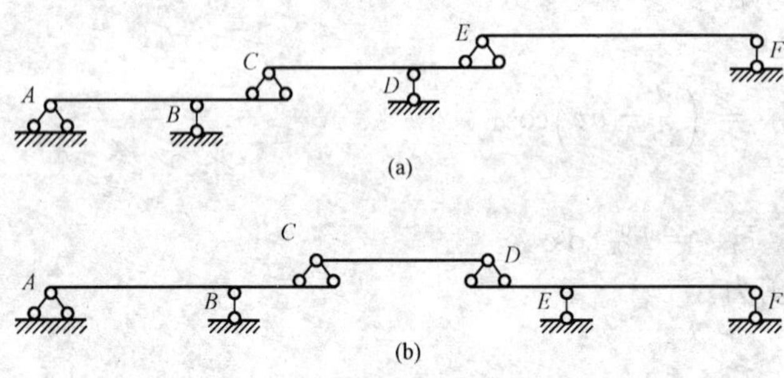

图 3-8 图 3-7 所示的层次关系图

对图 3-7（b）所示的多跨梁，如果只承受竖向荷载，AC 梁独立承受荷载，DF 独立承受荷载而维持平衡。所以 AC 部分与 DF 部分为基本部分。其层次图如图 3-8（b）所示，由层次图可知，对梁的计算应从附属部分 CD 开始，计算出 C、D 的反力，反向作用于 AC 梁与 DF 梁，然后再计算 AC 部分与 DF 部分。

如图 3-9（a）所示多跨静定梁，在竖向荷载作用下，AB 和 CE 部分为基本部分，其层次图如图 3-9（b）所示，各梁的隔离体图如图 3-9（c）所示。

从附属部分 BC 开始，依次计算各梁的约束反力。铰 C 处的水平约束反力 F_{Cx}，由 CE 梁的平衡条件可知 $F_{Cx}=0$，并由此可知 $F_{Bx}=0$。求出各约束反力和支座反力后，便可绘出各梁的内力图。将所有各梁的内力图置于同一基线上，得出该多垮静定梁的内力图如图 3-9（d）、（e）所示。

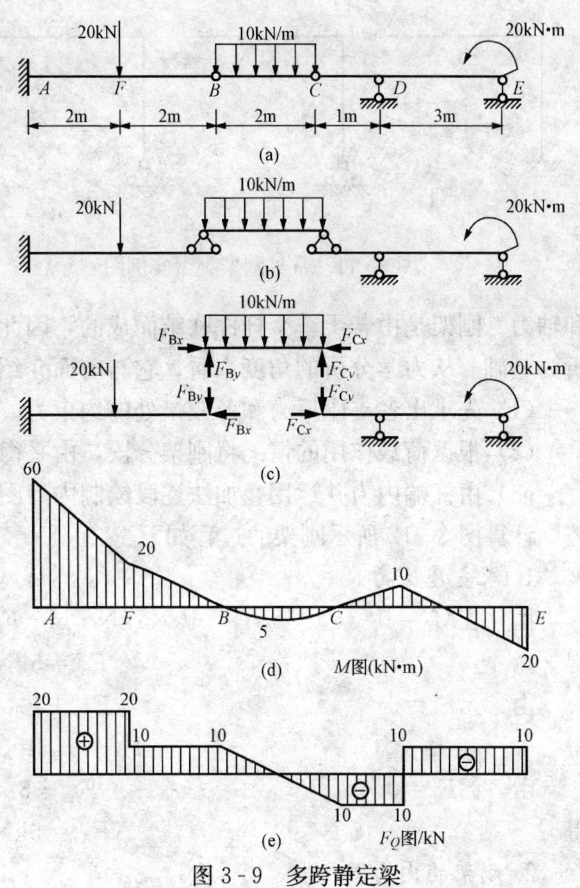

图 3-9　多跨静定梁

3.2　静定平面刚架

刚架是由梁和柱全部或部分通过刚结点连接而成的杆系结构。当杆件的轴线与刚架所受的荷载位于同一平面上时，这种刚架称为平面刚架，如图 3-10（a）所示，否则称为空间刚架，如图 3-10（b）所示。梁与柱的联结为刚性联结，即当刚架受力而变形时，汇交于刚结点处各杆端的夹角保持不变，如图 3-10（c）所示。这种结点称为刚结点，刚结点可以传递力与弯矩，而铰接点只能传递力。具有刚结点是刚架的几何特征。

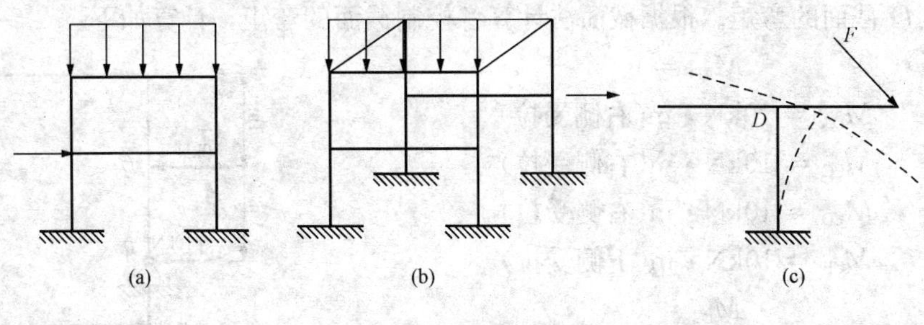

图 3-10　刚架实例图

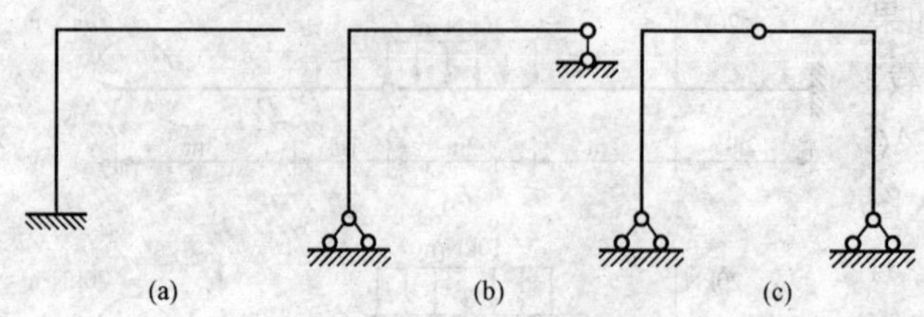

图 3-11　常见刚架类型实例图

平面刚架分为静定刚架和超静定刚架。静定刚架根据支撑和构件之间的联结方式分为悬臂刚架、简支刚架、三铰刚架等，如图 3-11 所示为常见的刚架类型。

刚架的内力是指各杆件中垂直于杆件轴线横截面上的弯矩，剪力和轴力。刚架是由若干单个杆件联结而成的，因此，刚架的内力分析仍以单个杆件的内力分析为基础。从力学分析的角度来看，它与前面介绍过的静定梁相同。求解步骤为：

(1) 先求出各支座反力和各铰接处的约束力。

(2) 根据荷载作用的情况将刚架分段，由平衡条件求出各杆端的内力。

(3) 由杆端内力并运用叠加法逐段绘制内力图。

计算图 3-12 所示刚架的过程如下：

1. 求支座反力

由　$\sum M_A=0$　　　$10\times 1\text{kN}\cdot\text{m}-F_{By}\times 2=0$

得　　　$F_{By}=5\text{kN}$

由　$\sum F_y=0$　　　$-F_{Ay}+F_{By}=0$

得　　　$F_{Ay}=F_{By}=5\text{kN}$

由　$\sum F_x=0$　　　$-F_{Ax}+5=0$

得　　　$F_{Ax}=5\text{kN}$

2. 刚架的内力图

集中荷载、集中力偶作用的截面，均布荷载的起点和终点，刚结点等作为分段点，把刚架分为若干段。根据微分关系确定各杆段内力图的形状，计算各杆端控制截面的内力值，即可连接成直线图形，对于承受均布荷载的梁段，利用区段叠加法作弯矩图。

内力符号的规定：轴力、剪力符号的规定与材料力学相同。弯矩图不规定正负号，通常绘在杆段受拉的一侧。

(1) 弯矩图。如图 3-12 所示刚架简例，其弯矩图分为 AD、DC、CB 三段绘制，取 A、D、C、B 截面为控制界面。内力符号的下标用两个字母表示，其中两个字母为内力所属杆段的两个杆端，第一个字母为所求的杆端内力，如 M_{AD} 表示 AD 杆段 A 截面的弯矩，M_{DA} 表示 AD 杆段 D 截面的弯矩。根据截面法计算各控制截面的弯矩，计算如下：

$$M_{AD}=0$$

$$M_{DA}=10\text{kN}\cdot\text{m}(\text{右侧受拉})$$

$$M_{DC}=10\text{kN}\cdot\text{m}(\text{右侧受拉})$$

$$M_{CD}=10\text{kN}\cdot\text{m}(\text{右侧受拉})$$

$$M_{CB}=10\text{kN}\cdot\text{m}(\text{下侧受拉})$$

$$M_{BC}=0$$

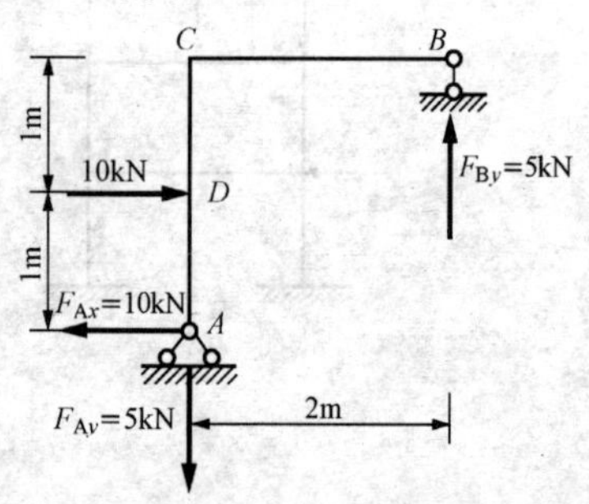

图 3-12　刚架简例图

然后根据微分关系判断各杆段弯矩图的形状，AD、DC、CB 各段上均无均布荷载的分布，可得各杆段的弯矩图均为直线段，根据杆端内力依次绘出各杆段的弯矩图，各杆段的弯矩图组合在一起即为刚架的弯矩图。M图如图 3-13（a）所示。

（2）剪力图。本例所分的三个区段都为无均布荷载分布的区段，故各区段的剪力值为一常数，即剪力图为一与杆轴线相平行的直线，采用截面法可得各段的杆端剪力，各杆端的剪力值计算如下：

$$F_{AD} = 10\text{kN}$$
$$F_{AD} = 10\text{kN}$$
$$F_{DC} = 0$$
$$F_{CD} = 0$$
$$F_{CB} = -5\text{kN}$$
$$F_{BC} = -5\text{kN}$$

利用杆端剪力即可作出刚架的剪力图，剪力图中必须注明正负号，如图 3-13（b）所示。

（3）轴力图。求各杆杆端轴力如下：

$$F_{AD} = 5\text{kN}$$
$$F_{CD} = 5\text{kN}$$
$$F_{CB} = 0$$
$$F_{BC} = 0$$

轴力图如图 3-13（c）所示，须注明正负号。由于各杆上都无切向荷载，故各杆轴力都是常数。

3. 校核

图 3-13（d）所示为结点C各杆杆端的受力情况，对结点列出平衡方程：

$$\sum M = M_{CB} - M_{CD} = 5\text{kN}\cdot\text{m} - 5\text{kN}\cdot\text{m} = 0$$
$$\sum F_x = F_{NCB} - F_{QCD} = 0\text{kN} - 0\text{kN} = 0$$
$$\sum F_y = F_{NCD} - F_{QCB} = 5\text{kN} - 5\text{kN} = 0$$

满足平衡条件。

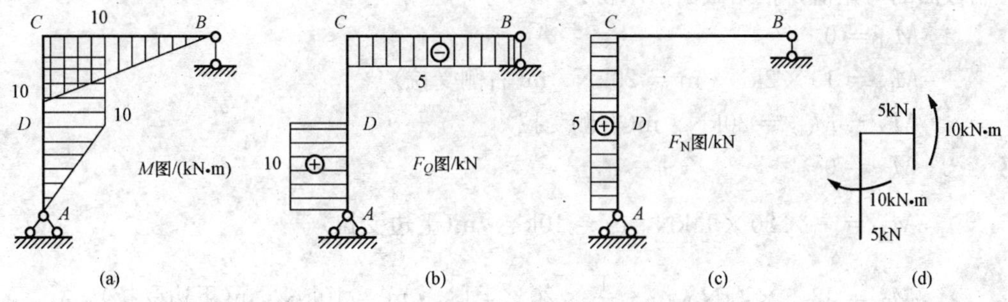

图 3-13　图 3-12 所示刚架内力图

例 3-3　试做图 3-14（a）所示刚架的内力图。

解：（1）求支座反力。

由　$\sum M_A = 0$，　$F_B \times 4\text{m} - 20 \times 5 \times 1.5\text{kN}\cdot\text{m} - 10 \times 2\text{kN}\cdot\text{m} = 0$

得　$$F_B = 42.5\text{kN}$$

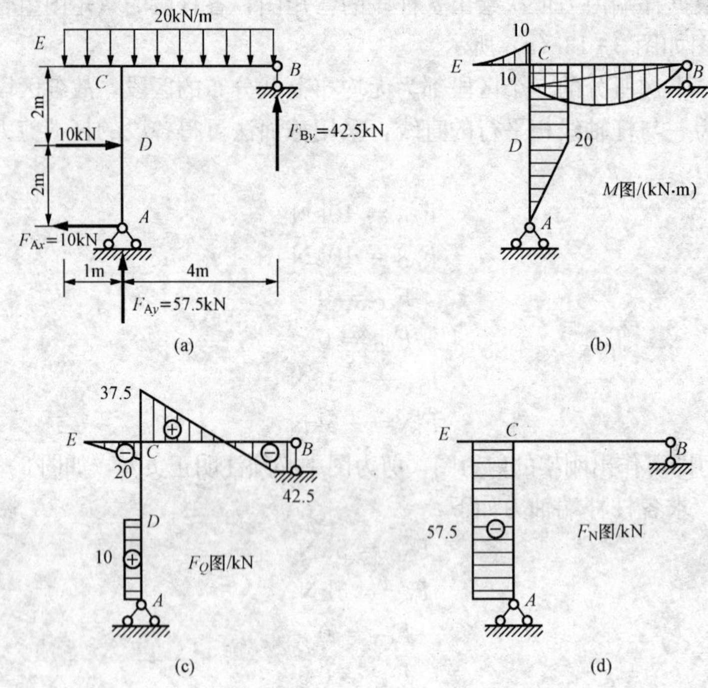

图 3-14 例 3-3 图

由 $\sum F_y=0$ $\quad F_B+F_{Ay}-20\times5\text{kN}=0$

得 $\quad F_{Ay}=20\times5\text{kN}-F_B=57.5\text{kN}$

由 $\sum F_x=0$ $\quad F_{Ax}-10\text{kN}=0$

得 $\quad F_{Ax}=10\text{kN}$

(2) 绘制内力图。

1) 弯矩图。根据荷载情况，刚架的弯矩图可分为 AD、DC、EC、CB 五段来绘制，各段控制截面的弯矩值，根据截面法求得：

$M_{AD}=0$

$M_{DA}=10\times2\text{kN}\cdot\text{m}=20\text{kN}\cdot\text{m}$(右侧受拉)

$M_{DC}=M_{CD}=20\text{kN}\cdot\text{m}$(右侧受拉)

$M_{EC}=0$

$M_{CE}=\frac{1}{2}\times20\times1^2\text{kN}\cdot\text{m}=10\text{kN}\cdot\text{m}$(上边受拉)

$M_{EB}=42.5\times4\text{kN}\cdot\text{m}-\frac{1}{2}\times20\times4^2\text{kN}\cdot\text{m}=10\text{kN}\cdot\text{m}$(下边受拉)

根据荷载的分布情况可知，AD、DC 段的弯矩图为直线，以直线联结两端纵坐标即可。EC、CB 段为二次曲线，可采用区段叠加法绘制。绘制弯矩图如图 3-14（b）所示。

2）剪力图。各段控制截面上的剪力，等于该截面任一侧的全部外力在垂直截面法线方向上投影的代数和；也可根据 M 图，利用杆端弯矩求杆端剪力。下面尝试利用杆端弯矩求杆端剪力：

作杆 CB 的隔离体图，如图 3-15 所示。

由　$\sum M_B=0$

$$-F_{QCB}\times 4\text{m}-M_{CB}+\frac{1}{2}\times 20\times 4^2\text{kN}\cdot\text{m}=0$$

得
$$F_{QCB}=37.5\text{kN}$$

同理可得

$$F_{QAD}=F_{QDA}=10\text{kN}$$
$$F_{QDC}=F_{QCD}=0$$
$$F_{QEC}=0$$
$$F_{QCE}=20\text{kN}$$

根据微分关系可知 AD 段剪力图为杆轴线平行的直线，EC、CB 段为斜直线。根据杆端剪力可做剪力图，如图 3-14（b）所示。

3）轴力图。根据剪力图求各杆杆端的轴力。

作杆 CB 的隔离体图，如图 3-15 所示。

由　$\sum F_x=0$

得　$F_{NCB}=0$

同理可得

$$F_{NCE}=0$$
$$F_{NAD}=F_{NCA}=57.5\text{kN}$$

图 3-15　杆 CB 隔离体

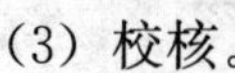

根据杆端轴力做轴力图如图 3-14（d）所示。

（3）校核。

图 3-16 所示为结点 C 各杆杆端的弯矩，满足力矩平衡方程：

$$\sum M=-10\text{kN}\cdot\text{m}-10\text{kN}\cdot\text{m}+20\text{kN}\cdot\text{m}=0$$

图 3-17 所示为结点 C 各杆杆端的剪力和轴力，满足投影平衡方程：

$$\sum F_x=0$$
$$\sum F_y=-20\text{kN}+57.5\text{kN}-37.5\text{kN}=0$$

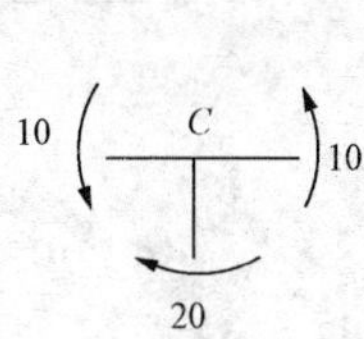

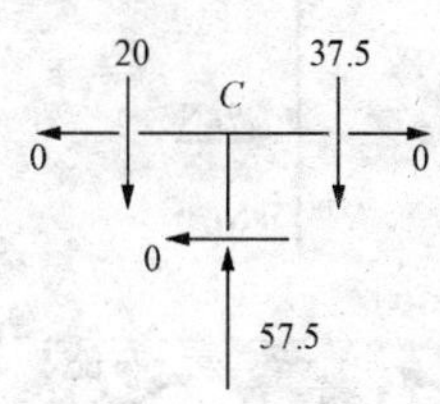

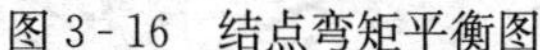

图 3-16　结点弯矩平衡图　　　　图 3-17　结点剪力和轴力平衡图

可知所得内力图正确。

例 3-4　试做图 3-18（a）所示三铰刚架的内力图。

解： 1. 求支反力

由　$\sum M_A=0$，　$F_{By}\times 4\text{m}-10\times 2\times 1\text{kN}\cdot\text{m}=0$

得
$$F_{By}=5\text{kN}$$

由　$\sum F_y=0$，　$5\text{kN}+F_{Ay}-10\times 2\text{kN}=0$

q=10kN/m
C
1m
D
E
4m
2kN
A
B
2kN
2m
2m
15kN
5kN
(a)
8
C
8
8
D
E
8
1
2
M图/(kN·m)
(b)
12.52
C
2
D
5.36
E
2
3.57
FQ图/kN
A
B
(c)
0.45
C
D
E
15
5
8.50
4.02
FN图/kN
A
B
(d)
FCx
C
FCy
E
2kN
5kN
(e)
q=10kN/m
FNDC
C
FQCD
1m
D
FNDC
MDC
2m
(f)
FNDC
FQDC
FNDC
FQDC
2kN
2kN
15kN
15kN
(g)
FNCE
FQCE
C
1m
E
FQEC
FNEC
MEC
2m
(h)

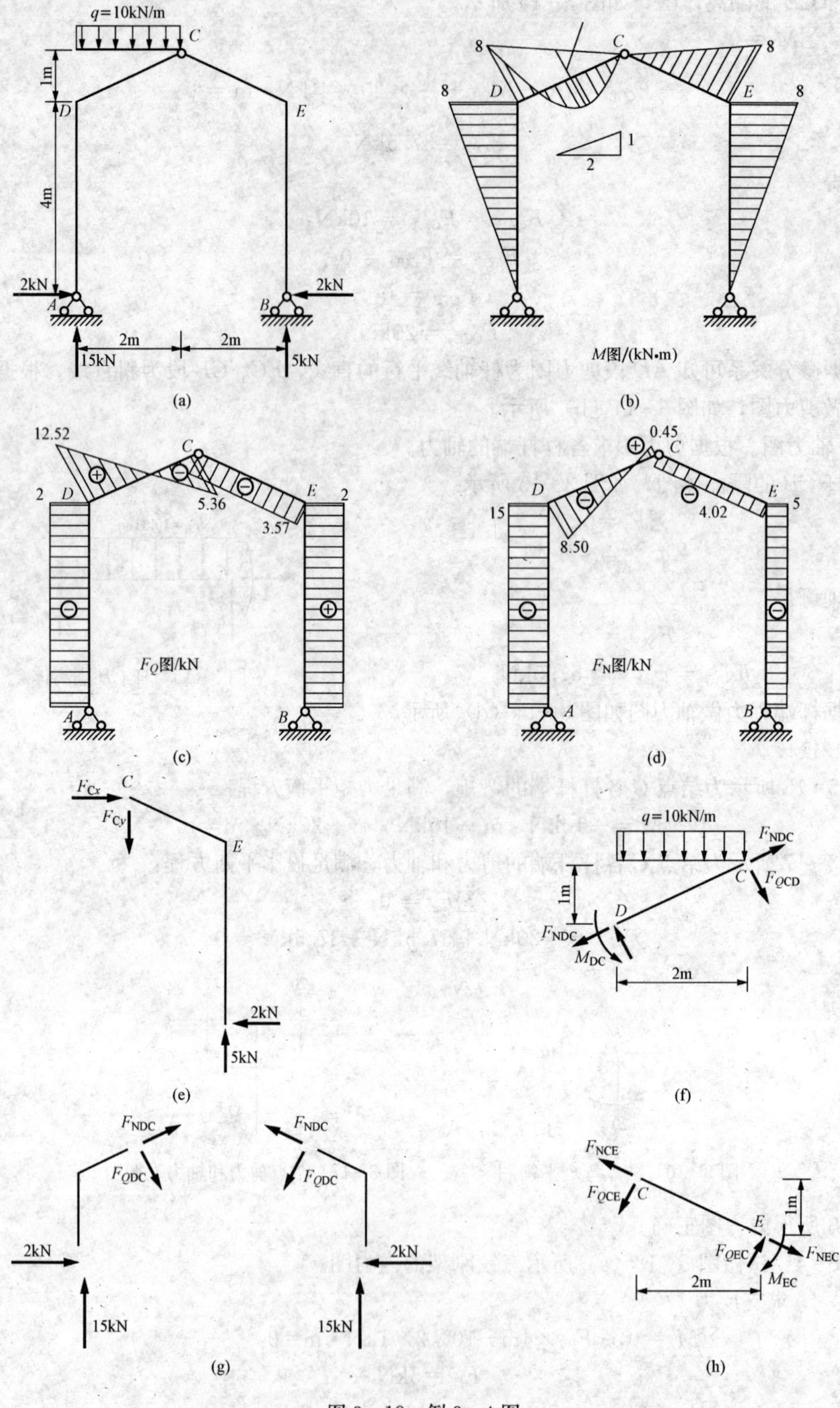

图 3-18 例 3-4 图

得 $$F_{Ay}=15\text{kN}$$

由　　$\sum F_x=0$ 可知，　$F_{Ax}=F_{Bx}$

取 CB 部分为隔离体如图 3-18（e）所示。

由　　$\sum M_C=0$，　$F_{By}\times 2\text{m}-F_{Bx}\times 5\text{m}=0$

得 $$F_{Bx}=2\text{kN}(\leftarrow)$$
$$F_{Ax}=2\text{kN}(\rightarrow)$$

求出支反力画到图中，如图 3-18（a）所示。

2. 绘制内力图

（1）弯矩图。根据荷载情况，刚架分为 AD、DC、CE、EB 段。AD、CE、EB 段无均布荷载分布，弯矩图为直线，先求出杆端弯矩，连接即可。DC 段的轴线为斜直线，且有均布荷载的分布，如图 3-18（f）所示，可采用区段叠加法作出弯矩图。具体的叠加方法与均布荷载作用下水平杆件的弯矩图叠加相同，只是竖坐标应与杆轴 DC 垂直，与例 3-2 所讲的斜梁做内力图的方法相同。

$$M_{AD}=0,\ M_{DA}=8\text{kN}\cdot\text{m}$$
$$M_{DC}=8\text{kN}\cdot\text{m},\ M_{CD}=0$$

DC 段的跨中弯矩为

$$\frac{1}{8}\times 10\times 2^2\text{kN}\cdot\text{m}-\frac{1}{2}\times 8\text{kN}\cdot\text{m}=1\text{kN}\cdot\text{m}$$
$$M_{CE}=0,\ M_{EC}=8\text{kN}\cdot\text{m}$$
$$M_{EB}=8\ \text{kN}\cdot\text{m},\ M_{BE}=0$$

做弯矩图如图 3-18（b）所示。

（2）剪力图。对于 AD 和 BE 两竖杆，取截面一边为隔离体，如图 3-18（g）所示，求出杆端剪力如下：

$$F_{QAD}=F_{QDA}=-2\text{kN}$$
$$F_{QBE}=F_{QEB}=2\text{kN}$$

对于 CD 和 CE 两杆，可取杆 CD 和 CE 两杆为隔离体如图 3-18（h）所示，求出杆端剪力如下：

由 $$-F_{QDC}\times\sqrt{5}\text{m}+2\times 10+8\text{kN}\cdot\text{m}=0$$

得 $$F_{QDC}=12.52\text{kN}$$

由 $$-F_{QEC}\times\sqrt{5}\text{m}+8\text{kN}\cdot\text{m}=0$$

得 $$F_{QEC}=-3.57\text{kN}$$

F_Q 图如图 3-18（c）所示。

（3）轴力图。对于 AD 和 BE 杆，可取截面一边为隔离体，求出杆端轴力如下：

$$F_{NAD}=F_{NDA}=-15\text{kN}$$
$$F_{NBE}=F_{NEB}=-5\text{kN}$$

对于 DC 杆，可取结点 D 为隔离体，沿轴线 DC 列投影方程，求出杆端轴力如下：

$$F_{NDC}=-2\times\frac{2}{\sqrt{5}}\text{kN}-15\times\frac{1}{\sqrt{5}}\text{kN}=-8.50\text{kN}$$

$$F_{NCD}=-2\times\frac{2}{\sqrt{5}}kN+5\times\frac{1}{\sqrt{5}}kN=0.45kN$$

同理，由结点 E 的隔离体图，沿轴线 EC 列投影方程，求出杆端轴力，因为杆 EC 上沿轴线方向没有荷载作用，所以沿杆长轴力不发生变化，故有：

$$F_{NEC}=F_{NCE}=-5\times\frac{1}{\sqrt{5}}kN-2\times\frac{2}{\sqrt{5}}kN=4.02kN$$

F_N 图如图 3-18（d）所示。

3.3 静定平面桁架

3.3.1 概述

桁架是建筑工程中广泛采用的结构形式之一，如民用房屋和工业厂房的屋架、托架、跨度较大的桥梁，以及起重机塔架、建筑施工用的支架等。图 3-19（a）、(c) 所示钢筋混凝土屋架和钢木屋架属于桁架，图 3-16（b）、(d) 为其计算简图。

桁架的形式、桁架杆件之间的联结方式以及它所用的材料是多种多样的。在分析桁架的内力时，必须抓住矛盾的主要方面，选取既能反映这种结构的本质而又便于计算的计算简图。科学试验和理论分析的结果表明，各种桁架有着共同的特性：在结点荷载作用下，桁架中各杆的内力主要是轴力，而弯矩和剪力则很小，可以忽略不计。从力学的观点来看，各结点所起的作用和理想铰是接近的。因此，对实际桁架的计算简图通常引用下列的假定：

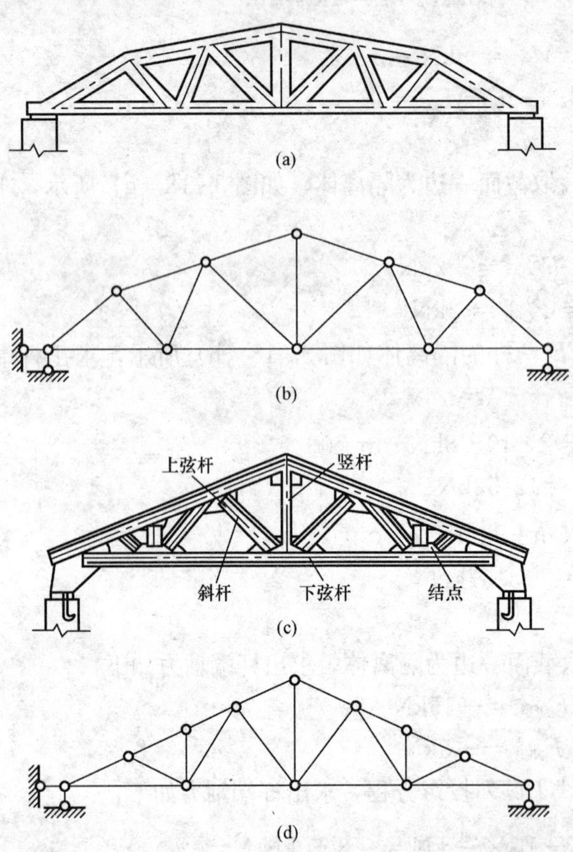

图 3-19 屋架图

（1）各杆的两端用绝对光滑而无摩擦的铰（理想铰）相互联结。

（2）各杆的轴线绝对平直而且在同一平面内，并通过铰的中心。

（3）荷载和支座反力都作用在结点上并位于桁架的平面内。

在上述理想情况下，桁架各杆均为两端铰接的直杆。仅在两端受约束力作用，故只产生轴力。因此，桁架各杆均为二力杆，这种桁架称为理想桁架。由于桁架杆件仅受轴力作用，其截面上的应力均匀分布且同时达到极限值，故材料能得到充分的利用。

在实际工程中的桁架，常不能完全

符合上述理想情况。例如，在钢屋架中各杆件是用焊接或铆接联结的，在钢筋混凝土屋架中各杆是浇筑在一起的，有些杆件在结点处还可能连续不断，这就使结点具有一定的刚性，各杆之间的角度几乎不可能变动。在木屋架中各杆是用榫接或螺栓联结的，各杆在结点处虽能有些相对转动，但结点构造也不完全符合理想铰的情况。此外，各杆轴不可能绝对平直。在结点处各杆的轴线不一定全交于一点。以及有时荷载不一定都作用在结点上等等。由于以上种种原因，桁架在荷载作用下，杆件将发生弯曲而产生附加内力。通常把桁架在理想情况下计算出来的内力称为主内力，把由于理想情况不能完全实现而产生的附加内力称为次内力。本章只讨论主内力的计算。对此，取理想桁架作为计算简图。所示桁架的计算简图。

根据几何组成的特点，桁架可分为以下三类：

1. 简单桁架

由基础或一个基本铰结三角形开始，每次用不在同一直线上的两个链杆连接一个新结点，或依次增加一个二元体。按这个规则组成的桁架称为简单桁架。如图 3-20 (a)、(b) 所示为简单桁架。

2. 联合桁架

由几个简单桁架按照几何不变体系的简单组成规则组成的桁架，称为联合桁架。如图 3-20 (c)所示为联合桁架。

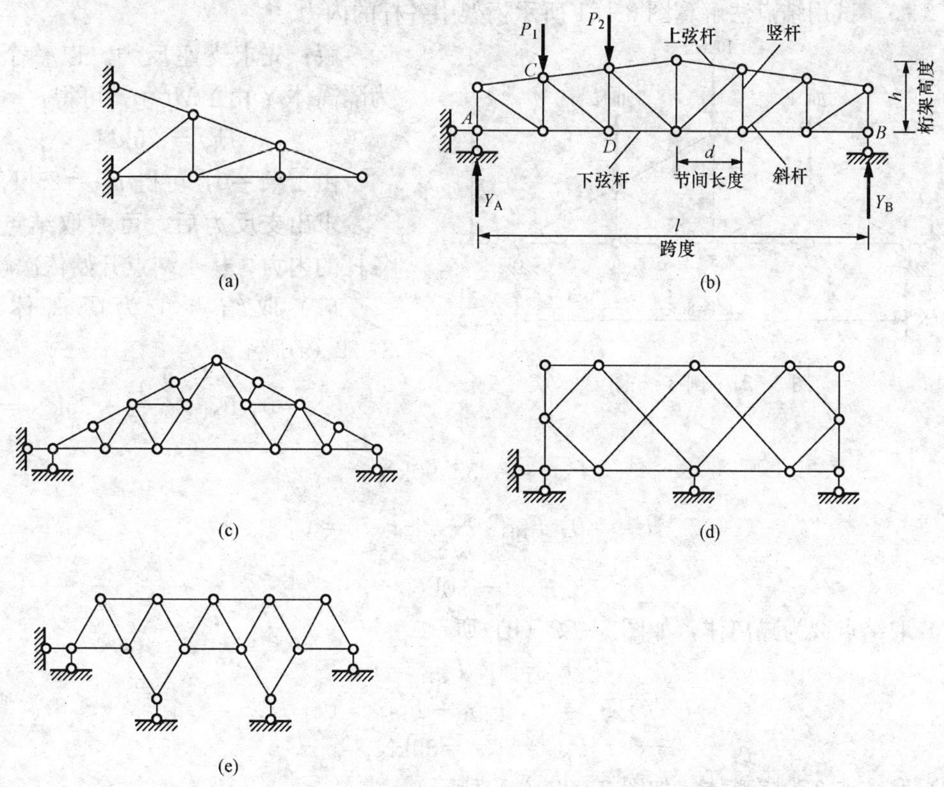

图 3-20　桁架示意图

3. 复杂桁架

凡不属于前两类的桁架，称为复杂桁架，如图 3-20（d）、(e) 所示为一复杂桁架。

桁架的杆件依其所在的位置不同，如图 3-20（b）所示可分为弦杆和腹杆两类。桁架上下外围的杆件称为弦杆，上边的杆件称为上弦杆，下边的杆件称为下弦杆。上弦杆和下弦杆之间的杆件称为腹杆，腹杆又分为竖杆和斜杆。弦杆上相邻结点之间的区间称为节间，其距离称为节间长度。

3.3.2 桁架内力的计算方法

1. 结点法

在分析桁架的内力时，可截取桁架的某一结点为隔离体，利用该结点的静力平衡条件来计算各杆的内力，这种方法称为结点法。因为桁架各杆件都只承受轴力，作用于任一结点的各力（包括荷载、反力和杆件轴力）组成一个平面汇交力系，所以可对每一结点列出两个平衡方程进行求解。在实际计算中，为了避免解算联立方程，应从未知量不超过两个的结点开始，依次推算。鉴于简单桁架是从一个基本铰接三角形开始．依次增加二元体所组成的．其最后一个结点只包含两根杆件，显然，简单桁架的的组成方式保证能按照上述要求进行计算。分析这类桁架时，可先内整体平衡条件求出其支座反力，然后再从最后的结点开始，依次回溯过去，即可顺利地利用静力平衡条件求得各杆件的内力。

例 3-5 试用结点法解算图 3-21 所示桁架中各杆的内力。

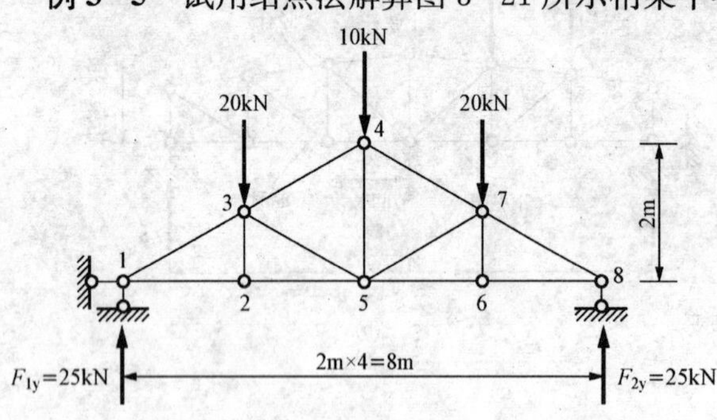

图 3-21 例 3-5 图

解: 先求支座反力。以整个桁架为隔离体 Y 由 $\sum M=0$，可得：

$$F_{1y} = 25\text{kN}$$

由 $\sum F_y=0$，可得 $F_{2y}=25\text{kN}$

求出支反力后，可截取结点解算各杆的内力，从 1 结点开始依次解算。

(1) 取结点 1 为隔离体如图 3-22 (a)所示。

$$\sum F_y = 0,\ F_{N13} \times \frac{1}{\sqrt{5}} + 25\text{kN} = 0,$$

$$F_{N13} = -55.90\text{kN}$$

$$\sum F_x = 0,\ F_{N13} \times \frac{2}{\sqrt{5}} + F_{N12} = 0,$$

$$F_{N12} = 50\text{kN}$$

(2) 取结点 2 为隔离体，如图 3-22（b）所示。

$$\sum F_y = 0,\ F_{N23} = 0$$

$$\sum F_x = 0,\ F_{N21} - F_{N25} = 0$$

得

$$F_{N25} = F_{N21} = 50\text{kN}$$

(3) 取结点 3 为隔离体，如图 3-22（c）所示。

$$\sum F_y = 0,\ -20\text{kN} - F_{N31} \times \frac{1}{\sqrt{5}} + F_{N34} \times \frac{1}{\sqrt{5}} - F_{N35} \times \frac{1}{\sqrt{5}} - F_{N32} = 0$$

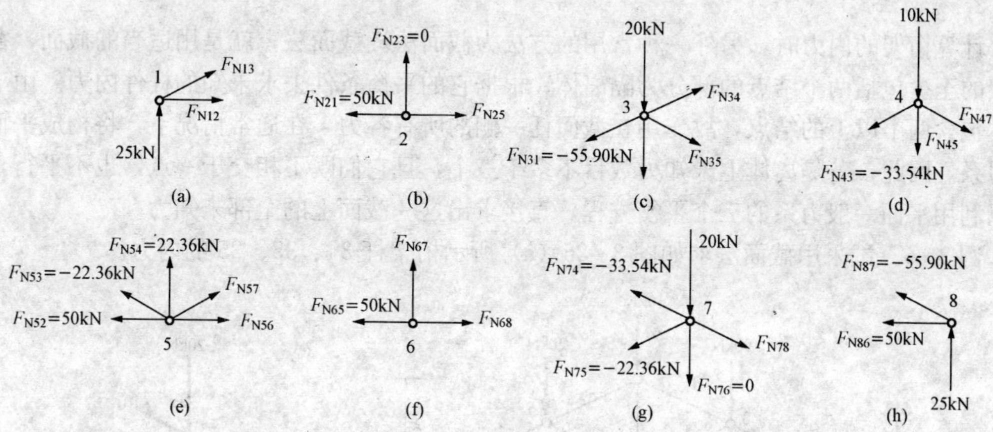

图 3-22 例 3-5 题结点受力图

$$\sum F_x=0,-F_{N31}\times\frac{2}{\sqrt{5}}+F_{N34}\times\frac{2}{\sqrt{5}}+F_{N35}\times\frac{2}{\sqrt{5}}=0$$

联立求解得 $F_{N35}=-22.36\text{kN}\quad F_{N34}=-33.54\text{kN}$

(4) 取结点 4 为隔离体，如图 3-22 (d) 所示。

$$\sum F_x=0,-F_{N43}\times\frac{2}{\sqrt{5}}+F_{N47}\times\frac{2}{\sqrt{5}}=0$$

$$\sum F_y=0,-F_{N43}\times\frac{1}{\sqrt{5}}-F_{N47}\times\frac{1}{\sqrt{5}}-F_{N45}=0$$

联立求解得 $F_{N45}=-22.36\text{kN}\quad F_{N47}=-33.54\text{kN}$

根据结构的特点，结构为对称的，荷载为对称的，故杆件的内力也是对称的。得出杆件的内力写到图中，如图 3-22 (e) ～ (h) 所示。

桁架中内力为零的杆件称为零杆。出现零杆的情况归结如下：

(1) 两杆结点上无荷载作用时，则两杆的内力都等于零，如图 3-23 (a) 所示。

(2) 两杆结点上有荷载，且荷载沿某个杆件方向作用时，则另一杆必为零杆，如图 3-23 (b)所示。

(3) 三杆结点上无荷载作用时，若其中有两杆在一直线上，则另一杆必为零，而在同一直线上的两杆内力相等，且性质相同，如图 3-23 (c) 所示。

上述结论可根据结点的平衡条件得出。在计算桁架的内力时可利用上述原则找出零杆，使计算工作得到简化。如图 3-24 所示桁架中虚线为零杆。

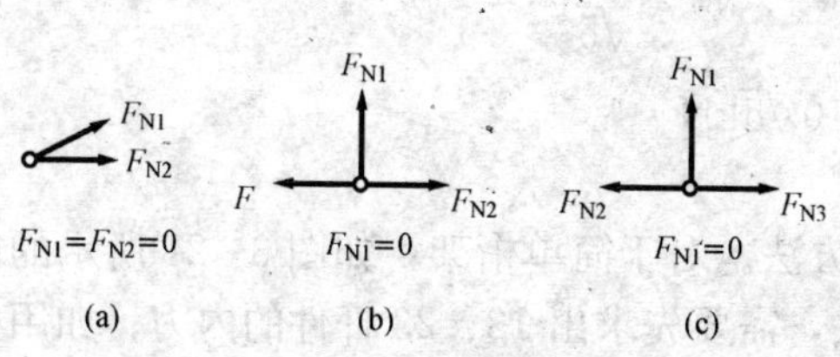

图 3-23 结点零杆常见形式

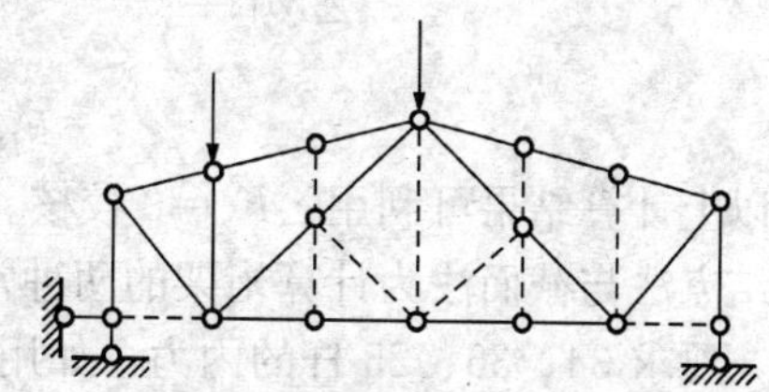
图 3-24 杆架中的零杆

2. 截面法

计算桁架的内力时，另外一种常用的方法为截面法。截面法，就是用适当的截面，截取桁架的至少包括两个结点的部分为隔离体，根据它的平衡条件去求未知的杆件内力。由于隔离体包含两个以上的结点，故作用在截面任一侧的所有各力，在通常情况下，将构成平面一般力系。因此，若隔离体上未知力数目不多于三个，且它们既不相交于一点，也不平行，则可以利用平面一般力系的三个平衡方程，直接求出这一截面上的全部未知力。

例 3-6 试采用截面法求如图 3-25（a）所示桁架杆 34、35、25 的内力。

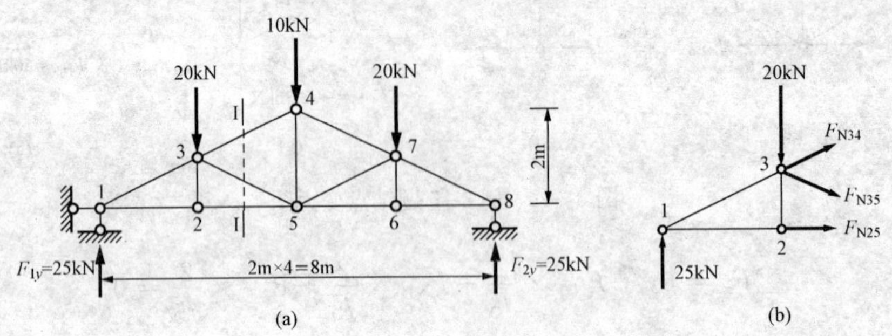

图 3-25 例 3-6 图

解： 求支反力，由图可知：$F_{1y}=25\text{kN}$（↑），$F_{8y}=25\text{kN}$（↑）

作截面Ⅰ—Ⅰ，切断 34、35、25 三杆，取左侧为隔离体，如图 3-25（b）所示，有三个未知内力，全部设为拉力，这三个未知内力组成一个任意平面力系。求 F_{N25} 时可以 F_{N34} 和 F_{N35} 的交点 3 为矩心，由

$$\sum M_3=0,\ F_{N25}\times 1-25\times 2\text{kN}=0$$

得

$$F_{N25}=50\text{kN}$$

求 F_{N34} 时可以 F_{N25} 和 F_{N35} 的交点 5 为矩心，如图 3-26 所示。

将 F_{N34} 在 4 点正交分解为水平分力和竖向分力，竖向分力经过交点 5，所以只有水平分力对 5 有力矩，故由

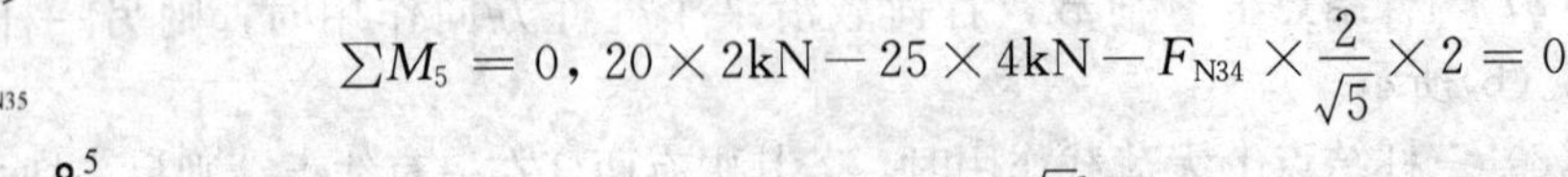

$$\sum M_5=0,\ 20\times 2\text{kN}-25\times 4\text{kN}-F_{N34}\times\frac{2}{\sqrt{5}}\times 2=0$$

得

$$F_{N34}=-15\sqrt{5}\text{kN}$$

图 3-26 矩心选择图

求 F_{N35} 时可以 F_{N34} 和 F_{N25} 的交点 1 为矩心，将 F_{N35} 沿其作用线移到点 5，将 F_{N35} 正交分解，水平分力经过交点 1，则由

$$\sum M_1=0,\ -20\times 2\text{kN}-F_{N35}\times\frac{1}{\sqrt{5}}\times 4=0$$

得

$$F_{N35}=-10\sqrt{5}\text{kN}$$

以上计算结果可利用 $\sum F_y=0$ 校核。

结点法与截面法为计算桁架的两种常用的方法。对于简单桁架，如图 3-21 所示的简单桁架，要求 34、35、25 杆的内力：如用结点法，需要先求出 13、23 杆件的内力；如用截面法可以直接利用平衡方程求解。利用截面法求简单桁架某些指定杆件的内力比利用结点法求解相对简单。

如图 3-27 所示为两刚片按照按规则二组成的联合桁架，用结点法计算桁架中连接杆的轴力时会遇到困难，如用截面法计算出连接杆 34 的轴力后，则其他杆件轴力的计算将能顺利进行。因此，对于按规则二组成的联合桁架，一般可用截面法先截断连接杆，用平面一般力系的平衡方程，计算连接杆的轴力，然后再用结点法或截面法计算其他杆件的轴力。

利用截面法时，被截断的杆件一般不多于三根，但在某些特殊情况下，虽然截面所截断的杆件有三根以上，但只要这些被截取的杆件中，除一根以外，其余各杆均交于一点［图 3-28（a）］或全平行［图 3-28（b）］，则那根不与其他杆件交于一点或全平行的杆件内力，仍可由力矩方程或投影方程求解。

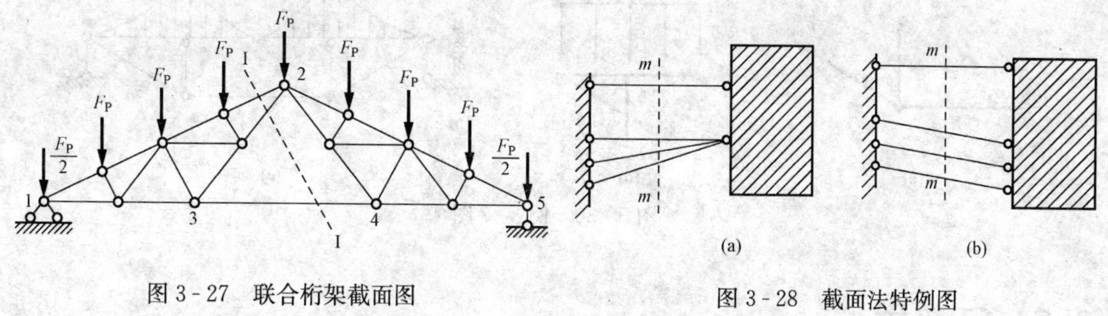

图 3-27　联合桁架截面图

图 3-28　截面法特例图

3.4　组合结构

组合结构是由只承受轴力的二力杆和承受弯矩、剪力、轴力的梁式杆件所组成的杆式结构。如图 3-29（a）所示的下撑式五角形屋架就是较常见的静定组合结构，称为组合式屋架。其上弦杆都是由钢筋混凝土制成的，主要承受弯矩和剪力；下弦及腹杆则用型钢做成，主要承受轴力。如图 3-29（b）所示为该屋架的计算简图。

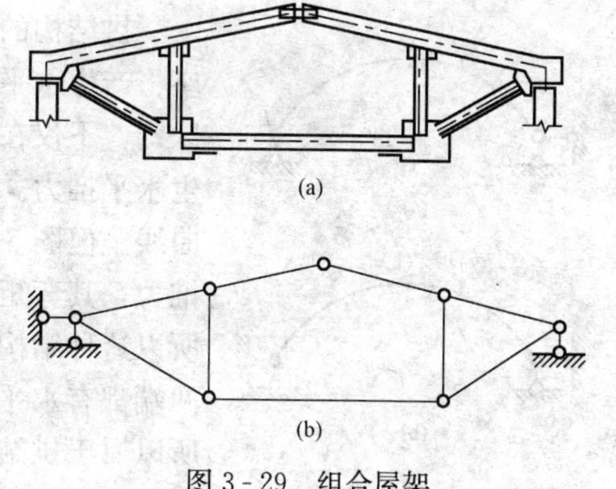

图 3-29　组合屋架

计算组合结构时，一般都是先求出支座反力和各链杆的轴力，然后把链杆的轴力反向作用于梁式杆，计算梁式杆的内力，并作出梁式杆的内力图。在列平衡方程时要避免截取梁式杆与轴力杆相连的结点作为隔离体。

例 3-7　试计算如图 3-30（a）所示的组合结构，作出弯矩图。

解： 求支座反力：$F_{Ax}=0$，$F_{Ay}=40\text{kN}$，$F_{By}=40\text{kN}$

取 G 右侧为隔离体，如图 3-30（b）所示，

由
$$\sum M_G=0,\ F_{By}\times 4\text{m}-\frac{1}{2}\times 10\times (4)^2\text{kN}\cdot\text{m}-F_{NDC}\times 1\text{m}=0$$

可得
$$F_{NDC}=80\text{kN}$$

取结点 D 为隔离体如图 3-30（c）所示，可得 $F_{NDF}=40\text{kN}(\downarrow)$，$F_{NDB}=40\sqrt{5}\text{kN}(\uparrow)$

将所求得的轴力反向作用于梁式杆上，如图 3-30（d）所示。

作梁的弯矩图，如图 3-30（e）所示。

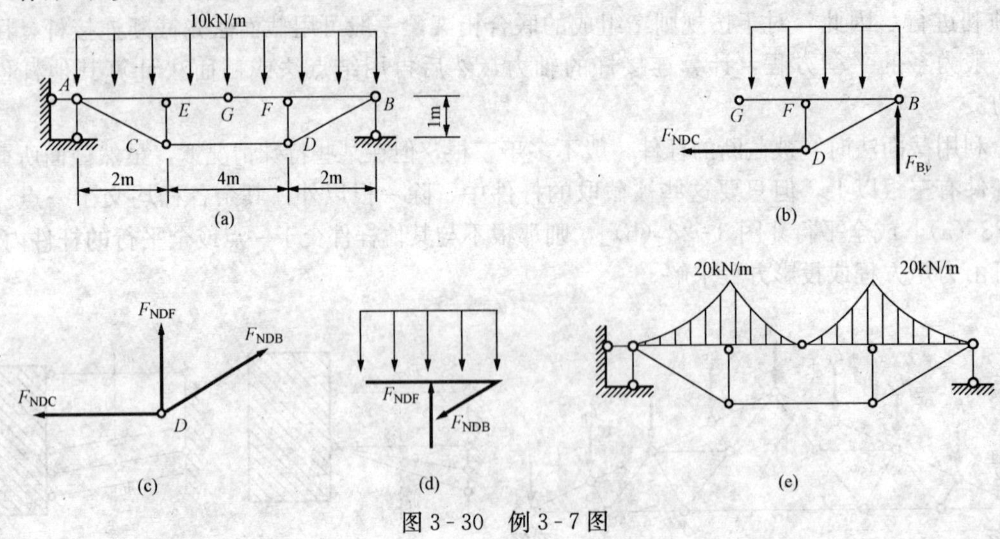

图 3-30　例 3-7 图

3.5　三铰拱

3.5.1　概述

拱结构在桥涵建筑、房屋建筑、水工建筑中广泛应用。如图 3-31 所示为拱结构。

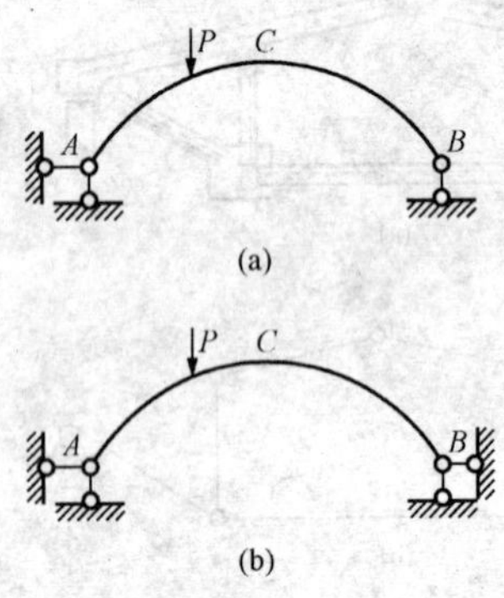

图 3-31　梁与拱的比较

(a) 曲梁；(b) 拱

拱结构的特点是：杆轴线为曲线，在竖向荷载作用下，支座将产生水平反力，这种水平反力又称为推力。拱结构与梁的区别，不仅在于形不同，更重要的是在竖向荷载作用下是否产生水平推力。如图 3-31 所示的两结构，虽然它们的杆轴都是曲线。但图 3-31（a）所示结构在竖向荷载作用下不产生水平推力，其弯矩与相应（同荷载，同跨度）水平简支梁完全相同，所以这种结构不是拱而是曲梁。图 3-31（b）所示结构，由于两端都有水平支座链杆，在竖向荷载作用下将产生水平推力，所以属于拱结构。由于水平推力的存在，拱中各截面的弯矩将比相应的曲梁或水平简支梁的弯矩小，并且会使整个拱体主要承受压力。因此，拱结构可用抗压强度较高而抗拉强度较低的砖、石、混凝土等材料来建造。

拱结构的计算简图通常有三种，如图 3-32 所示。其中三铰拱为静定结构，两铰拱和无铰拱为超静定结构。本章节中只讨论三铰拱的计算。

拱各部分的名称如图 3-33 所示。拱结构最高的一点称为拱顶。三铰拱的中间铰通常安置在拱顶处。拱的两端与支座连接处称为拱趾或拱脚。两拱趾在同一水平线上称为平拱，否则称为斜拱。两拱趾之间的水平距离称为跨度。拱顶到两拱趾连线的竖向距离称为拱高或者

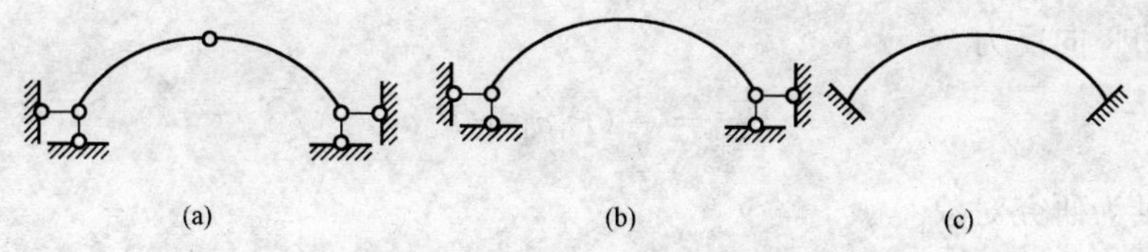

图 3-32　常见拱结构简图
(a) 三铰拱；(b) 两铰拱；(c) 无铰拱

拱矢。拱高与跨度之比称为高跨比或矢跨比。由后面的分析可知，拱的主要力学性能与高跨比有关。

用作屋面承重结构的三铰拱常在两支座铰之间设置水平拉杆，用水平拉杆的拉力来代替支座的水平推力，这种拱称为拉杆拱，如图 3-34 所示。

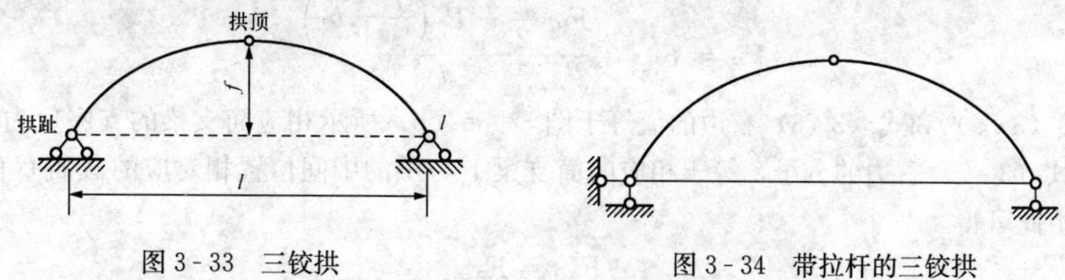

图 3-33　三铰拱　　　图 3-34　带拉杆的三铰拱

3.5.2　三铰拱的内力计算

三铰拱为静定结构，其全部反力和内力都可由静定平衡方程求出。现以在竖向荷载作用下的水平拱为例，如图 3-35 (a) 所示，导出拱结构的计算公式。

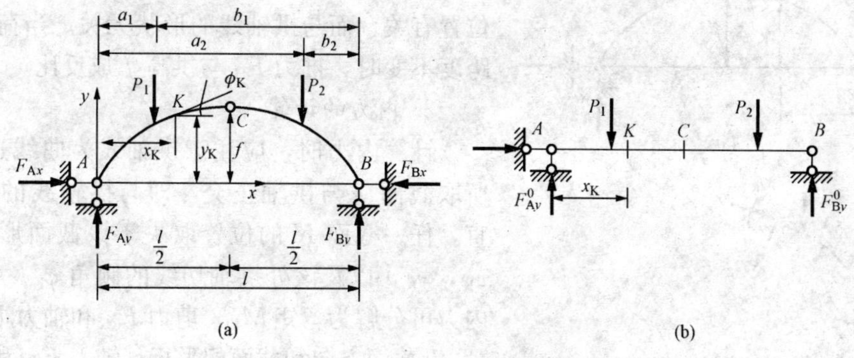

图 3-35　三铰拱与相应简支梁
(a) 三铰拱计算简图；(b) 简支梁计算简图

1. 支座反力的计算公式

由　　　$\sum M_B=0$　　　$-F_{Ay}l+P_1b_1+P_2b_2=0$

可得左支座的竖向反力

$$F_{Ay}=\frac{1}{l}(P_1b_1+P_2b_2) \tag{3-5}$$

同理由　　　$\sum M_A=0$　　　$F_{By}l-P_1a_1-P_2a_2=0$

可得右支座的竖向反力

$$F_{By}=\frac{1}{l}(P_1a_1+P_2a_2) \tag{3-6}$$

取右半拱为研究对象

由 $\sum M_C=0 \quad F_{By}\frac{l}{2}-P_2\left(\frac{l}{2}-b_2\right)-F_{Bx}f=0$

可得

$$F_{Bx}=\frac{F_{By}\frac{l}{2}-P_2\left(\frac{l}{2}-b_2\right)}{f}$$

所以

$$F_H=F_{Bx}=\frac{F_{By}\frac{l}{2}-P_2\left(\frac{l}{2}-b_2\right)}{f} \tag{3-7}$$

式（3-5）和式（3-6）右边的值等于图3-35（b）所示相应简支梁的支座反力 F^0_{Ay} 和 F^0_{By}。式（3-7）右边的分子，等于相应的简支梁上与拱的中间位置相对应的截面 C 的弯矩 M^0_C。由此可得

$$F_{Ay}=F^0_{Ay}$$
$$F_{By}=F^0_{By}$$
$$F_H=F_{Ax}=F_{Bx}=\frac{M^0_C}{f}$$

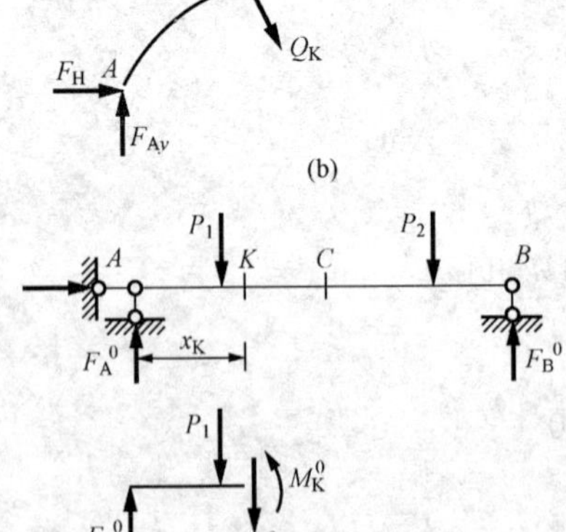

图3-36　三铰拱内力计算图

由式可知，水平推力 F_H 等于相应简支梁截面 C 的弯矩 M^0_C 除以拱高 f，其值与荷载及三个铰的位置有关，而与拱轴线的形状无关。当荷载和拱的跨度不变时，推力 F_H 与拱高 f 成反比。

2. 内力的计算

计算内力时，应注意拱轴线为曲线这一特点，所取截面应与拱轴正交，即与拱轴线的切线相垂直。任一截面 K 的位置取决于该截面形心的坐标 x_K，y_K，以及该处拱轴切线的倾角 φ_K。截面 K 的内力可分解为弯矩 M_K、剪力 F_{QK} 和轴力 F_{NK}。其中 F_{QK} 沿截面方向和截面相平行；轴力 F_{NK} 和截面相垂直。下面分别研究这些内力的计算。

（1）弯矩的计算公式。

弯矩符号规定：使拱的内侧受拉为正，反之为负，取 AK 段为隔离体，如图3-36（b）所示，由

$$\sum M_K=0 \quad -F_{Ay}x_K+F_{Ax}y_K+M_K=0$$

得截面 K 的弯矩

$$M_K=F_{Ay}x_K-F_Hy_K$$

根据 $F_{Ay}=F^0_{Ay}$，可得 $M_K=M^0_K-F_Hy_K$

即拱内任一截面的弯矩等于相应简支梁对应截面的弯矩减去由拱的水平推力 F_H 所引起的弯矩 $F_H y_K$。由此可知，因为水平推力的存在，三铰拱中的弯矩比相应简直梁中[图3-36（c）]的弯矩小得多。

（2）剪力的计算公式。

剪力的符号规定与材料力学相同，即使隔离体顺时针转动为正，逆时针转动为负。取 AK 段为隔离体[图3-36（b）]，将其上各力对截面 K 作投影，由平衡条件

$$F_{QK}+F_{P1}\cos\varphi_K+F_H\sin\varphi_K-F_{Ay}\cos\varphi_K=0$$

得

$$F_{QK}=(F_{Ay}-F_{P1})\cos\varphi_K-F_H\sin\varphi_K$$

式中，$(F_{Ay}-F_{P1})$ 等于相应简支梁在截面 K 处的剪力 F_{QK}^0，于是上式可以改写为

$$F_{QK}=F_{QK}^0\cos\varphi_K-F_H\sin\varphi_K$$

式中　φ_K——截面 K 处的拱轴线切线的倾角。

（3）轴力计算公式。

拱体通常受压，所以规定使截面受压的轴力为正，反之为负。取 AK 段为隔离体[图3-36（b）]，将其上各力向垂直于截面 K 的方向上作投影，由平衡条件

$$F_{NK}+F_{P1}\sin\varphi_K-F_H\cos\varphi_K-F_{Ay}\sin\varphi_K=0$$

得　$$F_{NK}=(F_{Ay}-F_{P1})\sin\varphi_K+F_H\cos\varphi_K$$

即　$$F_{NK}=F_{QK}^0\sin\varphi_K+F_H\cos\varphi_K$$

根据以上公式，可计算拱的任一截面的内力，从而作出三铰拱的内力图。如果荷载不是竖向作用，或三铰拱为斜拱，则并不适用，应根据平衡条件直接计算三铰拱的反力和内力。

例3-8　试绘制如图3-37（a）所示三铰拱的内力图。其拱轴线为一抛物线，当坐标原点选在左支座处时，拱轴方程由下式表达：

$$y=\frac{4f}{l^2}x(l-x)$$

解：求支座反力

$$F_{Ay}=F_{Ay}^0=\frac{20\times6\times9+100\times3}{12}\text{kN}=115\text{kN}$$

$$F_{By}=F_{By}^0=\frac{20\times6\times3+100\times9}{12}\text{kN}=105\text{kN}$$

$$F_H=\frac{M_C^0}{f}=\frac{105\times6-100\times3}{4}\text{kN}=82.5\text{kN}$$

计算内力，沿拱跨将拱分为八等份，列表计算各截面上内力值，然后根据表中的数值绘制内力图。该内力图以水平线为基准绘制。

现以截面1和截面2的内力计算为例，对表3-1说明如下。

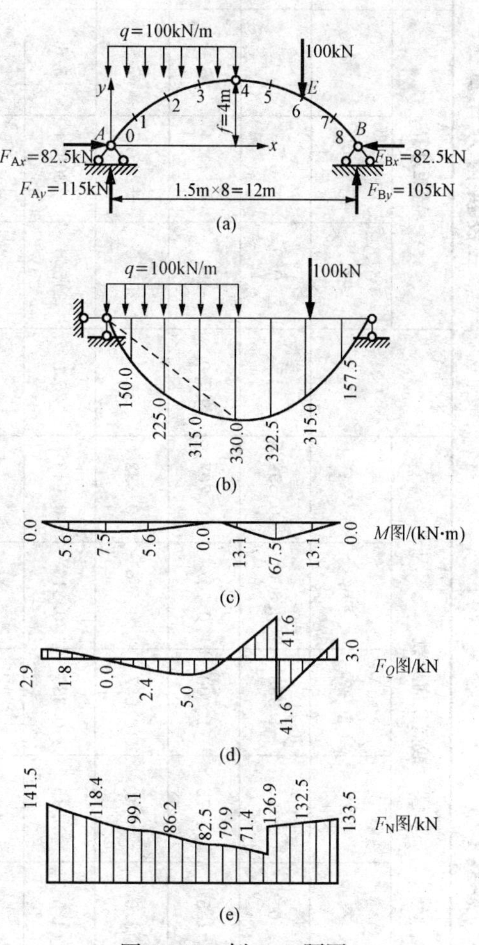

图3-37　例3-8题图

表 3-1 三铰拱内力计算

截面几何参数					F_Q^0	弯矩计算			剪力计算			轴力计算		
x	y	$\tan\varphi$	$\sin\varphi$	$\cos\varphi$		M^0	$-F_Hy$	M	$F_Q^0\cos\varphi$	$-F_H\sin\varphi$	F_Q	$F_Q^0\sin\varphi$	$F_H\cos\varphi$	F_N
0	0	1.333	0.800	0.599	115	0	0	0	68.9	−66.0	2.9	92.0	49.5	141.5
1.5	1.75	1.000	0.707	0.707	85.0	150	−144.4	5.6	60.1	−58.3	1.8	60.1	58.3	118.4
3.0	3.0	0.667	0.555	0.832	55.0	255.0	−247.5	7.5	45.8	−45.8	0	30.5	68.6	99.1
4.5	3.75	0.333	0.316	0.948	25.0	315.0	−309.4	5.6	23.7	−26.1	−2.4	7.9	78.3	86.2
6	4	0.000	0.000	1.000	−5.0	330.0	−330.0	0	−5.0	0	−5.0	0	82.5	82.5
7.5	3.75	−0.333	−0.316	0.948	−5.0	322.5	−309.4	13.1	−4.7	26.1	21.4	1.6	78.3	79.9
9	3	−0.667	−0.555	0.832	−0.5	315.0	−247.5	67.5	−4.2	45.8	41.6	2.8	68.6	71.4
					−105.0				−87.4		−41.6	58.3		126.9
10.5	1.75	−1.000	−0.707	0.707	−105.0	157.5	−144.4	13.1	−74.2	58.3	−15.9	74.22	58.3	132.5
12	0	−1.333	−0.800	0.599	−105.0	0	0	0	−63.0	66.0	3.0	84.0	49.5	133.5

截面1，$x_K=1.5\text{m}$处的参数计算如下：

$$y_K=\frac{4f}{l^2}x_1(l-x_1)=\frac{4\times4}{12^2}\times1.5\times(12-1.5)\text{m}=1.75\text{m}$$

截面1处的斜率为

$$\tan\varphi_1=\frac{\mathrm{d}y}{\mathrm{d}x}=\frac{4f}{l^2}(l-2x)=\frac{4\times4}{12^2}\times(12-2\times1.5)=1$$

因而得出

$$\varphi_1=45°,\sin\varphi_1=0.707,\cos\varphi_1=0.707$$

求得截面1的内力为

$$\begin{aligned}M_1&=M_1^0-F_Hy_1\\&=115\times1.5\text{kN}\cdot\text{m}-\frac{1}{2}\times20\times1.5^2\text{kN}\cdot\text{m}-82.5\times1.75\text{kN}\cdot\text{m}\\&=5.63\text{kN}\cdot\text{m}\\F_{Q1}&=F_{Q1}^0\cos\varphi_1-F_H\sin\varphi_1\\&=(115-20\times1.5)\text{kN}\times0.707-82.5\text{kN}\times0.707\\&=1.8\text{kN}\\F_{N1}&=F_{Q1}^0\sin\varphi_1+F_H\cos\varphi_1\\&=(115-20\times1.5)\text{kN}\times0.707+82.5\text{kN}\times0.707\\&=118.42\text{kN}\end{aligned}$$

具体计算时可列表进行。根据表3-1中的数值绘出内力图，如图3-37所示。

3.5.3 拱的合理拱轴线

对于三铰拱来说，在一般情况下截面上有弯矩、剪力和轴力的作用，正应力的分布并不均匀。但是如果荷载一定的情况下，可以选取适当的拱轴线，使拱上各截面的弯矩为零，拱的截面上只有轴力。这时，任一截面上的正应力分布均匀，因而使拱体材料能够得到充分的利用，这时材料的使用是最经济的。在固定荷载作用下使拱处于无弯矩状态的轴线称为合理拱轴线。

在竖向荷载作用下，三铰拱的合理拱轴线可由下列公式求得：

$$M=M^0-F_Hy=0$$

故

$$y(x)=\frac{M^0(x)}{F_H}$$

其中，$y(x)$和$M^0(x)$是x的函数，F_H是常数。也就是说，合理拱轴线的竖标y与相应的简支梁的弯矩成正比，当平拱受固定的竖向荷载时，只需求出相应的简支梁的弯矩方程，然后除以水平推力F_H，就可得到拱的合理拱轴线。

例3-9 设三铰拱如图3-38（a）所示承受沿水平分布的均布荷载，试求拱的合理拱轴线。

解： 作出相应简支梁，如图3-38（b）所示，其弯矩方程为

$$M^0=\frac{1}{2}qx(l-x)$$

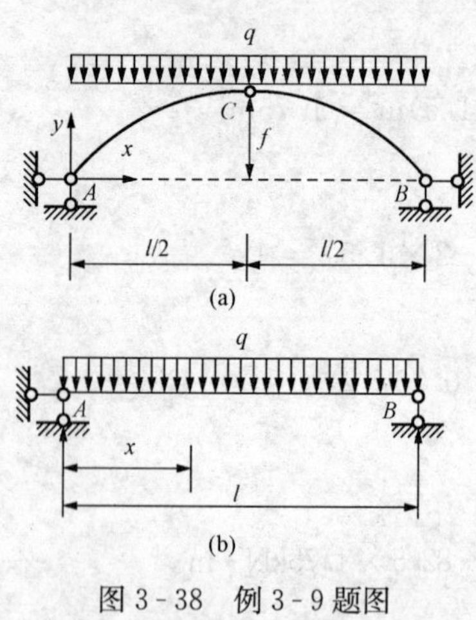

图 3-38 例 3-9 题图

拱的水平推力为

$$F_{\mathrm{H}}=\frac{M_{\mathrm{C}}^{0}}{f}=\frac{ql^{2}}{8f}$$

所以拱的合理拱轴线为

$$y(x)=\frac{M^{0}(x)}{F_{\mathrm{H}}}=\frac{\frac{1}{2}qx(l-x)}{\frac{ql^{2}}{8f}}=\frac{4f}{l^{2}}x(l-x)$$

由此可知，三铰拱在满跨的竖向均布荷载作用下，合理拱轴线为抛物线。因此房屋建筑中拱的轴线通常采用抛物线。在合理拱轴线的抛物线方程中，拱高没有确定，高跨比不同的一组抛物线都是拱的合理拱轴线。

对于斜拱或非竖向荷载作用三铰拱的合理拱轴线可由平衡条件确定。注意：拱的合理拱轴线是在工程中主要荷载作用下确定的，在其他荷载作用下仍然会产生弯矩。

3.6 静定结构的特性和受力特点

3.6.1 静定结构的特性

(1) 在几何组成方面，静定结构是无多余约束的几何不变体；在静力平衡方面，静定结构的反力和内力可以由平衡方程完全确定，且解答是唯一的确定值。

(2) 静定结构的反力和内力只用平衡条件就可确定，因此反力和内力只和荷载及结构的几何形状和尺寸有关，与截面的材料、几何形状和尺寸无关。

(3) 根据静定结构解答的唯一性，在没有荷载作用时，零解能满足静定结构的所有平衡条件，因而在支座位移、温度变化和制造误差等非荷载因素影响时，静定结构只会产生位移，结构中不引起内力。零内力（反力）便是唯一的解答。如图 3-39 (a) 所示简支梁，在支座 B 处发生支座位移 Δ_{B}，仅发生虚线所示绕 A 点的转动，而不产生内力和反力。又如图 3-39 (b) 所示柱子，当两侧温度变化不同时，柱子可自由伸长和弯曲，发生如图中虚线所示的变形，也不会产生内力和反力。

(4) 当平衡力系加在静定结构的某一内部几何不变部分时，其余部分都没有内力和反力。

(5) 对于由基本部分和附属部分组成的结构，作用在基本部分的荷载只使基本部分产生内力和反力；作用在附属部分的荷载，能使附属部分和基本部分都产生内力和反力。

(6) 两个力系向同一点简化，如果主矢量相等，主矩也相等，则该两个力系静力等效。当静定结构的某一内部几何不变部分上的荷载作等效变换时，只有该部分的内力发生变化，其余部分的内力和反力均保持不变。如图 3-40 所示的两个力系是静力等效力系，它们对梁的影响，在 ij 范围之内的内力不同，而在 ij 以外的内力和反力是相同的。

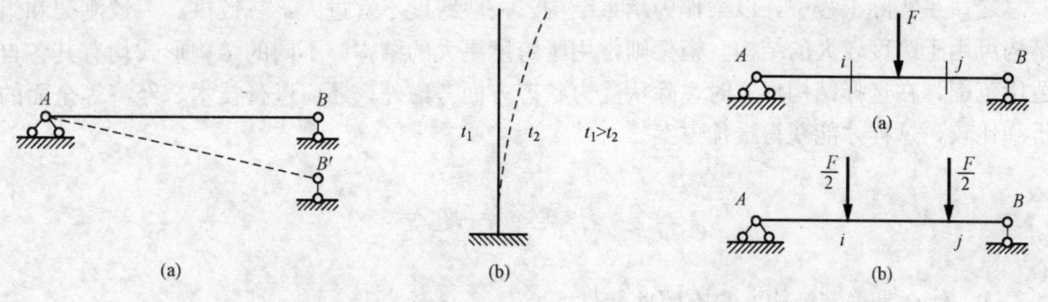

图 3-39　支座移动与温度改变示意图

图 3-40　静力等效力系示意图

3.6.2　静定结构的受力分析

静定结构的受力分析，主要是利用平衡方程计算支座反力和杆件内力，画出结构的内力图。求静定结构的支座反力和内力的基本方法是截面法，它主要包括画隔离体的受力图和建立平衡方程两个环节。首先，在结构中人为地切断约束，取出隔离体，把约束力暴露在外，成为隔离体的外力。然后，建立平衡方程，以解出约束力。

从结构中截取的隔离体有多种形式：结点（铰结点、刚结点、组合结点），杆件、刚片（内部几何不变体系）内部几何可变体系或杆件微段单元。桁架的结点法以结点为隔离体。桁架截面法通常取多杆体系为隔离体。多跨静定梁以杆件为隔离体。在刚架分析中，常取杆件为隔离体计算杆端剪力，以刚结点为隔离体计算杆端轴力。

3.6.3　常用静定结构的受力特点

在实际工程中，静定结构的典型结构形式为梁、刚架、拱、桁架和组合结构。

(1) 静定梁。由受弯的梁式杆组成。在受弯杆件中，由于弯曲变形引起截面上的应力分布不均匀，材料强度得不到充分利用，故当跨度较大时，一般不宜采用梁作为承重结构。

(2) 刚架。由抗弯直杆全部或部分以刚结点相互联结形成。它具有一定跨度并能提供较大的使用空间。刚架内力以弯矩为主，内力分布比较均匀。

(3) 三铰拱和三铰刚架。三铰拱和三铰刚架均属推力结构，水平推力的作用可以使杆件截面的弯矩值减小。三铰拱在给定荷载作用下，若恰当地选用拱轴线，可使整个拱体主要承受压力，便于使用抗压强度较高而抗拉强度较低的砖、石、混凝土等建筑材料来建造。三铰刚架的各杆件为受弯构件，它比三铰拱具有更大的空间，可用作食堂、场馆、桥梁等建筑物的承重结构。

(4) 桁架。在结点荷载作用下，桁架中的杆件都是二力杆，各杆只产生轴力，处于轴向受力（拉或压）状态，杆件截面上的正应力分布均匀，能充分利用材料的强度。另外，桁架的自重较小，比梁能跨越更大的空间。

(5) 组合结构。组合结构中包含有受力性质完全不同的两类杆件：梁式杆和二力杆。在组合结构中，利用二力杆的受力特点，能较充分地利用材料强度，并从加劲的角度出发，改善了梁式杆的受力状态，减小梁的挠度，使梁内部的内力分布更加均匀。

总之，在实际工程中，以梁作为承重结构，一般跨度不宜过大，三铰拱、三铰刚架和组合结构可用于跨度较大的结构，桁架则常用于跨度更大的结构。不同的结构形式均有其各自的适用范围，在选择结构形式时，除从受力状态方面考虑外，还应进行技术、经济等全面的分析和比较，这样才能获得最佳方案。

复习思考题

3-1 什么是静定结构？它有哪些特性？

3-2 如何根据内力的微分关系、积分关系对内力图进行校核？

3-3 结构的基本部分与附属部分是如何划分的？荷载作用在结构的基本部分上时对附属部分有什么影响？荷载作用在附属部分上时对基本部分有什么影响？

3-4 在荷载作用下，刚架的弯矩图在刚结点处有何特点？

3-5 刚架与梁在内力计算上有哪些不同？为什么刚架中的内力分布要比梁均匀、合理？

3-6 拱的受力情况和内力计算与梁和刚架有何异同？

3-7 对于简单桁架和联合桁架，如何利用桁架的几何构造特点简化计算，以避免解联立方程？

3-8 桁架中的零杆既然不受力，在实际结构中可否去掉？

3-9 什么是三铰拱的合理拱轴线？

3-10 怎样识别组合结构中的二力杆和梁式杆？组合结构的计算与桁架有何不同之处？

3-11 怎样判断计算静定结构解答的正确性？

3-12 试作如图 3-41 所示各梁的内力图。

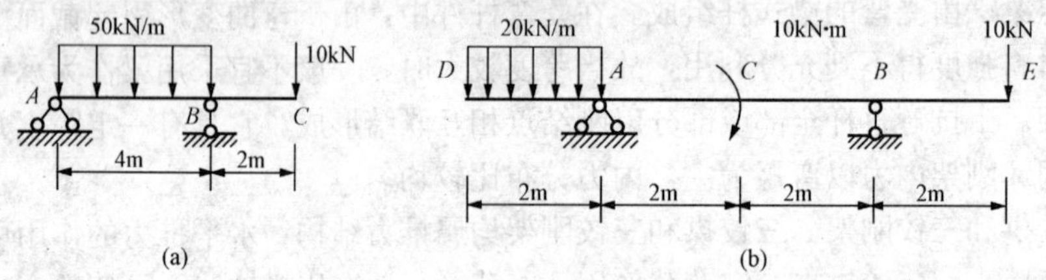

图 3-41 题 3-12 图

3-13 试作如图 3-42 所示多跨静定梁的内力图。

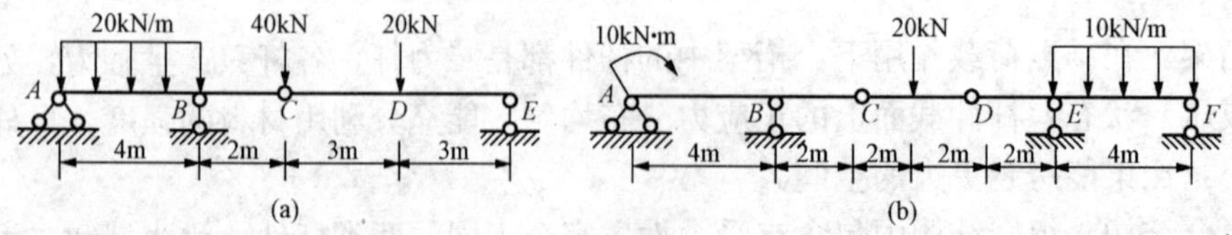

图 3-42 题 3-13 图

3-14 试作如图 3-43 所示刚架的内力图。

10kN·m
B
C
4m
2m
D
5kN
A
4m
Y
(a)
50kN/m
B
C
2m
A
2m
(b)
20kN/m
C
B
1m
10kN
D
1m
A
2m
(c)
20kN/m
E
F
H
1m
10kN
C
1m
A
B
2m
1m
(d)
10kN/m
D
C
E
1m
10kN
F
1m
A
B
1m
1m
(e)
C
D
20kN/m
G
E
4m
1m
10kN
1m
50kN·m
F
A
B
2m
4m
(f)
D
C
E
l
q
q
A
B
F
l
l
(g)

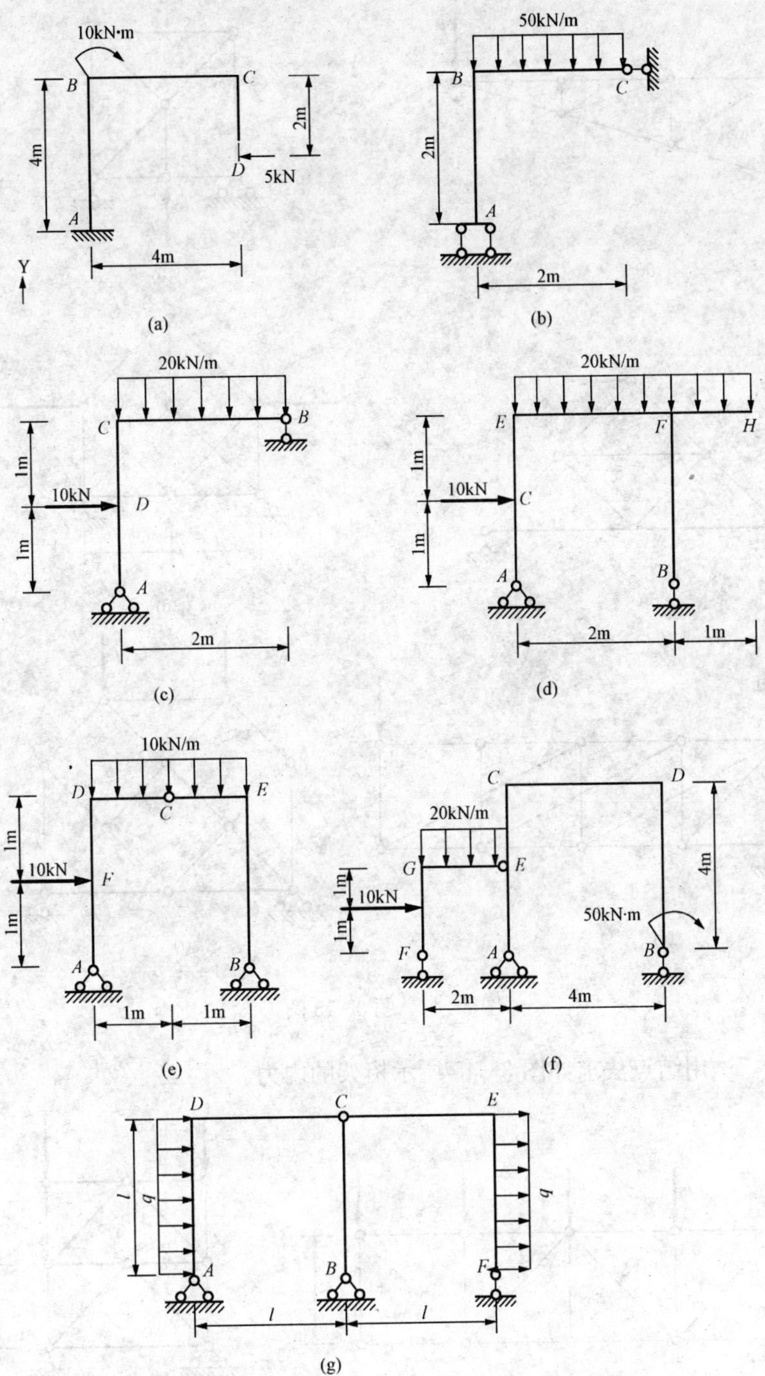

图3-43 题3-14图

3-15 指出如图 3-44 所示桁架零杆的数目。

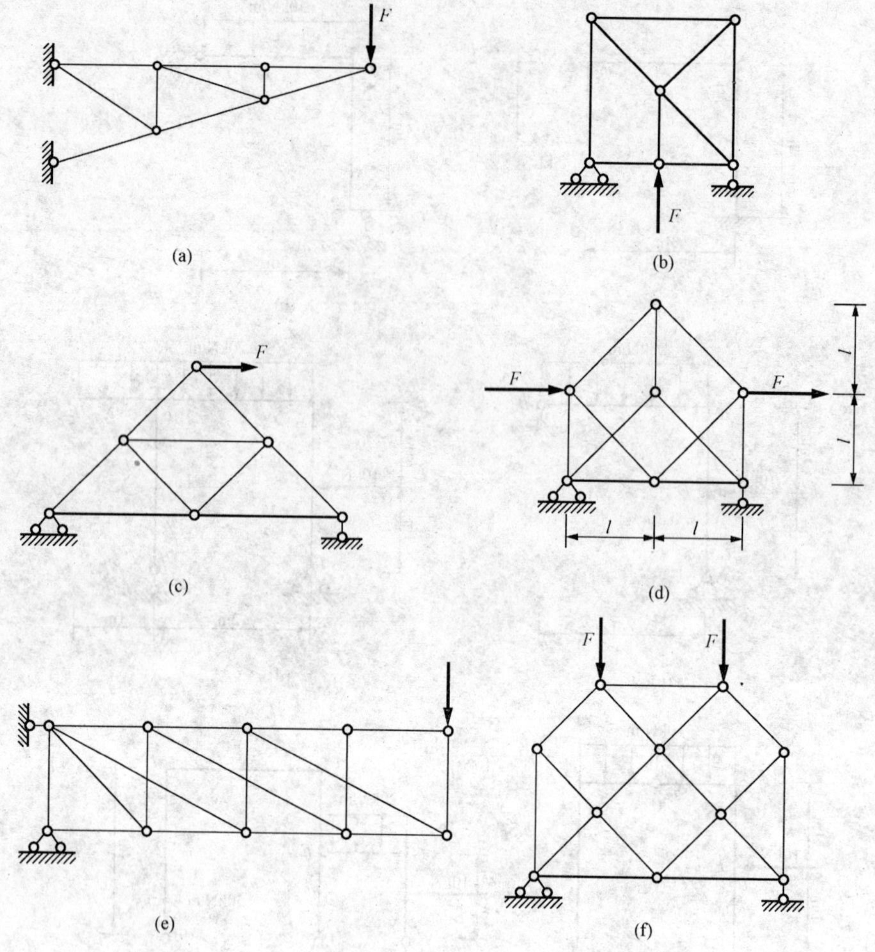

图 3-44 题 3-15 图

3-16 试用结点法求如图 3-45 所示桁架的内力。

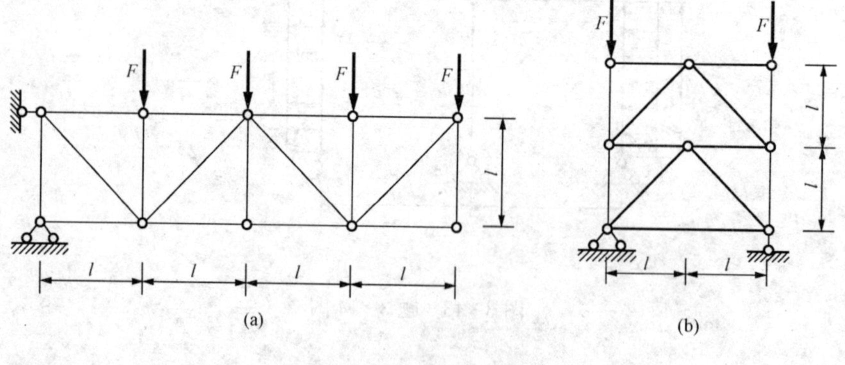

图 3-45 题 3-16 图

3-17　求如图 3-46 所示桁架指定杆件的内力。

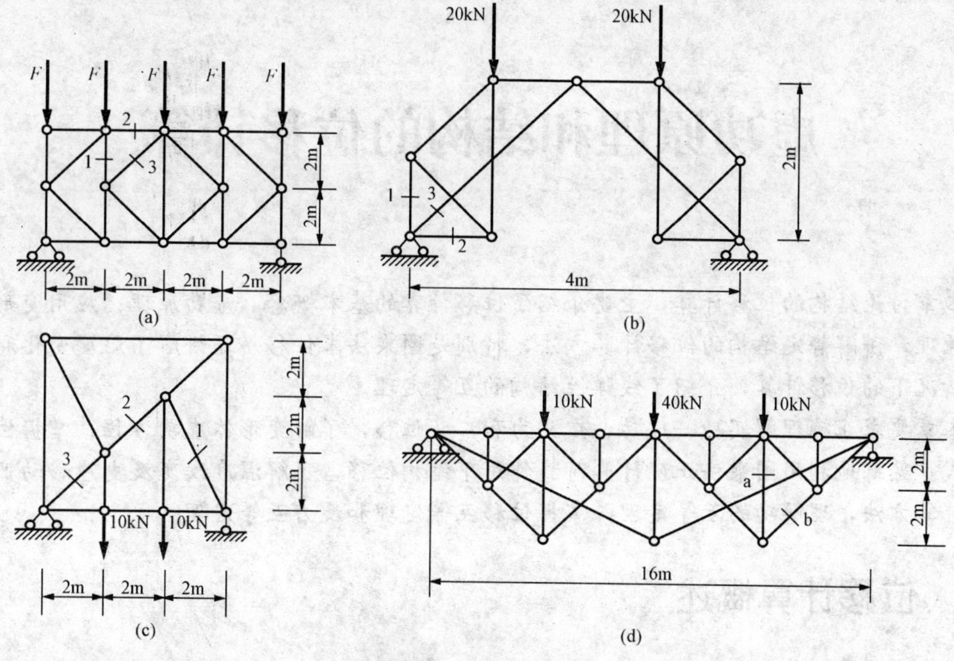

图 3-46　题 3-17 图

3-18　试求如图 3-47 所示组合屋架二力杆的轴力，并作出梁式杆的内力图。

3-19　如图 3-48 所示抛物线三铰拱的拱轴线方程为$y=\frac{4f}{l^2}x(l-x)$，$l=16\text{m}$，$f=4\text{m}$。试求截面 D，D^L，D^R，E 的内力。

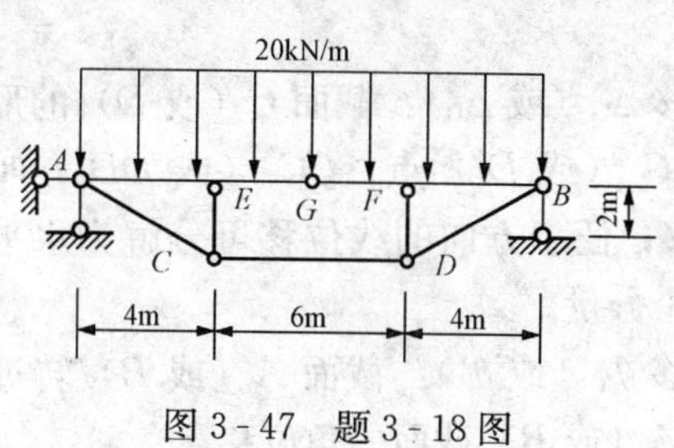

图 3-47　题 3-18 图

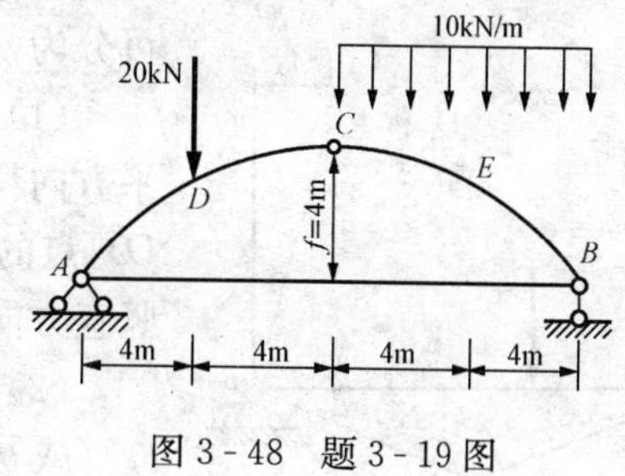

图 3-48　题 3-19 图

第 4 章

虚功原理和结构的位移计算

本章讨论结构的位移计算，主要介绍了位移计算的基本概念，虚功原理；应用变形体的虚功原理，讲解静定结构的位移计算方法，特别是图乘法求位移。还讲解了温度变化和支座下沉情况下的位移计算，介绍了线弹性结构的互等定理。

本章要求正确理解实功、虚功、广义力和广义位移，了解变形体虚功方程，掌握位移计算公式，熟练地利用图乘法正确计算荷载作用下结构位移，了解温度改变及支座移动产生的位移计算方法，理解功的互等定理，掌握位移互等定理和反力互等定理。

4.1 位移计算概述

任何结构都是由可变形的固体材料组成的，因此结构在各种因素（如荷载、支座移动、制造或装配误差、温度变化、材料胀缩等）作用下，杆件的形状会发生变化，称为结构的变形。由于结构的变形，其上任一截面位置和方向的改变，称为结构的位移。

4.1.1 结构位移的分类

如图 4-1 所示刚架在荷载 F_P 作用下发生变形，变形曲线如图中虚线所示，结构的位移可分为：

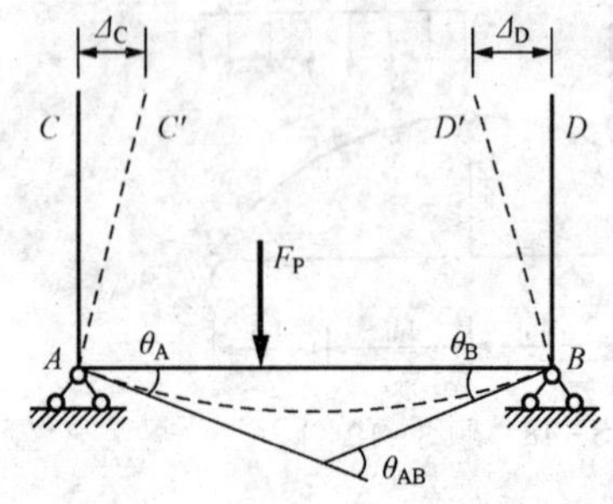

图 4-1　绝对位移和相对位移

(1) 线位移 Δ_C（或 Δ_D）：截面 C（或 D）的形心沿水平方向移动到 C'（或 D'）点，CC'（或 DD'）叫 C（或 D）点的线位移；任意方向的线位移可分解为水平方向和竖直方向的两个分量。

(2) 角位移 θ_A（或 θ_B）：截面 A（或 B）转过的角度 θ_A（或 θ_B）叫 A（或 B）截面的角位移。

(3) 绝对位移 Δ_C、Δ_D、θ_A、θ_B：指相对参考坐标系的位移。

(4) 相对位移：指两截面间的相对位移。如 C、D 两截面的相对线位移为 $\Delta_{CD}=\Delta_C+\Delta_D$；$A$、$B$ 两截面的相对角位移为 $\theta_{AB}=\theta_A+\theta_B$。

以上各种位移统称广义位移。

本章研究的是线性变形体系位移的计算，即材料处于弹性阶段，应力与应变成正比；且结构变形是微小的，可认为变形后荷载的作用位置和方向不变，所以计算位移时，可以应用叠加原理。

4.1.2　计算结构位移的目的

(1) 从工程应用方面：在结构设计中要保证结构刚度的要求，即结构不能产生过大的变形，因此要进行刚度验算。

(2) 从结构分析方面：为超静定结构的内力分析打基础，因为在超静定结构的内力分析中要用变形条件来建立补充方程。

(3) 从土建施工方面：在结构的制作、安装过程中，常需要预先知道结构发生位移后的位置，以便制定施工方案。

(4) 从后续专题方面：在计算结构稳定和结构振动等问题时，都常需要计算结构的位移。

4.1.3　计算结构位移的方法

计算结构位移的方法主要有两种。一种是几何法，即首先建立杆件的挠曲线近似微分方程，然后积分。这种方法主要用于求整个梁的挠曲线，适用于单个杆的计算。但对荷载和结构复杂的情况，推导位移方程（挠曲线、转角方程）十分繁琐，且不能直接求出任一指定截面的位移。因此在结构力学中用另一种方法即虚功法（单位荷载法）求结构的位移。此法适用于各种结构在各种因素作用下的位移计算，十分方便。虚功法是以功能原理为基础的，因此本章先介绍虚功原理，然后具体讨论静定结构的位移计算。

4.2　刚体虚功原理及应用

4.2.1　功的定义和各种力所做功的表达方法

在物理学中已经给出功的定义：一个常力所做的功等于该力的大小乘以其作用点沿力方向的位移，即

$$W = F_P\Delta \tag{4-1}$$

式中　W——功；

F_P——广义力（可以是集中力、集中力偶、均布荷载、一组平衡的集中力、一组平衡的集中力偶）；

Δ——与广义力 F_P 相对应的广义位移（可以是线位移、角位移、绝对位移、相对位移）。

各种力所做功的表达方法如下。

(1) 单个集中力做的功，如图 4-2 (a) 所示

$$W = F_P\Delta = F_P S\cos\alpha$$

式中　S——位移；

α——力与位移方向间的夹角。

(2) 单个集中力偶做的功，如图 4-2 (b) 所示

$$W = m\theta$$

(3) 均布荷载做的功，如图 4-2（c）所示

$$W=\int_A^B q\,\mathrm{d}x=q\int_A^B \mathrm{d}x=q\omega_{AB}$$

式中　ω_{AB}——相应位移的面积。

(4) 成组集中力做的功，如图 4-2（d）所示为一对平衡的集中力

$$W=F_P(\Delta_A+\Delta_B)=F_P\Delta_{AB}$$

式中，$\Delta_{AB}=\Delta_A+\Delta_B$（$A$、$B$ 两截面的相对线位移）。

(5) 成组集中力偶做的功，如图 4-2（e）所示为一对平衡的集中力偶

$$W=m(\theta_A+\theta_B)=m\theta_{AB}$$

式中，$\theta_{AB}=\theta_A+\theta_B$（$A$、$B$ 两截面的相对角位移）。

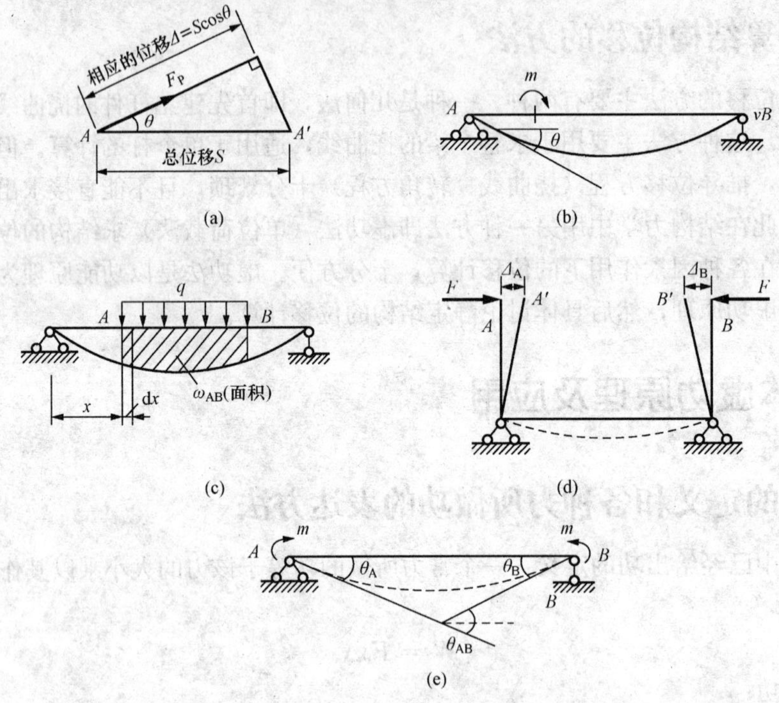

图 4-2　力与相应位移

(a) 单个集中力；(b) 单个集中力偶；(c) 均布荷载；(d) 一对平衡的集中力；(e) 一对平衡的集中力偶

4.2.2　实功与虚功

1. 实功

由以上讨论可知，形成功的因素有两个，即力与位移。当力与位移彼此相关时，即位移是由做功的力本身引起的，则称力的功为实功。如图 4-3（a）所示的悬臂梁，梁上有静荷载 F 作用于 A 点。当荷载从零以无限缓慢的速度增加到最终值 F_P（静力加载）的过程中，A 点的竖向位移也由零逐渐增加到 Δ。

对于线性变形结构，力与位移成正比，即材料服从虎克定律，其关系曲线如图 4-3（b）

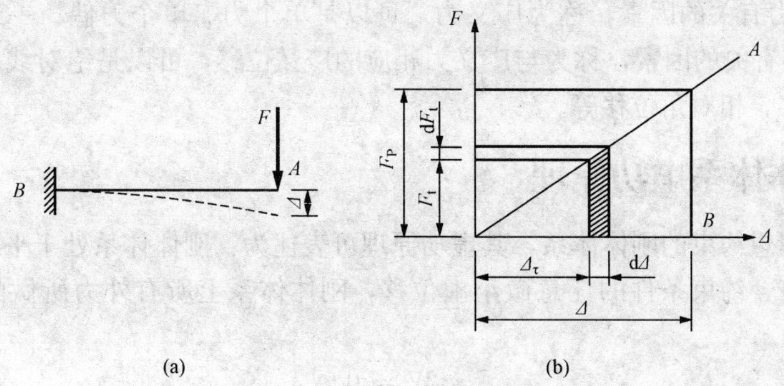

图 4-3　力 F 的实功

(a) 悬臂梁的位移；(b) 静荷载的位移曲线

所示。在任一瞬时，当荷载由 F_t 增加到 F_t+dF_t 时，位移也相应地由 Δ_t 增加到 $\Delta_t+d\Delta_t$，在 $d\Delta_t$ 过程中将 F_t 看作常量（忽略 dF_t），则荷载 F_t 在位移 $d\Delta_t$ 上的元功为

$$dW = F_t d\Delta_t$$

其值等于图 4-3（b）中的阴影部分的面积。因此，在加载过程中，F 所做的功为

$$W = \int_0^\Delta dW = \int_0^\Delta F_t d\Delta_t = \int_0^\Delta \left(\frac{F}{\Delta}\Delta_t\right) d\Delta_t = \frac{1}{2}F\Delta \qquad [4-2(a)]$$

即等于图 4-3（b）中三角形 OAB 的面积。这里的位移 Δ 是由做功的力 F_t 引起的。W 是 F_t 在其自身引起的位移 Δ 上做功故为实功。由于在位移过程中，F_t 是变力，是由零逐渐增至 F_P 的，所以在计算式［4-2（a）］中有“1/2”。

2. 虚功

当做功的力与相应的位移互相独立、彼此无关，即位移是由其他原因引起的时，称力的功为虚功。

这里指的其他原因，可以是另外的荷载、温度的变化、支座的移动等。如图 4-4 所示，在力 F_1 作用下，刚性杆在 BAC 位置上平衡，然后在 C 处缓慢加一重物，刚性杆产生位移后在 $BA'C'$ 位置上平衡，此时力 F_1 作用点由 A 移到 A'，显然位移 Δ_2 并不是由力 F_1 引起的，所以力 F_1 与位移 Δ_2 彼此独立、互不相关，此时 $W=F_1\Delta_2$ 为虚功。即

$$W = F_1\Delta_2 \qquad [4-2(b)]$$

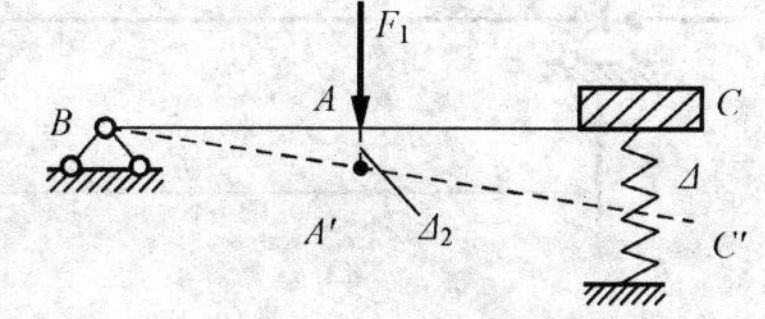

图 4-4　力 F 的虚功

将虚功与实功比较可知，虚功式［4-2（b）］没有系数“1/2”，因为此时 F_1 为常力。而式［4-2（a）］中的力为变力。

4.2.3　广义力和广义位移

今后不仅会遇到单个力做功的问题，而且会遇到其他形式的力和力系做功的问题。对于各种形式常力所做的虚功，可以参照式［4-2（b）］，用力和位移这两个彼此独立无关的因子的乘积来表示，即

$$W = F_P\Delta \qquad (4-3)$$

式中，F_P 是与力有关的因素，称为广义力，可以是单个力、单个力偶、一组力、一组力偶等。Δ 是与位移有关的因素，称为与广义力相应的广义位移，可以是绝对线位移、绝对角位移、相对线位移、相对角位移等。

4.2.4 刚体体系虚功原理

对于具有理想约束的刚体体系，其虚功原理可表述为：刚体体系处于平衡的必要和充分条件是，对于符合约束条件的任意微小虚位移，刚体体系上所有外力所做的虚功总和等于零。即

$$W = 0 \tag{4-4}$$

式（4-4）称为刚体体系的虚功方程。

4.2.5 虚功原理的两种应用

由于在虚功原理中力状态和位移状态彼此独立，因此在应用时可根据不同需要，将其中的一个状态看作是虚设的，而另一个状态则为问题的实际状态。现分别讨论两种不同的虚设状态及其应用。

1. *虚设位移状态——求未知力*

这种方法是在给定力系与虚设位移之间应用虚功原理，也称为虚位移原理。根据虚位移原理所建立的虚功方程，实质上是静力平衡方程，其特点是将一个静力平衡问题转化为几何问题，也就是利用虚位移之间的几何关系来计算给定力系中的未知力。这种沿未知力 X 方向虚设单位位移的方法称为虚单位位移法。如图 4-5（a）所示简支梁，若采用虚单位位移法求 B 端的支座反力，则可进行如下分析：

首先去掉支座 B 的链杆并代以相应的未知力 X，则此时结构变为机构，如图 4-5（b）所示，然后令此机构沿 X 的正向发生单位虚位移 $\delta_X=1$，得如图 4-5（c）所示的虚位移图，读者可利用几何关系和虚功方程完成余下的分析。

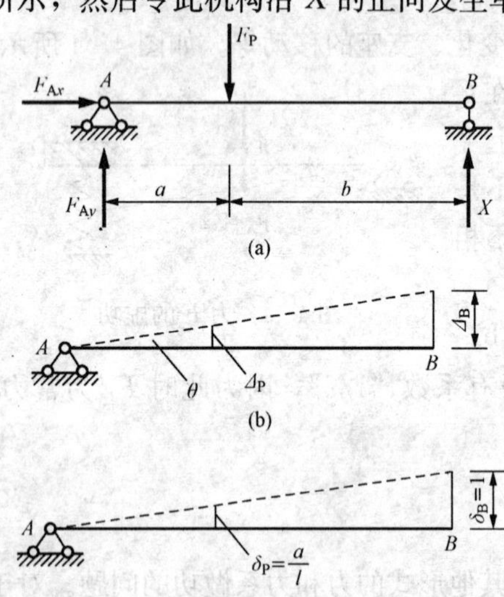

图 4-5 虚单位位移法

（a）力状态；（b）位移状态；（c）单位位移状态

这种方法不仅可以用来求解反力（外力），还可以用来求解弯矩（内力）。

例 4-1 试利用虚单位位移法求解如图 4-6（a）所示多跨静定梁的支座反力 F_{By} 和截面 E 处的弯矩 M_E。

解：（1）求支座反力 F_{By}。

先去掉支座 B 的链杆代以相应的未知力 X，得到如图 4-6（b）所示的机构，令此机构沿 X 正向发生单位虚位移 $\delta_X=1$，得到如图 4-6（c）所示的虚位移图，由几何关系可得

$$\delta_1 = -\frac{1}{2}; \ \delta_2 = -\frac{3}{4}$$

虚功方程为

$$X \times 1 + F_{P1}\delta_1 + F_{P2}\delta_2 = 0$$

所以

$$X = -F_{P1}\delta_1 - F_{P2}\delta_2 = F_P \times \frac{1}{2} + 2F_P \times \frac{3}{4} = 2F_P$$

(2) 求 M_E。

去除 E 处弯曲方向的约束，代以相应未知力 X，得到如图 4-6（d）所示的机构，令此机构沿 X 正向发生相对的虚单位转角 $\delta_X=1$，得到如图 4-6（e）所示的虚位移图，由几何关系可得

$$\delta_1 = -a;\ \delta_2 = \frac{a}{2}$$

虚功方程为

$$X \times 1 + F_{P1}\delta_1 + F_{P2}\delta_2 = 0$$

所以

$$X = -F_{P1}\delta_1 - F_{P2}\delta_2 = F_P a - 2F_P \times \frac{a}{2} = 0$$

即此时截面 E 处的弯矩为零。

2. 虚设力状态——求未知位移

如图 4-7（a）所示简支梁，其支座 B 向下移动了已知距离 c，现求点 C 由此发生的竖向位移 Δ_{CV}。为此，可虚设一个力状态如图 4-7（b）所示。根据式（4-4），有

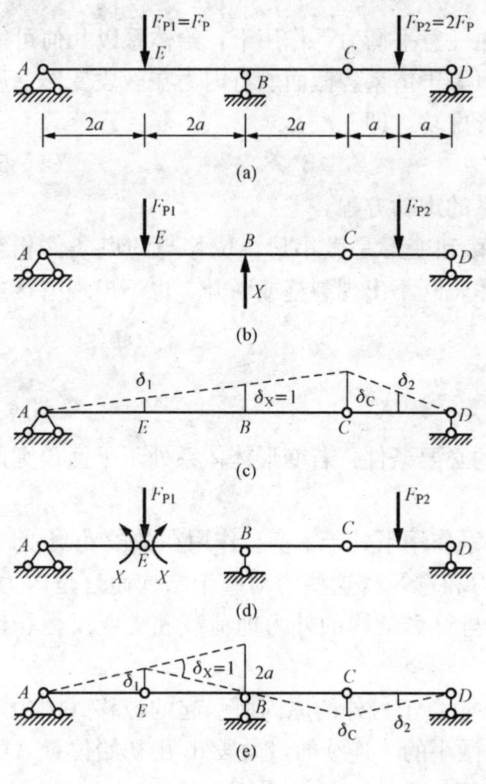

图 4-6　例 4-1 图

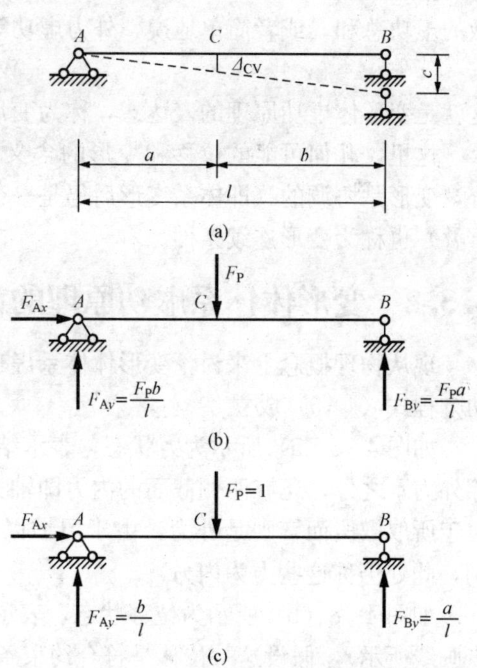

图 4-7　虚单位荷载法

$$F_P\Delta_{CV}-F_{By}c=0$$

由此得

$$\Delta_{CV}=F_{By}\frac{c}{F_P}=\frac{F_Pa}{l}\times\frac{c}{F_P}=\frac{a}{l}c$$

考虑计算简便，可在虚设力系时令 $F_P=1$。如图 4-7（c）所示，可得

$$\Delta_{CV}=\overline{F}_{By}c=\frac{a}{l}c$$

这种计算是在虚设力系与给定位移状态之间应用虚功原理，也称虚力原理。这种在所求位移处沿所求位移方向虚设单位荷载 $F_P=1$ 的方法，称为虚单位荷载法。

根据虚力原理建立的虚功方程实质上是未知位移 Δ_{CV} 与已知支座位移 c 之间的几何方程。此方法是把求解未知位移的几何问题转化为了静力平衡问题，也就是利用虚设力系中 $\overline{F}_{By}$ 与 $F_P=1$ 之间的静力平衡关系来计算实际位移状态中的未知位移 Δ_{CV}。

4.3 变形体虚功原理及应用

在变形过程中，各杆不但要发生刚体运动，其内部材料同时也会产生应变，体系属于变形体体系。

4.3.1 变形体体系虚功原理的表述

对于变形体体系，虚功原理表述如下：体系在任意平衡力系作用下，给体系以几何可能的位移和变形，体系上所有外力所做的虚功总和恒等于体系各截面所有内力在微段变形上所做的虚功总和，或者简单地说，外力虚功等于变形虚功，即

$$W_{外}=W_{变} \tag{4-5}$$

这就是变形体虚功原理的表达式，称为变形体体系的虚功方程。

这里，几何可能的位移和变形的含义为：位移和变形是微小量，位移与约束条件相符合，变形是协调的（即体系变形后仍是一个连续体，既不出现裂缝或断开，也不出现搭接或重叠）也称为变形连续条件。

4.3.2 变形体体系虚功原理的证明

现从物理概念上来讨论变形体体系虚功原理的必要条件：若变形体体系处于平衡，则虚功方程式（4-5）成立。

如图 4-8（a）所示为力状态，表示结构在力系作用下处于平衡。作用在微段 ds 上的力除外力 q 之外，还有两侧截面的内力即轴力、剪力和弯矩（这些力对整个结构而言是内力，对于所取微段而言则是外力，由于习惯以及为了与整个结构的外力即荷载和支座反力相区别，此处仍称这些力为内力）。

如图 4-8（b）所示为位移状态，表示同一结构由于另外的原因所引起的位移（图中双点画线所示），假设这一位移是符合约束条件的、微小的、连续的，微段 ds 由初始位置 $ABCD$ 移动到最终位置 $A_1B_1C_2D_2$。

让图 4-8（a）中微段上的力，在图 4-8（b）中微段对应的位移上做功，然后把所有微

段的虚功加起来，就是整个结构的总虚功 $W_{总}$。

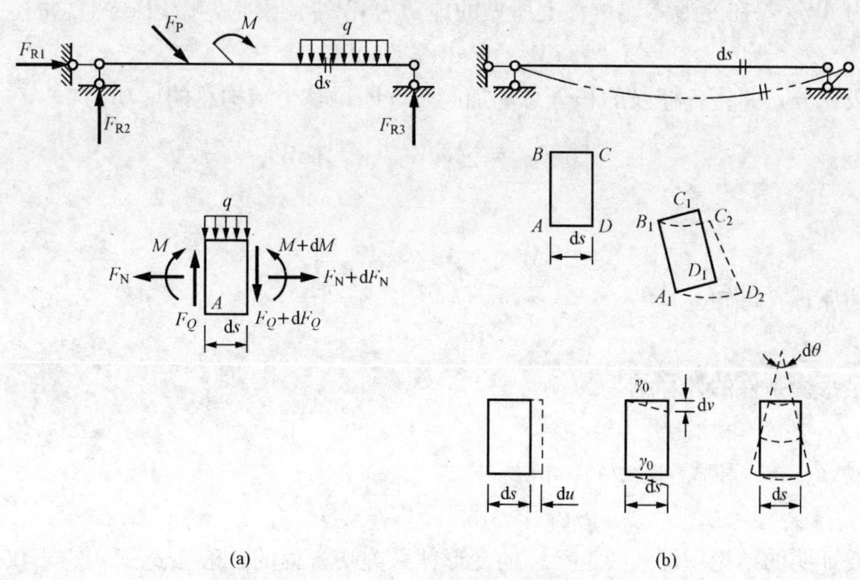

图 4-8　微段上的作用力在相应虚位移上做虚功

(a) 力状态；(b) 位移状态

1. 从变形的连续条件方面考虑（即按外力虚功与内力虚功计算）

首先将微段 ds 上作用的力区分为外力和内力，虚位移过程当中，这两套力都做功：一是外力（荷载和支座反力）所做的虚功 $dW_{外}$，一是截面上内力所做的虚功 $dW_{内}$，于是，微段 ds 上总的虚功为

$$dW_{总} = dW_{外} + dW_{内}$$

将其沿杆段积分，并将各杆段的积分总和加起来，即得整个结构总的虚功为

$$\sum\int dW_{总} = \sum\int dW_{外} + \sum\int dW_{内}$$

或简写为

$$W_{总} = W_{外} + W_{内}$$

式中，$W_{外}$是整个结构所有外力（荷载和支座反力）在其相应的虚位移上所做虚功的总和，称为外力虚功。$W_{内}$是所有微段上内力在虚位移上所做虚功的总和，称为内力虚功。

由于任何两个相邻微段相邻截面上的内力总是成对出现的，且大小相等、方向相反，又由于虚位移是光滑、连续的，两微段相邻的截面总是紧密贴在一起，且有相同的位移，故每一对相邻截面上内力所做的虚功相互抵消，故有

$$W_{内} = 0$$

因此，满足变形连续条件的计算结果为

$$W_{总} = W_{外} \tag{4-6}$$

2. 从力系的平衡条件方面考虑（即按刚体虚功与变形虚功计算）

这种方法是将微段 ds 的虚位移分为刚体虚位移和变形虚位移两类：先让微段 ds 只发生刚体虚位移，即由 $ABCD$ 移动到 $A_1B_1C_1D_1$；然后再发生变形虚位移，即 A_1B_1 不动，C_1D_1

移动到 C_2D_2，从而达到最终位置 $A_1B_1C_2D_2$。令作用在微段上所有各力在刚体虚位移上所做的虚功为 $\mathrm{d}W_{刚}$，在变形体虚位移上所做的虚功为 $\mathrm{d}W_{变}$。于是，微段 $\mathrm{d}s$ 上总的虚功为

$$\mathrm{d}W_{总} = \mathrm{d}W_{刚} + \mathrm{d}W_{变}$$

将其沿杆段积分，并将各杆段的积分总和加起来，即得整个结构总的虚功为

$$\sum\int \mathrm{d}W_{总} = \sum\int \mathrm{d}W_{刚} + \sum\int \mathrm{d}W_{变}$$

简写为

$$W_{总} = W_{刚} + W_{变}$$

由刚体虚功原理，可知

$$W_{刚} = 0$$

因此，满足平衡条件的计算结果为

$$W_{总} = W_{变} \tag{4-7}$$

比较式（4-6）和式（4-7），可得

$$W_{外} = W_{变} \tag{4-8}$$

这就是需要证明的结论，即式（4-5）的变形体系虚功方程的一般表达式。它不仅适用于杆件结构，也适用于板、壳等非杆件结构。

对于平面杆系结构，虚功方程还可以推导如下：

由于单个外力虚功按 $W=F_P\Delta$ 计算，故所有外力（包括荷载和支座反力）在虚位移上所做虚功的总和为

$$W_{外} = \sum F_P\Delta \tag{4-9}$$

在分析 $W_{变}$ 时可将图 4-8（b）中微段 $\mathrm{d}s$ 的变形分解为弯曲变形 $\mathrm{d}\theta$、轴向变形 $\mathrm{d}u$ 和剪切变形 $\mathrm{d}v$。力状态微段的受力如图 4-8（a）所示。由于微段上弯矩、轴力和剪力的增量 $\mathrm{d}M$、$\mathrm{d}F_N$ 和 $\mathrm{d}F_Q$ 以及分布荷载 q 在这些变形上所做虚功为高阶微量而可略去，因此微段上各力在其变形上所做的虚功为

$$\mathrm{d}W_{变} = M\mathrm{d}\theta + F_N\mathrm{d}u + F_Q\mathrm{d}v$$

假如此微段上还有集中荷载或力偶荷载作用，可以认为它们作用在截面 AB 上，故当微段变形时，它们并不做功。总之，仅考虑微段的变形虚位移而不考虑其刚体虚位移时，外力不做功，只有截面上的内力做功。对于平面杆系有

$$W_{变} = \sum\int \mathrm{d}W_{变} = \sum\int M\mathrm{d}\theta + \sum\int F_N\mathrm{d}u + \sum\int F_Q\mathrm{d}v \tag{4-10}$$

可见，$W_{变}$ 实际上是所有微段上内力在变形虚位移上所做虚功的总和，称为变形虚功。

须注意的是：这里的 $W_{变}$ 与 $W_{内}$ 是有区别的。$W_{内}$ 是指所有微段上内力在截面的总位移（包括刚体位移和变形位移两部分）上所做虚功的总和，如前所述，它恒等于零；这里的 $W_{变}$ 仅指所有微段上内力在截面的变形位移上所做虚功的总和。

将有关 $W_{外}$ 和 $W_{变}$ 的计算式（4-9）和式（4-10）代入式（4-5），则平面杆系结构的虚功方程可表示为

$$\sum F_P\Delta = \sum\int M\mathrm{d}\theta + \sum\int F_N\mathrm{d}u + \sum\int F_Q\mathrm{d}v \tag{4-11}$$

4.3.3　变形体体系虚功原理的说明

（1）在上面的推证过程中，只考虑了力系的平衡条件和变形的连续条件。所以，虚功方程既可以用来代替平衡方程，也可以用来代替几何方程（即协调方程）。

（2）在推证虚功方程过程中，没有涉及材料的性质（弹性模量、惯性矩、截面面积）。因此，变形体体系的虚功方程是一个普遍方程，既适用于弹性问题，也适用于非弹性问题。

（3）变形体体系的虚功原理同样适用于刚体体系。由于刚体体系发生虚位移时，各微段不产生任何变形位移，故变形虚功$W_{变}=0$，于是式（4-5）成为

$$W_{外}=0 \tag{4-12}$$

可见，刚体体系的虚功原理是变形体体系虚功原理的一个特例。

（4）在应用方面，虚功方程是个“两用方程”，具体应用时可有两种形式。鉴于力系与变形彼此是独立无关的，因此，如果力系是给定的，则可虚设位移，式（4-11）便称为变形体体系的虚位移方程，它代表力系的平衡方程，常可用于求力系中的某个未知力；如果位移是实有的，则可虚设力系，式（4-11）便称为变形体体系的虚力方程，它代表几何协调方程，常可用于求实际位移状态中某个未知位移。本章主要介绍虚力方程及其应用。

4.3.4　变形体体系虚功原理的应用

1. 利用虚功原理计算结构的位移

图4-9（a）所示平面杆系结构在荷载、支座移动和温度变化等因素共同作用下发生的实际变形情况，称为实际位移状态。现利用虚功原理求任一截面K沿任一指定方向$i-i$的位移Δ。

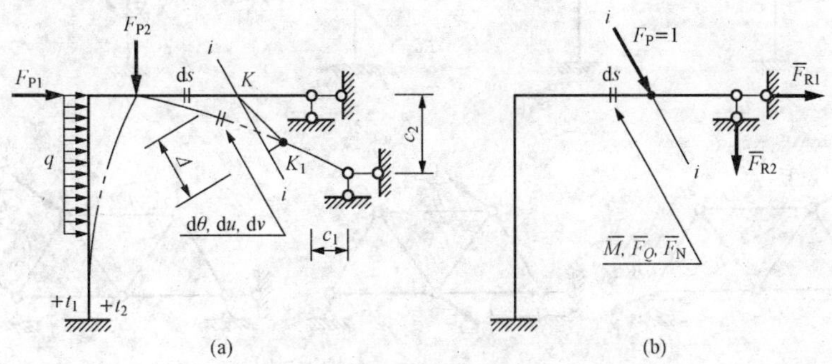

图4-9　单位荷载法

（a）实际位移状态；（b）虚设力状态

为了求得位移Δ，应选取如图4-9（b）所示的虚设力状态，即在该结构的K点处沿$i-i$方向加上一个单位荷载$F_P=1$。此时，结构在单位荷载与相应的各支座反力作用下维持平衡，其内力用$\overline{M}$、$\overline{F}_N$、$\overline{F}_Q$来表示，与实际支座c_1、c_2位移相应的支座反力则用$\overline{F}_{R1}$、$\overline{F}_{R2}$表示。

根据平面杆件结构的虚功方程（4-11），其等号左侧为

$$\sum F_P\Delta = 1\times\Delta+\overline{F}_{R1}c_1+\overline{F}_{R2}c_2 = 1\times\Delta+\sum\overline{F}_Rc$$

于是有

$$1\times\Delta+\sum\overline{F}_{\mathrm{R}}c=\sum\int\overline{M}\mathrm{d}\theta+\sum\int\overline{F}_{\mathrm{N}}\mathrm{d}u+\sum\int\overline{F}_{\mathrm{Q}}\mathrm{d}v$$

省略等号左侧的“1”，即得平面杆系结构位移计算的一般公式

$$\Delta=\sum\int\overline{M}\mathrm{d}\theta+\sum\int\overline{F}_{\mathrm{N}}\mathrm{d}u+\sum\int\overline{F}_{\mathrm{Q}}\mathrm{d}v-\sum\overline{F}_{\mathrm{R}}c \tag{4-13}$$

此式适用于任何材料的静定或超静定结构。

这种通过虚设单位荷载作用下的平衡状态，利用虚力原理求结构位移的方法，称为单位荷载法。该方法适用于结构小变形情况。

2. *虚拟单位荷载的施加方法*

应用单位荷载法每次只能求得一个位移。这个位移可以是线位移，也可以是角位移或相对线位移、相对角位移，即属广义位移。因此，需特别强调，当求任意广义位移时，所需施加的虚单位荷载，应是一个在所求位移截面、沿所求位移方向并且与所求广义位移相应的广义力。这里，“相应”是指力与位移在做功关系上的对应，如集中力与线位移对应，力偶与角位移对应，等。在计算位移时，虚设单位荷载的指向可以任意假定，若计算出来的结果为正，就表示实际位移的方向与虚设单位荷载的方向相同，否则相反。这是因为 Δ 计算结果为负时，表示虚设单位荷载所做的虚功为负，即位移的方向与虚设单位荷载的方向相反。

典型的虚拟单位荷载施加方法如下：

(1) 图 4-10 (a) 所示为求刚架 K 点沿 $i-i$ 方向线位移时的虚拟力状态。

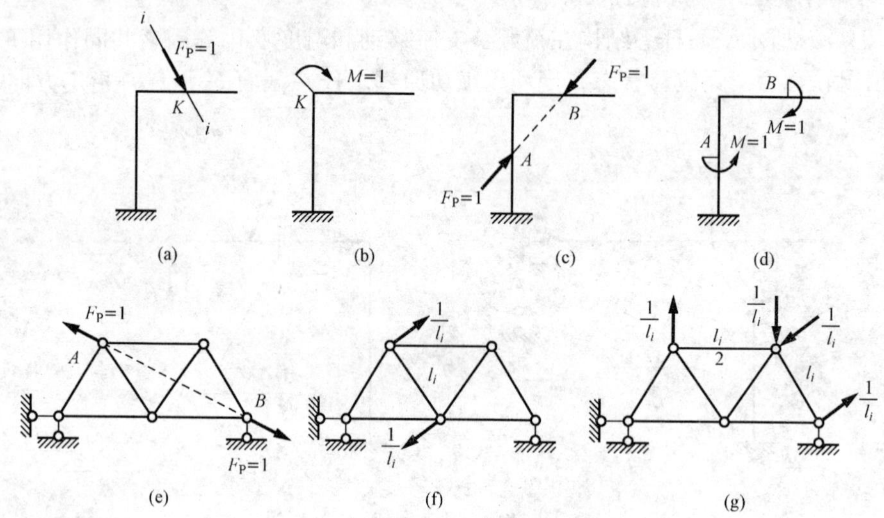

图 4-10 虚拟单位荷载的施加方法

(2) 图 4-10 (b) 所示为求刚架 K 截面角位移时的虚拟力状态。

(3) 图 4-10 (c) 所示为求刚架 A、B 两点沿其连线方向相对线位移时的虚拟力状态。

(4) 图 4-10 (d) 所示为求刚架 A、B 两截面相对角位移时的虚拟力状态。

(5) 图 4-10 (e) 所示为求桁架 A、B 两点沿其连线方向相对线位移时的虚拟力状态。

(6) 图 4-10 (f) 所示为桁架第 i 根杆产生角位移时的虚拟力状态。施加于该杆两端结点的一对力正好构成一个单位力偶 $M=1$，其中每一个力均为 $\frac{1}{l_i}$ 且与该杆垂直，这里的 l_i 为

第 i 根杆的长度。

(7) 图4-10 (g) 所示为桁架第 i 根杆与第 j 根杆间产生相对角位移的虚拟力状态。施加于该两杆两端结点的各一对力，正好构成方向相反的一对单位力偶。

4.4　荷载作用下静定结构的位移计算

4.4.1　荷载作用下静定结构位移计算的一般公式

当仅考虑荷载作用时，由于没有支座移动项，式 (4-13) 简化为

$$\Delta=\sum\int\overline{M}\mathrm{d}\theta+\sum\int\overline{F}_{\mathrm{N}}\mathrm{d}u+\sum\int\overline{F}_{\mathrm{Q}}\mathrm{d}v \tag{4-14}$$

式中，$\mathrm{d}\theta$、$\mathrm{d}u$ 和 $\mathrm{d}v$ 是实际状态中由荷载引起的微段 $\mathrm{d}s$ 的变形位移，是描述微段总变形的三个基本参数，由图4-8 (b) 可知：

$$\left.\begin{aligned}&\text{相对轴向位移} && \mathrm{d}u=\varepsilon\mathrm{d}s\\&\text{相对剪切位移} && \mathrm{d}v=\gamma_0\mathrm{d}s\\&\text{相对转角} && \mathrm{d}\theta=k\mathrm{d}s\end{aligned}\right\} \tag{4-15}$$

式中　ε——轴向伸长应变；

γ_0——平均剪切应变；

k——轴线曲率$\left(k=\dfrac{1}{R}，R\text{ 为轴线变形后的曲率半径}\right)$。

对于常见的在荷载作用下的弹性结构，由材料力学可知

$$\mathrm{d}u=\frac{F_{\mathrm{N}}}{EA}\mathrm{d}s；\mathrm{d}v=\mu\frac{F_{\mathrm{Q}}}{GA}\mathrm{d}s；\mathrm{d}\theta=\frac{M}{EI}\mathrm{d}s \tag{4-16}$$

式中，M、F_{N}、F_{Q} 分别为由实际状态中的荷载引起的内力，用 M_{P}、F_{NP}、F_{QP} 表示；而 EA、GA、EI 分别为抗拉压、抗剪、抗弯刚度；μ 为考虑剪应力分布不均匀系数，如对于矩形截面 $\mu=1.2$，圆形截面 $\mu=10/9$，薄壁圆环形截面 $\mu=2$，工字形或箱形截面 $\mu=A/A_1$ (A_1 为腹板面积)。将式 (4-16) 代入式 (4-14)，即得到平面杆件结构在荷载作用下的位移计算公式

$$\Delta=\sum\int\frac{\overline{M}M_{\mathrm{P}}}{EI}\mathrm{d}s+\sum\int\frac{\overline{F}_{\mathrm{N}}F_{\mathrm{NP}}}{EA}\mathrm{d}s+\sum\int\mu\frac{\overline{F}_{\mathrm{Q}}F_{\mathrm{QP}}}{GA}\mathrm{d}s \tag{4-17}$$

如果各杆均为直杆，则可用 $\mathrm{d}x$ 代替 $\mathrm{d}s$，即

$$\Delta=\sum\int\frac{\overline{M}M_{\mathrm{P}}}{EI}\mathrm{d}x+\sum\int\frac{\overline{F}_{\mathrm{N}}F_{\mathrm{NP}}}{EA}\mathrm{d}x+\sum\int\mu\frac{\overline{F}_{\mathrm{Q}}F_{\mathrm{QP}}}{GA}\mathrm{d}x \tag{4-18}$$

注意，在式 (4-14) 和式 (4-15) 中共有两类内力：

M_{P}、F_{NP}、F_{QP}——实际荷载引起的内力；

$\overline{M}$、$\overline{F}_{\mathrm{N}}$、$\overline{F}_{\mathrm{Q}}$——虚设单位荷载引起的内力。

关于内力的正负号可规定如下：

轴力 F_{NP}、$\overline{F}_{\mathrm{N}}$——以拉力为正；

剪力 F_{QP}、$\overline{F}_{\mathrm{Q}}$——以使微段顺时针转动为正；

弯矩 M_P、$\overline{M}$——只规定乘积 $M_P\overline{M}$的正负号。当 M_P 与$\overline{M}$使杆件同侧纤维受拉时，其乘积取正值。

4.4.2 各类结构的位移计算公式

对各类不同的结构，其弯曲变形、轴向变形以及剪切变形的影响在位移当中所占的比重是各不相同的。因此，按照考虑主要因素忽略次要因素的原则，式（4-17）和式（4-18）的位移公式可相应地进行简化。

1. 梁和刚架

在梁和刚架中，位移主要是弯矩引起的，轴力和剪力的影响较小，因此，位移公式可简化为

$$\Delta=\sum\int\frac{\overline{M}M_P}{EI}ds \tag{4-19}$$

2. 桁架

在桁架中，在结点荷载作用下各杆只受轴力，而且每根杆的截面面积 A 以及轴力$\overline{F}_N$ 和 F_{NP}沿杆长一般都是常数。因此，位移公式可简化为

$$\Delta=\sum\int\frac{\overline{F}_N F_{NP}}{EA}ds=\sum\frac{\overline{F}_N F_{NP}l}{EA} \tag{4-20}$$

3. 桁梁组合结构

在桁梁组合结构中，梁式杆主要受弯曲，桁架杆只受轴力，因此位移公式可简化为

$$\Delta=\sum\int\frac{\overline{M}M_P}{EI}ds+\sum\int\frac{\overline{F}_N F_{NP}}{EA}ds \tag{4-21}$$

4. 拱

对于拱结构，当拱轴线与压力线比较接近（即两者的距离与杆件的截面高度为同量级），或者是计算扁平拱（$f/1<1/5$）中的水平位移时，应考虑弯曲变形和轴向变形的影响，即

$$\Delta=\sum\int\frac{\overline{M}M_P}{EI}ds+\sum\int\frac{\overline{F}_N F_{NP}}{EA}ds \tag{4-22}$$

当压力线与拱轴线不相近时，通常只考虑弯曲变形的影响，即按式（4-19）计算。

对于类似拱坝的厚度较大的拱形结构，剪切变形的影响还需一并考虑。

本节中所列出的在荷载作用下的位移计算公式，不仅适用于静定结构，也同样适用于超静定结构。

4.4.3 单位荷载法的计算步骤

（1）求出在实际荷载作用下 M_P 的表达式（或作出荷载弯矩图 M_P 图）。

（2）施加相应的单位荷载，列出$\overline{M}$的表达式（或作出单位弯矩图$\overline{M}$图）。

（3）计算位移值：将$\overline{M}$和 M_P 代入相应位移计算公式，求出拟求位移。

（4）在计算所得的位移值后，加圆括号，注明实际方向。

4.4.4 静定结构在荷载作用下的位移计算举例

例 4-2 试求如图 4-11（a）所示简支梁在均布荷载作用下跨中截面 C 的竖向位移（即

挠度）Δ_{CV}，已知 EI=常数。

解：(1) 求出在实际荷载作用下 M_P 的表达式。

建立 x 坐标如图 4-11 (a) 所示。当 $0\leqslant x\leqslant l$ 时，有

$$M_P=\frac{q}{2}(lx-x^2)$$

(2) 求出在虚单位荷载作用下$\overline{M}$的表达式。

根据拟求 Δ_{CV}，在截面 C 施加一竖向单位荷载，作为虚拟状态，如图 4-11 (b) 所示。当 $0\leqslant x\leqslant \frac{l}{2}$时，有

$$\overline{M}=\frac{x}{2}$$

(3) 计算位移值并判断位移方向。

$$\Delta_{CV}=2\int_0^{\frac{l}{2}}\frac{\overline{M}M_P}{EI}\mathrm{d}x=2\int_0^{\frac{l}{2}}\frac{1}{EI}\frac{x}{2}\frac{q}{2}(lx-x^2)\mathrm{d}x=\frac{q}{2EI}\int_0^{\frac{l}{2}}(lx^2-x^3)\mathrm{d}x=\frac{5ql^4}{384EI}(\downarrow)$$

计算结果为正，说明截面 C 竖向位移的方向与虚拟单位荷载的方向相同，即向下。

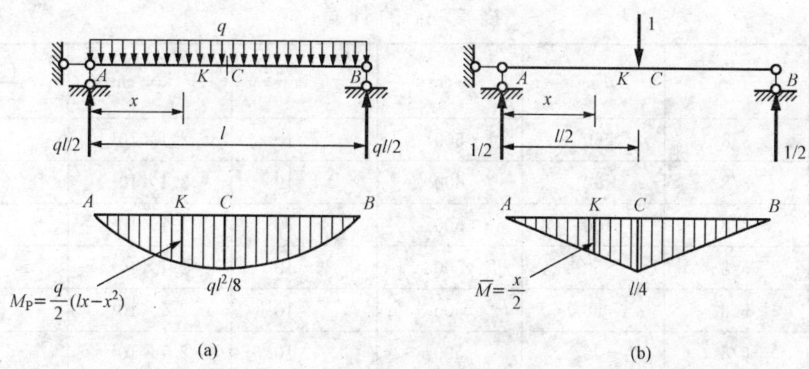

图 4-11　例 4-2 图

(a) M_P 图；(b) $\overline{M}$ 图

用上述方法求位移时，关键要正确地求出弯矩$\overline{M}$、M_P。对同一段杆件而言，$\overline{M}$、M_P 坐标的原点、终点应统一，坐标应灵活选取，以计算简单方便为原则。

例 4-3　计算如图 4-12 (a) 所示桁架下弦 B 点的挠度 Δ_B。已知各杆的截面面积相同，截面面积 $A=10\text{cm}^2$，弹性模量 $E=2.1\times10^5\text{MPa}$。

解：(1) 求 F_{NP}和$\overline{F_N}$。

根据图 4-12 (a) 中所示的荷载作用，可求出该静定桁架各杆的轴力，如图 4-12 (b) 所示（单位 kN）。由于要求 B 点的挠度，所以在 B 点施加单位力 $F_P=1$，同理可求出各杆的轴力，详见图 4-12 (c)。

(2) 求位移 Δ_B，根据桁架位移式 (4-20)

$$\Delta_{KP}=\sum\frac{\overline{F}_N F_{NP}}{EA}l$$

把各杆的内力、杆长等参数代入上式计算，并对所有的杆件求和，便得到所求的位移

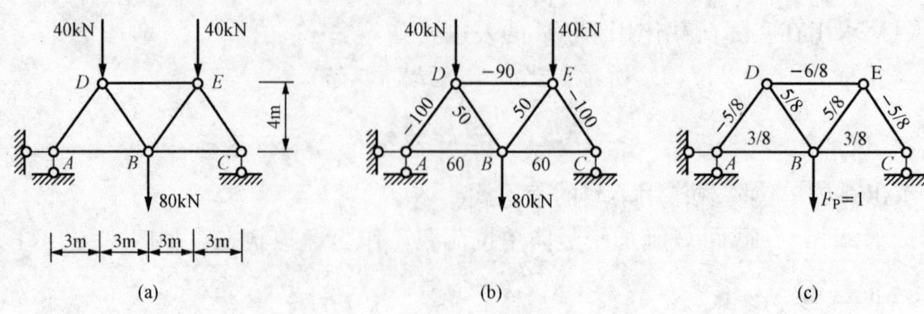

图 4-12 例 4-3 图

$$\Delta_B = \sum \frac{\overline{F}_N F_{NP}}{EA} l = 0.7679\text{cm}(\downarrow)$$

计算结果为正表明位移方向与单位力方向一致，也可利用对称性计算 1/2 再乘以 2。详细过程见表 4-1。

表 4-1 **挠度 Δ_B 的计算**

杆 件	$\overline{F}_N$	F_{NP}	l/cm	A/cm²	E/(kN/cm²)	$\frac{\overline{F}_N F_{NP}}{EA}l$/cm
AB	3/8	60	600	10	2.1×10^4	0.0643
BC	3/8	60	600	10	2.1×10^4	0.0643
AD	−5/8	−100	500	10	2.1×10^4	0.1488
DB	5/8	50	500	10	2.1×10^4	0.0744
BE	5/8	50	500	10	2.1×10^4	0.0744
DE	−6/8	−90	600	10	2.1×10^4	0.1929
EC	−5/8	−100	500	10	2.1×10^4	0.1488
$\sum=0.7679$cm						

用单位荷载法同样可以计算曲杆的位移，剪切变形对位移的影响一般较小，通常可忽略不计，下面通过例题说明其应用。

例 4-4 试求如图 4-13 (a) 所示半径为 R 的圆弧形曲梁 B 点的竖向位移 Δ_B (E、I、A、G 均为常数)。

解：(1) 取圆心 O 为坐标原点，求与 OB 成 θ 角的任意截面 C 在荷载作用下的内力。

(2) 在外荷载 F_P 作用下，由图 4-13 (b) 知任一截面的内力为

$$F_{NP} = F_P \sin\theta$$

$$F_{QP} = F_P \cos\theta$$

$$M_P = F_P R \sin\theta$$

(3) 在 B 点施加一竖向单位力 $F=1$，如图 4-13 (c) 所示。

(4) 在单位力作用下任意截面 C 的内力为

$$\overline{F}_{NK} = \sin\theta$$

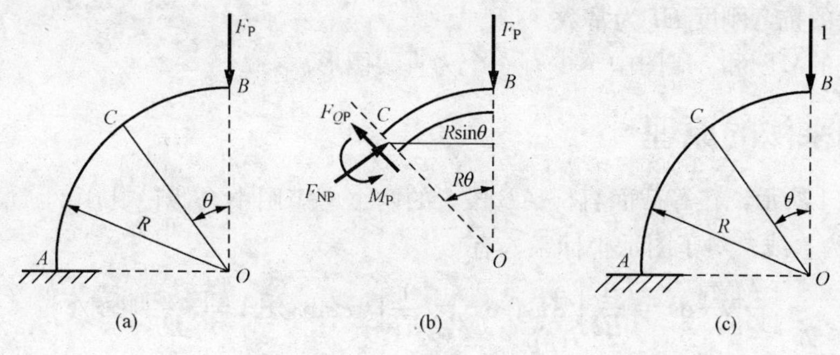

图 4-13　例 4-4 图

$$\overline{F}_{QK} = \cos\theta$$

$$\overline{M}_K = R\sin\theta$$

(5) 计算位移

$$\Delta_B = \frac{F_P R}{EA}\int_0^{\frac{\pi}{2}} \sin^2\theta d\theta + \frac{kF_P R}{GA}\int_0^{\frac{\pi}{2}} \cos^2\theta d\theta + \frac{F_P R^3}{EI}\int_0^{\frac{\pi}{2}} \sin^2\theta d\theta \quad (ds = Rd\theta)$$

$$= \frac{\pi F_P R}{4EA} + \frac{k\pi F_P R}{4GA} + \frac{\pi F_P R^3}{4EI} = \Delta F_N + \Delta F_Q + \Delta M$$

设梁截面为矩形（bh），$k=1.2$，取 $G=\frac{3}{8}E$，有

$$\frac{\Delta F_N}{\Delta M} = \frac{1}{12}\left(\frac{h}{R}\right)^2$$

$$\frac{\Delta F_Q}{\Delta M} = \frac{1}{4}\left(\frac{h}{R}\right)^2$$

当$\frac{h}{R}=\frac{1}{10}$时，则有

$$\frac{\Delta F_N}{\Delta M} = \frac{1}{1200}$$

$$\frac{\Delta F_Q}{\Delta M} = \frac{1}{400}$$

计算表明，在给定的条件下，剪力和轴力引起的位移可忽略不计。

4.5　图乘法计算位移

计算梁和刚架在荷载作用下的位移时，将遇到积分式 $\Delta = \sum\int \frac{\overline{M}M_P}{EI}ds$，计算工作十分繁琐。如果结构各杆段均满足一定的条件，则该积分运算可逐段通过$\overline{M}$和 M_P 两个弯矩图之间相乘的方法来求得解答。

4.5.1　图乘法的适用条件

(1) 杆段的轴线为直线。

（2）杆段的抗弯刚度 EI 为常数。

（3）杆段的$\overline{M}$图和 M_P 图中至少有一个为直线图形。

4.5.2 图乘法的原理

如图 4-14 所示，在等截面直杆 AB 段上的两个弯矩图中，假设其中的 M_P 图为任意形状，而 $\overline{M}$ 图为直线。对于图示坐标系，有

$$\int\frac{\overline{M}M_P}{EI}\mathrm{d}s=\frac{1}{EI}\int\overline{M}M_P\mathrm{d}x=\frac{1}{EI}\int(x\tan\alpha)\mathrm{d}A=\frac{\tan\alpha}{EI}\int x\mathrm{d}A \tag{4-23}$$

式中，$\mathrm{d}A=M_P\mathrm{d}x$ 为 M_P 图中有阴影线的微分面积，而 $\int x\mathrm{d}A$ 即为整个 M_P 图的面积对 y 轴的静矩。用 x_0 表示 M_P 的形心至 y 轴的距离，则有

$$\int x\mathrm{d}A=Ax_0 \tag{4-24}$$

将式（4-24）代入式（4-23），有

$$\int\frac{\overline{M}M_P}{EI}\mathrm{d}s=\frac{\tan\alpha}{EI}(Ax_0)=\frac{A(x_0\tan\alpha)}{EI}$$

即

$$\int\frac{\overline{M}M_P}{EI}\mathrm{d}s=\frac{Ay_0}{EI} \tag{4-25}$$

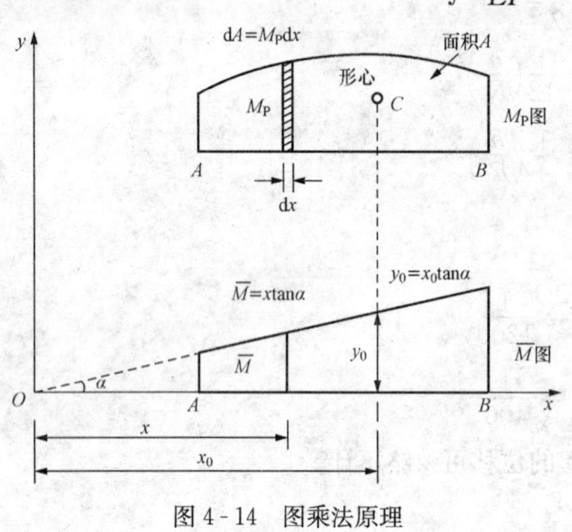

图 4-14 图乘法原理

式中，$y_0=x_0\tan\alpha$，是 M_P 图的形心 C 处所对应的$\overline{M}$图中的竖标。

可见，上述积分式等于一个弯矩图的面积 A 乘以其形心 C 处所对应的另一直线弯矩图上的竖标 y_0，再除以 EI。

这种以图形计算替代积分运算的位移计算方法，就称为图形相乘法（简称图乘法）。

如果结构上所有各杆段均可应用图乘法，则位移计算公式可写为

$$\Delta=\sum\int\frac{\overline{M}M_P}{EI}\mathrm{d}s=\sum\frac{Ay_0}{EI} \tag{4-26}$$

4.5.3 图乘法的注意事项

（1）y_0 只能取自直线图形，而 A 应取自另一图形。

（2）如果 M_P 图与$\overline{M}$图均为直线，则 y_0 可取自其中任一图形。

（3）当 A 与 y_0 在弯矩图基线的同侧时，其互乘值应取正号；在异侧时，取负号。

（4）图 4-15 中列出了几种常见简单图形的面积与形心位置。须注意的是：图中所示抛物线弯矩图均为标准抛物线，即弯矩图曲线的中点（或端点）为抛物线的顶点，而曲线顶点处的切线均与基线平行，该处剪力为零。

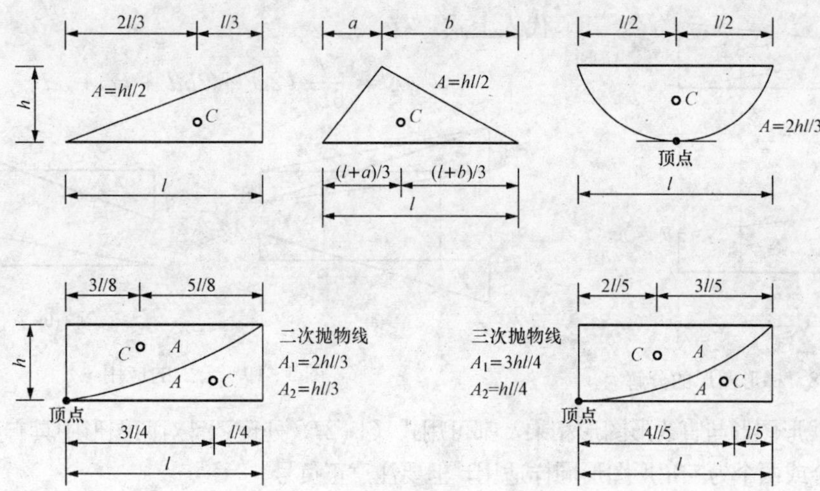

图 4-15　几种常见图形的面积和形心位置

(5) 如果$\overline{M}$是折线图形，而 M_P 为非直线图形，则应分段图乘，然后叠加，如图 4-16 所示情况，有

$$\sum \frac{Ay_0}{EI} = \frac{1}{EI}(A_1 y_1 + A_2 y_2 + A_3 y_3)$$

(6) 如果杆件为阶形杆（EI 为分段常数），则应按 EI 分段图乘，然后叠加，如图 4-17 所示情况，有

$$\sum \frac{Ay_0}{EI} = \frac{1}{EI_1} A_1 y_1 + \frac{1}{EI_2} A_2 y_2$$

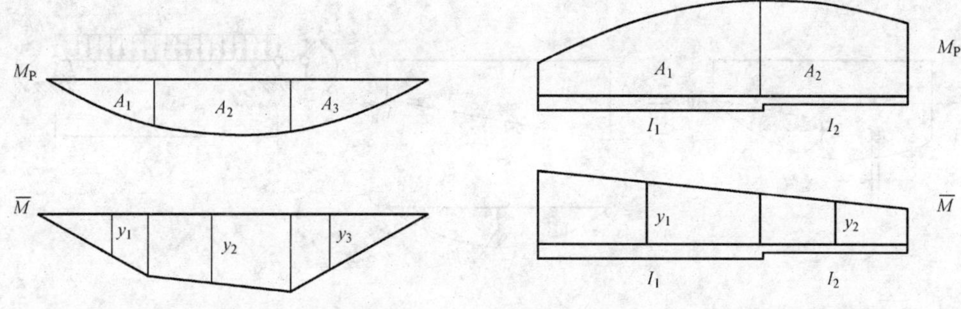

图 4-16　折线图形分段图乘示意图　　　图 4-17　阶形杆分段图乘示意图

(7) 如果两图形都是梯形，如图 4-18 所示，可不求梯形面积的形心位置，而把梯形分成两个三角形，分别相乘然后叠加，即

$$\Delta = \sum \frac{Ay_0}{EI} = \frac{1}{EI}(A_1 y_{01} + A_2 y_{02})$$

其中

$$\left.\begin{aligned} A_1 = \frac{1}{2}al\,;\ A_2 = \frac{1}{2}bl \\ y_{01} = \frac{2}{3}c + \frac{1}{3}d;\ y_{02} = \frac{1}{3}c + \frac{2}{3}d \end{aligned}\right\}$$

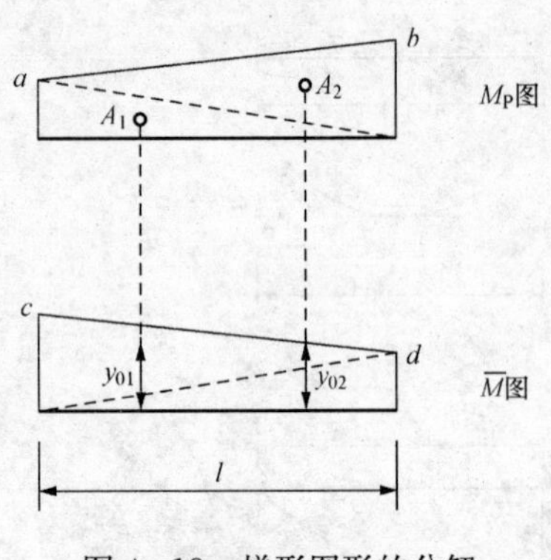

图 4-18 梯形图形的分解

代入上式，有

$$\Delta=\frac{l}{6EI}(2ac+2bd+bc+ad) \qquad (4-27)$$

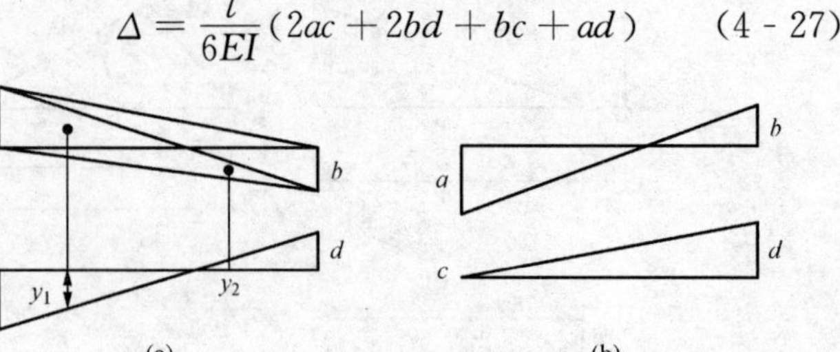

图 4-19 公式的应用

各种直线形图形与直线形图形相乘，都可用式（4-27）处理，且对两图形中具有正负号部分以及其中一个或两个为三角形图形同样适用，但要注意正负号。

如图 4-19（a）所示的两图相乘，用式（4-27）计算，则有

$$\Delta=\frac{l}{6EI}(-2ac-2bd+bc+ad)$$

而如图 4-19（b）所示的两图相乘，用式（4-27）计算，则有

$$\Delta=\frac{l}{6EI}(2bd-ad)$$

（8）抛物线图形的分解。

如图 4-20（a）所示为某一直杆段在均布荷载和两端点 M_A 与 M_B［图 4-20（c）］作用下的 M_P 图，图乘时可将 M_P 图分解成梯形和抛物线形，如图 4-20（b）所示，然后分别与 $\overline{M}$图相乘后叠加即可。

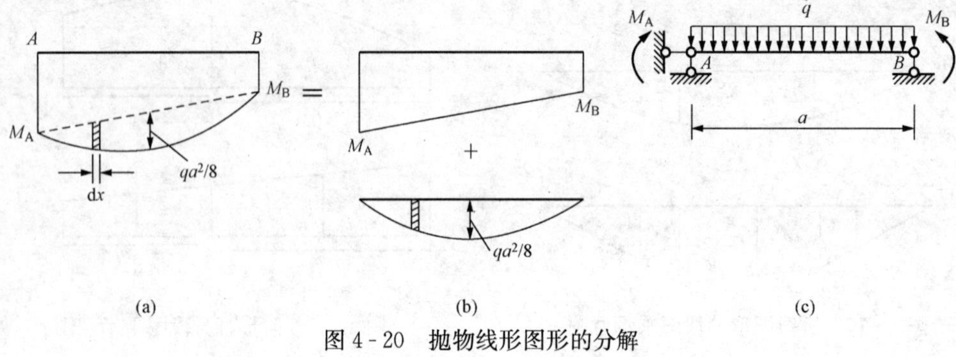

图 4-20 抛物线形图形的分解

4.5.4 图乘法的计算步骤

（1）作实际荷载作用下的荷载弯矩图 M_P 图。

（2）施加相应单位荷载，作单位弯矩图$\overline{M}$图。

（3）用图乘法式（4-26）计算相应位移。

4.5.5 图乘法计算举例

例 4-5 试求如图 4-21（a）所示简支梁跨中截面 C 的竖向位移Δ_{CV}和 B 端的角位移

θ_B。已知 EI=常数。

解：(1) 作实际荷载弯矩图，如图 4-21 (b) 所示。

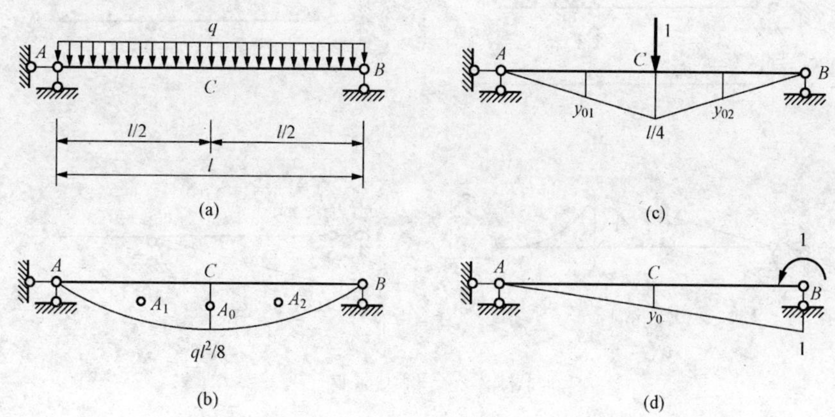

图 4-21　例 4-5 图

(a) 已知结构；(b) $\overline{M}_1$ 图；(c) M_P 图；(d) $\overline{M}_2$ 图

(2) 施加相应单位荷载，作单位弯矩图，如图 4-21 (c)、(d) 所示。

(3) 用图乘法式 (4-26) 求位移。

先求 Δ_{CV}。将 M_P 图与 $\overline{M}_1$ 图相乘，因 $\overline{M}_1$ 图为折线，应分段相乘，再乘以 2 倍，即

$$\Delta_{CV}=\frac{1}{EI}(A_1y_{01}+A_2y_{02})=\frac{2}{EI}\left(\frac{2}{3}\times\frac{l}{2}\times\frac{ql^2}{8}\right)\times\frac{5}{32}l=\frac{5ql^4}{384EI}(\downarrow)$$

正号说明位移与假设方向相同。

再求 θ_B。将 M_P 图与 $\overline{M}_2$ 图相乘，则得

$$\theta_B=\frac{A_0y_0}{EI}=\frac{1}{EI}\left(\frac{2}{3}\times l\times\frac{ql^2}{8}\right)\times\frac{l}{2}=\frac{ql^3}{24EI}(\uparrow)$$

正号说明位移与假设方向相同。

例 4-6　试用图乘法计算如图 4-22 (a) 所示伸臂梁 C 端的竖向位移 Δ_C 和 A 端的转角 θ_A，设 $EI=2\times10^4\text{kN}\cdot\text{m}^2$。

解：(1) 求 Δ_C。

1) 作 M_P 图，如图 4-22 (b) 所示 (单位 kN·m)。

2) 在 C 点施加单位力 $F_P=1$，作 $\overline{M}_1$ 图，如图 4-22 (c) 所示 (单位 m)。

3) 计算位移 Δ_C，将图 M_P 和图 $\overline{M}_1$ 进行图乘。

M_P 图中各块图形的面积和其形心在 $\overline{M}_1$ 图中对应的 y 值分别为

$$A_1=\frac{1}{2}\times90\times6\text{kN}\cdot\text{m}^2=270\text{kN}\cdot\text{m}^2;\ y_1=\frac{2}{3}\times3\text{m}=2\text{m}\quad(A_1\text{ 与 }y_1\text{ 同侧})$$

$$A_2=\frac{2}{3}\times3\times\frac{90}{8}\text{kN}\cdot\text{m}^2=22.5\text{kN}\cdot\text{m}^2;\ y_2=\frac{1}{2}\times3\text{m}=1.5\text{m}\quad(A_2\text{ 与 }y_2\text{ 异侧})$$

$$A_3=\frac{1}{2}\times90\times3\text{kN}\cdot\text{m}^2=135\text{kN}\cdot\text{m}^2;\ y_3=\frac{2}{3}\times3\text{m}=2\text{m}\quad(A_3\text{ 与 }y_3\text{ 同侧})$$

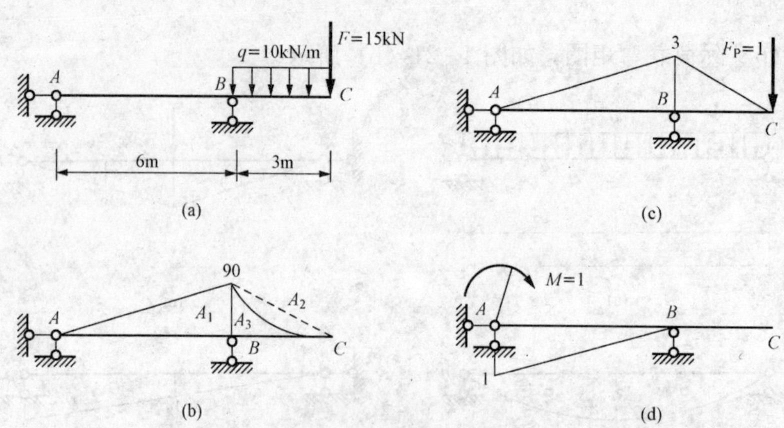

图 4-22 例 4-6 图

(a) 已知结构；(b) M_P 图；(c) $\overline{M}_1$ 图；(d) $\overline{M}_2$ 图

$$\Delta_C = \sum\int \frac{\overline{M}M_P}{EI}dx = \frac{1}{EI}(A_1y_1 - A_2y_2 + A_3y_3)$$

$$= \frac{1}{EI}(270 \times 2 - 22.5 \times 1.5 + 135 \times 2)$$

$$= \frac{776.25}{EI} = \left(\frac{776.25}{2 \times 10^4}\right)\text{m} = 3.88 \times 10^{-2}\text{m}(\downarrow)$$

(注意弯矩图 A_2、A_3 的分解关系)

(2) 求角位移 θ_A。

1) M_P 图与前面相同，如图 4-22 (b) 所示。

2) 在 A 点作用单位力偶 $M=1$，作弯距图$\overline{M}_2$，如图 4-22 (d) 所示。

3) 求转角 θ_A。将图 M_P 和图$\overline{M}_2$ 进行图乘。

M_P 图上的面积 A_1 及其形心在$\overline{M}_2$ 图中对应的 y 值为

$$A_1 = \frac{1}{2} \times 90 \times 6 = 270\text{kN} \cdot \text{m}^2;\ y_1 = \frac{1}{3} \times 1 = \frac{1}{3} \quad (A_1 \text{ 与 } y_1 \text{ 异侧})$$

由图 4-22 (d) 知，BC 段的$\overline{M}=0$，该段图乘结果为零。

$$\theta_A = \sum\int \frac{\overline{M}M_P}{EI}dx = \frac{-1}{EI}A_1y_1 = \frac{-90}{EI} = \frac{-90}{2 \times 10^4}\text{rad} = -0.0045\text{rad}(\uparrow)$$

结果为负，说明转角方向为逆时针，和假设的单位力偶反方向。

例 4-7 求如图 4-23 (a) 所示刚架 C 点的竖向位移 Δ_C，EI=常数。

解：(1) 作 M_P 图，如图 4-23 (b) 所示。

(2) 在 C 点施加单位力 $F_P=1$，并作$\overline{M}$图，如图 4-23 (c) 所示。

(3) 求 Δ_C。

由于 CD 段的$\overline{M}=0$，所以 M_P 图应分段考虑，由于两个图形都是直线图形，可在任一个弯矩图上取面积 A。如在图 4-23 (b) 上取面积 A，梯形面积的形心不易计算，可分解成两个三角形，(也可分成一个矩形和一个三角形) 即 A_1、A_2、A_3。

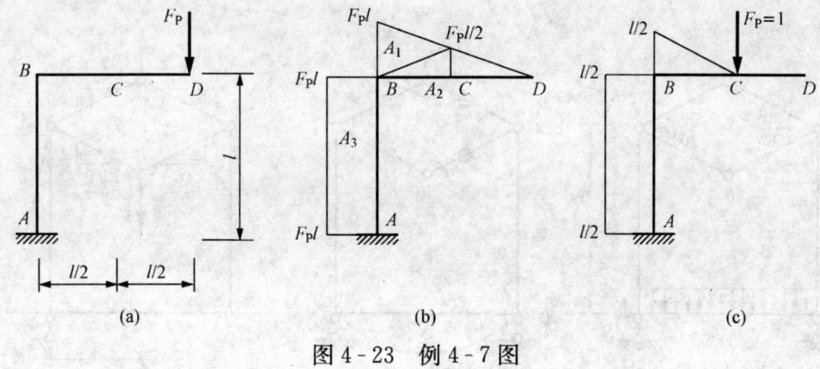

图 4-23　例 4-7 图

$$A_1=\frac{1}{2}F_Pl\times\frac{l}{2}=\frac{1}{4}F_Pl^2;\ y_1=\frac{2}{3}\times\frac{l}{2}=\frac{l}{3}(A_1\text{ 与 }y_1\text{ 在杆同侧})$$

$$A_2=\frac{1}{2}\times\frac{1}{2}F_Pl\times\frac{l}{2}=\frac{1}{8}F_Pl^2;\ y_2=\frac{1}{3}\times\frac{l}{2}=\frac{l}{6}(A_2\text{ 与 }y_2\text{ 在杆同侧})$$

$$A_3=(F_Pl)l=F_Pl^2;\ y_3=\frac{l}{2}(A_3\text{ 与 }y_3\text{ 在杆同侧})$$

$$\begin{aligned}\Delta_C&=\sum\int\frac{\overline{M}M_P}{EI}ds=\frac{1}{EI}(A_1y_1+A_2y_2+A_3y_3)\\&=\frac{1}{EI}\left(\frac{1}{4}F_Pl^2\times\frac{l}{3}+\frac{1}{8}F_Pl^2\times\frac{l}{6}+F_Pl^2\times\frac{l}{2}\right)=\frac{29F_Pl^3}{48EI}(\downarrow)\end{aligned}$$

例 4-8　求如图 4-24（a）所示刚架 A、B 两点的相对水平位移，EI=常数。

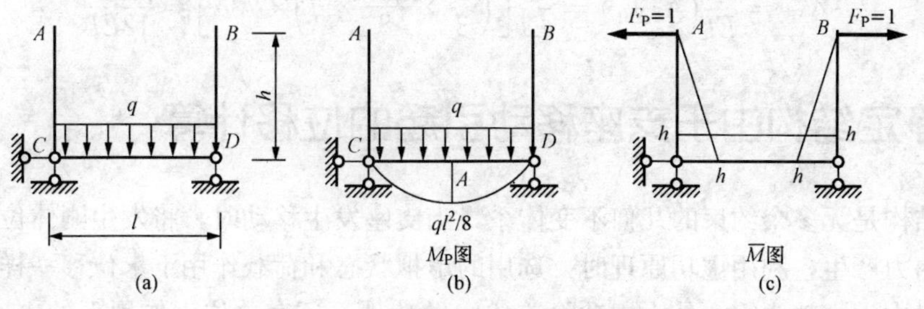

图 4-24　例 4-8 图

解：用图乘法计算结构位移时，应先作出结构在外荷载作用下的弯矩 M_P 图，如图 4-24（b）所示。求 A、B 两点的相对水平位移，要在 A、B 两点加一对水平但方向相反的单位力 $F_P=1$。作弯矩图 $\overline{M}$ 如图 4-24（c）所示。利用这两个弯矩图进行图乘。

因为 AC 杆和 BD 杆的 M_P 为零，所以仅对 CD 杆图乘。

$$A=\frac{2}{3}\times\frac{ql^2}{8}l=\frac{ql^3}{12};\ y=h\quad(A、y\text{ 在杆轴异侧})$$

$$\Delta_{AB}=\frac{-1}{EI}Ay=\frac{-1}{EI}\times\frac{ql^3}{12}h=\frac{-qhl^3}{12EI}(\rightarrow\leftarrow)$$

负号表明 A、B 两点的相对水平位移是相互靠拢，并非如单位力所示相互背离。

例 4-9　试求如图 4-25（a）所示组合结构 A、B 两点在其连线方向上的相对线位移 Δ_{AB}。已知桁架杆的 EA 和梁式杆的 EI 均为常数。

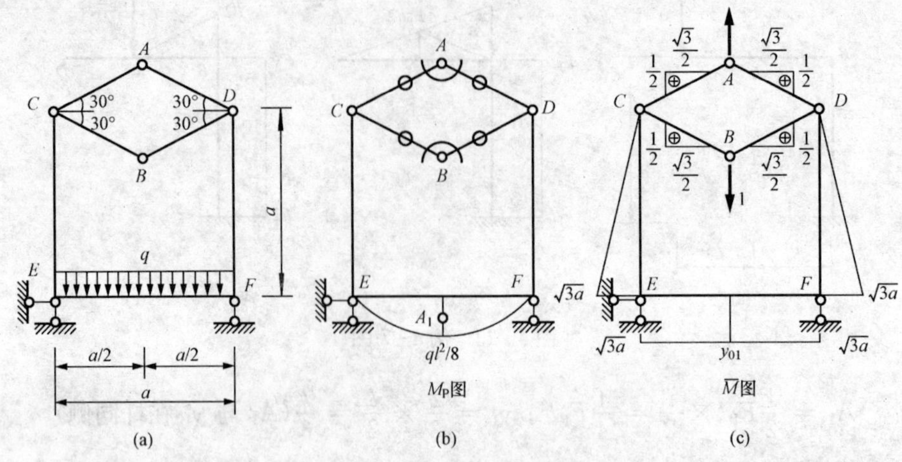

图 4-25 例 4-9 图

解：(1) 求在实际荷载作用下桁架各杆的轴力 F_{NP}，并作出梁式杆的 M_P 图，如图 4-25 (b) 所示。

(2) 由于所求位移为 Δ_{AB}，故在沿 A、B 两点连线的方向施加一对等值、反向的单位力 $F=1$，分别求出在此力作用下桁架杆的轴力 $\overline{F}_N$，并作出梁式杆的 $\overline{M}$ 图，如图 4-25 (c) 所示。

(3) 计算位移值

$$\Delta_{AB}=\frac{1}{EI}(A_1y_{01})=\frac{1}{EI}\left[\left(\frac{2}{3}\times\frac{qa^2}{8}\times a\right)\times\sqrt{3}a\right]=\frac{\sqrt{3}qa^4}{12EI}$$

4.6 静定结构由于支座移动引起的位移计算

静定结构是无多余约束的几何不变体系，当支座发生移动时，将发生刚体位移，不引起应变，无内力产生，利用虚功原理时，选用的虚拟状态和荷载作用下求位移一样。因无内力作用，所以内力虚功为零，外力虚功除单位力做功外，还有单位力作用下的支座反力 $\overline{F}_R$ 在相应支座位移 c 上做的虚功。由式 (4-13) 知，支座移动引起的位移计算公式为：

$$\Delta_c=-\sum\overline{F}_Rc \tag{4-28}$$

式中 $\overline{F}_R$——虚拟状态中由单位荷载引起的与支座位移相应的支座反力；

c——实际状态中与 $\overline{F}_R$ 相应的已知的支座位移。

$\sum\overline{F}_Rc$ 为反力虚功总和，当支座反力 $\overline{F}_R$ 与相应位移 c 方向一致时，其乘积取正；相反时，取负。须注意，式 (4-28) 中 $\sum$ 前面的负号，系原来推导式 (4-13) 移项时所得，不可漏掉。

例 4-10 设如图 4-26 (a) 所示结构支座 A 发生位移 Δx、Δy、$\Delta\theta$。试求 k 点的水平位移 Δ_{kH}，和转角 θ_k。

解：(1) 求 k 点的水平位移 Δ_{kH}。

1) 在 k 点施加水平力 $F_P=1$，并求支座反力，如图 4-26 (b) 所示（注意支座弯矩的

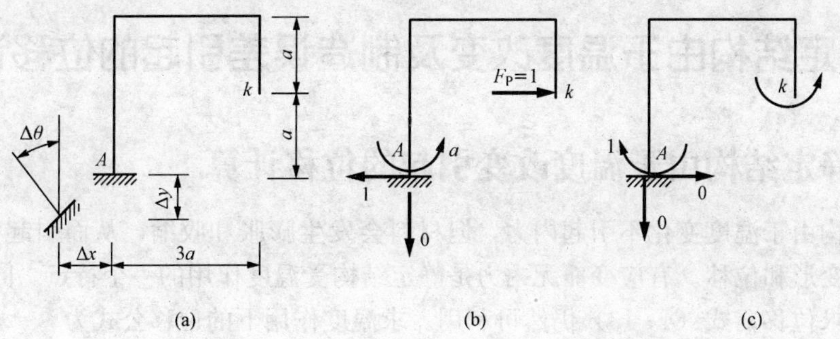

图 4 - 26　例 4 - 10 图

方向)。

2）计算 Δ_{kH}，将支座反力代入式（4 - 28）求位移。

$$\Delta_{kH}=-\sum\overline{F}_{Rk}c_k=-(1\times\Delta x+0\times\Delta y+a\Delta\theta)=-(\Delta x+a\Delta\theta)(\leftarrow)$$

结果为负，说明实际位移方向与单位力所示方向相反，即方向向左。

（2）求 k 点的转角 θ_k。

1）在 k 点施加单位力偶 $M=1$（方向可任意假设），并求出相应的支座反力 $\overline{F}_R$，如图 4 - 26（c）所示。

2）求转角 θ_k，同理把图 4 - 26（c）的支座反力，以及给定的支座位移代入式（4 - 28），得：

$$\theta_k=-\sum\overline{F}_{Rk}c_k=-(0\times\Delta x+0\times\Delta y-1\times\Delta\theta)=\Delta\theta(\uparrow)$$

括号内的 $\Delta\theta$ 和相应的支座弯矩反方向，所以前面有一负号。

结果为正，表明实际转角的方向和单位力偶的方向相同，即逆时针转。

例 4 - 11　如图 4 - 27（a）所示结构的支座 A 沉陷到 A'，水平、竖向位移均为 Δ。求由此引起 EG 杆的转角。

解：位移是实际的，需要虚设力系，如图 4 - 27（b）所示，在 E、G 点加一对等值反向集中力，形成一单位力偶，并求出在其作用下产生的支座反力（未移动支座反力可不求）为

$$V_A=\frac{1}{4}$$

$$H_A=0$$

于是，DE 杆的转角为

$$\theta_{EG}=\Delta_{EG}=-\sum\overline{F}_Rc=-\left(0\times\Delta-\frac{1}{4}\Delta\right)$$

$$=\frac{\Delta}{4}(\uparrow)\quad（转向与假设相同）$$

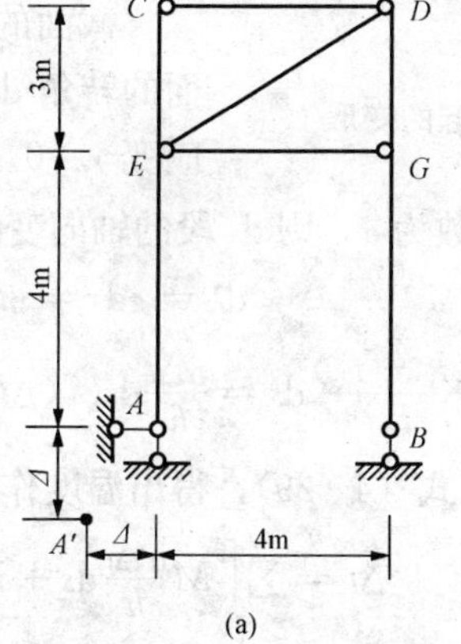

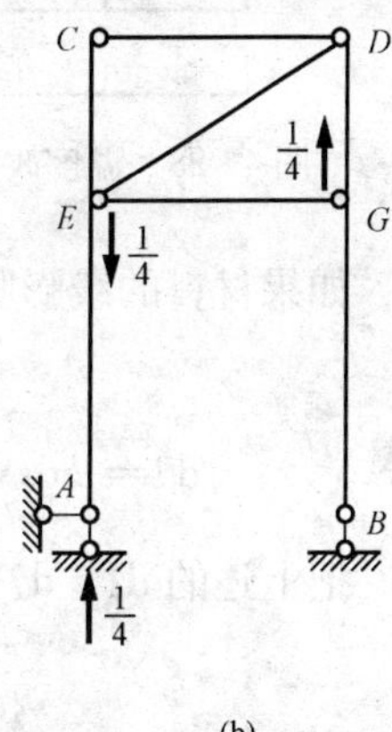

图 4 - 27　例 4 - 11 图

（a）实际位移；（b）虚设力系

4.7 静定结构由于温度改变及制造误差引起的位移计算

4.7.1 静定结构由于温度改变引起的位移计算

静定结构由于温度变化不引起内力，但材料会发生膨胀和收缩，从而引起截面的应变，使结构发生变形和位移。有应变而无内力是静定结构受温度作用的一个特点。同样可以应用单位荷载法求位移，式（4-13）仍然可利用。求温度作用下的位移公式为

$$\begin{aligned}\Delta_{1} &= \sum\int \overline{M}\mathrm{d}\theta + \sum\int \overline{F}_{N}\mathrm{d}u + \sum\int \overline{F}_{Q}\mathrm{d}v \\ &= \sum\int (\overline{F}_{N}\varepsilon + \overline{F}_{Q}\gamma + \overline{M}k)\mathrm{d}s\end{aligned} \tag{4-29}$$

式（4-29）中，应变 ε、γ、k 是由温度改变引起的，这是与荷载作用下求位移公式的根本区别。

温度改变时，产生的变形分析如下：

从结构的某一杆件上任取一微段 $\mathrm{d}s$，假设上边缘温度上升 t_1℃，下边缘温度上升 t_2℃。如图 4-28 所示，设 $t_2>t_1$，并假设温度沿截面高度 h 按直线规律变化，因而变形后的截面仍保持为平面。

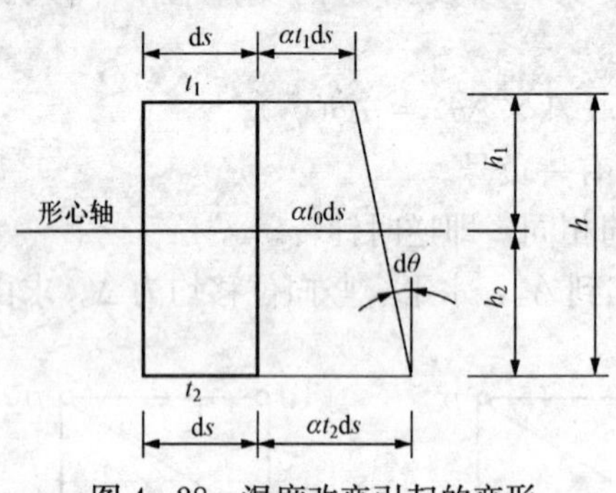

图 4-28 温度改变引起的变形

设 h_1 和 h_2 分别表示截面形心轴至上下边缘的距离，按比例关系可求出截面形心处的温度。

$$t_0 = \frac{t_1h_2 + t_2h_1}{h} \tag{4-30}$$

当截面为对称形心轴时，$h_1=h_2=h/2$

$$t_0 = \frac{1}{2}(t_1 + t_2)$$

截面的变形可分解为沿轴线方向的变形 $\mathrm{d}\lambda$ 和截面的转角 $\mathrm{d}\theta$。由于温度改变不产生切应变，所以切应变 $\gamma=0$。

如果材料的线膨胀系数为 α，则 $\mathrm{d}s$ 段的轴向变形 $\mathrm{d}\lambda$ 和转角 $\mathrm{d}\theta$ 分别为

$$\mathrm{d}\lambda = \varepsilon\mathrm{d}s = \alpha t_0\mathrm{d}s$$

$$\mathrm{d}\theta = k\mathrm{d}s = \frac{\alpha(t_2 - t_1)}{h}\mathrm{d}s = \frac{\alpha\Delta t}{h}\mathrm{d}s \quad (\Delta t = t_2 - t_1\text{，上下边缘的温差})$$

把上述的 $\mathrm{d}\lambda$、$\mathrm{d}\theta$ 代入式（4-29），得出温度作用下的位移计算公式

$$\Delta t = \sum\int \overline{M}\frac{\alpha\Delta t}{h}\mathrm{d}s + \sum\int \overline{F}_{N}\alpha t_0\mathrm{d}s \tag{4-31}$$

当 t_0、Δt 沿杆件为常数，可把常量提到积分号外，公式可进一步化简

$$\Delta t = \sum\frac{\alpha\Delta t}{h}\int \overline{M}\mathrm{d}s + \sum\alpha t_0\int \overline{F}_{N}\mathrm{d}s \tag{4-32}$$

式中 $\int \overline{M}\mathrm{d}s$、$\int \overline{F}_{N}\mathrm{d}s$ 分别为杆件 $\overline{M}$ 图和 $\overline{F_{N}}$ 图沿杆长的积分。

设 $A_M=\int \overline{M}ds$；$A_{FN}=\int \overline{F}_N ds$，可见 A_M、A_{FN} 为相应弯矩图和轴力图的面积，则式(4-32)变为

$$\Delta t=\sum \frac{\alpha\Delta t}{h}A_M+\sum \alpha t_0 A_{FN} \tag{4-33}$$

应该指出，在计算由于温度变化引起的位移时，不能略去轴向变形的影响。应用式(4-31)～式（4-33）时，正负号的规定如下：

轴力：$\overline{F_N}$以拉为正，t_0 以温度升高为正。

弯矩：$\overline{M}$和温差 Δt 按其乘积规定正负号，当$\overline{M}$和温差 Δt 引起的弯曲为同一方向时，两者乘积为正，反之为负。特别应注意区分温度改变和弯矩作用引起杆件的弯曲方向，即在温度作用下，杆端由温度高的一边向温度低的一边弯曲，在弯矩作用下，杆端则由受拉一侧向受压一侧弯曲。

从式（4-33）可看出，影响温度作用最主要的两个参数是材料线膨胀系数 α 和截面高度 h。

例 4-12　如图 4-29（a）所示刚架，求由于温度变化引起 C 点的水平位移 Δ_{CH}。已知刚架的外侧温度无变化，内侧温度升高 15℃，各杆件截面相同，且为矩形截面，截面高度为 h，材料的线膨胀系数为 α。

解：(1) 在 C 点施加单位水平力 $F_P=1$，并作$\overline{F_N}$和$\overline{M}$图。如图 4-29（b）和图 4-29（c）所示。

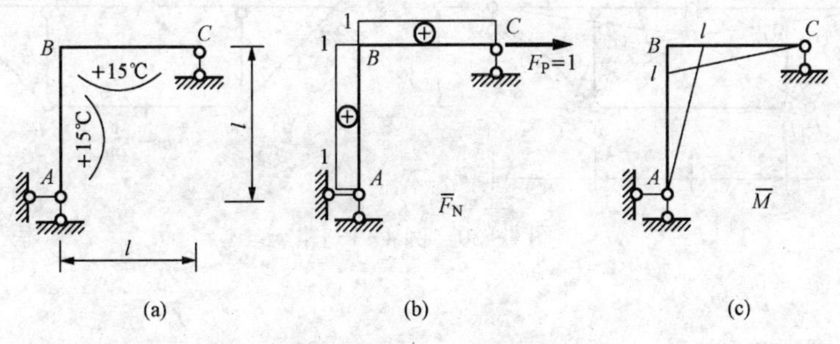

图 4-29　例 4-12 图

(2) 计算各杆的温差 Δt 及形心轴处的温度 t_0。

$$\Delta t=t_2-t_1=15℃$$

$$t_0=\frac{1}{2}(t_2-t_1)=7.5℃$$

(3) 求位移 Δ_{CH}，分别计算各杆弯矩图和轴力图的面积。

$$A_M=\frac{1}{2}l^2+\frac{1}{2}l^2=l^2$$

$$A_{FN}=1\times l+1\times l=2l$$

由于各杆截面、线膨胀系数、温度作用均相同，可以统一计算面积，否则应分段计算面积。把各已知值代入式（4-33），得

$$\Delta_{CH}=\sum \frac{\alpha\Delta t}{h}A_M+\sum \alpha t_0 A_{FN}=\frac{15\alpha}{h}l^2+\alpha t_0\times 2l=15\alpha l\left(\frac{l}{h}+1\right)(\rightarrow)$$

结果为正，说明实际位移方向和单位力方向相同。

由于内侧温度升高，杆端向外侧弯曲；$\overline{M}$图均为内侧受拉，杆端也向外侧弯曲，所以Δt和$\overline{M}$的乘积为正。各杆轴力为拉力，且t_0升高，故乘积也为正。

4.7.2 静定结构由于制造误差引起的位移计算

当桁架的杆件长度因制造误差而与设计长度不符时，由此引起的位移计算与温度变化时相类似（均只考虑轴力和轴向变形的影响）。设各杆长度的误差为Δl（伸长为正，缩短为负），则位移计算公式为

$$\Delta = \sum \overline{F}_N \Delta l \tag{4-34}$$

式中，$\overline{F}_N$为虚设力系作用下，有长度误差杆件的内力。

例 4-13 如图 4-30（a）所示结构杆DE由于制造误差而引起过长$\Delta l=2\text{cm}$，已知$a=2\text{m}$，试求铰C左右两侧截面C_1、C_2的相对转角θ_{C1C2}。

解：(1) 在铰C左右两侧施加一对等值、反向的单位力偶$M=1$，并求出制造误差的桁架杆DE在此单位力偶作用下的轴力$\overline{F}_{NDE}$，如图 4-30（b）所示。

(2) 将$\overline{F}_{NDE}$和Δl之值代入式（4-34）计算，得

$$\theta_{C1C2} = \overline{F}_{NDE}\Delta l = \frac{1}{2\text{m}} \times 0.02\text{m} = 0.01\text{rad} \quad (\downarrow\ \downarrow)$$

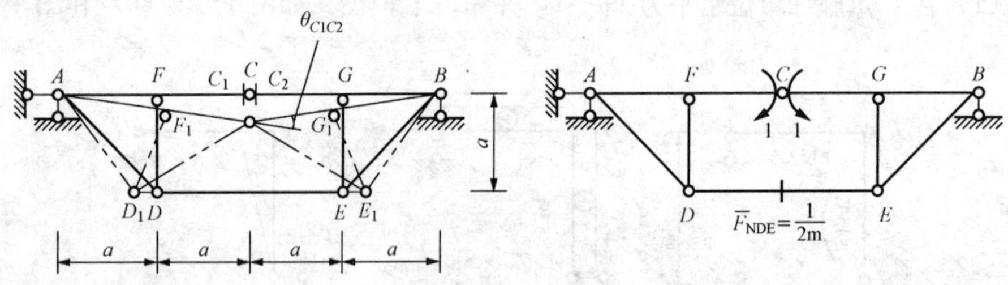

图 4-30 例 4-13 图

4.8 互等定理

本节讨论的四个普遍定理——互等定理，是采用小变形和线弹性的假定，并根据虚功原理导出的。其中，最基本、最重要的是虚功互等定理（也简称功的互等定理）；其他三个定理：位移互等定理、反力互等定理、反力—位移互等定理，则是虚功互等定理应用的三个特例。这些定理在以后有关章节的理论推导和简化计算中都有重要作用。

4.8.1 虚功互等定理

设有两组外力F_{P1}和F_{P2}分别作用于同一线弹性结构上，如图 4-31 所示，分别称为结构的第一状态和结构的第二状态。

第一状态：如图 4-31（a）所示，外力用F_{P1}表示，微段上的内力为M_1、F_{N1}、F_{Q1}，相应的变形位移为$d\theta_1$、du_1、dv_1。

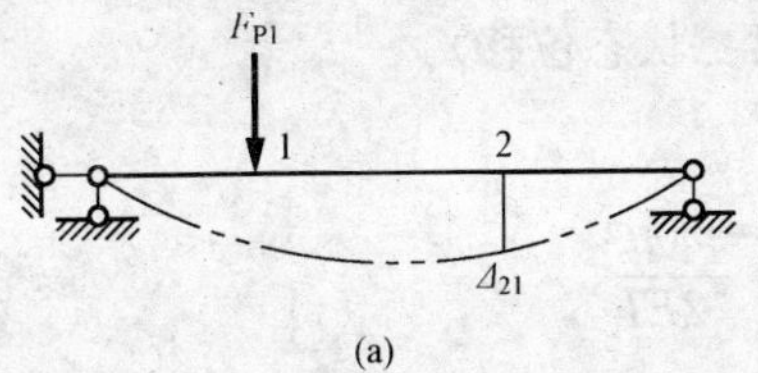

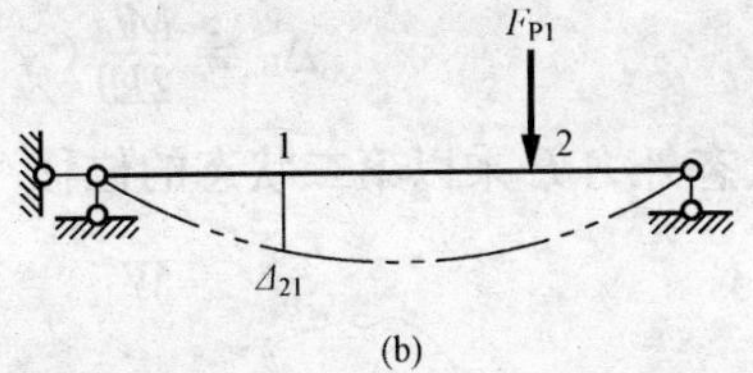

图 4 - 31　虚功互等定理

(a) 第一状态；(b) 第二状态

第二状态：如图 4 - 31（b）所示，外力用 F_{P2} 表示，微段上的内力为 M_2、F_{N2}、F_{Q2}，相应的变形位移为 $d\theta_2$、du_2、dv_2。

首先，让第一状态的力在第二状态的位移上做虚功，则根据虚功方程 $W_外=W_变$，可得

$$\begin{aligned} W_{12}=F_{P1}\Delta_{12} &= \sum\int M_1\,d\theta_2+\sum\int F_{N1}\,du_2+\sum\int F_{Q1}\,dv_2 \\ &= \sum\int M_1\frac{M_2}{EI}ds+\sum\int F_{N1}\frac{F_{N2}}{EA}ds+\sum\int\mu F_{Q1}\frac{F_{Q2}}{GA}ds \end{aligned} \tag{4-35}$$

其次，让第二状态的力在第一状态的位移上做虚功，可得

$$\begin{aligned} W_{21}=F_{P2}\Delta_{21} &= \sum\int M_2\,d\theta_1+\sum\int F_{N2}\,du_1+\sum\int F_{Q2}\,dv_1 \\ &= \sum\int M_2\frac{M_1}{EI}ds+\sum\int F_{N2}\frac{F_{N1}}{EA}ds+\sum\int\mu F_{Q2}\frac{F_{Q1}}{GA}ds \end{aligned} \tag{4-36}$$

比较式（4 - 35）和式（4 - 36）可知，等式右边各项只是相乘的两个内力顺序颠倒，实质是一样的，因此左边也应相等，即

$$F_{P1}\Delta_{12}=F_{P2}\Delta_{21} \tag{4-37}$$

或写为

$$W_{12}=W_{21} \tag{4-38}$$

这就是虚功互等定理：在任一线性变形体系中，第一状态的外力在第二状态的位移上所做的外力虚功（W_{12}），等于第二状态的外力在第一状态的位移上所做的外力虚功（W_{21}）。

注意，这里所指的力和位移均是广义力和广义位移。

例 4 - 14　如图 4 - 32 所示梁的两种受力状态验证虚功互等定理。

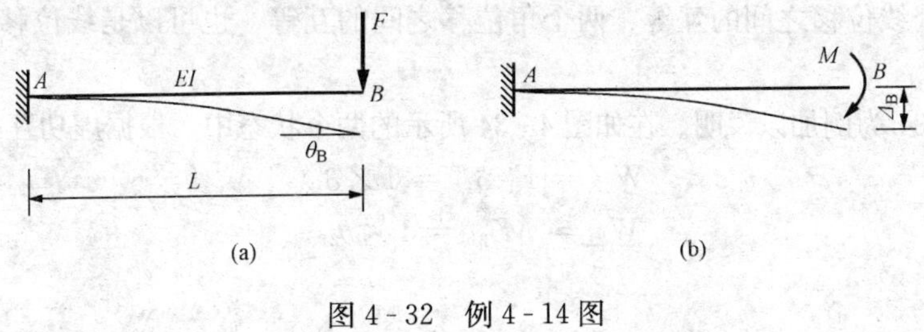

图 4 - 32　例 4 - 14 图

(a) 第一状态；(b) 第二状态

解：用图乘法很容易求出两种状态的位移（计算过程从略）

$$\theta_B=\frac{Fl^2}{2El}(\downarrow)\quad（第一状态位移）$$

$$\Delta_B = \frac{Ml^2}{2EI}(\downarrow) \quad (\text{第二状态位移})$$

第一状态外力 F 乘以第二状态的位移

$$W_{12} = F\Delta_B = \frac{FMl^2}{2EI}$$

第二状态外力 M 乘以第一状态的位移

$$W_{21} = M\theta_B = \frac{MFl^2}{2EI}$$

可见

$$W_{12} = W_{21}$$

上述定理只适用于线弹性体系。

4.8.2 位移互等定理

如果作用在结构上的外力为单位力（量纲为 1），并用 δ 表示单位力引起的位移，如图 4-33 所示，则由式（4-38），有

$$1\times\delta_{12} = 1\times\delta_{21}$$

即

$$\delta_{12} = \delta_{21} \tag{4-39}$$

这就是位移互等定理：由第二个单位力引起的在第一个单位力作用点沿其方向的位移（δ_{12}），等于由第一个单位力引起的在第二个单位力作用点沿其方向的位移（δ_{21}）。可见，位移互等定理是虚功互等定理的一个特例。

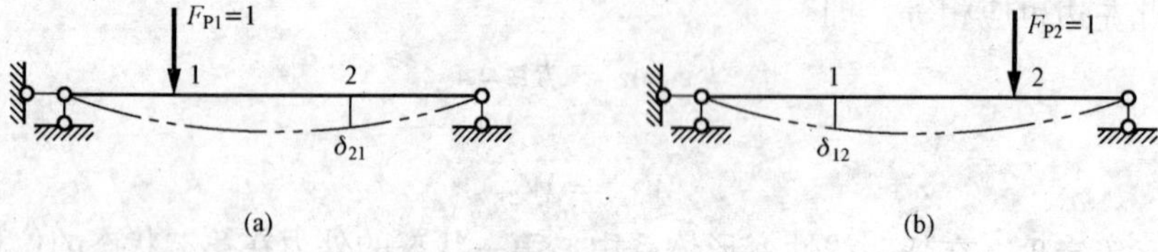

图 4-33 位移互等定理

(a) 第一状态；(b) 第二状态

须指出的是，这里的单位力及其相应的位移，可以是广义力和相应的广义位移。即位移互等可以是两个线位移之间的互等、两个角位移之间的互等，也可以是线位移与角位移之间的互等。

现以图 4-34 为例加以说明。在如图 4-34 所示的两个状态中，根据虚功互等定理，有

$$W_{12} = F_{P1}\delta_{12} = 1\times\delta_{12}$$
$$W_{21} = M\theta_{21} = 1\times\theta_{21}$$

所以

$$\delta_{12} = \theta_{21}$$

需要指出，其中 δ_{12} 为线性位移，而 θ_{21} 为角位移，所以两者只是数值上相等，其含义不同。

位移互等定理将在力法计算超静定问题中应用。

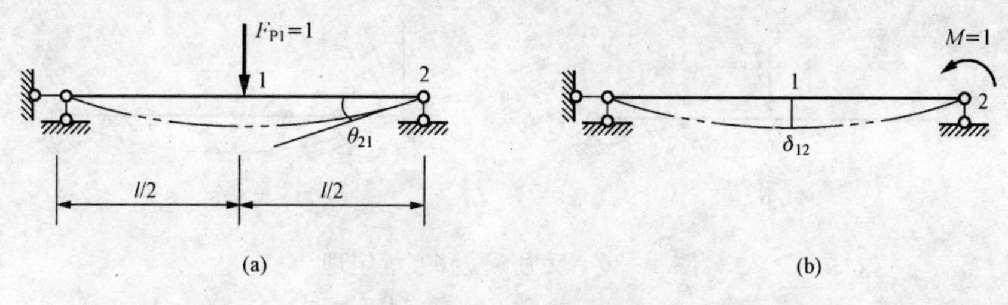

图 4-34　广义位移互等

(a) 第一状态；(b) 第二状态

4.8.3　反力互等定理

反力互等定理也是虚功互等定理的特殊情况，如图 4-35 所示同一结构的两种位移状态。

第一状态：图 4-35（a）表示支座 1 发生单位转角位移 $\Delta_1=1$ 的状态，由于支座 1 的转动使支座 2 产生反力为 k_{21}。

第二状态：图 4-35（b）表示支座 2 产生单位位移 $\Delta_2=1$，在支座 1 处产生反力 F_{12}。这里支座反力 F_{ij} 的两个下标：第一个下标 i 表示支座的位置，第二个下标 j 表示反力是由 j 支座位移引起的 。

根据虚功互等定理，有

$$F_{21}\Delta_2 = F_{12}\Delta_1$$

由于位移 $\Delta_1=\Delta_2=1$，所以

$$F_{21} = F_{12} \tag{4-40}$$

这就是反力互等定理：约束 1 发生单位位移所引起的约束 2 的反力（F_{21}），等于约束 2 发生单位位移所引起的约束 1 的反力（F_{12}）。

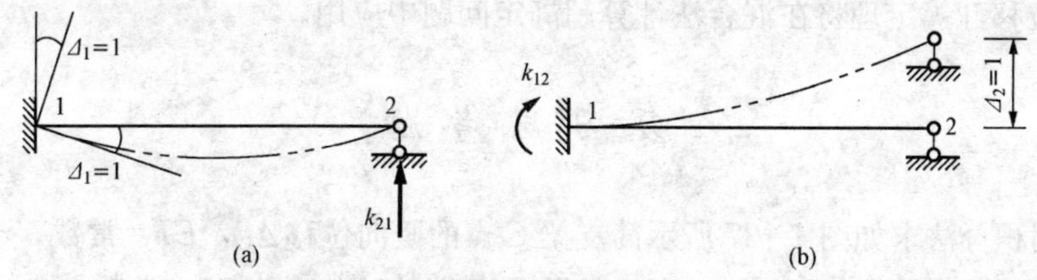

图 4-35　反力互等定理

(a) 第一状态；(b) 第二状态

这个定理对结构上任何两个支座都适用，但须注意反力与位移在做功的关系上相对应，即力对应线位移，力偶对应角位移。在图 4-35 中，F_{21} 为反力，F_{12} 为反力偶，虽然含义不同，但二者在数值上是相等的。

反力互等定理是根据超静定结构建立的，不适用于静定结构。

反力互等定理将在位移法计算超静定问题中应用。

4.8.4　反力—位移互等定理

这个定理是虚功互等定理的又一特殊情况，如图 4-36 所示为同一结构的两种状态。

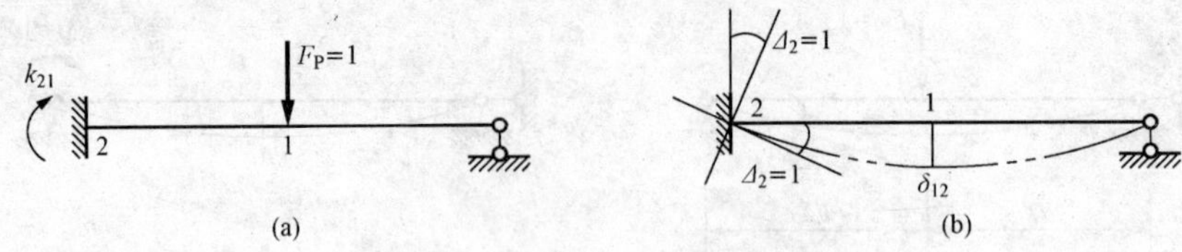

图 4-36 反力—位移互等定理

(a) 第一状态；(b) 第二状态

第一状态：图 4-36（a）表示单位荷载 $F_{P1}=1$ 作用时，支座 2 处的反力偶为 F_{21}，其方向如图 4-36（a）所示。

第二状态：图 4-36（b）表示当支座 2 顺着 F_{21} 的方向发生单位转角位移 $\Delta_2=1$ 时，在 $F_{P1}=1$ 作用点沿其方向的线位移为 δ_{12}。

根据虚功互等定理，有

$$W_{12}=F_{21}\Delta_2+F_{P1}\delta_{12}$$

而

$$W_{21}=0$$

这是由于第二状态的支座位移虽然产生了支座反力，但对应的第一状态没有支座位移，故其外力虚功必然为零。因此，由虚功互等定理 $W_{12}=W_{21}$，恒有

$$F_{21}\Delta_2+F_{P1}\delta_{12}=0$$

由于此时 $\Delta_2=1$，$F_{P1}=1$，所以

$$F_{21}=-\delta_{12} \tag{4-41}$$

这就是反力—位移互等定理：单位力所引起结构某支座的反力（F_{21}），等于该支座发生单位位移时所引起的在单位力的作用点沿其方向的位移（δ_{12}），但符号相反。

反力—位移互等定理将在混合法计算超静定问题中应用。

复 习 思 考 题

4-1 用积分法求如图 4-37 所示简支梁 C 点的竖向位移 Δ_C，EI=常数。

4-2 用积分法计算如图 4-38 所示悬臂梁 B 端的转角 θ_B，EI=常数。

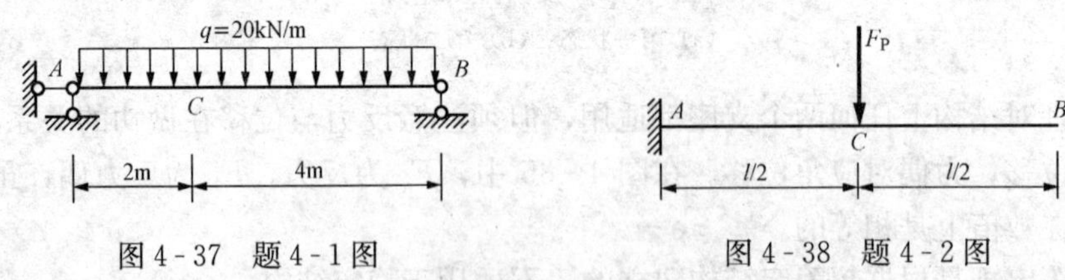

图 4-37 题 4-1 图　　图 4-38 题 4-2 图

4-3 求如图 4-39 所示外伸梁 A 端的转角 θ_A 和 C 点的竖向位移 Δ_C，EI=常数。

4-4 求如图 4-40 所示简支梁 A 端的转角 θ_A 和 C 点的竖向位移 Δ_C，EI=常数。

4-5 求如图 4-41 所示刚架 C 点的水平位移 Δ_C、A 端的转角 θ_A，EI=常数。

4-6 求如图 4-42 所示刚架 A 点的水平位移 Δ_A、A 端的转角 θ_A，EI=常数。

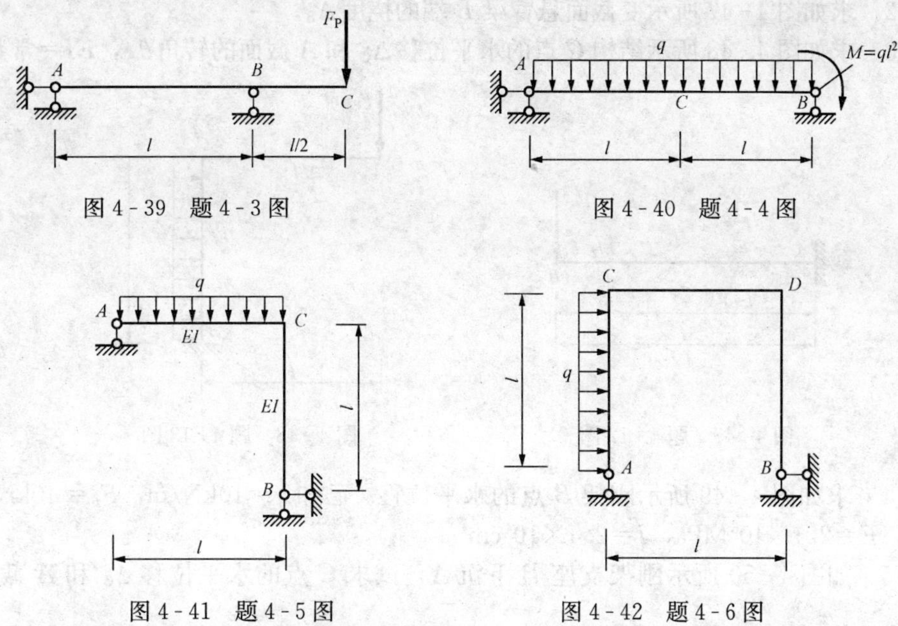

图 4-39 题 4-3 图

图 4-40 题 4-4 图

图 4-41 题 4-5 图

图 4-42 题 4-6 图

4-7 求如图 4-43 所示桁架结构 C 点的竖向位移 Δ_C，各杆的 EA 相同。

4-8 求如图 4-44 所示桁架 C 点的竖向位移 Δ_C，各杆的 EA 相同。

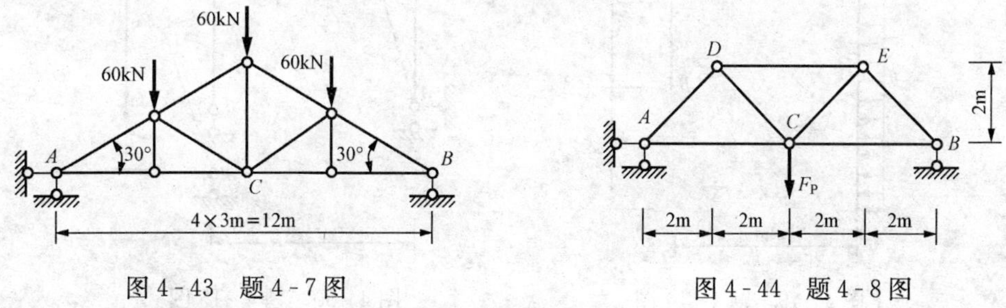

图 4-43 题 4-7 图

图 4-44 题 4-8 图

4-9 用图乘法计算习题 4-1、4-2 指定的位移。

4-10 求如图 4-45 所示刚架 A 截面的转角 θ_A 和 D 点的竖向位移。

4-11 计算如图 4-46 所示梁 C 点的挠度 Δ_C，已知 $F_P=9\text{kN}$，$q=15\text{kN/m}$，$EI=$常数。

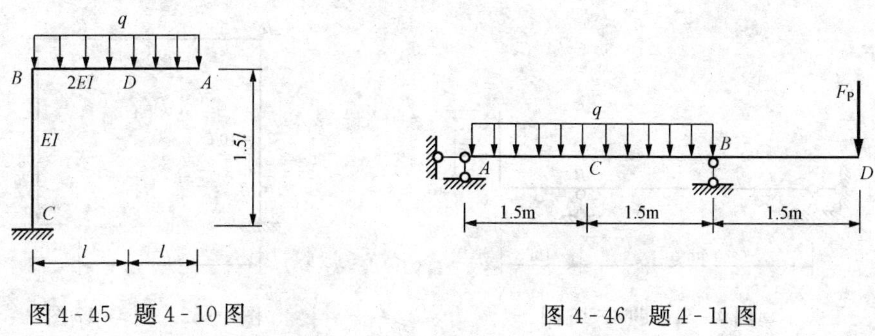

图 4-45 题 4-10 图

图 4-46 题 4-11 图

4-12　求如图4-47所示变截面悬臂梁B端的挠度Δ_B。

4-13　求如图4-48所示结构C点的水平位移Δ_C和A截面的转角θ_A，EI=常数。

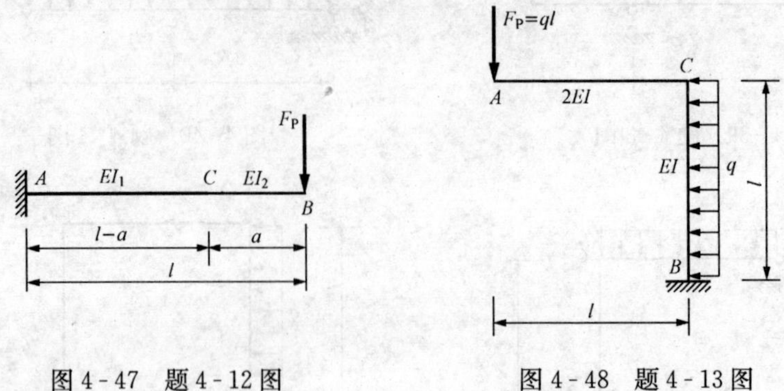

图4-47　题4-12图　　图4-48　题4-13图

4-14　求如图4-49所示刚架B点的水平位移。已知$q=10$kN/m，$F_P=40$kN，各杆EI相同，$E=2.1\times10^5$MPa，$I=2.4\times10^4$cm^4。

4-15　如图4-50所示刚架支座B下沉Δ，试求C点的水平位移Δ_C和A截面的转角θ_A。

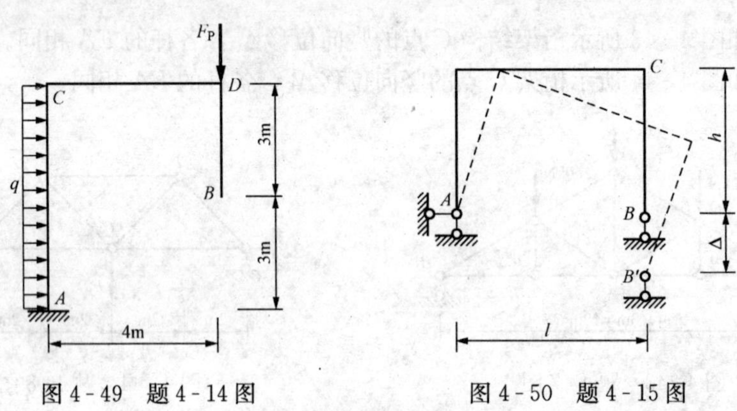

图4-49　题4-14图　　图4-50　题4-15图

4-16　求如图4-51所示结构由于支座移动引起的D点的水平位移Δ_D。

(1) 支座A向右移动2cm；(2) 支座A向下移动1cm；(3) 支座B向下移动1.5cm。

4-17　如图4-52所示结构，当杆件一边的温度升高10℃，求C点产生的竖向位移Δ_{Ct}，各杆件的截面相同，且为矩形，高为h，材料的线膨胀系数为α。

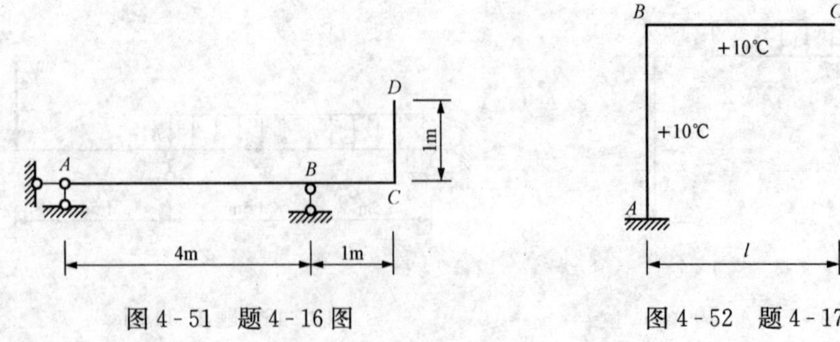

图4-51　题4-16图　　图4-52　题4-17图

4-18　如图 4-53 所示拱结构为圆弧形，EI=常数，试求 B 点的水平位移 Δ_{BH}。（不考虑剪力和轴力的影响）

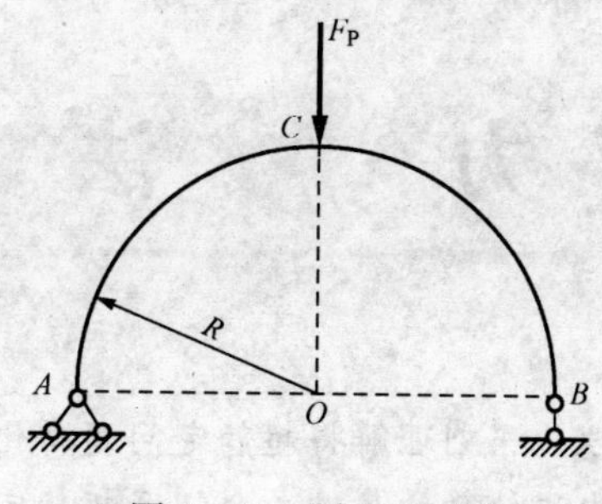

图 4-53　题 4-18 图

第5章

力　　法

本章讲述了力法的基本原理。深刻理解将超静定问题转化为静定问题解决的基本思想是理解基本体系的桥梁，是掌握力法计算的基础。介绍了超静定结构与静定结构在受力特性上的异同点。主要内容有超静定结构的概念和超静定次数、典型方程、荷载作用下超静定结构的力法计算、对称性的利用、支座移动和温度改变等因素作用下的力法计算以及超静定结构的位移计算。

要求充分理解和掌握力法的基本原理。能熟练确定超静定次数，理解力法基本方程的物理意义，能熟练运用力法计算简单超静定结构（梁、刚架、桁架、排架、组合结构和拱结构）在荷载作用力下产生的内力；会计算超静定结构在温度改变和支座移动影响下的内力。会计算超静定结构的位移；了解超静定结构内力图的校核方法及超静定结构的力学特性。

5.1　超静定结构的概念和超静定次数

5.1.1　超静定结构的概念

以上各章讨论了静定结构的内力和位移计算，从本章起将讨论超静定结构的计算。

前面已经指出，全部反力和内力只靠平衡条件便可确定的结构，称为静定结构。而在工程中还有另一类结构，它们的反力和内力只靠静力平衡条件不能确定或不能全部确定，而必须同时考虑变形协调条件和物理条件，这类结构就称为超静定结构。例如，如图5-1 (a)所示连续梁，其竖向反力仅靠平衡条件就无法确定，因而也就无法确定其内力。又如图5-2 (a)所示桁架，虽然由平衡条件可以确定其全部反力和部分杆件内力，但不能确定全部杆件的内力。所以这两个结构都是超静定结构。

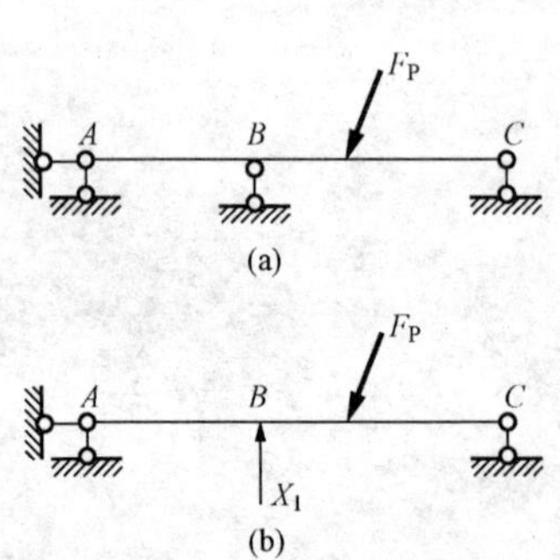

图5-1　超静定梁

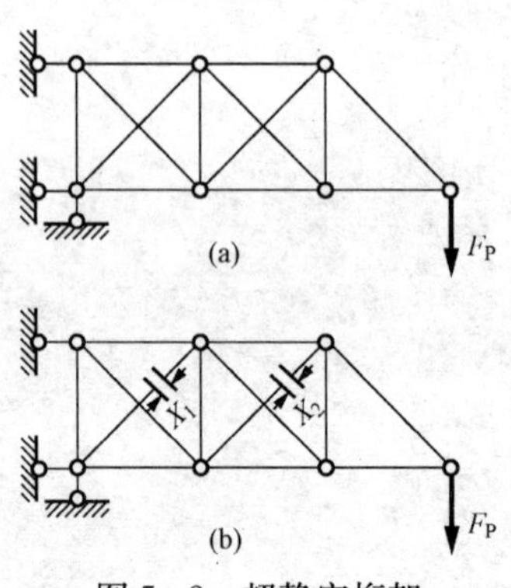

图5-2　超静定桁架

从几何组成分析中可知：静定结构和超静定结构都是几何不变体系，而静定结构没有多余的约束，超静定结构存在多余约束。所谓“多余约束”是指这些约束仅就保持结构的几何不变性来说，是不必要的。多余约束中产生的力称为多余未知力。例如图5-1（a）所示梁，可把任一根竖向支座链杆看作多余约束，例如把中间支座链杆作为多余约束，则相应多余未知力就是支座B的反力。又如图5-2（a）所示桁架，可分别把左边和中间两节间的各一根斜杆作为多余约束，相应多余未知力就是该二杆的轴力。

总之，静定结构是没有多余约束的几何不变体系，而超静定结构则是有多余约束的几何不变体系。静定结构仅靠静力平衡条件就可求解全部反力和内力，而超静定结构仅靠静力平衡条件不能求解全部的反力和内力。这就是超静定结构区别于静定结构的基本特点。

5.1.2 超静定次数

从几何构造看，超静定结构可以看作是在静定结构的基础上增加若干多余联系而构成。因此，确定超静定次数最直接的方法就是去掉多余联系，使原结构变成一个静定结构，而所去多余约束的数目，就是原结构的超静定次数。

常用的去掉多余联系的方法有以下几种：

（1）切断一根链杆或去掉一个支座链杆相当于去掉一个联系，如图5-3（a）所示。

（2）去掉一个单铰相当于去掉两个联系，如图5-3（b）所示。

（3）切断一根受弯杆件相当于去掉三个联系，如图5-3（c）所示。

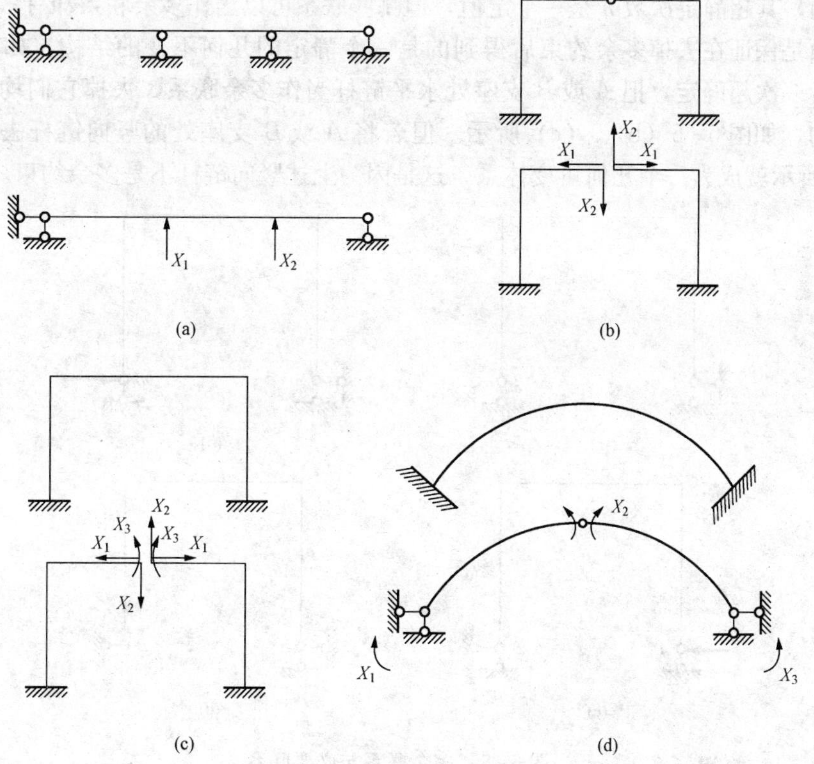

图5-3 超静定与多余联系

(4) 将受弯杆件的刚性联结改为铰结或将固定支座改为固定铰支座，相当于去掉一个联系，如图 5-3 (d) 所示。

(5) 一个封闭无铰的框格，其超静定次数等于 3，如图 5-3 (c) 所示。当结构有 f 个封闭无铰框格时，其超静定次数为 $3f$。例如图 5-4 (a) 所示结构的超静定次数 $n=3\times7=21$。当结构有若干个铰结点时，设单铰数目为 h，则超静定次数 $n=3f-h$。例如图 5-4 (b) 所示结构的超静定次数 $n=3\times7-5=16$。

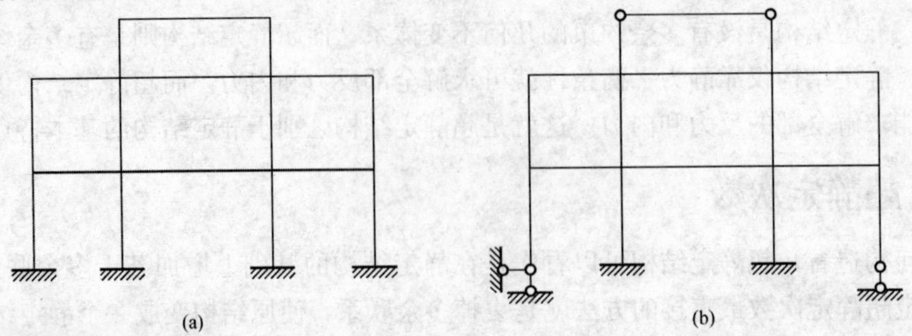

图 5-4 超静定框架

去掉多余约束后，则必须用与其对应的约束力代替其作用，这个约束力用广义力 X_i 表示，其中 $i=1, 2, 3, \cdots, n$。如图 5-3 (b)、(c)、(d) 所示所去掉的约束均为限制切口两侧截面的相对位移，故对应的约束力应为一对大小相等方向相反的多余未知力。对于同一个超静定结构，其超静定次数 n 是一个定值，但哪些联系可以当作多余联系却有多种方案，总的原则必须是保证在去掉多余约束后得到的是一个静定的几何不变的结构。如图 5-5 (a) 所示结构为一次超静定，把 A 或 B 支座处水平链杆当作多余联系，去掉它们均可得到一个静定的结构，如图 5-5 (b)、(c) 所示。但若将 A 或 B 支座处的竖向链杆去掉，则如图 5-5 (d) 所示就成为一个几何可变体系，这是因为上述竖向链杆不是多余约束。

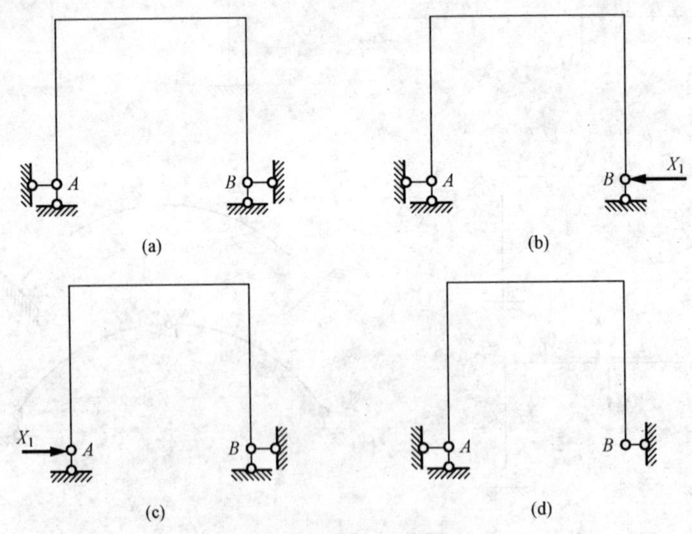

图 5-5 多余联系与必要联系

5.2 力法的基本概念

5.2.1 基本思路

力法是计算超静定结构的最基本方法。力法的基本思路是把超静定结构的计算问题转化为静定结构的计算问题。

下面结合实例说明力法的基本思路和原理。

如图 5-6(a)所示为一次超静定结构，如果撤去 B 处的支座链杆并用未知力 X_1 代替，则变成了如图 5-6(b)所示的静定结构，这样就得到了含有多余未知力的静定结构，此结构称为力法的基本体系（基本体系并不唯一）。相应的把原超静定结构中多余约束和荷载都去掉后得到的静定结构称为力法的基本结构，如图 5-6(c)所示。

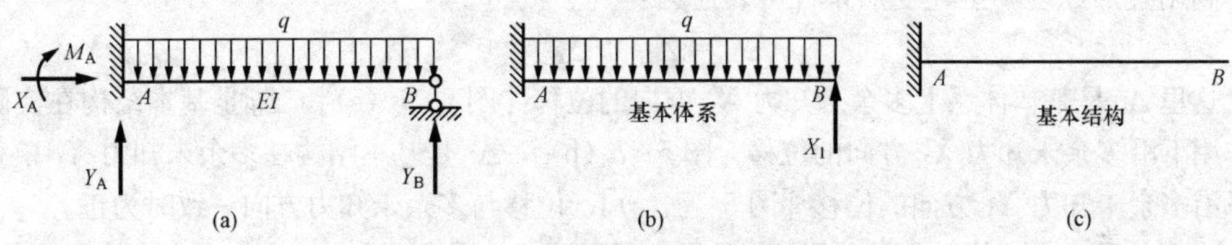

图 5-6 梁的基本体系实例图

这样通过把多余约束去掉并用多余未知力来代替，就可将超静定结构变为静定结构，解题的关键就是多余未知力的求解问题。只要 X_1 能够设法求出，则剩下的问题就是静定的问题了。

把多余未知力的计算问题当作超静定问题的关键，这也是力法的第一个特点，把多余未知力当作关键地位的未知力——称为力法的基本未知量。

为了求解多余的未知力，显然静力平衡方程式不能够求解，必须建立新的方程。

下面将通过对原结构和基本体系进行受力和变形对比，从而建立力法方程。

从受力上看，当基本未知量 X_1 为任意有限值时，基本体系和原结构都满足平衡方程。

从变形上看，原结构由于支座 B 的支承，因此，不会发生竖向位移。而基本体系 B 处的竖向位移与基本未知量 X_1 有关，只有当基本未知量 X_1 为某一值时，基本体系 B 处的竖向位移 Δ_1 恰好等于零，即不发生竖向位移，这时基本体系的变形也与原结构的变形相同。于是，可以根据 $\Delta_1=0$ 的条件来确定基本未知量 X_1 的大小，所求的 X_1 就是原结构多余约束的反力。

归纳起来力法的基本思路如下。

第一步：去掉原结构的多余约束，代之以多余未知力，得到静定的基本体系。

第二步：基本体系和原结构的变形相同。一般情况下，当原结构上在多余约束处没有支座位移时，基本体系应满足的变形条件是：与多余未知力相应的位移为零。

下面按照以上思路具体求解如图 5-6(a)所示的超静定结构。

根据以上分析，如图 5-6(b)所示的基本体系应满足的变形条件是：沿多余未知力 X_1

方向的位移 Δ_1 为零，即

$$\Delta_1 = 0$$

下面只讨论线性变形体系的情形，并利用叠加原理计算基本体系的位移 Δ_1 并用基本未知量表示。

如图 5-7（a）所示为基本体系在荷载和多余未知力 X_1 共同作用下的状态，图 5-7（b）、（c）则分别是两者单独作用下的状态。

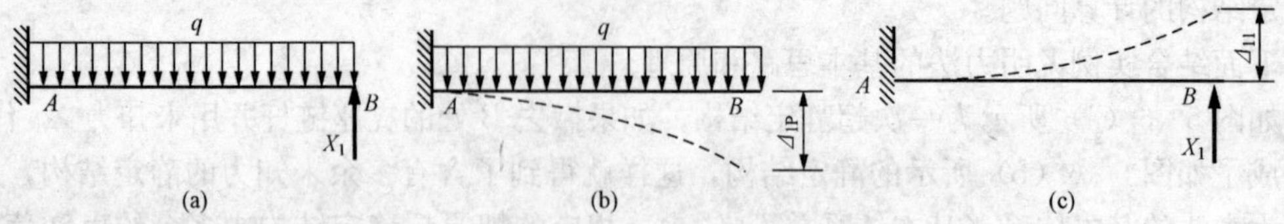

图 5-7 梁实例基本体系变形关系示意图

利用叠加原理，上述变形条件可表述为：

$$\Delta_1 = \Delta_{1P} + \Delta_{11} = 0$$

这里 Δ_1 是基本体系上多余未知力 X_1 方向的位移［图 5-7（a）］，Δ_{1P}是基本结构在实际荷载作用下沿多余未知力 X_1 方向的位移［图 5-7（b）］，Δ_{11}是基本结构在多余未知力 X_1 单独作用下沿多余未知力 X_1 方向的位移［图 5-7（c）］，位移与多余未知力方向一致时为正。

由于位移 Δ_{11}与多余未知力 X_1 成正比，可以写成

$$\Delta_{11} = \delta_{11} X_1$$

δ_{11}表示由于单位未知力 $X_1=1$ 的作用，使基本结构在多余未知力 X_1 方向产生的位移，于是变形条件可写成

$$\delta_{11} X_1 + \Delta_{1P} = 0 \tag{5-1}$$

这就是在线性变形条件下一次超静定结构的力法基本方程，它体现了基本体系恢复到原超静定结构的转化条件。

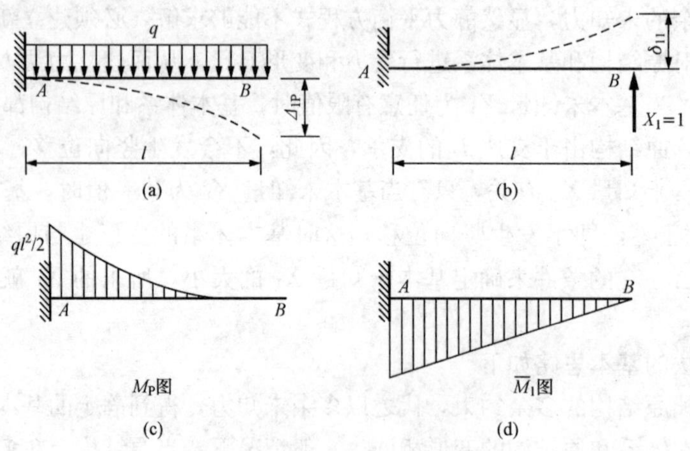

图 5-8 梁实例计算过程分解图

力法方程中的系数 δ_{11}和自由项 Δ_{1P}都是基本结构即静定结构的位移计算。为了计算 δ_{11}和 Δ_{1P}，作基本结构在荷载作用下的荷载弯矩图 M_P［图 5-8（a）］和在单位未知力 $X_1=1$

作用下的单位弯矩图$\overline{M}_1$［图 5-8（b）］。

应用图乘法得到

$$\Delta_{1P}=\int\frac{\overline{M}_1M_P}{EI}\mathrm{d}x=-\frac{1}{EI}\left(\frac{1}{3}\times\frac{ql^2}{2}l\right)\times\frac{3l}{4}=-\frac{ql^4}{8EI}$$

$$\delta_{11}=\int\frac{\overline{M}_1\ \overline{M}_1}{EI}\mathrm{d}x=\frac{1}{EI}\left(\frac{l^2}{2}\times\frac{2l}{3}\right)=\frac{l^3}{3EI}$$

代入力法方程

$$\frac{l^3}{3EI}X_1-\frac{ql^4}{8EI}=0$$

由此求出

$$X_1=\frac{ql}{8}$$

求得的未知力是正号，表示反力 X_1 方向与原设的方向相同。

多余未知力求出后，利用平衡条件求原结构的内力，计算结果如图 5-9 所示，弯矩图也可以应用叠加公式计算，结构任一截面的弯矩 M 也可以用下列公式表示

$$M=\overline{M}_1X_1+M_P \tag{5-2}$$

这里，$\overline{M}_1$ 是单位力 $X_1=1$ 在基本结构中任一截面产生的弯矩，M_P 是荷载在基本结构中产生的弯矩。

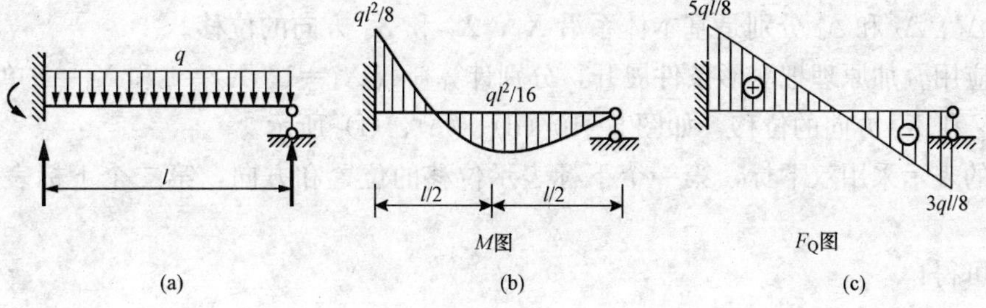

图 5-9　梁实例内力图

力法的基本思路：将超静定结构的计算转化为静定结构的计算，首先选择基本结构和基本体系，然后利用基本体系与原结构之间在多余约束方向的位移一致性和变形叠加列出力法典型方程，最后求出多余未知力和原结构的内力。

5.2.2　多次超静定结构的计算

结合如图 5-10 所示刚架进行讨论。这是一个三次超静定结构，将固定端 B 支座去掉，分别用三个未知力 X_1、X_2 和 X_3 代替多余约束，则基本体系和基本结构如图 5-10（b）和图 5-10（c）所示。

利用原结构与基本体系在结点 B 沿 X_1、X_2 和 X_3 方向的位移相同的条件，即等于零。可写成

$$\left.\begin{aligned}\Delta_1=0\\\Delta_2=0\\\Delta_3=0\end{aligned}\right\}$$

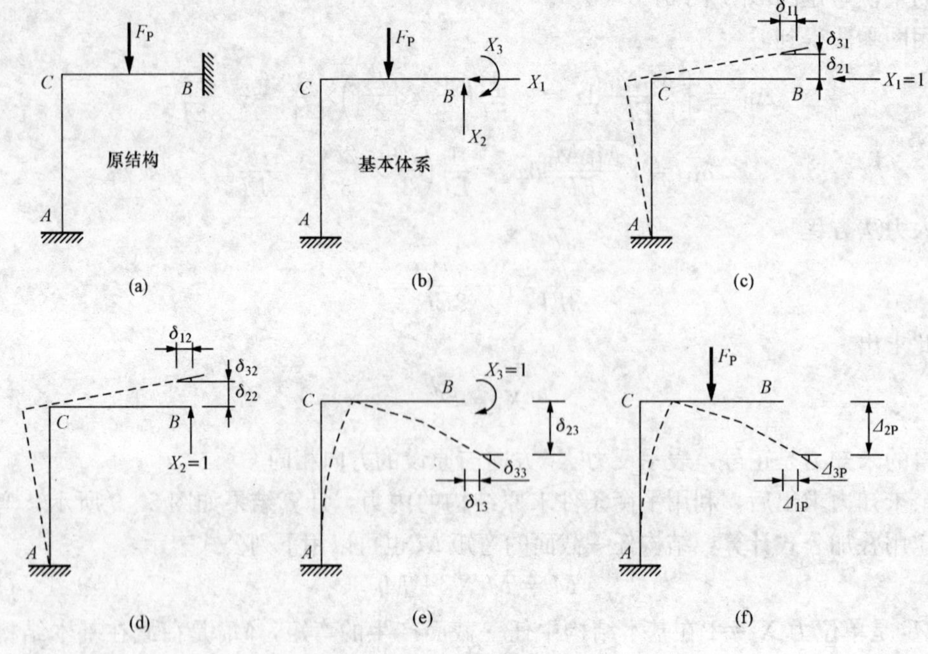

图 5-10 刚架实例图

这里 Δ_1、Δ_2 和 Δ_3 分别是基本体系沿 X_1、X_2 和 X_3 方向的位移。

下面应用叠加原理把变形条件展开，分别计算荷载 $X_1=1$、$X_2=1$ 和 $X_3=1$ 单独作用时沿 X_1、X_2 和 X_3 方向的位移，如图 5-10 (d)、(e)、(f) 所示。

位移的表示采用双下标，第一个下标表示位移的位置和方向，第二个下标表示产生的原因。

于是可得：

$$\left.\begin{aligned}\Delta_1 &= \delta_{11}X_1+\delta_{12}X_2+\delta_{13}X_3+\Delta_{1P}\\ \Delta_2 &= \delta_{21}X_1+\delta_{22}X_2+\delta_{23}X_3+\Delta_{2P}\\ \Delta_3 &= \delta_{31}X_1+\delta_{32}X_2+\delta_{33}X_3+\Delta_{3P}\end{aligned}\right\}$$

变形条件即为

$$\left.\begin{aligned}\delta_{11}X_1+\delta_{12}X_2+\delta_{13}X_3+\Delta_{1P}&=0\\ \delta_{21}X_1+\delta_{22}X_2+\delta_{23}X_3+\Delta_{2P}&=0\\ \delta_{31}X_1+\delta_{32}X_2+\delta_{33}X_3+\Delta_{3P}&=0\end{aligned}\right\} \tag{5-3}$$

这就是三次超静定结构的力法基本方程。

多余未知力求出后，利用叠加原理可绘制弯矩图，具体计算为

$$M=\overline{M}_1X_1+\overline{M}_2X_2+\overline{M}_3X_3+M_P$$

这里，M_P 是荷载在基本结构任一截面产生的弯矩，$\overline{M}_1$、$\overline{M}_2$ 和 $\overline{M}_3$ 分别是单位力 $X_1=1$、$X_2=1$ 和 $X_3=1$ 在基本结构同一截面产生的弯矩。

若结构为 n 次超静定，则与 n 个多余约束相对应，基本体系上就有 n 个多余的未知力 X_1、X_2、X_3，…，X_n，则力法典型方程为

$$\left.\begin{aligned}\delta_{11}X_1+\delta_{12}X_2+\cdots+\delta_{1n}X_n+\Delta_{1P}=0\\\delta_{21}X_1+\delta_{22}X_2+\cdots+\delta_{2n}X_n+\Delta_{2P}=0\\\delta_{31}X_1+\delta_{32}X_2+\cdots+\delta_{3n}X_n+\Delta_{3P}=0\end{aligned}\right\}\tag{5-4}$$

根据位移互等定理 $\delta_{ij}=\delta_{ji}$，δ_{ij} 表示单位力 $X_j=1$ 在基本结构沿 X_i 方向产生的位移，Δ_{iP} 表示基本结构在实际荷载 P 作用下沿 X_i 方向产生的位移。δ_{ij} 又称为柔度系数。

将方程的柔度系数写成矩阵形式：

$$\begin{bmatrix}\delta_{11} & \delta_{12} & \cdots & \delta_{1n}\\\delta_{11} & \delta_{22} & \cdots & \delta_{2n}\\\vdots & \vdots & & \vdots\\\delta_{n1} & \delta_{n1} & \cdots & \delta_{nn}\end{bmatrix}\tag{5-5}$$

这个矩阵称为柔度矩阵，其中，主对角线上的系数为主系数，主系数都为正值，且不为零。不在主对角线上的系数为副系数。副系数可以是正值或负值，也可以为零。根据位移互等定理，柔度矩阵为一对角矩阵。

解力法方程求出多余的未知力的数值后，超静定结构的内力可根据平衡条件求出，或根据叠加原理用下式计算。

$$\left.\begin{aligned}M&=\overline{M}_1X_1+\overline{M}_2X_2+\cdots+\overline{M}_iX_i+\cdots\overline{M}_nX_n+M_P\\F_Q&=\overline{F}_{Q1}X_1+\overline{F}_{Q2}X_2+\cdots+\overline{F}_{Qi}+\cdots+\overline{F}_{Qn}X_n+F_{QP}\\F_N&=\overline{F}_{N1}X_1+\overline{F}_{N2}X_2+\cdots+\overline{F}_{Ni}+\cdots+\overline{F}_{Nn}X_n+F_{NP}\end{aligned}\right\}\tag{5-6}$$

式中$\overline{M}_i$、$\overline{F}_{Qi}$和$\overline{F}_{Ni}$是基本结构由于 $X_i=1$ 作用而产生的内力，M_P、F_{QP}和 F_{NP}是基本结构由于实际荷载作用而产生的内力。在应用式（5-6）中第一式画出原结构的弯矩图后，也可以直接应用平衡条件计算 F_Q 和 F_N，并画出 F_Q 和 F_N 图。

5.3 荷载作用下超静定结构的计算

5.3.1 力法的基本解题步骤

根据力法的基本原理和思路，用力法计算超静定结构的步骤可归纳如下。

（1）选择基本体系。确定超静定结构的次数，去掉多余约束，并用相应的约束反力来代替。

（2）建立力法方程。利用基本体系与原结构在相应约束处的变形条件，建力力法典型方程。

（3）计算系数和自由项。

（4）求多余的未知力。

（5）作内力图。按静定结构，用平衡条件或叠加原理计算结构特殊截面的内力，然后画出内力图。

5.3.2 应用力法求解超静定梁和刚架

在刚架的位移计算中，除了高层结构考虑柱轴力的影响，一般情况下，在梁、刚架和排架的位移计算中，忽略轴向和剪切变形的影响，只考虑弯曲变形的影响。因此系数和自由项

的计算可以简化为

$$\left.\begin{aligned}\delta_{ii} &= \int \frac{\overline{M}_i^2}{EI}\mathrm{d}s \\ \delta_{ij} = \delta_{ji} &= \int \frac{\overline{M}_i\,\overline{M}_j}{EI}\mathrm{d}s \\ \Delta_{iP} &= \int \frac{\overline{M}_i M_P}{EI}\mathrm{d}s\end{aligned}\right\} \tag{5-7}$$

1. 超静定梁的计算

例 5-1 如图 5-11（a）所示为一超静定梁，试作出结构的内力图，EI 为常数。

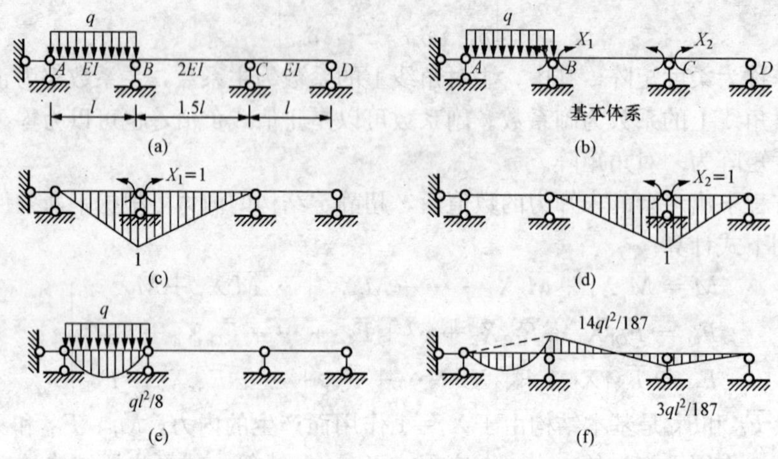

图 5-11 例 5-1 图

（a）原结构；（b）基本体系；（c）$\overline{M}_1$ 图；（d）$\overline{M}_2$ 图；（e）M_P 图；（f）M 图

（1）选择基本体系［图 5-11（b）］。

（2）建立力法方程。

基本体系应满足在 B、C 处是连续的，上述相对转角应等于零，于是建立力法方程为

$$\left.\begin{aligned}\delta_{11}X_1 + \delta_{12}X_2 + \Delta_{1P} = 0 \\ \delta_{21}X_1 + \delta_{22}X_2 + \Delta_{2P} = 0\end{aligned}\right\}$$

（3）计算系数和自由项。

分别作出基本结构的单位弯矩图和荷载弯矩图［图 5-11（c）、（d）］，利用图乘法计算得系数和自由项如下：

$$\delta_{11} = \delta_{22} = \frac{1}{EI}\left(\frac{1}{2}l \times 1\right) \times \frac{2}{3} \times 1 + \frac{1}{2EI}\left(\frac{1}{2} \times 1.5l \times 1\right) \times \frac{2}{3} \times 1 = \frac{7l}{12EI}$$

$$\delta_{12} = \delta_{21} = \frac{1}{2EI}\left(\frac{1}{2} \times 1.5l \times 1\right) \times \frac{1}{3} \times 1 = \frac{l}{8EI}$$

$$\Delta_{1P} = \frac{1}{EI}\left(\frac{2}{3}l \times \frac{1}{8}ql^2\right) \times \frac{1}{2} \times 1 = \frac{ql^3}{24EI}$$

$$\Delta_{2P} = 0$$

（4）求多余的未知力。

$$\left.\begin{aligned}\frac{7l}{12EI}X_1+\frac{l}{8EI}X_2+\frac{ql^3}{24EI}=0\\ \frac{l}{8EI}X_1+\frac{7l}{12EI}X_2=0\end{aligned}\right\}$$

解得
$$X_1=-\frac{14}{187}ql^2;\ X_2=\frac{3}{187}ql^2$$

(5) 作内力图。

由 $M=\overline{M}_1X_1+\overline{M}_2X_2+M_P$ 得弯矩图，如图 5-11 (f) 所示。

在这里讨论一下基本结构的选取问题。若采用如图 5-3 (a) 所示的基本结构，单位弯矩图和荷载弯矩图将布满梁的全长，图形也比较复杂，此时各系数和自由项的计算要比例 5-1中费时得多。当连续梁的跨数更多时，采用单跨简支梁的基本结构，优点则更为突出，此时较多副系数和自由项会等于零。(读者均可自行验证)

2. 超静定刚架的计算

例 5-2　如图 5-12 (a) 所示为一超静定刚架，试作出结构的内力图，EI 为常数。

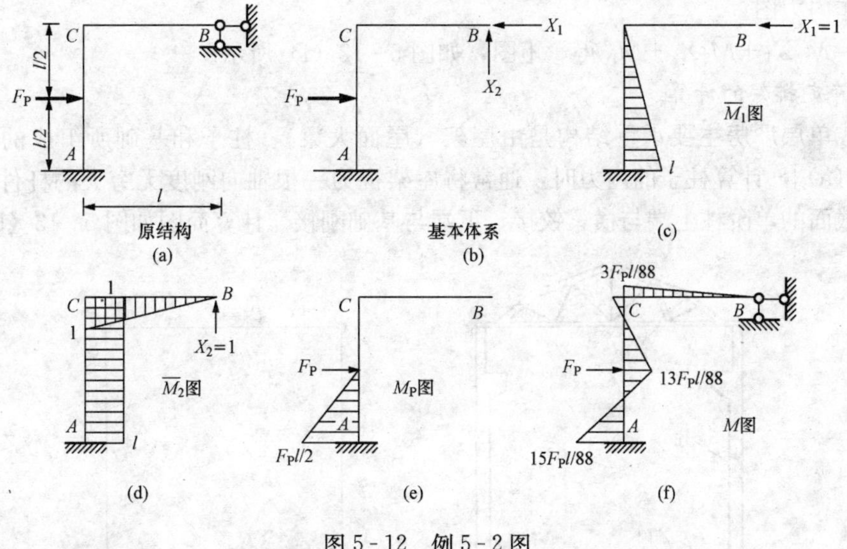

图 5-12　例 5-2图

(1) 选择基本体系［图 5-12 (b)］。

(2) 建立力法方程。

基本体系应满足在 B 点的水平和竖向位移等于零，于是建立力法方程为

$$\left.\begin{aligned}\delta_{11}X_1+\delta_{12}X_2+\Delta_{1P}=0\\ \delta_{21}X_1+\delta_{22}X_2+\Delta_{2P}=0\end{aligned}\right\}$$

(3) 计算系数和自由项。

分别作出基本结构的单位弯矩图和荷载弯矩图［图 5-12 (c)、(d)、(e)］，利用图乘法计算得系数和自由项如下：

$$\delta_{11}=\frac{1}{2EI}\left(\frac{1}{2}ll\right)\times\frac{2}{3}l=\frac{l^3}{6EI}$$

$$\delta_{22}=\frac{1}{2EI}(ll)l+\frac{1}{EI}\left(\frac{1}{2}ll\right)\times\frac{2}{3}l=\frac{5l^3}{6EI}$$

$$\delta_{12}=\delta_{21}=\frac{1}{2EI}\left(\frac{1}{2}ll\right)l=\frac{l^3}{4EI}$$

$$\Delta_{1P}=-\frac{1}{2EI}\left(\frac{1}{2}\times\frac{F_Pl}{2}\times\frac{l}{2}\right)\times\frac{5l}{6}=-\frac{5F_Pl^3}{96EI}$$

$$\Delta_{2P}=-\frac{1}{2EI}\left(\frac{1}{2}\times\frac{F_Pl}{2}\times\frac{l}{2}\right)l=-\frac{F_Pl^3}{16EI}$$

(4) 求多余的未知力。

$$\left.\begin{aligned}\frac{l^3}{6EI}X_1+\frac{l^3}{4EI}X_2-\frac{5F_Pl^3}{96EI}=0\\ \frac{l^3}{4EI}X_1+\frac{5l^3}{6EI}X_2-\frac{F_Pl^3}{16EI}=0\end{aligned}\right\}$$

解得 $$X_1=\frac{4}{11}F_P;\ X_2=-\frac{3}{88}F_P$$

(5) 作内力图。

由 $M=\overline{M}_1X_1+\overline{M}_2X_2+M_P$ 得弯矩图，如图 5-12 (f) 所示。

3. 超静定排架的计算

装配式单层厂房主要承重结构是由屋架（屋面大梁）、柱子和基础所组成的横向排架［图 5-13 (a)］，计算柱子的内力时，通常将屋架视为一根轴向刚度无穷大的杆件，简称为横梁。变截面的单阶柱上端与横梁铰接，下端与基础刚接。计算简图如图 5-13 (b) 所示。

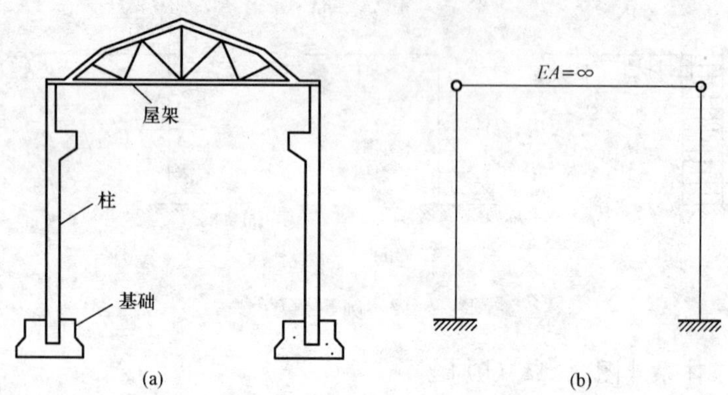

图 5-13 屋架与简化的排架结构

例 5-3 试用力法计算如图 5-14 (a) 所示排架，试作出结构的 M 图。

(1) 选择基本体系。

切断链杆，代以 X_1 作为基本体系，忽略轴向变形。

(2) 建立力法方程。

基本体系应满足在切口处的相对位移为零。力法方程为

$$\delta_{11}X_1+\Delta_{1P}=0$$

(3) 计算系数和自由项。

分别画出实际荷载及单位未知力 $X_1=1$ 作用下的弯矩图［图 5-14 (b)、(c)］，利用图

乘法计算系数。

$$\delta_{11}=2\left[\frac{1}{EI}\left(\frac{1}{2}\times4\times4\right)\times\frac{2}{3}\times4+\frac{1}{3EI}\left(8\times4\times8+\frac{1}{2}\times8\times8\times\frac{28}{3}\right)\right]=\frac{3712}{9EI}\text{m}^3$$

$$\Delta_{1P}=\frac{1}{3EI}\times15\times8\times8=\frac{960}{3EI}\text{kN}\cdot\text{m}^3$$

（4）求多余的未知力。

$$X_1=-\frac{\Delta_{1P}}{\delta_{11}}=-\frac{960}{3EI}\times\frac{9EI}{3712}=-0.7759\text{kN}$$

（5）作内力图。

由 $M=\overline{M}_1X_1+M_P$ 得弯矩图，如图 5-14（e）所示。

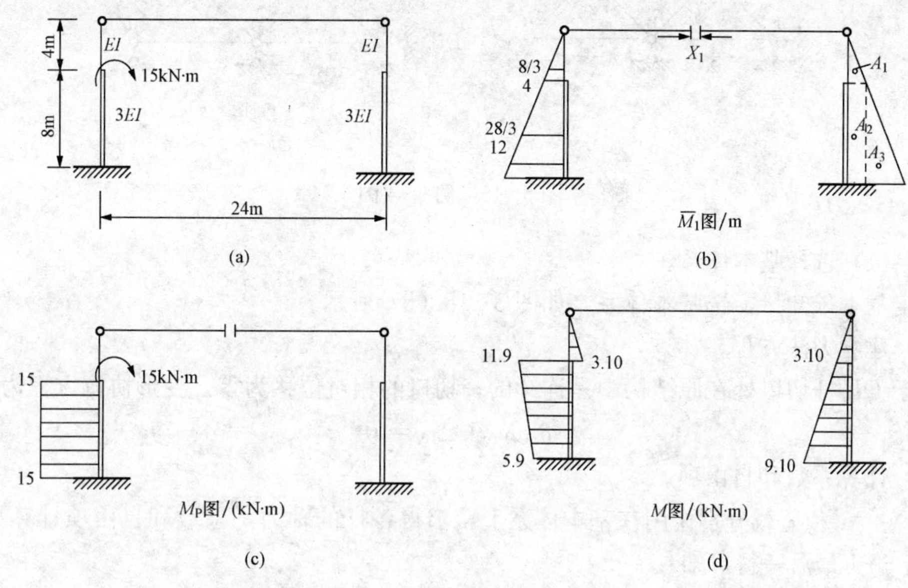

图 5-14　例 5-3 图

5.3.3　超静定桁架

超静定桁架结构受结点荷载作用时，由于杆件只受轴力的作用，弯矩和剪力为零。位移计算只与轴力有关。通常情况，桁架各杆为等截面杆，EA＝常数，因此计算力法方程中的系数和自由项的公式为

$$\left.\begin{aligned}\delta_{ii}&=\int\frac{\overline{F}_{Ni}^2}{EA}ds=\sum\frac{\overline{F}_{Ni}^2}{EA}l\\\delta_{ij}&=\delta_{ji}=\int\frac{\overline{F}_{Ni}\overline{F}_{Nj}}{EA}ds=\sum\frac{\overline{F}_{Ni}\overline{F}_{Nj}}{EA}l\\\Delta_{iP}&=\int\frac{\overline{F}_{Ni}F_{NP}}{EA}ds=\sum\frac{\overline{F}_{Ni}F_{NP}}{EA}l\end{aligned}\right\}\quad(5-8)$$

解力法方程，求出未知量后，各杆的轴力为

$$F_N=\overline{F}_{N1}X_1+\overline{F}_{N2}X_2+\cdots+\overline{F}_{Ni}X_i+\cdots+\overline{F}_{Nn}X_n+F_{NP}$$

例 5-4　试用力法计算如图 5-15 所示超静定桁架的内力。设各杆 EA 相同。

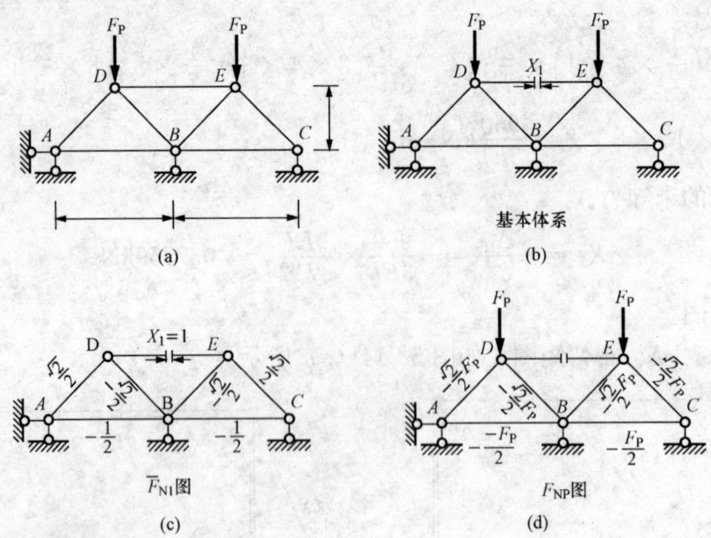

图 5-15 例 5-4 图

解：(1) 选择基本体系。

确定基本未知量，选基本体系，如图 5-15（b）所示。

(2) 建立力法方程。

由于 DE 杆切口处在原结构中是连续的，切口的相对位移为零。变形协调方程为

$$\delta_{11} X_1 + \Delta_{1P} = 0$$

(3) 计算系数和自由项。

将 $X_1=1$ 和荷载分别作用在基本体系上，求得各杆的轴力，系数和自由项计算见表 5-1，由表 5-1 最后一行可知

$$\delta_{11} = \sum \frac{\overline{F}_{Ni}^2}{EA} l = \frac{(3+2\sqrt{2})a}{EA}$$

$$\Delta_{iP} = \sum \frac{\overline{F}_{Ni} F_{NP}}{EA} l = \frac{-F_P a}{EA}$$

表 5-1　　系数和自由项的计算

杆件	杆长 l	$\overline{F}_{N1}$	$\overline{F}_{NP}$	$\frac{\overline{F}_{Ni}^2}{EA} l$	$\frac{\overline{F}_{Ni} F_{NP}}{EA} l$	$F_N = \overline{F}_{N1} X_1 + F_{NP}$
AB	$2a$	$-\frac{1}{2}$	$\frac{F_P}{2}$	$\frac{a}{2EA}$	$-\frac{F_P a}{2EA}$	$0.414F_P$
BC	$\sqrt{2}a$	$-\frac{1}{2}$	$\frac{F_P}{2}$	$\frac{a}{2EA}$	$-\frac{F_P a}{2EA}$	$0.414F_P$
AD	$\sqrt{2}a$	$\frac{\sqrt{2}}{2}$	$-\frac{\sqrt{2}F_P}{2}$	$\frac{\sqrt{2}a}{2EA}$	$-\frac{\sqrt{2}F_P a}{2EA}$	$-0.586F_P$
CE	$\sqrt{2}a$	$\frac{\sqrt{2}}{2}$	$-\frac{\sqrt{2}F_P}{2}$	$\frac{\sqrt{2}a}{2EA}$	$-\frac{\sqrt{2}F_P a}{2EA}$	$-0.586F_P$
BD	$\sqrt{2}a$	$-\frac{\sqrt{2}}{2}$	$-\frac{\sqrt{2}F_P}{2}$	$\frac{\sqrt{2}a}{2EA}$	$\frac{\sqrt{2}F_P a}{2EA}$	$-0.828F_P$

续表

杆件	杆长 l	$\overline{F}_{N1}$	$\overline{F}_{NP}$	$\frac{\overline{F}_{Ni}^2}{EA}l$	$\frac{\overline{F}_{Ni}F_{NP}}{EA}l$	$F_N=\overline{F}_{N1}X_1+F_{NP}$
BE	$\sqrt{2}a$	$-\frac{\sqrt{2}}{2}$	$-\frac{\sqrt{2}F_P}{2}$	$\frac{\sqrt{2}a}{2EA}$	$\frac{\sqrt{2}F_Pa}{2EA}$	$-0.828F_P$
DE	$\sqrt{2}a$	1	0	$2a$	0	$0.172F_P$
$\sum$				$\frac{(3+2\sqrt{2})a}{EA}$	$-\frac{F_Pa}{EA}$	

(4) 求多余的未知力。

$$X_1=-\frac{\Delta_{1P}}{\delta_{11}}=\frac{F_P}{3+2\sqrt{2}}(\text{拉力})$$

(5) 求各杆的轴力。

$$F_N=\overline{F_{N1}}X_1+F_{NP}$$

计算结果见表 5-1 最后一列及如图 5-16 所示。

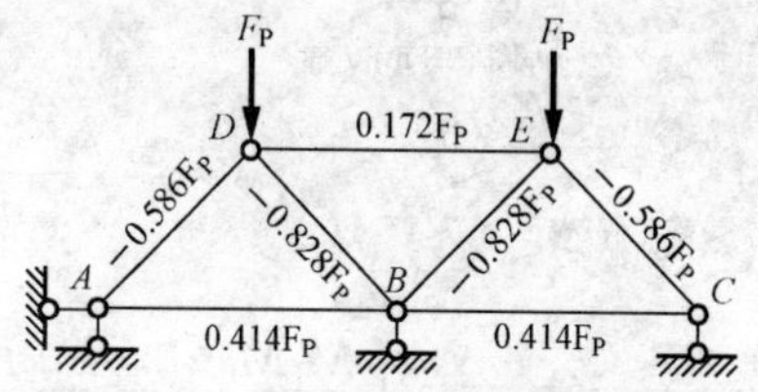

图 5-16 桁架的内力表示

5.3.4 组合结构

组合结构中既有链杆也有梁式杆，计算系数时，链杆只考虑轴力的影响，而梁式杆则只考虑弯矩的影响。因此计算力法方程中的系数和自由项如下

$$\left.\begin{aligned}\delta_{ii}&=\sum\int\frac{\overline{M}_i^2}{EI}ds+\frac{\overline{F}_{Ni}^2}{EA}l\\ \delta_{ij}=\delta_{ji}&=\sum\int\frac{\overline{M}_i\,\overline{M}_j}{EI}ds+\frac{\overline{F}_{Ni}\,\overline{F}_{Nj}}{EA}l\\ \Delta_{iP}&=\sum\int\frac{\overline{M}_iM_P}{EI}ds+\frac{\overline{F}_{Ni}F_{NP}}{EA}l\end{aligned}\right\}\qquad(5-9)$$

上面三个公式中，第一项为梁式杆引起的位移，第二项为链杆引起的位移，分别考虑加在一起。

例 5-5 如图 5-17 (a) 所示为一次超静定的组合结构，横梁 $I=1\times10^{-4}\text{m}^4$，链杆 $A=1\times10^{-3}\text{m}^2$，$q=10\text{kN/m}$，$E=$常数。试绘梁的弯矩图和求各杆的轴力，并讨论改变链杆截面的 A 时内力的变化情况。

(1) 选择基本体系。切断多余链杆 CD，在切口处用未知力 X_1 代替 [图 5-17 (b)]。

(2) 建立力法方程。

由于切口处在原结构中是连续的，切口的相对位移为零。力法方程为

$$\delta_{11}X_1+\Delta_{1P}=0$$

(3) 分别画出荷载和单位未知力的内力图 [图 5-17 (c)、(d)]，计算系数和自由项如下

$$\delta_{11}=\sum\int\frac{\overline{M}_i^2}{EI}ds+\frac{\overline{F}_{Ni}^2}{EA}l=\frac{1}{EI}\left(2\times\frac{4\times2}{2}\times\frac{2\times2}{3}\right)+\frac{1}{EA}\left[\frac{1\times1\times2}{2}+2\times\left(-\frac{\sqrt{5}}{2}\right)\times\left(-\frac{\sqrt{5}}{2}\right)\times2\sqrt{5}\right]$$

$$=\frac{1.067\times10^5}{E}+\frac{0.122\times10^5}{E}=\frac{1.189\times10^5}{E}$$

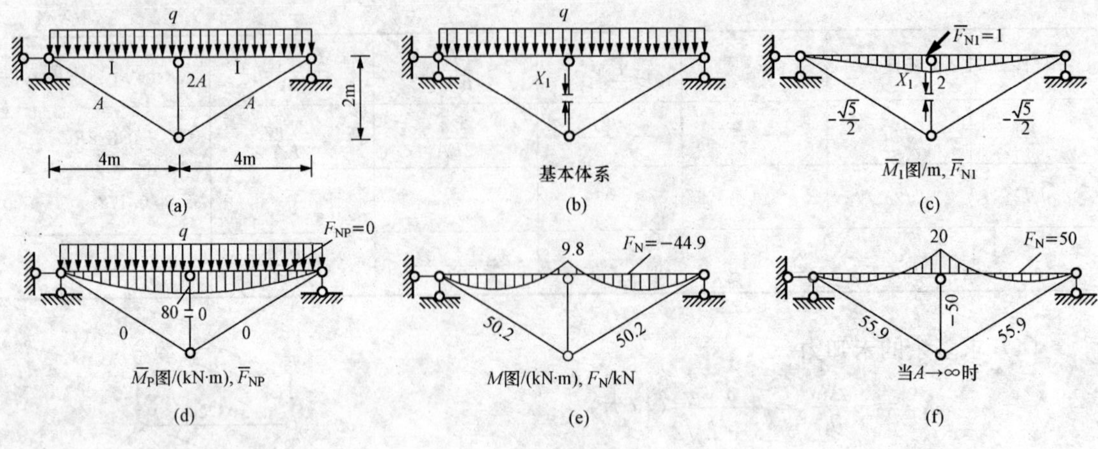

图 5-17 例 5-5 图

$$\Delta_{1P}=\sum\int\frac{\overline{M}_1M_P}{EI}ds+\frac{\overline{F}_{N1}F_{NP}}{EA}l=\frac{1}{E\times1\times10^{-4}}\left(2\times\frac{4\times4\times80}{3}\times\frac{5\times2}{8}\right)+0$$

$$=\frac{5.333\times10^6}{E}$$

(4) 求多余的未知力。

$$X_1=-\frac{\Delta_{1P}}{\delta_{11}}=-\frac{5.333\times10^6}{1.189\times10^5}=-44.9\text{kN}$$

(5) 作内力图。

最后内力为

$$M=\overline{M}_1X_1+M_P$$

$$F_N=\overline{F}_{N1}X_1+F_{NP}$$

据此可绘制梁的弯矩图并求出各杆的轴力，如图 5-17 (e) 所示。可以看出，由于下部链杆的支承作用，梁的最大弯矩值比没有链杆时减小了 80.7%。

如果改变链杆截面 A 的大小，结构的内力分布将随之改变。由上面的算式不难看出，当 A 减小时，δ_{11} 将增大，X_1 的绝对值将减小，于是梁的正弯矩值将增大而负弯矩值将减小。当 $A\to0$ 时，梁的弯矩图将成为简支梁的弯矩图［同图 5-17 (d)］。反之，当 A 增大时，梁的正弯矩值将减小而负弯矩值将增大。若 $A=1.71\times10^{-3}\text{m}^2$，梁的最大正、负弯矩值将接近相等（可自行验算），这对梁的受力是较有利的。当 $A\to\infty$ 时，其弯矩图将与两跨连续梁的弯矩图相同［图 5-17 (f)］。

5.3.5 超静定结构的特性

超静定结构与静定结构对比，具有以下一些重要特性：

(1) 对于静定结构，除荷载外，其他任何因素（如温度改变、支座移动等）在结构中不产生内力。但对超静定结构，除荷载外，其他因素在结构中也要产生内力。

(2) 超静定结构的内力仅靠平衡条件不能完全确定，还要考虑变形条件才能确定，其内力数值与材料性质和截面尺寸有关。

(3) 超静定结构的多余联系破坏后，仍能维持几何不变，它具有较强的防御能力。

（4）超静定结构与相应的静定结构相比，刚度要大，内力分布也较均匀。

5.4 对称结构的计算

在工程中有很多对称结构，如图5-18所示就是一些具有对称性的结构的例子。利用对称性可以使计算工作得到简化。所谓对称结构，就是指：

（1）结构的几何形状、支承情况关于某条直线对称（此条直线称为对称轴）；

（2）杆件截面和材料性质，即刚度，也关于此条直线对称。

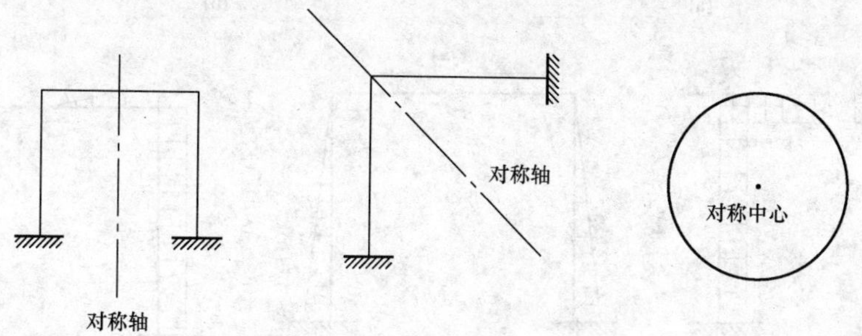

图5-18 对称结构示例

根据力法原理，计算超静定结构的关键是选择基本体系，对于对称结构应选择对称的基本体系，并取对称力或反对称力作为多余未知力。

1. 选取对称未知力和反对称未知力

如图5-19（a）所示对称刚架有一个对称轴，如果沿对称轴把横梁的中间截面切开，便可得到对称的基本结构。多余未知力包括三个广义力 X_1、X_2 和 X_3。它们分别是一对弯矩、一对轴力和一对剪力，基本体系如图5-19（b）所示。

对称轴两边的两个力如果大小相等，绕对称轴对折后作用点和作用线均重合，且指向相同，则此两力为正对称力。两个力如果大小相等，绕对称轴对折后作用点和作用线均重合，但指向相同，则称此两力为反对称力。上述多余未知力中，弯矩 X_1 和轴力 X_2 是正对称力，剪力 X_3 是反对称力。

所示刚架是三次超静定，力法方程为

$$\left.\begin{aligned}\delta_{11}X_1+\delta_{12}X_2+\delta_{13}X_3+\Delta_{1P}=0\\\delta_{21}X_1+\delta_{22}X_2+\delta_{23}X_3+\Delta_{2P}=0\\\delta_{31}X_1+\delta_{32}X_2+\delta_{33}X_3+\Delta_{3P}=0\end{aligned}\right\}$$

作基本结构的单位弯矩图$\overline{M}_1$、$\overline{M}_2$ 和$\overline{M}_3$［图5-19（c）、（d）、（e）］可以看到对称未知力$\overline{X}_1=1$ 和$\overline{X}_2=1$ 所引起的$\overline{M}_1$ 图和$\overline{M}_2$ 图是对称的，反对称未知力$\overline{X}_3=1$ 所引起的$\overline{M}_3$ 图是反对称的。因此

$$\delta_{13}=\delta_{31}=\sum\int\frac{\overline{M}_1\,\overline{M}_3}{EI}\mathrm{d}s=0$$

$$\delta_{23}=\delta_{32}=\sum\int\frac{\overline{M}_2\,\overline{M}_3}{EI}\mathrm{d}s=0$$

这样，力法方程便简化为

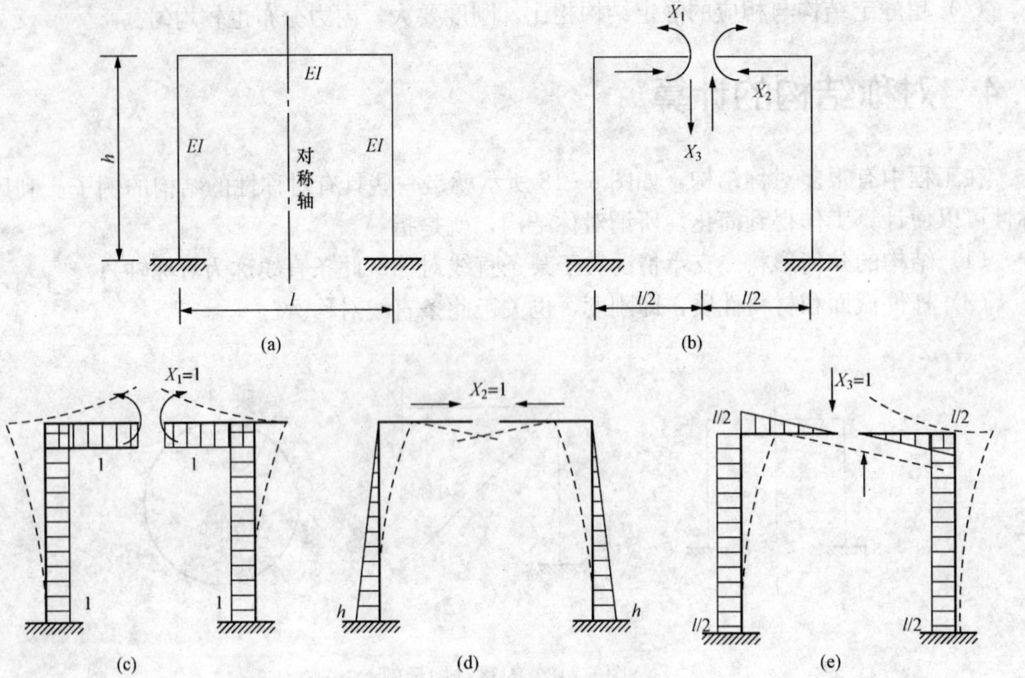

图 5-19　对称结构实例分析图

$$\left.\begin{aligned}\delta_{11}X_1+\delta_{12}X_2+\Delta_{1P}=0\\\delta_{21}X_1+\delta_{22}X_2+\Delta_{2P}=0\\\delta_{33}X_3+\Delta_{3P}=0\end{aligned}\right\}\qquad(5-10)$$

一般来说，如果选取的多余未知力一部分是对称的，另一部分是反对称的，则力法方程必然分解成独立的两组：一组只包含对称未知力，另一组只包含反对称未知力。这样，方程的建立及求解将得到简化。

2. *荷载分解为对称荷载及反对称荷载，并分别计算*

若上述刚架上的荷载不具有对称性［图 5-20（a）］，可以把荷载分解为对称荷载［图 5-2（b）］和反对称荷载［图 5-20（c）］部分，根据叠加原理，计算时可以把这两种荷载分别计算，然后把所得的内力图叠加即成。

对称荷载作用在基本结构上，荷载弯矩图 M_P' 是对称的［图 5-20（b）］，由于 $\overline{M}_3$ 是反对称的，因此

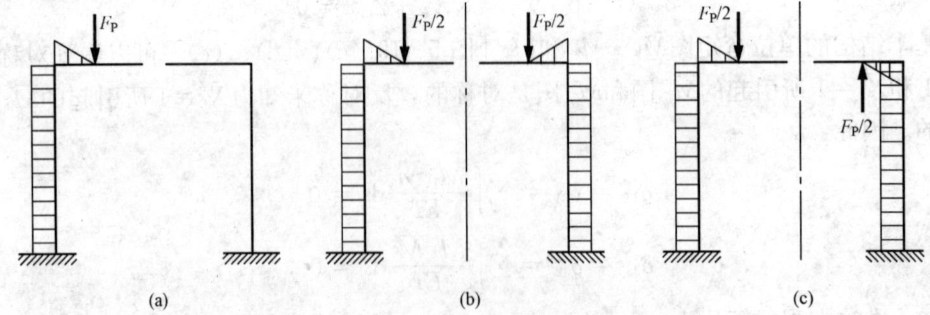

图 5-20　对称结构非对称荷载计算分解图

$$\Delta_{3P}=\sum\int\frac{\overline{M}_3 M'_P}{EI}ds=0$$

代入力法方程（5-10）的第三式，可知反对称未知力 $X_3=0$。至于对称未知力 X_1 和 X_2，则需根据前两式进行计算。

一般地说，对称结构在对称荷载作用下，如果所选的基本未知量都是对称力或反对称力，则反对称未知力必等于零，只需计算对称未知力。

在反对称荷载作用下，这时荷载弯矩图 M''_P 是反对称的［图5-20（c）］。由于 $\overline{M}_1$ 和 $\overline{M}_2$ 是对称的，因此

$$\Delta_{1P}=\sum\int\frac{\overline{M}_1 M''_P}{EI}ds=0$$

$$\Delta_{2P}=\sum\int\frac{\overline{M}_2 M''_P}{EI}ds=0$$

代入力法方程（5-10）的前两式，可知对称未知力 $X_1=X_2=0$。至于对称未知力 X_3，则需根据第三式进行计算。

一般地说，对称结构在反对称荷载作用下，如果所选的基本未知量都是对称力或反对称力，则对称未知力必等于零，只需计算反对称未知力。

例5-6 已知如图5-21（a）所示结构，EI=常数，作 M 图。

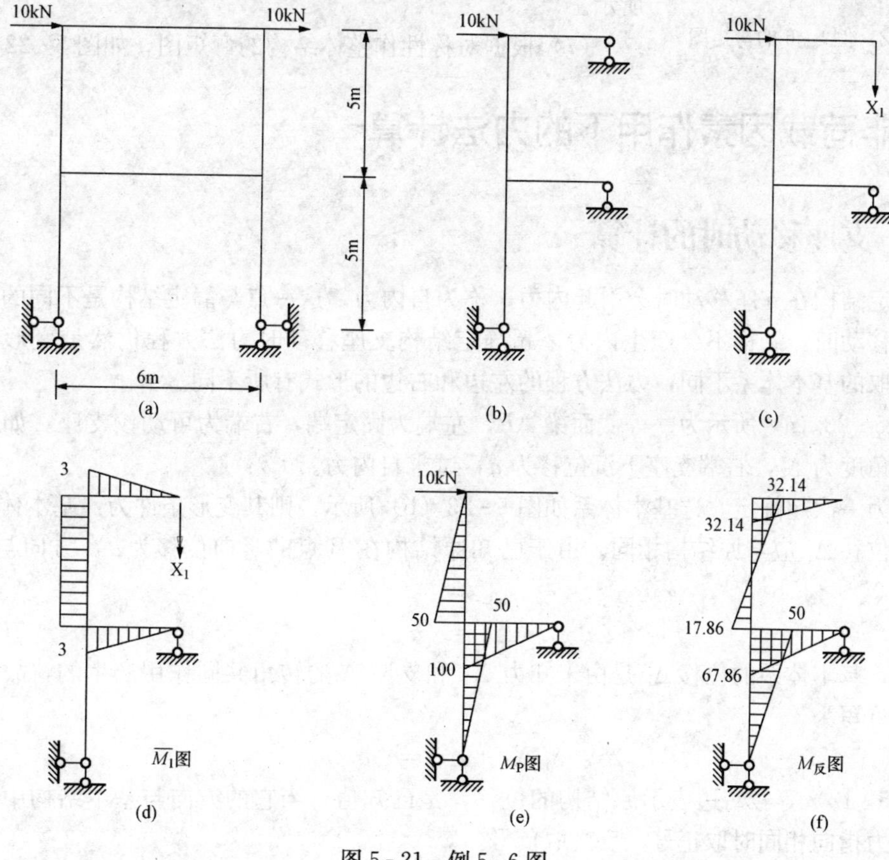

图5-21 例5-6图

(1) 利用对称性将结构简化为半边结构，如图 5-21 (b) 所示。

(2) 确定基本未知量，选基本体系，如图 5-21 (b) 所示为一次超静定结构，取基本体系如图 5-21 (c) 所示。

(3) 建立力法方程

$$\delta_{11}X_1+\Delta_{1P}=0$$

(4) 计算系数和自由项。

分别画出单位未知力 $X_1=1$ 及对换位置作用下的弯矩图 [图 5-21 (d)、(e)]，利用图乘法计算系数和自由项。

$$\delta_{11}=\frac{1}{EI}\left(\frac{1}{2}\times3\times3\right)\times\frac{2}{3}\times3\times2+\frac{1}{EI}3\times5\times3=\frac{63}{EI}$$

$$\Delta_{1P}=\frac{1}{EI}\left(\frac{1}{2}\times50\times5\times3+\frac{1}{2}\times100\times3\times\frac{2}{3}\times3\right)=\frac{675}{EI}$$

(5) 求多余的未知力。

$$X_1=-\frac{\Delta_{1P}}{\delta_{11}}=-\frac{675}{63}=-10.71\text{kN}$$

(6) 作半边结构 M 图。

由 $M=\overline{M}_1X_1+M_P$ 得半边结构弯矩图，如图 5-21 (f) 所示。

(7) 根据对称性作整体结构的弯矩图，如图 5-22 所示。

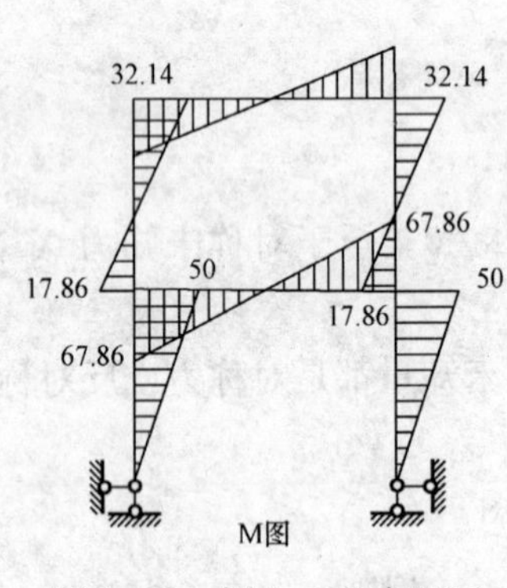

图 5-22 例 5-6 的弯矩图

5.5 非荷载因素作用下的力法计算

5.5.1 支座移动时的计算

超静定结构在支座移动时会引起内力，称为自内力。这一点与静定结构是不同的，静定结构支座移动时，结构不会产生内力。超静定结构支座移动时力法方程仍然是变形协调方程，但所取的基本体系不同，力法方程的左边和右边的形式有所不同。

如图 5-23 (a) 所示为一等截面梁 AB，左端为固定端，右端为可动铰支座。如果左端支座转动角度为 Δ_2，右端支座下沉位移为 a，试求自内力。

此梁为一次超静定，选基本体系如图 5-23 (b) 所示，则其变形条件为：基本体系在 B 点的竖向位移 Δ_1 应与原结构相同。由于已知原结构在 B 点的竖向位移为 a，方向与 X_1 相反，故有

$$\Delta_1=-a \tag{5-11}$$

另外，基本体系的位移 Δ_1 是由未知力 X_1 和支座 A 的转角共同作用产生的，故相应的力法方程可写为

$$\delta_{11}X_1+\Delta_{1c}=-a \tag{5-12}$$

式 (5-12) 等号右边表示原结构的位移，是已知值，当它的方向与基本结构中对应的多余未知力指向相同时取正号，反之取负号。

上式左边的自由项 Δ_{1c} 是支座 A 产生转角 θ 时在基本结构中产生的沿 X_1 方向的位移，

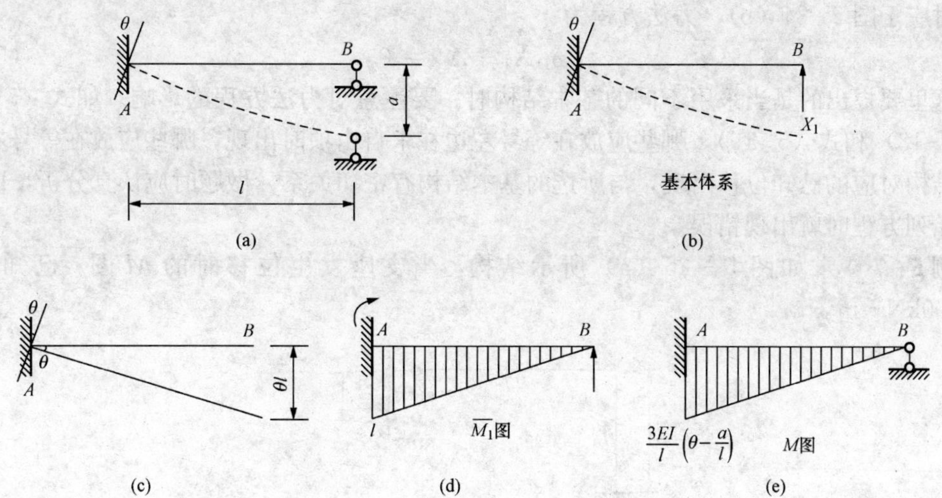

图 5-23 支座移动分析简例图

由图 5-23（c）得

$$\Delta_{1c}=-\theta l \tag{5-13}$$

求系数 δ_{11}，由图 5-23（d）求得

$$\delta_{11}=\int\frac{\overline{M}_1\overline{M}_1}{EI}\mathrm{d}x=\frac{1}{EI}\left(\frac{l^2}{2}\times\frac{2l}{3}\right)=\frac{l^3}{3EI} \tag{5-14}$$

将式（5-11）和式（5-14）代入式（5-12），得

$$\frac{l^3}{3EI}X_1-\theta l=-a \tag{5-15}$$

由此可得

$$X_1=\frac{3EI}{l^2}\left(\theta-\frac{a}{l}\right) \tag{5-16}$$

因为基本结构是静定结构，支座移动时在基本体系中不引起内力，因此内力是由多余未知力引起的。弯矩叠加式为

$$M=\overline{M}_1X_1 \tag{5-17}$$

M 图如图 5-23（e）所示。

对应于图 5-24（a），力法方程为

$$\delta_{11}X_1+\Delta_{1c}=\theta \tag{5-18}$$

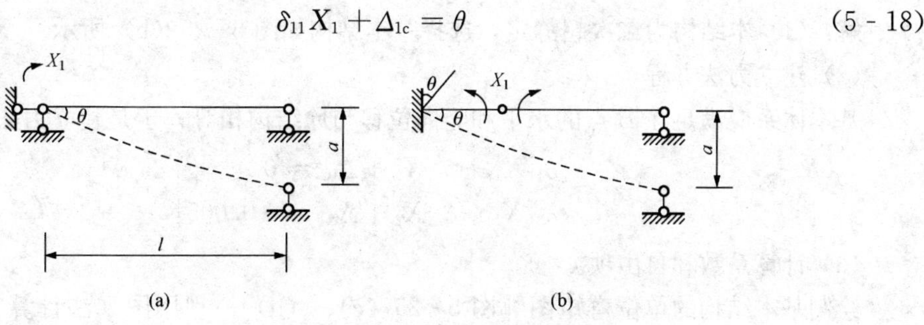

图 5-24 支座移动简例的其他分析方案图

对应于图 5-24（b），力法方程为

$$\delta_{11}X_1+\Delta_{1c}=0 \tag{5-19}$$

这里要提出的是当采用不同的基本结构时，要注意对力法方程的影响。如式（5-12）、式（5-18）和式（5-19），哪些应放在等号左边在求自由项时出现，哪些应放在等号右边作为原结构对应的已知位移出现，与所选的基本结构有密切关系，做题时应认真分析，以避免一开始列方程时就出现错误。

例 5-7 求如图 5-25（a）所示结构，当支座发生位移时的 M 图。已知 $EI=300\ 000\text{kN}\cdot\text{m}^2$。

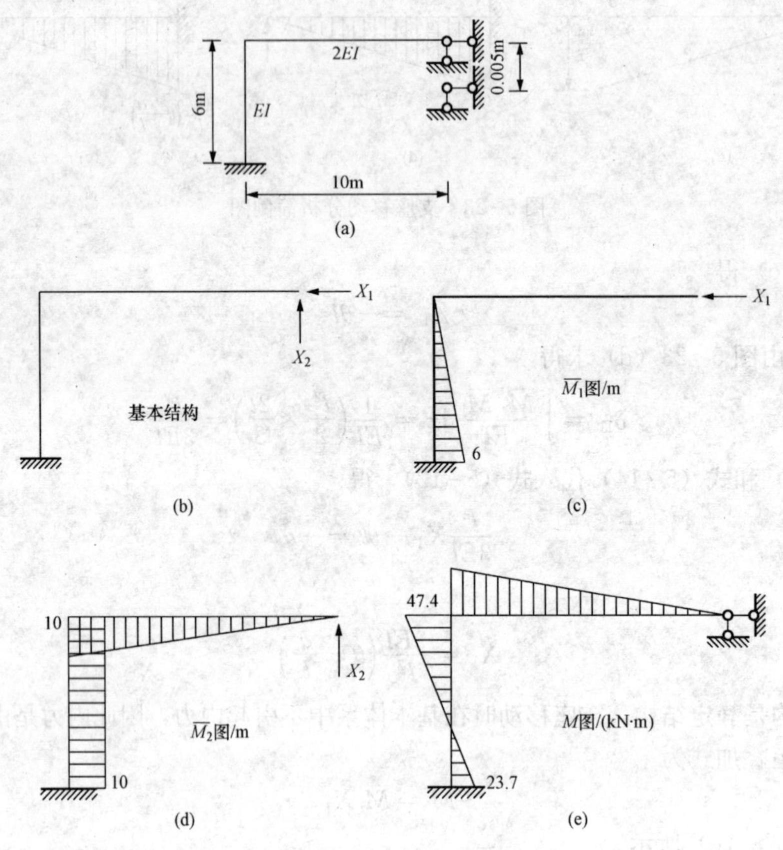

图 5-25 例 5-7 图

解：(1) 本结构为二次超静定，选择基本结构如图 5-25（b）所示。

(2) 建立力法方程。

基本体系应满足在 B 点的水平和竖向位移与原结构相等，于是建立力法方程为

$$\left.\begin{aligned}\delta_{11}X_1+\delta_{12}X_2+\Delta_{1C}&=0\\ \delta_{21}X_1+\delta_{22}X_2+\Delta_{2C}&=-0.005\end{aligned}\right\}$$

(3) 计算系数和自由项。

绘制基本结构的单位弯矩图［图 5-25（c）、（d）］，利用图乘法计算得系数和自由项如下

$$\delta_{11}=\frac{1}{EI}\left(\frac{1}{2}\times6\times6\right)\times\frac{2}{3}\times6=\frac{72}{EI}\text{m}^3$$

$$\delta_{22}=\frac{1}{EI}(10\times6)\times10+\frac{1}{2EI}\left(\frac{1}{2}\times10\times10\right)\times\frac{2}{3}\times10=\frac{2300}{3EI}\text{m}^3$$

$$\delta_{12}=\delta_{21}=\frac{1}{EI}\left(\frac{1}{2}\times6\times6\right)\times10=\frac{180}{EI}\text{m}^3$$

$$\Delta_{1C}=0;\ \Delta_{2C}=0$$

(4) 求多余的未知力。

$$\left.\begin{aligned}\frac{72}{EI}X_1+\frac{180}{EI}X_2&=0\\ \frac{180}{EI}X_1+\frac{2300}{3EI}X_2&=-0.005\end{aligned}\right\}$$

解得

$$X_1=\frac{225}{19}\text{kN}\quad X_2=-\frac{90}{19}\text{kN}$$

(5) 作内力图。

由 $M=\overline{M}_1X_1+\overline{M}_2X_2+M_P$ 得弯矩图，如图 5-25 (e) 所示。

5.5.2 温度变化时超静定结构的计算

超静定结构在温度变化的影响下，不但产生变形而且还产生内力。用力法解这类问题时，其变形协调条件仍是：基本结构在多余未知力、温度变化的共同影响下，在多余未知力作用点及其方向上的位移与原结构对应的位移相等。

如图 5-26 (a) 所示刚架外侧温度的改变量为 t_1，内侧温度的改变量为 t_2，用力法计算时取如图 5-26 (b) 所示结构为基本结构。

变形条件为 $\Delta_1=0;\ \Delta_2=0$

对应的力法方程为

$$\left.\begin{aligned}\delta_{11}X_1+\delta_{12}X_2+\Delta_{1t}&=0\\ \delta_{21}X_1+\delta_{22}X_2+\Delta_{2t}&=0\end{aligned}\right\}$$

式中的自由项 Δ_{it} 表示基本结构在温度变化影响下，在 X_i 作用点沿 X_i 方向的位移，可利用式 (4-32) 得

$$\Delta_{it}=\sum\alpha t_0\int\overline{F}_N\text{d}s+\sum\frac{\alpha\Delta t}{h}\int\overline{M}\text{d}s$$

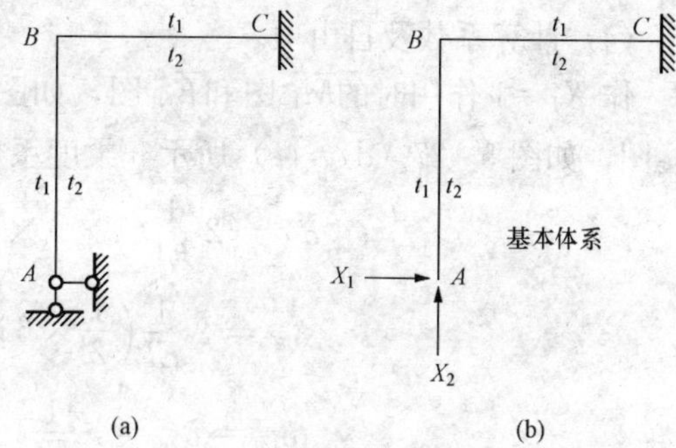

图 5-26 温度变化时刚架与其基本体系

由于基本结构是静定的，温度变化不引起内力，所以其内力均由多余未知力 X_i 引起，弯矩图及轴力图可按下式得到

$$M=\overline{M}_1X_1+\overline{M}_2X_2$$

$$\overline{F}_N=\overline{F}_{N1}X_1+\overline{F}_{N2}X_2$$

剪力图可通过平衡条件求出。

例 5-8 用力法计算如图 5-27 (a) 所示刚架，内部温度升高+5℃，外部温度降低15℃，杆为矩形截面，高 $h=60$cm，EI 均为常量，线膨胀系数为 α，作弯矩图。

解：(1) 此结构为二次超静定。

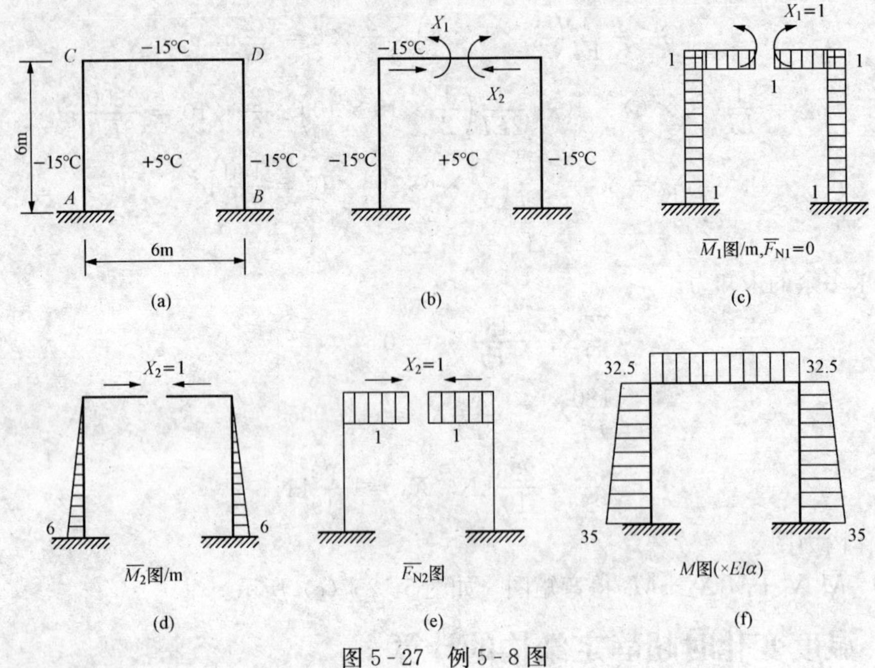

图 5-27 例 5-8 图

(2) 基本体系的选择如图 5-27 (b) 所示。

(3) 列力法方程。

$$\left.\begin{aligned}\delta_{11}X_1+\delta_{12}X_2+\Delta_{1t}=0\\ \delta_{21}X_1+\delta_{22}X_2+\Delta_{2t}=0\end{aligned}\right\}$$

(4) 计算系数及自由项。

作 $X_1=1$ 作用时的$\overline{M}_1$ 图和$\overline{F}_{N1}$图，如图 5-27 (c) 所示；作 $X_2=1$ 作用时的$\overline{M}_2$ 图和$\overline{F}_{N2}$图，如图 5-27 (d)、(e) 所示。柔度系数为

$$\delta_{11}=2\frac{1}{EI}(1\times6\times1+1\times3\times1)=\frac{18}{EI}\mathrm{m}^3$$

$$\delta_{22}=2\frac{1}{EI}\left(\frac{1}{2}\times6\times6\times\frac{2}{3}\times6\right)=\frac{144}{EI}\mathrm{m}^3$$

$$\delta_{12}=\delta_{21}=-\frac{1}{EI}1\times6\times3\times2=-\frac{36}{EI}\mathrm{m}^3$$

轴线温度变化 $t_0=\frac{1}{2}(5℃-15℃)=-5℃$

内外温差 $\Delta t=15℃-(-35℃)=50℃$

自由项

$$\Delta_{1t}=\sum\alpha t_0\int\overline{F}_{N1}\,ds+\sum\frac{\alpha\Delta t}{h}\int\overline{M}_1\,ds=0+\alpha\times\frac{20}{0.6}\times(1\times6)\times3=+600\alpha$$

$$\Delta_{2t}=\sum\alpha t_0\int\overline{F}_{N2}\,ds+\sum\frac{\alpha\Delta t}{h}\int\overline{M}_2\,ds$$

$$=\alpha\times(-5)\times(1\times6)+\alpha\times\frac{20}{0.6}\times\left(\frac{1}{2}\times6\times6\right)\times2=-1230\alpha$$

Δ_{1t}中第二项取正值，因为$\overline{M}_1$与Δ_t均使杆向同一侧方向弯曲；Δ_{2t}中第二项取负值，因为$\overline{M}_1$与Δ_t使杆产生的弯曲方向相反。

(5) 解方程。

$$\left.\begin{aligned}\frac{18}{EI}X_1-\frac{36}{EI}X_2+600\alpha=0\\-\frac{36}{EI}X_1+\frac{144}{EI}X_2-1230\alpha=0\end{aligned}\right\}$$

解得 $X_1=-32.5EI\alpha \quad X_2=0.417EI\alpha$

(6) 绘M图。

由$M=\overline{M}_1X_1+\overline{M}_2X_2+M_P$得弯矩图，如图5-27 (e) 所示。

由以上计算结果表明，温度变化引起的内力与杆件的EI成正比，在给定的温度条件下，截面尺寸愈大，内力愈大，不像在荷载作用下各杆的内力仅与EI的相对值有关。由温度变化引起的内力还与EI有关。更值得一提的是，当杆件两侧有温差Δt时，从图上可以看出，杆件的降温一侧出现拉应力，升温一侧出现压应力，这与静定结构在温度影响下的变形相反，因此在钢筋混凝土结构中，要特别注意降温一侧出现的裂缝。

5.6 超静定结构的位移计算

由于基本体系与原结构在受力与变形两方面完全一致，故原结构的变形也同样可以用求基本体系的位移来代替。当多余未知力求出后，基本结构在荷载及多余未知力共同作用下的位移计算就属于静定结构求位移的问题。例5-2中欲求CB杆中点D截面的竖向位移Δ_{Dy}，其“实际状态”的M图已求出，如图5-28 (a) 所示，在D点加上单位力作为“虚拟状态”并作出其$\overline{M}$图［图5-28 (b)］，然后将M图与$\overline{M}$图相乘即可求得Δ_{Dy}。

$$\begin{aligned}\Delta_{Dy}&=\frac{1}{EI}\left(\frac{1}{2}\times\frac{a}{2}\times\frac{a}{2}\right)\times\frac{5}{6}\times\frac{3}{88}F_Pa+\frac{1}{2EI}\left[\frac{1}{2}\times\left(\frac{3}{88}F_Pa+\frac{15}{88}F_Pa\right)a\times\frac{a}{2}-\left(\frac{1}{2}\ \frac{F_Pa}{4}a\right)\frac{a}{2}\right]\\&=-\frac{3F_Pa^3}{1408EI}(\uparrow)\end{aligned}$$

由于超静定结构的内力并不因所选基本结构的不同而不同，因此在求原结构的位移时，应选择能产生最简单的M图的基本结构作为虚拟状态。本例中若选如图5-28 (c) 所示结构作为虚拟状态，则D截面水平位移的计算就简单多了。具体计算为：

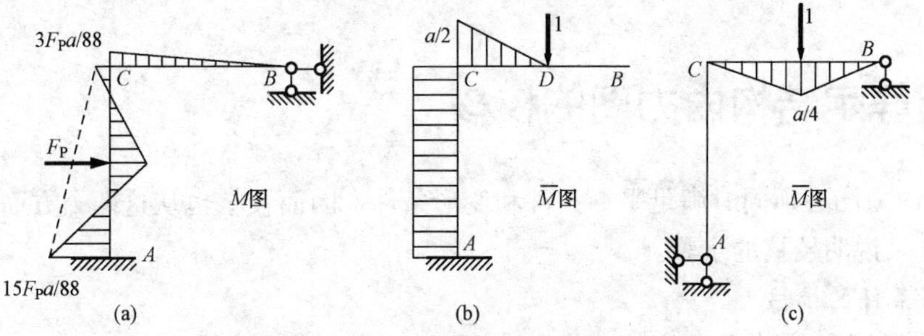

图5-28 任一基本体系求结构位移

(a) M图；(b) 方案1的$\overline{M}$图；(c) 方案2的$\overline{M}$图

$$\Delta_{Dy}=-\frac{1}{EI}\left(\frac{1}{2}\times\frac{a}{4}a\right)\times\frac{1}{2}\times\frac{3}{88}F_{P}a=-\frac{3F_{P}a^{3}}{1408EI}(\uparrow)$$

综上所述，计算超静定结构位移的步骤如下：

(1) 解算超静定结构，求出最后内力，此为实际状态。

(2) 任选一种基本结构，加上单位力求出虚拟状态的内力。

(3) 按位移计算公式或图乘法计算所求位移。

例 5-9 求如图 5-29（a）所示中点 K 的竖向位移。

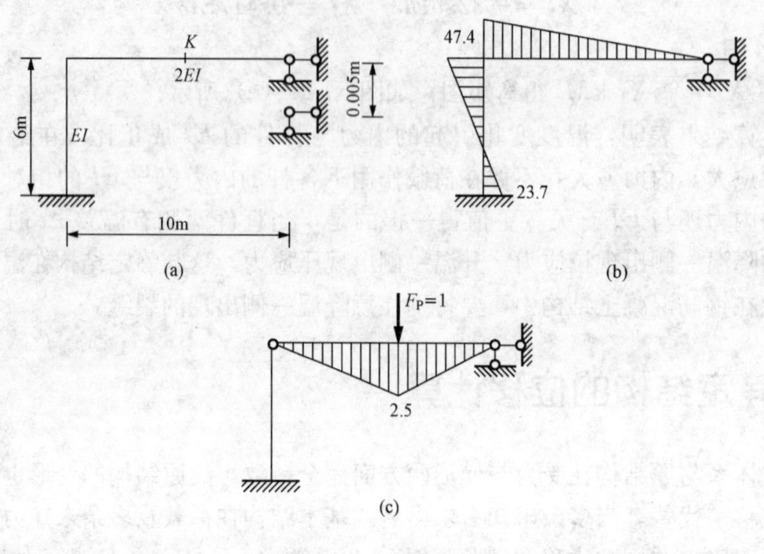

图 5-29 例 5-9 图

（a）原结构；（b）M 图；（c）$\overline{M}_K$ 图

解：(1) 支座移动时在超静定梁中引起的弯矩 M 图已作出，如图 5-29（b）所示。

(2) 在基本体系上的 K 点加虚设的单位力，作出 $\overline{M}_1$ 图，如图 5-29（c）所示。

(3) $\Delta_{KV}=\int\frac{\overline{M}_K M\mathrm{d}s}{EI}-\sum F_R C$

$$=-\frac{1}{2EI}\left(\frac{1}{2}\times 2.5\times 10\times\frac{1}{2}\times 47.4\right)-\left(-\frac{1}{2}\times 0.005\right)\text{m}$$

$$=-\frac{1}{6\times 10^{5}}\times 296.25\text{m}+2.5\times 10^{-3}\text{m}=2\times 10^{-3}\text{m}(\downarrow)$$

5.7 超静定结构内力图的校核

正确的内力图必须同时满足平衡条件和变形条件，因而校核也从这两个方面进行。下面仍用例 5-2 来说明校核的步骤。

1. 平衡条件的校核

从结构中任取一部分为隔离体，均应满足平衡条件。对于刚架的弯矩图，通常应检查刚结点是否满足 $\sum M_C=0$ 的条件，例如如图 5-30（a）所示刚架，取结点 C 为隔离体［图

5-30（c）]，应有

$$\sum M_{CA} + M_{CB} = 0$$

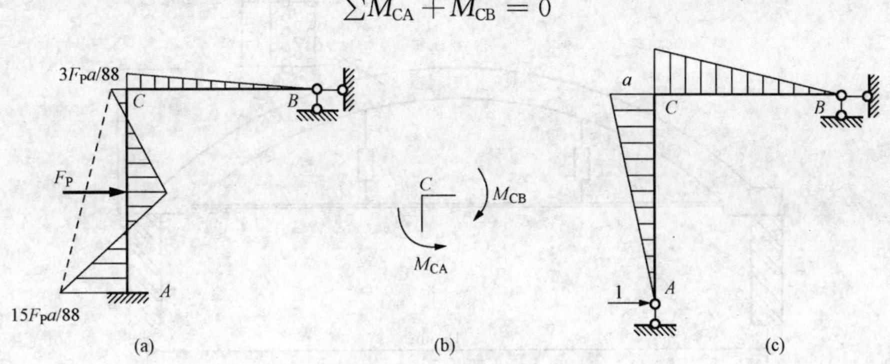

图5-30 超静定结构内力校核

至于剪力图和轴力图的校核，可取结点、杆件或结构的某一部分为隔离体，考查是否满足 $\sum F_X = 0$、$\sum F_Y = 0$ 的平衡条件，这里不再详述。

但当多余未知力计算有误时，仅用平衡条件是无法查出错误的。这是因为图$\overline{M}_1$、图M_P 本身已满足平衡条件，在叠加时只不过将它们之中的两个图放大（或缩小）若干倍，得到的图当然仍满足平衡条件。所以平衡条件的校核只能证明求得多余未知力后，在绘内力图时是否有误，但无法校核多余未知力的计算是否正确，为此必须进行位移条件的校核。

2. 位移条件的校核

所谓位移条件校核就是验算一下多余未知力处的位移是否与原结构中给定的相应位移值相符。根据上一节计算超静定结构位移的方法，对于刚架，可取基本结构的单位弯矩图与原结构的最后弯矩图相乘，看得到的位移是否与原结构的已知位移相符。例如，如图5-30（a）所示为刚架的最后弯矩图。为了检查支座 A 处的水平位移是否为零，可取如图5-30（c）所示基本结构并作$\overline{M}_1$ 图，将它与 M 图相乘得

$$\Delta_1 = \frac{1}{EI}\left(\frac{1}{2}a^2\right)\times\frac{2}{3}\times\frac{3}{88}F_P a + \frac{1}{2EI}\left[\left(\frac{1}{2}\times\frac{3F_P a}{88}a\right)\times\frac{2a}{3} + \left(\frac{1}{2}\times\frac{15F_P a}{88}a\right)\times\frac{a}{3} - \left(\frac{1}{2}\times\frac{F_P a}{4}a\right)\frac{a}{2}\right] = 0$$

可见这一位移条件是满足的。

5.8 两铰拱

拱结构在工程中应用很广。在桥梁方面，我国著名的赵州石拱桥占有重要的位置。近年来双曲拱桥被广泛采用。水利工程和地下建筑中的隧道衬砌是典型的拱式结构。在建筑方面，除采用落地式拱顶结构外，通常还采用带拉杆的拱式屋架［在图5-31（a）中，曲杆为钢筋混凝土构件，拉杆为角钢，吊杆是为了防止拉杆下垂而设的附件，如图5-31（b）所示为计算简图］。

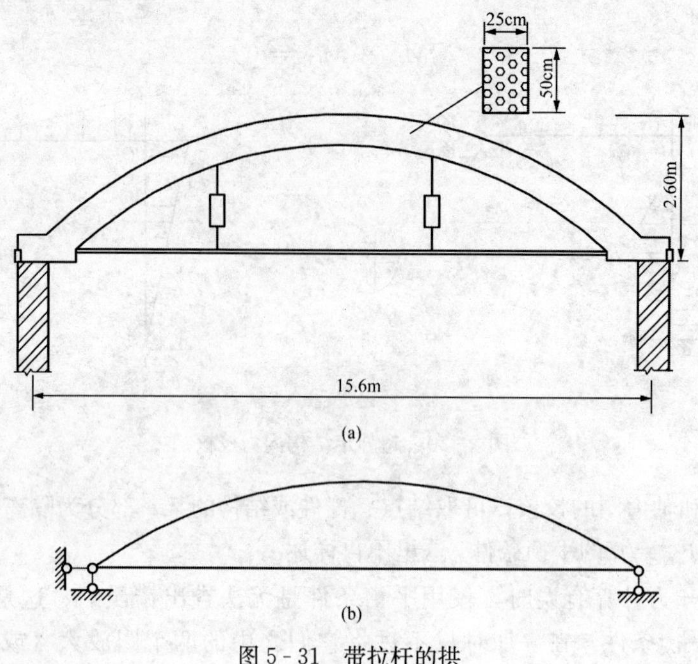

图 5-31 带拉杆的拱

5.8.1 两铰拱的计算

两铰拱是一次超静定结构［图 5-32（a）］。选用简支曲梁［图 5-32（b）］作基本体系，以推力 X_1 作基本未知量，则力法方程（表示支座 B 没有水平位移）为

$$\delta_{11}X_1+\Delta_{1P}=0$$

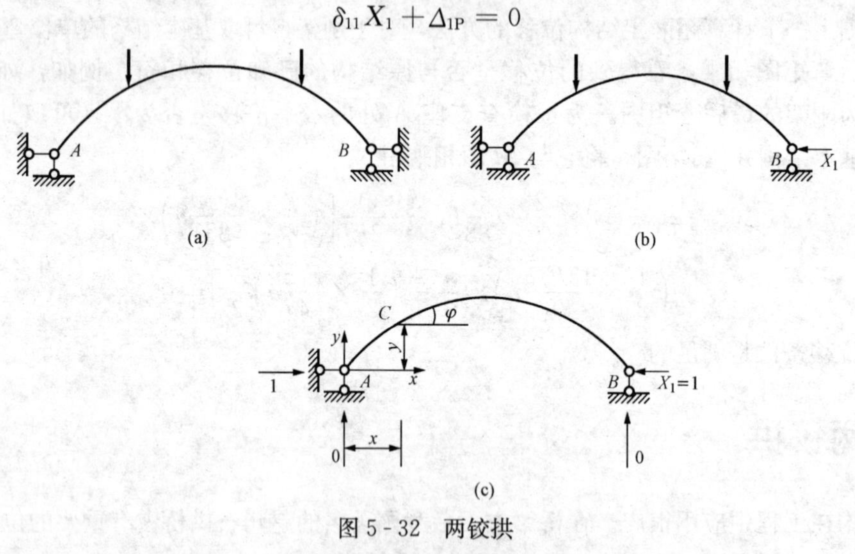

图 5-32 两铰拱

（a）两铰拱；（b）基本体系；（c）$X_1=1$

由于拱是曲杆，求位移 Δ_{1P} 和 δ_{11} 时不能采用图乘法，因而计算要繁琐一些。

因为基本结构是一个简支曲梁，计算 Δ_{1P} 时一般只考虑弯曲变形；计算 δ_{11} 时，有时（对较平的扁拱且截面较厚时）要考虑轴向变形。因此，

$$\left.\begin{aligned}\Delta_{1P}&=\int\frac{\overline{M}_1M_P}{EI}\mathrm{d}s\\\delta_{11}&=\int\frac{\overline{M}_1^2}{EI}\mathrm{d}s+\int\frac{\overline{F}_{N1}^2}{EA}\mathrm{d}s\end{aligned}\right\}\tag{5-20}$$

基本结构在 $X_1=1$ 作用下［图 5-32（c）］，竖向支座反力为零，任意截面 C 的弯矩和轴力为

$$\left.\begin{aligned}\overline{M}_1&=-y\\\overline{F}_{N1}&=-\cos\varphi\end{aligned}\right\}\tag{5-21}$$

这里，y 表示任意截面 C 的纵坐标，向上为正；φ 表示截面 C 处拱轴切线与 x 轴所成的锐角，左半拱的 φ 为正，右半拱的 φ 为负；弯矩 M 以使拱的内缘受拉为正；轴力 F_N 以拉力为正。

如果只承受竖向荷载，则简支曲梁任意截面的弯矩 M_P 与同跨度同荷载的简支水平梁相应截面的弯矩 M^0 彼此相等，即

$$M_P=M^0\tag{5-22}$$

将式（5-21）和式（5-22）代入式（5-20），得

$$\left.\begin{aligned}\Delta_{1P}&=-\int\frac{M^0y}{EI}\mathrm{d}s\\\delta_{11}&=\int\frac{y^2}{EI}\mathrm{d}s+\int\frac{\cos^2\varphi}{EA}\mathrm{d}s\end{aligned}\right\}$$

δ_{11} 和 Δ_{1P} 求出后，由力法方程可求 X_1（即推力 F_H）

$$X_1=F_H=-\frac{\Delta_{1P}}{\delta_{11}}$$

推力 F_H 求出后，内力的计算方法和计算公式与三铰拱完全相同。在竖向荷载作用下，两铰拱的内力计算公式为

$$\left.\begin{aligned}M&=M^0-F_Hy\\F_Q&=F_Q^0\cos\varphi-F_H\sin\varphi\\F_N&=-F_Q^0\sin\varphi-F_H\cos\varphi\end{aligned}\right\}\tag{5-23}$$

从以上讨论中可以看出以下两点：

（1）从力法计算来看，两铰拱与两铰钢架基本相同，只是位移 δ_{11} 和 Δ_{1P} 需按曲杆公式计算，不能采用图乘法。

（2）从受力特性来看，两铰拱与三铰拱基本相同。内力算式（5-23）在形式上与三铰拱完全相同，只是其中的 F_H 值有所不同。在三铰拱中，推力 F_H 是由平衡条件求得的；在两铰拱中，推力 F_H 则是由变形条件求得的。

5.8.2 拉杆拱的计算

在屋盖结构中采用的两铰拱，通常带拉杆［图 5-33（a）］。设置拉杆的目的，一方面是使砖墙或立柱不受推力，从而在砖墙或立柱中不产生弯矩；另一方面是使拱肋承受推力，从而减少了拱肋的弯矩。

计算带拉杆的两铰拱时，可将拉杆切断，基本体系如图 5-33（b）所示。基本未知力 X_1 是拉杆内的拉力，也就是拱肋所受的推力 F_H。力法方程（表示切口两边无相对位移）为

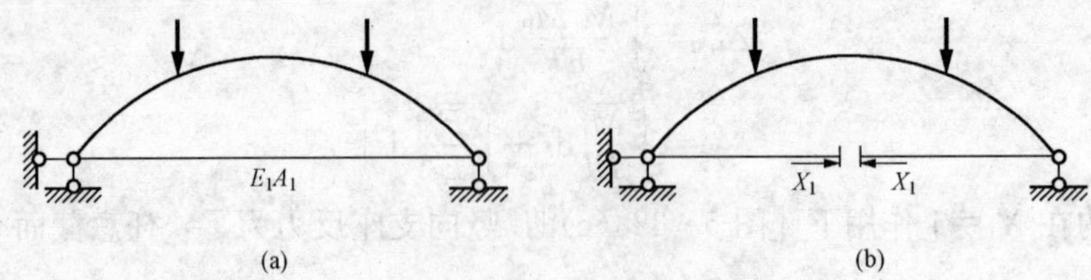

图 5-33 拉杆拱基本体系

$$\delta_{11}X_1+\Delta_{1P}=0$$

与无拉杆的两铰拱相比，力法方程在形式上是一样的。但是，在计算 δ_{11} 时，应当考虑拉杆的变形，即

$$\delta_{11}=\int\frac{\overline{M}_1^2}{EI}ds+\int\frac{\overline{F}_{N1}^2}{EA}ds+\int_0^l\frac{\overline{F}_{N1}^2}{E_1A_1}dx \tag{5-24}$$

这里，前两项是对拱肋积分，末一项是对拉杆积分。E_1 和 A_1 分别表示拉杆的弹性模量和截面面积。基本结构在 $X_1=1$ 作用下，拉杆的轴力为 $\overline{F}_{N1}=1$。因此，末一项积分为

$$\int_0^l\frac{\overline{F}_{N1}^2}{E_1A_1}dx=\int_0^l\frac{l^2}{E_1A_1}dx=\frac{l}{E_1A_1} \tag{5-25}$$

将式（5-25）代回式（5-24），得

$$\delta_{11}=\int\frac{\overline{M}_1^2}{EI}ds+\int\frac{\overline{F}_{N1}^2}{EA}ds+\frac{l}{E_1A_1} \tag{5-26}$$

基本结构在荷载作用下，拉杆的拉力为零。因此，计算式（5-24）时只对拱肋积分，即

$$\Delta_{1P}=\int\frac{\overline{M}_1M_P}{EI}ds \tag{5-27}$$

这个公式与无拉杆的两铰拱是一样的。

其余的解法与前一样，不再重述。

下面对两铰拱的两种形式（有拉杆和无拉杆）加以比较。由式（5-26）和式（5-27）可得出位移 δ_{11}、Δ_{1P}（无拉杆）与位移 δ_{11}^*、Δ_{1P}^*（有拉杆）之间的关系如下

$$\delta_{11}^*=\delta_{11}+\frac{l}{E_1A_1}$$

$$\Delta_{1P}^*=\Delta_{1P}$$

由此可得出推力 F_H（无拉杆）和推力 F_H^*（有拉杆）的计算式如下

$$F_H=-\frac{\Delta_{1P}}{\delta_{11}}$$

$$F_H^*=-\frac{\Delta_{1P}^*}{\delta_{11}}=-\frac{\Delta_{1P}}{\delta_{11}+\dfrac{l}{E_1A_1}}$$

如果拉杆的刚度很大（$E_1A_1\to\infty$），则 $F_H^*\to F_H$。这时，两种形式的推力基本相等，因此受力状态也基本相同。

如果拉杆的刚度很小（$E_1A_1\to 0$），则 $F_H^*\to 0$。这时，带拉杆的两铰拱实际上是简支曲梁，拱肋的受力状态是很不利的。

由此可见，在设计带拉杆的两铰拱时，为了减少拱肋的弯矩，改善拱的受力状态，应当适当地加大拉杆的刚度。

5.8.3　无铰拱的计算

如图 5 - 34（a）所示为一对无铰拱，是三次超静定结构。为了简化计算，可采用两项简化措施。

第一项简化措施是利用结构的对称性。为此，选取结构的基本体系，在拱顶截开，取拱顶的弯矩 X_1、轴力 X_2 和剪力 X_3 为多余未知力［图 5 - 34（b）］。X_1 和 X_2 是对称未知力，X_3 是反对称力，因此力法方程简化为如下独立的两组

$$\left.\begin{aligned}\delta_{11}X_1+\delta_{12}X_2+\Delta_{1P}&=0\\ \delta_{21}X_1+\delta_{22}X_2+\Delta_{2P}&=0\\ \delta_{33}X_3+\Delta_{3P}&=0\end{aligned}\right\}\tag{5-28}$$

第二项简化措施是利用刚臂，进一步使余下的一对负系数 δ_{12} 和 δ_{21} 也等于零，从而使力法方程简化为三个独立的一元一次方程

$$\left.\begin{aligned}\delta_{11}X_1+\Delta_{1P}&=0\\ \delta_{22}X_2+\Delta_{2P}&=0\\ \delta_{33}X_3+\Delta_{3P}&=0\end{aligned}\right\}\tag{5-29}$$

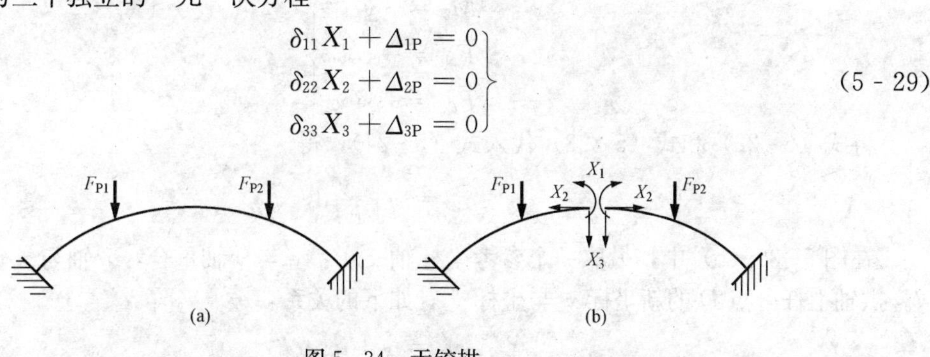

图 5 - 34　无铰拱

下面说明如何利用刚臂来达到上述简化的目的。

首先，把原来的无铰拱换成如图 5 - 35（a）所示的拱：即先在拱顶把无铰拱切开，在切口处沿竖直对称轴安上两根刚性为无穷大的杆件 CO 和 C_1O_1（称为刚臂），再在端部把两个刚臂重新刚性地连接起来。在任意荷载作用下，O 和 O_1 之间没有任何相对位移（包括相对位移和相对转动），而刚臂又是绝对刚性的，不产生任何变形，因此 C 和 C_1 之间也没有任何相对位移。由此看出这个带刚臂的无铰拱与原来的是等效的，可以互相代替。然后取基本体系，将带刚臂的无铰拱在 O 处切开，在切口处加上三对未知力 X_1、X_2 和 X_3，如图 5 - 35（b）所示。这个基本体系仍然是对称的，X_1 和 X_2 是对称未知力，X_3 是反对称力，力法方程见式（5 - 20）。

现在需要确定刚臂的长度，也就是确定刚臂端点 O 的位置。现在的目的是要使负系数 $\delta_{12}=\delta_{21}=0$。因此，可根据这个条件反过来推算 O 点的位置。为此，先写出负系数 δ_{12} 的算式如下：

$$\delta_{12}=\int\frac{\overline{M}_1\,\overline{M}_2}{EI}\mathrm{d}s+\int\frac{k\,\overline{F}_{Q1}\,\overline{F}_{Q2}}{GA}\mathrm{d}s+\int\frac{\overline{F}_{N1}\,\overline{F}_{N2}}{EA}\mathrm{d}s\tag{5-30}$$

这个积分的范围只包括拱轴的全长，而不包括刚臂部分，因为刚臂为绝对刚性，其积分值等于零。

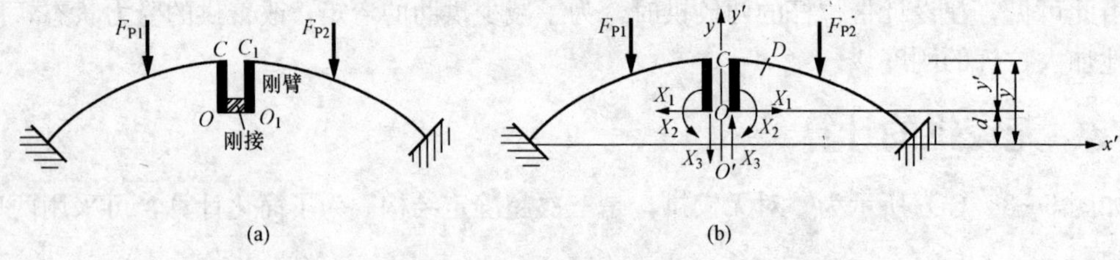

图 5-35 加刚臂的无铰拱

其次，求单位力 $X_1=1$ 和 $X_2=1$ 产生的内力。选 O 点为坐标原点，x、y 轴的方向如图 5-35（b）所示。在单位力 $X_1=1$ 作用下，内力的计算式为

$$\left.\begin{aligned}\overline{M}_1&=1\\ \overline{F}_{N1}&=0\\ \overline{F}_{Q1}&=0\end{aligned}\right\}\tag{5-31}$$

在单位力 $X_2=1$ 作用下，内力的计算式为

$$\left.\begin{aligned}\overline{M}_2&=-y\\ \overline{F}_{N2}&=-\cos\varphi\\ \overline{F}_{Q2}&=-\sin\varphi\end{aligned}\right\}\tag{5-32}$$

将式（5-22）和式（5-23）代入式（5-24），得

$$\delta_{12}=-\int\frac{y}{EI}\mathrm{d}s\tag{5-33}$$

在图 5-35（b）中，另取一个参考坐标轴 $x'y'$：y'与 y 轴重合，x'轴与 x 轴间的距离为 d。拱轴上任一点 D 的新坐标 y'与坐标 y 有如下的关系：

$$\left.\begin{aligned}y'&=y+d\\ y&=y'-d\end{aligned}\right\}\tag{5-34}$$

将式（5-25）代入式（5-24），得

$$\delta_{12}=-\int\frac{y'-d}{EI}\mathrm{d}s=\int-\frac{y'}{EI}\mathrm{d}s+d\int\frac{1}{EI}\mathrm{d}s$$

令 $\delta_{12}=0$，得

$$d=\frac{\int\frac{y'}{EI}\mathrm{d}s}{\int\frac{1}{EI}\mathrm{d}s}\tag{5-35}$$

现将以上讨论结果归纳如下：先取参考坐标轴 $x'y'$，由式（5-35）求出 d 值，这样，刚臂端点 O 的位置就确定了。然后，如图 5-35（b）所示取基本体系，力法方程就简化为式（5-29）。这样，计算工作就大为简化。

这个方法中的一个重要环节是，根据式（5-35）来确定刚臂端点 O 的位置。为了对这个公式有一个形象的理解，做如下的比拟：如图 5-36（a）所示为实际给定的无铰拱；在图 5-36（b）中另外设想一个窄条面积，以拱的轴线作为它的轴线，以拱的截面抗弯刚度的倒数$\left(即\frac{1}{EI}\right)$作为它的截面宽度。这个设想的面积称为弹性面积。从弹性面积中取出微段 $\mathrm{d}s$，

微段的面积为 $dA=\dfrac{ds}{EI}$。因此，式(5-35)中的积分 $\int\dfrac{ds}{EI}$ 就是总弹性面积，积分 $\int\dfrac{y'}{EI}ds$ 就是弹性面积对 x' 轴的面积矩，而式（5-35）中的 d 就是弹性面积的形心到 x' 轴的距离。由此得出结论：刚臂的端点 O 就是弹性面积的形心，称为弹性中心。

上面介绍的计算方法，通常称为弹性中心法。方法的要点是：先由式（5-35）确定弹性中心的位置；然后取代刚臂的基本体系，多余未知力作用在弹性中心；最后按力法方程(5-29)解出多余未知力。

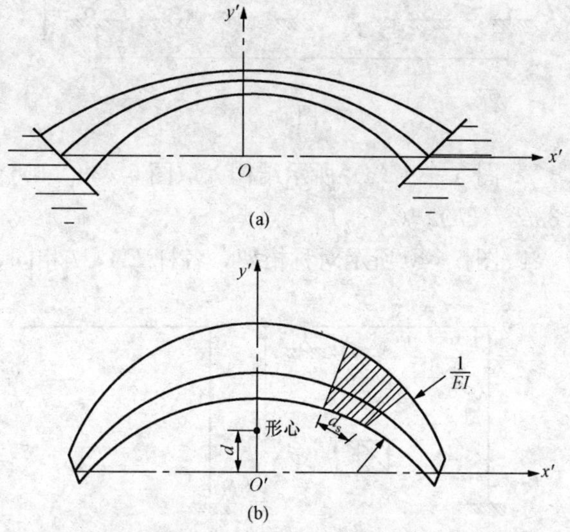

图5-36　弹性中心示意图

下面给出力法方程中的系数和自由项的算式。

计算位移 Δ_{1P} 和 δ_{ii} 时，通常只考虑弯矩的影响；但计算 δ_{22} 时，有时需要考虑轴力的影响。因此，计算位移时通常采用下列算式：

$$\left.\begin{aligned}\Delta_{1P}&=\int\frac{\overline{M}_1M_P}{EI}ds,\ \delta_{11}=\int\frac{\overline{M}_1^2}{EI}ds\\ \Delta_{2P}&=\int\frac{\overline{M}_2M_P}{EI}ds,\ \delta_{22}=\int\frac{\overline{M}_2^2}{EI}ds+\int\frac{\overline{F}_{N2}^2}{EA}ds\\ \Delta_{3P}&=\int\frac{\overline{M}_1M_P}{EI}ds,\ \delta_{33}=\int\frac{\overline{M}_3^2}{EI}ds\end{aligned}\right\}\tag{5-36}$$

将 $\overline{M}_1$，$\overline{M}_2$，$\overline{M}_3$ 和 $\overline{F}_{N2}$ 的表达式代入式（5-36），则得

$$\left.\begin{aligned}\Delta_{1P}&=\int\frac{M_P}{EI}ds,\ \delta_{11}=\int\frac{1}{EI}ds\\ \Delta_{2P}&=-\int\frac{yM_P}{EI}ds,\ \delta_{22}=\int\frac{y^2}{EI}ds+\int\frac{\cos^2\varphi}{EA}ds\\ \Delta_{3P}&=\int\frac{xM_P}{EI}ds,\ \delta_{33}=\int\frac{x^2}{EI}ds\end{aligned}\right\}\tag{5-37}$$

最后应指出，许多超静定拱（含两铰拱和无铰拱）是变截面的，又是曲杆，故求 Δ_{ij} 和 δ_{ip} 时常须用数值积分法分段求和计算。

复习思考题

5-1　是非题

1. 图5-37所示结构用力法求解时，可选切断杆件2、4后的体系作为基本结构。(　　)

2. 图5-38所示结构中，梁 AB 的截面 EI 为常数，各链杆的 E_1A 相同，当 EI 增大时，则梁截面 D 的弯矩代数值 M_D 增大。(　　)

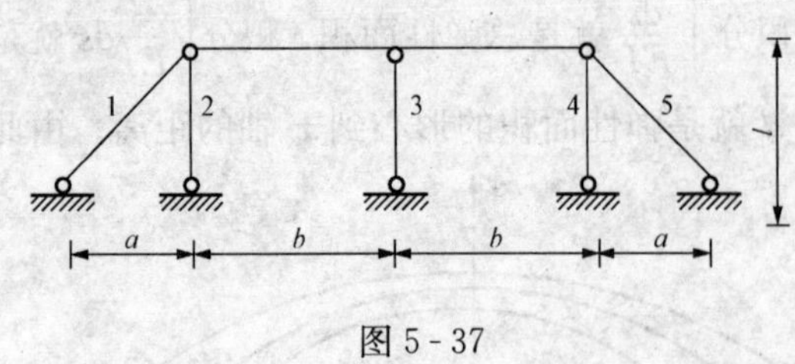

图 5-37

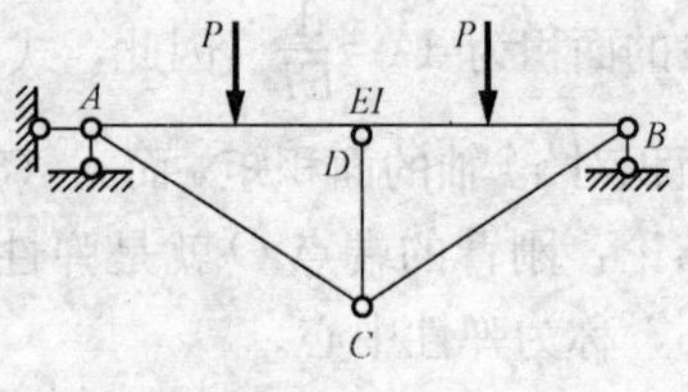

图 5-38

3. 图 5-39（a）所示结构，取图 5-39（b）为力法基本体系，线胀系数为 α，则 $\Delta_{1t}=-3\alpha tl^2/(2h)$。（ ）

4. 图 5-40 所示对称桁架，各杆 EA，l 相同，$N_{AB}=P/2$。（ ）

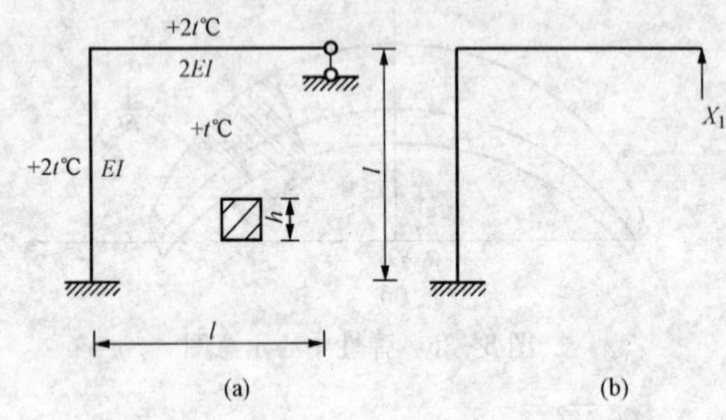

图 5-39

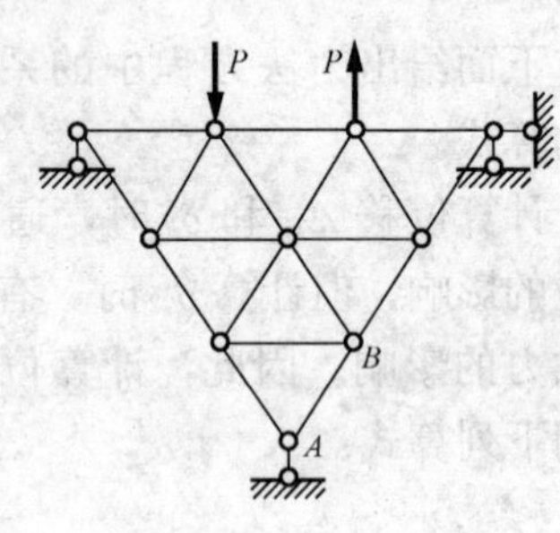

图 5-40

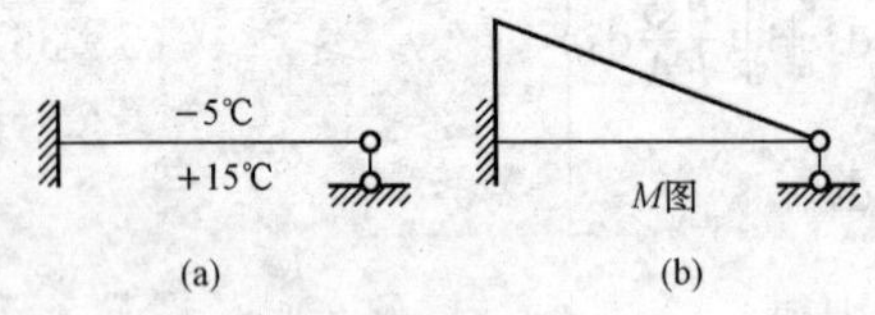

图 5-41

5. 图 5-41（a）所示梁在温度变化时的 M 图形状如图（b）所示，对吗？（ ）

5-2 选择题（将选中答案的字母填入括弧内）

1. 图 5-42（a）所示结构，$EI=$常数，取图（b）为力法基本体系，则下述结果中错误的是：（ ）

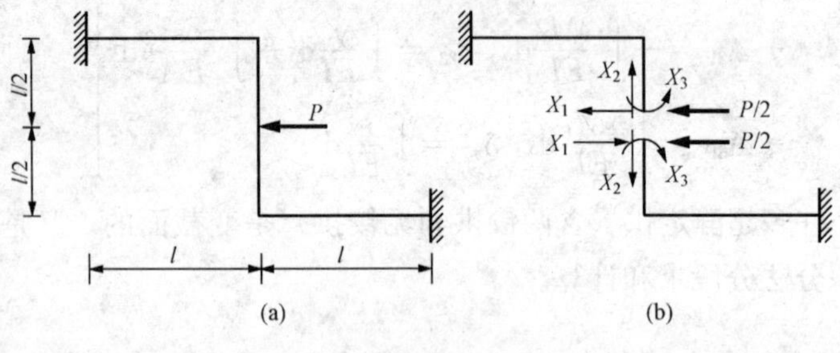

图 5-42

A. $\delta_{23}=0$ B. $\delta_{31}=0$ C. $\Delta_{2P}=0$ D. $\delta_{12}=0$

2. 图 5-43 所示连续梁用力法求解时，最简便的基本结构是：（ ）

A. 拆去 B、C 两支座

B. 将 A 支座改为固定铰支座，拆去 B 支座

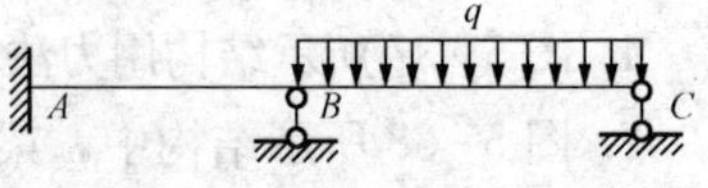

图 5-43

C. 将 A 支座改为滑动支座，拆去 B 支座

D. 将 A 支座改为固定铰支座，B 处改为完全铰

3. 图 5-44 所示结构 H_B 为：(　　)

A. P　　B. $-P/2$　　C. $P/2$　　D. $-P$

4. 图 5-45 所示两刚架的 EI 均为常数，并分别为 $EI=1$ 和 $EI=10$，这两刚架的内力关系为：(　　)

A. M 图相同　　B. M 图不同

C. 图 5-45（a）刚架各截面弯矩大于图 5-45（b）刚架各相应截面弯矩

D. 图 5-45（a）刚架各截面弯矩小于图 5-45（b）刚架各相应截面弯矩

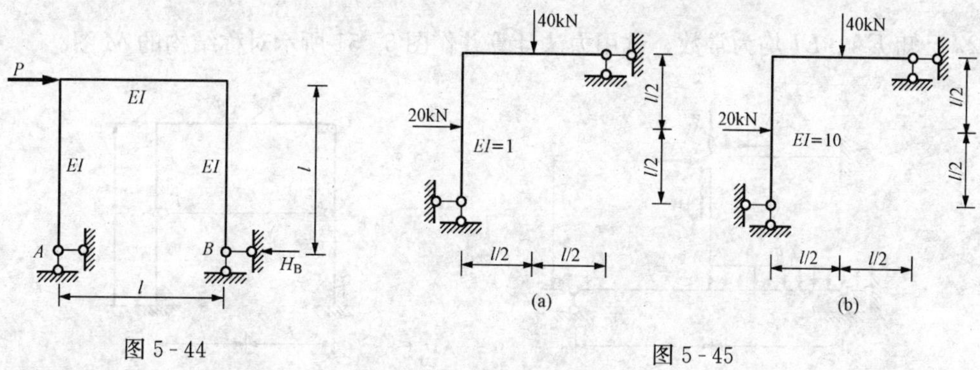

图 5-44　　图 5-45

5. 在力法方程 $\sum\delta_{ij}X_j+\Delta_{1c}=\Delta_i$ 中：(　　)

A. $\Delta_i=0$　　B. $\Delta_i>0$　　C. $\Delta_i<0$　　D. 前三种答案都有可能

5-3　填充题（将答案写在空格内）

1. 图 5-46 所示结构超静定次数为__________。

2. 力法方程等号的左侧各项代表________________；右侧代表________________。

3. 图 5-47 所示结构，EI=常数，在给定荷载作用下，Q_{AB}=____________。

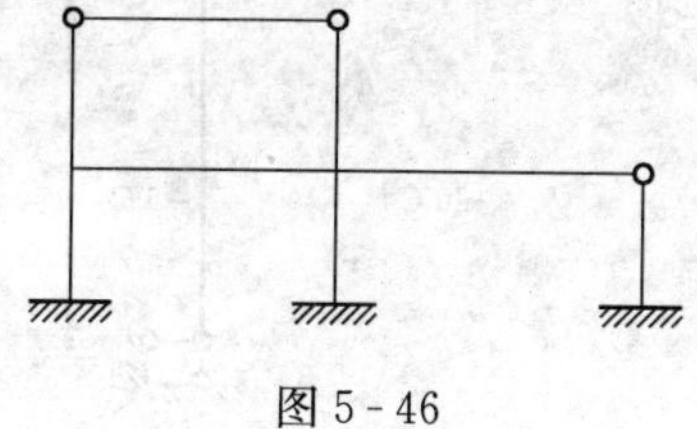

图 5-46

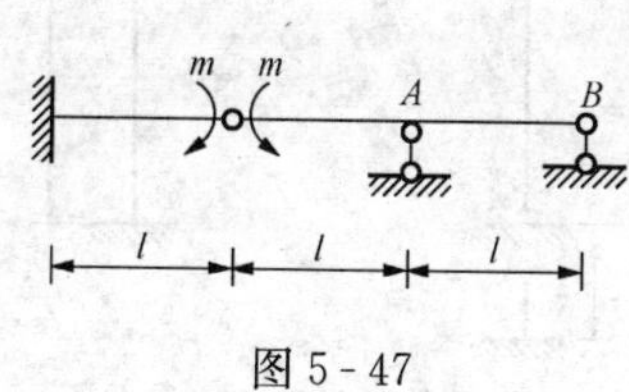

图 5-47

4. 试绘出图 5-48 所示结构用力法计算时，未知量最少的基本结构。

5. 图 5-49（a）结构中支座转动 θ，力法基本结构如图 5-49（b），力法方程中 Δ_{1c}=____________。

5-4　计算题

1. 已知图 5-50 所示基本体系对应的力法方程系数和自由项如下：

$\delta_{11}=\delta_{22}=l^3/(2EI)$，$\delta_{12}=\delta_{21}=0$，$\Delta_{1P}=-5ql^4/(48EI)$，$\Delta_{2P}=ql^4/(48EI)$，作最后的 M 图。

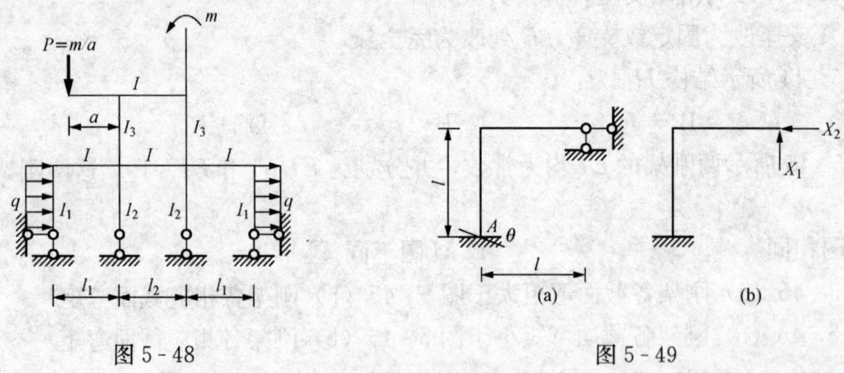

图 5-48　　　　图 5-49

2. 已知 EA、EI 均为常数，试用力法计算并作图 5-51 所示对称结构的 M 图。

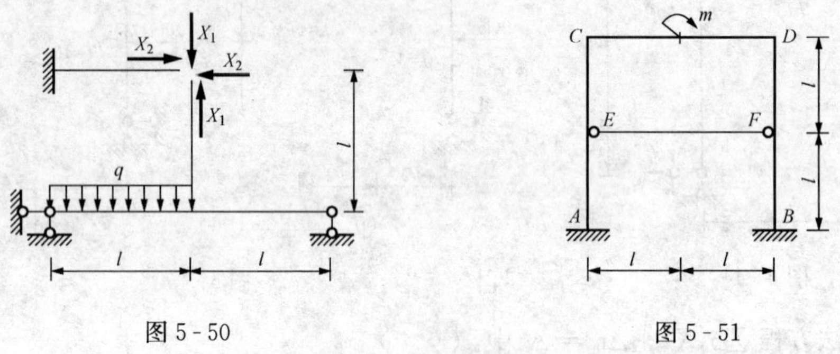

图 5-50　　　　图 5-51

3. 试用力法计算，并作图 5-52 所示对称结构由支座移动引起的 M 图。EI＝常数。

4. 用力法计算并作图 5-53 所示结构的 M 图。各杆截面相同，EI＝常数，矩形截面高为 h，材料线膨胀系数为 α。

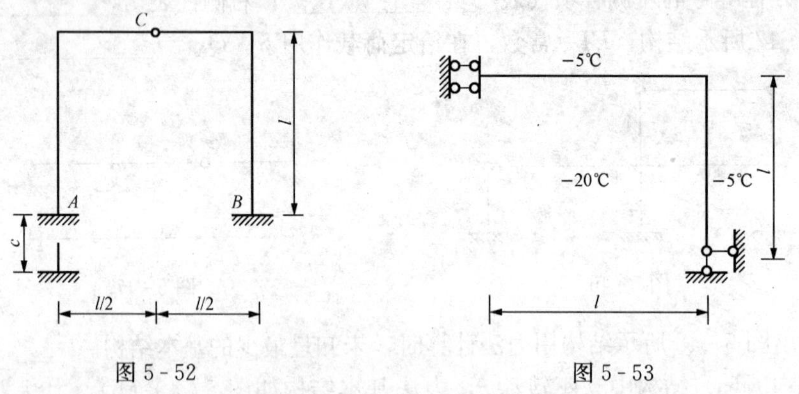

图 5-52　　　　图 5-53

5. 已知各杆的 EA 相同，用力法计算并求图 5-54 所示桁架的内力。

6. 图 5-55（b）为图 5-55（a）所示结构的 M 图，求荷载作用点的相对水平位移。EI 为常数。

7. 试用力法计算下列图 5-56 所示对称刚架的 M 图。

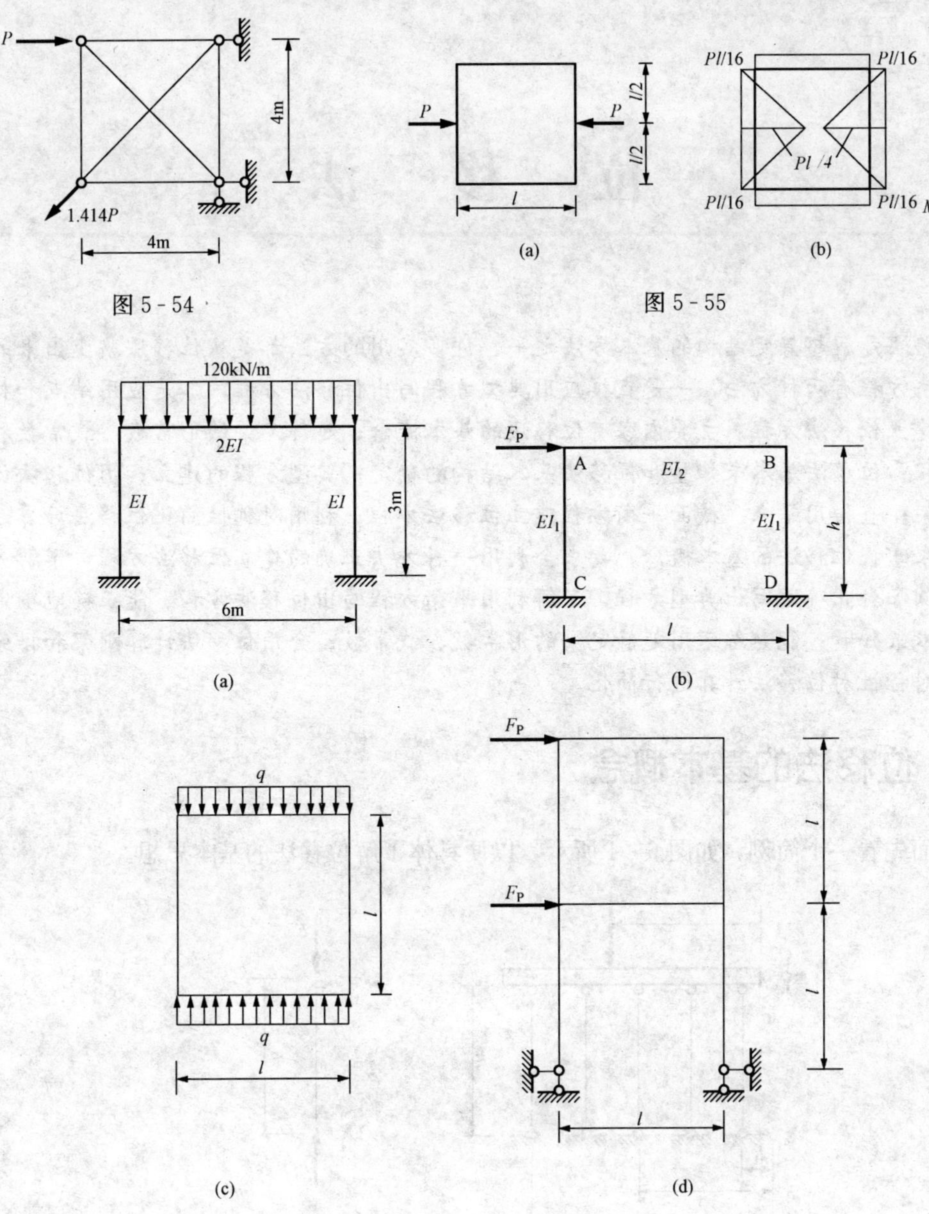

图 5-54

图 5-55

图 5-56

第6章

位 移 法

位移法是解超静定结构的基本方法之一，许多实用的方法都是从位移法演变出来的。建立位移法方程有两种方法，一是直接应用典型方程写出位移法方程，二是应用结点和构件平衡条件建立位移法方程。主要内容有位移法的基本概念；超静定梁的形常数、载常数和转角位移方程；位移法基本未知量和位移法基本结构的确定；典型方程的建立；用位移法计算刚架和排架；直接用结点、截面平衡方程建立位移法方程；利用对称性简化位移法计算。

要求掌握位移法的基本概念，要求会利用一种方法正确的建立位移法方程，了解另一种方法。例如会正确地写出典型方程，了解利用平衡方程写出位移法方程。能正确地确定出位移法基本未知量；能熟练运用超静定梁的形常数、载常数；会用位移法计算刚架和排架；并能利用对称性对位移法计算进行简化。

6.1 位移法的基本概念

下面先看一个简例，如图6-1所示，以便具体了解位移法的基本思想。

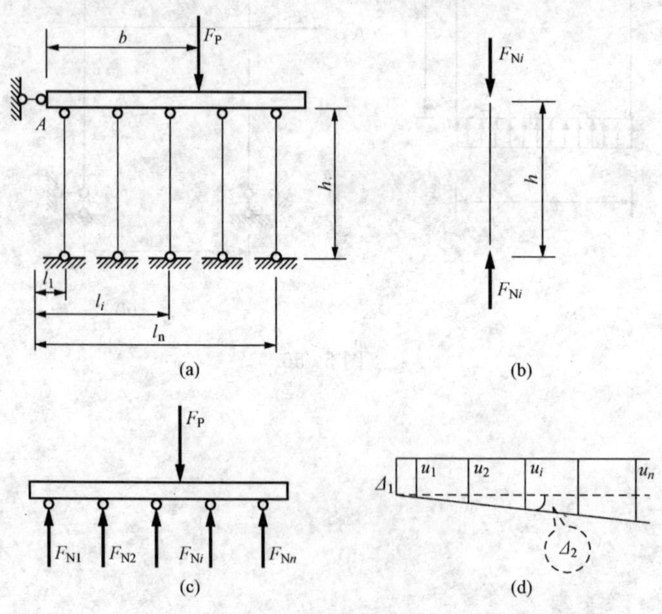

图6-1 简例

如图 6-1（a）所示结构中，n 根相同材料、等长等截面的杆件支承着刚性横梁，横梁上承受荷载 F_P。结点 A 发生竖向位移 Δ_1 和转角位移 Δ_2。在位移法中，把这两个位移 Δ_1 和 Δ_2 作为基本未知量。这是因为：如果能设法把位移 Δ_1 和 Δ_2 求出，那么各杆的伸长变形即可求出，从而各杆的内力就可求出，整个问题也就迎刃而解了。由此可见，位移 Δ_1 和 Δ_2 是关键的未知量。

现在进一步讨论如何求基本未知量 Δ_1 和 Δ_2。计算分为以下两步：

（1）从结构中取出一个杆件进行分析。在体系中任取一根杆件，如图 6-1（b）所示，如已知杆件上端沿杆轴向的位移为 u_i（即杆的缩短长度），则杆端力 F_{Ni} 应为

$$F_{Ni}=\frac{EA}{h}u_i \tag{6-1}$$

式中　E——杆件的弹性模量；

A——杆件的截面面积；

h——杆件的长度；

$\frac{EA}{h}$——使杆端产生单位位移时所需施加的杆端力，称为杆件的刚度系数。

式（6-1）表明杆端力 F_{Ni} 与杆端位移 u_i 之间的关系，称为杆件的刚度方程。

（2）把各杆件综合成结构。综合时各杆端的位移可用两个参数 Δ_1 和 Δ_2 描述，称为基本未知量，如图 6-1（d）所示。根据变形协调关系和小变形理论，各杆端位移 u_i 与基本位置量 Δ_1 和 Δ_2 之间的关系为

$$u_i=\Delta_1+l_i\Delta_2 \tag{6-2}$$

此式为变形协调条件。

考虑结构的力平衡条件：$\sum F_y=0$，如图 6-1（c）所示，得

$$\sum_{i=1}^{n}F_{Ni}-F_P=0 \tag{6-3}$$

再考虑以结点 A 为矩心列力矩平衡条件：$\sum M_A(F)=0$，得

$$\sum_{i=1}^{n}F_{Ni}l_i-F_Pb=0 \tag{6-4}$$

其中各杆的轴力 F_{Ni} 可由式（6-1）表示。

利用式（6-2）可将杆端力 F_{Ni} 用基本未知量 Δ_1 和 Δ_2 表示，代入式（6-3）和式（6-4），即得

$$\left(n\frac{EA}{h}\right)\Delta_1+\left(\frac{EA}{h}\sum_{i=1}^{n}l_i\right)\Delta_2-F_P=0 \tag{6-5}$$

$$\left(\frac{EA}{h}\sum_{i=1}^{n}l_i\right)\Delta_1+\left(\frac{EA}{h}\sum_{i=1}^{n}l_i^2\right)\Delta_2-F_Pb=0 \tag{6-6}$$

这就是位移法的基本方程，它表明结构的位移 Δ_1 和 Δ_2 与荷载 F_P 之间的关系。由此可求出基本未知量

$$\Delta_1=\frac{F_Ph}{EA}\frac{b\sum_{i=1}^{n}l_i-\sum_{i=1}^{n}l_i^2}{\left(\sum_{i=1}^{n}l_i\right)^2-n\sum_{i=1}^{5}l_i^2} \tag{6-7}$$

$$\Delta_2 = \frac{F_P h}{EA} \frac{\sum_{i=1}^{n} l_i - nb}{\left(\sum_{i=1}^{n} l_i\right)^2 - n\sum_{i=1}^{n} l_i^2} \tag{6-8}$$

至此，完成了位移法计算中的关键一步。

基本未知量 Δ_1 和 Δ_2 求出以后，其余问题就迎刃而解了。例如，为了求各杆的轴力，可将式（6-7）、式（6-8）代入式（6-2），再代入式（6-1），可得

$$F_{Ni} = F_P \frac{b\sum_{i=1}^{n} l_i - \sum_{i=1}^{n} l_i^2 + l_i \sum_{i=1}^{n} l_i - nbl_i}{\left(\sum_{i=1}^{n} l_i\right)^2 - n\sum_{i=1}^{n} l_i^2} \tag{6-9}$$

由上述简例归纳出的位移法要点如下。

（1）位移法的基本未知量是结构的位移量 Δ_1、Δ_2。

（2）位移法的基本方程是平衡方程。

（3）建立方程的过程分两步：

1）把结构拆成杆件，进行杆件分拆，得出杆件的刚度方程。

2）再把杆件综合成结构，进行整体分析，得出基本方程。

此过程是一拆一搭，拆了再搭的过程；是把复杂结构的计算问题转变为简单杆件的分拆和综合的问题。这就是位移法的基本思路。

（4）杆件分拆是结构分拆的基础，杆件的刚度方程是位移法基本方程的基础，因此位移法也称“刚度法”。

6.2 等截面直杆的转角位移方程

位移法以结点位移（包括线位移及角位移）为基本知量。其基本结构是一组超静定单跨梁，如图 6-2 所示。因为这三种单跨梁能用力法算出所需的各种结果，故以这三种单跨梁作为基本构件。为了给学习位移法打基础，在本节中讨论有关单跨超静定梁由荷载、杆端位移（包括线位移及角位移）产生的杆端力（包括杆端弯矩和杆端剪力）问题。

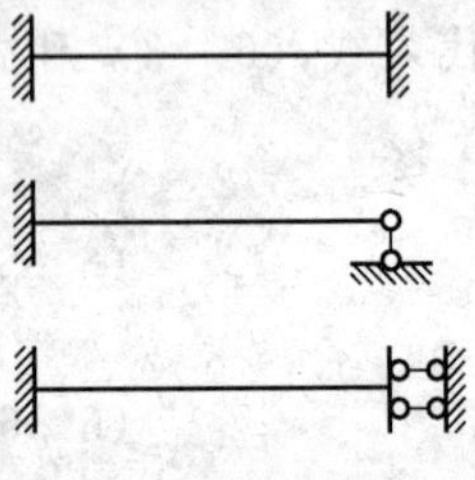

图 6-2 常用基本结构

6.2.1 杆端力及杆端位移的正、负号规定

现以两端固支的单跨梁为例进行说明，如图 6-3（a）所示。

1. 杆端弯矩

把如图 6-3（a）所示单跨梁从端部截开，如图 6-3（b）所示。对 AB 段杆来说，杆端弯矩绕杆端顺时针转动为正，逆时针转动为负。与此对应，对结点 A（或 B）来说，绕结点逆时针转动为正，顺时针转动为负。

如图 6-3（b）所示的杆端弯矩 M_{AB}、M_{BA} 均为正值；而如图 6-3（c）所示的杆端弯矩均为负值。

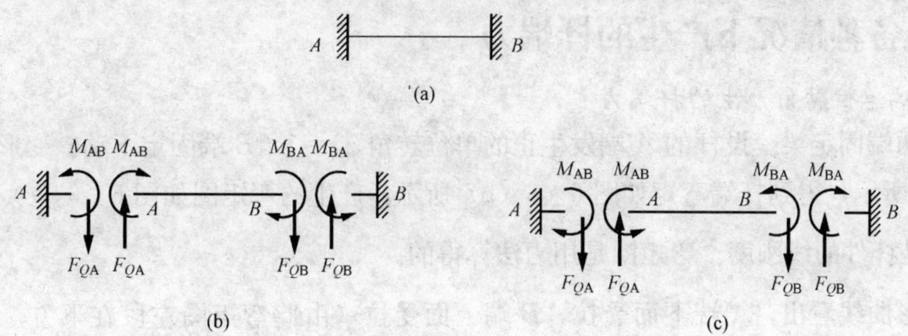

图 6 - 3　符号规定

2. 杆端剪力

剪力的方向定义为绕着其所作用隔离体内侧附近一点顺时针转动为正，逆时针转动为负，如图 6 - 3（b）所示剪力 F_{QAB}及 F_{QBA}为正，如图 6 - 3（c）所示的 F_{QAB}及 F_{QBA}则为负。

3. 支座截面转角

截面转角规定为顺时针转动为正，逆时针转动为负。如图 6 - 4（a）所示转角 φ_A 为正（它是顺时针转动），如图 6 - 4（b）所示转角 φ_A 则为负（它是逆时针转动）。

4. 杆端相对线位移

杆件两端相对线位移的方向规定为：使杆端连线顺时针转动为正，逆时针转动为负。如图 6 - 5（a）所示杆端相对线位移 Δ 为正，而如图 6 - 5（b）所示则为负。

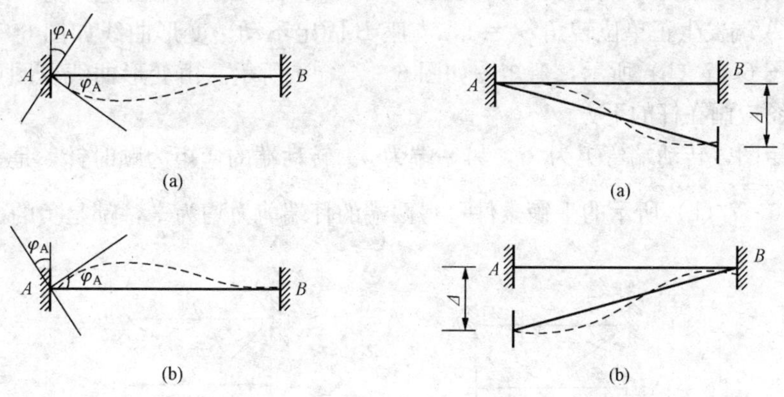

图 6 - 4　转角位移符号规定　　图 6 - 5　转角位移符号规定

应当注意本章给出的正负号规定。本章所述杆端的弯矩正、负号与材料力学中梁的弯矩正、负号规定不同。材料力学中规定梁的下侧受拉为正。例如，如图 6 - 3（b）中所示的 M_{BA}能使梁的上侧受拉，规定为正，而材料力学中规定为负。尽管正、负号规定不同，其弯矩图都是画在杆件受拉的一侧。剪力符号规定与以前相同。

同时，还应注意作用在杆端的弯矩与作用在结点上的弯矩是作用与反作用的关系。两者大小相等、方向相反，所以作用在结点上的弯矩的正向应是逆时针方向。剪力无论作用在杆端，还是作用在结点，总是以绕着其所作用隔离体内侧附近一点顺时针转动为正。

6.2.2 各种情况下产生的杆端力

1. 杆端单位转角产生的杆端力

(1) 两端固定梁。设杆的 A 端发生正的单位转角 $\varphi_A=1$，B 端固定不动。变形曲线如图 6-6（a）所示，得到杆端弯矩如图 6-6（b）所示，产生的弯矩图如图 6-6（c）所示。这里 $i=\dfrac{EI}{l}$ 是杆件的线刚度。弯矩图是用力法算得的。

由变形曲线看出，A 端下面受拉，B 端上面受拉（由此弯矩图左段在下方，右段在上方）。只要正确画出变形曲线草图，弯矩图就不会画反。根据弯矩图，杆件转动端弯矩为 $4i$，顺时针方向，是正的；杆件另一端弯矩为 $2i$，等于转动端弯矩的 1/2，也是正的。由平衡条件，如图 6-6（b）所示，可得两端的杆端剪力均为 $\dfrac{6i}{l}$，都是负的。这两个杆端剪力形成一个力偶，用以平衡两端的杆端弯矩之和。

于是，由两端固定梁 AB 的 A 端发生单位转角 $\varphi_A=1$ 后产生的杆端力为

$$\left.\begin{aligned} M_{AB} &= 4i \\ M_{BA} &= 2i \\ F_{QAB} &= F_{QBA} = -\frac{6i}{l} \end{aligned}\right\} \tag{6-10}$$

如图 6-6（c）所示的弯矩图必须牢记，有了弯矩图就容易算出杆端弯矩，有了杆端弯矩即可由平衡条件求出杆端剪力。

(2) 一端固定，另一端铰支梁。如图 6-7（a）所示的一端固定，另一端铰支的梁结构，设杆的 A 端发生正单位转角 $\varphi_A=1$，支座 B 固定不动。变形曲线如图 6-7（a）所示，杆端弯矩如图 6-7（b）所示，弯矩图如图 6-7（c）所示。由变形曲线草图可见杆件下侧受拉，弯矩图应画在杆的下方。

根据弯矩图，转动端弯矩为 $3i$，另一端为 0。转动端的弯矩为顺时针，是正的。

由如图 6-7（b）所示的平衡条件可得两端的杆端剪力均为 $\dfrac{3i}{l}$，都是负的。

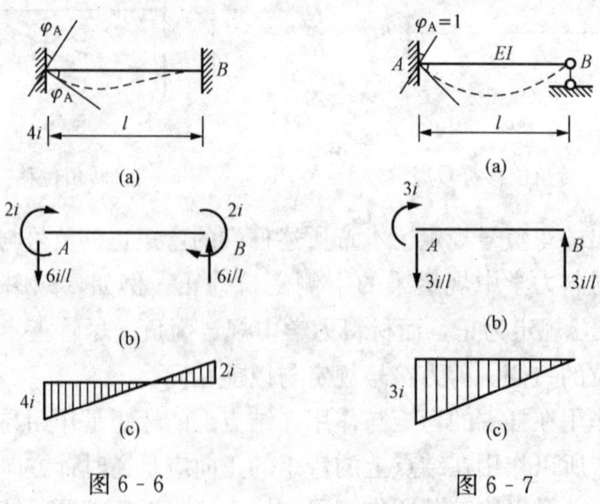

图 6-6　　图 6-7

于是，一端固定、另一端铰支的梁 AB，由于 A 端发生单位转角 $\varphi_A=1$ 产生的杆端力为

$$\left.\begin{aligned} M_{AB} &= 3i \\ M_{BA} &= 0 \\ F_{QAB} &= F_{QBA} = -\frac{3i}{l} \end{aligned}\right\} \tag{6-11}$$

(3) 一端固定，另一端为定向支座的梁。如图 6-8 所示是一端固定，另一端为定向支座的梁，设杆的 A 端发生正的单位转角 $\varphi_A=1$，变形曲线草图如图 6-8 (a) 所示，杆端弯矩如图 6-8 (b) 所示，力法解出的弯矩图如图 6-8 (c) 所示。

根据弯矩图，转动端的杆端弯矩为 i，顺时针方向，是正的；另一端的杆端弯矩为 $-i$，逆时针方向，是负的。

杆端剪力为零。于是，一端固定，另一端为定向支座的梁，A 端发生单位转角时产生的杆端力为

$$\left.\begin{aligned} M_{AB} &= -M_{BA} = i \\ F_{QAB} &= F_{QBA} = 0 \end{aligned}\right\} \tag{6-12}$$

2. 杆端单位相对线位移产生的杆端力

(1) 两端固定梁。如图 6-9 所示两端固定的梁，设杆的 B 端相对于 A 端发生了正的单位线位移 $\Delta=1$，变形曲线如图 6-9 (a) 所示。杆端弯矩如图 6-9 (b) 所示，弯矩图如图 6-9 (c)所示。

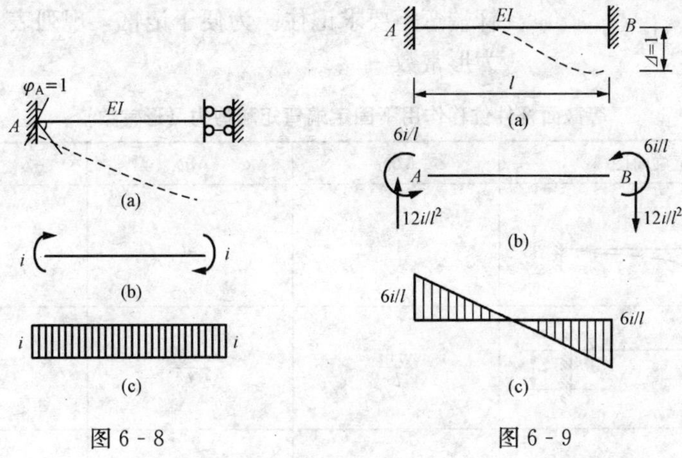

图 6-8　　图 6-9

根据弯矩图，A 端的杆端弯矩为$\frac{6i}{l}$，逆时针方向，是负的；B 端的杆端弯矩也是$\frac{6i}{l}$，逆时针方向，也为负。

由如图 6-9 (b) 所示平衡条件可得两端的杆端剪力均为$\frac{12i}{l^2}$，都是正的。

于是，两端固定梁由于发生单位相对线位移而产生的杆端力为

$$\left.\begin{aligned} M_{AB} &= M_{BA} = -\frac{6i}{l} \\ F_{QAB} &= F_{QBA} = \frac{12i}{l^2} \end{aligned}\right\} \tag{6-13}$$

（2）一端固定，另一端铰支的梁。

如图 6 - 10 所示一端固定，另一端铰支的梁，设 B 端相对于 A 端发生单位线位移 $\Delta=1$，变形曲线如图 6 - 10（a）所示，杆端力如图 6 - 10（b）所示，弯矩图如图 6 - 10（c）所示。

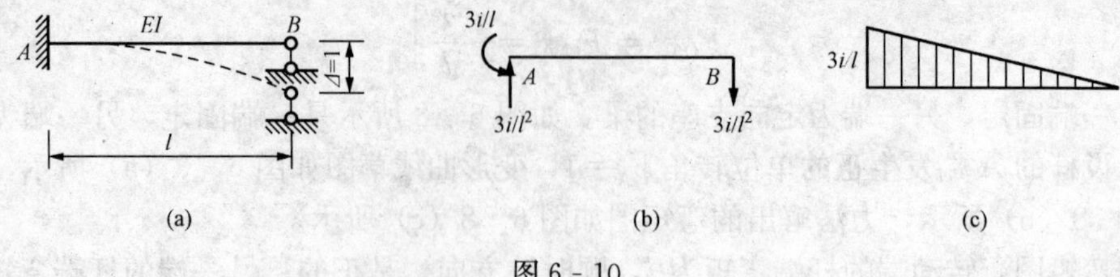

图 6 - 10

一端固定，另一端铰支的梁发生单位相对线位移 $\Delta=1$ 时产生的杆端力为

$$\left.\begin{aligned} M_{AB} &= -3i/l \\ M_{BA} &= 0 \\ F_{QAB} &= F_{QBA} = \frac{3i}{l^2} \end{aligned}\right\} \tag{6-14}$$

（3）一端固定，另一端为定向支座的单跨梁。

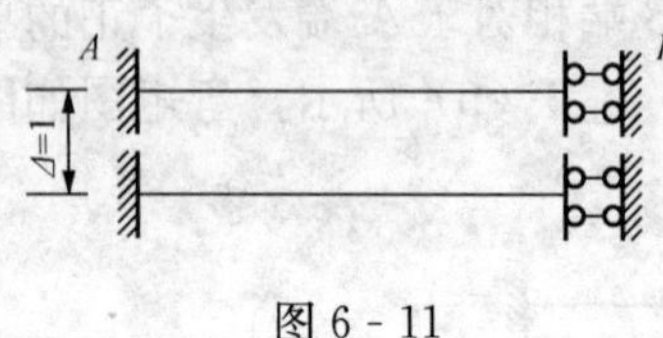

图 6 - 11

这种形状如图 6 - 11 所示，由于支座移动时杆件平移，所以不产生内力。

上述三种单跨梁，由于杆端转角、相对线位移引起的杆端弯矩要求记住。为便于记忆，现列表 6 - 1，通常称之为形常数。

表 6 - 1　　等截面杆件位移作用下固定端弯矩和剪力（形常数）

单跨超静定梁简图	M_{AB}	M_{BA}	$F_{QAB}=F_{QBA}$
A θ=1 B	$4i$	$2i$	$\frac{-6i}{l}$
A B 1	$\frac{-6i}{l}$	$\frac{-6i}{l}$	$\frac{12i}{l^2}$
A θ=1 B	$3i$	0	$\frac{-3i}{l}$
A B 1	$\frac{-3i}{l}$	0	$\frac{3i}{l^2}$
A θ=1 B	i	$-i$	0

3. 外荷载引起的杆端力

外荷载引起的杆端弯矩称为固端弯矩，为了与支座移动引起的杆端弯矩相区别，在其右上角加上一个 F，如 M^F_{AB}、M^F_{BA}，由荷载引起的杆端弯矩称为固端剪力，以 F^F_{QAB}、F^F_{QBA}来表示，如图 6 - 12 所示是固端弯矩及固端剪力的正向。

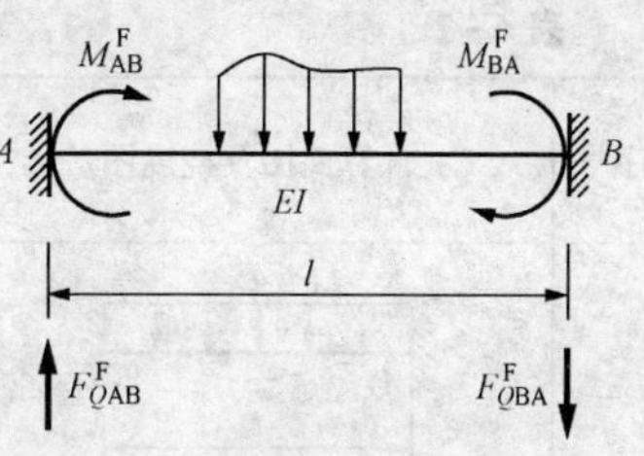

图 6 - 12

固端弯矩、固端剪力同样可以用力法求得。为了使用方便，把常用的固端弯矩及固端剪力列入表 6 - 2 中，通常称之为荷载常数。这个表中的杆端力不要求全部记住，但如图 6 - 13 所示几种常见情况的杆端弯矩一定要记住，考试时不给出。

实际上，只要记住固端弯矩，就可以利用平衡条件求出固端剪力。

如图 6 - 14（a）所示单跨梁，已知 A 端弯矩 $M^F_{AB}=-\dfrac{1}{8}ql^2$，则杆端剪力可按平衡条件求得。

列力矩方程：

$$\sum M_A=0$$

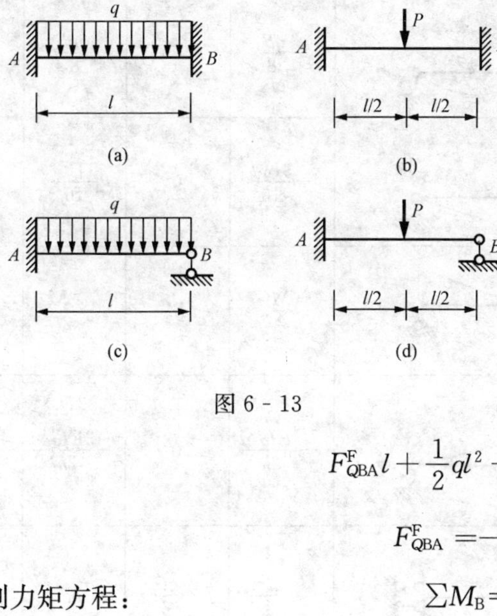

图 6 - 13

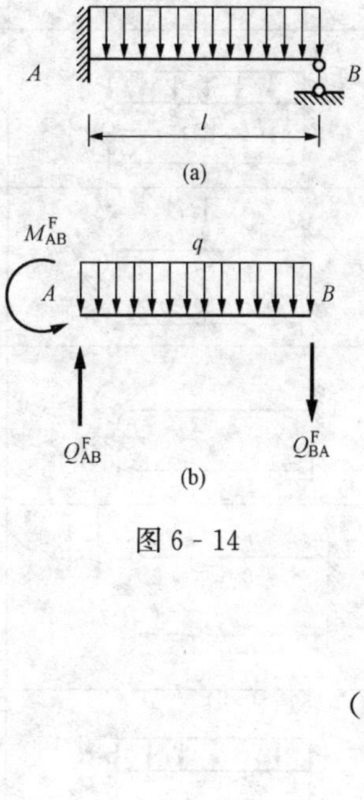

图 6 - 14

得

$$F^F_{QBA}l+\frac{1}{2}ql^2-M^F_{AB}=0$$

$$F^F_{QBA}=-\frac{3}{8}ql \tag{6 - 15}$$

列力矩方程：

$$\sum M_B=0$$

$$F^F_{QAB}l-M^F_{AB}-\frac{1}{2}ql^2=0$$

$$F^F_{QAB}=\frac{5}{8}ql^2 \tag{6 - 16}$$

上面分别探讨了单跨超静定梁在单位杆端转角、单位杆端相对线位移、外荷载单独作用下的杆端力。当梁上既有外力又有杆端位移（A 端转角 φ_A；B 端转角 φ_B；A、B 两端相对线位移 Δ）时，可运用叠加原理得到杆端弯矩与杆端剪力的算式。

表 6-2　　等截面杆件固定端弯矩和剪力（载常数）

序号	计算简图及挠度图	弯矩图	固端弯矩		固端剪力	
			M_{AB}	M_{BA}	F_{QAB}	F_{QBA}
1	EI, q, A, B, l	$ql^2/12$, $ql^2/12$	$-\frac{ql^2}{12}$	$\frac{ql^2}{12}$	$\frac{ql}{2}$	$-\frac{ql}{2}$
2	EI, F_P, A, B, l	$F_Pl/8$, $F_Pl/8$	$-\frac{F_Pl}{8}$	$\frac{F_Pl}{8}$	$\frac{F_P}{2}$	$-\frac{F_P}{2}$
3	M, A, EI, B, l	$M/2$, $M/4$, $M/4$, $M/2$	$\frac{M}{4}$	$\frac{M}{4}$	$-\frac{3M}{2l}$	$-\frac{3M}{2l}$
4	t_1, EI, t_2, h, b, l, $\Delta t=t_1-t_2$	$\alpha EI\Delta t/h$	$-\frac{\alpha EI\Delta t}{h}$	$\frac{\alpha EI\Delta t}{h}$	0	0
5	q, A, EI, B, l	$ql^2/8$	$-\frac{ql^2}{8}$	0	$\frac{5ql}{8}$	$-\frac{3ql}{8}$
6	F_P, A, EI, B, $l/2$, $l/2$	$3F_Pl/16$	$-\frac{3F_Pl}{16}$	0	$\frac{11F_P}{16}$	$-\frac{5F_P}{16}$
7	M, A, EI, B, l	M, $M/2$	$\frac{M}{2}$	M	$-\frac{3M}{2l}$	$-\frac{3M}{2l}$
8	t_1, EI, t_2, h, b, l, $\Delta t=t_1-t_2$	$3EI\alpha\Delta t/2h$	$-\frac{3EI\alpha\Delta t}{2h}$	0	$-\frac{3EI\alpha\Delta t}{2hl}$	$-\frac{3EI\alpha\Delta t}{2hl}$
9	q, A, EI, B, l	$ql^2/3$, $ql^2/6$	$-\frac{ql^2}{3}$	$-\frac{ql^2}{6}$	ql	0
10	F_P, EI, A, B, l	$F_Pl/2$, $F_Pl/2$	$-\frac{F_Pl}{2}$	$-\frac{F_Pl}{2}$	F_P	0
11	t_1, EI, t_2, h, b, l, $\Delta t=t_1-t_2$	$EI\alpha\Delta t/h$	$\frac{EI\alpha\Delta t}{h}$	$-\frac{EI\alpha\Delta t}{h}$	0	0

6.2.3　等截面直杆的转角位移方程

单跨超静定梁在荷载、温度改变和支座移动共同作用下，如图 6-15 所示，在线性小变形条件下，利用前两小节讨论的结果，由叠加原理可得转角位移方程（刚度方程）

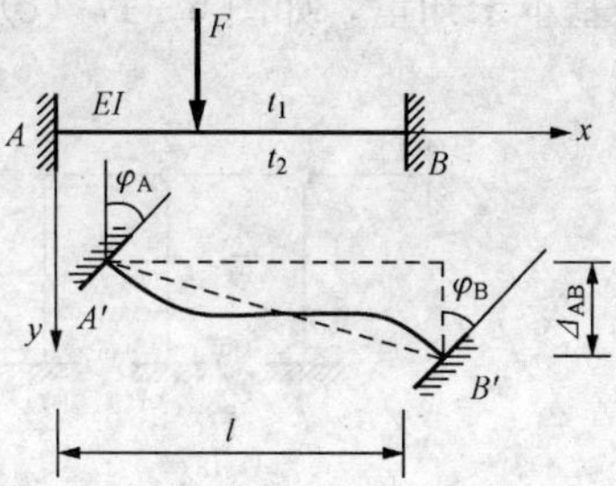

$$\left.\begin{aligned}
M_{AB} &= 4i\varphi_A + 2i\varphi_B - \frac{6i}{l}\Delta_{AB} + M_{AB}^F \\
M_{BA} &= 4i\varphi_B + 2i\varphi_A - \frac{6i}{l}\Delta_{AB} + M_{BA}^F \\
F_{QAB} &= -\frac{6i}{l}\varphi_A - \frac{6i}{l}\varphi_B + \frac{12i}{l^2}\Delta_{AB} + F_{QAB}^F \\
F_{QBA} &= -\frac{6i}{l}\varphi_A - \frac{6i}{l}\varphi_B + \frac{12i}{l^2}\Delta_{AB} + F_{QBA}^F
\end{aligned}\right\} \quad (6-17)$$

图 6-15　单跨超静定梁在荷载、温度改变和支座移动共同作用下

已知杆端弯矩，可由杆件的力矩平衡方程求出剪力

$$F_{QAB} = -\frac{M_{AB} + M_{BA}}{l} + F_{QAB}^0 \quad (6-18)$$

式中　M_{AB}，M_{BA}——由荷载和温度变化引起的杆端弯矩，称为固端弯矩。

另两类杆的转角位移方程可按同样的道理推出。

6.3　基本未知量数目的确定和基本结构

位移法是计算超静定结构的基本方法之一。

在本章的讨论中，刚架与梁不计轴向变形，且变形微小，因而可以认为结构变形后杆件两端的间距不变，或者简单地说杆不变。由此，两结点间有杆相连时，两结点的线位移便互相关联，而不会全是独立的了。

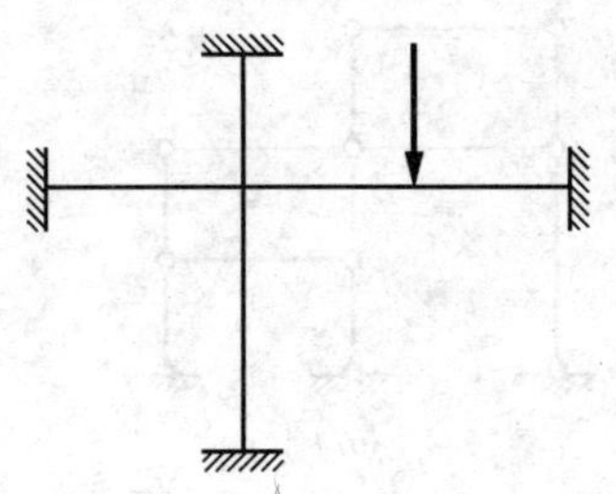

图 6-16　9 次超静定结构

基本未知量指独立的结点位移：包括角位移和线位移，如图 6-16 所示的结构为 9 次超静定结构，用力法计算时有 9 个基本未知量。而采用位移法计算，则只有一个基本未知量。

基本结构是指增加附加约束后，使得原结构的结点不能发生位移的结构。

1. 无侧移结构

无侧移结构中的基本未知量为所有刚结点的转角。基本结构为在所有刚结点上加刚臂后的结构。这样，只需在结构的刚结点上和组合结点的刚结点处加刚臂，即可变成基本结构。

如图 6-17 所示结构，在结构的刚结点和组合结点上都要加刚臂，铰接结点处不要加。结点 3［图 6-17（a)］是刚结点，在其上加刚臂后［图 6-17（b)］，杆 23 变为一端固定、一端铰支杆，杆 3D 变为两端固定杆；结点 2 是铰接点，不加刚臂也构成了单跨梁［图 6-17（b)］，杆 23 为一端铰支一端固定梁，杆 2C 为一端铰支一端固定梁，杆 21 为两端铰支梁，所以铰接点无需加刚臂；结点 1 是组合结点。需要在杆 1A 与杆 1B 的刚性接头处加刚臂，以使此二杆变为两端固定梁［图 6 - 17（b）］。注意：结点 1 上的附加刚臂只约束刚结于结点 1 的杆 $A1$ 和杆 $B1$ 的 1 端的转角，而不约束铰接于结点 1 的杆 12 的 1 端的转角。附加约束所约束的位移就是基本未知量，对于本例，结点 1 及结点 3 的转角 Z_1、Z_2 即为基本未知量，如图 6 - 17（c）所示。

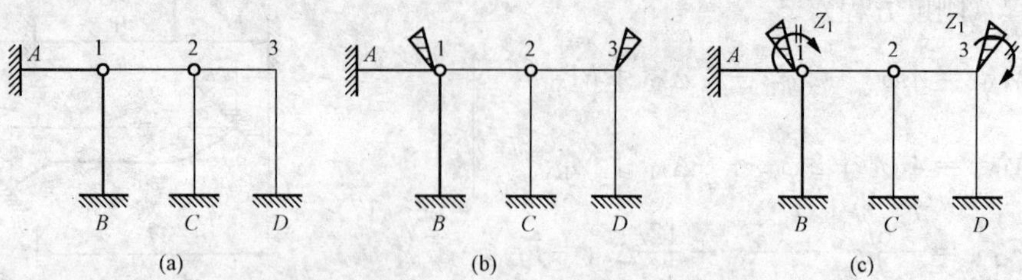

图 6 - 17 结构中的组合结点

2. 有侧移结构

基本未知量除所有刚结点的转角外，还有结点的线位移。基本结构除在所有刚结点上加刚臂外，还要附加支杆以限制侧向移动。

为了确定独立的结点线位移的数目，可采用铰化结点的办法，即在全部刚结点上加铰，使其变成铰接结点，在所有固定端上加铰，使其变成铰支座，然后对这个铰接体系作机构分析。如果铰接体系是几何不变的，则原结构没有结点线位移。如果铰接体系是几何可变的，则原结构就有结点线位移。结点线位移的数目怎样确定呢？用加支杆的办法使这个铰接体系变成几何不变体系，所需加的支杆的数目就等于独立的结点线位移数目，以下简称为结点线位移数目。把如图 6 - 18（a）所示的结构变成如图 6 - 18（b）所示的结构，如图 6 - 18（b）所示为一次机构，则图 6 - 18（a）中有一个结点线位移。又例如，如图 6 - 19（a）所示为有侧移的刚架，为了确定其结点线位移数目，首先在所有刚结点（包括支座）上加铰，使其变为铰接体系［图 6 - 19（b）］，显然这是个几何可变体系，为使其成为几何不变，需加 3 个支杆。这 3 个支杆可加在结点 2、5、7 上［图 6 - 19（c）］，按几何组成分析规则——逐次加两杆结点，可以认定其为几何不变体系，附加支杆也可以加在结点 1、3、6 上。

由于需加支杆的数目为 3，说明体系的结点线位移数目等于 3，之所以能用铰接体系来判断原结构的位移

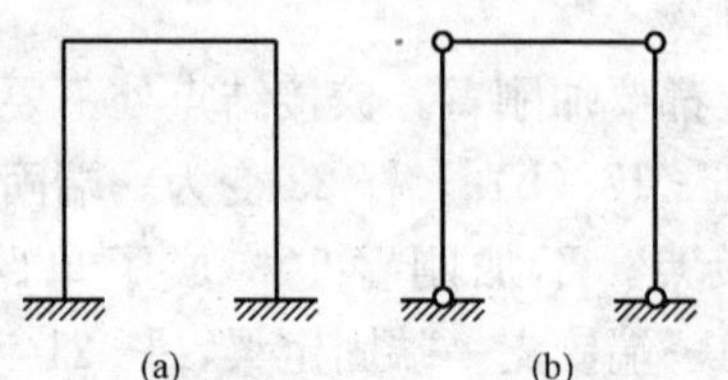

图 6 - 18 刚架侧移与机构

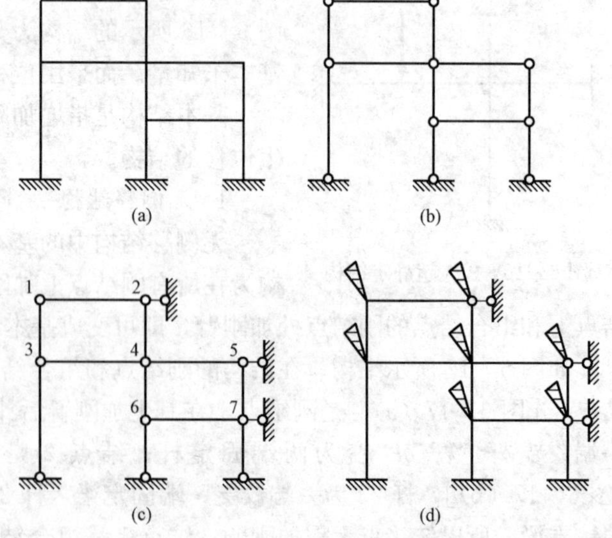

图 6 - 19 基本结构体系的形成

个数，是因为两种体系结点间的几何约束是一样的，都认为杆件长度不变，亦即结点间距不变，而有几个独立线位移正是由这些结点间的约束条件确定的。

若结构简单，线位移个数容易判断，则无需画出铰化体系。

该体系不仅有 3 个结点线位移；还有 7 个结点角位移，基本未知量的总数目为 10 个。欲使其形成基本结构，应当加上 7 个附加刚臂，3 个附加支杆，基本结构如图 6 - 19（d）所示。

综上所述，有了位移法基本结构也就有了位移法基本未知量。为了形成基本结构，需在刚结点和组合结点加刚臂以限制结点转动。同时可以借助于铰化体系，加附加支杆以限制结点移动。附加刚臂和附加支杆的总数，即是基本未知量数。

角位移未知量数目等于附加刚臂数目。线位移未知量数目等于附加支杆数目。

位移法基本未知量数目与结构的超静定次数无关，它们是完全不同的两个概念。

6.4　位移法典型方程及刚架计算

6.4.1　位移法典型方程

位移法典型方程的建立与力法一样，首先确定待分析问题中未知量的个数，如几个独立结点位移，几个独立的线位解法，如图 6 - 20 所示结构基本未知量只有一个，即结点 B 的转角位移。然后加限制结点位移的相应约束，如线位移加链杆、角位移加限制转动的刚臂来建立位移法基本结构。如图 6 - 20（a）所示的基本结构如图 6 - 21（a）所示。基本结构可以拆成单跨梁的 3 类超静定结构，如图 6 - 2 所示。和力法一样，受基本未知量和外因共同作用的基本结构称为基本体系。

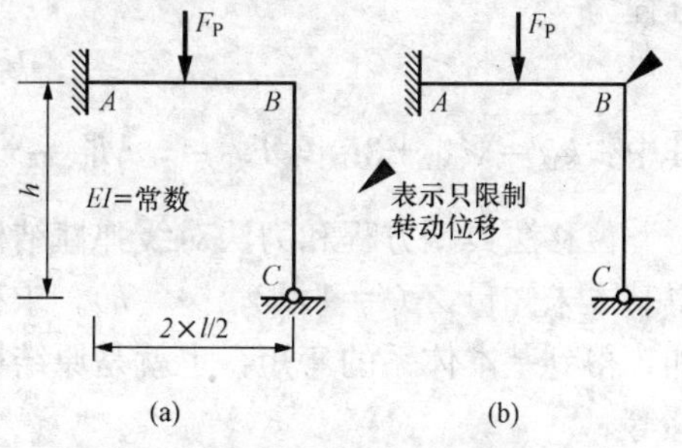

图 6 - 20　位移法简例

然后令基本结构分别产生单一的单位基本位移 $Z_1=1$，根据形常数可作出基本结构单位内力图（单位弯矩图 $\overline{M}_1$）。根据载常数可作出基本结构荷载（包括广义荷载）内力图（弯矩图 M_P）。如图 6 - 20（a）所示结构的两个弯矩图见图6 - 21（b）、（c）。图中 i_{AB} 和 i_{BC} 分别为 $\dfrac{EI}{l}$ 和 $\dfrac{EI}{h}$，称为 AB 和 BC 杆的线刚度。习惯上将单位长度的抗弯刚度记作 $i=\dfrac{EI}{l}$，为了标明是哪根杆的线刚度，再以双下标表明杆的名称，如 i_{AB} 和 i_{BC} 等。根据单位内力图，取结点或部分隔离体，可计算出 $Z_j=1$ 时所引起的位移 $Z_i=0$ 时所对应的附加约束上的反力系数 k_{ij}；

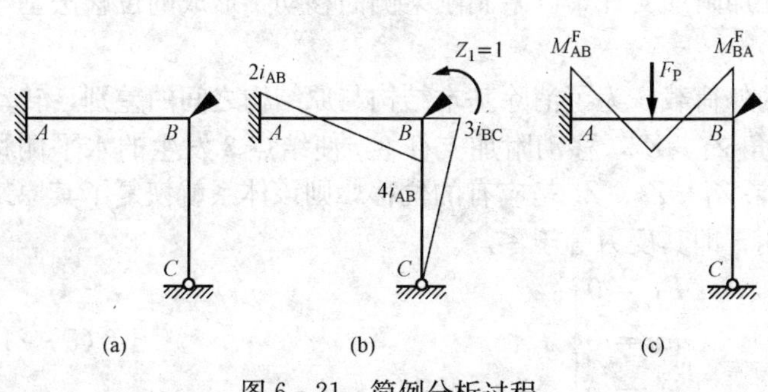

图 6 - 21　简例分析过程

根据荷载内力图，取结点或部分隔离体，可计算 Z_i 位移对应的附加约束上的反力 F_{iP}（与位移方向相同为正）。对于如图 6 - 20（a）所示结构而言：$k_{11}=4i_{AB}+3i_{BC}$，$F_{1P}=-M_{BA}^{P}=-\dfrac{F_P l}{8}$。

基本结构和原结构有两点区别：原结构在外因下是有结点位移的，而基本结构是无结点位移的；基本结构有附加约束，而原结构是无附加约束的。基本体系是令基本结构发生原结构待求的位移 $Z_i(i=1, 2, \cdots, n)$，同时受有外因作用，从结点位移方面看，基本体系和原结构没有差别，但是由于待求位移 $Z_i(i=1, 2, \cdots, n)$ 和外因作用，第 i 个附加约束上将产生 $F_i=\sum_{i=1}^{n}k_{ij}Z_j+F_{iP}$ 的约束总反力，显然这是和原结构不同的。为了消除这一差别，由于原结构没有附加约束，所以第 i 个附加约束上的总反力应该等于 0，也即 $F_i=0$ 或

$$\sum_{i=1}^{n}k_{ij}Z_j+F_{iP}=0(i=1, 2, \cdots, n) \tag{6-19}$$

或

$$\left.\begin{aligned}k_{11}Z_1+k_{12}Z_2+\cdots+k_{1n}Z_n+F_{1P}=0\\k_{21}Z_1+k_{22}Z_2+\cdots+k_{2n}Z_n+F_{2P}=0\\\vdots\qquad\quad\vdots\qquad\qquad\vdots\qquad\qquad\\k_{n1}Z_1+k_{n2}Z_2+\cdots+k_{nn}Z_n+F_{nP}=0\end{aligned}\right\} \tag{6-20}$$

式（6 - 19）、式（6 - 20）称为位移法典型方程。对于如图 6 - 20（a）所示结构，位移典型方程为

$$k_{11}Z_1+F_{1P}=0$$

其中：$k_{11}=4i_{AB}+3i_{BC}$，$F_{1P}=-M_{BA}^{P}=-\dfrac{F_P l}{8}$。

位移法典型方程和力法对线弹性结构来说是相同的，它是线性代数方程组，求解后即可得基本未知量 $Z_i(i=1, 2, \cdots, n)$，求得位移基本未知量以后，由 $M=\sum\overline{M}_iZ_i+M_P$ 进行叠加，得到基本体系的弯矩，也就是原结构的弯矩，进而可求超静定结构的其他内力和任意位移等。

可见，位移法采用基本体系的解题法与力法的思路是十分相像的。

如图 6 - 22（a）所示刚架既有结点转角，又有结点线位移。在给定荷载作用下变形曲线大致形状如虚线所示。结点 1 及结点 2 的角位移用 Z_1、Z_2 表示，结点 3 的侧向线位移用 Z_3 表示。该体系的基本未知量有 3 个。为了把它转化为单跨梁系，在结点 1、2 两处加附加刚臂，以限制结点转动，在结点 3 处加附加支杆，以限制刚架侧向移动，形成的位移法基本结构如图 6 - 22（b）所示。

在基本结构上，先加上已给定的外荷载，为了消除基本结构与原结构之间的差别，转动附加刚臂，使结点 1、2 分别发生转角 Z_1、Z_2，移动附加支杆 3，使结点 3 发生的水平侧移等于 Z_3，如图 6 - 22（c）所示。如果 Z_1、Z_2、Z_3 是应有的位移，则该体系就恢复了其原来的自然状态，而附加约束就不起作用，即其反力等于零。

$$\left.\begin{aligned}F_1=0\\F_2=0\\F_3=0\end{aligned}\right\} \tag{6-21}$$

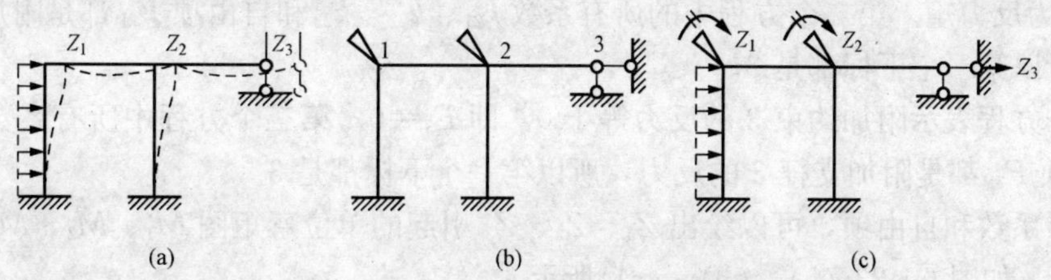

图6-22　有侧移的位移法实例

由于附加约束1、2是刚臂，反力F_1、F_2为刚臂1、2的反力矩。附加约束3是支杆，其反力为支杆反力。

式（6-21）中，反力F_1、F_2、F_3是由转角位移Z_1、Z_2、线位移Z_3和外荷载对基本结构共同作用引起的。按叠加原理，共同作用等于分别作用的叠加。由此

$$\left.\begin{aligned}F_1 &= F_{11}+F_{12}+F_{13}+F_{1P}\\F_2 &= F_{21}+F_{22}+F_{23}+F_{2P}\\F_3 &= F_{31}+F_{32}+F_{33}+F_{3P}\end{aligned}\right\}\tag{6-22}$$

式中，F_{11}、F_{21}、F_{31}为由Z_1引起的附加约束1、2、3的反力；F_{12}、F_{22}、F_{32}为由Z_2引起的附加约束1、2、3的反力；F_{13}、F_{23}、F_{33}为由Z_3引起的附加约束1、2、3的反力；F_{1P}、F_{2P}、F_{3P}为由外荷载引起的附加约束1、2、3的反力。下标中的头一字母表示是哪个约束的反力，第二个字母表示是由什么原因引起的。

为了把未知量Z_1、Z_2、Z_3显露出来，把它们引起的反力写成如下形式：

$$\left.\begin{aligned}F_{11}&=k_{11}Z_1\\F_{12}&=k_{12}Z_2\\F_{13}&=k_{13}Z_3\end{aligned}\right\};\quad\left.\begin{aligned}F_{21}&=k_{21}Z_1\\F_{22}&=k_{22}Z_2\\F_{23}&=k_{23}Z_3\end{aligned}\right\};\quad\left.\begin{aligned}F_{31}&=k_{31}Z_1\\F_{32}&=k_{32}Z_2\\F_{33}&=k_{33}Z_3\end{aligned}\right\}\tag{6-23}$$

式中，k_{11}、k_{21}、k_{31}为$Z_1=1$［图6-23（a）］引起的附加约束1、2、3的反力；k_{12}、k_{22}、k_{32}为$Z_2=1$［图6-23（b）］引起的附加约束1、2、3的反力；k_{13}、k_{23}、k_{33}为$Z_3=1$［图6-23（c）］引起的附加约束1、2、3的反力；图中所示为反力正向。

将式（6-23）代入式（6-22）得

$$\left.\begin{aligned}k_{11}Z_1+k_{12}Z_2+k_{13}Z_3+F_{1P}&=0\\k_{21}Z_1+k_{22}Z_2+k_{23}Z_3+F_{2P}&=0\\k_{31}Z_1+k_{32}Z_2+k_{33}Z_3+F_{3P}&=0\end{aligned}\right\}\tag{6-24}$$

上式所示方程组就是式（6-19）和式（6-20）关于3个未知量的位移法典型方程。方程式的数目永远与基本未知量数目相同。因为有多少个未知位移就要加多少个约束，而加多少个附加约束，就要有多少个使附加约束反力等于0的方程，以使结构恢复自然状态。

典型方程式中的系数k_{ij}是位移$Z_j=1$时引起的附加约束i的反力。

第一个方程表示附加约束1的反力等于0，即$F_1=0$。第一个附加约束是刚臂，其反力F_1为反力矩。第一个方程中的所有系数k_{11}、k_{12}、k_{13}和自由项F_{1P}都是附加刚臂1的反力矩，所以下标中第一个下标都是1。

第二个方程表示附加约束2的反力等于0，即$F_2=0$。第二个附加约束也是刚臂，故其

反力 F_2 也为反力矩。第二个方程中的所有系数 k_{21}、k_{22}、k_{23}和自由项 F_{2P}都是附加刚臂 2 的反力矩，所以第一个下标都是 2。

第三个方程表示附加约束 3 的反力等于 0，即 $F_3=0$。第三个方程中所有系数 k_{31}、k_{32}、k_{33}和自由项 F_{3P}都是附加支杆 3 的反力，所以第一个下标都是 3。

为了求系数和自由项，可以绘出 Z_1、Z_2、Z_3 引起的单位弯矩图 M_1、M_2、M_3 及荷载弯矩图 M_P 图，如图 6 - 23（a)、(b)、(c) 所示。

根据如图 6 - 23 所示的单位内力图（弯矩图）和荷载内力图（弯矩图），取结点或部分隔离体可计算出 $Z_j=1$ 时所引起的 Z_i 位移对应的附加约束上的反力系数 k_{ij}；取结点或部分隔离体可计算 $Z_i=0$ 时所对应的荷载产生的附加约束上的反力 F_{iP}（与位移方向相同为正)。

在 $Z_1=1$，$Z_2=0$，$Z_3=0$ 时，如图 6 - 23（a）所示，取结点 1 为研究对象，如图 6 - 24 所示，由$\sum M_1=0$，有

$$k_{11}-4i_{1A}-4i_{12}=0$$

$$k_{11}=4i_{1A}+4i_{12}$$

取结点 1 为研究对象，同理，有

$$k_{21}=2i_{12}$$

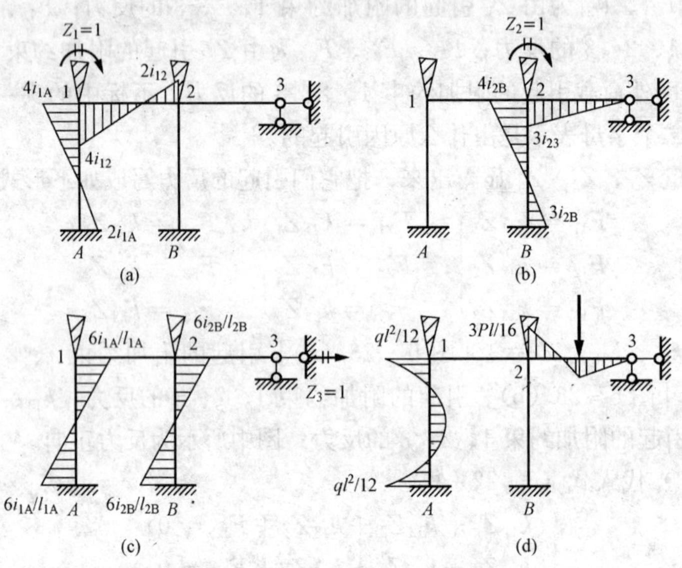

图 6 - 23 实例计算的内力分解图

取结构上部梁 123 为研究对象，如图 6 - 25 所示，由$\sum X=0$，有

$$k_{31}-F_{Q1A}-F_{Q2B}=0$$

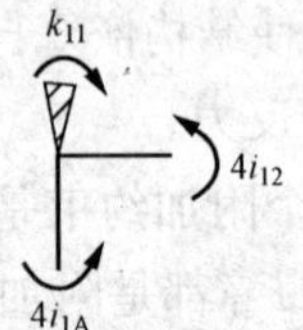

图 6 - 24 结点平衡

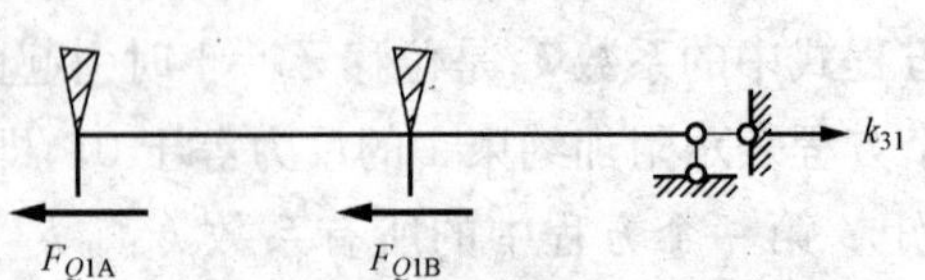

图 6 - 25 杆件平衡

F_{Q1A}、F_{Q2B}分别代表杆 $1A$ 和杆 $2B$ 上的杆端剪力。因为杆 $1A$ 上的剪力为 $F_{Q1A}=-\frac{6i_{1A}}{l_{1A}}$；杆 $2B$ 上无弯矩，也无剪力，$F_{Q12}=0$，所以有

$$k_{31}=-\frac{6i_{1A}}{l_{1A}}$$

对于 $Z_1=0$，$Z_2=1$，$Z_3=0$ 的情况，如图 6-23（b）所示；$Z_1=0$，$Z_2=1$，$Z_3=0$ 的情况，如图 6-23（c）所示，各系数可仿上述图 6-23（a）所示情形的做法，得：$k_{12}=2i_{12}$，$k_{22}=4i_{12}+4i_{2B}+3i_{23}$，$k_{32}=-\frac{6i_{2B}}{l_{2B}}$；$k_{13}=-\frac{6i_{1A}}{l_{1A}}$，$k_{23}=-\frac{6i_{2B}}{l_{2B}}$，$k_{33}=\frac{12i_{1A}}{l_{1A}^2}+\frac{12i_{2B}}{l_{2B}^2}$。

对于在荷载 q 和 P 作用下的情形，取 $Z_1=0$，$Z_2=0$，$Z_3=0$，同样仿图 6-23（a）所示情形的做法，得常数项：$F_{1P}=\frac{1}{12}ql_{1A}^2$，$F_{2P}=-\frac{3}{16}Pl_{13}$，$F_{3P}=-\frac{1}{2}ql_{1A}$。

从上面的讨论分析中可以得出如下结论。

（1）主系数永远是正的，副系数及荷载项可正、可负或者为零。主系数为正值的理由结合 k_{11} 具体说明如下：k_{11} 是使结点 1 发生单位转角所需由刚臂 1 施加给结点 1 的力矩，这个力矩当然与转角 Z_1 方向相同而不相反，当需要求发生顺时针的转角时，所需施加的力矩必须是顺时针的，所以是正的。

（2）由所求系数可见，副系数互等，如 $k_{12}=k_{21}=2i_{12}$，$k_{13}=k_{31}=-\frac{6i_{1A}}{l_{1A}}$，$k_{23}=k_{32}=-\frac{6i_{1B}}{l_{1B}}$。再次说明了反力互等定理的正确性，这个关系可用来作结果校核。

（3）在主、副系数中，不包含与外荷载有关的因素，所以它不随着荷载的改变而改变，只取决于结构本身，常数项则随外荷载而改变。因此，当结构不变而荷载改变时，只需重新计算常数项，而不需重新计算主、副系数。

通常把只有结点角位移的刚架称为无侧移刚架，把有结点线位移或既有结点角位移又有结点线位移的刚架称为有侧移刚架。下面通过例题分别讨论。

6.4.2　无侧移刚架的计算

用位移法解算无侧移刚架时，其基本未知量只有结点转角。

例 6-1　用位移法作如图 6-26 所示结构的 M 图，各杆 EI、l 相同，$q=26\text{kN/m}$，$l=6\text{m}$。

解：本例有两个刚结点，故结点角位移有两个，即 φ_B，φ_C，用 Z_1，Z_2 表示。分别在结点 1、2 处加附加刚臂，如图 6-27 所示，得位移法基本结构并为基本未知量建立位移法方程如下：

$$\left.\begin{aligned}k_{11}Z_1+k_{12}Z_2+F_{1P}=0\\k_{21}Z_1+k_{22}Z_2+F_{2P}=0\end{aligned}\right\}$$

设 $EI/l=1$，有 $k_{11}=8$，$k_{12}=k_{21}=2$，$k_{22}=7$，$F_{1P}=117\text{kN}\cdot\text{m}$，$F_{2P}=-117\text{kN}\cdot\text{m}$，则

$$\left.\begin{aligned}8Z_1+2Z_2+117=0\\2Z_1+7Z_2-117=0\end{aligned}\right\}$$

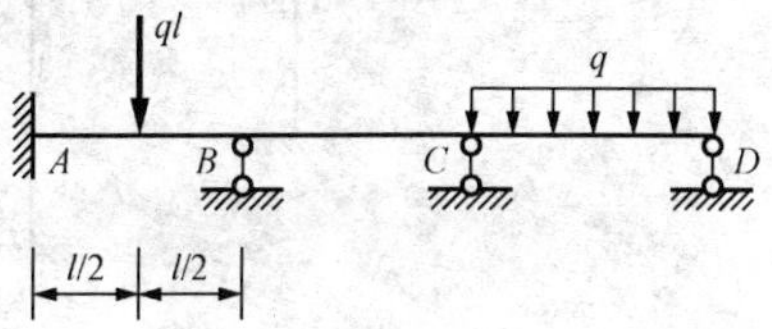

图 6-26　例 6-1 图

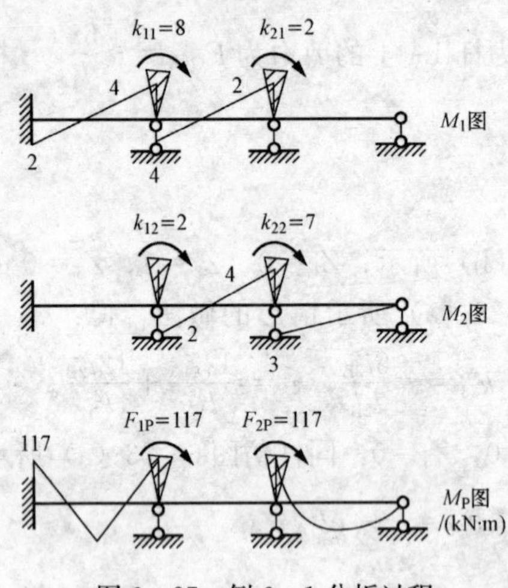

图 6-27 例 6-1 分析过程

解方程得：$Z_1=-20.25$，$Z_2=22.5$。

分析过程如图 6-27 所示。最后，作 M 图，如图 6-28 所示。

例 6-2 计算如图 6-29（a）所示刚架，并绘 M、F_Q、F_N 图。

解：（1）确定基本未知量，画出基本结构。

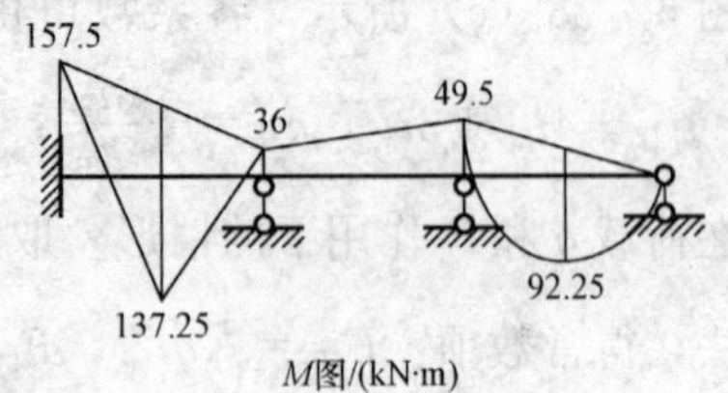

图 6-28 例 6-1 弯矩图

本例有两个刚结点，故结点角位移有两个，用 Z_1、Z_2 表示。虽然看得出结点 2 的转角是逆时针的，为了方便，也假定是顺时针的。分别在结点 1、2 处加附加刚臂，得位移法基本结构。

（2）列位移法典型方程，附加刚臂的反力矩等于零，即

$$\left.\begin{aligned}k_{11}Z_1+k_{12}Z_2+F_{1P}=0\\k_{21}Z_1+k_{22}Z_2+F_{2P}=0\end{aligned}\right\}$$

（3）求系数和常数项。绘单位弯矩图 M_1、M_2 及荷载弯矩图 M_P，如图 6-29（b）、（c）及（d）所示。

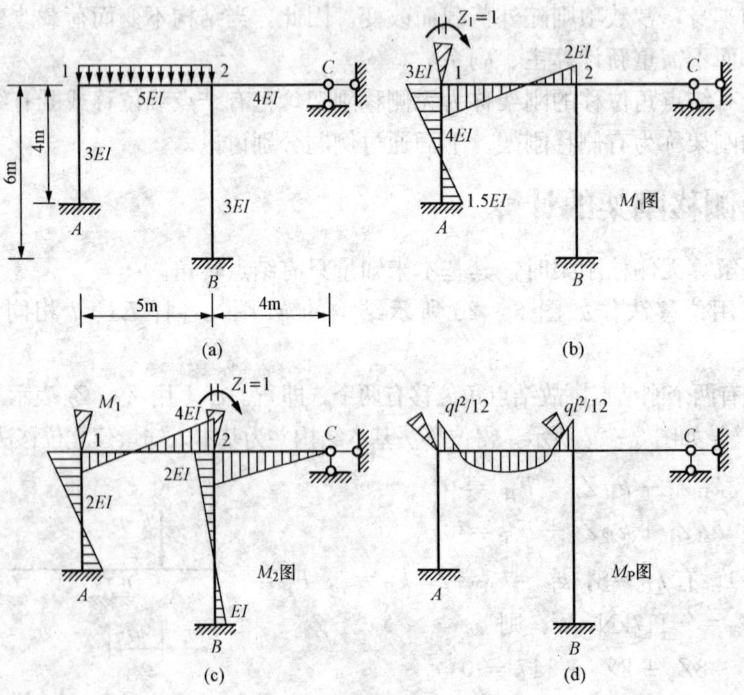

图 6-29 例 6-2 图

考虑到 $i_{1A}=\frac{3EI}{4}$，$i_{12}=\frac{5EI}{5}=EI$，$i_{2B}=\frac{3EI}{6}=0.5EI$，$i_{2C}=\frac{4EI}{4}=EI$，计算系数及荷载项。它们都是附加刚臂的反力矩，由相应弯矩图直接读出（可截取结点，用$\sum X=0$ 验算）。

k_{11}为 $Z_1=1$ 引起刚臂 1 的反力矩，由 M_1 图的结点 1 处读出：

$$k_{11}=3EI+4EI=7EI$$

k_{12}为 $Z_2=1$ 引起的刚臂 1 的反力矩，由 M_2 图的结点 1 处读出：

$$k_{12}=2EI$$

F_{1P}为荷载引起的刚臂 1 的反力矩，由 M_P 图的结点 1 处读出：

$$F_{1P}=-\frac{1}{12}ql^2 \quad \text{（杆端力矩 } M_{12} \text{ 反时针方向，故为负）}$$

k_{21}、k_{22}、F_{2P}分别由 M_1、M_2、M_P 图的结点 2 处读出：

$$k_{21}=2EI=k_{12}$$

$$k_{22}=4EI+2EI+3EI=9EI$$

$$F_{2P}=\frac{1}{12}ql^2$$

（4）将全部系数、荷载项代入典型方程，解出 Z_1、Z_2。由：

$$\left.\begin{aligned}7EIZ_1+2EIZ_2-\frac{1}{12}ql^2=0\\2EIZ_1+9EIZ_2+\frac{1}{12}ql^2=0\end{aligned}\right\}$$

解得

$$\left.\begin{aligned}Z_1&=\frac{9.32}{EI}\\Z_2&=-\frac{7.63}{EI}\end{aligned}\right\}$$

（5）用叠加法绘 M 图。

$$M=M_1Z_1+M_2Z_2+M_P$$

最终弯矩图如图 6-30（a）所示。

顺便指出，校核结点是否平衡时，有时会出现所有杆端力矩总和不等于零，而等于一个微小数值的情形，这是计算误差所致，通常是允许的。也可以稍作调正，使其满足结点平衡条件$\sum M=0$。例如本题的结点 2 就是如此，如图 6-30（b）所示。

（6）根据弯矩图，绘 F_Q 图。

有了弯矩图，可绘出剪力图。本例题以杆件 12 为例再次说明杆

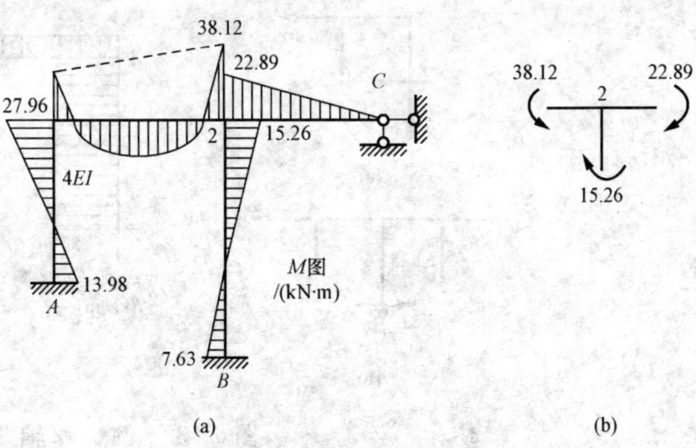

图 6-30　例 6-2 的弯矩图与结点平衡

端剪力的计算方法。把杆件12取出，如图6-31（a）所示。该杆承受的已知力有：均布荷载q、杆端力矩M_{12}(27.96)、杆端力矩M_{21}(38.12)，M_{12}为正值。

由方程$\sum M_1(X)=0$，有

$$F_{Q21}\times 5\text{kN}\cdot\text{m}+38.12\text{kN}\cdot\text{m}-\frac{1}{2}\times 24\times 5^2\text{kN}\cdot\text{m}-27.96\text{kN}\cdot\text{m}=0$$

得
$$F_{Q21}=-62.03\text{kN}$$

再列方程$\sum M_2(X)=0$，即

$$F_{Q12}\times 5\text{kN}\cdot\text{m}+38.12\text{kN}\cdot\text{m}-27.96\text{kN}\cdot\text{m}-\frac{1}{2}\times 24\times 5^2\text{kN}\cdot\text{m}=0$$

得
$$F_{Q12}=57.97\text{kN}$$

其余各杆杆端剪力计算从略，剪力图如图6-31（b）所示。

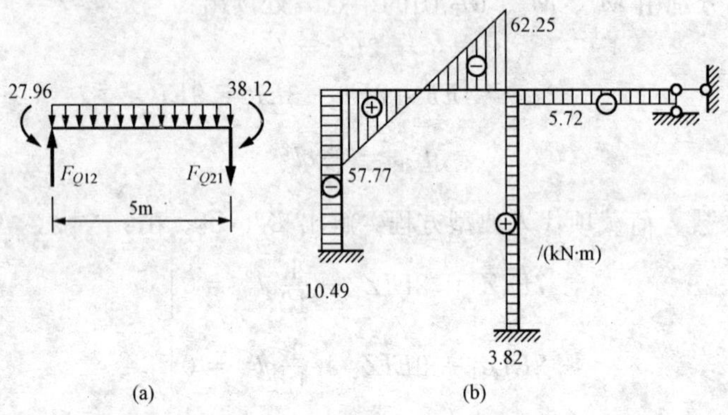

图6-31 例6-2剪力图

（7）根据剪力图绘轴力图。

截取结点1，如图6-32（a）所示，把杆端剪力视为已知力按真实方向画出。由投影方程$\sum X=0$、$\sum Y=0$得轴力$F_{N12}=-10.49$及$F_{N1A}=-57.77$。再截取结点2，如图6-32（b）所示，由投影方程得出$F_{N21}=-10.49$、$F_{N2C}=-6.67$、$F_{N2B}=69.97$，它们的值如图6-32（c）所示。

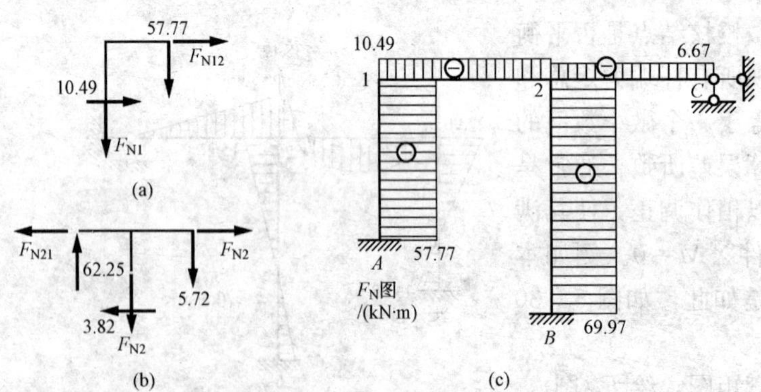

图6-32 例6-2轴力图

从计算结果可知，如图 6－29（a）所示刚架结点 1 的转角 Z_1 为正值，这意味着结点 1 顺时针转动了一个角度 Z_1。Z_2 为负值，说明结点 2 逆时针转动了一个角度 Z_2。

6.4.3 有侧移刚架的计算

有侧移刚架的位移法的基本未知量包括结点角位移和结点线位移。首先看一个只有线位移的例子，再讲包括结点角位移和结点线位移的例子。

例 6－3 作如图 6－33（a）所示带有无限刚度梁的刚架的弯矩图。

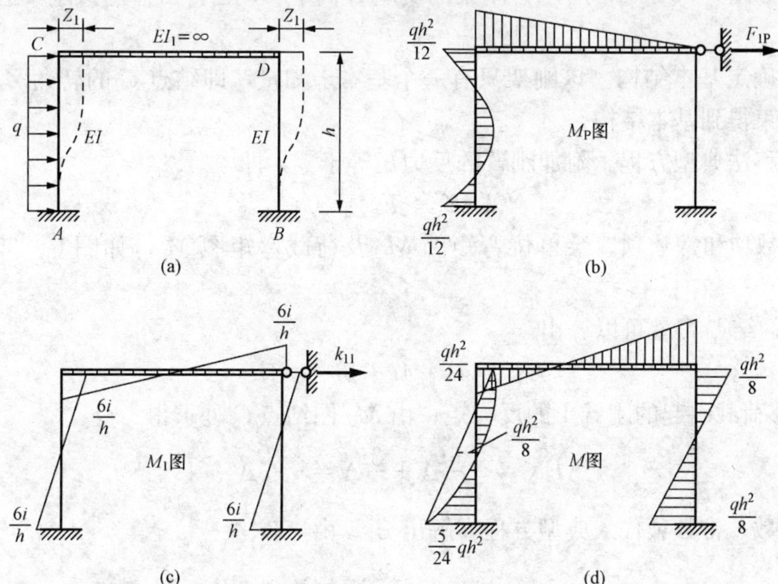

图 6－33 例 6－3 图

解：（1）确定基本体系。当刚架受到荷载作用时，由于有无限刚梁的存在，梁 CD 不会产生弯曲变形，仅会发生刚体移动。整个刚架的变形曲线如图 6－33（a）所示。在形成基本体系时，因为结点 C、D 不会转动，只须在结点 D 处加水平支杆就可以了。无限刚梁对柱子的约束作用相当于在结点处加了角变形约束。

（2）列位移法典型方程，附加支杆的反力等于零，即

$$k_{11}Z_1+F_{1P}=0$$

（3）求系数和自由项。绘荷载弯矩图和单位位移弯矩图，令 $i=EI/h$，由表 6－1 和表 6－2查出 AC 杆的固端弯矩，作出 M_P 图，如图 6－33（b）所示；令 $Z_1=1$，作出 M_1 图，如图 6－34（c）所示。

取 M_1 图中 CD 梁为分离体，求得

$$k_{11}=2\times\frac{12i}{h^2}=\frac{24i}{h^2}$$

F_{1P} 为位移荷载引起的刚臂 1 的反力矩，取 M_P 图中 CD 梁为分离体求得：

$$F_{1P}=-\frac{1}{2}qh$$

(4) 将系数、常数项代入典型方程，解出 Z_1。由

$$\frac{24i}{h^2}Z_1-\frac{1}{2}ql=0$$

解得

$$Z_1=\frac{qh^3}{48i}$$

(5) 用叠加法绘 M 图。由 $M=M_1Z_1+M_P$，作结构弯矩图，如图 6－33 (d) 所示。

例 6－4 如图 6－34 (a) 所示，刚架的支座 B 向下移动Δ，试作出该刚架因支座移动而产生的弯矩图。

解：(1) 确定基本结构。该刚架只有一个基本未知量，即结点 C 的转角 Z_1，在结点 C 处加角变形约束得到基本结构。

(2) 列位移法典型方程。附加刚臂的反力矩等于零，即

$$k_{11}Z_1+F_{1\Delta}=0$$

(3) 求系数项和常数项。绘单位弯矩图 M_{12} 及荷载弯矩图 M_P，如图 6－35 (b)、(c) 所示。

由 M_1 图的结点 C 处可以算出

$$k_{11}=4i+4i+3i=11i$$

$F_{1\Delta}$为位移荷载引起的刚臂 1 的反力矩，由 M_C 图结点 C 处求得

$$F_{1\Delta}=-\frac{6i}{l}\Delta+\frac{3i}{l}\Delta=-\frac{3i}{l}\Delta$$

(4) 将系数、常数项代入典型方程，解出 Z_1。由

$$11iZ_1-\frac{3i}{l}\Delta=0$$

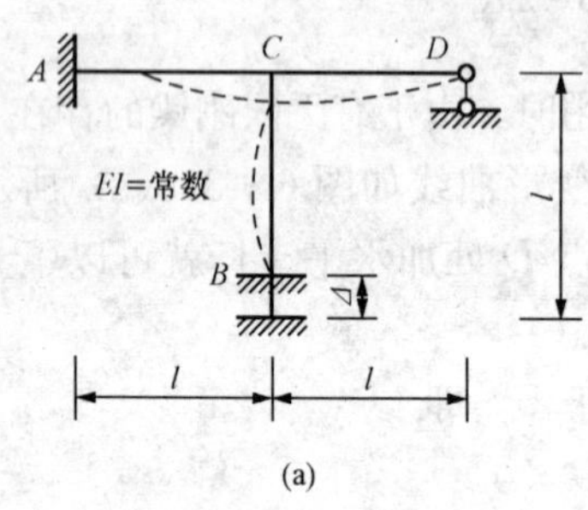

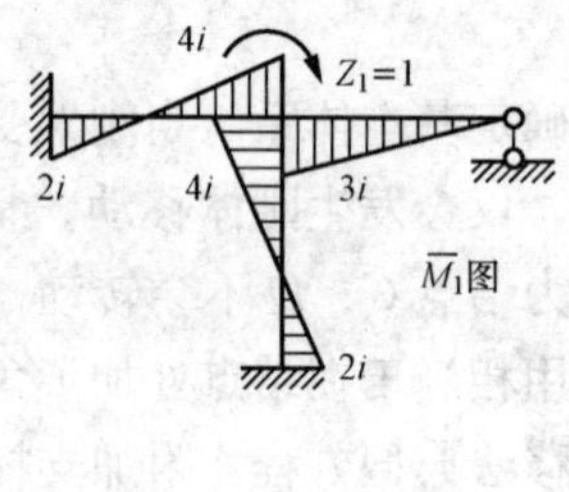

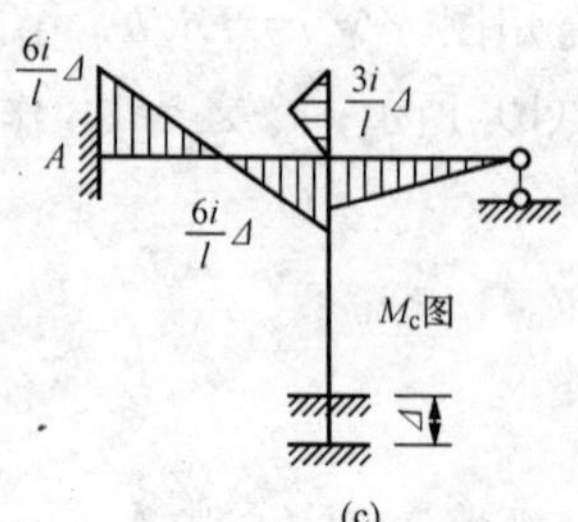

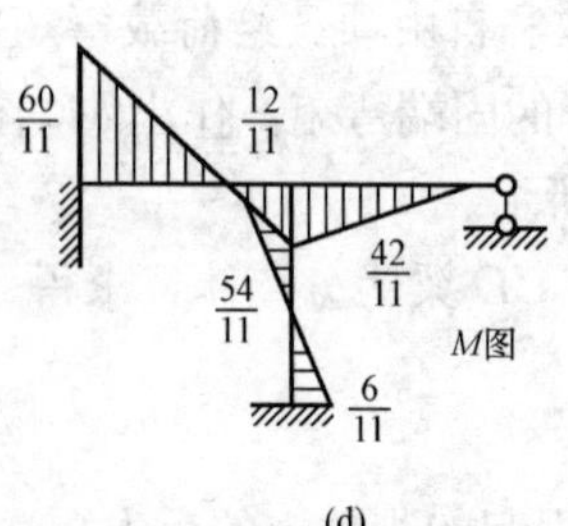

图 6－34 例 6－4 图

解得

$$Z_1 = \frac{3}{11} \times \frac{\Delta}{l}$$

(5) 用叠加法绘 M 图。由 $M = M_1 Z_1 + M_c$，作结构弯矩图，如图 6-34 (d) 所示。

例 6-5 试作如图 6-35 (a) 所示的有侧移刚架的弯矩图。

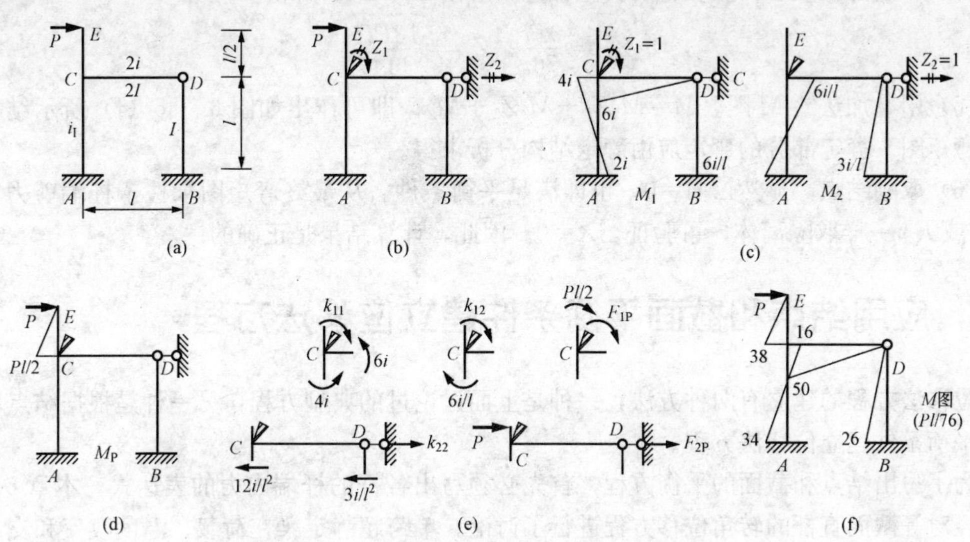

图 6-35 例 6-5 图

(a) 结构与荷载；(b) 基本结构；(c) 单位弯矩图；(d) 荷载弯矩图；

(e) 形常数与载常数图；(f) 结构弯矩图

解：(1) 确定基本结构。按位移法中基本未知量确定的方法，EC 是静定部分，不加约束。C 为刚结点，有一个角位移；将刚结点变成铰接体系时几何可变，需在 C 或 D 处加水平链杆消除可变，故独立线位移只有一个，为 C 或 D 结点的水平位移。因此基本体系如图 6-35 (b)所示。此体系中 AC 为两端固定单元，BD、CD 均为一端固定一端铰接单元。

(2) 列位移法典型方程。设刚结点角位移为 Z_1，独立线位移为 Z_2，则

$$\left.\begin{aligned} k_{11}Z_1 + k_{12}Z_2 + F_{1P} = 0 \\ k_{21}Z_1 + k_{22}Z_2 + F_{2P} = 0 \end{aligned}\right\}$$

(3) 求系数和常数项。令角位移 Z_1、线位移 Z_2 分别产生单位位移，则由 3 类单元的形常数可作出单位弯矩图 M_1 和 M_2，如图 6-35 (c) 所示。荷载下，悬臂部分弯矩图按静定结构作出，超静定部分无荷载，因此基本结构荷载弯矩图 M_P 如图 6-35 (d) 所示。

k_{11} 为 $Z_1 = 1$ 引起刚臂 1 的反力矩，由 M_1 图的结点 1 处读出，也就是按图 6-35 (e) 来求系数，由刚结点的力矩平衡条件，求得刚度系数为

$$k_{11} = 6i + 4i = 10i$$

k_{12} 为 $Z_2 = 1$ 引起的刚臂 1 的反力矩，由 M_2 图的结点 1 处求出

$$k_{12} = -6i/l = k_{21}$$

从 M_2 图取柱子为隔离体，由弯矩求出剪力（无荷载时剪力等于两端杆端弯矩之和除以杆长），然后再取如图 6-35 (e) 所示的隔离体，由 $\sum X = 0$，求得刚度系数为

$$k_{22}=15i/l^2$$

同理，从 M_P 图中可求得载常数

$$F_{1P}=-Pl/2$$
$$F_{2P}=-P$$

(4) 将全部系数、荷载项代入典型方程，解出 Z_1、Z_2。解得

$$Z_1=\frac{9Pl}{76i};\ Z_2=\frac{13Pl^2}{114i}$$

(5) 用叠加法绘 M 图。$M=\overline{M}_1Z_1+\overline{M}_2Z_2+M_P$，即可作出如图 6 - 35 (f) 所示结构的最终弯矩图。静定部分的弯矩应由静定结构分析求得。

(6) 取刚结点，显然 $\sum M=0$，也即满足平衡条件。从最终弯矩图求柱子杆端剪力，与求 k_{22} 或 F_{2P} 一样取隔离体，可验证 $\sum X=0$。因此，计算结果是正确的。

6.5 应用结点和截面平衡条件建立位移法方程

位移法方程的建立有两种方法，一种是上面讨论过的典型方程，另一种是根据结点和截面的平衡条件建立位移法方程。

为了写出结点和截面的平衡方程，首先必须写出各杆的杆端内力的表达式，本章 6.2.3 节已经对等截面直杆的转角位移方程进行了讨论。单跨超静定梁在荷载、温度改变和支座移动共同作用下，如图 6 - 15 所示，在线性小变形条件下，由叠加原理可得转角位移方程（刚度方程）见式（6 - 17）。

已知杆端弯矩，可由杆件的力矩平衡方程求出剪力见式（6 - 18）。

有关转角位移方程的具体运用见以下例题。

例 6 - 6 利用结点平衡方程计算如图 6 - 36 所示刚架，绘 M 图。各杆抗弯刚度如下：$1A$ 杆 $3EI$，12 杆 $5EI$，$2B$ 杆 $3EI$，$2C$ 杆 $4EI$。

解：这是无侧移刚架，只有两个结点角位移，用 Z_1、Z_2 表示。

(1) 列结点平衡方程。

截取结点 1 为隔离体，如图 6 - 37 所示。将作用在结点 1 上的杆端力矩 M_{1A} 及 M_{12} 都画成正向（逆时针）。作用在杆端上的杆端力矩与它等值反向（顺时针），为清楚起见也将其示于图上。对结点 1 列力矩方程 $\sum M_1=0$，即

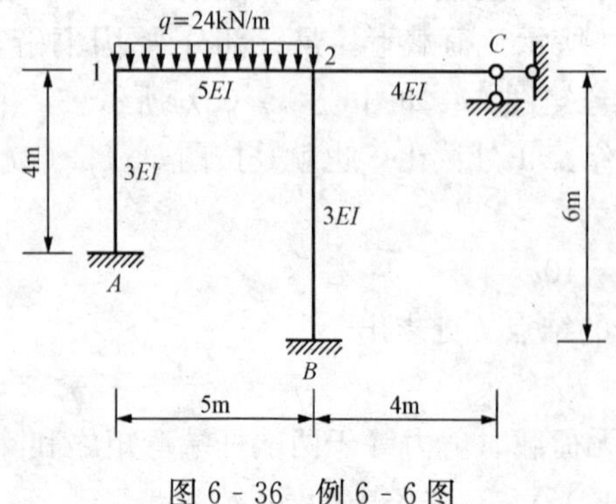

图 6 - 36 例 6 - 6 图

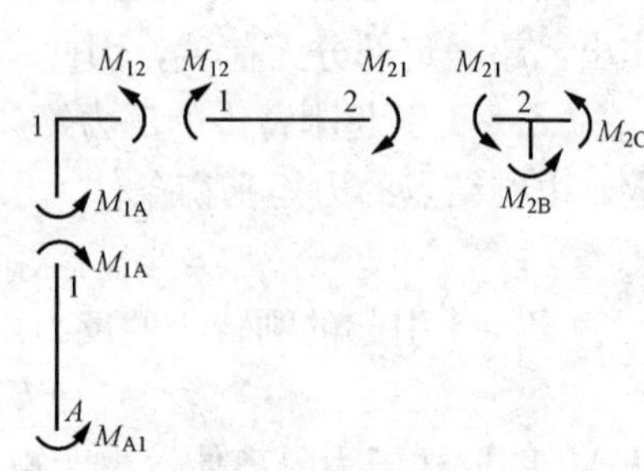

图 6 - 37 截面弯矩关系

$$M_{1A}+M_{12}=0 \tag{6-25}$$

再截取结点 2 为分离体，如图 6 - 37 所示。杆端力矩 M_{21}、M_{2C}、M_{2B}均按正向画出。对结点 2 列力矩方程$\sum M_2=0$，即

$$M_{21}+M_{2B}+M_{2C}=0 \tag{6-26}$$

（2）写出各杆的杆端力矩表达式（转角位移方程）

$$M_{1A}=4\frac{3EI}{4}Z_1=3EIZ_1$$

$$M_{A1}=2\frac{3EI}{4}Z_1=\frac{3}{2}EIZ_1$$

$$M_{12}=4\frac{5EI}{5}Z_1+2\frac{5EI}{5}Z_2+M_{12}^F=4EIZ_1+2EIZ_2-\frac{1}{12}ql^2$$
$$=4EIZ_1+2EIZ_2-50\text{kN}\cdot\text{m}$$

$$M_{21}=2\frac{5EI}{5}Z_1+4\frac{5EI}{5}Z_2+M_{21}^F=2EIZ_1+4EIZ_2+\frac{1}{12}ql^2$$
$$=2EIZ_1+4EIZ_2+50\text{kN}\cdot\text{m}$$

$$M_{2C}=3\frac{4EI}{4}Z_2=3EIZ_2$$

$$M_{2B}=4\frac{3EI}{6}Z_2=2EIZ_2$$

$$M_{B2}=2\frac{3EI}{6}Z_2=EIZ_2$$

（3）把杆端力矩表达式代入平衡方程式（6 - 25）、式（6 - 26）。

$$3EIZ_1+4EIZ_2+2EIZ_2-50=0$$
$$2EIZ_1+4EIZ_2+50+2EIZ_2+3EIZ_2=0$$

经整理

$$7EIZ_1+2EIZ_2-50\text{kN}\cdot\text{m}=0$$
$$2EIZ_1+9EIZ_2+50\text{kN}\cdot\text{m}=0$$

解以上联立方程，得

$$Z_1=\frac{9.32}{EI}$$

$$Z_2=-\frac{7.63}{EI}$$

通过结构的弹性变形曲线可知，计算所得结果 Z_1 与 Z_2 的符号是正确的。

（4）代入杆端力矩表达式，计算各杆杆端力矩。

$$M_{1A}=3EI\left(\frac{93.2}{EI}\right)=27.96\text{kN}\cdot\text{m}$$

$$M_{A1}=\frac{3}{2}EI\left(\frac{93.2}{EI}\right)=13.98\text{kN}\cdot\text{m}$$

$$M_{12}=4EI\left(\frac{9.32}{EI}\right)+2EI\left(-\frac{7.63}{EI}\right)-50\text{kN}\cdot\text{m}=-27.96\text{kN}\cdot\text{m}$$

$$M_{21}=2EI\left(\frac{9.32}{EI}\right)+4EI\left(-\frac{7.63}{EI}\right)+50\text{kN}\cdot\text{m}=38.12\text{kN}\cdot\text{m}$$

$$M_{2C}=3EI\left(-\frac{7.63}{EI}\right)=-22.89\text{kN}\cdot\text{m}$$

$$M_{2B}=2EI\left(-\frac{7.63}{EI}\right)=-15.26\text{kN}\cdot\text{m}$$

$$M_{B2}=EI\left(-\frac{7.63}{EI}\right)=-7.63\text{kN}\cdot\text{m}$$

杆端力矩得出后，便可按其大小及正、负绘出弯矩图。

(5) 绘弯矩图。

以杆件 12 为例说明具体做法。由于 M_{12} 为负值，可知杆端力矩绕着杆的 1 端逆时针转动，外侧（上面）受拉，应绘在杆的外侧。由 M_{21} 为正值可知，杆端力矩绕着杆的 2 端顺时针转动，外侧（上面）受拉，应绘在杆的外侧。两个竖标连成虚线，再以此虚线为基线，叠加上简支梁承受均布荷载时的弯矩图$\left(\text{其中央值为}\frac{1}{8}ql^2\right)$，其他各杆都照这样去作，最终弯矩图如图 6 - 38 所示。

例 6-7 计算如图 6 - 39 所示刚架位移，绘弯矩图。

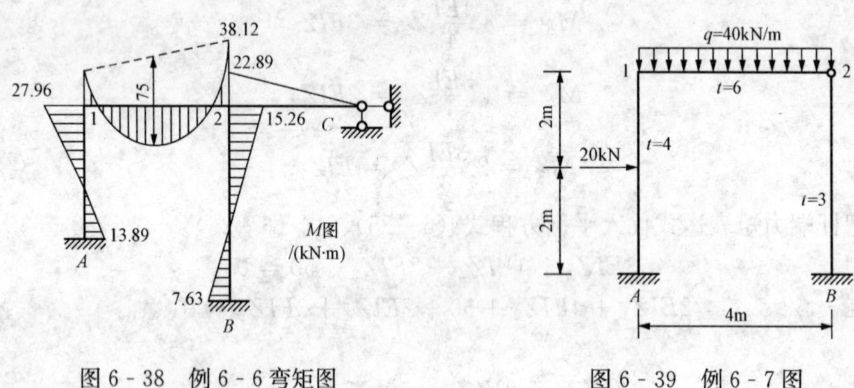

图 6 - 38 例 6 - 6 弯矩图 图 6 - 39 例 6 - 7 图

解：基本未知量是结点 1 的转角 Z_1 及柱子两端相对线位移 Z_2（杆 12 水平移动）。

(1) 列平衡方程。

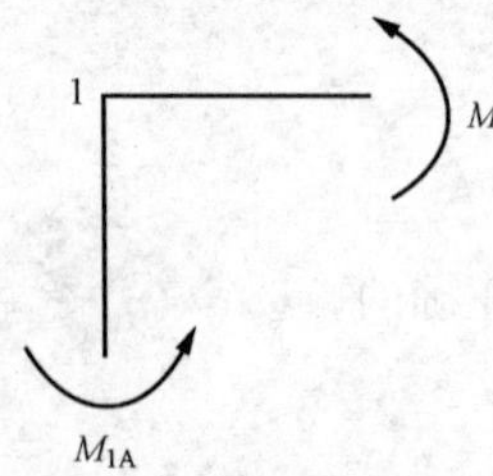

图 6 - 40 转角弯矩关系

截取结点 1 为对象，如图 6 - 40 所示。结点 1 应满足 $\sum M_1=0$，有

$$M_{1A}+M_{12}=0$$

用一截面沿柱头将刚架截开，取分离体如图 6 - 42 所示。暴露出来的柱头剪力 F_{Q1A} 与 F_{Q2B} 都应画成正向，柱头剪力应满足方程 $\sum X=0$，有

$$F_{Q1A}+F_{Q2B}=0$$

(2) 写出各杆杆端力矩表达式。

$$M_{1A}=4i_{1A}Z_1-\frac{6i_{1A}}{l}Z_2+M_{1A}^{F}=4\times4Z_1-\frac{6\times4}{4}Z_2+\frac{1}{8}P\times4$$

$$=16Z_1-6Z_2+10$$

$$M_{A1}=2i_{1A}Z_1-\frac{6i_{1A}}{l}Z_2+M_{A1}^{F}=2\times4Z_1-\frac{6\times4}{4}Z_2-\frac{1}{8}P\times4$$

$$=8Z_1-6Z_2+10$$

$$M_{12}=3i_{12}Z_1+M_{12}^{F}=3\times6Z_1-\frac{1}{8}ql^2=18Z_1-80$$

$$M_{21}=0$$

$$M_{2B}=0$$

$$M_{B2}=-\frac{3i_{B2}}{l}Z_2=-\frac{3\times3}{4\times4}Z_2=-\frac{9}{16}Z_2$$

（3）写出柱顶剪力表达式。

$$F_{Q1A}=-\frac{6i_{1A}}{l_{1A}}Z_1+\frac{12i_{1A}}{l_{1A}^2}Z_2+F_{Q1A}^{F}$$

$$=-\frac{6\times4}{4}Z_1+\frac{12\times4}{4\times4}Z_2-\frac{20}{2}$$

$$=-6Z_1+3Z_2-10$$

$$F_{Q2B}=+\frac{3i_{2B}}{l_{2B}^2}Z_2=\frac{9}{16}Z_2$$

也可以不用杆端剪力表达式，而取柱 $1A$、柱 $2B$ 为隔离体（图 6 - 41），由平衡条件给出

F_{Q1A}、F_{Q2B}的算式。为了求 F_{Q1A}，列方程$\sum M_A=0$，即

$$M_{1A}+M_{A1}+P\frac{l}{2}+F_{Q1A}l=0$$

$$F_{Q1A}=\frac{-M_{1A}-M_{A1}-40}{4}$$

$$=\frac{-(16Z_1-6Z_2+10)-(8Z_1-6Z_2-10)-40}{4}$$

$$=-6Z_1+3Z_2-10$$

为了求 F_{Q2B}，列方程$\sum M_B=0$，即

$$M_{B2}+F_{Q_{2B}}l=0$$

$$F_{Q2B}=-\frac{M_{B2}}{l}=\frac{9Z_2/4}{l}=\frac{9}{16}Z_2$$

（4）把杆端力矩、杆端剪力代入平衡方程，并整理得

$$\left.\begin{aligned}34Z_1-6Z_2-70=0\\-6Z_1+\frac{57}{16}Z_2-10=0\end{aligned}\right\}$$

解出　$Z_1=3.64，Z_2=8.94$

（5）将 Δ_1、Δ_2 之值代回杆端力矩表达式，求杆端力矩。

$$M_{1A}=16\times3.64\text{kN}\cdot\text{m}-6\times8.94\text{kN}\cdot\text{m}+10\text{kN}\cdot\text{m}=14.6\text{kN}\cdot\text{m}$$

$$M_{A1}=8\times3.64\text{kN}\cdot\text{m}-6\times8.94\text{kN}\cdot\text{m}-10\text{kN}\cdot\text{m}=-34.52\text{kN}\cdot\text{m}$$

$$M_{12}=18\times3.64\text{kN}\cdot\text{m}-80\text{kN}\cdot\text{m}=-14.48\text{kN}\cdot\text{m}$$

$$M_{B2}=-\frac{9}{4}\times 8.94\text{kN}\cdot\text{m}=-20.12\text{kN}\cdot\text{m}$$

M 图如图 6 - 42 所示。

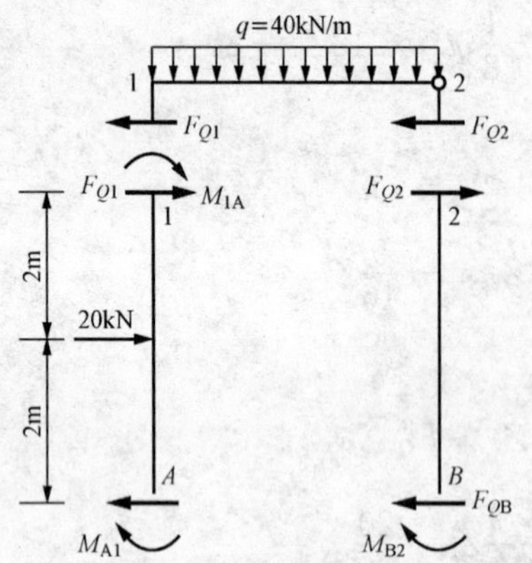

图 6 - 41 杆件内力关系

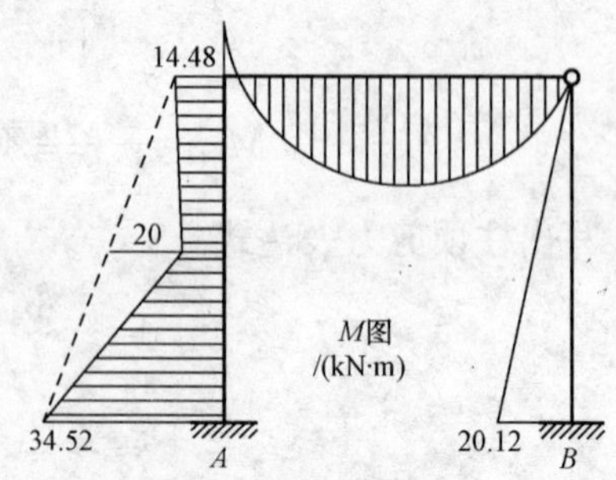

图 6 - 42 例 6 - 7 弯矩图

位移法方程的两种建立方法比较如下：

通过前面的例题可见，平衡方程的优点是不必画单位弯矩图和荷载弯矩图，可节约解题篇幅；但也有缺点，由于基本结构没有画出，物理形象不够鲜明，需记住和反复代入许多公式。位移法典型方程比较形象，解题步骤与力法相似，初学者易于掌握。

典型方程和平衡方程所反映的物理概念是一样的。当基本结构发生原有位移，即结构恢复自然状态的时候，附加约束不起作用，无论作用于结点上或是截面上的内力都与外力相平衡。约束不起作用的数学表达式就是典型方程，内外力平衡的数学表达式就是平衡方程。

当附加约束不起作用时，内外力平衡；当内外力平衡时，结构处于平衡状态，附加约束不起作用，所以两种方程是等价的。

复 习 思 考 题

6 - 1 试用位移法计算图 6 - 43 所示结构并作内力图，EI=常数。

6 - 2 试用位移法求作图 6 - 44 所示结构的内力图，各柱 EI=常数，梁 $EI=\infty$，$EA=\infty$。

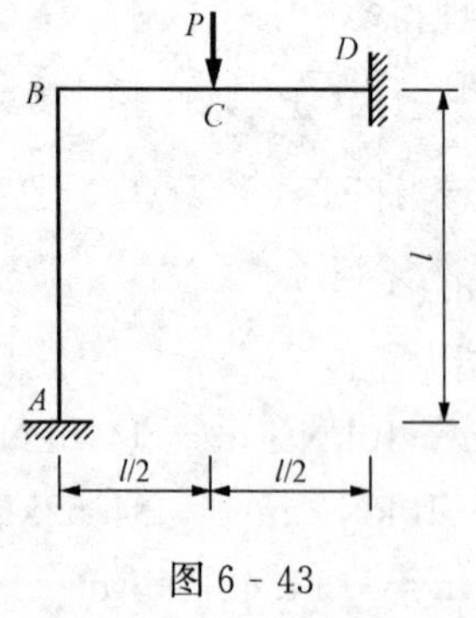

图 6 - 43

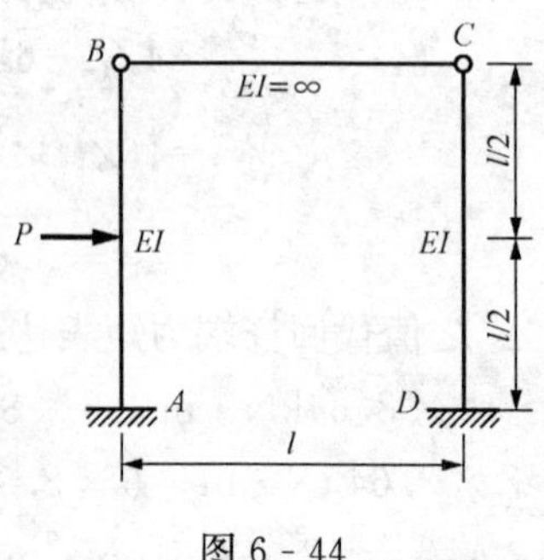

图 6 - 44

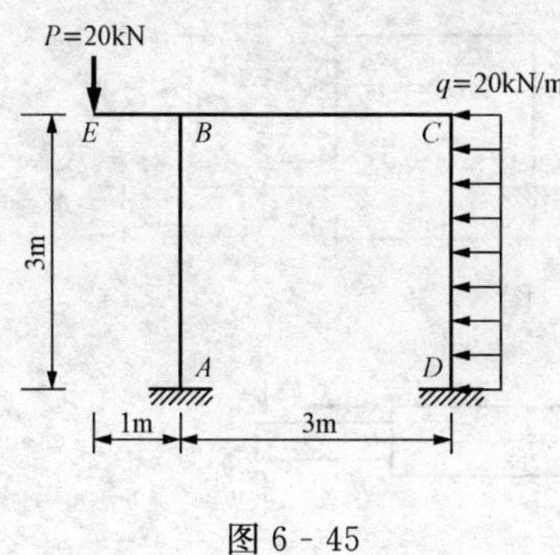

图6-45

6-3　试用位移法求作如图6-45所示结构的内力图。EI=常数。

6-4　用位移法求作如图6-46所示连续梁的内力图，EI=常数。

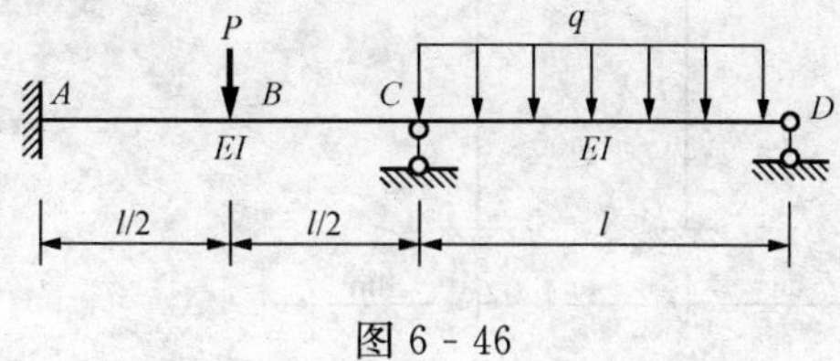

图6-46

6-5　用位移法典型方程计算如图6-47所示刚架，并绘制弯矩图。EI=常数。

6-6　试用位移法求作如图6-48所示结构的内力图。

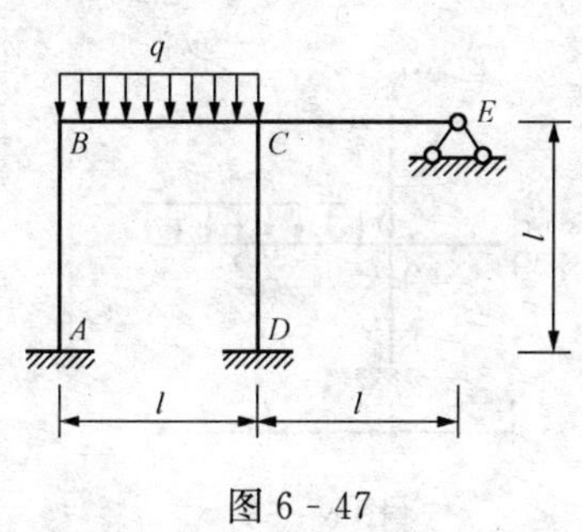

图6-47

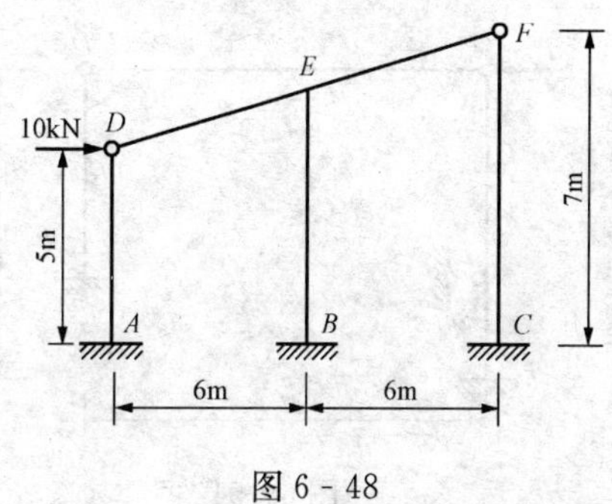

图6-48

6-7　试用位移法求作如图6-49所示结构的弯矩图。

6-8　试用位移法计算如图6-50所示结构并作M图，EI=常数。

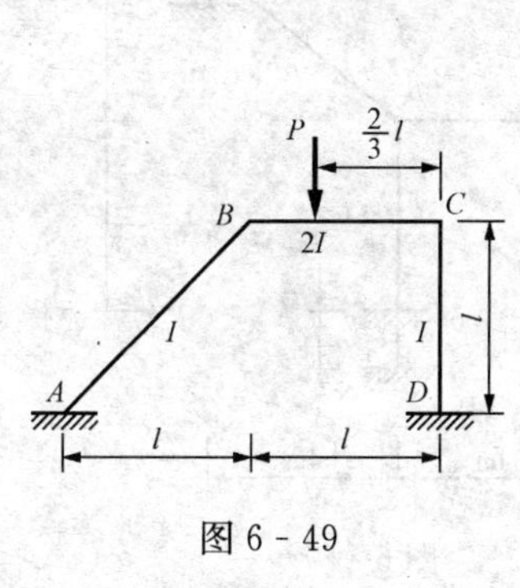

图6-49

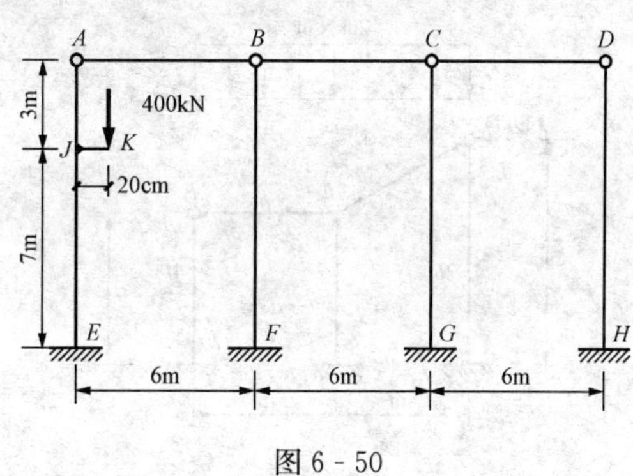

图6-50

6-9　用位移法作如图6-51所示结构的M图。

6-10　用位移法求作如图6-52所示结构的M图。(提示：无侧移刚架)

6-11　试用位移法求作如图6-53所示结构的M图。

6-12　试用位移法求作如图6-54所示结构的M图。

6-13　试用位移法求作如图6-55所示刚架的弯矩图。EI=常数。

6-14　试用位移法求作如图6-56所示刚架的弯矩图，EI=常数。

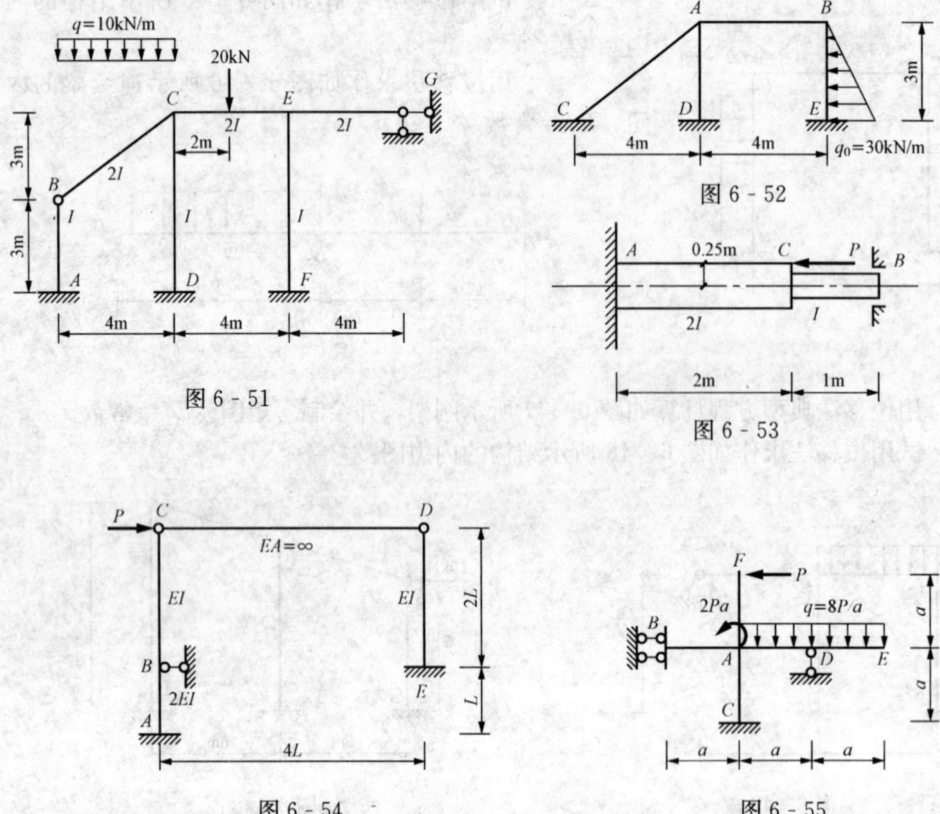

图 6 - 51

图 6 - 52

图 6 - 53

图 6 - 54

图 6 - 55

6 - 15　已知 A 支座发生竖向支座沉陷为 a，如图6 - 57所示，作 M 图。

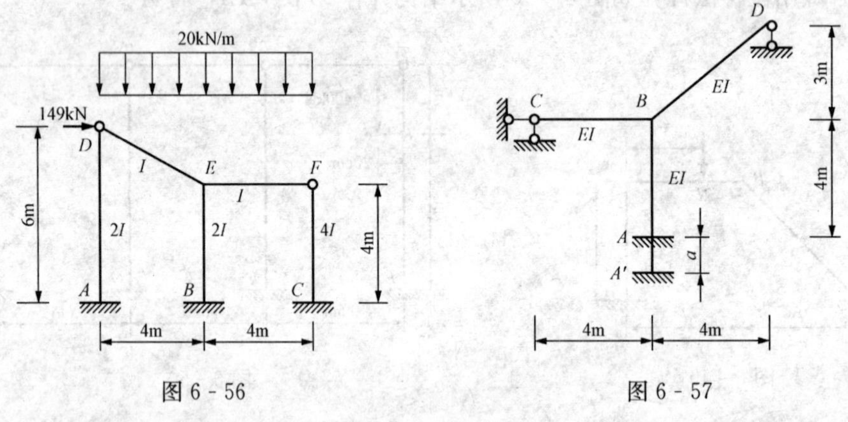

图 6 - 56

图 6 - 57

6 - 16　求如图 6 - 58 所示刚架的弯矩图，EI=常数。

6 - 17　作如图 6 - 59 所示刚架的 M 图，EI=常数。

6 - 18　用位移法解如图 6 - 60 所示各刚架并作 M 图，EI=常数。

6 - 19　用位移法解如图 6 - 61 所示各刚架并作 M 图，EI=常数。

6 - 20　用位移法计算如图 6 - 62 所示铰接排架，绘 M 图。

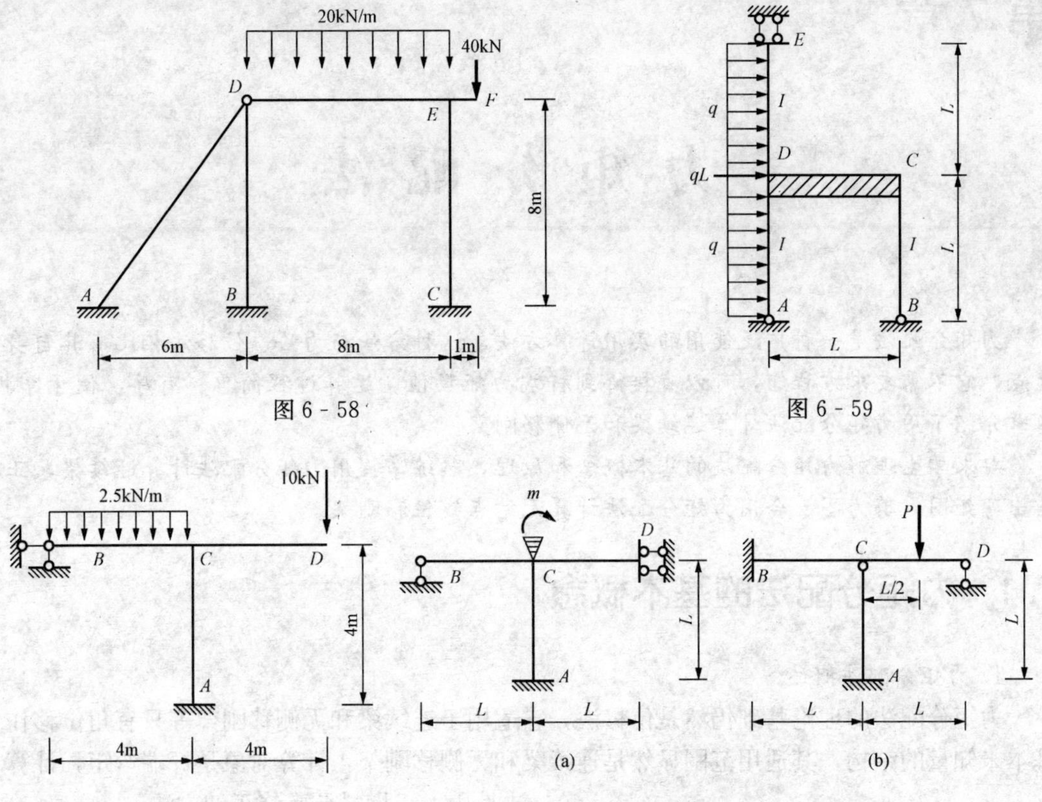

图 6 - 58　　图 6 - 59

图 6 - 60　　图 6 - 61

6 - 21　用位移法求作如图 6 - 63 所示刚架的弯矩图，EI=常数。

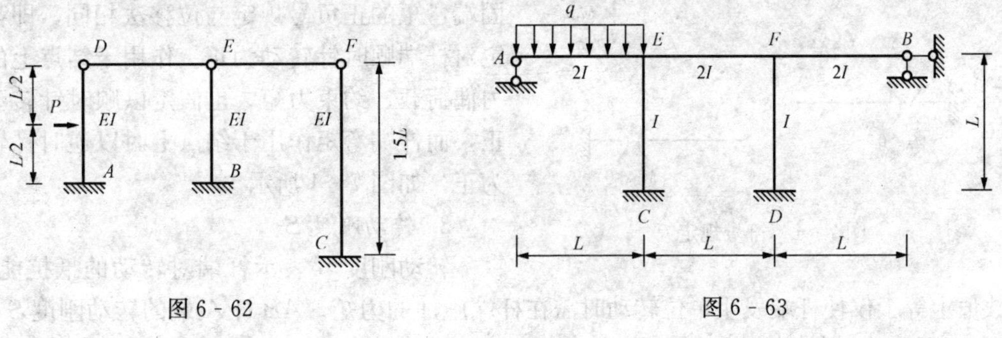

图 6 - 62　　图 6 - 63

第7章

力 矩 分 配 法

力矩分配法是一种广泛使用的实用计算方法，这种方法与力法、位移法相比有其自身的优点，它不需要求方程组，可以直接得到杆端力矩数值。运算过程简单、有序，便于掌握。本章介绍了用力矩分配法计算连续梁和无侧移刚架。

要求学生理解力矩分配法的基本概念和原理，熟练掌握用力矩分配法计算连续梁，正确绘出弯矩图、剪力图。会用力矩分配法计算无结点线位移刚架。

7.1 力矩分配法的基本概念

1. 力矩分配法概述

力矩分配法的理论基础仍然是位移法，它适用于连续梁和无侧移刚架等只有角位移作为基本未知量的结构，其适用范围显然是连续梁和无侧移刚架，计算对象是杆端弯矩，计算方法是用力矩增量调整修正的方法。

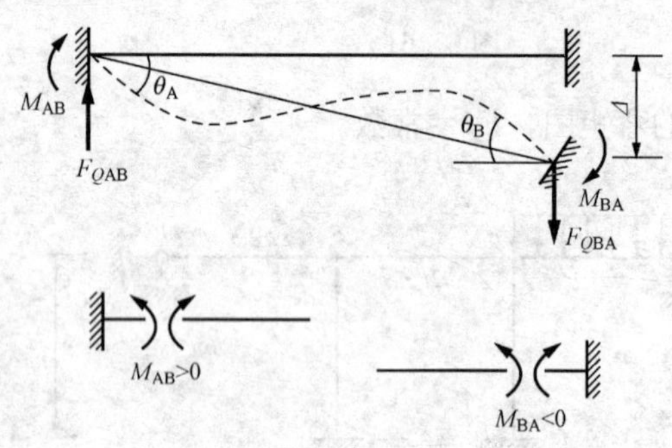

图7-1 符号规定

2. 杆端弯矩正负号规定

在力矩分配法中对杆端转角、杆端弯矩、固端弯矩的正负号规定与位移法相同，即都假定对杆端顺时针转动为正。作用于结点上的外力偶荷载、约束力矩，也假定以顺时针转动为正，而杆端弯矩作用于结点上时以逆时针转动为正，如图7-1所示。

3. 转动刚度 S

转动刚度 S 表示杆端对转动的抵抗能力，在数值上等于仅使杆端发生单位转动时需在杆端施加的力矩。AB 杆 A 端的转动刚度 S_{AB} 与 AB 杆的线刚度 i（材料的性质、横截面的形状和尺寸、杆长）及远端支承有关，而与近端支承无关。当远端是不同支承时，等截面杆的转动刚度如图7-2所示。

如果把 A 端改成固定铰支座、可动铰支座或可转动（但不能移动）的刚结点，转动刚度 S_{AB} 的数值不变。

4. 传递系数 C

传递系数指的是杆端转动时产生的远端弯矩与近端弯矩的比值。即

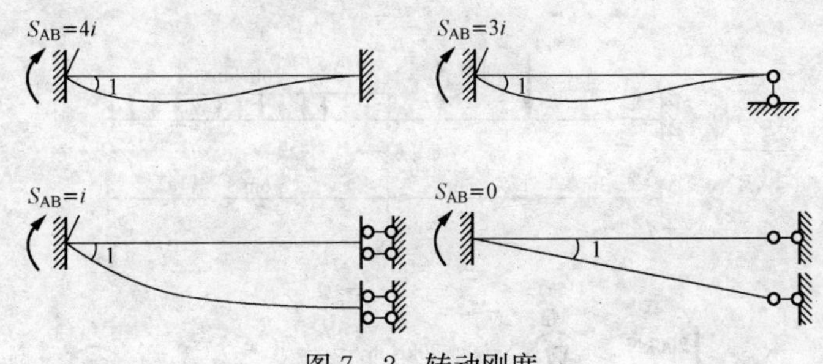

图 7 - 2　转动刚度

$$C=\frac{M_{远}}{M_{近}} \tag{7 - 1}$$

利用传递系数的概念，远端弯矩可表达为：$M_{BA}=C_{AB}M_{AB}$。等截面直杆的转动刚度和传递系数见表 7 - 1。

表 7 - 1　等截面直杆的转动刚度和传递系数

远端支承	转动刚度	传递系数
固支	$4i$	1/2
铰支	$2i$	0
定向支座	i	−1

7.2　单结点力矩分配法

力矩分配法的基本运算指的是单结点结构的力矩分配法计算。

1. 单结点结构在结点集中力偶作用下的计算

如图 7 - 3 所示结构，在结点集中力偶 M 作用下使结点转动，从而带动各杆端转动，杆端转动产生的近端弯矩称为分配弯矩，产生的远端弯矩称为传递弯矩。

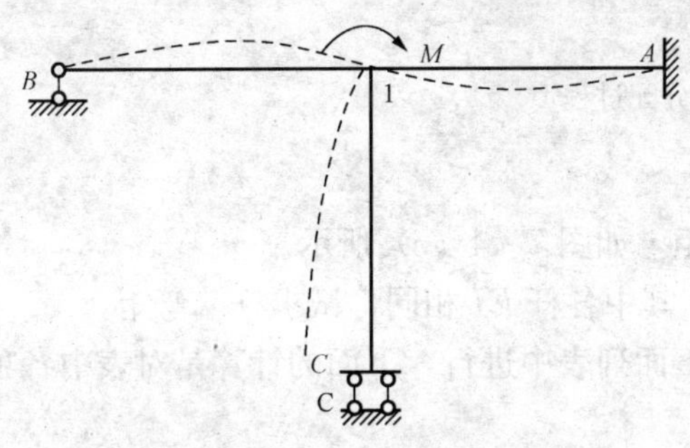

图 7 - 3　分配系数

分配弯矩：

$$M_{1j}^{d}=\mu_{1j}M\quad(j=A,B,C) \tag{7 - 2}$$

传递弯矩：

$$M_{j1}^{c}=C_{1j}M_{1j}\quad(j=A,B,C) \tag{7 - 3}$$

注意：结点集中力偶 M 以顺时针为正，产生正的分配弯矩。

分配系数 μ_{1j} 表示 $1j$ 杆 1 端承担结点外力偶的比率，它等于该杆 1 端的转动刚度 S_{1j} 与交与结点 1 的各杆转动刚度之和的比值，即

$$\mu_{ij}=\frac{S_{ij}}{\sum S};\ \sum\mu=1 \tag{7 - 4}$$

只有分配弯矩才能向远端传递。

分配弯矩是杆端转动时产生的近端弯矩，传递弯矩是杆端转动时产生的远端弯矩。

2. 单结点结构在跨间荷载作用下的计算

将整个变形过程分为以下两步：

(1) 在刚结点加刚臂阻止结点转动，如图 7 - 4 (b) 所示，将连续梁分解为两根单跨超静定梁，求出各杆端的固端弯矩。结点 B 各杆端固端弯矩之和为附加刚臂中的约束力矩，称为结点不平衡力矩 M_B。

(2) 去掉约束，相当于在结点 B 加上负的不平衡力矩 M_B，如图 7 - 4 (d) 所示，并将

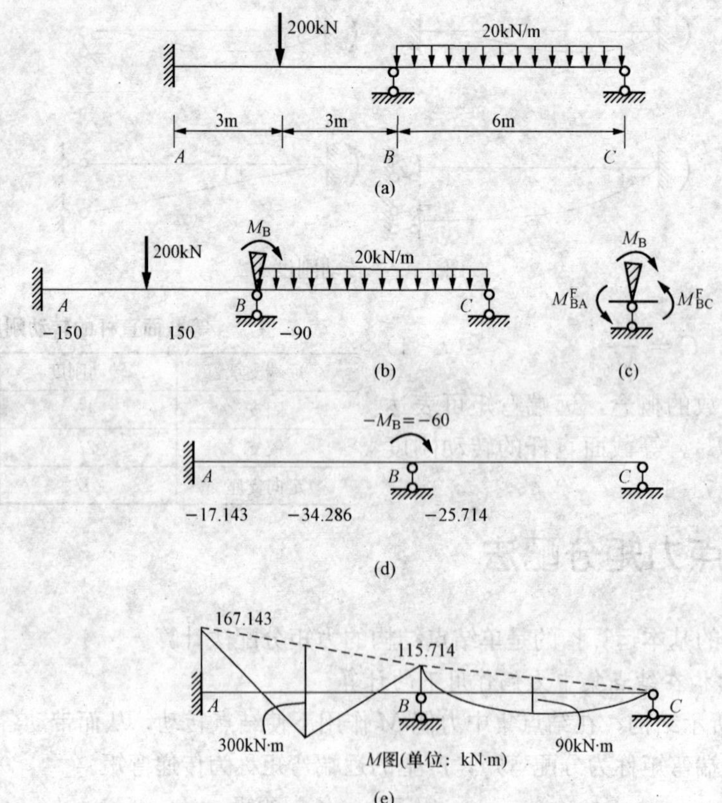

图 7-4　单结点分配过程

它分给各个杆端及传递到远端。

叠加以上两步的杆端弯矩，得到最后杆端弯矩，如图 7-4（e）所示。

例 7-1　如图 7-4（a）所示的连续梁结构，其中各杆 EI 相同，试求杆端弯矩。

解：在计算连续梁时，其过程可直接在梁的下面列表中进行，下面的计算是对表中各项计算的说明。

（1）求分配系数。

各杆转动刚度

$$S_{BA}=4\times\frac{EI}{6}=\frac{2EI}{3}$$

$$S_{BC}=3\times\frac{EI}{6}=\frac{EI}{2}$$

故分配系数为

$$\mu_{BA}=\frac{S_{BA}}{\sum S}=\frac{\frac{2EI}{3}}{\frac{2EI}{3}+\frac{EI}{2}}=\frac{4}{7}$$

$$\mu_{BC}=\frac{S_{BC}}{\sum S}=\frac{\frac{EI}{2}}{\frac{2EI}{3}+\frac{EI}{2}}=\frac{3}{7}$$

校核 $$\sum\mu=\frac{4}{7}+\frac{3}{7}=1$$

将它们填入表7-2中的第二行。

表7-2 **例7-1力矩分配计算表**

杆端名称	*AB*		*BA*	*BC*		*CB*
分配系数 μ			0.5714	0.4286		
固端力矩 M^F	−150		150	−90		0
分配与传递	−17.143	$\xleftarrow{0.5}$	$\underline{-34.286}$	$\underline{-25.714}$	$\xrightarrow{0}$	0
杆端力矩 *M*	−167.143		+115.714	−115.714		0

(2) 求各杆固端力矩。

如图7-4(b)所示，左部为两端固定的梁，右部为一端固定另一端铰支的梁。查表算出：

$$M_{AB}^F=-\frac{1}{8}Pl=-\frac{1}{8}\times200\times6\text{kN}\cdot\text{m}=-150\text{kN}\cdot\text{m}$$

$$M_{BA}^F=\frac{1}{8}Pl=\frac{1}{8}\times200\times6\text{kN}\cdot\text{m}=150\text{kN}\cdot\text{m}$$

$$M_{BC}^F=-\frac{1}{8}ql^2=-\frac{1}{8}\times20\times6^2\text{kN}\cdot\text{m}=-90\text{kN}\cdot\text{m}$$

将它们填入表中第三行固端力矩栏相应的位置，再计算结点 B 上各固端力矩的代数和，则结点附加刚臂上的不平衡力矩为

$$M_B=M_{BA}^F+M_{BC}^F=150\text{kN}\cdot\text{m}-90\text{kN}\cdot\text{m}=60\text{kN}\cdot\text{m}$$

(3) 计算分配力矩与传递力矩。

如图7-4(d)所示，对不平衡力矩 M_B 进行反向分配：

$$M_{BA}^d=\mu_{BA}(-M_B)=\frac{4}{7}\times60\text{kN}\cdot\text{m}=34.286\text{kN}\cdot\text{m}$$

$$M_{BC}^d=\mu_{BC}(-M_B)=\frac{3}{7}\times60\text{kN}\cdot\text{m}=25.714\text{kN}\cdot\text{m}$$

$$M_{AB}^c=C_{AB}M_{BA}^d=0.5\times34.286\text{kN}\cdot\text{m}=17.143\text{kN}\cdot\text{m}$$

$$M_{CB}^c=C_{BC}M_{BC}^d=0$$

把它们填入表中第四行“分配与传递”栏中相应的位置，并在分配力矩下面画一横线，表示分配与传递工作结束。

(4) 求最终杆端力矩。

将各杆杆端力矩与分配力矩（或传递力矩）相加，得到最终杆端力矩。也可将表中第三行和第四行相加，得最终杆端力矩。

$$M_{AB}=(-150)\text{kN}\cdot\text{m}+(-17.143)\text{kN}\cdot\text{m}=-167.143\text{kN}\cdot\text{m}$$

$$M_{BA} = (150)\text{kN}\cdot\text{m} + (-34.286)\text{kN}\cdot\text{m} = 115.714\text{kN}\cdot\text{m}$$
$$M_{BC} = (-90)\text{kN}\cdot\text{m} + (-25.714)\text{kN}\cdot\text{m} = -115.714\text{kN}\cdot\text{m}$$
$$M_{CB} = 0$$

将最终结果填入表中的第五行。

(5) 平衡验算。

结点 B 处应满足$\sum M_B=0$，对于本例：

$$\sum M_B = (+115.714)\text{kN}\cdot\text{m} + (-115.714)\text{kN}\cdot\text{m} = 0$$

(6) 绘 M 图。

按表格最末一行所示的杆端力矩来画。以杆件 AB 为例，杆端力矩 M_{AB}为负，杆端力矩应当为绕 A 端逆时针方向，故画在横线以上，M_{BA}为正，杆端力矩则应为绕 B 端顺时针方向，也画在横线以上。把杆端力矩的纵坐标连一虚线，再叠加上集中荷载 200kN 的影响，其中点值按简支梁计算，200×6kN·m/4=300kN·m。用相同的方法画杆件 BC。最终弯矩图如图 7-4 (e) 所示。

应当指出：

(1) 运用力矩分配法时，变形过程被想象成两个阶段。第一阶段是固定结点，加载，得到的是固端力矩。第二阶段是放松结点，产生的力矩是分配力矩与传递力矩。

(2) 进行力矩分配之前，必须明确被分配的力矩等于多大，是正值还是负值。认定无误之后再进行分配。

结点的不平衡力矩等于刚结在结点上各杆固端力矩的代数和，它有正、负之分。进行分配时，先将不平衡力矩变号，然后乘以各杆的分配系数，这样得到的便是相应杆的分配力矩，然后向另一端传递，得到传递力矩。

例 7-2 用力矩分配法计算如图 7-5 (a) 所示刚架，绘 M 图。

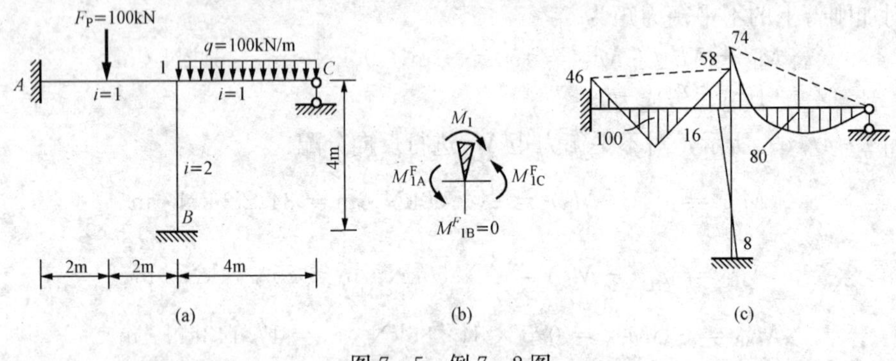

图 7-5 例 7-2 图

解：该结构只有一个刚结构，属单结构力矩分配问题。

(1) 求分配系数。

$$\mu_{1A} = \frac{S_{1A}}{\sum S} = \frac{4i_{1A}}{4i_{1A}+3i_{1C}+4i_{1B}} = \frac{4\times1}{4\times1+3\times1+4\times2} = \frac{4}{15}$$

$$\mu_{1C} = \frac{S_{1C}}{\sum S} = \frac{4i_{1C}}{4i_{1A}+3i_{1C}+4i_{1B}} = \frac{3\times1}{4\times1+3\times1+4\times2} = \frac{3}{15}$$

$$\mu_{1B}=\frac{S_{1B}}{\sum S}=\frac{4i_{1B}}{4i_{1A}+3i_{1C}+4i_{1B}}=\frac{4\times 2}{4\times 1+3\times 1+4\times 2}=\frac{8}{15}$$

校核：
$$\sum\mu=\frac{4}{15}+\frac{3}{15}+\frac{8}{15}=1$$

（2）求固端力矩。

查表6-2，按给定的公式计算

$$\left.\begin{aligned}M_{A1}^{F}&=-\frac{1}{8}Pl=-\frac{1}{8}\times 100\times 4\text{kN}\cdot\text{m}=-50\text{kN}\cdot\text{m}\\M_{A1}^{F}&=\frac{1}{8}Pl=50\text{kN}\cdot\text{m}\end{aligned}\right\}$$

$$\left.\begin{aligned}M_{1C}^{F}&=-\frac{1}{8}ql^{2}=-\frac{1}{8}\times 40\times 4^{2}\text{kN}\cdot\text{m}=-80\text{kN}\cdot\text{m}\\M_{C1}^{F}&=0\end{aligned}\right\}$$

$$\left.\begin{aligned}M_{1B}^{F}&=0\\M_{B1}^{F}&=0\end{aligned}\right\}$$

结点1的不平衡力矩等于汇交在结点1上各杆固端力矩的代数和。即

$$M_{1}=M_{1A}^{F}+M_{1C}^{F}+M_{1B}^{F}=50\text{kN}\cdot\text{m}+(-80)\text{kN}\cdot\text{m}+0\text{kN}\cdot\text{m}=-30\text{kN}\cdot\text{m}$$

其原因说明如下：

取结点1为分离体（带有附加刚臂），如图7-5（b）所示，固端力矩M_{1A}^{F}、M_{1C}^{F}均画成正向（绕结点逆时针为正），附加刚臂的反力矩也画成正向（顺时针为正）。根据力矩平衡方程$\sum M=0$，有

$$M_{1}=M_{1A}^{F}+M_{1C}^{F}=50\text{kN}\cdot\text{m}+(-80)\text{kN}\cdot\text{m}=-30\text{kN}\cdot\text{m}$$

可见，不平衡力矩就是附加刚臂的约束反力，在明确了它的物理概念后，可按固端力矩相加的办法直接算出。

（3）分配与传递。

将不平衡力矩M_{1}变号，被分配的力矩是正值，具体计算如下：

$$M_{1A}^{d}=\mu_{1A}(-M_{1})=\frac{4}{15}\times 30\text{kN}\cdot\text{m}=8\text{kN}\cdot\text{m}$$

$$M_{1B}^{d}=\mu_{1B}(-M_{1})=\frac{8}{15}\times 30\text{kN}\cdot\text{m}=16\text{kN}\cdot\text{m}$$

$$M_{1C}^{d}=\mu_{1C}(-M_{1})=\frac{3}{15}\times 30\text{kN}\cdot\text{m}=6\text{kN}\cdot\text{m}$$

传递力矩

$$M_{A1}^{c}=C_{1A}(M_{1A}^{d})=0.5\times 8\text{kN}\cdot\text{m}=4\text{kN}\cdot\text{m}$$
$$M_{B1}^{c}=C_{B1}(M_{1B}^{d})=0.5\times 16\text{kN}\cdot\text{m}=8\text{kN}\cdot\text{m}$$
$$M_{1C}^{c}=C_{1C}(M_{1C}^{d})=0$$

（4）计算杆端力矩。

$$\left.\begin{aligned}M_{A1}&=M_{A1}^{F}+M_{A1}^{c}=-50\text{kN}\cdot\text{m}+4\text{kN}\cdot\text{m}=-46\text{kN}\cdot\text{m}\\M_{A1}^{F}&=M_{A1}^{F}+M_{A1}^{d}=50\text{kN}\cdot\text{m}+8\text{kN}\cdot\text{m}=58\text{kN}\cdot\text{m}\end{aligned}\right\}$$

$$\left.\begin{aligned} M_{1B} &= M_{1B}^{d} = 16\text{kN}\cdot\text{m} \\ M_{B1} &= M_{B1}^{d} = 8\text{kN}\cdot\text{m} \end{aligned}\right\}$$

$$\left.\begin{aligned} M_{1C} &= M_{1C}^{F} + M_{1C}^{d} = -80\text{kN}\cdot\text{m} + 6\text{kN}\cdot\text{m} = -74\text{kN}\cdot\text{m} \\ M_{C1} &= 0 \end{aligned}\right\}$$

通常，计算采用列表运算，按上一例的办法，将上述结果列于表 7 - 3 中。

表 7 - 3　　例 7 - 2 力矩分配计算表

结点名称	A	1			B	C
杆端名称	$A1$	$1A$	$1C$	$1B$	$B1$	$C1$
分配系数 μ		4/15	3/15	8/15		
固端力矩 M^F	−50	+50	−80	0	0	0
分配与传递	+4	$\underline{+8}$	$\underline{+6}$	$\underline{+16}$	+8	0
杆端力矩 M	−46	+58	−74	+16	+8	0

(5) 绘弯矩图。

先画出各杆的杆端力矩，在两个纵坐标之间连一直线，以此为基线叠加上横向荷载引起的简支梁的弯矩。作出的 M 图如图 7 - 5 (c) 所示。

7.3 多结点力矩分配法——渐进运算

对于单结点弯矩分配法如上所述，它是位移法的变种（求解步骤不同，实质一样），是一种精确的方法。通过固定结点，放松结点，只进行一次分配和传递就可使体系恢复原来的状态，当然，力矩的分配与传递也是一次即告结束。那么对多结点的情况，它能否不列位移法方程，也通过分配、传递等步骤来解决呢？这时解答是否还是精确的呢？

由分配系数的计算公式可见，分配系数恒小于 1。另外，支座处只接受所传递来的力矩（因为支座刚度可视为无限大，因此支座处杆端的分配系数为 0）不再分配，所以传递系数也小于 1。注意到这一点，就可以明白多结点结构的弯矩分配也可按一系列的单结点弯矩分配使结构逐渐趋于平衡。下面以连续梁为例加以说明。

通常遇到的连续梁，中间支座不止一个，也就是说，结点转角未知量不止一个，如何把单结点的力矩分配方法推广运用到多结点的结构上，是本节将要讨论的问题。为了达到这一目的，必须人为地造成只有一个结点转角的情况，采取的办法是首先固定全部刚结点，然后逐次放松，每次只放松一个。当放松一个结点时，其他结点暂时固定。由于一个结点是在别的结点固定的情况下放松的，所以还不能恢复原来的状态。这样一来，就需要将各结点反复轮流地固定、放松，以逐步消除结点的不平衡力矩，使结构逐渐接近其本来的状态。具体做法如图 7 - 6 (a) 所示连续梁进行说明。

首先，同时固定结点 1、2（加附加刚臂），然后加荷载，此时情况如图 7 - 6 (b) 所示。梁 A_1 无固端力矩，梁 12 是两端固定梁，梁 $2B$ 是一端固定另一端铰支的梁。它们的固端力矩为：

$$\left.\begin{aligned} M_{2B}^{F} &= -\frac{3}{16}Pl = -\frac{3}{16}\times 50\times 8\text{kN}\cdot\text{m} = -75\text{kN}\cdot\text{m} \\ M_{B2}^{F} &= 0 \end{aligned}\right\}$$

$$\left.\begin{aligned} M_{12}^{F} &= -\frac{1}{12}ql^2 = -\frac{1}{12}\times 24\times 8^2\text{kN}\cdot\text{m} = -128\text{kN}\cdot\text{m} \\ M_{21}^{F} &= \frac{1}{12}ql^2 = \frac{1}{12}\times 24\times 8^2\text{kN}\cdot\text{m} = 128\text{kN}\cdot\text{m} \end{aligned}\right\}$$

把固端力矩记入表 7 - 4 第二行。为便于讨论，把固端力矩写在图 7 - 6（b）相应的杆端。固端力矩写出后，结点 1、2 的不平衡力矩便容易求出：

表 7 - 4　　多结点力矩分配实例计算表

杆端名称		A1	1A	12		21	2B	B2
分配系数 μ		0.6		0.4		0.4	0.6	
固端力矩 M^F		0	0	−128		+128	−75	0
分配与传递	放松结点 1	+76.8		+51.2	0.5 →	+25.6		
	放松结点 2			−15.7	0.5 ←	−31.4	−47.2	
	放松结点 1	+9.4		+6.3	0.5 →	+3.2		
	放松结点 2			−0.7	0.5 ←	−1.3	−1.9	
	放松结点 1	+0.4		+0.4	0.5 →	+0.2		
	放松结点 2				−0.1		−0.1	
杆端力矩 M		0	+86.6	−86.6		+124.2	−124.2	0

$$M_1 = \sum M_{1i}^{F} = M_{1A}^{F} + M_{12}^{F} = 0\text{kN}\cdot\text{m} + (-128)\text{kN}\cdot\text{m} = -128\text{kN}\cdot\text{m}(\uparrow)$$

$$M_2 = \sum M_{2i}^{F} = M_{21}^{F} + M_{2B}^{F} = 128\text{kN}\cdot\text{m} + (-75)\text{kN}\cdot\text{m} = 53\text{kN}\cdot\text{m}(\downarrow)$$

把它们分别示于图 7 - 6（b）的结点 1、2 上。以上所进行的工作是力矩分配法的第一阶段——固定结点、计算固端力矩、计算不平衡力矩（约束反力矩）。

下面要进行的属于第二阶段——轮流放松结点，逐次计算各杆的分配力矩、传递力矩。

如果同时在结点 1、2 上分别加上与 M_1、M_2 等值反向的力矩，这意味着结点 1、2 同时放松，如图 7 - 6（c）所示。但是，如图 7 - 6（c）所示情况不能用上节讲过的方法进行计算，所以不能把两个结点同时放松，必须单独放松一个结点，把它化为单结点的力矩分配问题。

先放松哪个结点呢？为了使计算尽快地收敛，先放松不平衡力矩大的结点，本例应先放松结点 1。放松结点 1 时，结点 2 还在固定着，如图 7 - 6（d）所示，这就人为地造成了单结点的情况，可按上节讲过的单结点力矩分配法计算。

首先，求分配系数。

结点 1：

$$\mu_{1A} = \frac{3i_{1A}}{3i_{1A}+4i_{12}}；\ \mu_{12} = \frac{4i_{12}}{3i_{1A}+4i_{12}}$$

其中

$$i_{1A} = \frac{2EI}{8} = \frac{EI}{4}；\ i_{12} = \frac{EI}{8}$$

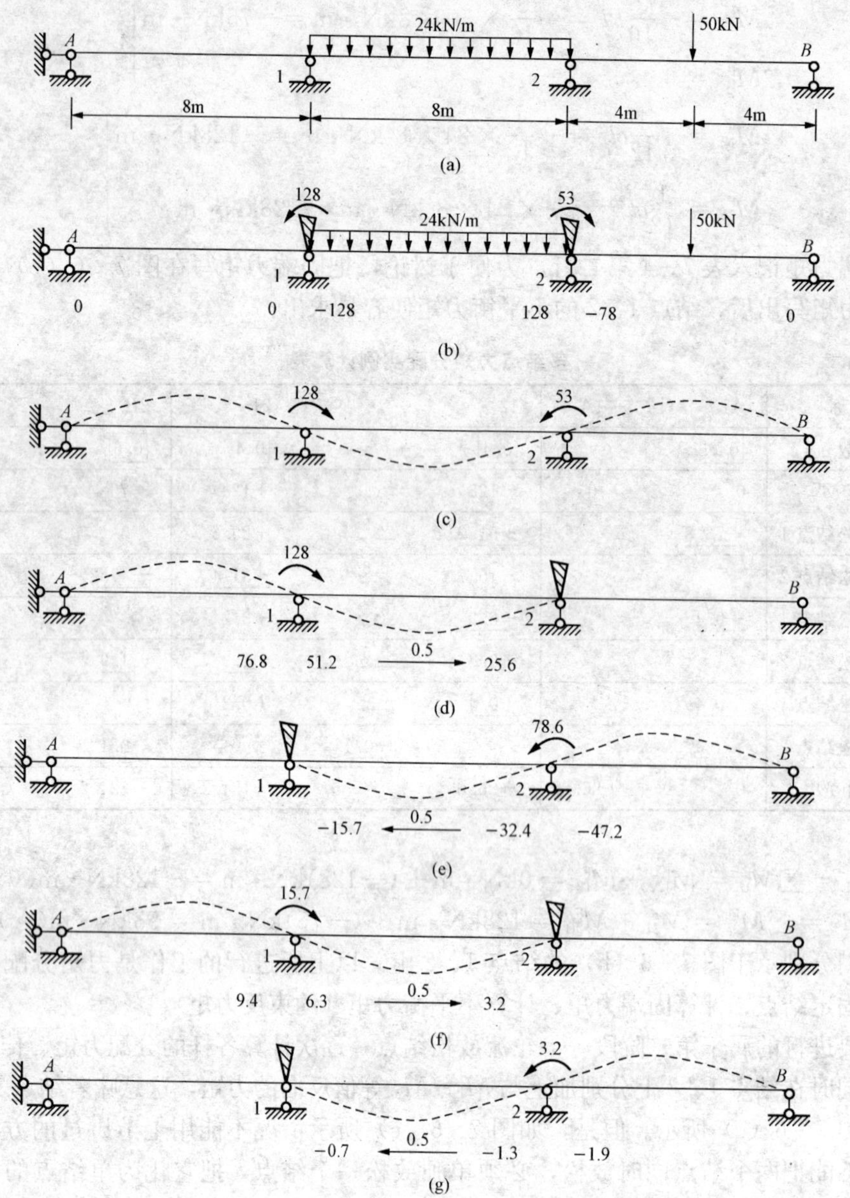

图 7-6 多余结点分配过程

为了便于计算，采用相对线刚度，设$\frac{EI}{8}=1$，则 $i_{1A}=2$，$i_{12}=1$，于是分配系数

$$\mu_{1A}=0.6;\ \mu_{12}=0.4$$

结点 2：

同上理求得

$$\mu_{21}=0.4;\ \mu_{2B}=0.6$$

将其填入表 7-4 第二行。

其次，计算分配力矩和传递力矩。

分配结点1时，锁住结点2，结点2在分配中相当于一固定端。结点1的不平衡力矩$M_1=-128\text{kN}\cdot\text{m}$。

分配力矩

$$M_{1A}^{d1}=\mu_{1A}(-M_1)=0.6\times128\text{kN}\cdot\text{m}=76.8\text{kN}\cdot\text{m}$$

$$M_{12}^{d1}=\mu_{12}(-M_1)=0.4\times128\text{kN}\cdot\text{m}=51.2\text{kN}\cdot\text{m}$$

传递力矩

$$M_{21}^{c1}=\frac{1}{2}M_{12}^{d1}=0.5\times51.2\text{kN}\cdot\text{m}=25.6\text{kN}\cdot\text{m}$$

$$M_{A1}^{c1}=0$$

将此计算数据填入"分配与传递"栏中的第1行。完毕后在结点1的分配力矩下画一横线，表示该结点放松完毕。横线以上的杆端力矩总和为零，这标志着结点1处于平衡，但并没有恢复到自然状态，因为结点2还没有被放松。下面放松结点2，进行力矩分配和传递。

分配结点2时，锁住结点1，结点1在分配中相当于一固定端。结点2的不平衡力矩

$$M_1=128\text{kN}\cdot\text{m}-75\text{kN}\cdot\text{m}+25.6\text{kN}\cdot\text{m}=78.6\text{kN}\cdot\text{m}$$

分配力矩

$$M_{21}^{d1}=\mu_{21}(-M_2)=0.4\times(-78.6)\text{kN}\cdot\text{m}=-31.4\text{kN}\cdot\text{m}$$

$$M_{2B}^{d1}=\mu_{2B}(-M_2)=0.6\times(-78.6)\text{kN}\cdot\text{m}=-47.2\text{kN}\cdot\text{m}$$

传递力矩

$$M_{12}^{c1}=\frac{1}{2}M_{21}^{d1}=0.5\times(-31.4)\text{kN}\cdot\text{m}=-15.7\text{kN}\cdot\text{m}$$

$$M_{B2}^{c1}=0$$

将此计算数据填入"分配与传递"栏中的第2行。完毕后在结点2的分配力矩下画一横线，表示该结点放松完毕。横线以上的杆端力矩总和为0，这标志着结点2处于平衡，但并没有恢复到自然状态，因为结点1被锁住后还没有被放松。

下面再放松结点1，锁住结点2，结点1的不平衡力矩来自于结点2的第1次传递，则$M_1=M_{12}^{c1}=-15.7\text{kN}\cdot\text{m}$。按第1次分配的过程再来一次。如此循环，直到其结构达到所需力矩精度要求为止。在本例中，力矩精度要求到小数点后一位为止，不再传递，这时结构已接近自然状态。

把固端力矩与历次放松结点产生的杆端力矩相加，即得最终的杆端力矩。即

$$\text{杆端力矩}=\text{固端力矩}+\sum\text{分配力矩}+\sum\text{传递力矩}$$

也就是说，把表中同一杆端下面的力矩代数相加，就得到杆的最终杆端力矩。例如：

$$M_{21}=128\text{kN}\cdot\text{m}+25.6\text{kN}\cdot\text{m}-31.4\text{kN}\cdot\text{m}+3.2\text{kN}\cdot\text{m}-1.3\text{kN}\cdot\text{m}+0.2\text{kN}\cdot\text{m}-0.1\text{kN}\cdot\text{m}=+124.2\text{kN}\cdot\text{m}$$

$$M_{2B}=-75\text{kN}\cdot\text{m}-47.2\text{kN}\cdot\text{m}-1.9\text{kN}\cdot\text{m}-0.1\text{kN}\cdot\text{m}=-124.2\text{kN}\cdot\text{m}$$

各杆杆端力矩填入最后一行。

计算结束后，应当进行平衡条件的校核。例如：

对于结点1　　$\sum M_1=86.6\text{kN}\cdot\text{m}-86.6\text{kN}\cdot\text{m}=0$

对于结点 2 $\sum M_2 = 124.2\text{kN}\cdot\text{m} - 124.2\text{kN}\cdot\text{m} = 0$

最后依据杆端力矩绘出弯矩图，如图 7-7 所示。

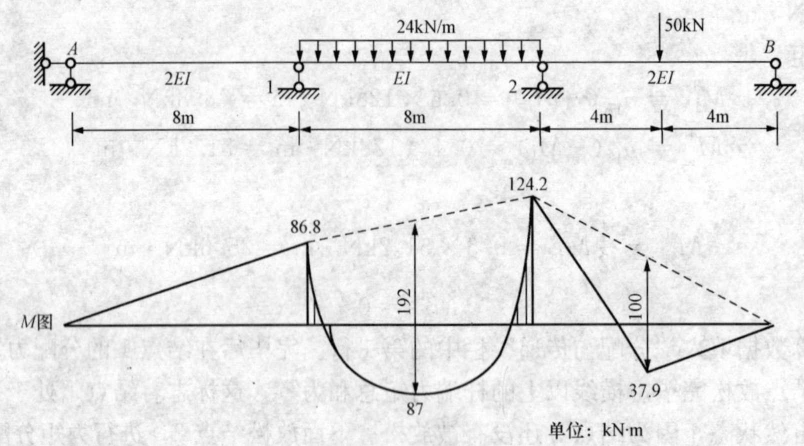

图 7-7 多结点力矩分配实例弯矩图

归纳上述分析，其计算过程有以下几步。

(1) 求各刚结点处的分配系数 μ。

(2) 求各杆的固端力矩 M^F。

(3) 把各结点固端力矩分别相加（代数和），求出结点的不平衡力矩 M。

(4) 对结点 1 进行力矩分配与传递（先分配较大的一个）。分配时 M 变号，分配与传递完毕后在下方画一横线以示横线以上部分已经考虑完毕，结点已经平衡。

(5) 对结点 2 进行力矩分配与传递。

(6) 如此轮流对结点 1、结点 2 进行不平衡力矩的分配与传递，直到不平衡力矩达到精度要求为止。

(7) 计算杆端力矩。

(8) 平衡验算。

(9) 根据杆端力矩绘弯矩图。

例 7-3 用力矩分配法计算如图 7-8 所示连续梁，绘 M 图。

解：该结构带有悬臂端。悬臂端 D 为一静定部分，其内力可按静力平衡条件求出：

$$M_{DE} = -10\times 2\text{kN}\cdot\text{m} = -20\text{kN}\cdot\text{m}$$

$$F_{QDE} = 20\text{kN}$$

去掉悬臂部分，把 M_{DE}、F_{QDE} 作为外力施加在结点 D 上，则结点 D 可视为铰支座，原结构可按图 7-8 (b) 计算，它只有两个结点转角未知量（B、C 处）。

计算步骤如下。

(1) 求分配系数 1，取 $EI=4$，则有

$$i_{AB} = \frac{1.5EI}{l_{AB}} = \frac{1.5\times 4}{4} = 1.5$$

$$i_{BC} = \frac{EI}{l_{BC}} = \frac{4}{4} = 1$$

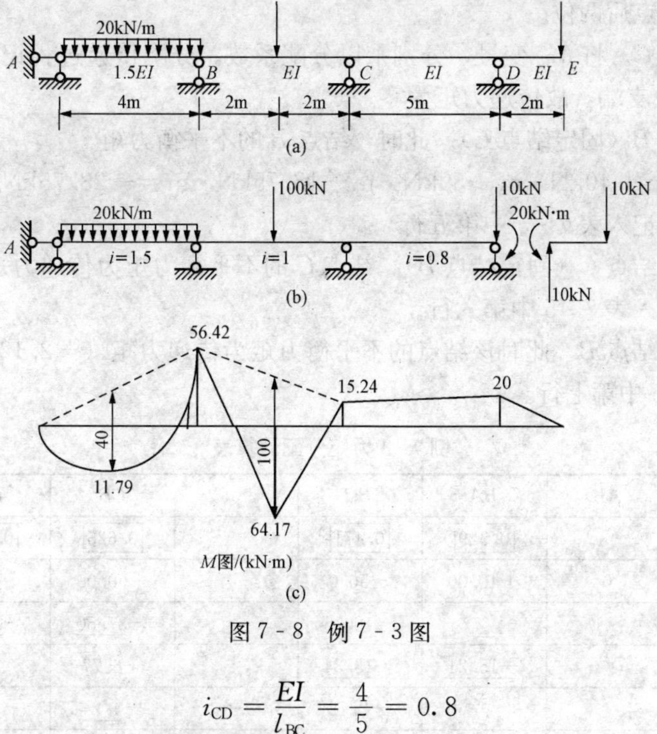

图7-8 例7-3图

$$i_{CD}=\frac{EI}{l_{BC}}=\frac{4}{5}=0.8$$

将各杆的线刚度记入连续梁各杆的下面，分配系数为

$$\mu_{BA}=\frac{3i_{AB}}{3i_{AB}+4i_{BC}}=\frac{3\times1.5}{3\times1.5+4\times1}=0.529$$

同理有 $\mu_{BC}=0.471$，$\mu_{CB}=0.625$，$\mu_{CD}=0.375$。

分配系数计算结果已填写在表7-5的第二行中。这里要注意，在基本结构中，杆 CD 是 C 端固定，D 端铰支杆，$S_{CD}=3i_{CD}$。

(2) 求固端力矩。

$$M_{BA}^{F}=\frac{1}{8}ql^{2}=\frac{1}{8}\times20\times4^{2}\text{kN}\cdot\text{m}=40\text{kN}\cdot\text{m}$$

$$M_{BC}^{F}=-\frac{1}{8}Pl=-\frac{1}{8}\times100\times4\text{kN}\cdot\text{m}=-50\text{kN}\cdot\text{m}$$

$$M_{BA}^{F}=\frac{1}{8}Pl=+50\text{kN}\cdot\text{m}$$

$$M_{BC}^{F}=+20\text{kN}\cdot\text{m}$$

$$M_{CD}^{F}=\frac{1}{2}M_{DC}=\frac{1}{2}\times20\text{kN}\cdot\text{m}=10\text{kN}\cdot\text{m}$$

这里要说明一点：在基本结构中，杆 CD 为 C 端固定、D 端铰支的杆，在 D 端承受力偶 20kN·m 及集中力 10kN。集中力 10kN 作用于支座上不产生弯矩，作用在支座 D 上的力偶 20kN·m 产生的固端力矩 $M_{CD}^{F}=20\text{kN}\cdot\text{m}$，在另端的固端力矩 $M_{CD}^{F}=\frac{1}{2}M_{DC}^{F}=10\text{kN}\cdot\text{m}$（由表6-2查得）。固端力矩记入第三行。

由于结点 C 的不平衡力矩大，所以先放松结点 C。最大固端力矩是两位数，取四位有效数字，故取到小数点后两位。

(3) 放松结点 C。将 M_C 变号，分别乘以分配系数。分配传递过程记入表 7-5 中第四行。这里 D 端是铰支端，故传递力矩为零。

(4) 放松结点 B（固定结点 C）。此时，结点 B 的不平衡力矩

$$M_B = +40\text{kN}\cdot\text{m} - 50\text{kN}\cdot\text{m} - 18.75\text{kN}\cdot\text{m} = -28.75\text{kN}\cdot\text{m}$$

分配传递过程记入表 7-5 中第五行。

(5) 再次放松结点 C（固定结点 B）。结点 C 的不平衡力矩为传递力矩（6.77kN·m），分配与传递过程记入表 7-5 中第六行。

(6) 再次放松结点 B，此时该结点的不平衡力矩为传递力矩（−2.12kN·m）。分配传递过程记入表 7-5 中第七行。

表 7-5　　例 7-3 力矩分配计算表

杆端名称		AB	BA	BC		CB	CD	DE
分配系数			0.529	0.471		0.625	0.375	
固端力矩		0	+40.00	−50.0		+50.00	+10.00	+20.0
分配与传递	放松结点 2			−18.75	←	−37.50	−22.50	
	放松结点 1		+15.21	+13.34	→	+6.77		
	放松结点 2			−2.12	←	−4.24	−2.54	
	放松结点 1		+1.12	+1.00	→	+0.50		
	放松结点 2			−0.16	←	−0.31	−0.19	
	放松结点 1		+0.08	+0.08	→	+0.04		
	放松结点 2			−0.02	←	−0.03	−0.02	
	放松结点 1		+0.01	+0.01				
杆端力矩		0	+56.42	−56.42		+15.24	−15.25	+20.00

继续轮流固定、放松……

(7) 计算杆端力矩，见表 7-5 中杆端力矩行（最后一行）。

(8) 根据杆端力矩绘 M 图，如图 7-8 中 M 图所示。

(9) 静力平衡校核，由各结点是否满足 $\sum M=0$ 来校核。结点 C 上有 0.01 的误差，与弯矩值 15.24 相比，甚小，可以认为满足要求。

例 7-4　试用弯矩分配法求如图 7-9 (a) 所示的无侧移刚架结构弯矩图（计算两轮）。

解：这是两个结点（多结点）弯矩分配问题。首先根据题目条件锁定 C、D 弹性结点，可作出如图 7-9 (b) 所示固端弯矩图。再根据题目条件可得各杆的线刚度，根据它的端支承条件，可得转动刚度分别为

$$S_{CA} = S_{CD} = S_{DB} = S_{DC} = 4i$$

$$S_{DE} = 2i$$

由此可得分配系数为

$$\mu_{CA} = \mu_{CD} = \frac{4i}{4i+4i} = 0.5$$

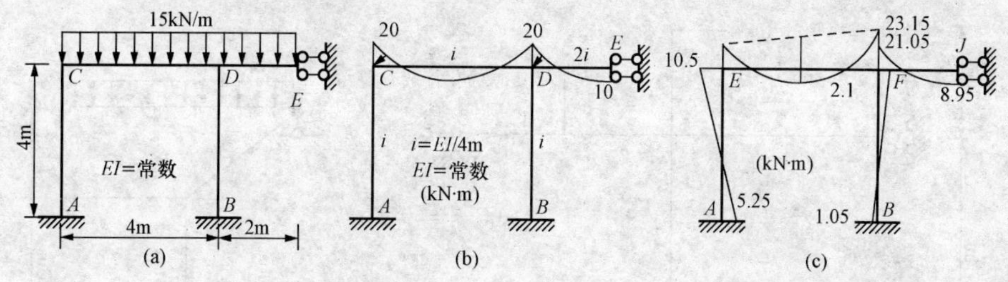

图7-9　例7-4图

(a) 结构及荷载示意图；(b) 锁定及固端弯矩图；(c) 最终弯矩图

$$\mu_{DB}=\mu_{DC}=\frac{4i}{4i+4i+2i}=0.4$$

$$\mu_{DE}=\frac{2i}{4i+4i+2i}=0.2$$

(1) 首先将结点的分配和传递系数标于如图7-10所示的图上。

(2) 将固端弯矩分别标注在如图7-10所示相应分配系数下方及远端处。

(3) 因为C结点不平衡力矩大，所以先分配，D结点后分配。按所求得的不平衡力矩变号后乘分配系数得分配力矩。

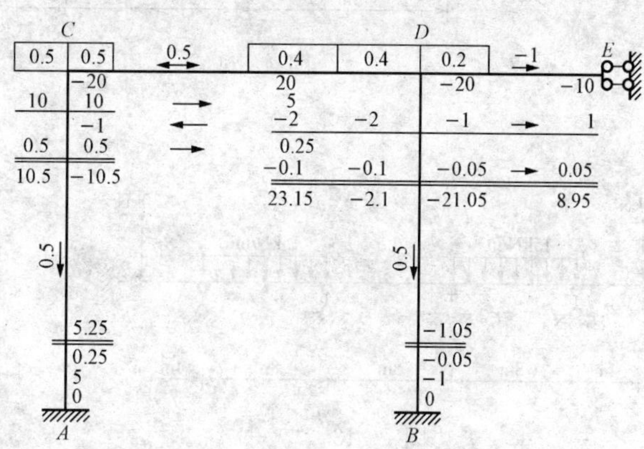

图7-10　例7-4分配过程

(4) 根据远端条件确定传递系数，将分配力矩向远端传递，并返回第(3)步进行两轮分配传递。

(5) 叠加固端弯矩、分配或传递弯矩，得杆端最终弯矩。

(6) 根据杆端弯矩作出如图7-9(c)所示最终弯矩图。

复习思考题

7-1　求如图7-11所示结构的力矩分配系数和固端弯矩，并画出图示结构的弯矩图，EI=常数。

7-2　求如图7-12所示结构的力矩分配系数和固端弯矩。已知$q=20\text{kN/m}$，各杆EI相同。

7-3　用力矩分配法计算如图7-13所示连续梁，并作出M图，EI=常数。

7-4　用力矩分配法作如图7-14所示结构的M图。已知$P=8\text{kN}$，$q=4\text{kN/m}$（每个结点分配两次）。

7-5　用力矩分配法计算如图7-15所示结构，并作M图（各杆线刚度比值如图所示）。

7-6　用力矩分配法作如图7-16所示对称结构的M图。已知$P=10\text{kN}$，EI=常数。

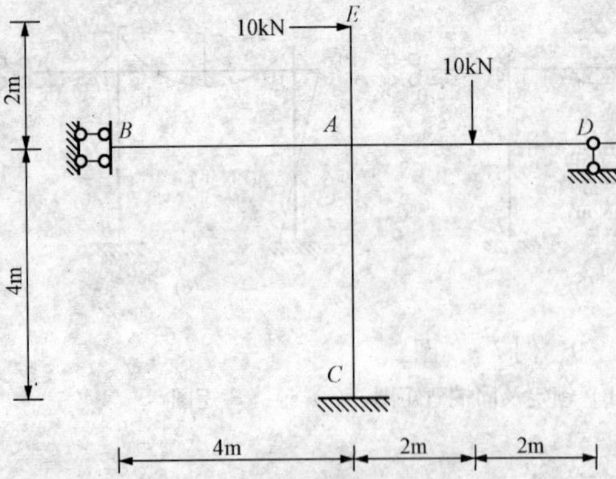

图 7 - 11

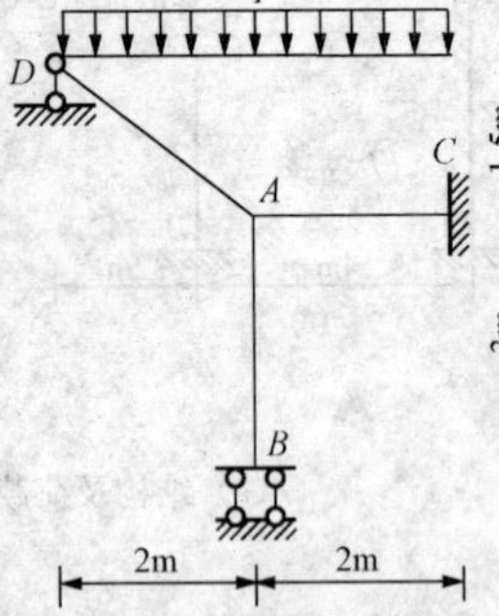

图 7 - 12

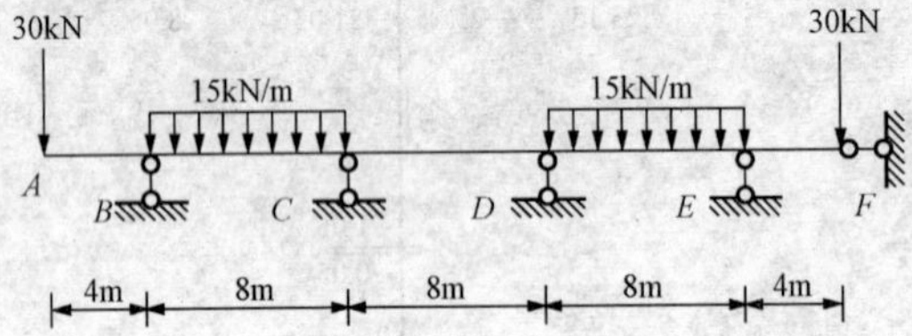

图 7 - 13

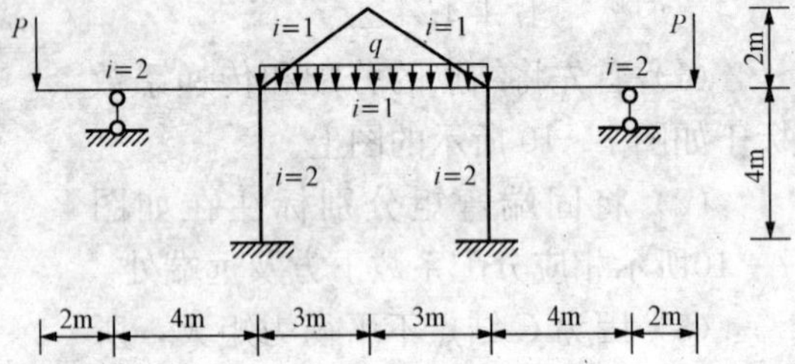

图 7 - 14

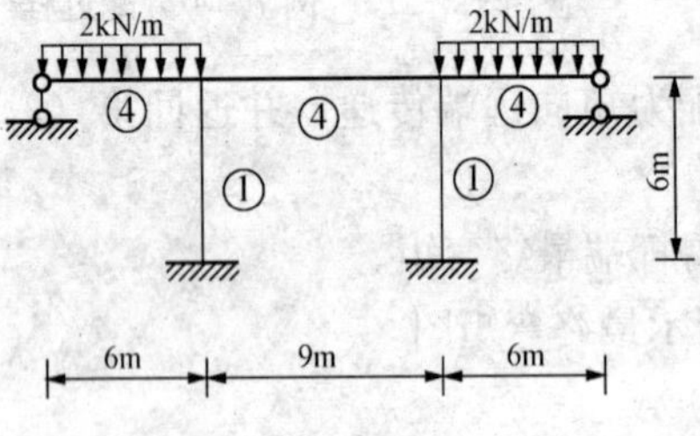

图 7 - 15

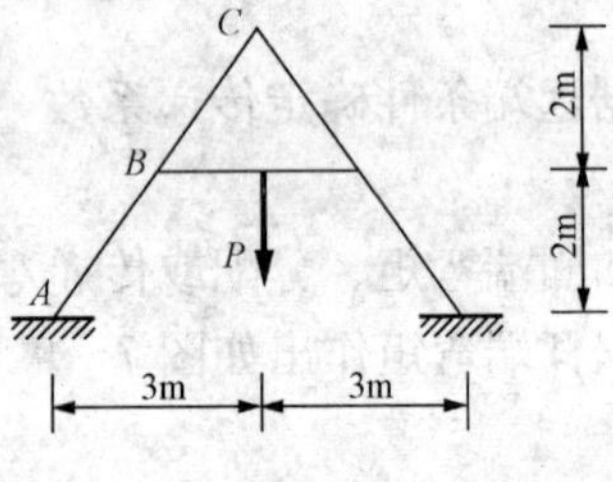

图 7 - 16

7 - 7 用力矩分配法计算如图 7 - 17 所示结构，并作 M 图。

7 - 8 试写出如图 7 - 18 所示结构的力矩分配系数与固端弯矩。

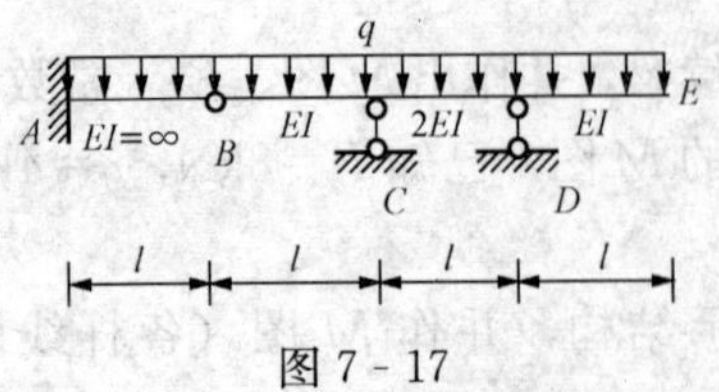

图 7 - 17

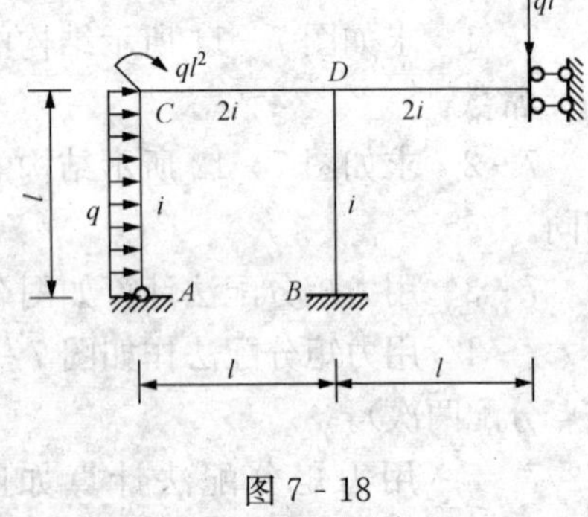

图 7 - 18

7 - 9 求如图 7 - 19 所示结构的力矩分配系数和固端弯矩。已知：$q=20\text{kN/m}$，各杆 EI 为常数。

7-10　用力矩分配法计算如图7-20所示对称结构，并作M图。EI=常数（计算两轮）。

7-11　用力矩分配法计算如图7-21所示结构，并作M图。图中圆圈内表示各杆相对线刚度（计算两轮）。

7-12　用力矩分配法作如图7-22所示结构的M图。已知：P=30kN，q=240kN/m，各杆EI相同（每个结点分配两次）。

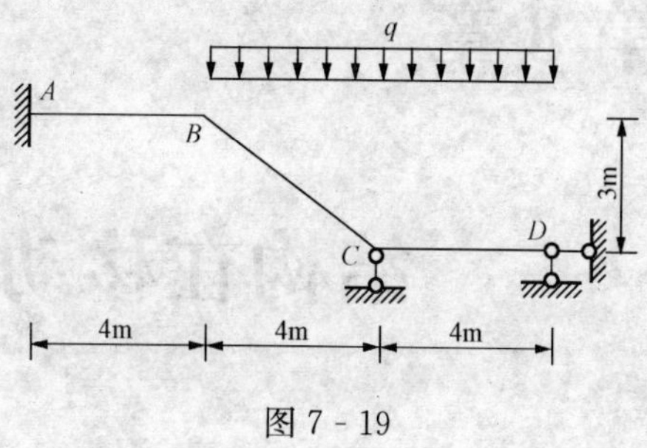

图7-19

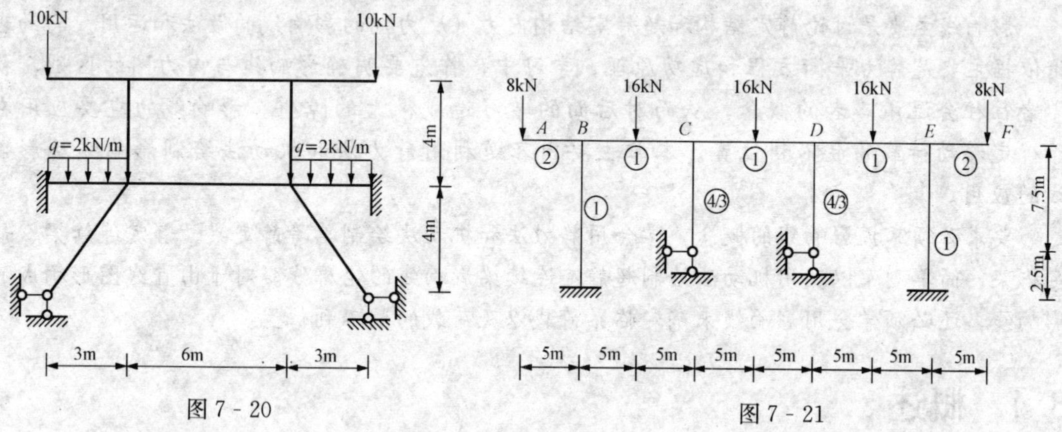

图7-20

图7-21

7-13　求如图7-23所示结构的力矩分配系数和固端弯矩，EI=常数。

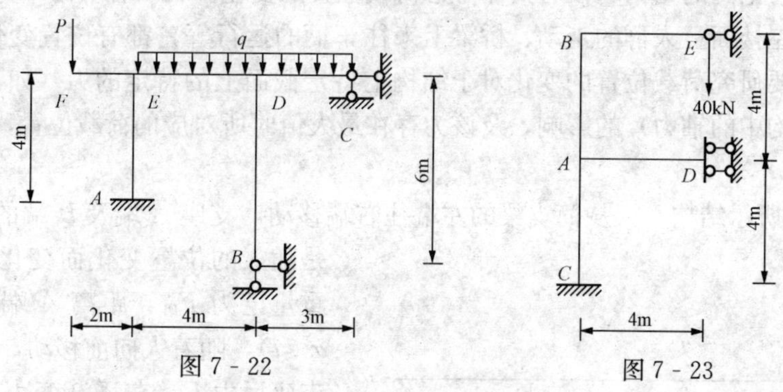

图7-22

图7-23

7-14　用力矩分配法计算如图7-24所示结构，并作M图（各杆线刚度比值如图所示）。

7-15　用力矩分配法绘制如图7-25所示连续梁的弯矩图，EI为常数（计算两轮）。

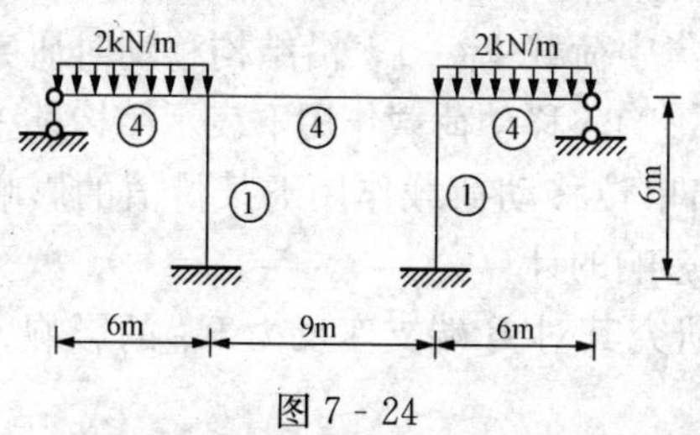

图7-24

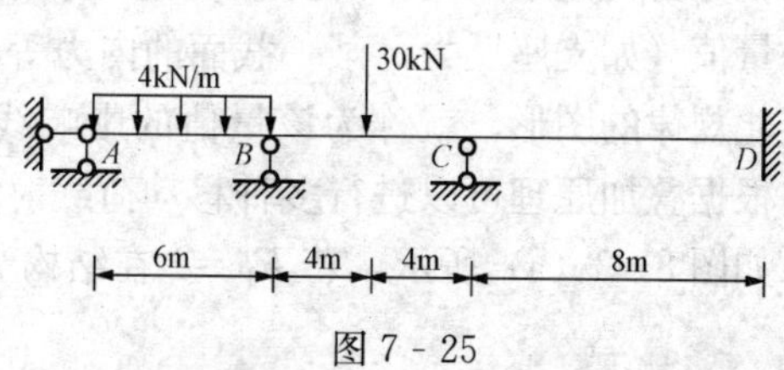

图7-25

第 8 章

结构在移动荷载作用下的计算

影响线主要是讨论静定结构和超静定结构内力（反力）的影响线的做法和运用。它的理论依据主要是静力平衡方程和虚功原理。学习中，首先要明确影响线与内力图的区别，初学者往往会混淆二者的概念，从而对后面的学习造成很大的障碍。影响线的重要应用在于确定移动荷载的最不利位置。本章主要内容是利用静力法和机动法绘制影响线及影响线的应用。

要求必须掌握影响线的概念，学会用静力法和机动法绘制单跨静定梁、静定连续梁、静定桁架、简单刚架以及用机动法绘制超静定连续梁影响线的轮廓线。对于由直线图形构成的影响线，还必须学会用影响线来确定临界荷载以及荷载的最不利位置。

8.1 概述

前面各章讨论到的结构均没有具体考虑荷载位置的变化。在工程实际中，例如厂房中吊车的移动、房屋楼面上人群的走动、桥梁上来往车辆的运行等，都有位置变化的荷载存在。在本章中将主要研究荷载位置的变化对于结构上特定截面上的特定的力（如：梁中的剪力、弯矩、桁架结构中的轴力）的影响，及该力存在最大值时所对应的荷载位置，称为最不利荷载位置。

如图 8-1 所示结构，人从简支梁的左端往右端移动，支座 A 端及 B 端的支座反力大小是随人的位置变化而变化的：假设人的重量记为 F_{P1}，距离 A 端距离为 x（$0\leqslant x\leqslant l$），随着人向前移动，简支梁 A 端的支座反力 F_{RA} 在逐渐变小，而 B 端的支座反力 F_{RB} 在逐渐增大。

图 8-1　人的移动对简支梁的影响

工程实际中的移动荷载通常由若干个竖向荷载组成，其荷载种类非常多。为简化分析，先取最简单的荷载形式，即取竖向单位集中荷载 $F_P=1$，沿结构移动时研究对某一量值（如支座反力、某一截面的内力等）产生的影响。移动荷载作用下表示结构某一量值变化规律的图形，就称为该量值的影响线。绘制出单位移动荷载作用下某量值的影响线后，根据叠加原理可以进行多种移动荷载对该量值的影响的计算。

如图 8-2（a）所示，若 $F_P=1$ 在结构上移动，研究其对 B 端支座反力 F_{RB} 的影响。当

$x=0$ 时，$F_{RB}=0$，当 $x=\frac{l}{4}$ 时，$F_{RB}=\frac{1}{4}$，当 $x=\frac{l}{2}$ 时，$F_{RB}=\frac{1}{2}$，当 $x=\frac{3l}{4}$ 时，$F_{RB}=\frac{3}{4}$，当 $x=l$ 时，$F_{RB}=1$。建立坐标系，以 F_P 的位置为 x 轴，F_{RB} 数值为 y 轴，将 x 各位置对应的 F_{RB} 的数值相连接，可以作出 F_{RB} 的影响线，如图 8-2（b）所示。

表 8-1 给出了影响线与内力图实质的区别。

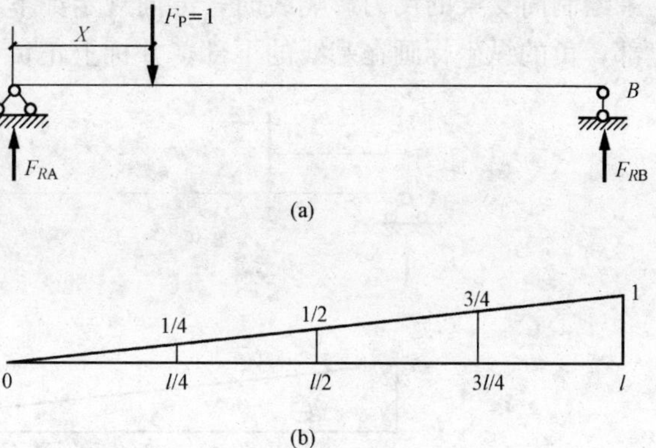

图 8-2　移动荷载对简支梁某支座反力的影响

表 8-1　　**影响线与内力图的区别**

区别	影响线	内力图	区别	影响线	内力图
荷载种类	静荷载	动荷载	纵坐标	每个截面对应的内力值	某一指定量值的大小
横坐标	结构的每一个截面	移动荷载的位置			

8.2　静力法作单跨静定梁的影响线

单跨静定梁内力求解思路是求解静定结构、超静定结构等的基础。而单跨静定梁影响线的求解也具有同样重要的意义。静力法是应用静力平衡条件，通过列平衡方程来求解某量值的影响线方程再绘出其影响线的方法。本节中将主要讨论用静力法来求解单跨静定梁中各内力的影响线。

8.2.1　支座反力影响线的求解

如图 8-3（a）所示简支梁 AB，现在研究求解支座反力 F_{RA} 及 F_{RB} 的影响线。

首先需要建立坐标系：以 A 点为坐标原点，以 x 表示荷载 $F_P=1$ 作用点的位置。

取梁 AB 为脱离体，所有外力（F_{RA}、F_{RB}、F_P）对 B 点取矩，列方程

$$\sum M_B = F_{RA}l - F_P(l-x) = 0$$

可得

$$F_{RA} = F_P\frac{l-x}{l} = F_P\left(1-\frac{x}{l}\right) \quad (0 \leqslant x \leqslant l) \tag{8-1}$$

取脱离体梁 AB，所有外力对 A 点取矩，列方程

$$\sum M_A = F_{RB}l - F_Px = 0$$

可得

$$F_{RB} = F_P\frac{x}{l} \quad (0 \leqslant x \leqslant l) \tag{8-2}$$

绘制简支梁的反力影响线时，方向规定如下：反力向上为正，把正的纵坐标画在基线的上部，负的纵坐标画在基线的下部，并标上正负号。如图 8-3（b）、（c）所示。

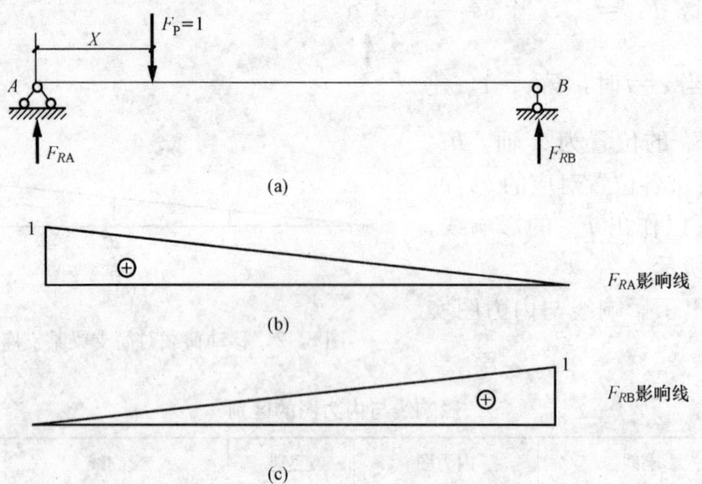

图 8-3　简支梁支座反力的影响线

针对图 8-3（b）、（c）进行分析，对影响线总结如下：

（1）影响线的所有纵坐标都是表示相应的某个内力的值。

（2）影响线的横坐标是表示单位荷载的作用位置。

（3）影响线为一直线。

（4）影响线的所有纵坐标值都是正值。

（5）单位荷载作用在某位置处可使得某量值取得最大值。

（6）在任一截面上，A 支座和 B 支座的反力影响线的纵坐标之和为 1。

在此处，求出的是该简支梁的反力影响线，对于同一结构，支座反力的求解对于求解其他内力都有帮助，反力影响线的绘制也有助于绘制其余的内力影响线。

8.2.2　弯矩影响线

要做出在梁上任一位置 C 处的弯矩影响线，首先需要做的是确定坐标系，设 C 点与 A 端及 B 端的尺寸分别为 a、b。

如图 8-4（a）所示，当 F_P 在 AC 段上移动（$0\leqslant x\leqslant a$）时，取 BC 段为脱离体进行分析，存在的外力为 F_{RB}、M_C，对 C 点取合力矩

$$\sum M_C = 0$$

$$F_{RB}b - M_C = 0$$

得

$$M_C = F_{RB}b \tag{8-3}$$

当 F_P 在 BC 段上移动（$a\leqslant x\leqslant l$）时，取 AC 段为脱离体进行分析，存在的外力为 F_{RA}、M_C，对 C 点取合力矩

$$\sum M_C = 0$$

$$F_{RA}a - M_C = 0$$

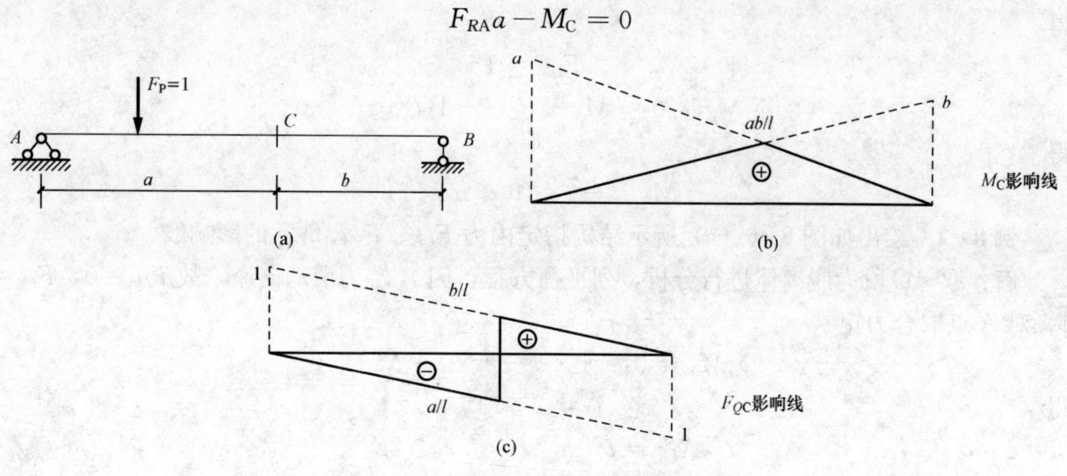

图 8-4　简支梁上弯矩及剪力的影响线

得

$$M_C = F_{RA}a \tag{8-4}$$

由式（8-3）及式（8-4）可得，荷载从 A 运动到 B 的过程中，C 点的弯矩值分别为支座 A 反力及支座 B 反力的直接线性函数：当 F_P 在 AC 段上移动（$0 \leqslant x \leqslant a$）时，$M_C$ 的影响线为 F_{RB} 影响线的纵坐标扩大 b 倍，当 F_P 在 BC 段上移动（$a \leqslant x \leqslant l$）时，$M_C$ 的影响线为 F_{RA} 影响线的纵坐标扩大 a 倍。因此 M_C 的影响线可以由 R_B 及 R_A 的影响线绘出，如图8-4（b)所示。

绘图时注意正负号的规定：梁底部受拉为正，顶部受拉为负，正的纵坐标画在基线上部，负的纵坐标画在基线下部，并标上正负号。

8.2.3　剪力影响线

求解 C 点处的剪力影响线，首先确定出 C 点的位置，再考虑 F_P 的移动。

如图 8-4（a）所示，当 F_P 在 AC 段上移动（$0 \leqslant x \leqslant a$）时，取 BC 段为脱离体进行分析，存在的外力为 F_{RB}、F_{QC}，列平衡方程，得

$$F_{QC} = -F_{RB} = -\frac{x}{l} \quad (0 \leqslant x \leqslant a) \tag{8-5}$$

当 F_P 在 BC 段上移动（$a \leqslant x \leqslant l$）时，取 AC 段为脱离体进行分析，存在的外力为 F_{RA}、F_{QC}列平衡方程，得

$$F_{QC} = F_{RA} = \frac{l-x}{l} \quad (a \leqslant x \leqslant l) \tag{8-6}$$

由式（8-5）及式（8-6）可知，当 F_P 在梁 AC 上移动时，F_{QC}的影响线数值与 F_{RB} 相同，正负号相反；当 F_P 在梁 BC 上移动时，F_{QC}的影响线数值与 F_{RA} 相同，正负号相同。

绘图时注意正负号的规定：梁端顺时针转动为正，逆时针转动为负，正的纵坐标画在基线上部，负的纵坐标画在基线下部，并标上正负号。如图 8-4（c）所示。

例 8-1　绘出如图 8-5（a）所示悬臂梁指定内力 F_{QA}、M_A 的影响线。

解：取 AB 段为脱离体进行分析，列平衡方程

$$\sum F_y = 0: \quad F_{QA} - 1 = 0$$

得

$$F_{QA}=1$$

$$\sum M_B=0:\quad M_A+F_{QA}l-1(l-x)=0$$

得

$$M_A=-x\quad(0\leqslant x\leqslant l)$$

例 8-2 绘出如图 8-6（a）所示结构指定内力 F_{QA}、F_{RB}、M_A 的影响线。

解： 取 AC 段为脱离体进行分析，列平衡方程，因 A 端为滑动支座，故 $F_{QA}=0$，$F_{RB}=1$，对 A 点取合力矩

$$\sum M_A=0:\quad 1\times x-1\times l+M_A=0$$

得

$$M_A=l-x\quad(0\leqslant x\leqslant 2l)$$

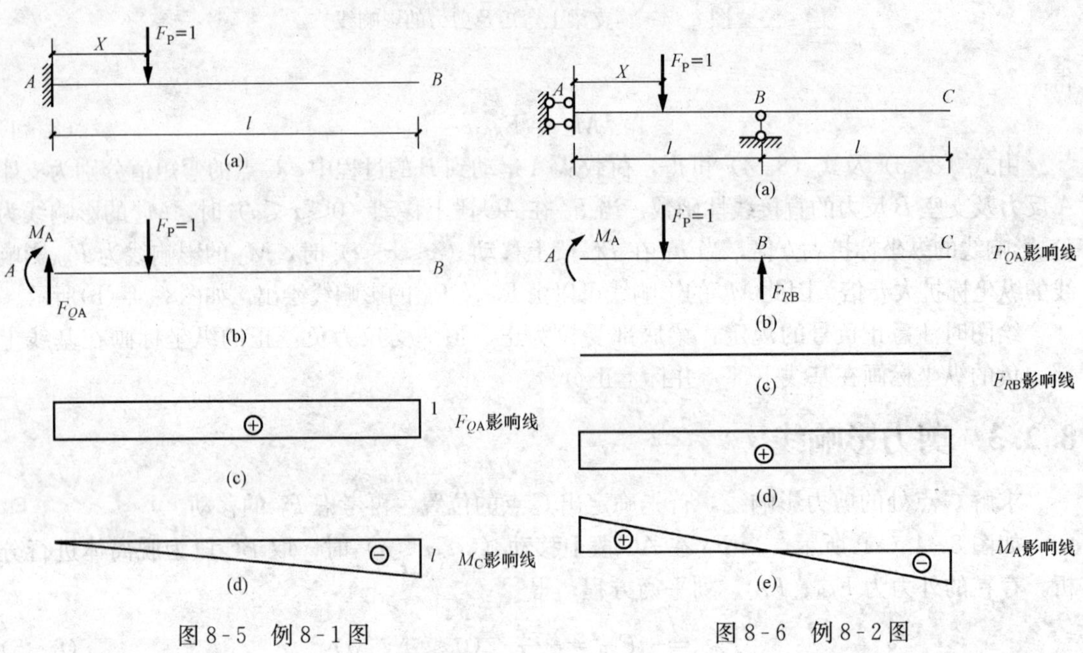

图 8-5 例 8-1 图　　图 8-6 例 8-2 图

8.3 结点荷载作用下梁的影响线

在常见的框架结构体系的房屋中，经常存在如图 8-7（a）所示的受力体系。而根据荷载的传力路径：板→次梁→主梁，该体系通常简化为如图 8-7（b）所示的受力结构。荷载对于主梁的影响，不是直接施加的，而是通过次梁传递至主梁上。对于该受力结构，通常假定荷载的传递方式为只传递竖向荷载（不包括弯矩），并将主梁与次梁之间的连接看成是简支，而主梁与次梁连接处的点通常称为节点。

在桥梁结构中，公路被架在主梁的顶部。该体系由三种梁组成：纵梁、横梁和主梁。为分析主梁，可以建立如图 8-8（a）所示的受力模型。从移动荷载的传递上来说，不论荷载在次梁上的哪些位置，其作用都要通过这些节点传至主梁上。

现以图 8-8（a）所示结构进行分析。

（1）对于支座反力 F_{RA} 及 F_{RB} 的影响线来言，根据静力平衡方程，不论移动荷载在该体系的任何位置，二者的影响线均无变化。

（2）对于主梁截面上节点 C 的 M_C 影响线来言，当移动荷载在该截面之左进行移动时，可将该体系的右半部分作为隔离体，通过 F_{By} 求出 M_C 影响线，而移动荷载在该截面之右进行移动时，可将该体系的左半部分作为隔离体，通过 F_{Ay} 求出 M_C 影响线，其思路与直接荷载的作用是完全相同的，分析可得 M_C 影响线与直接荷载作用下也是完全相同。

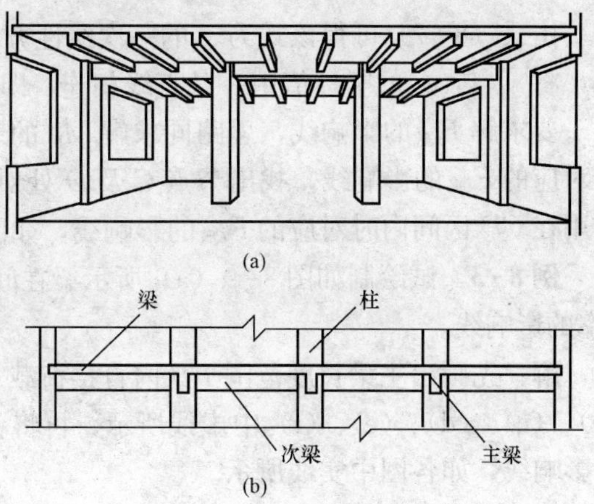

图 8-7　框架结构受力体系

主梁截面上其余节点的弯矩影响线分析思路同 C 点。

（3）对于主梁上位于 C 点及 D 点区间范围内的 K 点相关内力影响线的分析，则与直接荷载作用下相关影响线有所区别。

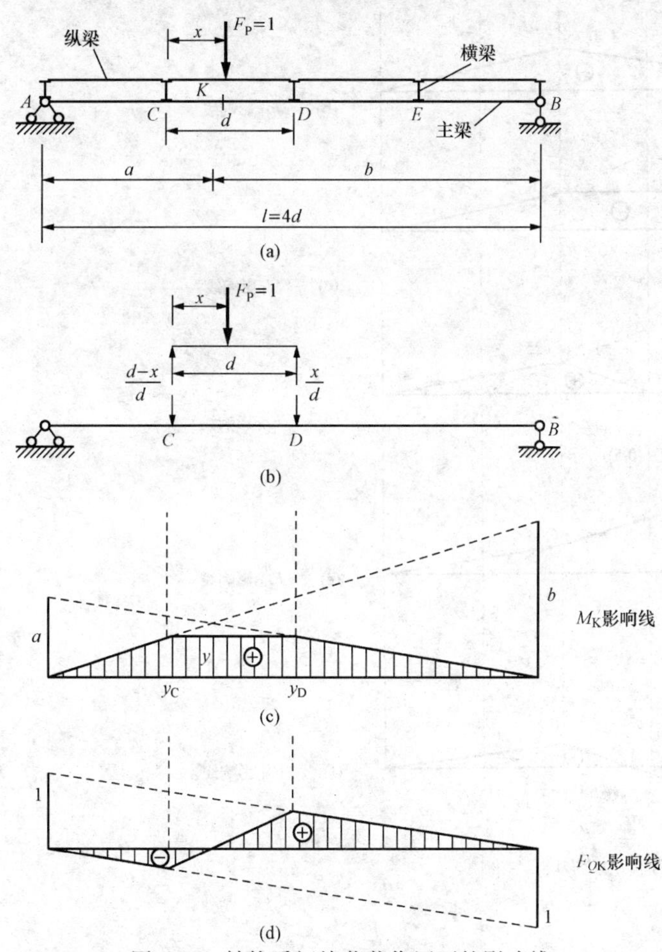

图 8-8　结构受间接荷载作用下的影响线

以 M_K 为例进行分析：当移动荷载 F_P 作用于节点 C、D 之间的纵梁上时，设 K 点距离 C 点的距离为 x，如图 8-8（b）所示，当 $F_P=1$ 作用于 C 节点以左时，将 K 截面以右部分作为隔离体，由分析 F_{By} 可得 M_D 影响线，当 $F_P=1$ 作用于 D 节点以右时，将 K 截面以左部分作为隔离体，由分析 F_{Ay} 可得 M_D 影响线，而当 $F_P=1$ 作用于 C、D 区间范围内时，节点所受力的大小根据平衡方程可求得分别为 $\frac{d-x}{d}$ 和 $\frac{x}{d}$。当直接荷载 $F_P=1$ 作用在 K 点时，对应 M_K 影响线图形如图 8-8（c）虚线所示，其中 C 点对应竖标为 y_C，D 点对应竖标为 y_D，设 K 点对应的竖标为 y，由影响线的叠加原理可得

$$y=\frac{d-x}{d}y_C+\frac{x}{d}y_D = y_C+\frac{x}{d}(y_D-y_C) \tag{8-7}$$

由式（8-7）可得该式为 x 的一次线性方程，可得 M_K 的影响线在 C、D 区间内为一直线，将 y_C 与 y_D 的竖标值用一条直线相连，即得到在节点荷载作用下 M_K 的影响线。

要求解 F_{QK}的影响线，思路同求解 M_K 的影响线：先作出当移动荷载 F_P 作用在 K 点处时对应的 F_{QK}的影响线，找出节点 C 及 D 处对应的竖标，将二者连接，即得到移动荷载 F_P 作用在 CD 区间内时对应的 F_{QK}的影响线，如图 8-8（d）所示。

例 8-3 试绘制如图 8-9（a）所示梁在间接荷载作用下指定量值 F_{By}、M_C、F_{QC}、F_{QD}^L、F_{QD}^R的影响线。

解： 先画出主梁长度范围 FB 内直接荷载 $F_P=1$ 作用下各指定量值的影响线，如图 8-9（b）、（c）、（d）、（e）、（f）中虚线所示，再将各节点对应竖标相连即得相应间接荷载作用下的影响线，如各图中实线所示。

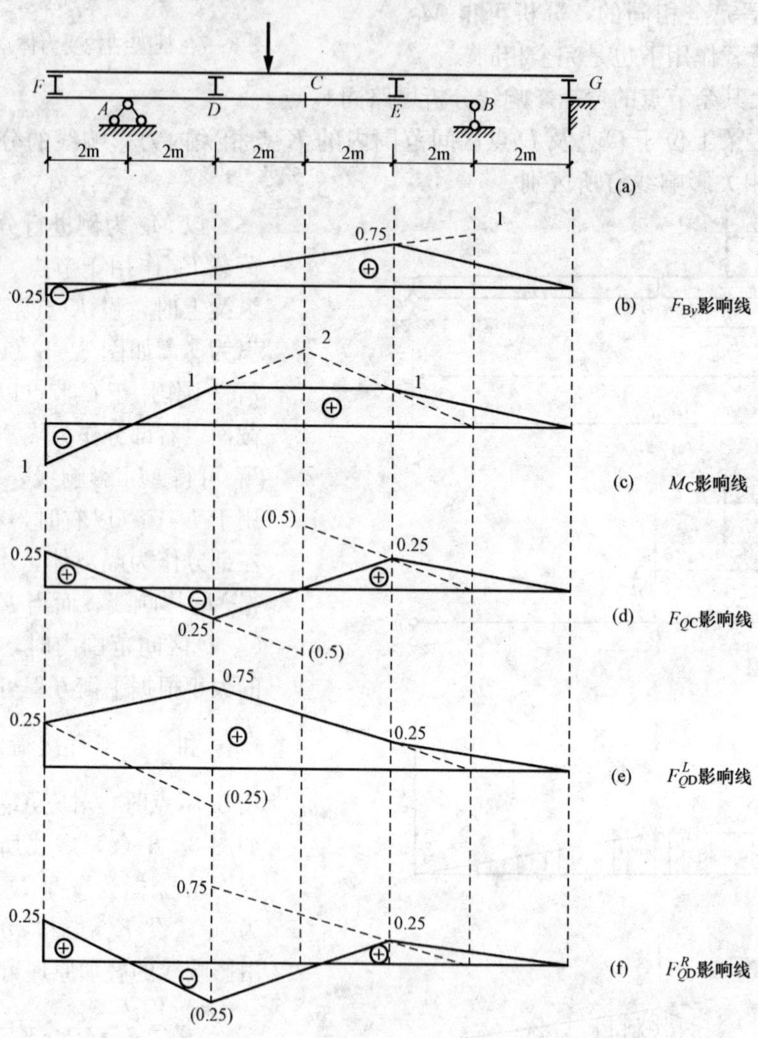

图 8-9 例 8-3 图

8.4　机动法作静定梁影响线

静力法绘制静定结构影响线的理论基础在于平衡方程。而绘制静定结构影响线的另一种方法称为机动法（国外又称米勒—布瑞斯劳原理），其理论基础是虚功原理。该方法提供了一种简便确定静定结构及超静定结构中内力及支座反力影响线形状的方法。对于前面所述静力法是定量地通过计算去绘制结构的影响线，机动法绘制结构的影响线则可以定性地进行分析而得相应内力的影响线。

国外对于米勒—布瑞斯劳原理的阐述为：把结构的一个约束去除，在该处引入一个对应于被移除的约束的位移，得到结构的变形曲线，该变形形状与对应于约束的力的影响线呈比例关系。

机动法对于静定结构及超静定结构都适用，本节将通过静定简支梁结构相应内力及支座反力影响线的绘制来阐述该方法对于静定结构的应用情况。

8.4.1　机动法绘制支座反力影响线

对于如图 8 - 10（a）所示简支梁，要绘制其支座 A 处的反力影响线，先把 A 处的竖向约束移除，得到如图 8 - 10（b）所示的释放结构，在释放结构上代之以相应的未知反力 F_{RA}，原先的静定结构此时已转化为具有一个自由度的机构，该机构在未知反力 F_{RA} 的作用下将沿着 F_{RA} 的正方向产生虚位移，如图 8 - 10（c）所示。以 δ_x 及 δ_P 分别表示梁 A 点及移动荷载 $F_P=1$ 作用点处的虚位移。对于该机构，可列出虚功方程

$$F_{RA}\delta_x + F_P\delta_P = 0 \qquad (8-8)$$

可得

$$F_{RA} = -\frac{F_P\delta_P}{\delta_x} = -\frac{\delta_P}{\delta_x} \qquad (8-9)$$

若取 $\delta_x=1$，则

$$F_{RA} = -\delta_P \qquad (8-10)$$

δ_P 的数值是线性变化的，由此可以做出 F_{RA} 的影响线，如图 8 - 10（d）所示。

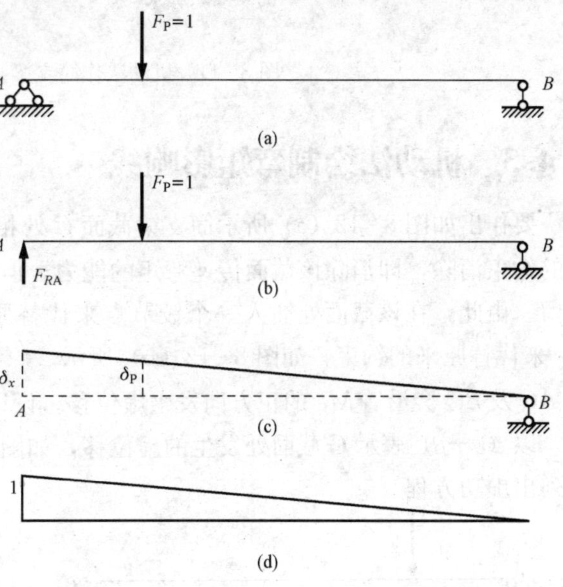

图 8 - 10　机动法作简支梁影响线

8.4.2　机动法绘制剪力影响线

要用机动法作出如图 8 - 11（a）所示简支梁上截面 C 处的剪力影响线，必须消除该截面传递剪力的能力，但是该截面传递轴力和弯矩的能力必须保留。由此，可在该截面处插入一个滑动铰支座，这样可以获得假想的效果，如图 8 - 11（b）所示。原静定结构在插入滑动铰

支座后变成机构，并以 F_{QC} 代替原有联系的作用，该机构在 C 截面左右两侧的杆件将顺着 F_{QC} 的正方向发生虚位移，如图 8-11（c）所示。由于滑动铰是由两根平行等长的链杆及两侧的刚片组成，故在一对平行力的作用下发生的运动必然为平行的，体现在虚位移图中即为 AC_1 与 C_2B 必然是平行的。设以 δ_P 表示移动荷载 $F_P=1$ 作用点处的虚位移，以 δ_x 表示 C 截面处发生的虚位移，对于发生了虚位移的机构可列出虚功方程

$$F_P\delta_P + F_{QC}(CC_1 + CC_2) = 0 \tag{8-11}$$

$$F_{QC} = -\frac{F_P\delta_P}{CC_1 + CC_2} = -\frac{\delta_P}{CC_1 + CC_2} = -\frac{\delta_P}{\delta_x} \tag{8-12}$$

若取 $\delta_x=1$，则

$$F_{QC} = -\delta_P \tag{8-13}$$

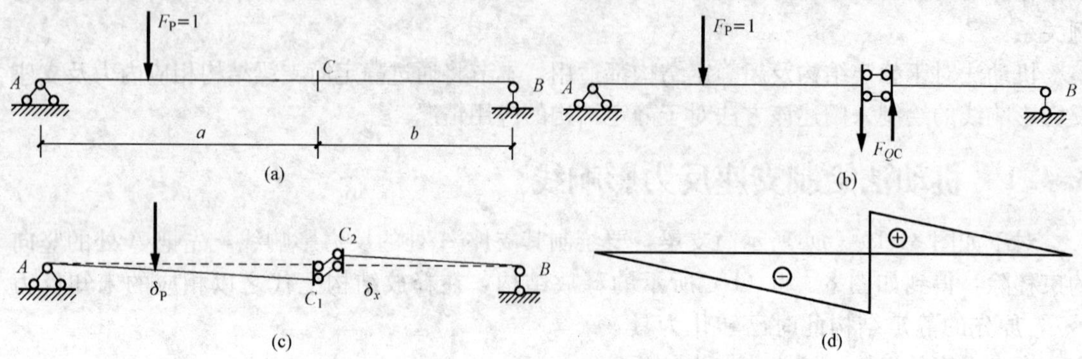

图 8-11　机动法作简支梁某截面剪力影响线

8.4.3　机动法绘制弯矩影响线

要作出如图 8-12（a）所示简支梁截面 C 处相对应的 M_C 的影响线，首先，将与 M_C 相应的约束消除，即消除该截面传递弯矩的能力，但是对于该截面传递剪力和轴力的能力必须保留。由此，在该截面处插入一个铰节点来代替原先的刚节点，并以一对等值反向的弯矩 M_C 来代替原来的约束，如图 8-12（b）所示。原结构变成机构，在 M_C 的作用下，两端杆件 AC 及 BC 会沿着 M_C 的正方向发生虚位移。设以 δ_P 表示移动荷载 $F_P=1$ 作用点处的虚位移，以（$\alpha+\beta$）表示 C 截面处发生的虚位移，如图 8-12（c）所示。对于发生了虚位移的机构列出虚功方程

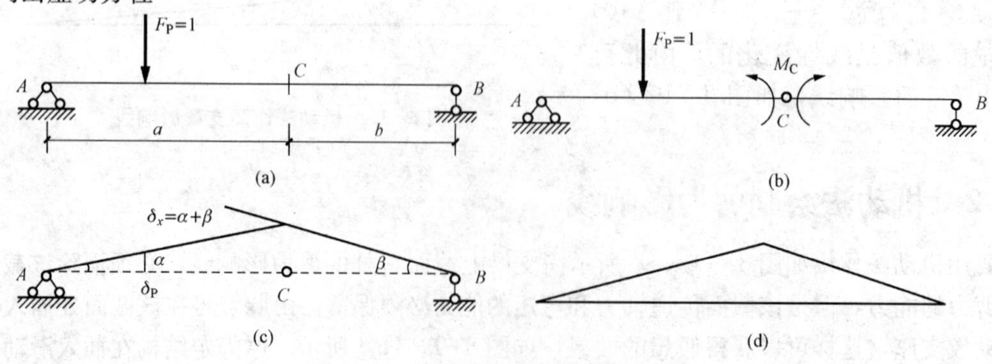

图 8-12　机动法作简支梁弯矩影响线

$$M_C(\alpha+\beta)+F_P\delta_P=0 \tag{8-14}$$

$$M_C=-\frac{F_P\delta_P}{\alpha+\beta}=-\frac{\delta_P}{\alpha+\beta} \tag{8-15}$$

若取 $\alpha+\beta=1$，则

$$M_C=-\delta_P \tag{8-16}$$

由式（8-10）、式（8-13）、式（8-16）可得各指定量值影响线的纵坐标可由 $F_P=1$ 的虚位移反号得出，故可得到如图 8-10（d）、图 8-11（d）、图 8-12（d）所示的影响线。

例 8-4 试用机动法绘制如图 8-13（a）所示结构指定量值 F_{QA}、M_A 的影响线。

解：

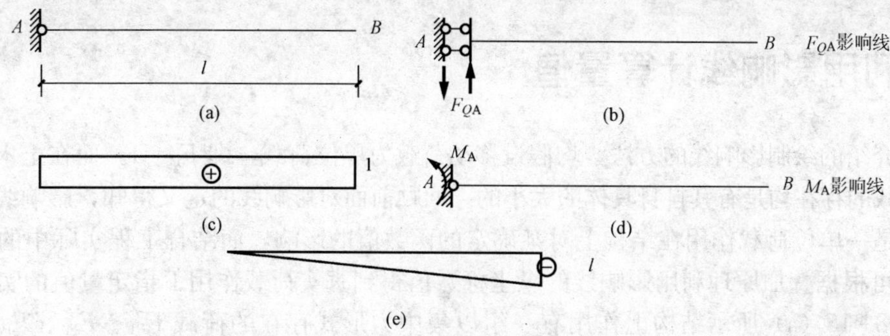

图 8-13 例 8-4 图

例 8-5 试用机动法绘制如图 8-14 所示结构指定量值 F_{RB}、M_B、F_{QB}^L、F_{QB}^R、F_{QE}的影响线。

解：

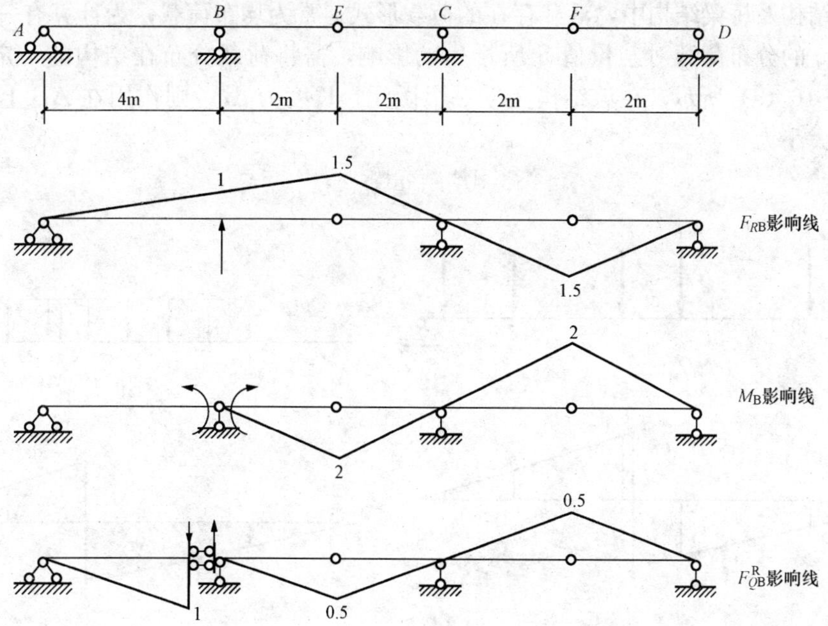

图 8-14 例 8-5 图（一）

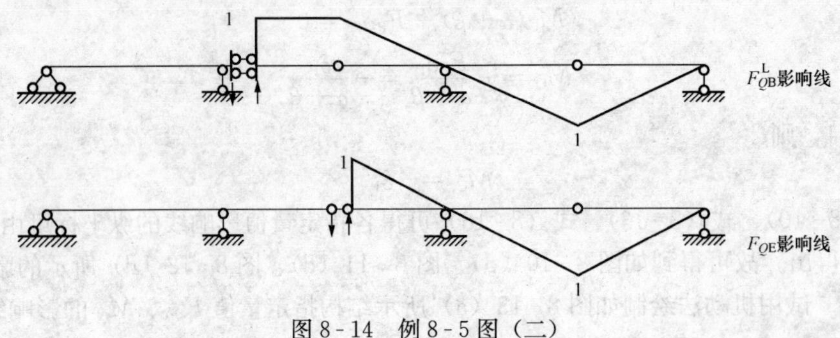

图 8-14 例 8-5 图（二）

8.5 利用影响线计算量值

前面介绍的绘制影响线的方法，均假设移动荷载为单位荷载，即 $F_P=1$，而在土木工程结构中，荷载的存在均是有其自身具体的大小的。回顾前面对影响线的定义得知，影响线的纵坐标表示的是一单位荷载作用在结构上对某确定的函数值的影响，而结合工程实际中的具体荷载情况，可根据叠加原理利用影响线的纵坐标数值得到真实荷载作用下指定量值的实际值。

如图 8-15（a）所示结构上作用有一组以集中力形式存在的荷载 F_{P1}、F_{P2}、F_{P3}、F_{P4}、F_{P5}，某量值 S 的影响线如图 8-15（b）所示。其中荷载作用位置对应的纵坐标分别为 y_1、y_2、y_3、y_4、y_5。根据叠加原理可得到在该组集中荷载作用下所产生影响的某指定量值 S 的数值为

$$S=\sum_{i=1}^{n}F_{Pi}y_i \tag{8-17}$$

在建筑结构及桥梁结构中，活载存在的荷载形式通常为均布荷载，为计算有一定分布长度，集度为 q 的分布荷载对某量值 S 所产生的影响，需将荷载分布在结构的一定区域 AB 上，如图 8-16（a）所示，在该结构上取一个微元，长度为 $\mathrm{d}x$，则作用在 AB 上的均布荷载 q 产生力大小为

$$\mathrm{d}P=q\mathrm{d}x \tag{8-18}$$

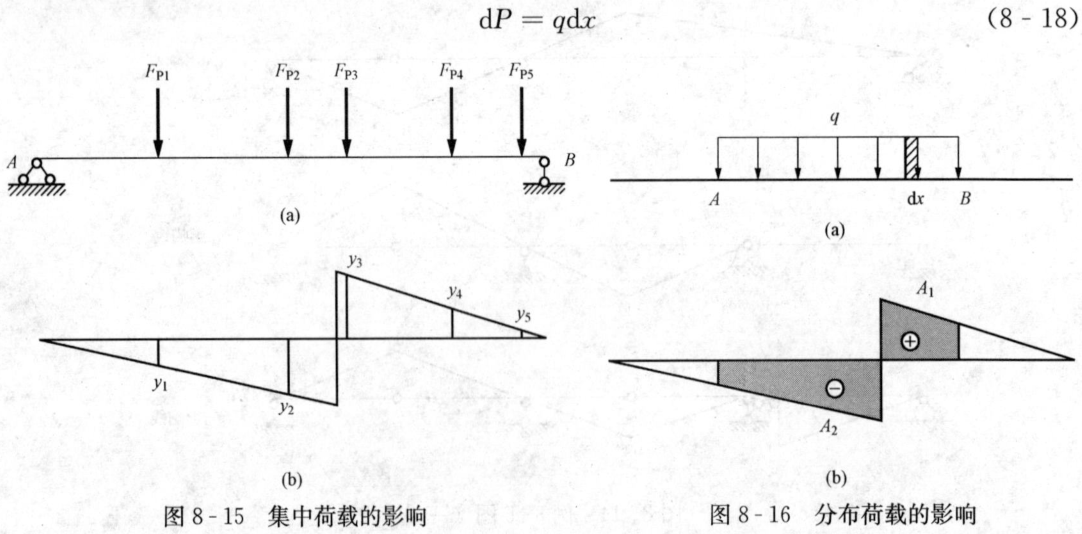

图 8-15 集中荷载的影响

图 8-16 分布荷载的影响

而力 $\mathrm{d}P$ 对 S 所产生的函数增量 $\mathrm{d}F$ 大小为 $\mathrm{d}F=\mathrm{d}Py$，得

$$\mathrm{d}F = q\mathrm{d}xy \tag{8-19}$$

则在区段 AB 上 F 的数值为

$$F = \int_A^B \mathrm{d}F = \int_A^B q\mathrm{d}xy = q\int_A^B \mathrm{d}xy = q\int_A^B y\mathrm{d}x = q\omega_{AB} \tag{8-20}$$

ω_{AB}为在均布荷载长度范围内 S 影响线的面积代数和，即图中的阴影面积。针对如图 8-16（b)所示结构，$S=A_1+(-A_2)=A_1-A_2$。

例 8-6　试求如图 8-17（a）所示结构上 M_C、F_{QC}的数值。

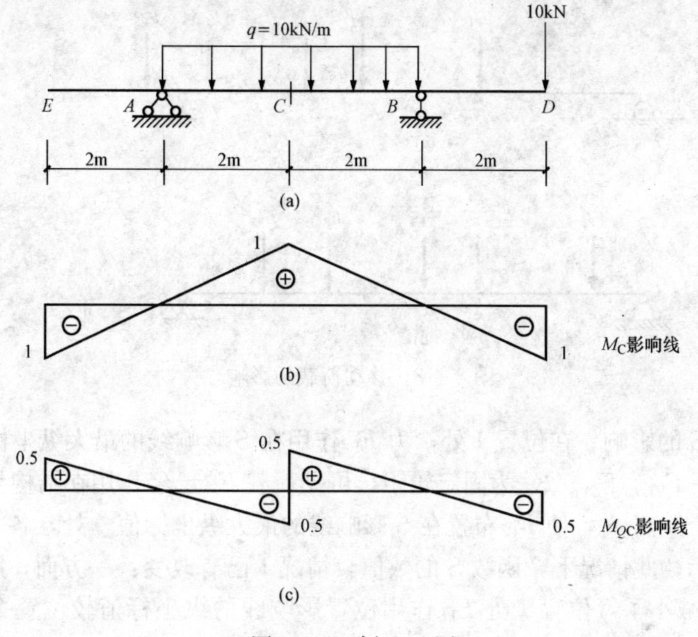

图 8-17　例 8-6 图

解：作出 M_C、F_{QC}的影响线如图 8-17（b)、(c）所示。

$$M_C = 10\times\frac{1}{2}\times4\times1-10\times1 = 10\text{kN}\cdot\text{m}$$

$$F_{QC} = 10\times\left(\frac{1}{2}\times2\times\frac{1}{2}-\frac{1}{2}\times2\times\frac{1}{2}\right)-10\times\frac{1}{2} = -2\text{kN}$$

8.6　最不利荷载位置

在 8.5 节中介绍了具体荷载作用在结构上对某量值 S 的影响，由式（8-17）及式（8-20）分析可得荷载作用的位置对于量值 S 的大小是有影响的。对于在工程结构设计中存在的可变荷载，其位置是变化的，而更多时候需要计算出在移动荷载作用下结构上某量值的最值（包括最大正量值 S_{max}及最小负量值 S_{min}）的产生及对应的荷载位置（称为最不利荷载位置）。

如图 8-18（a）所示承受一组由五个固定轮距的轮子组成的活荷载作用的静定简支梁，其某一函数 S 影响线如图 8-18（b）所示。为分析 S 的数值变化情况，现考察荷载在结构

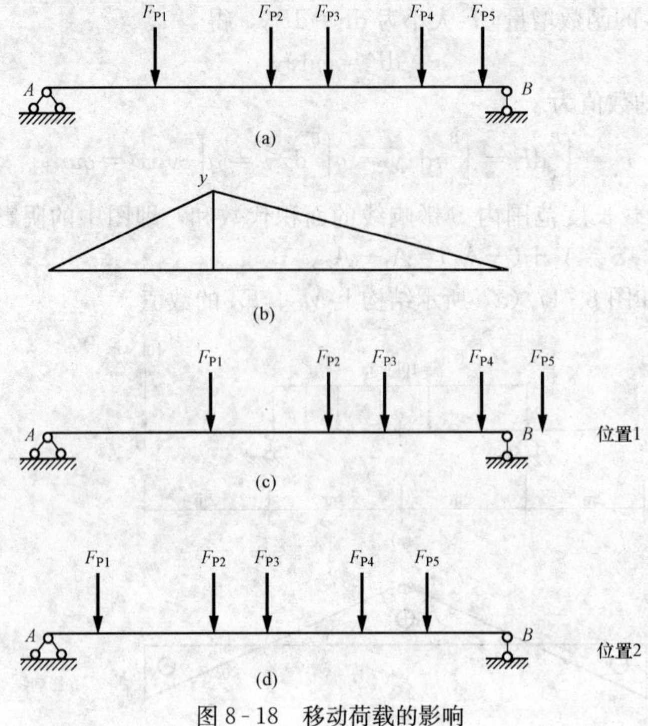

图 8-18 移动荷载的影响

不同位置上对于 S 的影响。在位置 1 处，力 F_{P1}作用在 S 影响线的最大纵坐标值 y 下方的点上，而 F_{P1}、F_{P2}、F_{P3}、F_{P4}、F_{P5}为固定轮距，可见荷载 F_{P5}已经作用在结构外；将整个组合荷载向前移动一个距离 x_1，使 F_{P2}布置在 S 影响线的最大纵坐标值 y 处，各力的相对位置如图 8-18（d）所示，此情况下，函数 S 的数值较情况 1 已有改变：一方面，第一个轮子的力 F_{P1}对函数的贡献减小了（位置 1 处 F_{P1}作用位置影响线的纵坐标值较位置 2 处坐标值大）。另一方面，F_{P2}、F_{P3}、F_{P4}对 S 的贡献增加了，因为它们移到新位置处的影响线纵坐标比原来的大，而 F_{P5}由情况 1（作用在结构外）至情况 2（作用在结构上）作用的效果也发生了变化。

可动均布活荷载的最不利位置的确定：

当活荷载的分布情况较简单时，最不利荷载位置可直接确定，如图 8-19 所示。对于移动均布活荷载而言，将活荷载满布于影响线所有正值区域，如图 8-19（b）所示，产生 S_{max}，活荷载满布于影响线所有负值区域，如图 8-19（c）所示，则产生 S_{min}。

移动行列荷载的最不利位置的确定：

对于类似如图 8-16 所示的一组移动荷载，移动荷载作用位置对于最不利荷载位置的影响很难通过直观感觉进行确定。但是根据最不利荷载位置的定义及极值概念可知，若当荷载移至最不利荷载位置时，S 值最大，当荷载任意朝左或朝右移动一个位置时，S 值将增大，故分析荷载移动时 S 大小的增减可判别最不利荷载位置的存在。

如图 8-20 所示，设轮式荷载 F_{P1} 向前移动 Δx，则对 S 所产生的增量为 ΔS：

$$\Delta S = F_{P1}y_1 - F_{P1}y_2 = F_1(y_1 - y_2) = F_1\Delta y$$

$\tan\alpha$ 为移动区域内影响线的斜率，则 $\Delta y = \Delta x\tan\alpha$。

其中斜率 $\tan\alpha$ 可正可负，取决于移动荷载所在区域范围内影响线的形状。故

$$\Delta S = F_{P1}\Delta x\tan\alpha$$

根据叠加原理，可得该组荷载 F_{P1}、F_{P2}、F_{P3}、F_{P4}、F_{P5}经过移动 Δx 距离对 S 总的影响为

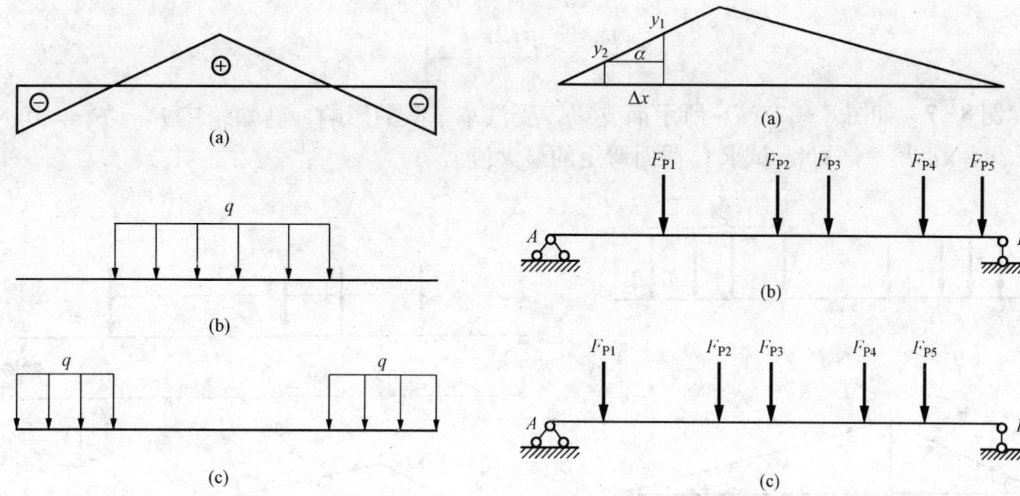

图 8-19　移动的均布荷载　　图 8-20　荷载的移动对量值的影响

$$\Delta S = \Delta x\sum_{i=1}^{n} F_{Pi}\tan\alpha_i$$

若 S 为极大值，则需满足：荷载自临界位置向左或向右移动时，应满足 $\Delta S\leqslant 0$，则

$$\Delta x\sum_{i=1}^{n} F_{Pi}\tan\alpha_i \leqslant 0$$

当 $\Delta x>0$ 时（荷载向右移动）

$$\sum_{i=1}^{n} F_{Pi}\tan\alpha_i \leqslant 0$$

当 $\Delta x<0$ 时（荷载向左移动）

$$\sum_{i=1}^{5} F_{Pi}\tan\alpha_i \geqslant 0$$

同理可求得 S 成为极小值的临界位置需满足的条件：

当 $\Delta x>0$ 时（荷载向右移动）　$\sum_{i=1}^{n} F_{Pi}\tan\alpha_i \geqslant 0$

当 $\Delta x<0$ 时（荷载向左移动）　$\sum_{i=1}^{n} F_{Pi}\tan\alpha_i \leqslant 0$

对于常用的三角形影响线，如图 8-21（b）所示，临界位置判别式可进行简化：设临界荷载 F_{cr}作用在三角形影响线的顶点，F_{Pa}、F_{Pb}分别表示 F_{cr}以左和 F_{cr}以右荷载的合力，则荷载自三角形影响线顶点位置向左或向右移动时$\sum F_{Pi}\tan\alpha_i$ 应由正号变成负号，可得到

$$(F_{Pa}+F_{cr})\tan\alpha - F_{Pb}\tan\beta \geqslant 0$$
$$F_{Pa}\tan\alpha - (F_{cr}+F_{Pb})\tan\beta \leqslant 0$$

又

$$\tan\alpha = \frac{h}{a};\tan\beta = \frac{h}{b}$$

则可得

$$\left.\begin{aligned}\frac{F_{Pa}+F_{cr}}{a}\geqslant\frac{F_{Pb}}{b}\\ \frac{F_{Pa}}{a}\leqslant\frac{F_{cr}+F_{Pb}}{b}\end{aligned}\right\}\tag{8-21}$$

例 8-7 如图 8-22（a）所示简支梁，受汽车车队的影响，已知轮压 $F_1=F_2=40\text{kN}$，$F_3=55\text{kN}$，$F_4=50\text{kN}$。试求 C 截面弯矩的最大值。

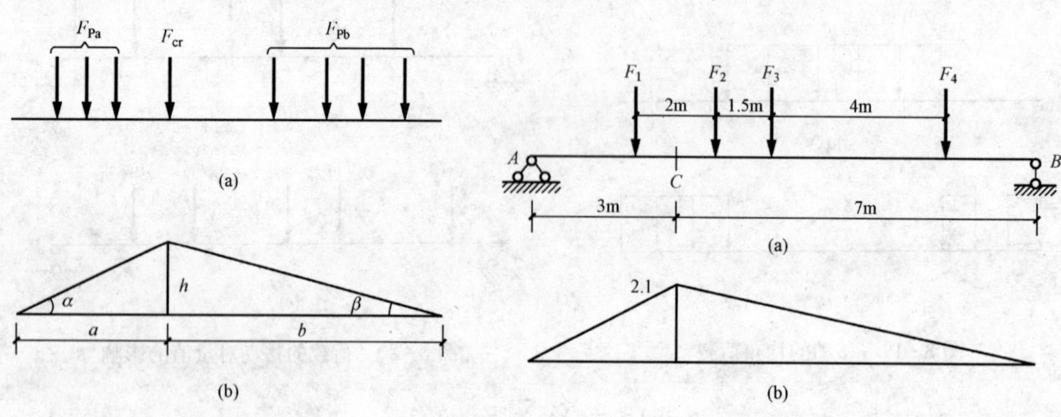

图 8-21 三角形影响线荷载的临界位置　　　　图 8-22 例 8-7 图

解： 作出 M_C 影响线，如图 8-22（b）所示。

可直观判断出 F_4 不是临界荷载。依此对其余三个力进行判别。

当 F_1 置于 C 点时，利用式（8-21）可得

$$\left.\begin{aligned}\frac{40}{3}<\frac{95}{7}\\ \frac{0}{3}<\frac{40+55+50}{7}\end{aligned}\right\}$$

可得此试算荷载位置不是临界位置。

当 F_2 置于 C 点时，利用式（8-21）可得

$$\left.\begin{aligned}\frac{40+40}{3}>\frac{55+50}{7}\\ \frac{40}{3}<\frac{40+55+50}{7}\end{aligned}\right\}$$

可知 F_2 作用在 C 点时是临界位置，相应的 M_C 数值为

$$M_C=40\times2.1\text{kN}\cdot\text{m}+55\times1.65\text{kN}\cdot\text{m}+50\times0.45\text{kN}\cdot\text{m}=197.25\text{kN}\cdot\text{m}$$

当 F_3 置于 C 点时，利用式（8-21）可得

$$\left.\begin{aligned}\frac{40+55}{3}>\frac{50}{7}\\ \frac{40}{3}<\frac{55+50}{7}\end{aligned}\right\}$$

可知 F_3 作用在 C 点时亦是临界位置，相应的 M_C 数值为

$$M_C=55\times2.1\text{kN}\cdot\text{m}+50\times0.9\text{kN}\cdot\text{m}+40\times1.05\text{kN}\cdot\text{m}=202.5\text{kN}\cdot\text{m}$$

比较结果可知，$M_{Cmax}=202.5kN\cdot m$。

8.7　简支梁的内力包络图和绝对最大弯矩

8.7.1　简支梁的内力包络图

在土木工程中，梁上存在的荷载形式有永久荷载、活荷载（可变荷载）两种形式。永久荷载通常包括梁自重（包括粉刷层等）、恒载等组成，常满跨分布于结构上。活荷载的种类较多，其分布是需要进行判断的，称为活荷载的最不利布置。一旦确定出该最不利布置后，需要将其产生的效应与永久荷载产生的效应进行组合。

要进行结构设计，仅求解出某个指定截面的内力最大值或最小值是不够的，需要分析的是整个结构各个截面上内力的最大值，依此为依据对截面进行设计，从而对结构进行配筋设计。而为合理使用钢筋，钢筋的配置不是全部通长布置，常需要进行弯起及截断，弯起点及截断点的确定，需要通过内力（弯矩）包络图确定。本节将介绍内力包络图的绘制。将梁中各截面内力的最大值及最小值确定出，连线得到的折线称为梁的内力包络图。它对于结构设计具有非常重要的意义，表明了各截面内力变化的极限情况。而在此理论基础上进行钢筋的弯起点及截断点确定，读者可结合《钢筋混凝土基本原理》进行学习。

现以如图 8-23（a）所示简支梁为例，说明弯矩包络图的绘制方法，对于剪力及轴力包络图可同理推得，留给读者自行进行。

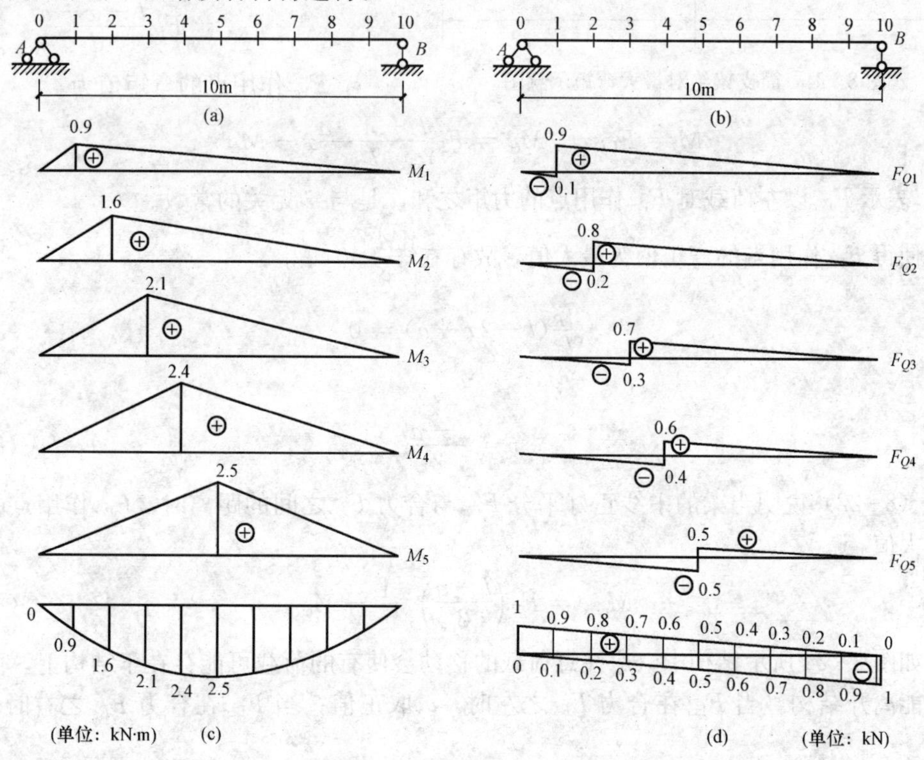

图 8-23　简支梁的包络图

当单个集中荷载在简支梁（不计自重）上进行移动，可知，当荷载作用在任意截面 C 处时，$M_{Cmax}=\frac{ab}{l}F$。要得到该梁的弯矩包络图，需要将梁上所有截面的弯矩值都得出，连线即可。现将梁分成 10 段，对于每个等分截面，均可求出其 M_{Cmax}，得到如图 8-23（c）所示梁的弯矩包络图。该图表示的是简支梁受单个集中荷载作用时各个截面弯矩值的变化范围。同理可得出如图 8-23（d）所示梁的剪力包络图。

8.7.2 简支梁的绝对最大弯矩

内力包络图表达的是结构上各截面内力变化的极值，图形上最高的竖标称为绝对最大弯矩。它表达的是在一定的移动荷载作用下梁内可能出现的弯矩最大值。需要说明的是，该值并不一定是出现在梁的跨中处，下面将介绍简支梁在一组荷载的作用下绝对最大弯矩值的求解。

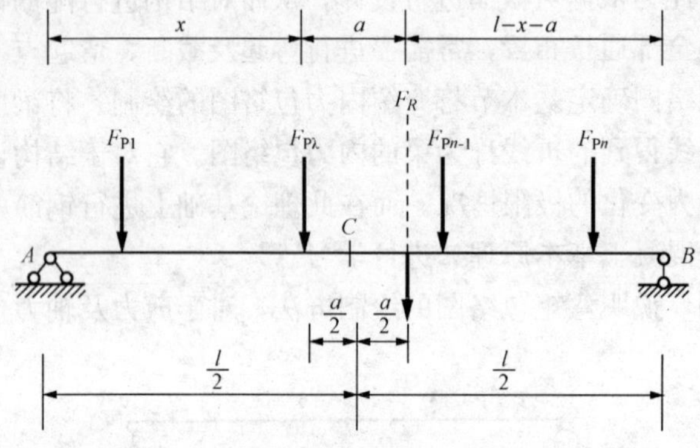

图 8-24 简支梁绝对最大弯矩示意图

如图 8-24 所示为一简支梁，其上部作用了间距不变的移动荷载 F_{P1}，F_{P2}，…，F_{Pn}，要研究该梁上所能发生的最大弯矩，即绝对最大弯矩。

试取一个集中荷载 F_{Pcr}，其位置如图 8-23 所示。

$\sum M_B=0$，可得

$$F_{RA}=F_R\frac{l-x-a}{l}$$

F_{Pcr}作用点的弯矩值为

$$M=F_{RA}x-M_{cr}=F_R\frac{l-x-a}{l}x-M_{cr}$$

M_{cr}表示 F_{Pcr}以左荷载对 F_{Pcr}作用点的力矩之和，是与 x 无关的常数。

要使得 F_{Pcr}作用点的弯矩值为最大值，故存在$\frac{dM}{dx}=0$，得

$$\frac{F_R}{l}(l-2x-a)=0$$

即

$$x=\frac{l-a}{2} \tag{8-22}$$

式（8-22）说明当梁的中线正好平分 F_{Pcr}与合力 F_R 之间的距离时，F_{Pcr}作用点的弯矩值为最大值

$$M_{max}=F_R\left(\frac{l-a}{2}\right)^2\frac{1}{l}-M_{cr} \tag{8-23}$$

在如图 8-24 所示结构中，应注意荷载的移动会使有的荷载可能存在于结构上，而有的荷载可能离开结构。当 F_{Pcr} 在合力 F_R 之左时，a 取正值；当 F_{Pcr} 在合力 F_R 之右时，a 取负值。

例 8-8 试求如图 8-25（a）所示简支梁的绝对最大弯矩。已知轮压 $F_1=F_2=40$kN，

$F_3=55\text{kN}$，$F_4=50\text{kN}$。

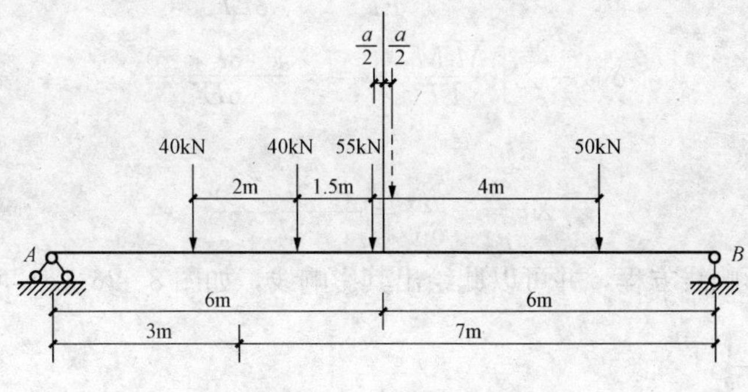

图8-25　例8-8图

解：由例题8-7可知，F_3 作用在 C 点时为最不利荷载位置，即 F_3 为临界荷载。

$$F_R=40\text{kN}+40\text{kN}+55\text{kN}+50\text{kN}=185\text{kN}$$

F_R 距离临界荷载 F_3 的距离 a 由合力矩定理可得

$$a=\frac{50\times4-40\times1.5}{185}\text{m}=0.757\text{m}$$

使 F_3 与 F_R 对称于梁的中点，荷载安排如图8-25所示，此时梁上荷载与求合力时相符。由式（8-23）可得

$$M_{\max}=\frac{185}{10}\times\left(\frac{10-0.757}{2}\right)^2\text{kN}\cdot\text{m}-40\times1.5\text{kN}\cdot\text{m}-40\times3.5\text{kN}\cdot\text{m}=195.15\text{kN}\cdot\text{m}$$

8.8　超静定结构影响线的概念

前面介绍的是求解静定结构影响线的方法，而对于工程实际中更常见的超静定结构，其影响线的应用往往比静定结构更加广泛。

借助力法来求解超静定结构的内力时，需要首先确定出超静定结构的超静定次数，确定出多余的未知力，然后根据位移协调方程，利用叠加法来求解多余力。超静定结构的基本体系通常是不唯一的，可以有几种选择，从而在求解过程中，力法典型方程也有所区别。

作超静定结构的影响线，一般也是先确定出多余未知力的影响线，然后根据叠加法来求解其余反力及内力的影响线。

1. *静力法*

如图8-26（a）所示超静定梁，可以判别出其超静定次数为一次，基本体系也是不唯一的，图8-26（b）、（f）分别给出了两种基本体系的选择。而根据这两种基本体系，可以求出两种反力的影响线。

要求梁上 F_{RB} 的反力影响线，需将该支座的多余联系去除，代替以多余未知力 X_1，由力法典型方程可得

$$X_1=-\frac{\delta_{1P}}{\delta_{11}}$$

由图8-26（c）、（d）的 $\overline{M_1}$ 及 M_P 图，可得

$$\delta_{11}=\sum\int\frac{\overline{M_1}^2}{EI}\,ds=\frac{l^3}{3EI}$$

$$\delta_{1P}=\sum\int\frac{\overline{M_1}M_P}{EI}\,ds=-\frac{x^2(3l-x)}{6EI}$$

故

$$X_1=-\frac{\delta_{1P}}{\delta_{11}}=\frac{x^2(3l-x)}{2l^3}$$

此方程即为 X_1 的影响线方程，并可以此绘出其影响线，如图 8-26（e）所示。

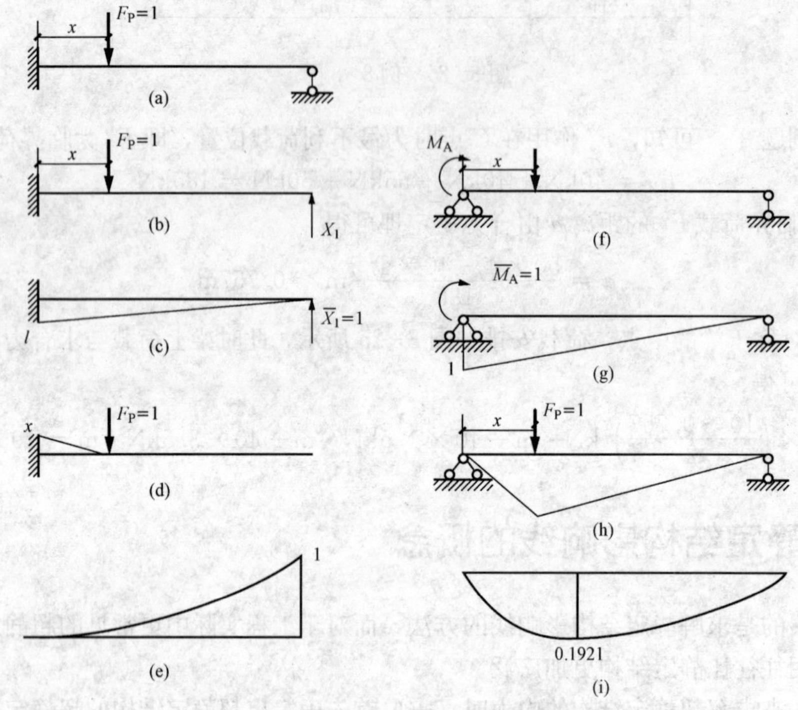

图 8-26 超静定结构影响线的绘制

要求梁上 M_A 的影响线，将该支座相对应的多余约束去除，代替以多余未知力 M_A，如图 8-26（f）所示，列出力法典型方程

$$M_A=-\frac{\delta_{1P}}{\delta_{11}}$$

$$\delta_{11}=\sum\int\frac{\overline{M_1}^2}{EI}\,ds=\frac{l}{3EI}$$

$$\delta_{1P}=\sum\int\frac{\overline{M_1}M_P}{EI}\,ds=\frac{(2l-x)(l-x)xl}{2l^2\,3EI}$$

故

$$M_A=-\frac{\delta_{1P}}{\delta_{11}}=-\frac{(2l-x)(l-x)x}{2l^2}$$

可绘出 M_A 影响线，如图 8-26（i）所示。

由图 8-26（e）、(i) 可以看出，支座反力 F_{RB}及 M_A 的影响线是 x 的三次函数关系，不再是折线，而是曲线，这和前面静定结构影响线有很大区别。

2. 机动法

由第 4 章介绍的位移互等定理可知

$$\delta_{1P}=\delta_{P1}$$

故

$$X_1=-\frac{\delta_{1P}}{\delta_{11}}=-\frac{\delta_{P1}}{\delta_{11}}$$

而 δ_{1P}的含义是基本结构由于荷载 F_P 作用而沿 X_1 方向所产生的位移；δ_{P1}是基本结构由于 $X_1=1$ 作用而沿 F_P 方向所产生的位移，由公式可得，将此位移除以常数 δ_{11}并反号即得到 X_1 的影响线。故求解超静定结构某力的影响线问题也就转化为求位移图的问题。

又

$$\delta_{P1}=\delta_{1P}=\sum\int\frac{\overline{M_1}M_P}{EI}\mathrm{d}s$$

故可以得出其计算结果与静力法求解的结果是完全相同的。

如果对比求解静定结构影响线的机动法，假设的多余未知力在单位荷载作用下产生位移 $\delta_x=1$，则取 $\delta_{11}=1$，可得到 $X_1=-\delta_{P1}$。

同理，对 n 次超静定结构，如图 8-27（a）所示，要求某反力 X_K 的影响线，去掉相对应的多余联系，代替以相对应的反力，依此可建立力法典型方程

$$\delta_{KK}X_K+\delta_{KP}=0$$

又

$$\delta_{KP}=\delta_{PK}$$

可得

$$X_K=-\frac{\delta_{KP}}{\delta_{KK}}=-\frac{\delta_{PK}}{\delta_{KK}} \tag{8-24}$$

δ_{KK}为基本结构由于$\overline{X}_K=1$ 的作用而引起的在 X_K 的位移，为常数，且恒为正。

在实际的工程应用中，常不具体计算出 X_K 影响线的具体数值，而只需要绘出其轮廓即可，依照式（8-24）即可以绘出，如图 8-27（d）、(e) 所示。

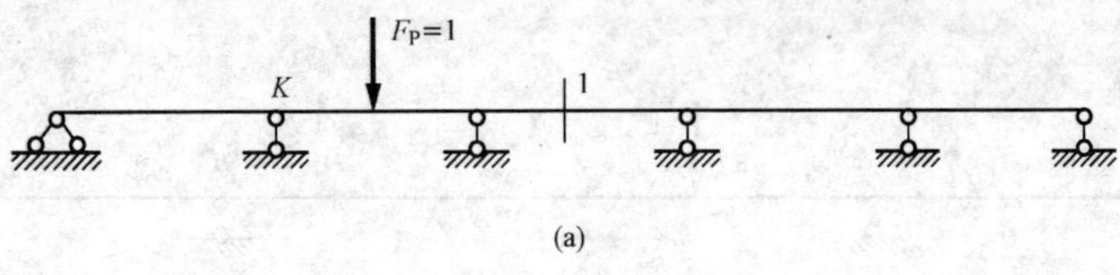

(a)

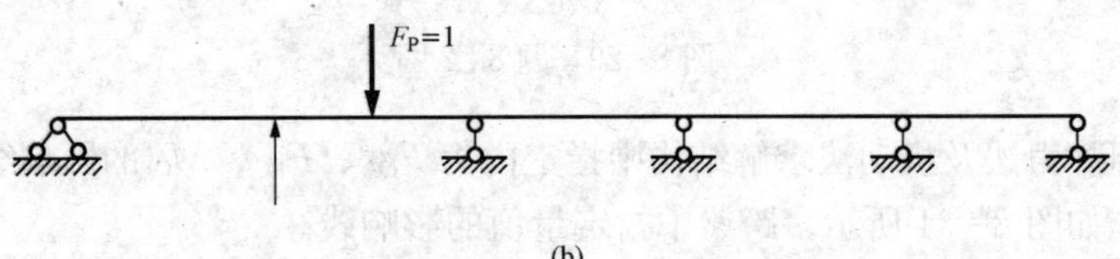

(b)

图 8-27　机动法作多跨静定梁影响线（一）

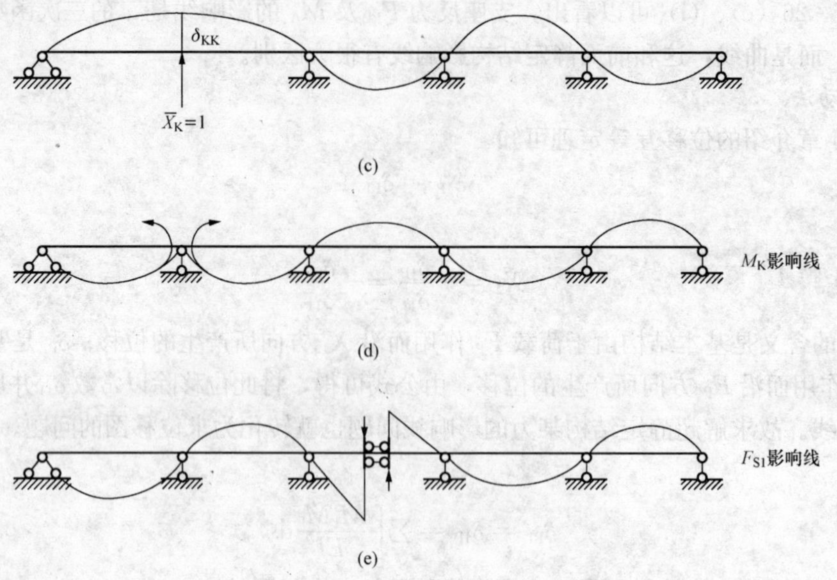

图 8-27 机动法作多跨静定梁影响线（二）

复习思考题

8-1 图 8-28（a）为一简支梁的弯矩图，图 8-28（b）为简支梁某一内力 S 的影响线，试指出图中 y_1、y_2 的含义。

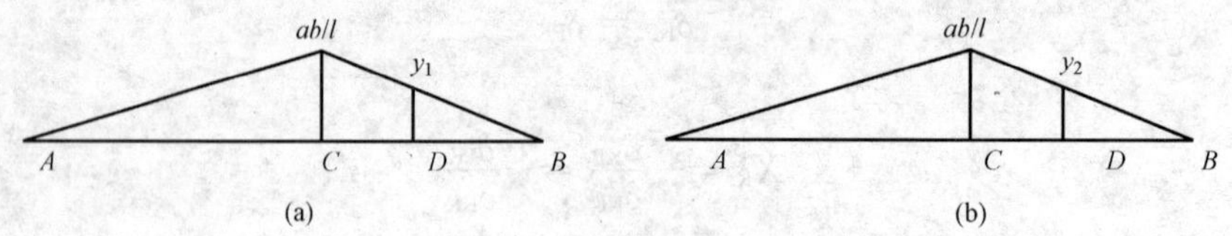

图 8-28 题 8-1 图

8-2 用静力法和机动法作如图 8-29 所示外伸梁中 F_{RA}、F_{QC}、M_C、M_D、F_{QD} 的影响线。

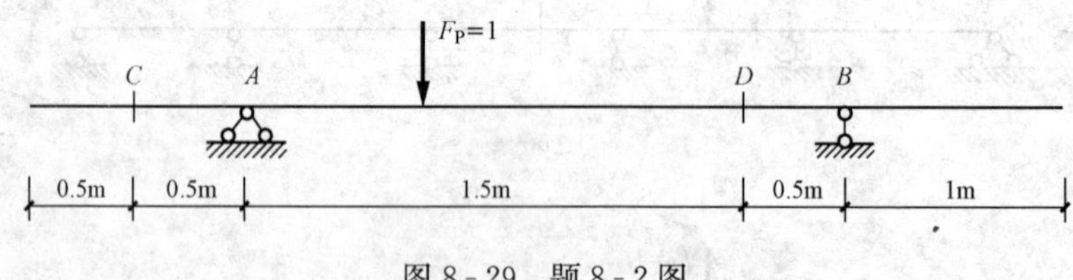

图 8-29 题 8-2 图

8-3 试用静力法及机动法求解结构中指定内力 F_{QA}、F_{RC}、M_C 的影响线（图 8-30）。

8-4 试作如图 8-31 所示多跨梁中指定量值的影响线。

8-5 试作如图 8-32 所示结构中指定量值的影响线。

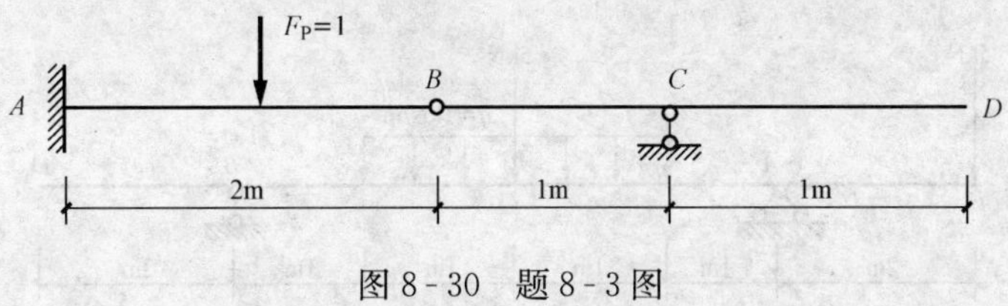

图 8-30　题 8-3 图

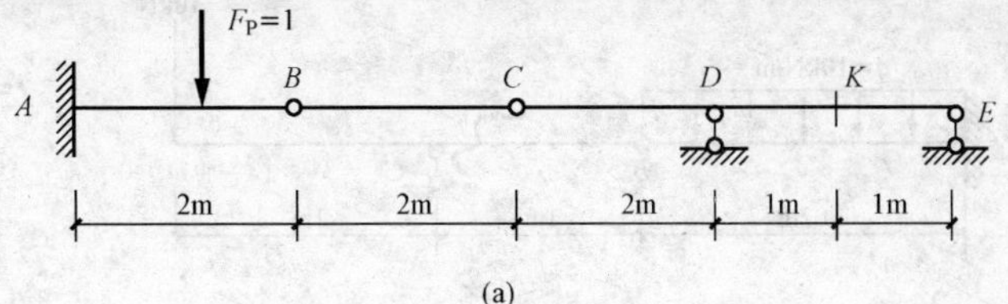

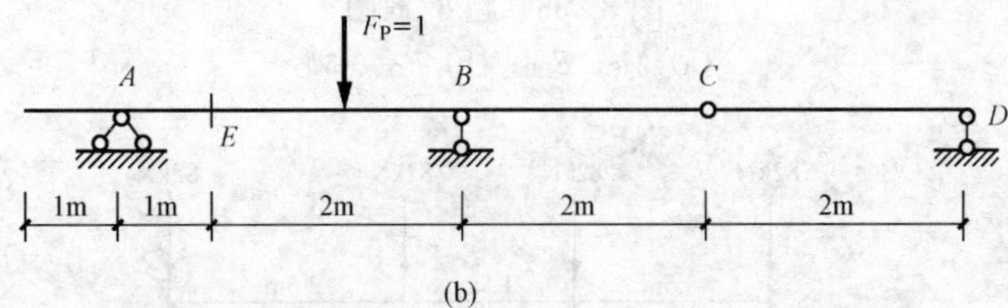

图 8-31　题 8-4 图

(a) F_{QA}、F_{QC}、F_{QB}、F_K；(b) F_{RB}、M_E、F_{QE}、F_{QC}、F_{RD}

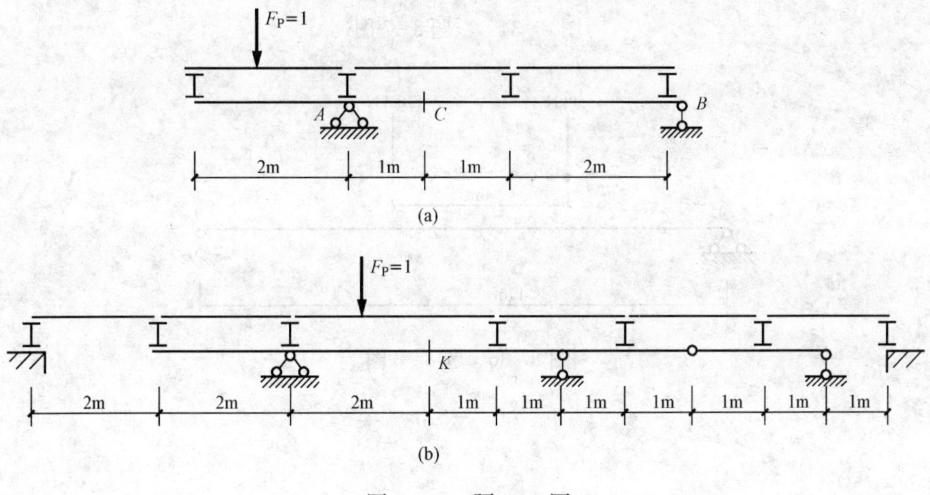

图 8-32　题 8-5 图

(a) F_{RA}、F_C、F_{QC}；(b) M_K、F_{QK}

8-6　求指定量值的数值，并用静力平衡条件进行校核（图 8-33）。

8-7　如图 8-34 所示，简支梁上受两台吊车荷载的作用，试求梁上 M_C、F_{QC} 的荷载的最不利位置，并计算其最大值。

8-8　试求如图 8-35 所示简支梁的绝对最大弯矩值，并与跨中截面的最大弯矩值作比较。

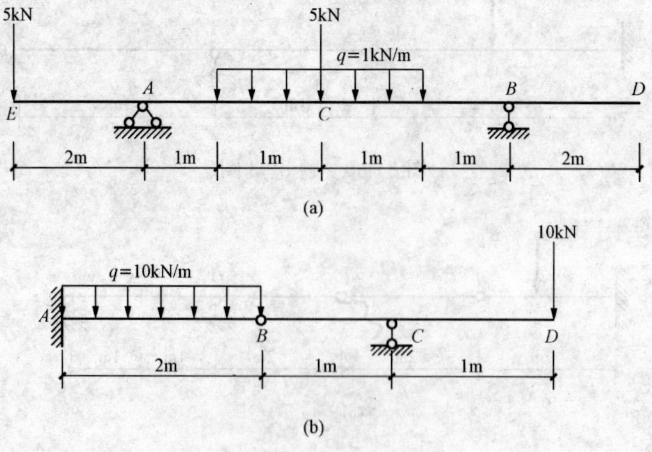

图 8-33 题 8-6 图

(a) M_C、F_{RB}；(b) F_{QA}、M_C

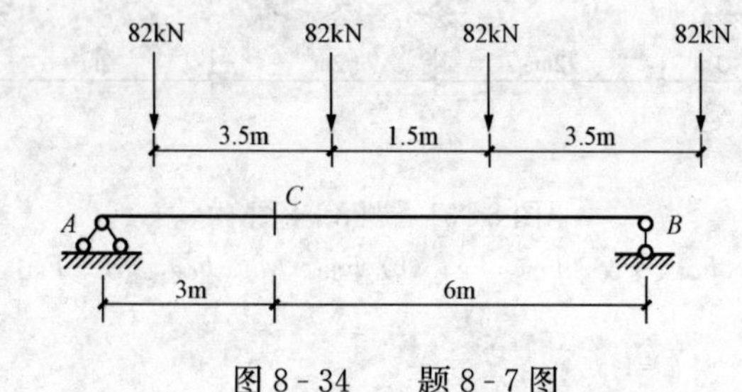

图 8-34 题 8-7 图

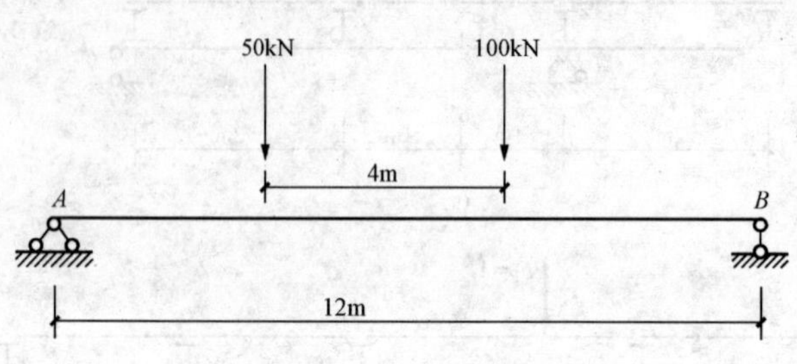

图 8-35 题 8-8 图

第9章

矩阵位移法

本章介绍的主要内容是单元刚度矩阵（局部坐标系），单元刚度矩阵（整体坐标系），连续梁的整体刚度矩阵，刚架的整体刚度矩阵，等效结点荷载，忽略轴向变形时矩形刚架的整体分析，桁架及组合结构的整体分析。重点杆系结构的内力、位移计算和非结点荷载的处理。

要求掌握矩阵位移法的原理和杆件结构在荷载作用下的计算。熟练掌握单元刚度矩阵与整体刚度矩阵之间的定位方法，能利用矩阵位移法计算杆系结构位移和内力。

结构矩阵分析方法以传统的结构力学为理论基础，以矩阵作为数学表达形式，以电子计算机作为计算手段，是三位一体的计算方法。在结构矩阵分析中，运用矩阵进行计算，使公式紧凑、形式规则，便于实现计算过程程序化，因而适宜于计算机自动进行数值计算。

结构矩阵分析的基本方法有矩阵位移法（刚度法）和矩阵力法（柔度法）。矩阵位移法在计算中采用结点位移作为基本未知量，矩阵力法采用多余力作为基本未知量。矩阵位移法易于实现计算过程程序化，比矩阵力法便于编制通用的程序，在工程界应用广泛。本章只讨论矩阵位移法。

矩阵位移法的解题过程分为两大步：一是单元分析，二是整体分析。

在杆件结构的矩阵位移法中，把复杂的结构视为有限个单元（杆件）的集合，各单元在结点处彼此连接而组成整体，因而解算时须先把结构分解成有限个单元和结点，即对结构进行离散；继而对单元进行分析，建立单元杆端力与杆端位移的单元刚度方程，形成单元刚度矩阵。然后，根据变形谐调条件、静力平衡条件使离散化的结构恢复为原结构，并形成结构刚度方程，再求解结构的结点位移和杆端内力。矩阵位移法的基本思路是“先分后合”，即先将结构离散，然后再集合，这样一分一合的过程，就把复杂结构的计算转化为简单杆件的分析与综合问题。

9.1 单元刚度矩阵

9.1.1 单元的划分

在杆件结构中，一般把每个杆件作为一个单元。为了计算方便，只采用等截面直杆这种形式的单元，并且规定荷载只作用于结点处。根据上述要求，划分单元的结点应该是杆件的汇交点、支承点和截面突变点等，这些结点都是根据结构本身的构造特征来确定的，故称为构造结点。此外，对于集中荷载作用处，为保证结构只承受结点荷载，可将它作为结点处理，这种结点则称为非构造结点（单元上承受荷载的另一种处理方法是将它改用等效结点荷载替代，这将在 9.3 节中进行讨论）。结构的所有结点确定后，结点间的单元也就确定了。

对于结构中曲杆或变截面杆件，可沿轴线将其分段，每段均作为等截面直杆单元处理，其截面近似按该段中点处的截面计算。显然，采用这种处理方法，单元划分得越细，其计算结果将越接近真实情况。

9.1.2 单元的杆段位移和杆端力

为了便于以后的计算机分析，现将表示方法说明如下，如图 9-1 所示某一等截面单元 (e)，它的两端分别用 i，j 表示，取图示 $\overline{xOy}$ 单元坐标系，其中 $\overline{x}$ 轴与单元的轴线重合，以 i 为单元的始端，以 j 为单元的末端，并以由 i 到 j 为正，单元绕 i 端逆时针旋转 90°为 $\overline{y}$ 轴。现设杆段 i 位移为 $\overline{u}_i^{(e)}$、$\overline{v}_i^{(e)}$、$\overline{\theta}_i^{(e)}$（即杆端的轴向位移、切向位移和转角），相应的杆端力为 $\overline{F}_{Ni}^{(e)}$、$\overline{F}_{Qi}^{(e)}$、$\overline{M}_i^{(e)}$（即杆端的轴力、剪力和弯矩）；杆端 j 的位移分别为 $\overline{u}_j^{(e)}$、$\overline{v}_j^{(e)}$、$\overline{\theta}_j^{(e)}$，相应的杆端力为 $\overline{F}_{Nj}^{(e)}$、$\overline{F}_{Qj}^{(e)}$、$\overline{M}_j^{(e)}$。正负号规定如下：就单元 (e) 来讲，$\overline{u}^{(e)}$ 和 $\overline{F}_N^{(e)}$ 以沿 $\overline{x}$ 轴正向为正值；$\overline{v}^{(e)}$ 和 $\overline{F}_Q^{(e)}$ 以沿 $\overline{y}$ 轴正向为正值。$\overline{\theta}^{(e)}$ 和 $\overline{M}$ 以逆时针为正。

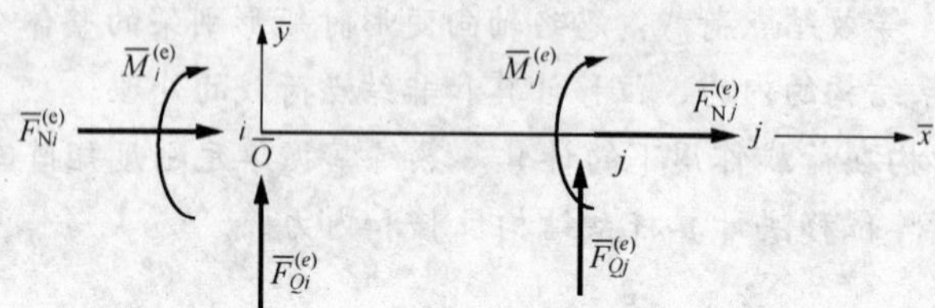

图 9-1 单元杆端力符号规定

如果用 $\overline{F}^{(e)}$ 和 $\overline{\Delta}^{(e)}$ 分别表示在单元坐标系下的杆端力列向量和杆段位移列向量，则有

$$\begin{aligned}\overline{F}^{(e)} &= [\overline{F}_{Ni} \quad \overline{F}_{Qi} \quad \overline{M}_i \quad \overline{F}_{Nj} \quad \overline{F}_{Qj} \quad \overline{M}_j]^{(e)\mathrm{T}} \\ \overline{\Delta}^{(e)} &= [\overline{u}_i \quad \overline{v}_i \quad \overline{\theta}_i \quad \overline{u}_j \quad \overline{v}_j \quad \overline{\theta}_j]^{(e)\mathrm{T}}\end{aligned} \tag{9-1}$$

9.1.3 单元刚度矩阵

现就图 9-1 所示的单元 (e)，建立单元杆端位移，确定杆端力的转换矩阵。根据第 6 章推导的转角位移方程，很容易得到杆端弯矩与杆瑞位移的关系；然后根据杆件的平衡条件，可得到杆端剪力与杆端位移的关系；杆端的轴力仅与杆端的轴向位移有关。应用叠加原理即可得到杆端力与杆端位移之间的关系如下：

$$\left.\begin{aligned}
\overline{F}_{Ni}^{(e)} &= \frac{EA}{l}\overline{u}_i^{(e)} - \frac{EA}{l}\overline{u}_j^{(e)} \\
\overline{F}_{Qi}^{(e)} &= \frac{12EI}{l^3}\overline{v}_i^{(e)} + \frac{6EI}{l^2}\overline{\varphi}_i^{(e)} - \frac{12EI}{l^3}\overline{v}_j^{(e)} + \frac{6EI}{l^2}\overline{\varphi}_j^{(e)} \\
\overline{M}_i^{(e)} &= \frac{6EI}{l^2}\overline{v}_i^{(e)} + \frac{4EI}{l}\overline{\varphi}_i^{(e)} - \frac{6EI}{l^2}\overline{v}_j^{(e)} + \frac{2EI}{l}\overline{\varphi}_j^{(e)} \\
\overline{F}_{Nj}^{(e)} &= -\frac{EA}{l}\overline{u}_i^{(e)} + \frac{EA}{l}\overline{u}_j^{(e)} \\
\overline{F}_{Qj}^{(e)} &= -\frac{12EI}{l^3}\overline{v}_i^{(e)} - \frac{6EI}{l^2}\overline{\varphi}_i^{(e)} + \frac{12EI}{l^3}\overline{v}_j^{(e)} - \frac{6EI}{l^2}\overline{\varphi}_j^{(e)} \\
\overline{M}_j^{(e)} &= \frac{6EI}{l^2}\overline{v}_i^{(e)} + \frac{2EI}{l}\overline{\varphi}_i^{(e)} - \frac{6EI}{l^2}\overline{v}_j^{(e)} + \frac{4EI}{l}\overline{\varphi}_j^{(e)}
\end{aligned}\right\} \tag{9-2}$$

写成矩阵的形式有：

$$\begin{bmatrix}\overline{F}_{Ni}^{(e)}\\ \overline{F}_{Qi}^{(e)}\\ \overline{M}_{i}^{(e)}\\ \overline{F}_{Nj}^{(e)}\\ \overline{F}_{Qj}^{(e)}\\ \overline{M}_{j}^{(e)}\end{bmatrix}=\begin{bmatrix}\frac{EA}{l} & 0 & 0 & -\frac{EA}{l} & 0 & 0\\ 0 & \frac{12EI}{l^3} & \frac{6EI}{l^2} & 0 & -\frac{12EI}{l^3} & \frac{6EI}{l^2}\\ 0 & \frac{6EI}{l^2} & \frac{4EI}{l} & 0 & -\frac{6EI}{l^2} & \frac{2EI}{l}\\ -\frac{EA}{l} & 0 & 0 & \frac{EA}{l} & 0 & 0\\ 0 & -\frac{12EI}{l^3} & \frac{6EI}{l^2} & 0 & \frac{12EI}{l^3} & \frac{6EI}{l^2}\\ 0 & -\frac{6EI}{l^2} & \frac{2EI}{l} & 0 & \frac{6EI}{l^2} & \frac{4EI}{l}\end{bmatrix}\begin{bmatrix}u_i^{(e)}\\ \overline{v}_i^{(e)}\\ \overline{\theta}_i^{(e)}\\ \overline{u}_j^{(e)}\\ \overline{v}_j^{(e)}\\ \overline{\theta}_j^{(e)}\end{bmatrix} \tag{9-3}$$

式（9-3）即为单元（e）的刚度方程，可写成

$$\overline{F}^{(e)}=\overline{K}^{(e)}\overline{\Delta}^{(e)} \tag{9-4}$$

其中

$$\overline{u}_i^{(e)}=1;\overline{v}_i^{(e)}=1;\overline{\theta}_i^{(e)}=1;\overline{u}_j^{(e)}=1;\overline{v}_j^{(e)}=1;\overline{\theta}_j^{(e)}=1$$

$$\overline{K}^{(e)}=\begin{bmatrix}\frac{EA}{l} & 0 & 0 & -\frac{EA}{l} & 0 & 0\\ 0 & \frac{12EI}{l^3} & \frac{6EI}{l^2} & 0 & -\frac{12EI}{l^3} & \frac{6EI}{l^2}\\ 0 & \frac{6EI}{l^2} & \frac{4EI}{l} & 0 & -\frac{6EI}{l^2} & \frac{2EI}{l}\\ -\frac{EA}{l} & 0 & 0 & \frac{EA}{l} & 0 & 0\\ 0 & -\frac{12EI}{l^3} & \frac{6EI}{l^2} & 0 & \frac{12EI}{l^3} & \frac{6EI}{l^2}\\ 0 & -\frac{6EI}{l^2} & \frac{2EI}{l} & 0 & \frac{6EI}{l^2} & \frac{4EI}{l}\end{bmatrix}\begin{matrix}\overline{F}_{Ni}^{(e)}\\ \overline{F}_{Qi}^{(e)}\\ \overline{M}_{i}^{(e)}\\ \overline{F}_{Nj}^{(e)}\\ \overline{F}_{Qj}^{(e)}\\ \overline{M}_{j}^{(e)}\end{matrix} \tag{9-5}$$

$\overline{K}^{(e)}$即为单元（e）的单元刚度矩阵。$\overline{K}^{(e)}$中的每个元素称为单元刚度系数，代表由于单位杆段位移所引起的杆端力。例如式（9-5）中第五行第三列元素$\frac{6EI}{l^2}$代表第三个杆段位移分量$\overline{\theta}_i^{(e)}=1$、其他位移为零时，引起的第五个杆端力分量。一般情况，第i行第j列元素K_{ij}代表j列的杆端单位位移在第i行引起的杆端力。

单元刚度矩阵的物理意义：$\overline{K}^{(e)}$中某一列的六个元素分别表示当该杆端位移分量等于1时所引起的六个杆端力分量。在单元刚度矩阵的上方标记出各杆端位移，在右方标记出各杆端力，这样就可更清楚看出各元素的物理意义。单元刚度矩阵的行数等于单元杆端力的数目，列数则等于杆端位移的数目，而单元的杆端力与杆端位移是一一对应的，故单元刚度矩阵为6×6阶方阵。值得指出，单元刚度矩阵$\overline{K}^{(e)}$对应的行列式之值为零，所以$\overline{K}^{(e)}$是一个奇异矩阵，不存在逆矩阵，因而不能由单元的六个杆端力求得单元的六个杆端位移。原因在于单元（e）的位移中包含有刚体位移，在单元不受约束时，刚体位移不能确定。也就是说，

根据单元刚度方程可以由杆端位移 $\overline{\Delta}^{(e)}$ 推算出杆端力 $\overline{F}^{(e)}$，且 $\overline{F}^{(e)}$ 的解是唯一的；但不能由杆端力 $\overline{F}^{(e)}$ 反推出杆端位移 $\overline{\Delta}^{(e)}$，杆端位移 $\overline{\Delta}^{(e)}$ 可能无解，可能有解。如有解，则解不是唯一的。此外，单元刚度矩阵还是一个对称方阵，处于对角线两侧对称位置上的元素互等。从各元素的物理意义和反力互等定理，可知这一结论正确。

9.1.4 特殊单元

式（9-5）是平面杆系结构一般单元的刚度矩阵表达式，其中六个杆端位移可指定为任意值，这种单元又称为自由单元。在结构中还有一些特殊单元，单元的两端受到某些约束，以至于单元的某些杆端位移的值为零。各种特殊单元的刚度方程只需对一般单元的刚度方程做一些特殊处理即可。

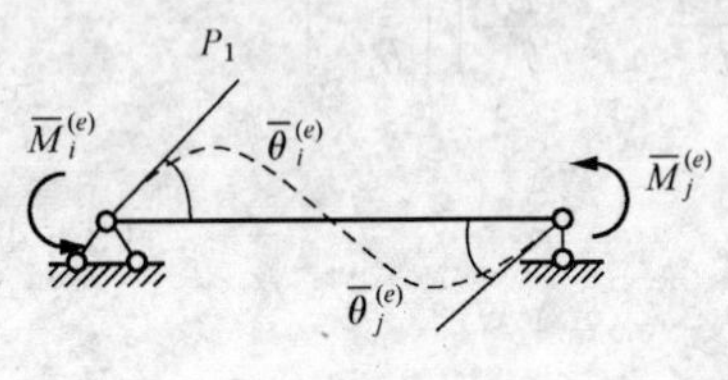

图 9-2 梁单元

如图 9-2 所示简支梁，单元两端受到约束，不能发生线位移而只发生转角，可以建立单元两端角位移与杆端弯矩之间的关系，并得到相应的单元刚度矩阵。在连续梁或无结点线位移的刚架中，各单元在杆端只有角位移而无线位移，就应采用这种矩阵。

如图 9-2 所示简支梁的刚度方程如下：

$$\begin{bmatrix}\overline{M}_i^{(e)}\\ \\ \overline{M}_j^{(e)}\end{bmatrix}=\begin{bmatrix}\dfrac{4EI}{l} & \dfrac{2EI}{l}\\ \dfrac{2EI}{l} & \dfrac{4EI}{l}\end{bmatrix}\begin{bmatrix}\overline{\theta}_i^{(e)}\\ \\ \overline{\theta}_j^{(e)}\end{bmatrix} \tag{9-6}$$

相应的单元刚度矩阵为：

$$\overline{K}^{(e)}=\begin{bmatrix}\dfrac{4EI}{l} & \dfrac{2EI}{l}\\ \dfrac{2EI}{l} & \dfrac{4EI}{l}\end{bmatrix}^{(e)} \tag{9-7}$$

实际上这个单元刚度矩阵是式（9-5）删去第 1，2，4，5 行和列后自动得出的。

顺便指出，某些单元刚度矩阵是可逆的。例如，图 9-2 所示单元附加了两端不能发生线位移的约束条件，单元没有刚体位移，单元刚度矩阵为非奇异矩阵，因此单元刚度矩阵为可逆矩阵。

9.2 整体坐标系下的单元刚度矩阵

在一般结构中，各单元坐标系的坐标方向不尽相同，不便进行整体分析。为了对结构利用力的平衡条件和位移协调条件，需选用一个统一的结构坐标系，称为整体坐标系。为了区别，用 $\overline{x}$，$\overline{y}$ 表示单元坐标系，用 x，y 表示整体坐标系。

将各结点的力和位移都以沿该坐标系坐标方向分量来表示。相应对各单元的杆端力和杆端位移，也采用沿结构坐标系坐标方向的分量来表示。这样表示结构坐标系中的杆端力列向量和杆段位移列向量之间变化关系的单元刚度矩阵，一般将与单元坐标系下的单元刚度矩阵相异。

整体坐标系下的单元刚度矩阵 K^e 可以采用坐标变换的方法得到。第一步，先讨论两种坐标系下的单元杆端力的转换式，得出单元坐标转换矩阵；第二步，讨论两种坐标系单元刚度矩阵的转换式。

如图 9-3 所示单元（e），$\overline{x}O\overline{y}$ 为单元坐标系，xOy 为整体坐标系。由 x 轴到 $\overline{x}$ 的夹角为 α，以逆时针为正。

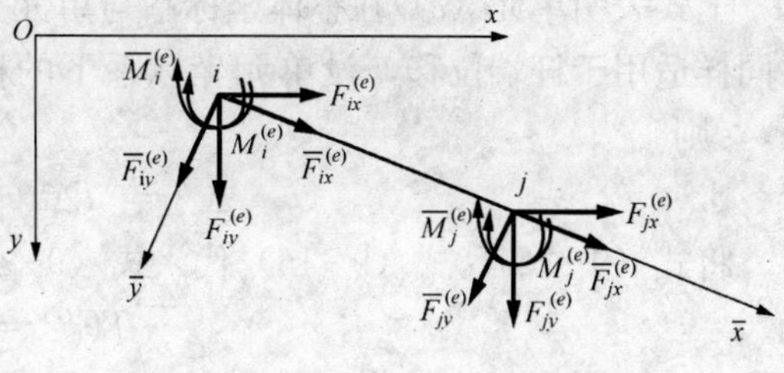

在单元坐标系 $\overline{x}O\overline{y}$ 下，单元的杆端力如式（9-8）所示，即

$$\overline{F}^{(e)}=[\overline{F}_{Ni}^{(e)}\ \ \overline{F}_{Qi}^{(e)}\ \ \overline{M}_i^{(e)}\ \ \overline{F}_{Nj}^{(e)}\ \ \overline{F}_{Qj}^{(e)}\ \ \overline{M}_j^{(e)}]^{(e)\mathrm{T}} \tag{9-8}$$

图 9-3 整体坐标下与局部坐标下的标

在整体坐标系 xOy 下单元杆端力如式（9-9）所示，即

$$F^{(e)}=[F_{Ni}^{(e)}\ \ F_{Qi}^{(e)}\ \ M_i^{(e)}\ \ F_{Nj}^{(e)}\ F_{Qj}^{(e)}\ M_j^{(e)}]^{(e)\mathrm{T}} \tag{9-9}$$

显然，二者之间有下列关系：

$$\left.\begin{aligned}
\overline{F}_{Ni}^{(e)}&=F_{ix}^{(e)}\cos\alpha+F_{iy}^{(e)}\sin\alpha\\
\overline{F}_{Qi}^{(e)}&=-F_{ix}^{(e)}\sin\alpha+F_{iy}^{(e)}\cos\alpha\\
\overline{M}_i^{(e)}&=M_i^{(e)}\\
\overline{F}_{Nj}^{(e)}&=F_{jx}^{(e)}\cos\alpha+F_{jy}^{(e)}\sin\alpha\\
\overline{F}_{Qj}^{(e)}&=-F_{jx}^{(e)}\sin\alpha+F_{jy}^{(e)}\cos\alpha\\
M_j^{(e)}&=\overline{M}_j^{(e)}
\end{aligned}\right\} \tag{9-10}$$

将式（9-10）写成矩阵的形式：

$$\begin{bmatrix}\overline{F}_{Ni}^{(e)}\\ \overline{F}_{Qi}^{(e)}\\ \overline{M}_i^{(e)}\\ \overline{F}_{Nj}^{(e)}\\ \overline{F}_{Qj}^{(e)}\\ M_j^{(e)}\end{bmatrix}=\begin{bmatrix}\cos\alpha & \sin\alpha & 0 & 0 & 0 & 0\\ -\sin\alpha & \cos\alpha & 0 & 0 & 0 & 0\\ 0 & 0 & 1 & 0 & 0 & 0\\ 0 & 0 & \cos\alpha & \sin\alpha & 0 & \\ 0 & 0 & -\sin\alpha & \cos\alpha & 0 & \\ 0 & 0 & 0 & 0 & 1 & \end{bmatrix}\begin{bmatrix}F_{ix}^{(e)}\\ F_{iy}^{(e)}\\ M_i^{(e)}\\ F_{jx}^{(e)}\\ F_{jy}^{(e)}\\ \overline{M}_j^{(e)}\end{bmatrix} \tag{9-11}$$

或简写成：

$$\overline{F}^{(e)}=TF^{(e)} \tag{9-12}$$

式中，T 称为单元坐标转换矩阵，即

$$T=\begin{bmatrix}\cos\alpha & \sin\alpha & 0 & 0 & 0 & 0\\ -\sin\alpha & \cos\alpha & 0 & 0 & 0 & 0\\ 0 & 0 & 1 & 0 & 0 & 0\\ 0 & 0 & \cos\alpha & \sin\alpha & & 0\\ 0 & 0 & -\sin\alpha & \cos\alpha & & 0\\ 0 & 0 & 0 & 0 & & 1\end{bmatrix} \tag{9-13}$$

可以证明，单元坐标转换矩阵 T 为正交矩阵，其逆矩阵等于其转置矩阵，即

$$T^{-1} = T^{\mathrm{T}} \tag{9-14}$$

所以

$$F^{(e)} = T^{-1}\overline{F}^{(e)} = T^{\mathrm{T}}\overline{F}^{(e)} \tag{9-15}$$

上式表明单元（e）在整体坐标系与单元坐标系下杆端力之间的变换关系。这一变换关系同样适用于杆端位移，设单元坐标系下的杆端位移为 $\overline{\Delta}^{(e)}$，整体坐标系下的杆端位移为 $\Delta^{(e)}$，则

$$\overline{\Delta}^{(e)} = T\Delta^{(e)};\Delta^{(e)} = T^{\mathrm{T}}\overline{\Delta}^{(e)} \tag{9-16}$$

将式（9-12）、式（9-16）代入式（9-4）可得

$$TF^{(e)} = \overline{K}T\Delta^{(e)} \tag{9-17}$$

上式两边分别乘 $T^{-1}=T^{\mathrm{T}}$，可得

$$F^{(e)} = T^{\mathrm{T}}\overline{K}T\Delta^{(e)} \tag{9-18}$$

令

$$K^{(e)} = T^{\mathrm{T}}\overline{K}T \tag{9-19}$$

则有

$$F^{(e)} = K^{(e)}\Delta^{(e)} \tag{9-20}$$

式（9-19）就是单元刚度矩阵进行坐标转换的一般公式，当单元坐标系与整体坐标系完全一致时，即 $\alpha=0$ 时，则有 $K^{(e)}=\overline{K}^{(e)}$。式（9-20）即为整体坐标系下单元（$e$）的刚度方程。其中 $K^{(e)}$ 为整体坐标系下的单元刚度矩阵，它可根据单元坐标系下的单元刚度矩阵 $\overline{K}^{(e)}$ 和坐标变换矩阵 T 求得。

整体坐标系中的单元刚度矩阵 $K^{(e)}$ 与 $\overline{K}^{(e)}$ 同阶，具有类似的性质：

（1）$K^{(e)}$ 为对称矩阵；

（2）一般单元的 $K^{(e)}$ 为奇异矩阵；

（3）元素 K_{ij} 表示整体坐标系下第 j 个杆端位移分量等于 1 时引起的第 i 个杆端力分量。

9.3 连续梁的整体刚度矩阵

结构计算必须满足平衡条件和变形协调条件。矩阵位移法在单元分析的基础上，利用结构的变形协调条件和平衡条件建立结构刚度方程，得到结构刚度矩阵。研究结构刚度矩阵形成的规律，便可直接形成结构刚度矩阵的方法。

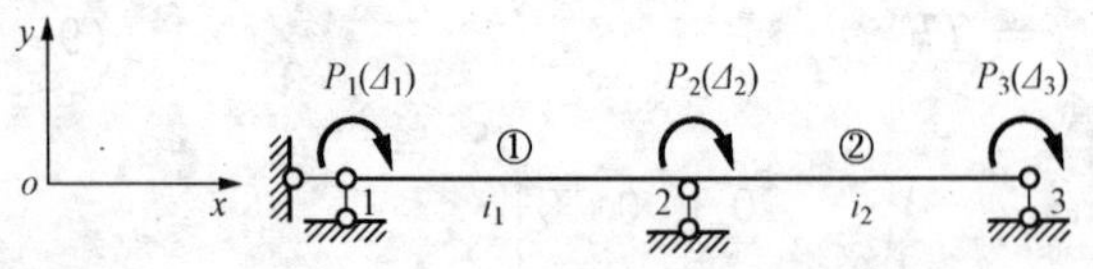

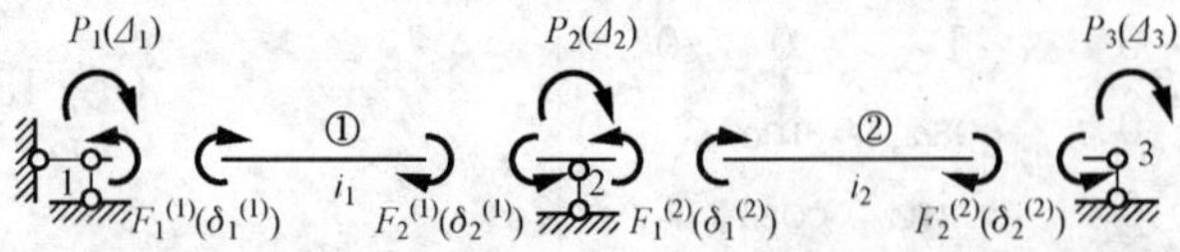

图 9-4 连续梁

如图 9-4 所示两跨连续梁分为两个单元，三个结点。单元编号为①、②，结点编号为 1～3。采用图示整体坐标系，其中单元坐标系与整体坐标系相一致。

现取结构的结点位移列向量为

$$\Delta = (\Delta_1 \quad \Delta_2 \quad \Delta_3)^{\mathrm{T}}$$

其中 Δ_i（$i=1$，2，3）代表第 i 个结点位移，以逆时针为正。

相应的结点荷载是附加约束上的集中力偶 F_1，F_2，F_3。它们构成整体坐标系下结点荷载的列向量：

$$F_P = (F_1 \quad F_2 \quad F_3)^T$$

其中 F_i 代表与第 i 个结点角位移相应的荷载，与 Δ_i 方向一致时为正。下标中的 1，2，3 是对结点位移和结点荷载在整体坐标系中统一编排的数码，称为总码。

为了导出结点荷载列向量 F_P 与位移列向量 Δ 之间的关系式，应考虑结点的力矩平衡方程条件和结点与杆端的变形协调条件。取如图 9-4 所示结点为隔离体，建立相应的平衡方程。即

$$\left.\begin{aligned} F_1^{(1)} &= 4i_1\delta_1^{(1)} + 2i_1\delta_2^{(1)} \\ F_2^{(1)} &= 2i_1\delta_1^{(1)} + 4i_1\delta_2^{(1)} \end{aligned}\right\} \tag{9-21}$$

$$\left.\begin{aligned} F_2^{(2)} &= 4i_2\delta_2^{(2)} + 2i_2\delta_3^{(2)} \\ F_3^{(2)} &= 2i_2\delta_2^{(2)} + 4i_2\delta_3^{(2)} \end{aligned}\right\} \tag{9-22}$$

写成矩阵的形式

$$[F]^{(e)} = [k]^{(e)}[\delta]^{(e)} \tag{9-23}$$

对于单元（1）

$$\begin{bmatrix} F_1^{(1)} \\ F_2^{(1)} \end{bmatrix} = \begin{bmatrix} 4i_1 & 2i_1 \\ 2i_1 & 4i_1 \end{bmatrix} \begin{bmatrix} \delta_1^{(1)} \\ \delta_2^{(1)} \end{bmatrix} \tag{9-24}$$

其单元（1）刚度矩阵为

$$\begin{matrix} & \quad 1 & \quad 2 & \\ \overline{K}^{(1)} = & \left[\begin{matrix} \overline{K}_{11}^{(1)} \\ \overline{K}_{21}^{(1)} \end{matrix}\right. & \left.\begin{matrix} \overline{K}_{12}^{(1)} \\ \overline{K}_{22}^{(1)} \end{matrix}\right] & \begin{matrix} 1 \\ 2 \end{matrix} \end{matrix} \tag{9-25}$$

式中标注在单元刚度矩阵旁用整体码表示的行码和列码。

对于单元（2）

$$\begin{bmatrix} F_2^{(2)} \\ F_3^{(2)} \end{bmatrix} = \begin{bmatrix} 4i_2 & 2i_2 \\ 2i_2 & 4i_2 \end{bmatrix} \begin{bmatrix} \delta_2^{(2)} \\ \delta_3^{(2)} \end{bmatrix} \tag{9-26}$$

其单元（2）的刚度矩阵为

$$\begin{matrix} & \quad 2 & \quad 3 & \\ \overline{K}^{(2)} = & \left[\begin{matrix} \overline{K}_{22}^{(2)} \\ \overline{K}_{32}^{(2)} \end{matrix}\right. & \left.\begin{matrix} \overline{K}_{23}^{(2)} \\ \overline{K}_{33}^{(2)} \end{matrix}\right] & \begin{matrix} 2 \\ 3 \end{matrix} \end{matrix} \tag{9-27}$$

对结构进行整体分析，引入位移条件，即

$$\left.\begin{aligned} \delta_1^{(1)} &= \Delta_1 \\ \delta_2^{(1)} &= \delta_2^{(2)} = \Delta_2 \\ \delta_3^{(2)} &= \Delta_3 \end{aligned}\right\} \tag{9-28}$$

引入平衡条件，即

$$\left.\begin{aligned} P_1 &= F_1^{(1)} \\ P_2 &= F_1^{(2)} + F_2^{(1)} \\ P_3 &= F_2^{(2)} \end{aligned}\right\} \tag{9-29}$$

将式（9-25）和式（9-27）代入式（9-29）可得

$$\left.\begin{aligned}P_1&=(4i_1\Delta_1+2i_1\Delta_2)\\P_2&=(2i_1\Delta_1+4i_1\Delta_2)+(4i_2\Delta_2+2i_2\Delta_3)\\P_3&=(2i_2\Delta_2+4i_2\Delta_3)\end{aligned}\right\}\tag{9-30}$$

将上述方程写成矩阵的形式，即

$$\begin{bmatrix}P_1\\P_2\\P\end{bmatrix}=\begin{bmatrix}4i_1&2i_1&0\\2i_1&(4i_1+4i_2)&2i_2\\0&2i_2&4i_2\end{bmatrix}\begin{bmatrix}\Delta_1\\\Delta_2\\\Delta_3\end{bmatrix}\tag{9-31}$$

缩写为

$$F_P=K\Delta\tag{9-32}$$

式中 K 就是结构刚度矩阵，即

$$K=\begin{matrix}1&2&3&\\\left[\begin{matrix}\overline{K}_{11}^{(1)}\\\overline{K}_{21}^{(1)}\\0\end{matrix}\right.&\begin{matrix}\overline{K}_{12}^{(1)}\\\overline{K}_{22}^{(1)}+\overline{K}_{22}^{(2)}\\\overline{K}_{32}^{(2)}\end{matrix}&\left.\begin{matrix}0\\\overline{K}_{23}^{(2)}\\\overline{K}_{33}^{(2)}\end{matrix}\right]&\begin{matrix}1\\2\\3\end{matrix}\end{matrix}\tag{9-33}$$

由式（9-33）可以看出，结构刚度矩阵中的各元素都是由各单元刚度矩阵的相关元素组成，单元刚度矩阵元素在结构刚度矩阵中的位置，由单元在整体坐标系中所对应的总码决定。根据元素所对应的总码，可将单元刚度矩阵中的相关元素直接形成结构刚度矩阵。

在应用时，不需要列出单元刚度方程和结构刚度矩阵方程，可以直接对单元刚度矩阵进行换码。对于数值为零的杆段位移，换码后总码的行码和列码都取为“0”，再把元素从单元刚度矩阵送往结构刚度矩阵的工程中，除了对应行码和列码为“0”的元素外，其他的所有元素均应按其行码和列码送往结构刚度矩阵的相应位置。例如 $\overline{K}^{(1)}$ 中的元素 $\overline{K}_{12}^{(1)}$ 行码为 1，列码为 2，所以该元素应放在结构矩阵的第 1 行第 2 列。对于结构刚度矩阵 K 的同一位置有多个元素，应予以叠加。例如 $\overline{K}^{(1)}$ 中的元素 $\overline{K}_{22}^{(1)}$ 和 $\overline{K}^{(2)}$ 中的元素 $\overline{K}_{22}^{(2)}$ 的行码和列码都为 2，所以在把 $\overline{K}_{22}^{(1)}$ 和 $\overline{K}_{22}^{(2)}$ 送入结构刚度矩阵的过程中，应把两个元素进行叠加即 $\overline{K}_{22}^{(1)}+\overline{K}_{22}^{(2)}$，送入到结构刚度矩阵 K 的第 2 行第 2 列。

上述先对单元刚度矩阵换码，再按总码表示的列码和行码分别将各元素置于结构刚度矩阵的相应位置，直接形成结构刚度矩阵的方法称为直接刚度法。而在形成结构刚度矩阵之前，已考虑结构位移边界条件（如结点线位移为零，固定端转角为零）的直接刚度法称为先处理法。

将所得结构刚度矩阵代入式（9-32），得结点位移，即

$$\Delta=K^{-1}F_P$$

根据上式求得结点位移后，根据变形协调条件将杆端位移代之以相应的结点位移，即可计算出各单元的杆端弯矩。

各单元刚度矩阵换码后才能用直接刚度法形成结构刚度矩阵。换码后矩阵上方从左往右，右侧从上往下，总码的排列是完全相同的，所以可将其写成列向量的形式并用 $\lambda^{(e)}$ 表

示。$\lambda^{(e)}$中的元素决定了单元刚度矩阵中的各元素在结构刚度矩阵中的位置，故将$\lambda^{(e)}$称为单元 e 的定位向量。

对于式（9-25）和式（9-27）有

$$\lambda^{(1)}=(1\quad 2)^{T};\lambda^{(2)}=(2\quad 3)^{\mathrm{T}}$$

例 9-1　试用直接刚度法建立如图 9-5 所示连续梁的结构刚度矩阵，并计算各杆的杆端弯矩。

解：（1）编号。

单元编号为（1）、（2）；结点位移分量的总码分别编号为 0、1、2。左端为固定端支座，结点无转角位移，编号为 0；杆件轴线的箭头表示单元坐标 $\bar{x}$ 的方向。

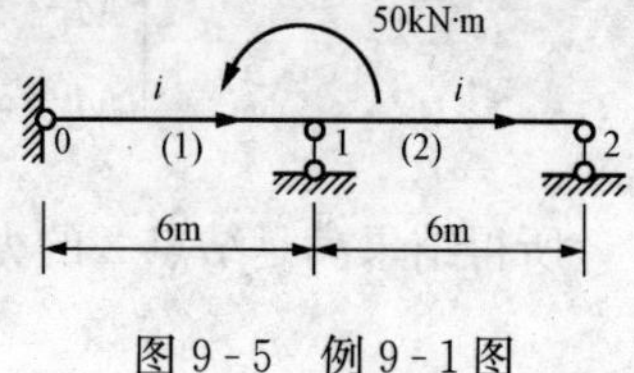

图 9-5　例 9-1 图

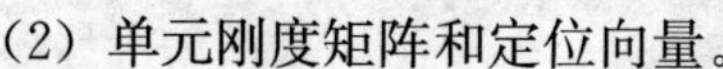

（2）单元刚度矩阵和定位向量。

单元（1）的刚度矩阵及定位向量为

$$\overline{K}^{(1)}=\begin{array}{c} \begin{array}{cc} 0 & 1 \end{array} \\ \begin{bmatrix} 4i & 2i \\ 2i & 4i \end{bmatrix} \end{array}\begin{array}{c} 0 \\ 1 \end{array}$$

单元（2）的刚度矩阵及定位向量为

$$\overline{K}^{(2)}=\begin{array}{c} \begin{array}{cc} 1 & 2 \end{array} \\ \begin{bmatrix} 4i & 2i \\ 2i & 4i \end{bmatrix} \end{array}\begin{array}{c} 1 \\ 2 \end{array}$$

（3）整体刚度矩阵为

$$K=\begin{bmatrix} 4i+4i & 2i \\ 2i & 4i+4i \end{bmatrix}=\begin{bmatrix} 8i & 2i \\ 2i & 8i \end{bmatrix}$$

（4）荷载列向量为

$$P=[50\quad 0]^{\mathrm{T}}$$

（5）基本方程

$$P=K\Delta$$

即

$$\begin{bmatrix} 50 \\ 0 \end{bmatrix}=\begin{bmatrix} 8i & 2i \\ 2i & 8i \end{bmatrix}\begin{bmatrix} \Delta_1 \\ \Delta_2 \end{bmatrix}$$

（6）解方程可得

$$\begin{bmatrix} \Delta_1 \\ \Delta_2 \end{bmatrix}=\begin{bmatrix} -\dfrac{50}{7i} \\ \dfrac{25}{7i} \end{bmatrix}$$

根据各单元定位向量，从解得结点位移中确定相应的杆端位移，根据单元（1）和（2）的刚度矩阵，确定单元（1）和（2）的杆端弯矩如下。

单元（1）：

$$\overline{\Delta}_0^{(1)}=0;\ \overline{\Delta}_1^{(1)}=-\frac{50}{7i}$$

$$\begin{bmatrix}\overline{M}_1^{(1)}\\ \overline{M}_2^{(1)}\end{bmatrix}=\begin{bmatrix}4i & 2i\\ 2i & 4i\end{bmatrix}\begin{bmatrix}0\\ -\dfrac{50}{7i}\end{bmatrix}=\begin{bmatrix}-14.29\\ -28.57\end{bmatrix}\text{kN}\cdot\text{m}$$

单元（2）：

$$\overline{\Delta}_2^{(2)}=-\frac{50}{7i};\ \overline{\Delta}_2^{(2)}=-\frac{25}{7i}$$

$$\begin{bmatrix}\overline{M}_1^{(2)}\\ \overline{M}_2^{(2)}\end{bmatrix}=\begin{bmatrix}4i & 2i\\ 2i & 4i\end{bmatrix}\begin{bmatrix}-\dfrac{50}{7i}\\ -\dfrac{25}{7i}\end{bmatrix}=\begin{bmatrix}-21.43\\ 0\end{bmatrix}\text{kN}\cdot\text{m}$$

所得结果满足结点 2 的力矩平衡条件，故知计算结果正确。

9.4 等效结点荷载

在结构上除了结点上的集中力和集中力偶这类结点荷载外，实际上常有非结点荷载作用在单元上。对于非结点荷载需要将其变换为相应的结点荷载，变换的原则是使结构在相应的结点荷载作用下，其结点位移与原非结点荷载作用下的结点位移相同，这种经过变换所得的结点荷载称为等效结点荷载。

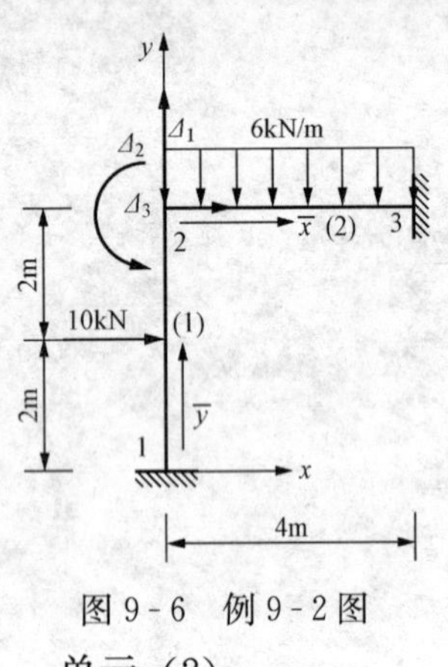

图 9-6 例 9-2 图

例 9-2 求如图 9-6 所示结构的在给定荷载作用下的等效荷载向量 p。

解：(1) 求单元坐标系下的固端约束反力。

单元（1）：

$$\overline{F}^{F(1)}=\begin{bmatrix}0\\ -5\text{kN}\\ 5\text{kN}\cdot\text{m}\\ 0\\ -5\text{kN}\\ -5\text{kN}\cdot\text{m}\end{bmatrix}\begin{matrix}0\\0\\0\\1\\2\\3\end{matrix}$$

单元（2）：

$$\overline{F}^{F(2)}=\begin{bmatrix}0\\ 12\text{kN}\\ 8\text{kN}\cdot\text{m}\\ 0\\ 12\text{kN}\\ -8\text{kN}\cdot\text{m}\end{bmatrix}\begin{matrix}1\\2\\3\\0\\0\\0\end{matrix}$$

(2) 求各单元在整体坐标系中的等效结点荷载 $p^{(e)}$。

利用坐标转换，使各固端力转为整体坐标系下的固端力。单元（1）、（2）的倾角分别为

$$\alpha_1=90^\circ;\quad \alpha_2=0^\circ$$

$$P^{(1)} = T^{\mathrm{T}}\overline{F}^{\mathrm{F}(1)} = \begin{bmatrix} -5\mathrm{kN} \\ 0 \\ 5\mathrm{kN}\cdot\mathrm{m} \\ \cdots \\ -5\mathrm{kN} \\ 0 \\ 5\mathrm{kN}\cdot\mathrm{m} \end{bmatrix} \begin{matrix} 0 \\ 0 \\ 0 \\ \\ 1 \\ 2 \\ 3 \end{matrix}$$

因 $\alpha_2=0$，所以

$$P^{(2)} = \overline{F}^{\mathrm{F}(2)}$$

(3) 根据定位向量或所示总码计算各附加约束上的约束反力，并将其反号作用在结构上，即得到等效结点荷载。

$$P = -\begin{bmatrix} (-5+0)\mathrm{kN} \\ (0+12)\mathrm{kN} \\ (+5+8)\mathrm{kN}\cdot\mathrm{m} \end{bmatrix} = \begin{bmatrix} 5\mathrm{kN} \\ -12\mathrm{kN} \\ -13\mathrm{kN}\cdot\mathrm{m} \end{bmatrix}$$

作用在单元上的非结点荷载转换为结点等效荷载的步骤如下：

(1) 把结构离散为单元，并对单元进行编码；

(2) 求出各单元在非结点荷载作用下的杆端力；

(3) 求出各单元在整体坐标系下的杆端力；

(4) 根据定位向量或所示总码计算各附加约束上的约束反力，并将其反号作用在结构上。

9.5 刚架计算步骤和算例

先处理的直接刚度法计算刚架的步骤可概括如下：

(1) 划分单元并对结点和单元进行编号，选取整体坐标系和单元坐标系，同时对未知结点位移和相应的结点荷载进行编码。

(2) 建立按总码顺序排列的自由结点位移列向量和相应的综合结点荷载列向量（包括对非结点荷载的处理）。

(3) 对式（8-5）单元坐标系下的单元刚度矩阵进行坐标变换或按式（8-23）直接列出各单元在整体坐标系下的单元刚度矩阵，根据变形协调条件和位移边界条件写出各单元的定位向量，进行换码。

(4) 将各单元刚度矩阵中有关元素按定位向量所示非“0”的行码和列码送到结构刚度矩阵中的相应位置。如果同一位置上有多个元素，则应将这些元素叠加，最终得到结构刚度矩阵。

(5) 从结构刚度方程肋 $K\Delta=F_{\mathrm{P}}$ 中求解自由结点位移。

(6) 利用单元定位向量将杆端位移用相应的结点位移表示，计算在结构坐标系下的单元杆端力，再按式（8-16）变换为在单元坐标系下的单元杆端力。若单元受非结点荷载作用，则还需叠加上相应的固端力才可得到实际的杆揣力。

例 9-3 试求如图 9-7 所示刚架的内力。设各杆为矩形截面 $bh=0.24\text{m}^2$，杆长 $l=4\text{m}$，$E=30\text{GPa}$，$I=0.0128\text{m}^4$。忽略轴向变形。

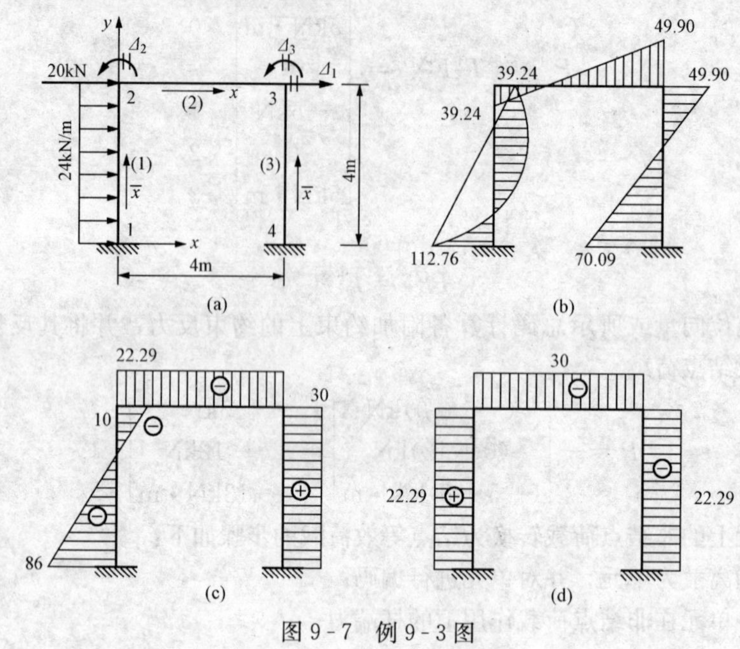

图 9-7 例 9-3 图

(a) 编号；(b) M 图 (kN·m)；(c) F_Q 图 (kN)；(d) F_N 图 (kN)

解：(1) 如图 9-7 (a) 所示将刚架划分为 (1)、(2)、(3) 三个单元，节点编号为 1、2、3、4 在不考虑轴向变形的情况下，结点 2 和结点 3 的水平线位移相等，故独立的结点线位移只有一个 Δ_1。所以结点位移分别为 Δ_1，Δ_2，Δ_3。单元 (1) 中 $i\rightarrow1$，$j\rightarrow2$，$\alpha_1=90°$，单元 (2) 中 $i\rightarrow2$，$j\rightarrow3$，$\alpha_2=0°$，单元 (3) 中 $i\rightarrow4$，$j\rightarrow3$，$\alpha_2=90°$。

(2) 结点位移列向量为

$$\Delta=(\Delta_1 \quad \Delta_2 \quad \Delta_3)^{\mathrm{T}}$$

(3) 将单元 (1) 上的非结点荷载转化为等效结点荷载后，与原有的结点荷载相叠加，得相应的综合结点荷载列向量如下

$$F_{\mathrm{P}}=\begin{bmatrix}F_{\mathrm{P1}}\\F_{\mathrm{P2}}\\F_{\mathrm{P3}}\end{bmatrix}=\begin{bmatrix}48\text{kN}\\32\text{kN}\cdot\text{m}\\0\end{bmatrix}+\begin{bmatrix}20\text{kN}\\0\\0\end{bmatrix}=\begin{bmatrix}68\text{kN}\\32\text{kN}\cdot\text{m}\\0\end{bmatrix}$$

(4) 建立整体坐标系下的单元刚度矩阵，确定单元定位向量并换码。

对于单元 (1)，$\sin\alpha_1=1$，$\cos\alpha_1=0$，单元定位向量 $\lambda^{(1)}=[0 \quad 0 \quad 0 \quad 1 \quad 0 \quad 2]^{\mathrm{T}}$，

$$\begin{matrix} & 0 & 0 & 0 & 1 & 0 & 2 & \\ K^{(1)}=10^4\times & \left[\begin{matrix}7.2\text{kN}\cdot\text{m} & 0 & -14.4\text{kN} & -7.2\text{kN}\cdot\text{m} & 0 & -14.4\text{kN}\\ 0 & 180\text{kN}\cdot\text{m} & 0 & 0 & -180\text{kN}\cdot\text{m} & 0\\ -14.4\text{kN} & 0 & 38.4\text{kN}\cdot\text{m} & 14.4\text{kN} & 0 & 19.2\text{kN}\cdot\text{m}\\ -7.2\text{kN}\cdot\text{m} & 0 & 14.4\text{kN} & 7.2\text{kN}\cdot\text{m} & 0 & 14.4\text{kN}\\ 0 & -180\text{kN}\cdot\text{m} & 0 & 0 & 180\text{kN}\cdot\text{m} & 0\\ -14.4\text{kN} & 0 & 19.2\text{kN}\cdot\text{m} & 14.4\text{kN} & 0 & 38.4\text{kN}\cdot\text{m}\end{matrix}\right] & \begin{matrix}0\\0\\0\\1\\0\\2\end{matrix}\end{matrix}$$

对于单元（2），由于 Δ_1 只会使单元（2）发生刚体平移而不引起内力，所以单元（2）的杆段内力只和结点2、3的两端转角 Δ_2，Δ_3 有关。因此在确定单元定位向量时，Δ_1 的总码应换为“0”。故单元（2）的定位向量应为

$$\lambda^{(2)}=[0\ \ 0\ \ 2\ \ 0\ \ 0\ \ 3]^{\mathrm{T}}$$

故有

$$K^{(2)}=10^4\times\begin{array}{c}\begin{matrix}0 & \quad 0 & \quad 2 & \quad 0 & \quad 0 & \quad 3\end{matrix}\\ \begin{bmatrix}180\text{kN}\cdot\text{m} & 0 & 0 & -180\text{kN}\cdot\text{m} & 0 & 0\\ 0 & 7.2\text{kN}\cdot\text{m} & 14.4\text{kN} & 0 & -7.2\text{kN}\cdot\text{m} & 14.4\text{kN}\\ 0 & 14.4\text{kN} & 38.4\text{kN}\cdot\text{m} & 0 & -14.4\text{kN} & 19.2\text{kN}\cdot\text{m}\\ -180\text{kN}\cdot\text{m} & 0 & 0 & 180\text{kN}\cdot\text{m} & 0 & 0\\ 0 & -7.2\text{kN}\cdot\text{m} & -14.4\text{kN} & 0 & 7.2\text{kN}\cdot\text{m} & -14.4\text{kN}\\ 0 & 14.4\text{kN} & 19.2\text{kN}\cdot\text{m} & 0 & -14.4\text{kN} & 38.4\text{kN}\cdot\text{m}\end{bmatrix}\end{array}\begin{matrix}0\\0\\2\\0\\0\\3\end{matrix}$$

对于单元（3），$\sin\alpha_3=1$，$\cos\alpha_3=0$，$\lambda^{(3)}=[0\ \ 0\ \ 0\ \ 1\ \ 0\ \ 3]^{\mathrm{T}}$，

$$K^{(3)}=10^4\times\begin{array}{c}\begin{matrix}0 & \quad 0 & \quad 0 & \quad 1 & \quad 0 & \quad 3\end{matrix}\\ \begin{bmatrix}7.2\text{kN}\cdot\text{m} & 0 & -14.4\text{kN} & -7.2\text{kN}\cdot\text{m} & 0 & -14.4\text{kN}\\ 0 & 180\text{kN}\cdot\text{m} & 0 & 0 & -180\text{kN}\cdot\text{m} & 0\\ -14.4\text{kN} & 0 & 38.4\text{kN}\cdot\text{m} & 14.4\text{kN} & 0 & 19.2\text{kN}\cdot\text{m}\\ -7.2\text{kN}\cdot\text{m} & 0 & 14.4\text{kN} & 7.2\text{kN}\cdot\text{m} & 0 & 14.4\text{kN}\\ 0 & -180\text{kN}\cdot\text{m} & 0 & 0 & 180\text{kN}\cdot\text{m} & 0\\ -14.4\text{kN} & 0 & 19.2\text{kN}\cdot\text{m} & 14.4\text{kN} & 0 & 38.4\text{kN}\cdot\text{m}\end{bmatrix}\end{array}\begin{matrix}0\\0\\0\\1\\0\\3\end{matrix}$$

（5）将上面三个单元刚度矩阵中的各个元素，按定位向量表示的非“0”行码和列码，用直接刚度法可得到结构刚度矩阵为

$$K=10^4\times\begin{array}{c}\begin{matrix}1 & \quad 2 & \quad 3\end{matrix}\\ \begin{bmatrix}(7.2+7.2)\text{kN}\cdot\text{m} & 14.4\text{kN} & 14.4\text{kN}\\ 14.4\text{kN} & (38.4+38.4)\text{kN}\cdot\text{m} & 19.2\text{kN}\cdot\text{m}\\ 14.4\text{kN} & 19.2\text{kN}\cdot\text{m} & (38.4+38.4)\text{kN}\cdot\text{m}\end{bmatrix}\end{array}\begin{matrix}1\\2\\3\end{matrix}$$

$$=10^4\times\begin{array}{c}\begin{matrix}1 & \quad 2 & \quad 3\end{matrix}\\ \begin{bmatrix}14.4\text{kN}\cdot\text{m} & 14.4\text{kN} & 14.4\text{kN}\\ 14.4\text{kN} & 76.8\text{kN}\cdot\text{m} & 19.2\text{kN}\cdot\text{m}\\ 14.4\text{kN} & 9.2\text{kN}\cdot\text{m} & -76.8\text{kN}\cdot\text{m}\end{bmatrix}\end{array}\begin{matrix}1\\2\\3\end{matrix}$$

结构刚度方程为

$$F_{\mathrm{P}}=K\Delta$$

即

$$\begin{bmatrix}68\text{kN}\\ 32\text{kN}\cdot\text{m}\\ 0\end{bmatrix}=10^4\times\begin{bmatrix}14.4\text{kN}\cdot\text{m} & 14.4\text{kN} & 14.4\text{kN}\\ 14.4\text{kN} & 76.8\text{kN}\cdot\text{m} & 19.2\text{kN}\cdot\text{m}\\ 14.4\text{kN} & 9.2\text{kN}\cdot\text{m} & 76.8\text{kN}\cdot\text{m}\end{bmatrix}\times\begin{bmatrix}\Delta_1\\ \Delta_2\\ \Delta_3\end{bmatrix}$$

（6）接刚度方程。

利用 $\Delta = K^{-1}F_P$ 直接解刚度方程可得

$$\begin{bmatrix}\Delta_1\\\Delta_2\\\Delta_3\end{bmatrix} = 10^4 \times \begin{bmatrix}6.2698\text{m}\\-0.496\text{rad}\\-1.0516\text{rad}\end{bmatrix}$$

(7) 计算各单元的杆端力。

单元 (1):

$$\begin{bmatrix}F_{1x}^{(1)}\\F_{1y}^{(1)}\\M_1^{(1)}\\F_{2x}^{(1)}\\F_{2y}^{(1)}\\M_2^{(1)}\end{bmatrix} = 10^4 \times \begin{bmatrix}7.2\text{kN}\cdot\text{m} & 0 & -14.4\text{kN} & -7.2\text{kN}\cdot\text{m} & 0 & -14.4\text{kN}\\0 & 180\text{kN}\cdot\text{m} & 0 & 0 & -180\text{kN}\cdot\text{m} & 0\\-14.4\text{kN} & 0 & 38.4\text{kN}\cdot\text{m} & 14.4\text{kN} & 0 & 19.2\text{kN}\cdot\text{m}\\-7.2\text{kN}\cdot\text{m} & 0 & 14.4\text{kN} & 7.2\text{kN}\cdot\text{m} & 0 & 14.4\text{kN}\\0 & -180\text{kN}\cdot\text{m} & 0 & 0 & 180\text{kN}\cdot\text{m} & 0\\-14.4\text{kN} & 0 & 19.2\text{kN}\cdot\text{m} & 14.4\text{kN} & 0 & 38.4\text{kN}\cdot\text{m}\end{bmatrix}$$

$$\begin{bmatrix}0\\0\\0\\6.2698\text{m}\\0\\-0.4960\text{rad}\end{bmatrix} \times 10^4 + \begin{bmatrix}-48\text{kN}\\0\\32\text{kN}\cdot\text{m}\\-48\text{kN}\\0\\-32\text{kN}\cdot\text{m}\end{bmatrix} = \begin{bmatrix}-86.000\text{kN}\\0\\112.762\text{kN}\cdot\text{m}\\-10.000\text{kN}\\0\\39.239\text{kN}\cdot\text{m}\end{bmatrix}$$

按式转换为单元坐标系下的杆端力，得

$$\begin{bmatrix}\overline{F}_{N1}^{(1)}\\\overline{F}_{Q1}^{(1)}\\\overline{M}_1^{(1)}\\\overline{F}_{N2}^{(1)}\\\overline{F}_{Q2}^{(1)}\\\overline{M}_2^{(1)}\end{bmatrix} = \begin{bmatrix}0 & 1 & 0 & 0 & 0 & 0\\-1 & 0 & 0 & 0 & 0 & 0\\0 & 0 & 1 & 0 & 0 & 0\\0 & 0 & 0 & 0 & 1 & 0\\0 & 0 & 0 & -1 & 0 & 0\\0 & 0 & 0 & 0 & 0 & 1\end{bmatrix}\begin{bmatrix}-86.000\text{kN}\\0\\112.762\text{kN}\cdot\text{m}\\-10.000\text{kN}\\0\\39.239\text{kN}\cdot\text{m}\end{bmatrix} = \begin{bmatrix}0\\86.000\text{kN}\\112.762\text{kN}\cdot\text{m}\\0\\10.000\text{kN}\\39.239\text{kN}\cdot\text{m}\end{bmatrix}$$

单元 (2)：因 $\alpha_2=0$，故单元坐标系下的杆端力与整体坐标系下的杆端力相同，有

$$\begin{bmatrix}\overline{F}_{N2}^{(2)}\\\overline{F}_{Q2}^{(12)}\\\overline{M}_2^{(2)}\\\overline{F}_{N3}^{(2)}\\\overline{F}_{Q3}^{(2)}\\\overline{M}_3^{(2)}\end{bmatrix} = \begin{bmatrix}F_{2x}^{(2)}\\F_{2y}^{(2)}\\M_2^{(2)}\\F_{3x}^{(2)}\\F_{3y}^{(2)}\\M_3^{(2)}\end{bmatrix} = 10^4 \times \begin{bmatrix}180\text{kN}\cdot\text{m} & 0 & 0 & -180\text{kN}\cdot\text{m} & 0 & 0\\0 & 7.2\text{kN}\cdot\text{m} & 14.4\text{kN} & 0 & -7.2\text{kN}\cdot\text{m} & 14.4\text{kN}\\0 & 14.4\text{kN} & 38.4\text{kN}\cdot\text{m} & 0 & -14.4\text{kN} & 19.2\text{kN}\cdot\text{m}\\-180\text{kN}\cdot\text{m} & 0 & 0 & 180\text{kN}\cdot\text{m} & 0 & 0\\0 & -7.2\text{kN}\cdot\text{m} & -14.4\text{kN} & 0 & 7.2\text{kN}\cdot\text{m} & -14.4\text{kN}\\0 & 14.4\text{kN} & 19.2\text{kN}\cdot\text{m} & 0 & -14.4\text{kN} & 38.4\text{kN}\cdot\text{m}\end{bmatrix}$$

$$\begin{bmatrix} 0 \\ 0 \\ 0.496\text{rad} \\ 0 \\ 0 \\ -1.0516\text{rad} \end{bmatrix} \times 10^4 = \begin{bmatrix} 0 \\ -22.285\text{kN} \\ -39.237\text{kN}\cdot\text{m} \\ 0 \\ 22.285\text{kN} \\ -49.905\text{kN}\cdot\text{m} \end{bmatrix}$$

同理可得单元（3）单元坐标系下的杆端力为

$$\begin{bmatrix} \overline{F}_{N4}^{(3)} \\ \overline{F}_{Q4}^{(3)} \\ \overline{M}_{4}^{(3)} \\ \overline{F}_{N3}^{(3)} \\ \overline{F}_{Q3}^{(3)} \\ \overline{M}_{3}^{(3)} \end{bmatrix} = \begin{bmatrix} 0 \\ 30.000\text{kN} \\ 70.094\text{kN}\cdot\text{m} \\ 0 \\ -30.000\text{kN} \\ 49.904\text{kN}\cdot\text{m} \end{bmatrix}$$

（8）根据所得各单元的杆端弯矩和剪力作出内力图，根据剪力图作轴力图，内力图如图9-7（b）、（c）、（d）所示。

复习思考题

9-1　矩阵位移法与位移法的异同。

9-2　什么叫单元刚度矩阵，其中每一元素的物理意义是什么？

9-3　一般单元在局部坐标系下的单元刚度矩阵与整体坐标系下的单元刚度矩阵是否都是奇异矩阵？是否都是对称矩阵？

9-4　单元定位向量由什么组成，它的用处是什么？

9-5　对单元刚度矩阵进行坐标变换的目的是什么？

9-6　试求如图9-8所示连续梁的结构矩阵。

9-7　试求如图9-9所示连续梁的结点转角和杆端位移。

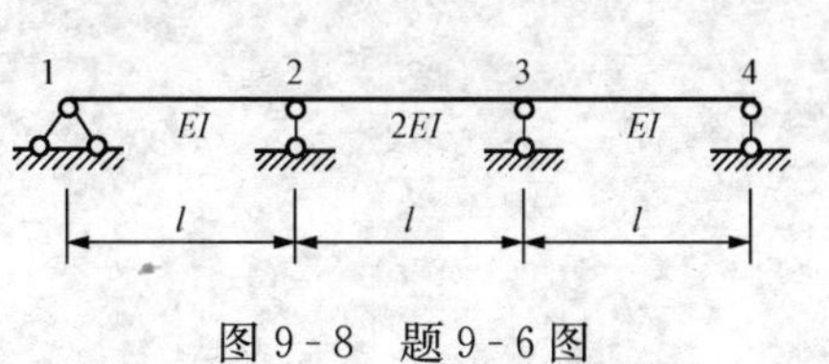

图9-8　题9-6图

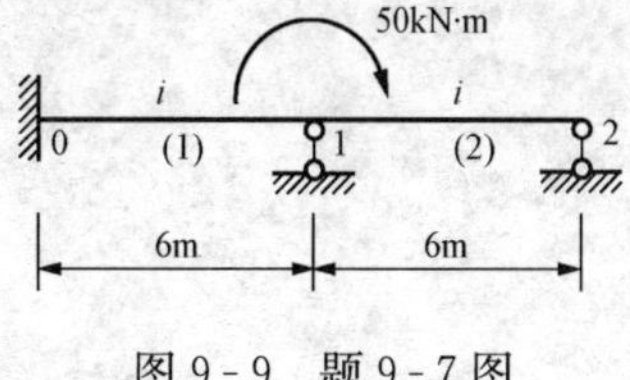

图9-9　题9-7图

9-8　试用矩阵位移法计算如图9-10所示连续梁。

9-9　试求如图9-11所示结构的刚度矩阵，设各杆的EA、EI均为常数。

9-10　试求如图9-12所示结构荷载列阵。

9-11　试用先处理法计算如图9-13所示平面刚架（忽略轴向变形）。

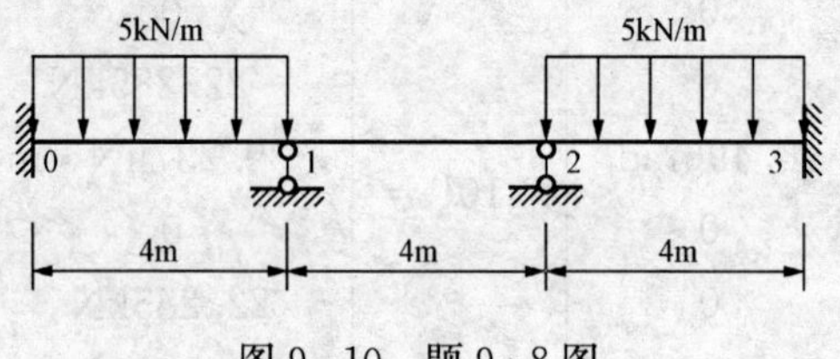

图 9-10 题 9-8 图

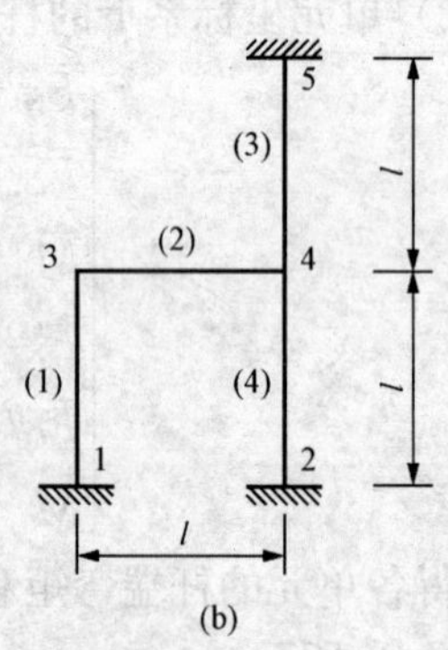

图 9-11 题 9-9 图

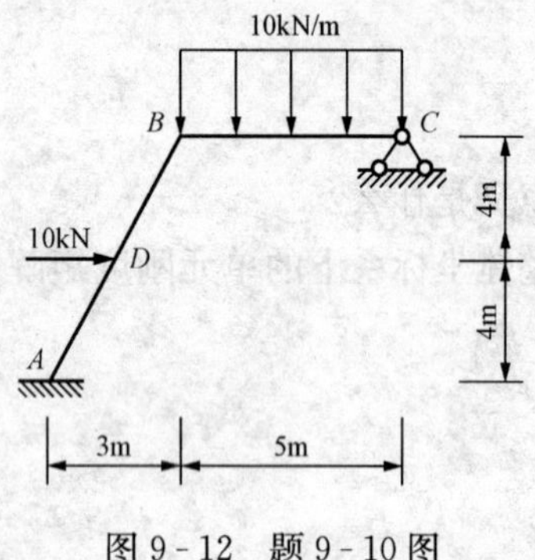

图 9-12 题 9-10 图

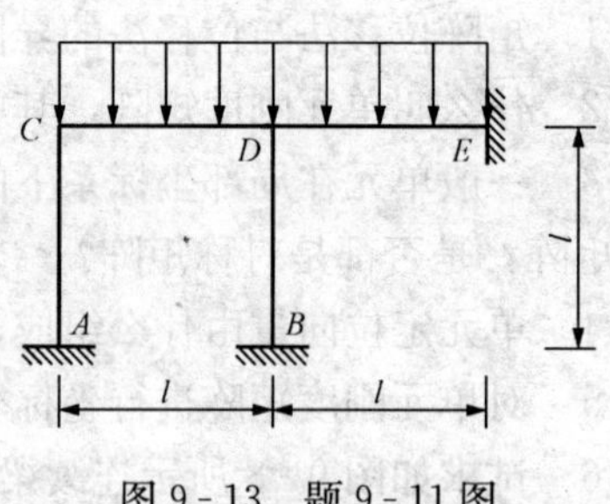

图 9-13 题 9-11 图

第10章

结构的动力分析

本章的主要内容有动力分析的特点和动力自由度，单自由度体系的自由振动，单自由度体系的受迫振动，阻尼对振动的影响，多自由度体系的自由振动，多自由度体系主振型的正交型和主振型矩阵，多自由度体系在简谐荷载下的受迫振动，多自由度体系在一般动荷载下的受迫振动，无限自由度体系的自由振动，近似法求自振频率。

要求掌握动力分析的基本方法及体系动力自由度数的判别方法；掌握单自由度和两个自由度体系运动方程的建立方法，及其自由振动和在简谐荷载作用下受迫振动的计算方法；了解阻尼的作用；了解多自由度体系在一般动荷载作用下的受迫振动；了解频率的近似计算方法。

10.1 动力分析的特点和动力自由度

10.1.1 结构动力分析的特点

前面各章讨论的是结构的静力分析问题，即结构在静力荷载作用下的内力和位移计算问题。本章讨论结构的动力分析问题，即结构在动力荷载作用下的内力和位移（常称为动力反应）计算问题。

1. 动力荷载的特点

(1) 静力荷载：荷载（大小、方向、作用位置）不随时间而变化，或不随时间极其缓慢地变化（质点被近似视为在常力作用下做匀速运动，适用于惯性定律，即牛顿第二定律），以致所引起的结构质量的加速度（$\ddot{y}$）及其惯性力（$F_I=-m\ddot{y}$）可以忽略不计。如活动人群、雪载、吊车荷载以及在梁上砌砖等。

(2) 动力荷载（也称干扰力）：荷载（大小、方向、作用位置）随时间明显变化（质点在动力作用下做加速运动），以致所引起的结构质量的加速度（$\ddot{y}$）及其惯性力（$F_I=-m\ddot{y}$）不可忽略。如机器的振动荷载、地震作用、爆炸荷载等。

(3) 二者的主要区别：是否考虑惯性力的影响。

(4) 实际荷载处理：荷载随时间变化快慢是相对的，是相对于结构自振周期而言的。

当荷载变化缓慢时，其变化周期远大于结构的自振周期，动力作用很小，为简化计算，将它作为静力荷载处理。

当荷载过于激烈时，动力作用比较明显的荷载，惯性力不可忽略，则按动力荷载考虑。

2. 动力反应的特点

动力反应与结构本身的动力特性有关。因此，在计算动力反应之前，必须先分析结构的自由振动，以确定结构的动力特性。

3. 动力分析方法的特点

(1) 动力分析要考虑惯性力。

(2) 动内力、动位移统称动力反应，动力反应不仅是位置的函数，同时也是时间的函数。

(3) 在结构振动时，结构物是不平衡的，根据达朗伯原理，在引进惯性力后，可以建立动力平衡方程，将动力分析的问题转化为静力平衡问题来处理。但这只是一种形式上的平衡，仅仅是利用平衡这一手段列出运动方程。

10.1.2 动力荷载的分类

根据动力荷载随时间变化的规律以及对结构作用的特点，工程中常见的动力荷载可分为以下几类。

1. 周期荷载

这类荷载随时间作周期性的变化。周期荷载中最简单也是最重要的一种称为简谐荷载，即荷载随时间 t 的变化规律可用正弦或余弦函数表示，如图 10 - 1 (b) 所示。例如具有旋转部件的机器做等速运转时，其偏心质量产生的离心力对结构的影响就是简谐荷载。具有偏心质量的机器［图 10 - 1 (a)］运转时，传到结构上的偏心力 $F_P(t)$ 随时间 t 的变化规律可用 $F_P\sin\theta t$ 或 $F_P\cos\theta t$ 表示。

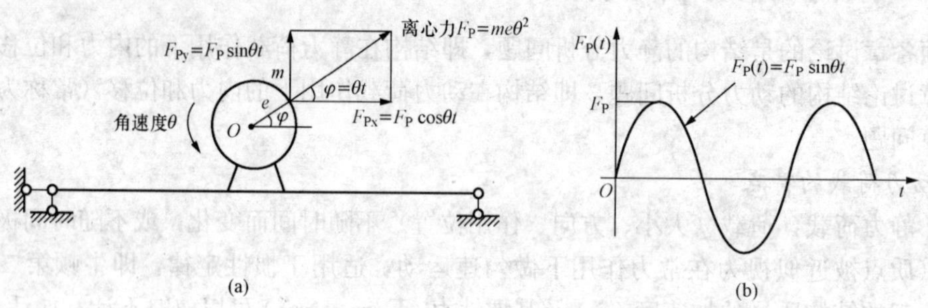

图 10 - 1 周期荷载

(a) 机器运转；(b) 简谐荷载

2. 冲击荷载

这类荷载在很短时间内，荷载值急剧增大［图 10 - 2 (a)］或急剧减小［图 10 - 2 (b)］，也就是很快地把全部量值加于结构而作用时间很短即行消失的荷载。各种爆炸荷载属于这一类。例如，打桩机的桩锤对桩的冲击，车轮对轨道接头处的撞击等。

3. 突加荷载

当升载时间趋于零时，即以某一恒值突然施加于结构上并在较长时间内基本保持不变的荷载，如图 10 - 3 所示。如粮袋卸落在仓库的地板上（包括突加、突卸）、起吊重物等。

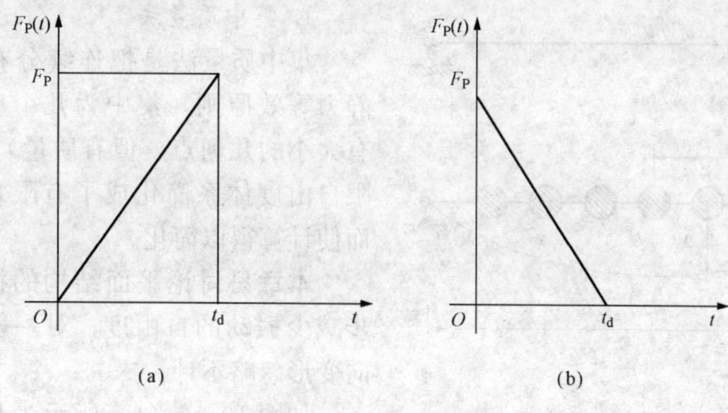

图 10 - 2　冲击荷载

(a) 地面爆炸；(b) 空中爆炸

4. 随机荷载

这类荷载的特点是荷载随时间变化的规律很不规则，荷载在任一时间 t 的数值无法事先确定，要通过记录和统计得到其规律和计算数值。如地震作用的地面运动加速度（图 10 - 4），以及风力的脉动作用、波浪对码头的拍击、地震对建筑物的激振等。

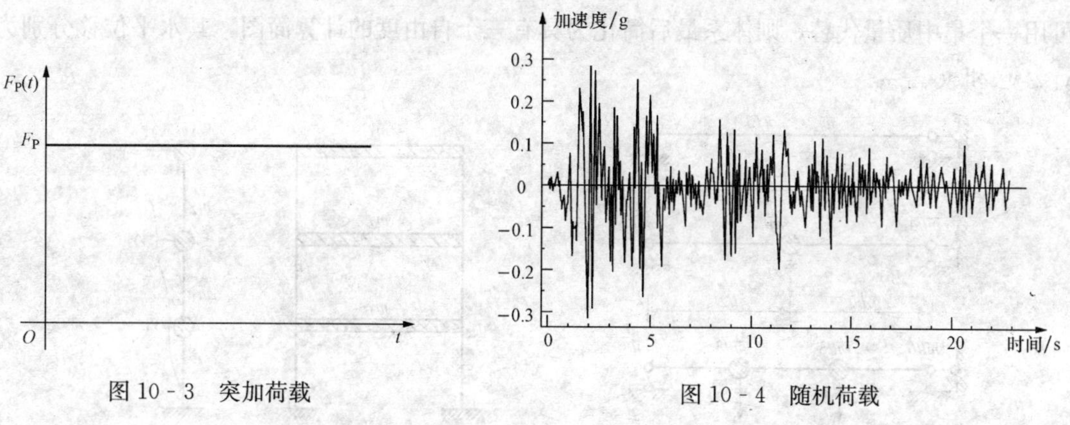

图 10 - 3　突加荷载

图 10 - 4　随机荷载

10.1.3　动力分析的自由度

动力分析是以质量的位移作为基本未知量的，其分析也需选取一个合理的计算简图，选取计算简图的原则与静力分析基本相同，但由于要考虑惯性力的作用，需要确定质量在运动过程中的状态。

在结构的动力分析中，一个体系的自由度是指为了确定运动过程中任一时刻全部质量的位置所需要的独立几何参数的数目。

实际结构的质量都是连续分布的，在分析中常把连续分布的无限自由度问题简化为有限自由度问题。如图 10 - 5 (a) 所示单位长度的质量为 $\overline{m}$ 的简支梁，每一微段 dx 长度上的质量为 $\overline{m}dx$ [图 10 - 5 (b)]，当梁沿竖向振动时，各个质点的位移都是质点位置 x 和时间 t 的函数 $y(x,t)$，是一个无限自由度体系。为了使计算得到简化，应从减少体系的自由度着手，常用的简化方法有以下三种。

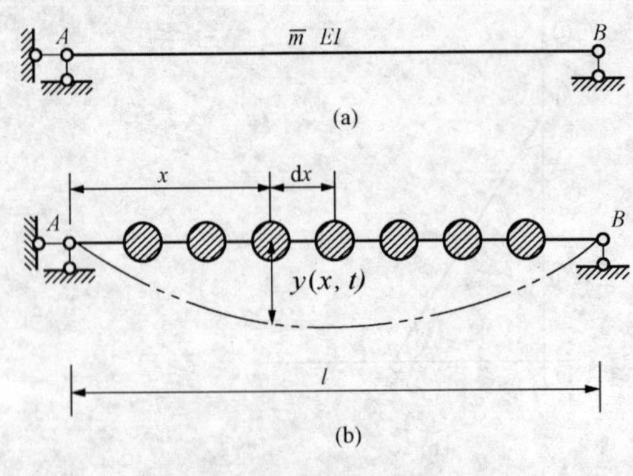

图 10-5 无限自由度体系

(a) 具有均布质量的简支梁；(b) 无穷多个集中质量 $\overline{m}dx$ 的简支梁

1. 集中质量法

集中质量法是把连续分布的质量（根据静力等效原则）集中为几个质点（质点：没有大小的几何点，但有质量），这样，就把无限自由度体系简化成了有限自由度体系，从而使计算得以简化。

本章只讨论平面结构的振动，为了进一步减少振动的自由度，对一般受弯结构的轴向变形忽略不计。

如图 10-6（a）所示为具有均布质量的简支梁，可将它分为二等分段或三等分段，将每段质量集中于该段的两端。这样，体系就简化为具有一个或两个自由度的体系。分段越细则计算精度越高。

如图 10-6（b）所示为三层平面刚架，当计算水平力作用下的侧向振动时，常用的简化方法就是将柱子的分布质量简化为作用于上下横梁处，所以刚架的全部质量都作用在横梁上。又由于每层横梁的刚度均很大，各点的水平位移彼此相等，因此每层横梁上的分布质量可用一个集中质量代替，则体系最后简化为具有三个自由度的计算简图，其水平位移分别为 y_1、y_2 和 y_3。

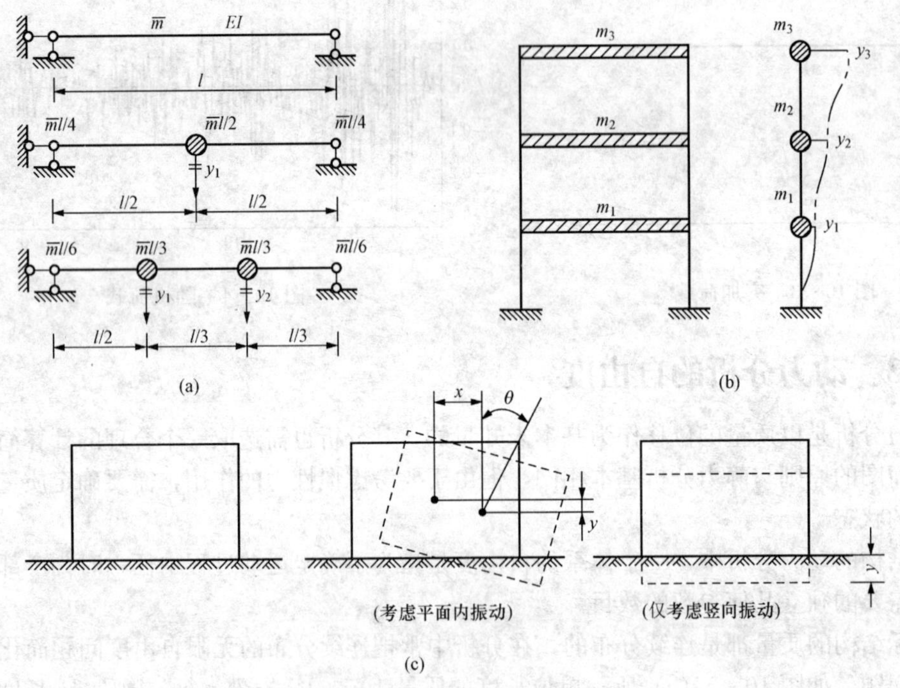

图 10-6 集中质量法

(a) 不计轴向变形的均质简支梁；(b) 三层平面刚架在水平力作用下计算侧向振动；(c) 弹性地基上的设备基础

如图10-6（c）所示为一弹性地基上的设备基础，分析时可简化成刚体。当考虑基础在平面内的振动时，体系共有三个自由度，包括水平位移 x、竖向位移 y 和转角位移 θ。若仅考虑基础在竖向的振动，则体系只有一个自由度，即竖向位移 y。

由以上例子可知，体系的振动自由度与确定质量位置所需独立几何参数的数目有关，与质量的数目并无直接关系，与体系的静定或超静定也无关系。如图10-7（a）所示的静定刚架上只有一个质量，但为两个自由度体系；而如图10-7（b）所示的超静定刚架柱顶上有两个质量，但却是一个自由度体系。

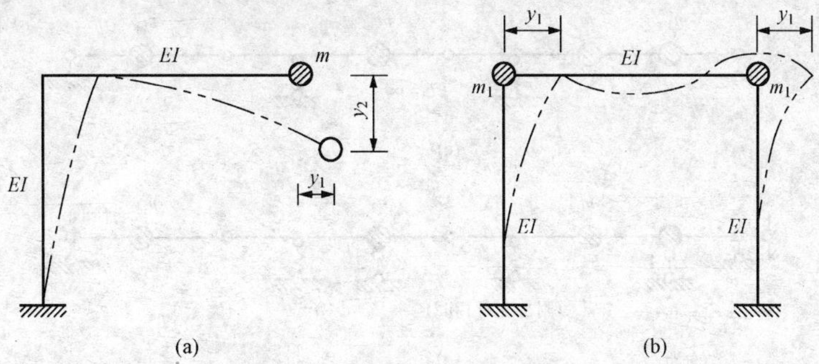

图10-7　质点数不等于自由度数

（a）一个质点，两个自由度；（b）两个质点，一个自由度

如图10-8所示的由两段杆件组成的悬臂梁，左段为弹性杆，不计质量；右段为刚性杆，是具有连续分布质量的质块，要用 y 和 α 两个坐标方可确定质块的位置，即体系具有两个自由度。

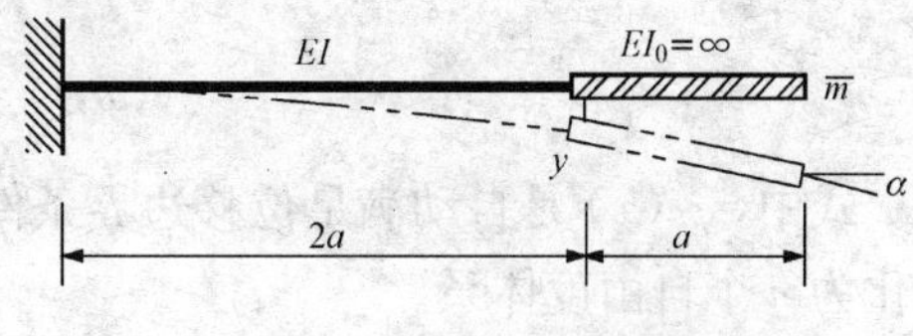

图10-8　两段杆件的悬臂梁

对于比较复杂的体系，可以反过来用限制集中质量运动的方法（即附加支杆的方法）来确定其自由度。如图10-9（a）所示的结构具有两个集中质量，为了限制它们的运动，至少要在集中质量上增设三个附加链杆，如图10-9（b）所示，才能将它们完全固定，因而体系具有三个自由度。又如图10-9（c）所示结构具有四个集中质量，但只要加两个附加链杆，如图10-9（d）所示，就可将它们完全固定，因而体系具有两个自由度。

由此可见，为了使体系上所有集中质量完全固定，在集中质量上所需增设的最少链杆数即为体系的动力自由度数。

2. 广义坐标法

集中质量法是从物理角度提供的一个减少动力自由度的简化方法。广义坐标法则是从数学的角度提供的一个减少动力自由度的简化方法。例如，具有分布质量的简支梁的振动曲线（位移曲线），可近似地用三角级数表示为

$$y(x,t)=\sum_{k=1}^{n}a_k(t)\sin\frac{k\pi x}{l} \tag{10-1}$$

式中，$\sin\left(\frac{k\pi x}{l}\right)$是一组给定的函数，称作位移函数或形状函数，与时间无关；$a_k(t)$ 是一

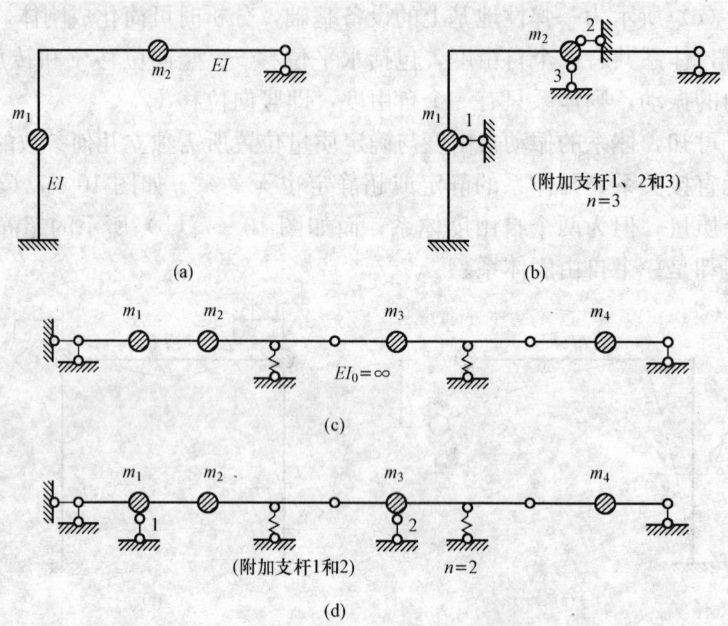

图 10-9 质点数不等于自由度数

(a) 两个集中质量；(b) 三个自由度；(c) 四个集中质量；(d) 两个自由度

组待定参数，称作广义坐标，随时间而变化。因此，体系在任一时刻的位置，可以由广义坐标 $a_k(t)$ 来确定的。注意：这里的形状函数只要满足位移边界条件，所选的函数形式可以是任意的连续函数。因此，式（10-1）也可写成更一般的形式

$$y(x,t) = \sum_{k=1}^{n} a_k(t)\varphi_k(x) \tag{10-2}$$

式中，$\varphi_k(x)$ 是自动满足位移边界条件的函数集合中任意选取的 n 个函数，因此，体系简化为 n 个自由度体系。

广义坐标法将在振型叠加法和能量法中应用。

3. 有限元法

有限元法可看作是广义坐标法的一种特殊应用。和静力问题一样，有限元法是通过将实际结构离散化为有限个单元的集合，将无限自由度问题化为有限自由度来解决。

现结合图 10-10 所示结构说明有限元法的过程。

(1) 将结构离散为有限个单元（如图 10-10 所示结构为三个单元）。

(2) 取结点的位移参数 $y_k(t)$ 和 $\theta_k(t)$，即 y_1，θ_1 和 y_2，θ_2 为广义坐标。

(3) 分别给出与结点的位移参数（均为 1 时）相应的形状函数 $\varphi_k(x)$，即 $\varphi_1(x)$、$\varphi_2(x)$、$\varphi_3(x)$ 和 $\varphi_4(x)$，常称为插值函数（它们确定了指定结点位移之间的形状）。

(4) 仿照式（10-2），体系的位移曲线可用四个广义坐标及其相应的四个插值函数表示为

$$y(x,t) = y_1(t)\varphi_1(x) + \theta_1(t)\varphi_2(x) + y_2(t)\varphi_3(x) + \theta_2(t)\varphi_4(x) \tag{10-3}$$

式中，$\varphi_k(x)$ 可事先给定，让其满足边界条件。这样，就把无限自由度体系简化为四个自

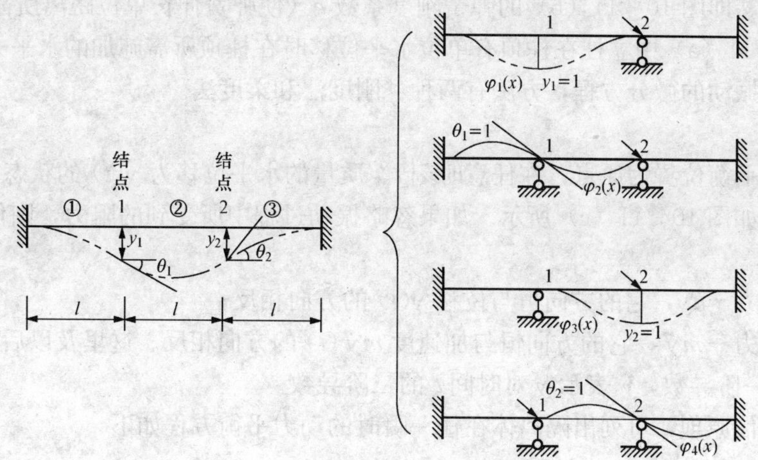

图 10 - 10　有限元法

由度（y_1，θ_1，y_2，θ_2）体系。有限单元法综合了前面集中质量法和广义坐标法的某些特点。

须强调的是：动力分析中的自由度，一般是变形体体系中质量的动力自由度。而前面第 2 章几何组成分析中的自由度，是不考虑杆件弹性变形的体系的自由度。

10.2　单自由度体系的自由振动

单自由度体系自由振动的分析很重要，这是因为：第一，很多实际的动力问题都可按单自由度体系进行计算，或初步估算。第二，单自由度体系自由振动的分析是单自由度体系受迫振动和多自由度体系自由振动分析的基础。

10.2.1　单自由度体系自由振动微分方程的建立

如图 10 - 11 (a) 所示为单自由度体系的振动模型。该悬臂柱在顶部有一质体，质量为 m。设柱本身质量比 m 小得多，可忽略不计，但有弯曲刚度。因此，体系只有一个自由度。

假设由于外界的干扰，质量 m 离开了静止平衡位置，干扰消失后，由于立柱弹性力的影响，质量 m 沿水平方向产生振动。这种由初始干扰，即初始位移或初始速度，或初始位移和初始速度共同作用下所引起的振动，称为自由振动。

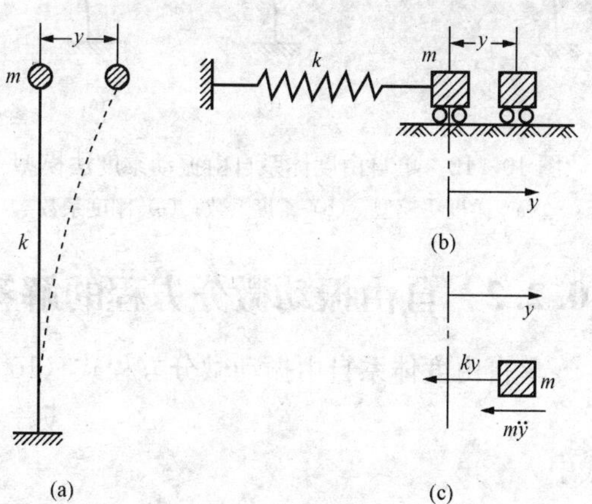

图 10 - 11　单自由度体系自由振动刚度法模型

(a) 模型一；(b) 模型二；(c) 质量隔离体

在建立自由振动微分方程之前，先把如图 10 - 11 (a) 所示的单自由度体系用如图 10 - 11 (b)所示的弹簧模型来表示。这时原立柱对质量 m 所提供的弹性力改用一弹簧来表示。因此，弹簧的刚度系数 k，必须等于结构的刚度系数。即图 10 - 11（b）的弹簧刚度系数 k（使弹簧伸长单位距离所需施加的拉力）应等于图 10 - 11（a）中立柱在柱顶有单位水平位移时在柱顶所需施加的水平力。

建立自由振动的微分方程，方法有两种：刚度法和柔度法。

1. *刚度法*

设以静力平衡位置为原点，在任意时刻 t、质量的水平位移为 $y(t)$ 的状态中，取出质量 m 为隔离体，如图 10 - 11（c）所示。如果忽略振动过程中所受到的阻力，则作用在 m 隔离体上的力有：

（1）弹性力 $-ky$，它的方向恒与位移 $y(t)$ 的方向相反；

（2）惯性力 $-m\ddot{y}$，它的方向恒与加速度 $m\ddot{y}(t)$ 的方向相反。这里及以后，均用 $\dot{y}$ 表示 y 对时间 t 的一阶导数，$\ddot{y}$ 表示 y 对时间 t 的二阶导数。

根据达朗伯原理，可列出隔离体在任一瞬时的动力平衡方程如下

$$m\ddot{y}+ky=0 \tag{10-4}$$

这种直接建立质量 m 在任意时刻 t 的动力平衡方程的方法，称为刚度法。

2. *柔度法*

根据达朗伯原理，以静力平衡位置为计算位移的起点，当质量 m 在任意时间水平位移为 $y(t)$ 时，作用在立柱质量 m 上只有惯性力 $F_I=-m\ddot{y}(t)$［图 10 - 12（a）］，则质量 m 的位移为

$$y(t)=F_I\delta$$

即

$$y(t)=-m\ddot{y}(t)\delta \tag{10-5}$$

式中，δ 为立柱的柔度系数，即单位水平力 $F_P=1$ 作用在柱顶时柱顶的水平位移［图 10 - 12（b）］。

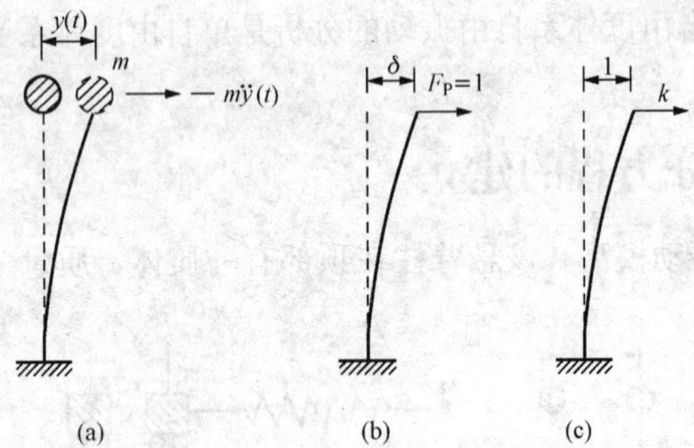

图 10 - 12　单自由度体系自由振动柔度法模型

（a）柔度法模型；（b）柔度系数；（c）刚度系数

式（10 - 5）表明：质量 m 在运动过程中任一时刻的位移 $y(t)$ 等于该时刻在惯性力作用下的静力位移。这种从位移角度建立振动微分方程的方法，称为柔度法。

因立柱的柔度系数 δ 与刚度系数 k 互为倒数［图 10 - 12（b）、（c）］，即

$$\delta=\frac{1}{k} \tag{10-6}$$

将式（10 - 6）代入式（10 - 5），整理后，知式（10 - 5）与式（10 - 4）是相同的。

10.2.2　自由振动微分方程的解答

单自由度体系自由振动微分方程式（10 - 1）还可写成

$$\ddot{y}+\omega^2 y=0 \tag{10-7}$$

式中

$$\omega^2=\frac{k}{m};\quad \omega=\sqrt{\frac{k}{m}} \tag{10-8}$$

式（10－7）是一个二阶常系数齐次微分方程，其通解为

$$y(t)=C_1\sin\omega t+C_2\cos\omega t \tag{10-9}$$

式中，系数 C_1 和 C_2 可由初始条件确定：

设在初始时刻 $t=0$ 时，质点有初始位移 y_0 和初始速度 v_0，即

$$y(0)=y_0;\quad \dot{y}(0)=v_0$$

可求出

$$C_1=\frac{v_0}{\omega};\quad C_2=y_0$$

代入式（10－9），得

$$y(t)=y_0\cos\omega t+\frac{v_0}{\omega}\sin\omega t \tag{10-10}$$

由式（10－10）看出，振动由两部分所组成，即

第一部分：单独由初始位移 y_0 引起，质点按 $y_0\cos\omega t$ 规律振动，如图 10－13（a）所示。

第二部分：单独由初始速度 v_0 引起，质点按$\frac{v_0}{\omega}\sin\omega t$ 规律振动，如图 10－13（b）所示。

为将位移方程 $y(t)$ 写成更简单的单项形式，引入符号 a 和 α，如图 10－13（c）所示。

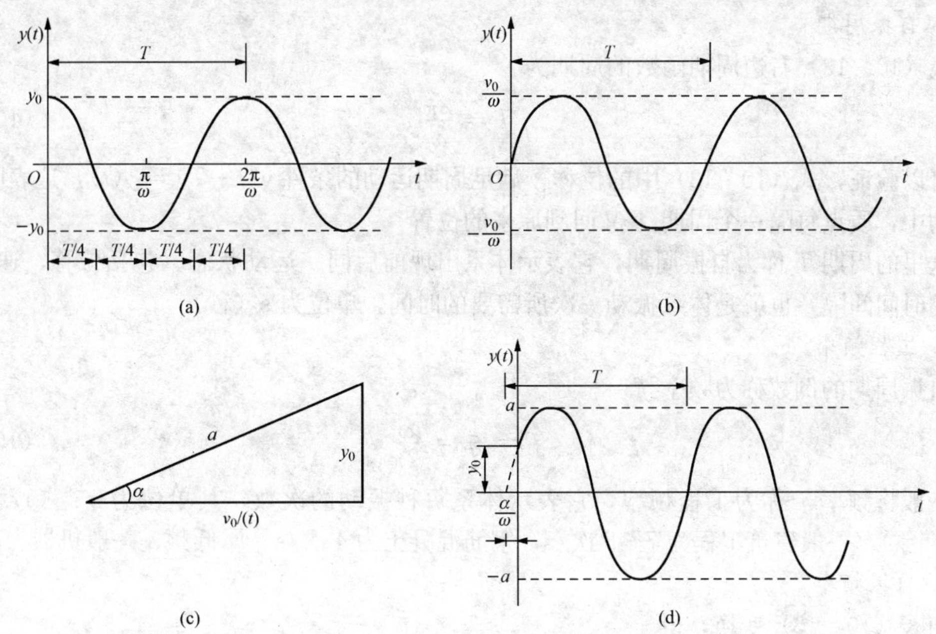

图 10－13　自由振动的位移

（a）初始位移 y_0 引起的位移；（b）初始速度 v_0 引起的位移；（c）引入符号 a 和 α；（d）总位移

由图 10－13（c）可知

$$y_0=a\sin\alpha \tag{10-11}$$

$$\frac{v_0}{\omega}=a\cos\alpha \tag{10-12}$$

将式（10-11）和式（10-12）代入式（10-10），得

$$y(t)=a\sin\alpha\cos\omega t+a\cos\alpha\sin\omega t$$

则式（10-10）改写为单项三角函数表示

$$y(t)=a\sin(\omega t+\alpha) \tag{10-13}$$

其图形如图 10-13（d）所示。其中参数 a 称为振幅，α 称为初始相位角。最大位移——振幅 a 及初始相位角 α 都取决于质量的初始位移 y_0 及初始速度 v_0。

由式（10-11）、式（10-12）先平方再求和，可得

$$a=\sqrt{y_0^2+\left(\frac{v_0}{\omega}\right)^2}$$

再由式（10-11）除以式（10-12），可得

$$\tan\alpha=\frac{y_0\omega}{v_0};\quad \alpha=\tan^{-1}\frac{y_0\omega}{v_0}$$

10.2.3 结构的自振周期和自振频率

由式（10-10）或式（10-13）可知，自由振动中位移、速度和加速度等物理量都是按正弦或余弦规律变化的，而正弦和余弦函数都是周期函数，每隔一段时间这些物理量就回到原来的状态。

1. 自振周期

式（10-13）右边周期函数的周期为

$$T=\frac{2\pi}{\omega} \tag{10-14}$$

可以验证，式（10-13）中的位移 y 满足周期运动的条件 $y(t+T)=y(t)$，这表明在自由振动中，质点每隔一个周期 T 又回到原来的位置。

这里的周期 T 称为自振周期，它表示体系出现前后同一运动状态（包括位移、速度等）所需的时间间隔，也就是体系振动一次所需要的时间，单位为 s（秒）。

2. 工程频率

自振周期的倒数称为频率 f

$$f=\frac{1}{T}=\frac{\omega}{2\pi} \tag{10-15}$$

一般将频率 f 称为工程频率，它表示体系每秒振动的次数，其单位为 s^{-1}（1/秒）或 Hz（赫兹）。一般建筑工程为 7～8 次/s，钢筋混凝土为 4 次/s，属低频；一般机器为高频。

3. 自振频率

由式（10-15）变换，得

$$\omega=\frac{2\pi}{T}=2\pi f \tag{10-16}$$

这里 ω 就是自振频率，它表示体系在 2π 秒内振动的次数，因此也称圆频率或角频率（有时也简称为频率）。其单位为 rad/s（弧度数/秒），也常简写为 s^{-1}。

ω 是体系固有的非常重要的动力特性。在受迫振动中，当体系的自频 ω 与受迫干扰力的扰频 θ 很接近时$\left(0.75\leqslant\frac{\theta}{\omega}\leqslant1.25\text{ 区段}\right)$，将会产生共振。为避免共振，就必须使 ω 与 θ

远离。

4. 自振周期 T 和自振频率 ω 的计算公式

(1) 自振周期。

1) 将式 (10 - 8) 代入式 (10 - 14)，得

$$T = 2\pi\sqrt{\frac{m}{k}} \tag{10 - 17}$$

2) 将 $\frac{1}{k}=\delta$ 代入式 (10 - 17)，得

$$T = 2\pi\sqrt{m\delta} \tag{10 - 18}$$

3) 将 $m=\frac{W}{g}$ 代入式 (10 - 18)，得

$$T = 2\pi\sqrt{\frac{W\delta}{g}} \tag{10 - 19}$$

4) 令 $\Delta_{st}=W\delta$，代入式 (10 - 19)，得

$$T = 2\pi\sqrt{\frac{\Delta_{st}}{g}} \tag{10 - 20}$$

这里，δ 是沿质点振动方向的柔度系数，表示在质点上沿振动方向施加单位荷载时质点沿振动方向所产生的静位移。

$\Delta_{st}=W\delta$ 表示在质点上沿振动方向施加数值为 W 的荷载时质点沿振动方向所产生的静力位移。

(2) 自振频率。

利用式 (10 - 16) ~式 (10 - 20)，可得圆频率 ω 的计算式

$$\omega = \sqrt{\frac{k}{m}} = \sqrt{\frac{1}{m\delta}} = \sqrt{\frac{g}{W\delta}} = \sqrt{\frac{g}{\Delta_{st}}} \tag{10 - 21}$$

(3) 工程频率。

$$f = \frac{1}{T} = \frac{\omega}{2\pi}$$

5. 自振周期 T 和自振频率 ω 的一些重要特性

(1) 自振周期 T 与自振频率 ω 只与结构的刚度 k 和质量 m 有关，而与外界的干扰因素无关。因此，自振周期和自振频率反映结构的固有性质，也称固有周期和固有频率。

(2) 自振周期与质量的平方根成正比，质量越大，则周期越大，频率越小；自振周期与刚度的平方根成反比，刚度越大，则周期越小，频率越大。因此，若要改变结构的动力性能，也就是改变自振周期或自振频率，应从改变结构的质量或刚度（改变截面、改变结构形式）着手。

(3) 自振周期 T 和自振频率 ω 是反映结构动力性能的一个很重要的物理量。在动载作用下，结构的动力反应都和结构的固有属性——自振周期和自振频率有关。两个外表相似的结构，如果 T、ω 相差很大，则动力性能相差很大；反之，两个外表看来并不相同的结构，如果其 T、ω 相近，则在动力荷载作用下其动力性能基本一致。地震中常发现这样的现象。

例 10-1　如图 10 - 14 (a) 所示为一等截面简支梁，已知 $E=206\text{GPa}=206\times10^9\text{N/m}^2$，

$I=245\text{cm}^4=245\times10^{-8}\text{m}^4$。在梁上 C 点处有一个集中质量 $m=100\text{kg}$。试求梁的自振周期 T 和自振频率 ω。

解：(1) 质量 m 沿梁作竖向振动，为了计算柔度系数 δ，在简支梁质量 m 处，加一竖向单位力 $F_P=1$，作单位弯矩图 $\overline{M}_1$ 图 [图 10 - 14 (b)]，由图乘法可得

$$\delta=\frac{12}{5EI}=4.755\times10^{-6}\text{m/N}$$

(2) 代入式 (10 - 18)，得

$$T=2\pi\sqrt{m\delta}=0.137\text{s}$$

(3) 代入式 (10 - 21)，得

$$\omega=\sqrt{\frac{1}{m\delta}}=45.86\text{s}^{-1}$$

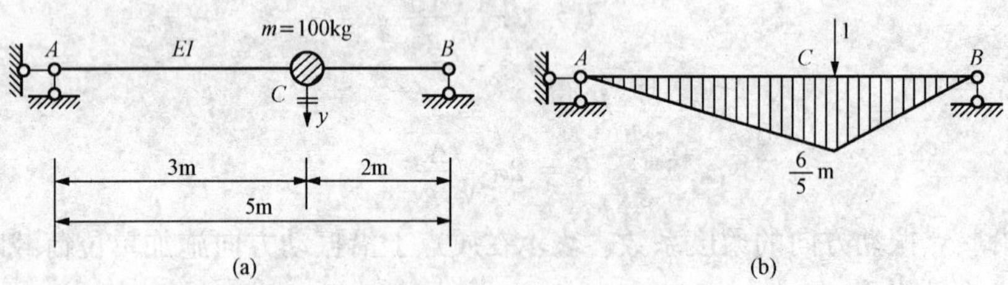

图 10 - 14 例 10 - 1 图

(a) 简支梁；(b) 单位弯矩图 $\overline{M}_1$ 图

例 10 - 2 如图10 - 15 (a) 所示为一等截面悬臂柱，截面面积为 A，抗弯刚度 $EI=$常数。柱顶有一重量为 W 的重物。设柱本身质量忽略不计，试分别求出水平振动和竖向振动的自振周期。

解：(1) 水平振动。

在柱顶 W 处加一水平单位力 $F_P=1$ [图 10 - 15 (b)]，由图乘法求得

$$\delta=\frac{l^3}{3EI}$$

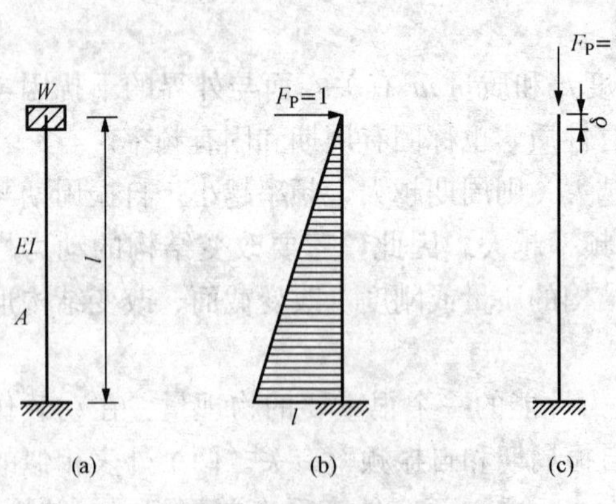

图 10 - 15 例 10 - 2 图

(a) 悬臂梁；(b) 水平振动时单位弯矩图 $\overline{M}_1$ 图；(c) 竖向单位力和位移

当柱顶作用水平力 W 时，柱顶的水平位移为

$$\Delta_{st}=\frac{Wl^3}{3EI}$$

所以，由式 (10 - 20)，得

$$T=2\pi\sqrt{\frac{\Delta_{st}}{g}}=2\pi\sqrt{\frac{Wl^3}{3EIg}}$$

(2) 竖向振动。

在柱顶 W 处加一竖向单位力 $F_P=1$ [图 10 - 15 (c)]，求得

$$\delta=\frac{l}{EA}$$

当柱顶作用竖向力 W 时，柱顶的竖向位移为

$$\Delta_{st}=\frac{Wl}{EA}$$

所以，由式（10-20），得

$$T=2\pi\sqrt{\frac{\Delta_{st}}{g}}=2\pi\sqrt{\frac{Wl}{EAg}}$$

例 10-3　如图 10-16（a）所示为一单层刚架，横梁抗弯刚度 $EI_b=\infty$，柱的抗弯刚度 EI=常数。横梁总质量为 m，柱的质量忽略不计。求刚架的水平自振频率。

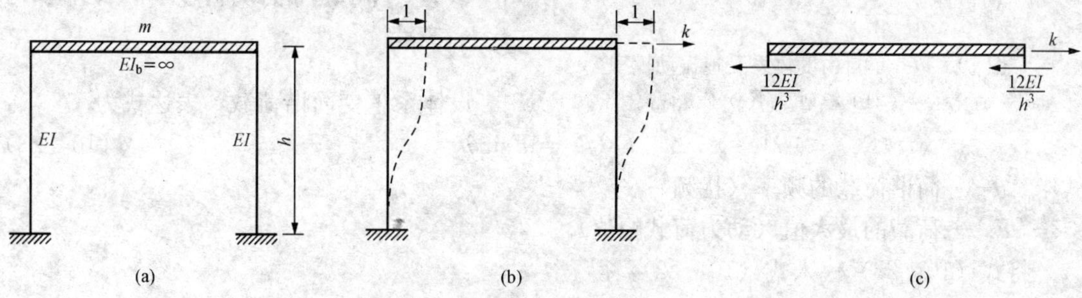

图 10-16　例 10-3 图
（a）单层刚架；（b）水平侧移刚度系数；（c）横梁隔离体

解：（1）求刚架水平侧移刚度系数 k（柱顶产生单位水平位移所需的力），如图 10-16（b）所示。

由等截面杆的形常数，可得柱顶的剪力为$\frac{12EI}{h^3}$，以横梁为隔离体［图 10-16（c）］，由平衡条件可得

$$k=2\times\frac{12EI}{h^3}=\frac{24EI}{h^3}$$

（2）由式（10-21）得，刚架的自振频率为

$$\omega=\sqrt{\frac{k}{m}}=\sqrt{\frac{24EI}{mh^3}}$$

10.3　单自由度体系的受迫振动

10.3.1　单自由度体系受迫振动微分方程的建立

结构在动力荷载（也称干扰力）作用下的振动，称为强迫振动或受迫振动。如图 10-17（a）所示为一单自由度体系在荷载 $F_P(t)$ 作用下的受迫振动，可以用如图 10-17（b）所示的模型来表示，质量为 m，弹簧刚度系数为 k，并作用有外荷载 $F_P(t)$。

取质量 m 为隔离体，受力如图 10-17（c）所示。

质量 m 上作用力有：弹性力 $-ky$、惯性力 $-m\ddot{y}$ 以及动力荷载 $F_P(t)$，由此可建立动力平衡方程，即

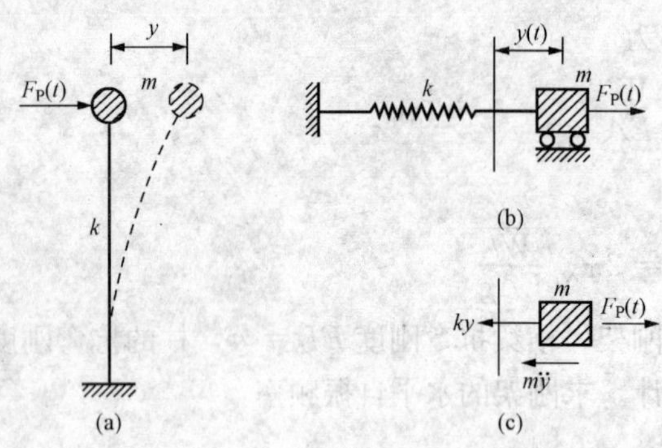

图 10-17 单自由度体系受迫振动模型
(a) 模型一；(b) 模型二；(c) 质量隔离体

$$m\ddot{y}+ky=F_P(t)$$

或写成

$$\ddot{y}+\omega^2 y=\frac{F_P(t)}{m} \qquad (10-22)$$

式中，$\omega=\sqrt{\frac{k}{m}}$。式（10-22）就是单自由度体系受迫振动的微分方程。

10.3.2 简谐荷载作用下结构的动力反应

设体系承受简谐荷载，表达式为

$$F_P(t)=F\sin\theta t \qquad (10-23)$$

式中 θ——简谐荷载的频率（扰频）；

F——荷载的最大值（动力荷载幅值）。

将式（10-23）代入式（10-22），得

$$\ddot{y}+\omega^2 y=\frac{F}{m}\sin\theta t \qquad (10-24)$$

1. 简谐荷载作用下方程的解答

式（10-24）是二阶常系数非齐次微分方程，其通解 y 由两部分组成：一部分为齐次解（$\overline{y}$），一部分为特解（y^*）。即

$$y=\overline{y}+y^*$$

（1）齐次解 $\overline{y}$。相当于体系做自由振动的解答，已在本章第 10.2 节中求出

$$\overline{y}=C_1\sin\omega t+C_2\cos\omega t \qquad (10-25)$$

（2）特解 y^*。采用待定系数法求 y^*。观察原式（10-23）右端项 $F\sin\theta t$，由于只要满足方程的解都叫特解，故设特解为

$$y^*=A\sin\theta t \qquad (10-26)$$

于是有

$$\ddot{y}^*=-A\theta^2\sin\theta t$$

代入式（10-24），得

$$(-\theta^2+\omega^2)A\sin\theta t=\frac{F}{m}\sin\theta t$$

由此得

$$A=\frac{F}{m(\omega^2-\theta^2)}$$

因此，特解为

$$y^*=\frac{F}{m(\omega^2-\theta^2)}\sin\theta t$$

于是，方程的通解为

$$y=C_1\sin\omega t+C_2\cos\omega t+\frac{F}{m(\omega^2-\theta^2)}\sin\theta t \qquad (10-27)$$

$$\dot{y}=C_1\omega\cos\omega t-C_2\omega\sin\omega t+\frac{F}{m(\omega^2-\theta^2)}\theta\cos\theta t \tag{10-28}$$

系数 C_1 和 C_2 由初始条件确定。

设 $t=0$ 时，初始位移 $y(0)$ 与初始速度 $\dot{y}(0)$ 均为零。

将 $t=0$ 代入式（10-27）：$t=0$，$y(0)=0$，即得

$$C_2=0$$

将 $t=0$ 代入式（10-28）：$t=0$，$\dot{y}(0)=0$，即得

$$C_1=-\frac{F\theta}{m(\omega^2-\theta^2)\omega}$$

将 C_1 和 C_2 代入式（10-27）即得振动微分方程（20-24）在初始位移和初始速度均为零时的通解

$$y=-\frac{F}{m(\omega^2-\theta^2)}\times\frac{\theta}{\omega}\sin\omega t+\frac{F}{m(\omega^2-\theta^2)}\sin\theta t \tag{10-29}$$

它由两部分组成：第一部分按自振频率 ω 振动，是伴随干扰力的出现而产生的，称为伴生自由振动，仍属自由振动（按自频 ω 振动），但由于在实际振动过程中存在阻尼（参看本章第 10.4 节），这一部分将很快衰减消失；第二部分是按干扰力的频率 θ 进行的振动，振幅和频率都是恒定的。人们把振动刚开始两部分振动同时存在的阶段称为“过渡阶段”，而把后来伴生自由振动衰减以后只按干扰力频率振动的阶段称为“平稳阶段”，此时的振动称为纯受迫振动，或稳态受迫振动。

2. 简谐荷载的动力系数

平稳阶段任一时刻的位移，由式（10-29）的第二部分确定

$$y=\frac{F}{m(\omega^2-\theta^2)}\sin\theta t=\frac{F}{m\omega^2\left(1-\frac{\theta^2}{\omega^2}\right)}\sin\theta t \tag{10-30}$$

由于

$$\omega^2=\frac{k}{m}=\frac{1}{m\delta}$$

所以

$$\frac{F}{m\omega^2}=F\delta$$

引入符号 y_{st}，令

$$y_{st}=F\delta \tag{10-31}$$

式中　y_{st}——荷载幅值 F 作为静力荷载作用时，结构所产生的位移。

将式（10-31）代入式（10-30），则得

$$y=y_{st}\frac{1}{\left(1-\frac{\theta^2}{\omega^2}\right)}\sin\theta t \tag{10-32}$$

最大动位移（即受迫振动的振幅 A），为

$$y_{d,max}=y_{st}\frac{1}{1-\frac{\theta^2}{\omega^2}}$$

令最大动位移与荷载幅值所产生的静位移的比值为动力系数，以β表示，则

$$\beta=\frac{y_{d,max}}{y_{st}}=\frac{1}{1-\frac{\theta^2}{\omega^2}} \tag{10-33}$$

则受迫振动的振幅

$$A=y_{d,max}=\beta y_{st}$$

所以有

$$y=A\sin\theta t=\beta y_{st}\sin\theta t \tag{10-34}$$

β的物理意义是：表示动位移的最大值$y_{d,max}$（即振幅A）是最大静力位移y_{st}的多少倍，故称为动力系数。

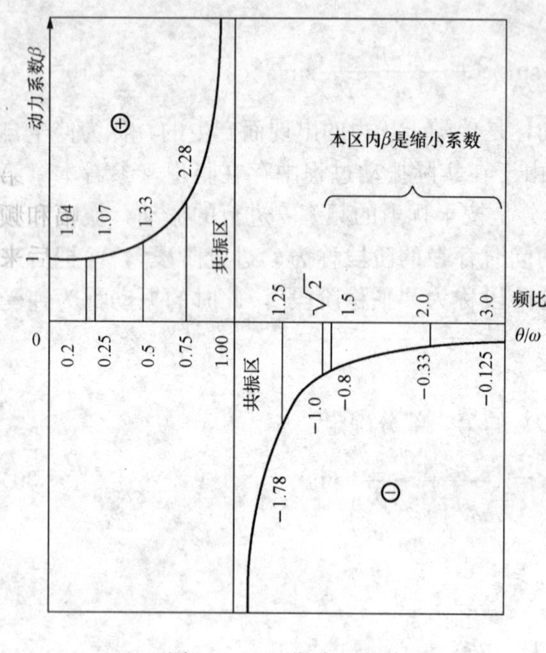

图 10-18 位移反应谱

对于单自由度体系，当在简谐荷载作用下，且干扰力作用于质点上时，结构中内力与质点位移成比例。所以动力系数β既是位移的动力系数，又是内力的动力系数。

3. 简谐荷载作用下稳态振动的讨论

由式（10-33）可以看出，动力系数β与频率比值$\frac{\theta}{\omega}$有关，β随$\frac{\theta}{\omega}$变化的规律，如图10-18所示，其中横坐标为频率比值$\frac{\theta}{\omega}$，纵坐标为动力系数β。

（1）$\frac{\theta}{\omega}\leqslant 1\left(\frac{\theta}{\omega}\to 0\right)$，$\beta\to 1$：这说明简谐荷载的数值变化很缓慢（$\theta\leqslant\omega$），动力作用不明显，干扰力接近于静力，因而可当作静荷载处理。一般当$\frac{\theta}{\omega}<\frac{1}{5}$时，可当作静力计算。

（2）$\frac{\theta}{\omega}\to\infty$，$\beta\to 0$，以$\frac{\theta}{\omega}$轴为渐近线。这说明简谐荷载的数值变化非常快时（$\theta\gg\omega$，高频荷载作用于质体），质体基本上处于静止状态，相当于没有干扰力作用（自重除外）。

（3）$0<\frac{\theta}{\omega}<1$，$\beta$为正，且$\beta>1$，又$\beta$随$\frac{\theta}{\omega}$的增大而增大。

此时y与$F_P(t)$同号，即质点位移与干扰力的方向每时每刻都相同（同相位）。

（4）$\frac{\theta}{\omega}>1$，β为负，其绝对值$|\beta|$随$\frac{\theta}{\omega}$的增大而减小。

此时y与$F_P(t)$异号，即质点位移与干扰力的方向相反（相位相差π）。

（5）$\frac{\theta}{\omega}\to 1$，$\beta\to\infty$，即当荷载频率$\theta$接近于结构自振频率$\omega$时，$\beta$很大，振幅$A=\beta y_{st}$会无限增大，这种现象称为共振。但实际上由于阻尼的影响，共振时也不会出现振幅为无限大的情况，但共振时的振幅比静位移大很多倍的情况是可能出现的。

防止共振的措施：一是调整干扰力的频率 θ；二是改变体系的自振频率 ω（改变 ω 的思路，就是改变 k，即改变截面形式、结构形式，或是改变 m）。但“共振”也是可以利用的，如利用 $\theta=\omega$ 时，结构振幅突出大的这一特点，不断改变机器（激振器）转速 θ，可以测定结构的自振频率 ω。

以上分析了单自由度体系在简谐荷载作用下的位移幅度随 $\dfrac{\theta}{\omega}$ 的变化情况。对于结构的内力、应力也可作类似分析。

4. 单自由度体系在简谐荷载作用下受迫振动的计算

例 10-4　对于如图 10-19（a）所示体系，已知下列各值：质量 $m=123\text{kg}$，离心力 $F_P=49\text{N}$，发电机转速 $n=1200\text{r/min}$，梁的长度 $l=5\text{m}$，弹性模量 $E=2.06\times10^{11}\text{N/m}^2$，惯性矩 $I=78\text{cm}^4$。求梁的最大动位移 $A(\Delta_{动})$ 和梁的最大动内力 $M_{d,max}(M_{动})$。

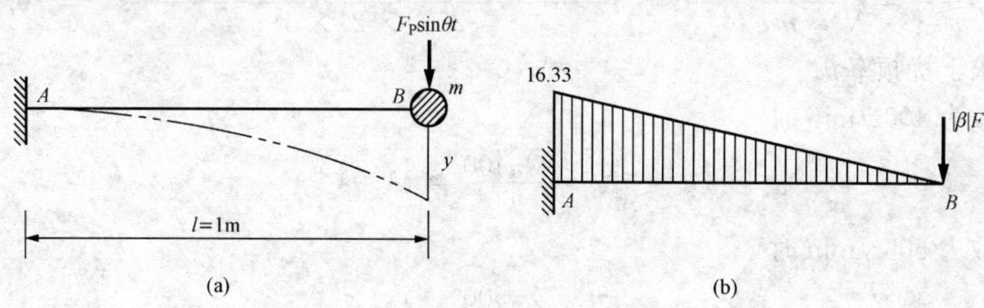

图 10-19　例 10-4 图

（a）计算简图；（b）$M_{d,max}$图（Nm）

解：（1）求自振频率 ω。

利用图乘法求出 $\delta_{11}=\dfrac{l^3}{3EI}$，故梁的自振频率

$$\omega=\sqrt{\frac{1}{m\delta_{11}}}=\sqrt{\frac{3EI}{ml^3}}=\sqrt{\frac{3\times2.06\times10^{11}\times78\times10^{-8}}{123\times1^3}}\text{s}^{-1}=62.6\text{s}^{-1}$$

（2）求干扰频率 θ

$$\theta=\frac{2\pi n}{60}=125.6\text{s}^{-1}$$

（3）求动力系数 β

$$\beta=\frac{1}{1-\dfrac{\theta^2}{\omega^2}}=\frac{1}{1-\left(\dfrac{\theta}{\omega}\right)^2}=\frac{1}{1-\left(\dfrac{125.6}{62.6}\right)^2}=-\frac{1}{3}$$

（4）求最大动位移 A

$$y_{st}=F\delta_{11}=\frac{F_Pl^3}{3EI}=0.102\times10^{-3}\text{m}$$

$$A=\beta y_{st}=\left(-\frac{1}{3}\right)\times(0.102\times10^{-3})\text{m}=-0.034\times10^{-3}\text{m}$$

负号表示最大动位移与 $F_P(t)$ 方向相反。

（5）求最大动内力 $M_{d,max}$：将 $|\beta|F_P$ 作为静力作用在体系上，在 B 点施加，按静力法计

算，绘弯矩图，如图 10-19（b）所示，图中 $M_{d,max}=16.33\text{Nm}$。

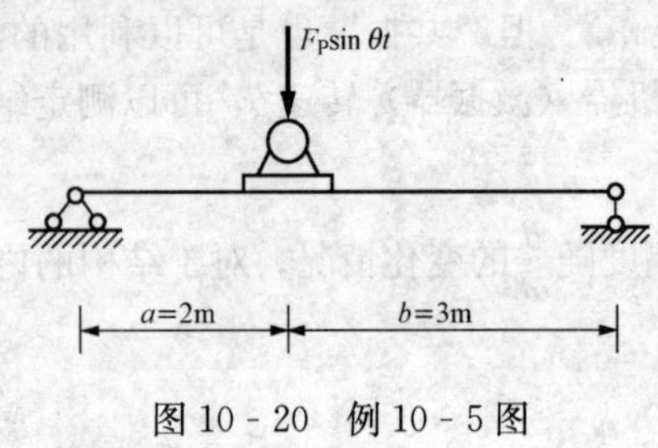

图 10-20 例 10-5 图

例 10-5 设有一简支钢梁，如图 10-20 所示。跨度 $l=5\text{m}$，型号为 22b 号工字钢，惯性矩 $I=3750\text{cm}^4$，$E=2.058\times10^5\text{MPa}$，$[\sigma]=120\text{MPa}$。其上安装一台质量为 $m=2000\text{kg}$ 的电动机，由于具有偏心，转动时产生离心力 $F_P=1960\text{N}$。试验算当发动机转数为 400～500r/min 时梁的强度。

解：（1）求自振频率 ω。

利用图乘法可求出 $\delta_{11}=\dfrac{a^2b^2}{3EI(a+b)}$，故梁的自振频率

$$\omega=\sqrt{\frac{1}{m\delta_{11}}}=\sqrt{\frac{3EI(a+b)}{ma^2b^2}}=\sqrt{\frac{3\times2.058\times10^{11}\times3570\times10^{-8}\times5}{2000\times2^2\times3^2}}\text{s}^{-1}=39.1\text{s}^{-1}$$

（2）求干扰频率 θ。

当转数为 400r/min 时

$$\theta=\frac{2\pi n}{.60}=\frac{2\pi400}{60}=41.9\text{s}^{-1}$$

当转数为 500r/min 时

$$\theta=\frac{2\pi n}{60}=\frac{2\pi500}{60}=52.4\text{s}^{-1}$$

由以上计算结果发现，梁的自振频率 ω 接近于干扰频率 θ，故应加以避免。

现尝试改变梁的截面尺寸，选用 25a 号工字钢（$I=5023.54\text{cm}^4$）替代原 22b 号工字钢（$I=3750\text{cm}^4$），此时自振频率为

$$\omega=\sqrt{\frac{3\times2.058\times10^{11}\times5023.54\times10^{-8}\times5}{2000\times2^2\times3^2}}\text{s}^{-1}=46.41\text{s}^{-1}$$

由于此频率介于 41.9s^{-1} 和 52.4s^{-1} 之间，说明增大梁的截面尺寸会使其工作条件恶化。所以改为选用小一点的截面，以期降低梁的自振频率 ω。现选用 20b 号工字钢（$I=2500\text{cm}^4$，$W=250\text{cm}^3$）进行试算，求得自振频率为

$$\omega=\sqrt{\frac{3\times2.058\times10^{11}\times2500\times10^{-8}\times5}{2000\times2^2\times3^2}}\text{s}^{-1}=32.7\text{s}^{-1}$$

考虑较为不利的情况时，动力系数 β 为

$$\beta=\frac{1}{1-\left(\dfrac{\theta}{\omega}\right)^2}=\frac{1}{1-\left(\dfrac{41.9}{32.7}\right)^2}=-1.558$$

故梁内的最大应力为

$$\begin{aligned}\sigma_{max}&=\frac{M_G}{W}+\beta\frac{M_P}{W}=\frac{1}{W}\left(\frac{mgab}{l}+\beta\frac{F_Pab}{l}\right)=\frac{1}{W}\times\frac{ab}{l}(mg+\beta F_P)\\&=\frac{1}{250\times10^{-6}}\times\frac{2\times3}{5}\times(2000\times9.8+1.558\times1960)\text{Pa}\\&=108.73\times10^6\text{Pa}\\&=108.73\text{MPa}<[\sigma]=120\text{MPa}\end{aligned}$$

可见，此处采用较小截面的梁既可以避免共振，又能获得较好的经济效果。

10.3.3　一般荷载作用下结构的动力反应

现在讨论结构在一般动荷载 $F_P(t)$ 作用下所引起的动力反应。讨论分两步：先讨论瞬时冲量的动力反应，然后在此基础上讨论一般动荷载的动力反应。

1. 瞬时冲量的动力反应

设体系在 $t=0$ 时处于静止状态。在质点上施加瞬时冲量 $S=F_P\Delta t$［图 10 - 21（a）］。这将使体系产生初速度 $v_0=\dfrac{S}{m}$，但初位移仍为 0，即 $y_0=0$（可以证明，y_0 系二阶微量，可略去不计）。

将 $y_0=0$ 代入式（10 - 10），有

$$y=\frac{S}{m\omega}\sin\omega t \tag{10 - 35}$$

上式就是在 $t=0$ 时作用瞬时冲量 S 所引起的动力反应。

如果瞬时冲量 S 从 $t=\tau$ 开始作用［图 10 - 21（b）］，则式中的位移反应时间 t，应改成 $(t-\tau)$，即式（10 - 35）应改为

$$y=\frac{S}{m\omega}\sin\omega(t-\tau) \tag{10 - 36}$$

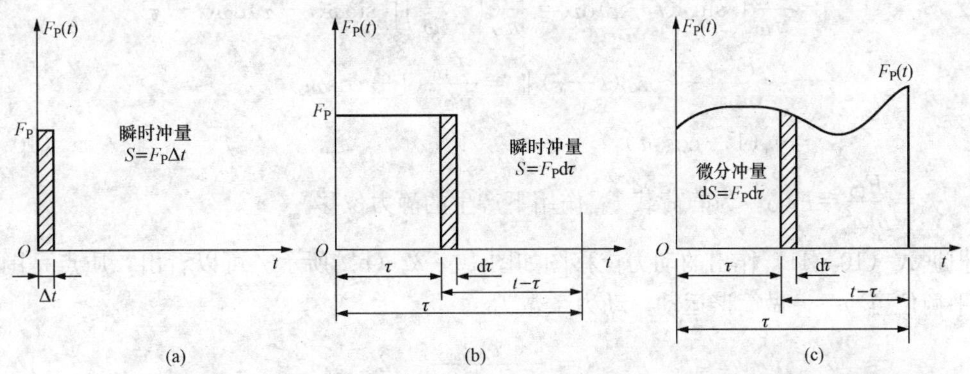

图 10 - 21　一般动荷载的动力反应

（a）$t=0$ 时瞬时冲量；（b）$t=\tau$ 时瞬时冲量；（c）冲量集成

2. 一般动荷载的动力反应（总效应）

现在讨论一般动荷载 $F_P(t)$ 作用［图 10 - 21（c）］时的动力反应。

一般动荷载可看作由一系列瞬时冲量组成，在时刻 $t=\tau$ 作用荷载为 $F_P(\tau)$，其在时间微分段 $d\tau$ 内的冲量为

$$dS=F_P(\tau)d\tau$$

由式（10 - 36），此微分冲量作用引起的动力反应为

$$dy=\frac{F_P(\tau)d\tau}{m\omega}\sin\omega(t-\tau)\quad(t>\tau) \tag{10 - 37}$$

对加载过程中产生的所有微分反应进行叠加，即对式（10 - 37）进行积分，可得总反

应如下

$$y=\frac{1}{m\omega}\int_0^t F_P(\tau)\sin\omega(t-\tau)\mathrm{d}\tau \tag{10 - 38}$$

式（10 - 38）称为杜哈梅（J. M. C. Duhamal）积分，这就是初始处于静止状态时单自由度体系在一般动荷载 $F_P(\tau)$ 作用下的位移公式。

如果（在 O 点）初始位移 y_0 和初始速度 v_0 不为 0，则总位移还应叠加式（10 - 10）的结果，总位移应为

$$y=y_0\cos\omega t+\frac{v_0}{\omega}\sin\omega t+\frac{1}{m\omega}\int_0^t F_P(\tau)\sin\omega(t-\tau)\mathrm{d}\tau \tag{10 - 39}$$

下面讨论两种特殊形式的动荷载作用时的动力反应。

(1) 突加荷载。

体系原处于静止状态，在 $t=0$ 时，突然加上荷载 F_{P0}，并一直作用在结构上。吊装重物时的吊装荷载即为此种荷载，其表示式为

$$F_P(t)=\begin{cases}0, & 当\ t<0\\ F_{P0}, & 当\ t>0\end{cases}\quad (t=0\ 有间断点) \tag{10 - 40}$$

突加荷载的 F_P—t 曲线如图 10 - 22（a）所示。

当 $t>0$ 时，将式（b）中的荷载表达式代入式（10 - 38），得到动位移

$$\begin{aligned}y&=\frac{F_{P0}}{m\omega}\int_0^t \sin\omega(t-\tau)\mathrm{d}\tau=\frac{F_{P0}}{m\omega}\left(-\frac{1}{\omega}\right)\int_0^t \sin\omega(t-\tau)\mathrm{d}\omega(t-\tau)\\&=-\frac{F_{P0}}{m\omega^2}[-\cos\omega(t-\tau)]_0^t=\frac{F_{P0}}{m\omega^2}(1-\cos\omega t)\\&=y_{st}(1-\cos\omega t)\end{aligned} \tag{10 - 41}$$

式中，$y_{st}=\frac{F_{P0}}{m\omega^2}=F_{P0}\delta$，为静荷载 F_{P0} 作用下产生的静力位移。

根据式（10 - 41）作出的动力位移图如图 10 - 22（b）所示。可以看出，质点是围绕其静力平衡位置 $y=y_{st}$ 做简谐运动，动力系数为

$$\beta=\frac{[y(t)]_{\max}}{y_{st}}=2 \tag{10 - 42}$$

由此看出，突加荷载作用引起的最大位移比相应的静位移增大一倍，应该引起注意。

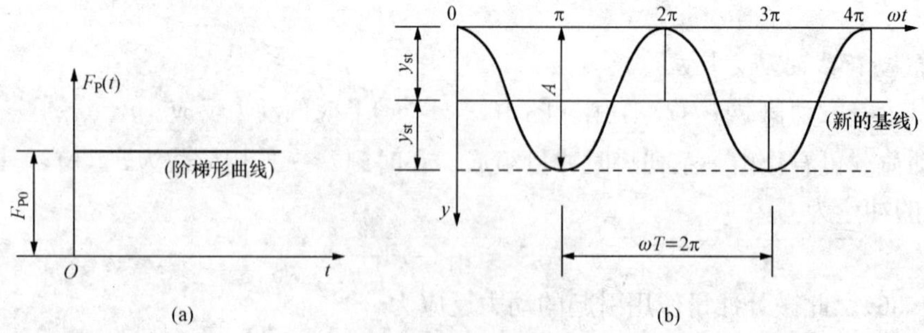

图 10 - 22　突加荷载示意图

(a) 荷载—时间关系曲线；(b) 位移—时间关系曲线

（2）线性渐增荷载。

在一定时间内（$0\leqslant t\leqslant t_r$），荷载由 0 增至 F_{P0}，然后荷载值保持不变［图 10-23（a）］。荷载表达式为

$$F_P(t)=\begin{cases}\dfrac{F_{P0}}{t_r}t, & 当\ 0\leqslant t\leqslant t_r\\ F_{P0}, & 当\ t>t_r\end{cases}$$

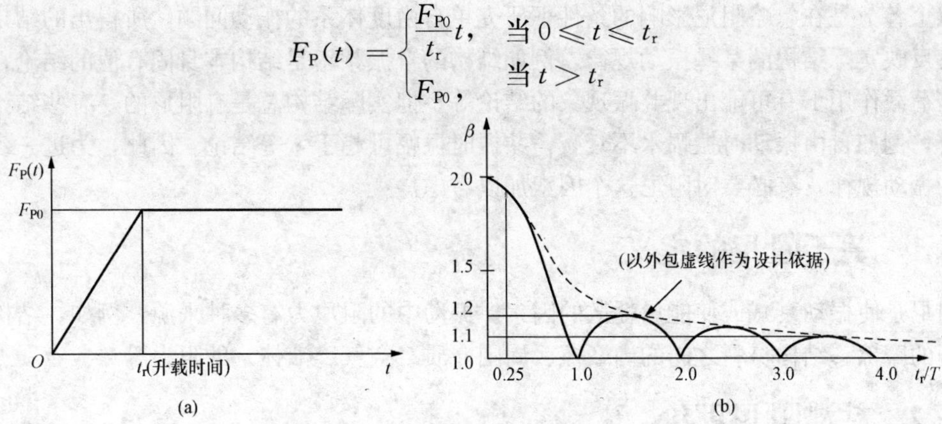

图 10-23　线性渐增荷载示意图

（a）荷载—时间关系曲线；（b）动力系数反应谱

这里，t_r 为升载时间。

这种荷载引起的动力反应同样可以利用杜哈梅积分求解，分两阶段：

1）第Ⅰ阶段（$t\leqslant t_r$）：

$$y^{\mathrm{I}}=\frac{1}{m\omega}\int_0^t\frac{F_{P0}}{t_r}\tau\sin\omega(t-\tau)\mathrm{d}\tau=\frac{F_{P0}}{m\omega t_r}\left(-\frac{1}{\omega}\right)\int_0^t\tau\sin\omega(t-\tau)\mathrm{d}\omega(t-\tau)$$

$$y^{\mathrm{I}}=y_{st}\frac{1}{t_r}\left(t-\frac{\sin\omega t}{\omega}\right)\quad(t\leqslant t_r)\tag{10-43}$$

2）第Ⅱ阶段（$t\geqslant t_r$）：

$$y^{\mathrm{II}}=\frac{1}{m\omega}\int_0^{t_r}\frac{F_{P0}}{t_r}\tau\sin\omega(t-\tau)\mathrm{d}\tau+\frac{1}{m\omega}\int_{t_r}^{t}F_{P0}\sin\omega(t-\tau)\mathrm{d}\tau$$

$$y^{\mathrm{II}}=y_{st}\left\{1-\frac{1}{\omega t_r}[\sin\omega t-\sin\omega(t-t_r)]\right\}\quad(t\geqslant t_r)\tag{10-44}$$

对于这种线性渐增荷载，其动力反应与升载时间 t_r 的长短有很大关系。如图 10-23（b）所示曲线表示动力系数 β 随升载时间比值$\dfrac{t_r}{T}$而变化的情形，这种关系曲线叫动力系数的反应谱曲线。

由如图 10-23（b）所示的动力系数反应谱可看出：

①动力系数 β 介于 1 与 2 之间。

②如果升载时间很短，如当$\dfrac{t_r}{T}<0.25$ 时，动力系数 β 接近于 2.0，即相当于突加荷载的情况。

③如果升载时间很长，如当$\dfrac{t_r}{T}>4$ 时，动力系数 β 接近于 1.0，即相当于静荷载的情况。

④图 10-23（b）中所示的外包虚线，可作为设计中选用动力系数的依据。

10.4　阻尼对振动的影响

以上各节是在忽略阻尼影响的条件下研究单自由度体系的振动问题。所得出的结果大体上能够反映实际结构的某些振动规律，例如结构的自振频率是结构本身固有值的结论，以及在简谐荷载作用下有可能出现共振现象的结论等。但实际结构总是有阻尼的，有些结论就不尽相符，例如自由振动时振幅永不衰减，共振时振幅可趋于∞等结论。因此，为进一步了解结构的振动规律，有必要对阻尼这个因素加以考虑。

10.4.1　关于阻尼的定义

阻尼是使振动衰减或使能量耗散的因素。振动中的阻尼力有多种来源，例如，结构与支承之间的摩擦、结构材料之间的内摩擦、周围介质（空气、液体）的阻力等。

10.4.2　粘滞阻尼理论

关于阻尼的理论有多种，通常采用的是粘滞阻尼理论，该理论最初用于考虑物体以不大的速度在黏性液体中运动时所遇到的抗力，称为粘滞阻尼力。

该理论假设阻尼力的大小与质点速度成正比，其方向与质点速度的方向相反。即阻尼力

$$F_C = -c\dot{y}$$

式中　c——阻尼系数；

$\dot{y}$——质点速度。

负号表明 F_C 的方向恒与质点速度 $\dot{y}$ 的方向相反，它在振动时做负功，因而造成能量耗散。

具有阻尼的单自由度体系受迫振动的模型如图 10-24（a）所示。体系的质量为 m，体系的弹性性质用弹簧表示，弹簧的刚度系数为 k。体系的阻尼性质用阻尼减震器表示，阻尼常数为 c。

取质量 m 为隔离体，如图 10-24（b）所示。隔离体上作用的力，除弹性力 $-ky$、惯性力 $-m\ddot{y}$、干扰力 $F_P(t)$ 外，还有阻尼力 $-c\dot{y}$，因此，所建立的运动方程为

$$m\ddot{y} + c\dot{y} + ky = F_P(t) \tag{10-45}$$

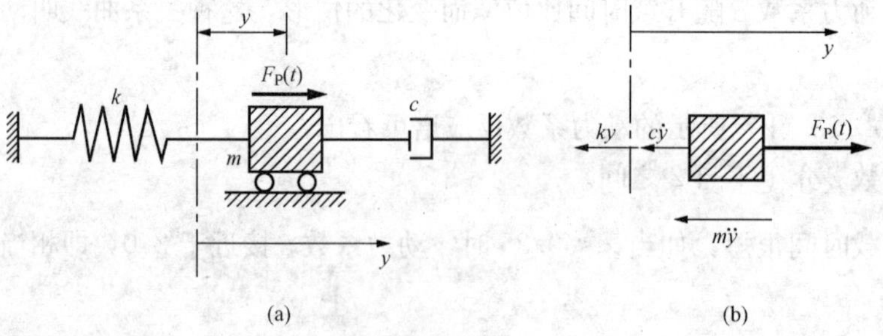

图 10-24　有阻尼体系振动模型

（a）有阻尼模型；（b）质量隔离体

10.4.3　有阻尼自由振动

在式（10 - 45）中令 $F_P(t)=0$，即为有阻尼自由振动的微分方程

$$m\ddot{y}+c\dot{y}+ky=0 \tag{10-46}$$

令

$$\xi=\frac{c}{2m\omega} \tag{10-47}$$

式中　ξ——阻尼比。

并引入 $\omega=\sqrt{\dfrac{k}{m}}$，则式（10 - 46）可改写为

$$\ddot{y}+2\xi\omega\dot{y}+\omega^2 y=0 \tag{10-48}$$

这是一个常系数的齐次线性微分方程，设微分方程的解为

$$y=Ce^{\lambda t}$$

则 λ 由下列特征方程所确定

$$\lambda^2+2\xi\omega\lambda+\omega^2=0$$

其解为

$$\lambda=\omega(-\xi\pm\sqrt{\xi^2-1}) \tag{10-49}$$

方程式（10 - 48）的解取决于式（10 - 49）中根号内的数值。根据 $\xi<1$、$\xi=1$、$\xi>1$ 三种情况，可得出三种运动状态，现分析如下。

1. 考虑 $\xi<1$ 的情况（即低阻尼情况）

令考虑阻尼时的自振频率

$$\omega_r=\omega\sqrt{1-\xi^2} \tag{10-50}$$

则

$$\lambda_{1,2}=-\xi\omega\pm i\omega_r$$

此时，微分方程式（10 - 48）的解为

$$y=e^{-\xi\omega t}(C_1\cos\omega_r t+C_2\sin\omega_r t)$$

积分常数 C_1、C_2 可由初始条件求得

$$C_1=y_0;\quad C_2=\frac{v_0+\xi\omega y_0}{\omega_r}$$

于是，有

$$y=e^{-\xi\omega t}\left(y_0\cos\omega_r t+\frac{v_0+\xi\omega y_0}{\omega_r}\sin\omega_r t\right) \tag{10-51}$$

式中　$e^{-\xi\omega t}$——衰减系数。

式（10 - 51）还可以写成单项形式

$$y=e^{-\xi\omega t}a\sin(\omega_r t+\alpha) \tag{10-52}$$

其中

$$\left.\begin{aligned}a&=\sqrt{y_0^2+\left(\frac{v_0+\xi\omega y_0}{\omega_r}\right)^2}\\ \alpha&=\tan^{-1}\frac{y_0\omega_r}{v_0+\xi\omega y_0}\end{aligned}\right\} \tag{10-53}$$

根据以上解答，对低阻尼的自由振动可讨论如下：

(1) 低阻尼的振动是一周期性的衰减振动。由式（10－51）或式（10－52）可画出低阻尼体系自由振动时的 $y—t$ 曲线，如图 10－25 所示。这是一条衰减曲线。

(2) 低阻尼对自振频率的影响。

由式（10－31），因 $\xi<1$，故 $\omega_r<\omega$。

当 $\xi<0.2$ 时（一般建筑物 ξ 在 0.01～0.1 之间），则 $\frac{\omega_r}{\omega}$ 在 0.98～1.0 之间，阻尼对自振频率的影响可以忽略不计，故取

$$\omega_r \approx \omega$$

$$T_r = \frac{2\pi}{\omega_r} \approx T$$

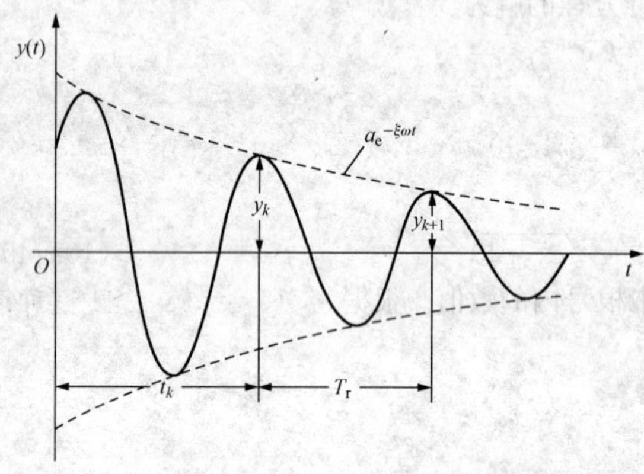

图 10－25 低阻尼自由振动的位移—时间曲线

(3) 低阻尼对振幅的影响。

在式（10－52）中，振幅为 $ae^{-\xi\omega t}$，从图 10－25 可以看出，由于阻尼的影响，振幅随时间按照等比级数 $e^{-\xi\omega T_r}$ 或 $\frac{y_{k+1}}{y_k}$ 规律逐渐衰减，经过一个周期 $T\left(T=\frac{2\pi}{\omega_r}\right)$ 后，相邻两个振幅之比为

$$\frac{y_{k+1}}{y_k} = \frac{e^{-\xi\omega(t_k+T_r)}}{e^{-\xi\omega t_k}} = e^{-\xi\omega T_r}$$

由此可见，振幅是按几何级数衰减的，而且 ξ 值越大（阻尼越大），衰减速度越快。

(4) 阻尼比的测定。

对上式等号两边倒数（分子与分母换位后）取自然对数，得

$$\ln\frac{y_k}{y_{k+1}} = \ln(e^{\xi\omega T_r}) = \xi\omega T_r = \xi\omega\frac{2\pi}{\omega_r}$$

因此

$$\xi = \frac{1}{2\pi} \times \frac{\omega_r}{\omega}\ln\frac{y_k}{y_{k+1}}$$

当 $\xi<0.2$ 时，则 $\frac{\omega_r}{\omega}\approx 1$，于是有

$$\xi = \frac{1}{2\pi}\ln\frac{y_k}{y_{k+1}}$$

这里，$\ln\frac{y_k}{y_{k+1}}$ 称为振幅的对数递减率。同样，用 y_k 和 y_{k+n} 表示两个相隔 n 个周期的振幅，可得

$$\xi = \frac{1}{2\pi n}\ln\frac{y_k}{y_{k+n}} \tag{10-54}$$

工程上通过实测两个振幅 y_k 和 y_{k+n}，并由式（10－54）来计算 ξ 值。

2. 考虑 $\xi=1$ 的情况（即临界阻尼情况）

此时，由式（10-49）得

$$\lambda_{1,2}=-\omega$$

因此，微分方程式（10-48）的解为

$$y=(C_1+C_2t)\mathrm{e}^{-\omega t}$$

再引入初始条件，得

$$y=[y_0(1+\omega t)+v_0t]\mathrm{e}^{-\omega t} \tag{10-55}$$

其曲线如图 10-26 所示。这条曲线仍然具有衰减性质，但不具有波动性质。它表示体系从初始位移 y_0 出发，逐渐回到静平衡位置而无振动发生。

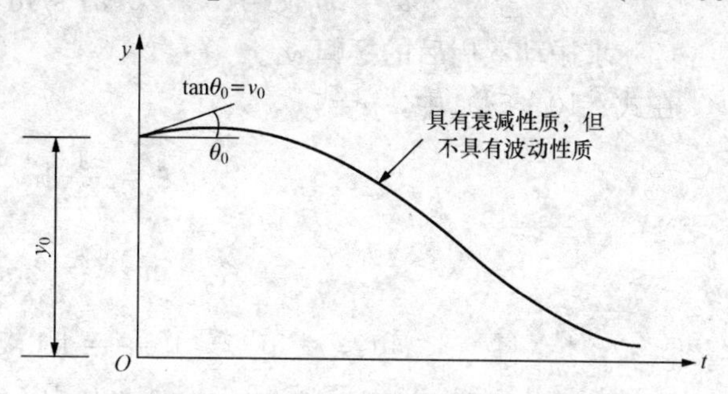

图 10-26 临界阻尼情况的位移—时间曲线

综合以上讨论可知：当 $\xi<1$ 时，体系中会引起振动，但是衰减的；而当阻尼增大到 $\xi=1$ 时，体系中不再引起振动，这时的阻尼系数称为临界阻尼常数，用 c_r 表示。

在式（10-47）中，令 $\xi=1$，则临界阻尼系数为

$$c_r=2m\omega=2\sqrt{mk_{11}} \tag{10-56}$$

故阻尼比

$$\xi=\frac{c}{c_r}=\frac{\text{阻尼系数}}{\text{临界阻尼系数}}$$

阻尼比 ξ 是反映阻尼情况的基本参数。

3. 考虑 $\xi>1$ 的情况（即强阻尼情况）

体系不出现振动现象。这种情形实际问题中很少遇到，不予讨论。

例 10-6 如图 10-27 所示刚架横梁 $EI_0=\infty$，质量集中在横梁上，设总质量为 m。为了确定水平振动时刚架的动力特性，进行了以下振动实验：在横梁处加一水平力 $F_P=9.8\text{kN}$，刚架发生侧移 $y_0=0.5\text{cm}$，然后，突然释放，使结构做自由振动。此时，测得周期 $T=1.5\text{s}$，并测得一个周期后横梁摆回的侧移为 $y_1=0.4\text{cm}$。

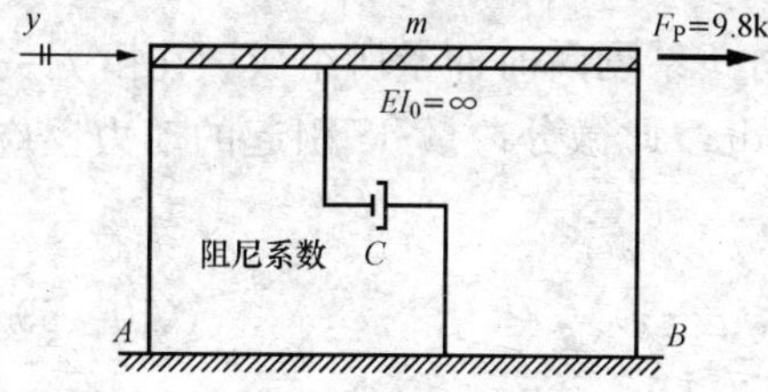

图 10-27 例 10-6 图

试计算：（1）刚架的阻尼比 ξ；（2）刚架的阻尼系数 c；（3）振动 5 周后的振幅 y_5。

解：（1）求阻尼比 ξ。

假设阻尼比 $\xi<0.2$，$\omega_r\approx\omega$，因此，可用式（10-54）计算 ξ。

$$\xi=\frac{1}{2\pi}\ln\frac{y_0}{y_1}=\frac{1}{2\times3.1416}\ln\frac{0.5}{0.4}=0.0355(\text{低阻尼})$$

（2）求阻尼系数 c。

取 $T=T_r$（低阻尼），则有

$$\omega = \frac{2\pi}{T} = \frac{2\pi}{1.5} = 4.1888\text{s}^{-1}$$

$$k = \frac{F_P}{y_0} = \frac{9.8 \times 10^3}{0.005}\text{N/m} = 196 \times 10^4\text{N/m}$$

$$m = \frac{k}{\omega^2} = \frac{196 \times 10^4}{4.1888^2}\text{kg} = 1.12 \times 10^5\text{kg}$$

所以，刚架的阻尼系数

$$c = 2m\omega\xi = 33\ 220\text{N} \cdot \text{s/m} = 332.2\text{N} \cdot \text{s/cm}$$

(3) 求振动 5 周后的振幅 y_5。

在式 (10 - 54) 中，$n=5$

$$\xi = \frac{1}{2\pi n}\ln\frac{y_0}{y_5}$$

$$\ln\frac{y_0}{y_5} = 2\pi n\xi$$

$$\ln y_5 = \ln y_0 - 10\pi\xi = \ln 0.5 - 10\pi \times 0.0355$$

$$y_5 = 0.164\text{cm}$$

所以，振动 5 周后的振幅为 0.164cm。

10.4.4 有阻尼受迫振动 ($\xi<1$)

1. 一般动力荷载 $F_P(t)$ 作用下的有阻尼受迫振动

有阻尼体系 ($\xi<1$) 承受一般动力荷载 $F_P(t)$ 时，其反应也可表示为杜哈梅积分，与无阻尼体系的式 (10 - 38) 相似，可仿照相应的无阻尼受迫振动的方法（冲量法）推导如下。

首先，由式 (10 - 51) 可知，单独由初始速度 v_0（初始位移 y_0 为二阶微量，被忽略）所引起的振动为

$$y = e^{-\xi\omega t}\frac{v_0}{\omega_r}\sin\omega_r t \tag{10 - 57}$$

由于冲量 $S=mv_0$，故在初始时刻由冲量 S 引起的振动为

$$y = e^{-\xi\omega t}\frac{S}{m\omega_r}\sin\omega_r t \tag{10 - 58}$$

其次，一般动力荷载 $F_P(t)$ 的加载过程可以看作由一系列瞬时冲量所组成。在由 $t=\tau$ 到 $t=\tau+\text{d}\tau$ 的时段内，荷载的微分冲量为 $\text{d}S = F_P(\tau)\text{d}\tau$，此微分冲量 $\text{d}S$ 引起的动力反应（对于 $t>\tau$）为

$$\text{d}y = \frac{F_P(\tau)\text{d}\tau}{m\omega_r}e^{-\xi\omega(t-\tau)}\sin\omega_r(t-\tau) \tag{10 - 59}$$

然后对式 (10 - 59) 进行积分，即得总反应如下

$$y = \int_0^t \frac{F_P(\tau)}{m\omega_r}e^{-\xi\omega(t-\tau)}\sin\omega_r(t-\tau)\text{d}\tau \tag{10 - 60}$$

这就是开始处于静止状态的单自由度体系，在一般动力荷载 $F_P(t)$ 作用下所引起的有阻尼受迫振动的位移公式。如果还有初始位移 y_0 和初始速度 v_0，则总位移还应叠加式 (10 - 51) 的结果：

$$y = e^{-\xi\omega t}\left(y_0\cos\omega_r t + \frac{v_0 + \xi\omega y_0}{\omega_r}\sin\omega_r t\right) + \int_0^t \frac{F_P(\tau)}{m\omega_r} e^{-\xi\omega(t-\tau)}\sin\omega_r(t-\tau)\mathrm{d}\tau \quad (10-61)$$

式中，第一项为自由振动部分，第二项为伴生自由振动和纯受迫振动。

在计算地震作用的动力反应时有采用有阻尼的杜哈梅积分。

2. 突加荷载 F_{P0} 作用下的有阻尼受迫振动

此时，将 $F(\tau) = F_{P0}$ 代入式（10 - 60），当 $t>0$ 时，经积分得

$$y = \frac{F_{P0}}{m\omega^2}\left[1 - e^{-\xi\omega t}\left(\cos\omega_r t - \frac{\xi\omega}{\omega_r}\sin\omega_r t\right)\right] \quad (10-62)$$

此式与无阻尼体系的式（10 - 41）相对应。

根据式（10 - 62）可作出相应的动力位移图，如图 10 - 28 所示［此图可与无阻尼体系的动力位移图 10 - 22（b）相对照］。由图看出，具有阻尼的体系在突加荷载作用下，最初引起的最大位移可能接近最大“静”位移 $y_{st} = \frac{F_{P0}}{m\omega^2}$ 的 2 倍，然后经过衰减振动，最后停留在静力平衡位置上。

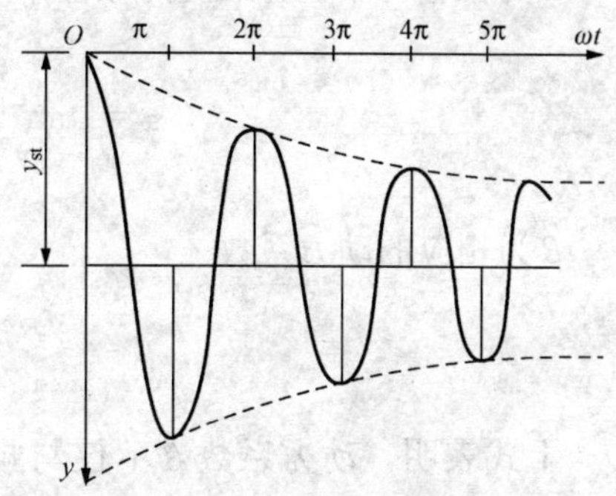

图 10 - 28　有阻尼体系在突加荷载作用下的动力位移图

3. 简谐荷载 $F_P(t) = F\sin\theta t$ 作用下的有阻尼受迫振动

在式（10 - 45）中令 $F_P(t) = F\sin\theta t$，即得简谐荷载作用下有阻尼体系受迫振动微分方程

$$\ddot{y} + 2\xi\omega\dot{y} + \omega^2 y = \frac{F}{m}\sin\theta t \quad (10-63)$$

此方程的解仍然由齐次解和特解组成，齐次解 $\overline{y}$ 与有阻尼自由振动的运动微分方程的解相同

$$\overline{y} = e^{-\xi\omega t}(C_1\cos\omega_r t + C_2\sin\omega_r t)$$

特解 y^* 采用待定系数法求解，可设

$$y^* = A\sin\theta t + B\cos\theta t$$

于是

$$\dot{y}^* = A\theta\cos\theta t - B\theta\sin\theta t$$
$$\ddot{y}^* = -A\theta^2\sin\theta t - B\theta^2\cos\theta t$$

代入式（10 - 63），可得

$$\left.\begin{aligned} A &= \frac{F}{m}\times\frac{\omega^2-\theta^2}{(\omega^2-\theta^2)^2+4\xi^2\omega^2\theta^2} \\ B &= \frac{F}{m}\times\frac{-2\xi\omega\theta}{(\omega^2-\theta^2)^2+4\xi^2\omega^2\theta^2} \end{aligned}\right\} \quad (10-64)$$

将齐次解和特解相叠加，即得方程的通解如下

$$y = \overline{y} + y^* = \{e^{-\xi\omega t}(C_1\cos\omega_r t + C_2\sin\omega_r t)\} + \{A\sin\theta t + B\cos\theta t\}$$

其中两个常数 C_1 和 C_2 由初始条件确定。

上式的右边分为两部分（各用大括号标出），表明体系的振动是由具有 ω_r 的频率和具有

θ的频率的振动两部分所组成。由于阻尼的作用，频率为ω_r的第一部分振动含有因子$e^{-\xi\omega t}$，将逐渐衰减而最后消失，频率为θ的第二部分振动只受到荷载的周期影响，不衰减，这部分振动称为平稳振动（或纯受迫振动）。

平稳振动任一时刻的动力位移可用下式表示

$$y = y_P \sin(\theta t - \alpha) \tag{10-65}$$

式中，y_P为有阻尼纯受迫振动的振幅

$$y_P = y_{st}\beta \tag{10-66}$$

y_{st}为荷载最大值F作用下的静力位移；

α为位移与干扰力之间的相位角

$$\alpha = \tan^{-1}\frac{2\xi\left(\frac{\theta}{\omega}\right)}{1-\left(\frac{\theta}{\omega}\right)^2} = \tan^{-1}\frac{2\xi\omega\theta}{\omega^2-\theta^2} \tag{10-67}$$

β为相应的动力系数

$$\beta = \frac{y_P}{y_{st}} = \left[\left(1-\frac{\theta^2}{\omega^2}\right)^2+\left(\frac{2\xi\theta}{\omega}\right)^2\right]^{-\frac{1}{2}} \tag{10-68}$$

上式表明，动力系数β不仅与频率比值$\frac{\theta}{\omega}$有关，而且与阻尼比ξ有关。对于不同的ξ值，所画出相应的β与$\frac{\theta}{\omega}$之间的关系曲线，称为振幅—频率特性曲线，如图10-29所示。

由图10-29以及上述讨论，可以得出：

(1) 随着阻尼比ξ值（在$0\leqslant\xi\leqslant1$的范围内）的增大，即ξ由$0\to1$增大时，相应的曲线变得更为平缓。

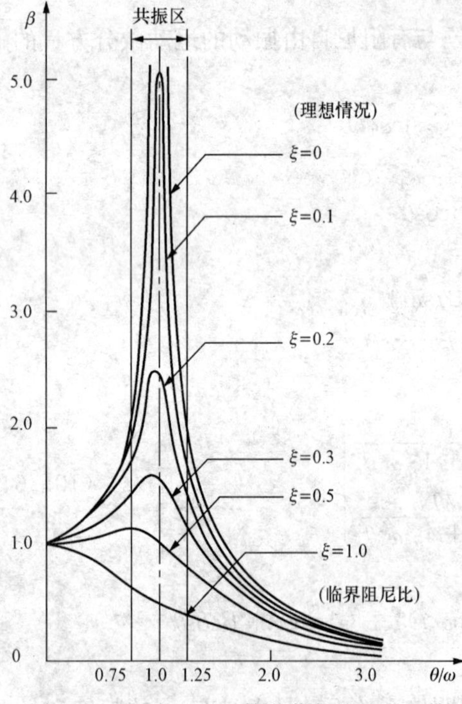

图10-29 有阻尼时简谐荷载的动力系数

(2) 当$\frac{\theta}{\omega}\to0$（即$\theta\ll\omega$），$\beta\to1$。这表明当体系振动很慢时，可看作静力荷载来计算。

(3) 当$\frac{\theta}{\omega}\to\infty$（即$\theta\gg\omega$），$\beta\to0$。这相当于无干扰力。

(4) 当$\frac{\theta}{\omega}\to1$（即$\theta\approx\omega$），也就是在$\frac{\theta}{\omega}=1$的附近，这时$\xi$对$\beta$的数值有很大的影响，由于阻尼的存在，使$\beta$峰值下降。在$\frac{\theta}{\omega}=1$时，即共振的情形，动力系数$\beta$可由式（10-68）得到

$$\beta = \frac{1}{\sqrt{(2\xi\times1)^2}} = \frac{1}{2\xi} \tag{10-69}$$

如果忽略阻尼的影响，即在式（10-69）中令$\xi=0$，则得出无阻尼体系共振时动力系数趋于无

穷大的结论。如果考虑阻尼的影响，则式（10-69）中的 ξ 不为零，因而得出共振时动力系数是一个有限值的结论。可见，在 $\frac{\theta}{\omega}=1$ 附近，阻尼比 ξ 的影响是不容忽视的。

（5）在共振区范围内 $\left(0.75\leqslant\frac{\theta}{\omega}\leqslant1.25\right)$，应考虑阻尼影响（减幅作用大）；在远离共振区的范围内，可以不考虑阻尼的影响（偏安全）。

（6）由式（10-65）看出，阻尼体系的位移比荷载滞后一个相位角 α，α 值可由式(10-67)求出。下面是三个典型情况的相位角：

①当荷载频率很小，$\frac{\theta}{\omega}\rightarrow0$（即 $\theta\ll\omega$）时，$\alpha\rightarrow0°$[$y(t)$ 与 $F_P(t)$ 同步]，此时，体系振动很慢，惯性力和阻尼力都很小，故动力荷载主要由弹性力与之平衡。

②当荷载频率很大，$\frac{\theta}{\omega}\rightarrow\infty$（即 $\theta\gg\omega$）时，$\alpha\rightarrow180°$ [$y(t)$ 与 $F_P(t)$ 方向相反]，此时，体系振动很快，惯性力很大，弹性力和阻尼力相对比较小，故动力荷载主要与惯性力平衡。

③当荷载频率接近自振频率，$\frac{\theta}{\omega}\rightarrow1$（即 $\theta\approx\omega$）时，$\alpha\rightarrow90°$，这说明位移落后于荷载90°。因此，当荷载最大时，位移和加速度都接近于零，故动力荷载主要由阻尼力与之平衡。而在无阻尼振动中，因没有阻尼力去平衡动力荷载，故将会出现位移无限增大的情况。由此亦看出，在共振情况下，阻尼力起重要作用，它的影响是不容忽视的。

10.5 多自由度体系的自由振动

在实际工程中，很多问题可以简化为单自由度体系计算。但也有很多结构的振动问题不宜简化为单自由度体系，如多层房屋的侧向振动、不等高排架的振动、柔性较大的高耸结构在地震作用下的振动、桥梁的振动、拱坝和水闸的振动等，都应按多自由度体系来计算。

按建立运动方程的方法，多自由度体系自由振动的求解方法有两种：刚度法和柔度法。刚度法是根据力的平衡条件建立运动微分方程，柔度法是根据位移协调条件建立运动微分方程。对于多自由度体系，自由振动分析一般不考虑阻尼。

10.5.1 刚度法

先介绍两个自由度的体系，然后再推广到 n 个自由度的体系。

1. 两个自由度体系的自由振动

（1）建立运动方程。如图 10-30（a）所示为一具有两个集中质量的体系，具有两个自由度。若不考虑阻尼，取质量 m_1 和 m_2 为隔离体，如图 10-30（b）所示，质点上作用惯性力和弹性恢复力，根据达朗伯原理，可列出平衡方程：

$$\left.\begin{aligned}F_{I1}+F_{S1}=0\\F_{I2}+F_{S2}=0\end{aligned}\right\}\tag{10-70}$$

弹性恢复力 F_{S1}、F_{S2} 是质量 m_1、m_2 与结构之间的相互作用力。图 10-30（b）中的 F_{S1}、F_{S2} 是质点受的力，而图 10-30（c）中的 F_{S1}、F_{S2} 是结构受的力，二者方向彼此相

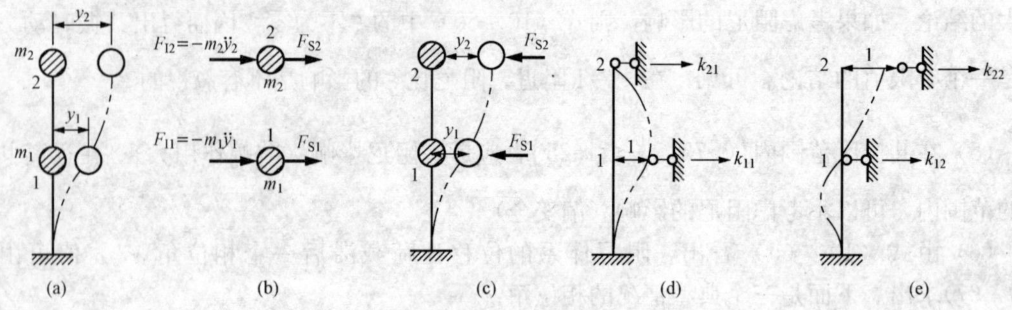

图 10 - 30 两个自由度体系刚度法模型

(a) 质量和位移；(b) 质量隔离体；(c) 弹性力和位移；(d) 刚度系数 k_{11}、k_{21}；(e) 刚度系数 k_{12}、k_{22}

反。在图 10 - 30（c）中，结构所受的力 F_{S1}、F_{S2} 与结构的位移 y_1、y_2 之间应满足刚度方程：

$$\left.\begin{aligned}F_{S1}&=-(k_{11}y_1+k_{12}y_2)\\F_{S2}&=-(k_{21}y_1+k_{22}y_2)\end{aligned}\right\}\tag{10 - 71}$$

式（10 - 71）中，k_{11}、k_{12}、k_{21}、k_{22} 的物理意义分别如图 10 - 30（d）、（e）所示，是结构的刚度系数。

将式（10 - 71）代入式（10 - 70），可得运动方程

$$\left.\begin{aligned}m_1\ddot{y}_1+k_{11}y_1+k_{12}y_2&=0\\m_2\ddot{y}_2+k_{21}y_1+k_{22}y_2&=0\end{aligned}\right\}\tag{10 - 72}$$

也可用矩阵表示为

$$\begin{bmatrix}m_1&0\\0&m_2\end{bmatrix}\begin{bmatrix}\ddot{y}_1\\\ddot{y}_2\end{bmatrix}+\begin{bmatrix}k_{11}&k_{12}\\k_{21}&k_{22}\end{bmatrix}\begin{bmatrix}y_1\\y_2\end{bmatrix}=[0]\tag{10 - 73}$$

或缩写为

$$[M][\ddot{y}]+[K][y]=[0]\tag{10 - 74}$$

式中 $[M]$ ——质量矩阵；

$[\ddot{y}]$ ——加速度列阵；

$[K]$ ——刚度矩阵；

$[y]$ ——位移列阵。

（2）求解运动方程。与单自由度体系自由振动的情况一样，这里也假设两个质点为简谐振动，设微分方程组特解的形式如下

$$\left.\begin{aligned}y_1&=Y_1\sin(\omega t+\alpha)\\y_2&=Y_2\sin(\omega t+\alpha)\end{aligned}\right\}\tag{10 - 75}$$

式中 Y_1、Y_2——分别为质量 m_1 和 m_2 的位移幅值。

式（10 - 75）所表明的运动具有以下特点：

1）在振动过程中，两个质点具有相同的频率 ω 和相同的相位角 α。

2）在振动过程中，两个质点的位移在数值上随时间而变化，但二者的比值始终保持不变，即

$$\frac{y_1}{y_2}=\frac{Y_1}{Y_2}=\text{常数}$$

这种结构位移形状保持不变的振动形式，称为主振型或振型。这样的振动称为按振型自振（单频振动，具有不变的振动形式），而实际的多自由度体系的自由振动是多频振动，振动形状随时间而变化，但可化为各个振型振动的叠加。

（3）求解自振频率。由式（10-75），得

$$\left.\begin{aligned}\ddot{y}_1&=-\omega^2Y_1\sin(\omega t+\alpha)\\\ddot{y}_2&=-\omega^2Y_2\sin(\omega t+\alpha)\end{aligned}\right\}$$

将 y 和 $\ddot{y}$ 代入运动方程式（10-72）～式（10-74），消去公因子 $\sin(\omega t+\alpha)$ 后，得

$$\left.\begin{aligned}(k_{11}-\omega^2m_1)Y_1+k_{12}Y_2&=0\\k_{21}Y_1+(k_{22}-\omega^2m_2)Y_2&=0\end{aligned}\right\}\tag{10-76}$$

或

$$([K]-\omega^2[M])[Y]=[0]\tag{10-77}$$

上式为关于质点振幅 Y_1、Y_2 的齐次代数方程，称为振型方程或特征向量方程。虽然 $Y_1=Y_2=0$ 是方程的解，但它相应于没有发生振动的静止状态。为了要得到 Y_1、Y_2 不全为零的解答，应使其系数行列式为零，即

$$D=\begin{vmatrix}k_{11}-\omega^2m_1 & k_{12}\\k_{21} & k_{22}-\omega^2m_2\end{vmatrix}=0\tag{10-78}$$

上式称为频率方程或特征方程，用它可以确定体系的自振频率 ω。

由式（10-78）可以求出 ω^2，进而求出 ω。将式（10-78）展开，整理后，得

$$(\omega^2)^2-\left(\frac{k_{11}}{m_1}+\frac{k_{22}}{m_2}\right)\omega^2+\frac{k_{11}k_{22}-k_{12}k_{21}}{m_1m_2}=0$$

上式是 ω^2 的二次方程，由此可以解出 ω^2 的两个根：

$$\omega_{1,2}^2=\frac{1}{2}\left(\frac{k_{11}}{m_1}+\frac{k_{22}}{m_2}\right)\mp\sqrt{\left[\frac{1}{2}\left(\frac{k_{11}}{m_1}+\frac{k_{22}}{m_2}\right)\right]^2-\frac{k_{11}k_{22}-k_{12}k_{21}}{m_1m_2}}\tag{10-79}$$

由此式可见，ω 只与体系本身的刚度系数及其质量分布情形有关，而与外部荷载无关。可以证明这两个根都是正的。所以，具有两个自由度的体系共有两个自振频率。

用 ω_1 表示其中最小的圆频率，称为第一圆频率或基本圆频率。另一个圆频率 ω_2 称为第二圆频率。

求出 ω_1 和 ω_2 之后，即可确定它们各自相应的振型。

（4）确定主振型。将第一圆频率 ω_1 代入式（10-76）。由于系数行列式 $D=0$，此方程组中的两个方程是线性相关的（实际上只有一个独立的方程），不能求出 Y_1 和 Y_2 的具体数值，而只能求得二者的比值$\dfrac{Y_1}{Y_2}$。这个比值所确定的振动形式就是与第一圆频率 ω_1 相对应的振型，称为第一振型或基本振型。例如，由式（10-76）中的第一式可得

$$\frac{Y_{11}}{Y_{21}}=\frac{-k_{12}}{k_{11}-\omega_1^2m_1}\tag{10-80}$$

式中　Y_{11}、Y_{21}——分别表示第一振型中质点1和2的振幅。

同样，将第二圆频率 ω_2 代入式（10 - 76），可以求出$\frac{Y_1}{Y_2}$的另一个比值。这个比值所确定的另一个振动形式就是与第二圆频率 ω_2 相对应的振型，称为第二振型。例如，仍由式(10 - 76)中的第一式可得

$$\frac{Y_{12}}{Y_{22}}=\frac{-k_{12}}{k_{11}-\omega_2^2 m_1} \tag{10 - 81}$$

式中　Y_{12}、Y_{22}——分别表示第二振型中质点 1 和 2 的振幅。

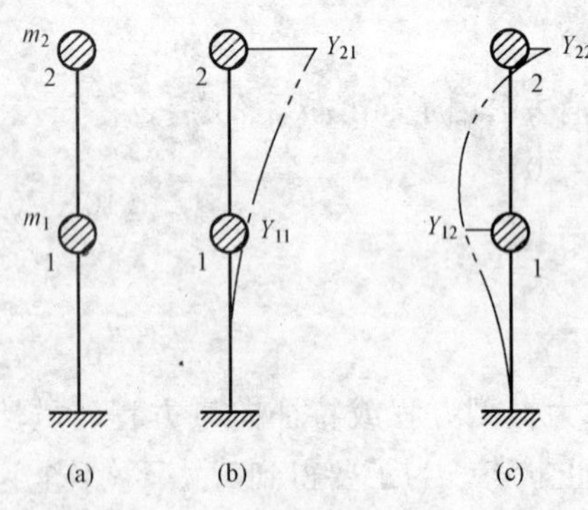

图 10 - 31　两个自由度体系的主振型

(a) 两个自由度体系；(b) 第一主振型；(c) 第二主振型

根据式（10 - 80）、式（10 - 81）可作出如图 10 - 31 (a)所示的两个自由度体系的第一主振型和第二主振型，如图 10 - 31 (b)、(c) 所示。

在一般情况下，两个自由度体系的自由振动可以看作是两种频率及其主振型的组合振动，即

$$y_1=A_1Y_{11}\sin(\omega_1 t+\alpha_1)+A_2Y_{12}\sin(\omega_2 t+\alpha_2)$$
$$y_2=A_1Y_{21}\sin(\omega_1 t+\alpha_1)+A_2Y_{22}\sin(\omega_2 t+\alpha_2)$$

这就是微分方程式（10 - 72）～式（10 - 74）的通解。其中，两对待定常数 A_1、α_1；A_2、α_2 可由初始条件 y_0 和 v_0 来确定。

两个自由度体系可按第一主振型、第二主振型或两者的组合振动。

例 10 - 7　如图10 - 32 (a) 所示框架，其横梁为无限刚性。设质量集中在楼层上，试计算刚架水平振动时的自振频率和主振型。

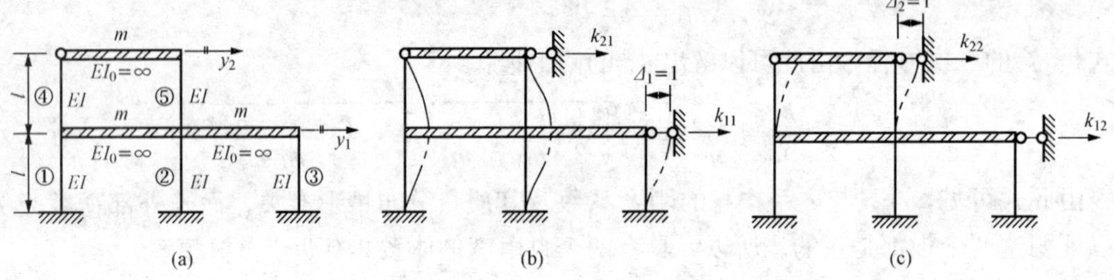

图 10 - 32　例 10 - 7 图

(a) 两个自由度体系；(b) 由 $\Delta_1=1$ 引起的刚度系数；(c) 由 $\Delta_2=1$ 引起的刚度系数

解：(1) 求刚度系数。

在结构位移 y_1、y_2 方向加水平支杆，使 y_1 方向的支杆产生单位位移 $\Delta_1=1$，如图 10 - 32 (b)所示。则 k_{11} 应等于杆①、②、③、④、⑤单元的侧移刚度之和，k_{21} 应等于杆④、⑤单元的侧移刚度之和，即

$$k_{11}=\frac{12EI}{l^3}\times 4+\frac{3EI}{l^3}=\frac{51EI}{l^3}$$

$$k_{21}=-\left(\frac{12EI}{l^3}+\frac{3EI}{l^3}\right)=-\frac{15EI}{l^3}=k_{12}$$

再使 y_2 方向的支杆产生单位位移 $\Delta_2=1$，如图 10 - 32（c）所示。则 k_{22} 等于杆④、⑤单元的侧移刚度之和，即

$$k_{22}=\frac{12EI}{l^3}+\frac{3EI}{l^3}=\frac{15EI}{l^3}$$

（2）求自振频率。

将 $m_1=2m$ 和 $m_2=m$ 以及已求出的刚度系数 k_{ij} 代入式（10 - 79），得

$$\omega_{1,2}^2=\frac{1}{2}\left(\frac{k_{11}}{2m}+\frac{k_{22}}{m}\right)\mp\sqrt{\left[\frac{1}{2}\left(\frac{k_{11}}{2m}+\frac{k_{22}}{m}\right)\right]^2-\frac{k_{11}k_{22}-k_{12}^2}{2mm}}$$

$$=(20.25\mp 11.84)\frac{EI}{ml^3}$$

所以

$$\omega_1^2=8.41\frac{EI}{ml^3};\quad \omega_2^2=32.09\frac{EI}{ml^3}$$

两个频率为

$$\omega_1=2.9\sqrt{\frac{EI}{ml^3}};\quad \omega_2=5.66\sqrt{\frac{EI}{ml^3}}$$

（3）求主振型。

求主振型时，可由式（10 - 80）和式（10 - 81）求出振幅比值，从而画出振型图。

第一主振型：

$$\frac{Y_{11}}{Y_{21}}=\frac{-k_{12}}{k_{11}-\omega_1^2m_1}=\frac{15}{51-8.41\times 2}=\frac{15}{34.18}=\frac{1}{2.28}$$

第二主振型：

$$\frac{Y_{12}}{Y_{22}}=\frac{-k_{12}}{k_{11}-\omega_2^2m_1}=\frac{15}{51-32.09\times 2}=-\frac{15}{13.18}=\frac{1}{-0.88}$$

（4）作振型图。

振型图如图 10 - 33（a）、（b）所示。

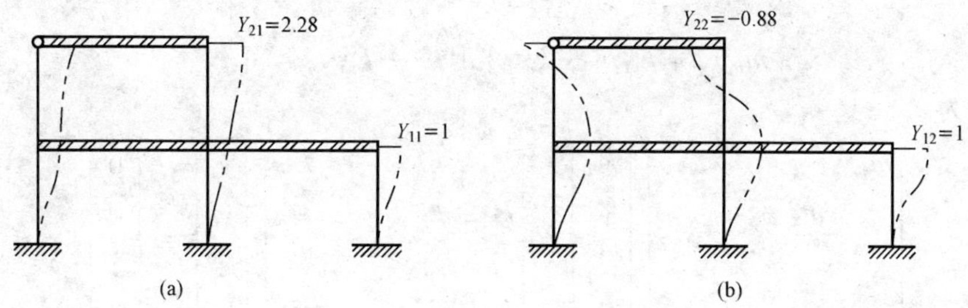

图 10 - 33　例 10 - 7 的主振型

（a）第一主振型；（b）第二主振型

2. n 个自由度体系的自由振动

（1）建立运动方程。如图 10 - 34（a）所示为一具有 n 个自由度的体系。按照上面的方法，取各质点为隔离体，如图 10 - 34（b）所示，质点 m_i 上所受的力包括惯性力和弹性恢复力，其平衡方程为

$$F_{\mathrm{I}i}+F_{\mathrm{S}i}=0 \quad (i=1,2,\cdots,n) \tag{10-82}$$

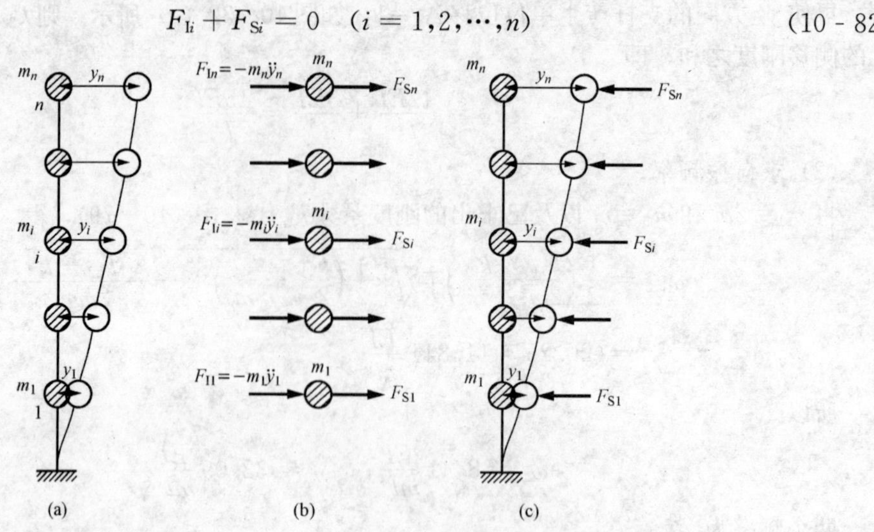

图 10-34　n个自由度体系刚度法示意图

(a) n个自由度体系自由振动；(b) 各质点隔离体；(c) 结构所受弹性力和位移

弹性恢复力$F_{\mathrm{S}i}$是质点m_i与结构之间的相互作用力。图 10-34（b）中的$F_{\mathrm{S}i}$是质点m_i所受的力，而图 10-34（c）中的$F_{\mathrm{S}i}$是结构受的力，两者方向彼此相反。在图 10-34（c）中，结构所受的力$F_{\mathrm{S}i}$与结构的位移y_1，y_2，…，y_n之间应满足刚度方程：

$$F_{\mathrm{S}i}=-(k_{i1}y_1+k_{i2}y_2+\cdots+k_{in}y_n) \quad (i=1,2,\cdots,n) \tag{10-83}$$

式中，k_{ij}是结构的刚度系数，即使j方向产生单位位移（其他各点的位移保持为零）时所在点i处所需施加之力。

将式（10-83）代入式（10-82），即得自由振动微分方程组

$$\left.\begin{aligned} m_1\ddot{y}_1+k_{11}y_1+k_{12}y_2+\cdots+k_{1n}y_n&=0\\ m_2\ddot{y}_2+k_{21}y_1+k_{22}y_2+\cdots+k_{2n}y_n&=0\\ \vdots\qquad\qquad\qquad\qquad&\vdots\\ m_n\ddot{y}_n+k_{n1}y_1+k_{n2}y_2+\cdots+k_{nn}y_n&=0 \end{aligned}\right\} \tag{10-84}$$

用矩阵表示为

$$\begin{bmatrix} m_1 & & & \\ & m_2 & & \\ & & \ddots & \\ & & & m_n \end{bmatrix}\begin{bmatrix}\ddot{y}_1\\ \ddot{y}_2\\ \vdots\\ \ddot{y}_n\end{bmatrix}+\begin{bmatrix} k_{11} & k_{12} & \cdots & k_{1n}\\ k_{21} & k_{22} & \cdots & k_{2n}\\ \vdots & \vdots & & \vdots\\ k_{n1} & k_{n2} & \cdots & k_{nn}\end{bmatrix}\begin{bmatrix}y_1\\ y_2\\ \vdots\\ y_n\end{bmatrix}=\begin{bmatrix}0\\ 0\\ \vdots\\ 0\end{bmatrix} \tag{10-85}$$

或缩写为

$$[M][\ddot{y}]+[K][y]=[0] \tag{10-86}$$

这里，$[y]$和$[\ddot{y}]$分别是位移向量和加速度向量：

$$[y]=[y_1 \quad y_2 \quad \cdots \quad y_n]^{\mathrm{T}}$$

$$[\ddot{y}]=[\ddot{y}_1 \quad \ddot{y}_2 \quad \cdots \quad \ddot{y}_n]^{\mathrm{T}}$$

$[M]$和$[K]$分别为体系的质量矩阵和刚度矩阵：

$$[M]=\begin{bmatrix} m_1 & & & \\ & m_2 & & \\ & & \ddots & \\ & & & m_n \end{bmatrix};\quad [K]=\begin{bmatrix} k_{11} & k_{12} & \cdots & k_{1n} \\ k_{21} & k_{22} & \cdots & k_{2n} \\ \vdots & \vdots & & \vdots \\ k_{n1} & k_{n2} & \cdots & k_{nn} \end{bmatrix}$$

由反力互等定理可知$[K]$是对称方阵；在集中质量的体系中（不考虑质量的转动惯量），$[M]$是对角矩阵。

(2) 求解运动方程。

设解答为如下形式

$$[y]=[Y]\sin(\omega t+\alpha) \tag{10-87}$$

则

$$[\ddot{y}]=-\omega^2[Y]\sin(\omega t+\alpha) \tag{10-88}$$

式中，$[Y]$ 称为位移幅值向量：

$$[Y]=[Y_1 \quad Y_2 \quad \cdots \quad Y_n]^{\mathrm{T}}$$

(3) 求解自振频率。

将式（10-87）、式（10-88）代入式（10-86），消去公因子 $\sin(\omega t+\alpha)$，得

$$([K]-\omega^2[M])[Y]=[0] \tag{10-89}$$

上式是关于位移幅值 $[Y]$ 的齐次线性代数方程，称为振型方程或特征方程。为了得到 $[Y]$ 的非零解，应使系数行列式等于零，即

$$|[K]-\omega^2[M]|=0 \tag{10-90}$$

这就是用刚度矩阵表示的频率方程。其展开形式为

$$\begin{vmatrix} k_{11}-\omega^2 m_1 & k_{12} & \cdots & k_{1n} \\ k_{21} & k_{22}-\omega^2 m_2 & \cdots & k_{2n} \\ \vdots & \vdots & & \vdots \\ k_{n1} & k_{n2} & \cdots & k_{nn}-\omega^2 m_n \end{vmatrix}=0 \tag{10-91}$$

将此行列式展开，可得到一个关于频率参数 ω^2 的 n 次代数方程（n 是体系的自由度数）。由此可求出 n 个自振频率 ω_1，ω_2，…，ω_n（按从小到大的顺序排列），由此组成频率向量 $[\omega]$，其中最小的频率称为基本频率或第一频率。

(4) 确定主振型。

令 $[Y^{(i)}]$ 表示与频率 ω_i 相应的第 i 个主振型向量，即

$$[Y^{(i)}]=[Y_{1i} \quad Y_{2i} \quad \cdots \quad Y_{ni}]^{\mathrm{T}}$$

将 ω_i 和 $[Y^{(i)}]$ 代入振型方程式（10-89），得

$$([K]-\omega_i^2[M])[Y^{(i)}]=[0] \quad (i=1,2,\cdots,n) \tag{10-92}$$

由此可求出 n 个主振型向量：

$$\begin{aligned} [Y^{(1)}]&=[Y_{11} \quad Y_{21} \quad \cdots \quad Y_{n1}]^{\mathrm{T}} \\ [Y^{(2)}]&=[Y_{12} \quad Y_{22} \quad \cdots \quad Y_{n2}]^{\mathrm{T}} \\ &\vdots \\ [Y^{(n)}]&=[Y_{1n} \quad Y_{2n} \quad \cdots \quad Y_{nn}]^{\mathrm{T}} \end{aligned}$$

利用式（10-92）只可唯一确定主振型 $[Y^{(i)}]$ 的形状，但不能唯一确定它的振幅。为

了使主振型 $[Y^{(i)}]$ 的振幅具有确定值，需要另外补充条件，这样得到的主振型称为标准化主振型。

进行标准化的做法有多种，一般常用以下两种：

一种做法是规定主振型 $[Y^{(i)}]$ 中的某个元素为某个给定值。例如规定第一个元素 Y_{1i} 等于1，或者规定最后一个元素 Y_{ni} 等于1，或者规定最大的一个元素等于1。

另一种做法是规定主振型 $[Y^{(i)}]$ 满足下式

$$[Y^{(i)}]^{\mathrm{T}}[M][Y^{(i)}]=1$$

例 10-8 试计算如图 10-35（a）所示三层刚架的自振频率和主振型。设横梁变形略去不计，各层间侧移刚度（亦称抗剪刚度，为该层上下两端发生单位水平相对位移时该层各柱剪力之和）分别为 k_1、k_2、k_3，其单位为 MN/m，质量都集中在楼板上，分别为 m_1、m_2、m_3。

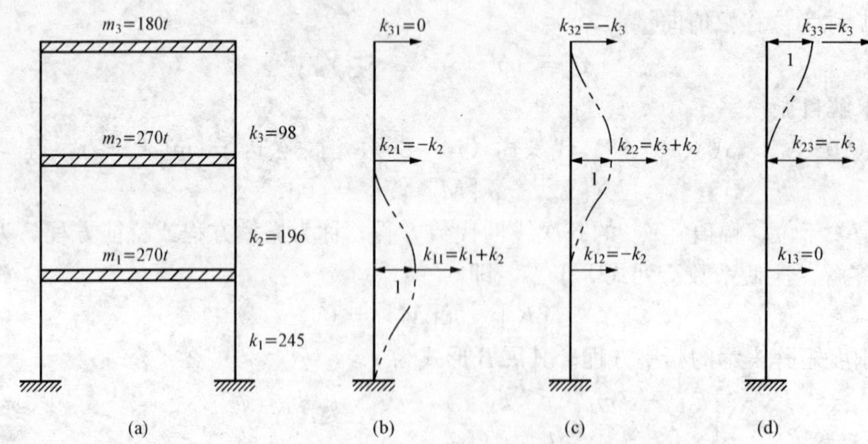

图 10-35 例 10-8 图

（a）三层刚架；（b）由 $\Delta_1=1$ 引起的刚度；（c）由 $\Delta_2=1$ 引起的刚度；（d）由 $\Delta_3=1$ 引起的刚度

解：（1）求自振频率。

刚架的刚度系数如图 10-35（b）、（c）、（d）所示，则刚度矩阵

$$[K]=\begin{bmatrix}k_{11} & k_{12} & k_{13}\\ k_{21} & k_{22} & k_{23}\\ k_{31} & k_{32} & k_{33}\end{bmatrix}=98\times10^6\begin{bmatrix}4.5 & -2 & 0\\ -2 & 3 & -1\\ 0 & -1 & 1\end{bmatrix}\quad \mathrm{N/m}$$

刚架的质量矩阵 $[M]$ 由图 10-35（a）可知

$$[M]=\begin{bmatrix}m_1 & 0 & 0\\ 0 & m_2 & 0\\ 0 & 0 & m_3\end{bmatrix}=180\times10^3\begin{bmatrix}1.5 & 0 & 0\\ 0 & 1.5 & 0\\ 0 & 0 & 1\end{bmatrix}\quad \mathrm{kg}$$

因此

$$[K]-\omega^2[M]=98\times10^6\begin{bmatrix}4.5-1.5\eta & -2 & 0\\ -2 & 3-1.5\eta & -1\\ 0 & -1 & 1-\eta\end{bmatrix}\quad \mathrm{N/m} \qquad (10-93)$$

其中

$$\eta=\frac{m_3}{k_3}\omega^2=\left(\frac{180\times10^3}{98\times10^6}\right)\omega^2=\left(\frac{180}{98}\times10^{-3}\right)\omega^2 \tag{10-94}$$

所以

$$\omega^2=\frac{k_3}{m_3}\eta=\left(\frac{98}{180}\times10^3\right)\eta \tag{10-95}$$

频率方程为

$$|[K]-\omega^2[M]|=0$$

其展开式为

$$(3\eta-1)\left(\eta-\frac{5}{3}\right)(\eta-4)=0 \tag{10-96}$$

用试算法解得方程式（10-96）的三个根为

$$\eta_1=\frac{1}{3};\quad \eta_2=\frac{5}{3};\quad \eta_3=4$$

由式（10-95）得三个自振频率为

$$\omega_1=\sqrt{\frac{k_3\eta_1}{m_3}}=13.47\text{s}^{-1}$$

$$\omega_2=\sqrt{\frac{k_3\eta_2}{m_3}}=30.12\text{s}^{-1}$$

$$\omega_3=\sqrt{\frac{k_3\eta_3}{m_3}}=46.67\text{s}^{-1}$$

（2）求主振型。

主振型 $[Y^{(i)}]$ 由式（10-92）求解。在标准化主振型中，取各标准化振型的第一个元素 $Y_{1i}=1$。

由前边计算可得

$$98\times10^6\begin{bmatrix}4.5-1.5\eta_i & -2 & 0\\ -2 & 3-1.5\eta_i & -1\\ 0 & -1 & 1-\eta_i\end{bmatrix}\begin{bmatrix}Y_{1i}\\Y_{2i}\\Y_{3i}\end{bmatrix}=\begin{bmatrix}0\\0\\0\end{bmatrix}$$

为求第一标准化振型，令 $i=1$，并将 $\eta_1=\frac{1}{3}$ 代入上式，保留其前两个方程，得

$$\left.\begin{aligned}4Y_{11}-2Y_{21}&=0\\-2Y_{11}+2.5Y_{21}-Y_{31}&=0\end{aligned}\right\}$$

由于规定 $Y_{11}=1$，故上式的解为

$$[Y^{(1)}]=\begin{bmatrix}Y_{11}\\Y_{21}\\Y_{31}\end{bmatrix}=\begin{bmatrix}1\\2\\3\end{bmatrix}$$

依照以上做法，可得第二和第三标准化振型为

$$[Y^{(2)}]=\begin{bmatrix}Y_{12}\\Y_{22}\\Y_{32}\end{bmatrix}=\begin{bmatrix}1\\1\\-1.5\end{bmatrix};\quad [Y^{(3)}]=\begin{bmatrix}Y_{13}\\Y_{23}\\Y_{33}\end{bmatrix}=\begin{bmatrix}1\\-0.75\\0.25\end{bmatrix}$$

三个主振型的形状如图 10 - 36（a）～（c）所示。

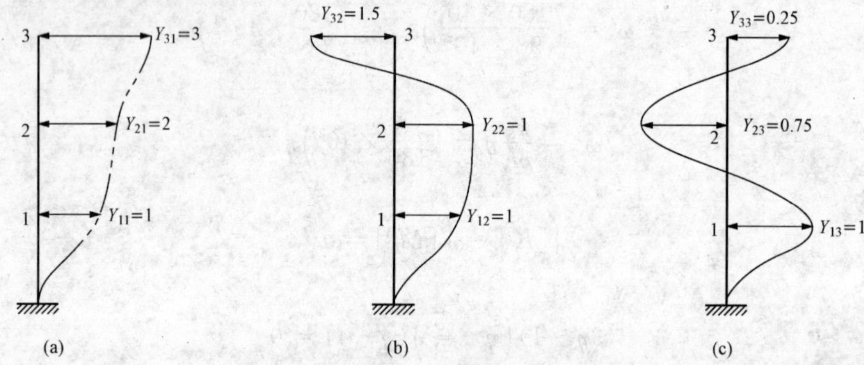

图 10 - 36　例 10 - 8 的主振型

（a）第一主振型；（b）第二主振型；（c）第三主振型

10.5.2　柔度法

1. 两个自由度体系的自由振动

（1）建立运动方程。如图 10 - 37（a）所示体系，在自由振动任一时刻 t，质量 m_1、m_2 的位移 y_1 和 y_2 应当等于体系在当时惯性力 $-m_1\ddot{y}_1$、$-m_2\ddot{y}_2$ 作用下所产生的静力位移［图 10 - 37（a）］。由此列出运动方程如下

$$\left.\begin{aligned} y_1 &= -m_1\ddot{y}_1\delta_{11} - m_2\ddot{y}_2\delta_{12} \\ y_2 &= -m_1\ddot{y}_1\delta_{21} - m_2\ddot{y}_2\delta_{22} \end{aligned}\right\} \tag{10 - 97}$$

其中，δ_{ij} 是体系的柔度系数，如图 10 - 37（b）、（c）所示。这个按柔度法建立的方程可与按刚度法建立的方程式（10 - 72）加以对照。式（10 - 97）也可写为

$$\begin{bmatrix}\delta_{11} & \delta_{12}\\ \delta_{21} & \delta_{22}\end{bmatrix}\begin{bmatrix}m_1 & 0\\ 0 & m_2\end{bmatrix}\begin{bmatrix}\ddot{y}_1\\ \ddot{y}_2\end{bmatrix}+\begin{bmatrix}y_1\\ y_2\end{bmatrix}=[0] \tag{10 - 98}$$

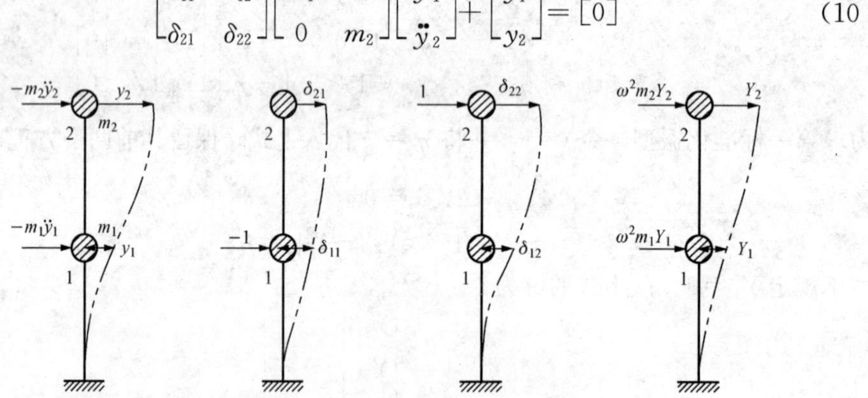

图 10 - 37　两个自由度体系柔度法模型

（a）惯性力产生的位移；（b）柔度系数 δ_{11}、δ_{21}；（c）柔度系数 δ_{12}、δ_{22}；

（d）惯性力幅值下的静力位移

或

$$[\delta][M][\ddot{y}]+[y]=[0] \tag{10-99}$$

式中　$[\delta]$ ——柔度矩阵。

(2) 求解运动方程。仍设解为如下形式

$$\left.\begin{aligned} y_1&=Y_1\sin(\omega t+\alpha)\\ y_2&=Y_2\sin(\omega t+\alpha)\end{aligned}\right\} \tag{10-100}$$

(3) 求解自振频率。由式 (10 - 100)，得

$$\left.\begin{aligned} \ddot{y}_1&=-\omega^2 Y_1\sin(\omega t+\alpha)\\ \ddot{y}_2&=-\omega^2 Y_2\sin(\omega t+\alpha)\end{aligned}\right\}$$

将 y 和 $\ddot{y}$ 代入运动方程式 (10 - 97)，消去公因子 $\sin(\omega t+\alpha)$ 后，得到关于质点振幅 Y_1、Y_2 的齐次代数方程

$$\left.\begin{aligned} Y_1&=\delta_{11}(\omega^2 m_1 Y_1)+\delta_{12}(\omega^2 m_2 Y_2)\\ Y_2&=\delta_{21}(\omega^2 m_1 Y_1)+\delta_{22}(\omega^2 m_2 Y_2)\end{aligned}\right\} \tag{10-101}$$

由于两个质点的惯性力分别为

$$\left.\begin{aligned} F_{I1}&=-m_1\ddot{y}_1=m_1\omega^2 Y_1\sin(\omega t+\alpha)\\ F_{I2}&=-m_2\ddot{y}_2=m_2\omega^2 Y_2\sin(\omega t+\alpha)\end{aligned}\right\}$$

所以式 (10 - 101) 表明，主振型的位移幅值 (Y_1 及 Y_2)，就是体系在此主振型惯性力幅值作用下引起的静力位移，如图 10 - 37 (d) 所示。

将式 (10 - 101) 通除以 ω^2，可得

$$\left.\begin{aligned} \left(\delta_{11}m_1-\frac{1}{\omega^2}\right)Y_1+\delta_{12}m_2Y_2&=0\\ \delta_{21}m_1Y_1+\left(\delta_{22}m_2-\frac{1}{\omega^2}\right)Y_2&=0\end{aligned}\right\} \tag{10-102}$$

称为振型方程或特征向量方程。为了得到 Y_1、Y_2 不全为零的解答，应使该系数行列式等于零，即

$$D=\begin{vmatrix} \delta_{11}m_1-\dfrac{1}{\omega^2} & \delta_{12}m_2\\ \delta_{21}m_1 & \delta_{22}m_2-\dfrac{1}{\omega^2}\end{vmatrix}=0 \tag{10-103}$$

上式称为频率方程或特征方程，用它可以确定体系的自振频率 ω_1 和 ω_2。

将式 (10 - 103) 展开，得

$$\left(\delta_{11}m_1-\frac{1}{\omega^2}\right)\left(\delta_{22}m_2-\frac{1}{\omega^2}\right)-(\delta_{12}m_2)(\delta_{21}m_1)=0 \tag{10-104}$$

令 $\lambda=\dfrac{1}{\omega^2}$，代入式 (10 - 104)，得关于 λ 的二次方程

$$\lambda^2-(\delta_{11}m_1+\delta_{22}m_2)\lambda+m_1m_2(\delta_{11}\delta_{22}-\delta_{12}\delta_{21})=0 \tag{10-105}$$

由此可解出 λ 的两个根，即

$$\lambda_{1,2}=\frac{1}{2}\left[(\delta_{11}m_1+\delta_{22}m_2)\pm\sqrt{(\delta_{11}m_1+\delta_{22}m_2)^2-4(\delta_{11}\delta_{22}-\delta_{12}\delta_{21})m_1m_2}\right] \tag{10-106}$$

于是求得圆频率的两个值为

$$\omega_1=\frac{1}{\sqrt{\lambda_1}};\quad \omega_2=\frac{1}{\sqrt{\lambda_2}}$$

（4）确定主振型。

第一主振型：将第一圆频率 $\omega=\omega_1$ 代入式（10-102）中的第一式，得

$$\frac{Y_{11}}{Y_{21}}=\frac{-\delta_{12}m_2}{\delta_{11}m_1-\lambda_1} \tag{10-107}$$

第二主振型：将第二圆频率 $\omega=\omega_2$ 代入式（10-102）中的第一式，得

$$\frac{Y_{12}}{Y_{22}}=\frac{-\delta_{12}m_2}{\delta_{11}m_1-\lambda_2} \tag{10-108}$$

例 10-9 试求如图 10-38（a）所示等截面梁的自振频率和主振型。已知：质量集中在 m_1、m_2 上，$m_1=m_2=m=1000\text{kg}$，$E=200\text{GPa}$，$I=2\times10^4\text{cm}^4$，$l=4\text{m}$。

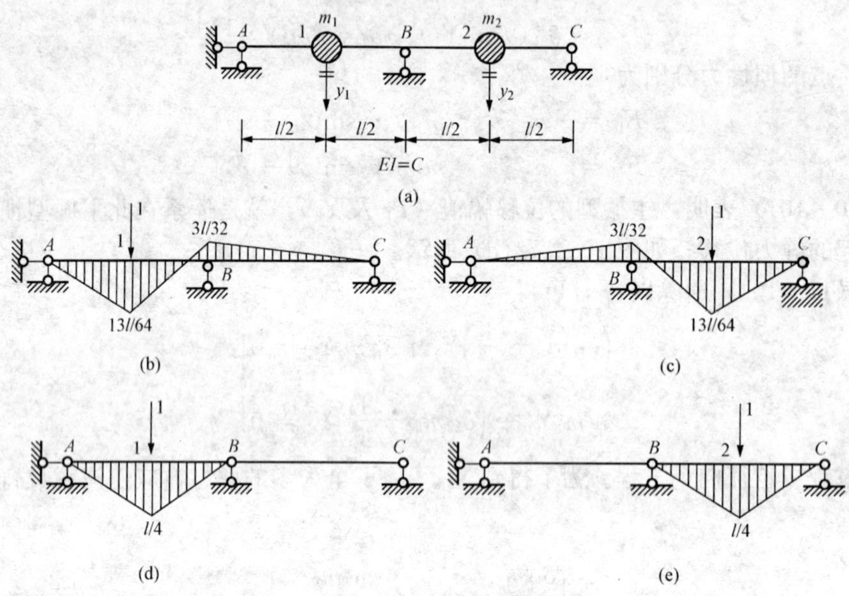

图 10-38 例 10-9 图

（a）两个集中质量的连续梁；（b）原结构单位弯矩图 $\overline{M}_1$ 图；（c）原结构单位弯矩图 $\overline{M}_2$ 图；（d）基本结构单位弯矩图 $\overline{M}_{基1}$ 图；（e）基本结构单位弯矩图 $\overline{M}_{基2}$ 图

解：（1）求柔度系数。

对于本题而言，求柔度系数就是计算此超静定结构的位移，求解如下：

可先由力法作出单位荷载作用下连续梁的 $\overline{M}_1$ 图和 $\overline{M}_2$ 图，如图 10-38（b）、（c）所示。

再将虚单位荷载加在任选的力法基本体系上，作出 $\overline{M}_{基1}$ 图和 $\overline{M}_{基2}$ 图，如图 10-38（d）、（e）所示。于是可得

$$\delta_{11}=\int\frac{\overline{M}_1\overline{M}_{基1}}{EI}\mathrm{d}x=\frac{23}{24EI}$$

$$\delta_{22}=\int\frac{\overline{M}_2\overline{M}_{基2}}{EI}\mathrm{d}x=\frac{23}{24EI}$$

$$\delta_{12}=\delta_{21}=\int\frac{\overline{M}_2\overline{M}_{基1}}{EI}\mathrm{d}x=\int\frac{\overline{M}_1\overline{M}_{基2}}{EI}\mathrm{d}x=-\frac{3}{8EI}$$

(2) 求自振频率。

考虑此处 $\delta_{11}=\delta_{22}$，$\delta_{12}=\delta_{21}$，以及 $m_1=m_2=m$，将式（10－106）简化为

$$\lambda_{1,2}=\frac{1}{2}\left[(\delta_{11}m_1+\delta_{22}m_2)\pm\sqrt{(\delta_{11}m_1+\delta_{22}m_2)^2-4(\delta_{11}\delta_{22}-\delta_{12}\delta_{21})m_1m_2}\right]$$

$$=\frac{m}{2}(2\delta_{11}\pm2\delta_{12})$$

代入 δ_{11} 和 δ_{12} 即得

$$\lambda_1=\frac{4m}{3EI};\quad\lambda_2=\frac{7m}{12EI}$$

所以，两个自振频率为

$$\omega_1=\frac{1}{\sqrt{\lambda_1}}=0.866\sqrt{\frac{EI}{m}}=173.20\mathrm{s}^{-1}$$

$$\omega_2=\frac{1}{\sqrt{\lambda_2}}=1.309\sqrt{\frac{EI}{ml^3}}=261.86\mathrm{s}^{-1}$$

(3) 求主振型。

由式（10－107）和式（10－108），得

第一主振型

$$\frac{Y_{11}}{Y_{21}}=\frac{-\delta_{12}m_2}{\delta_{11}m_1-\lambda_1}=\frac{1}{-1}$$

第二主振型

$$\frac{Y_{12}}{Y_{22}}=\frac{-\delta_{12}m_2}{\delta_{11}m_1-\lambda_2}=\frac{1}{1}$$

(4) 作振型曲线。

振型曲线如图 10－39（a）、（b）所示。其中，第一个主振型是反对称的［图 10－39（a）］；第二个主振型是对称的［图 10－39（b）］。主振型是对称的或反对称的，这是对称结构体系振动的一般规律。

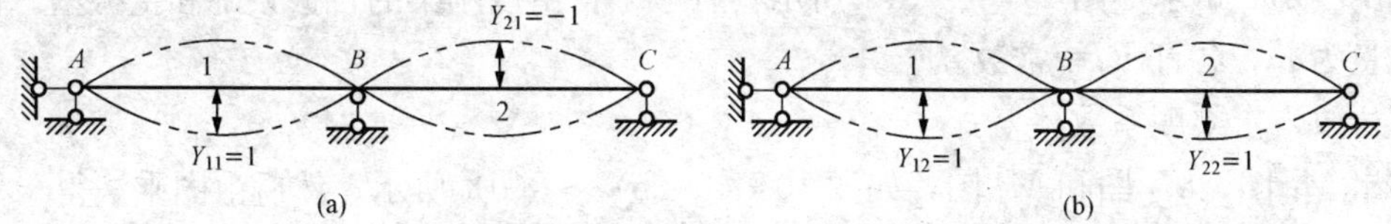

图 10－39　例 10－9 主振型

(a) 第一主振型（反对称）；(b) 第二主振型（对称）

2. n 个自由度体系的自由振动

柔度法的一般方程可采用两种方法进行推导。一种是像式（10－97）那样按位移协调条

件直接建立运动方程；另一种是利用刚度法已推导出的方程间接地导出。现采用后一种做法。

（1）振型方程。

首先，利用刚度法导出的特征向量方程式（10 - 89），即

$$([K]-\omega^2[M])[Y]=[0]$$

然后，用 $[K]^{-1}$左乘上式，且由于 $[\delta]$ 与 $[K]$ 互为逆阵，即 $[\delta]=[K]^{-1}$，所以 $[\delta][K]=[I]$，故得

$$([I]-\omega^2[\delta][M])[Y]=0$$

再令 $\lambda=\dfrac{1}{\omega^2}$，可得出柔度法的振型方程

$$([\delta][M]-\lambda[I])[Y]=[0] \tag{10 - 109}$$

（2）频率方程。

由上式可得柔度法的频率方程

$$D=|[\delta][M]-\lambda[I]|=[0] \tag{10 - 110}$$

其展开形式为

$$\begin{vmatrix} (\delta_{11}m_1-\lambda) & \delta_{12}m_2 & \cdots & \delta_{1n}m_n \\ \delta_{21}m_1 & (\delta_{22}m_2-\lambda) & \cdots & \delta_{2n}m_n \\ \vdots & \vdots & & \vdots \\ \delta_{n1}m_1 & \delta_{n2}m_2 & \cdots & (\delta_{nn}m_n-\lambda) \end{vmatrix}=0 \tag{10 - 111}$$

由此得到关于 λ 的 n 次代数方程，可解出 n 个根 λ_1，λ_2，…，λ_n。进而可求出 n 个频率 ω_1，ω_2，…，ω_n。将所有的频率从小到大排列，即得频率谱。

（3）主振型。

最后，求与频率 ω_i 相应的主振型 $[Y^{(i)}]$，为此，将 $\lambda_i=\dfrac{1}{\omega_i^2}$和 $[Y^{(i)}]$ 代入式（10 - 109），得

$$([\delta][M]-\lambda_i[I])[Y^{(i)}]=[0] \tag{10 - 112}$$

令 $i=1$，2，…，n，可得出 n 个振型方程，由此可求出 n 个主振型 $[Y^{(1)}]$，$[Y^{(2)}]$，…，$[Y^{(n)}]$。

例 10 - 10 试求如图 10 - 40（a）所示具有三个自由度刚架的自振频率和主振型。已知：质点质量为 m，各杆 EI=常数。

解：（1）求柔度系数。

作出 $\overline{M}_1$ 图、$\overline{M}_2$ 图和 $\overline{M}_3$ 图，如图 10 - 40（b）～（d）所示。然后由图乘法得

$$\delta_{11}=\int\frac{\overline{M}_1^2}{EI}\mathrm{d}x=\frac{54}{EI}$$

$$\delta_{12}=\delta_{21}=\int\frac{\overline{M}_1\overline{M}_2}{EI}\mathrm{d}x=\frac{85.5}{EI}$$

$$\delta_{13}=\delta_{31}=\int\frac{\overline{M}_1\overline{M}_3}{EI}\mathrm{d}x=\frac{6.75}{EI}$$

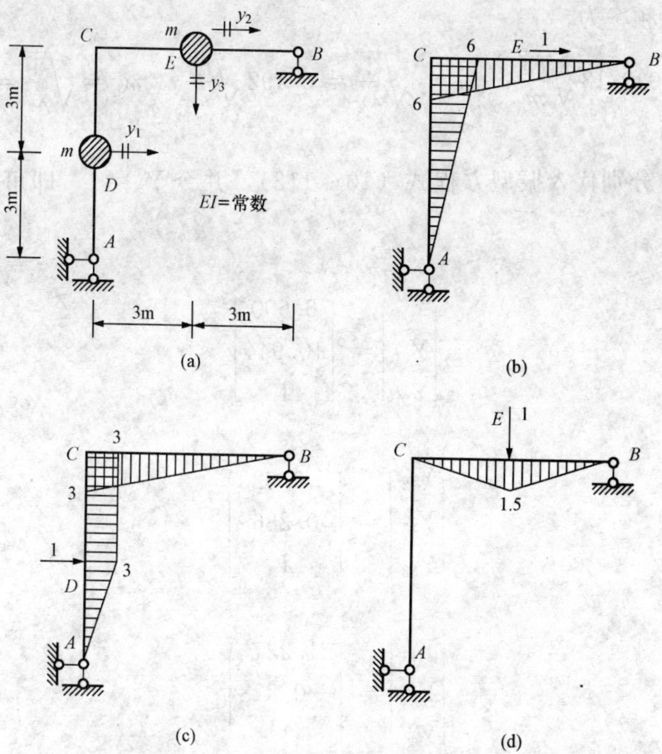

图 10 - 40　例 10 - 10 图

(a) 三个自由度体系；(b) $\overline{M}_1$ 图；(c) $\overline{M}_2$ 图；(d) $\overline{M}_3$ 图

$$\delta_{22}=\int\frac{\overline{M}_2^2}{EI}\mathrm{d}x=\frac{144}{EI}$$

$$\delta_{32}=\delta_{23}=\int\frac{\overline{M}_2\overline{M}_3}{EI}\mathrm{d}x=\frac{13.5}{EI}$$

$$\delta_{33}=\int\frac{\overline{M}_3^2}{EI}\mathrm{d}x=\frac{4.5}{EI}$$

(2) 求自振频率。

由柔度系数求得体系的柔度矩阵 $[\delta]$，并列出体系的质量矩阵 $[M]$ 如下：

$$[\delta]=\frac{1}{EI}\begin{bmatrix}54 & 85.5 & 6.75\\ 85.5 & 144 & 13.5\\ 6.75 & 13.5 & 4.5\end{bmatrix};\quad [M]=\begin{bmatrix}m & 0 & 0\\ 0 & m & 0\\ 0 & 0 & m\end{bmatrix}$$

将以上矩阵中各元素代入频率方程展开式（10 - 111），即得

$$\begin{vmatrix}54m-\lambda & 85.5m & 6.75m\\ 85.5m & 144m-\lambda & 13.5m\\ 6.75m & 13.5m & 4.5m-\lambda\end{vmatrix}=0$$

由此可建立关于 λ 的一元三次代数方程，并解得其三个根为

$$\lambda_1=196.796\,\frac{m}{EI};\quad \lambda_2=4.136\,\frac{m}{EI};\quad \lambda_3=1.567\,\frac{m}{EI}$$

因此三个自振频率为

$$\omega_1=\sqrt{\frac{1}{\lambda_1}}=0.0713\sqrt{\frac{EI}{m}};\quad \omega_2=\sqrt{\frac{1}{\lambda_2}}=0.492\sqrt{\frac{EI}{m}};\quad \omega_3=\sqrt{\frac{1}{\lambda_3}}=0.799\sqrt{\frac{EI}{m}}$$

(3) 求主振型。

将 λ_1、λ_2、λ_3 分别代入振型方程式 (10 - 112)，并令 $Y_{3i}=1$，即可求得各阶各振型如下：

第一主振型

$$\begin{bmatrix}Y_{11}\\Y_{21}\\Y_{31}\end{bmatrix}=\begin{bmatrix}6.600\\10.944\\1\end{bmatrix}$$

第二主振型

$$\begin{bmatrix}Y_{12}\\Y_{22}\\Y_{32}\end{bmatrix}=\begin{bmatrix}-0.625\\0.286\\1\end{bmatrix}$$

第三主振型

$$\begin{bmatrix}Y_{13}\\Y_{23}\\Y_{33}\end{bmatrix}=\begin{bmatrix}1.221\\-0.828\\1\end{bmatrix}$$

(4) 作振型图。

各阶振型图如图 10 - 41 所示。

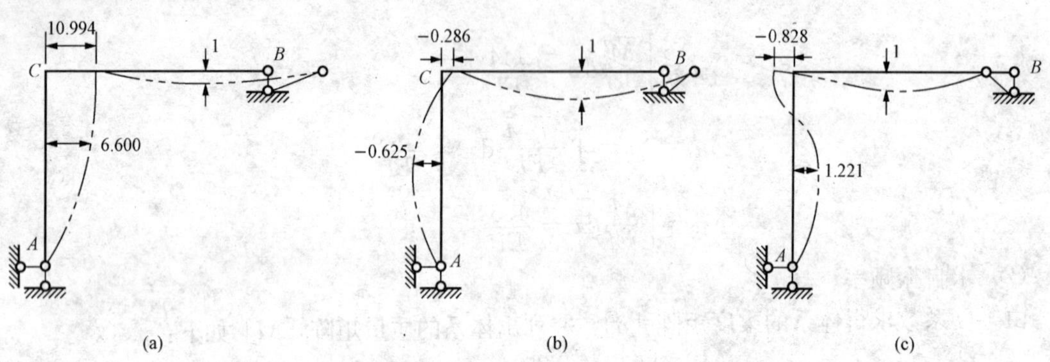

图 10 - 41 例 10 - 10 主振型

(a) 第一主振型；(b) 第二主振型；(c) 第三主振型

10.6 主振型的正交性

对于同一多自由度体系来说，各个主振型之间存在着正交性，这是多自由度体系的重要动力特性。主振型的正交性可以利用虚功互等定理导出，也可以利用 n 个自由度体系的振型方程式 (10 - 89) 导出。其中，与质量矩阵 $[M]$ 有关的称为第一正交性；与刚度矩阵

$[K]$ 有关的称为第二正交性。

10.6.1　主振型的第一正交性

在 n 个自由度体系的振型方程式（10-89）当中，设 ω_i 为第 i 个自振频率，其相应的振型为 $[Y^{(i)}]$；ω_j 为第 j 个自振频率，其相应的振型为 $[Y^{(j)}]$，于是有

$$[K][Y^{(i)}]=\omega_i^2[M][Y^{(i)}] \tag{10-113}$$

$$[K][Y^{(j)}]=\omega_j^2[M][Y^{(j)}] \tag{10-114}$$

对式（10-113）两边同时左乘 $[Y^{(j)}]$ 的转置矩阵 $[Y^{(j)}]^{\mathrm{T}}$，对式（10-114）两边同时左乘 $[Y^{(i)}]$ 的转置矩阵 $[Y^{(i)}]^{\mathrm{T}}$，有

$$[Y^{(j)}]^{\mathrm{T}}[K][Y^{(i)}]=\omega_i^2[Y^{(j)}]^{\mathrm{T}}[M][Y^{(i)}] \tag{10-115}$$

$$[Y^{(i)}]^{\mathrm{T}}[K][Y^{(j)}]=\omega_j^2[Y^{(i)}]^{\mathrm{T}}[M][Y^{(j)}] \tag{10-116}$$

将式（10-116）两边同时转置，并注意到 $[K]$ 和 $[M]$ 均为对称矩阵，$[K]=[K]^{\mathrm{T}}$，$[M]=[M]^{\mathrm{T}}$，故有

$$[Y^{(j)}]^{\mathrm{T}}[K][Y^{(i)}]=\omega_j^2[Y^{(j)}]^{\mathrm{T}}[M][Y^{(i)}] \tag{10-117}$$

用式（10-116）减去式（10-117），得

$$(\omega_i^2-\omega_j^2)[Y^{(j)}]^{\mathrm{T}}[M][Y^{(i)}]=0 \tag{10-118}$$

当两个固有频率不同（即 $\omega_i\neq\omega_j$）时，有

$$[Y^{(j)}]^{\mathrm{T}}[M][Y^{(i)}]=0 \tag{10-119}$$

即

$$\sum_{s=1}^{n}m_sY_{si}Y_{sj}=0 \tag{10-120}$$

式中　s——自由度序号；

i、j——主振型序号。

式（10-119）即称为主振型的第一正交性，它表明，对于质量矩阵 $[M]$，不同频率相应的两个主振型是彼此正交的。

若将式（10-120）分别乘以 ω_i^2 和 ω_j^2，则可得出以下两式

$$\sum_{s=1}^{n}(m_s\omega_i^2Y_{si})Y_{sj}=0 \tag{10-121}$$

$$\sum_{s=1}^{n}(m_s\omega_j^2Y_{sj})Y_{si}=0 \tag{10-122}$$

式中　$(m_s\omega_i^2Y_{si})$——第 i 主振型惯性力幅值；

Y_{sj}——第 j 主振型幅值；

$(m_s\omega_j^2Y_{sj})$——第 j 主振型惯性力幅值；

Y_{si}——第 i 主振型幅值。

式（10-121）说明第 i 主振型惯性力在第 j 主振型上所做的虚功为零；式（10-122）说明第 j 主振型惯性力在第 i 主振型上所做的虚功为零。因此，第一正交性的物理意义是：相应于某一主振型的惯性力不会在其他主振型上做功。

10.6.2 主振型的第二正交性

将式（10 - 119）代入式（10 - 115），可得

$$[Y^{(j)}]^{\mathrm{T}}[K][Y^{(i)}]=0 \tag{10 - 123}$$

此式称为主振型的第二正交性，它表明，对于刚度矩阵 $[K]$，不同频率相应的两个主振型也是彼此正交的。

由式（10 - 123）可以推出

$$\sum_{s=1}^{n}\sum_{r=1}^{n}k_{sr}Y_{ri}Y_{sj}=0 \tag{10 - 124}$$

式中 s、r——自由度序号；

i、j——主振型序号；

$\sum_{r=1}^{n}k_{sr}Y_{ri}$——第 i 主振型弹性力幅值；

Y_{sj}——第 j 主振型幅值。

由式（10 - 124）可知第二正交性的物理意义是：相应于某一主振型的弹性力不会在其他主振型上做功。

主振型的正交性可理解为：相应于某一主振型作简谐振动的能量不会转移到其他振型上去，也就不会引起其他振型的振动。因此，各主振型可单独存在而不互相干扰。

利用主振型的正交性可以将多自由度体系的受迫振动简化为单自由度问题，还可以用来检查主振型的计算是否正确，并判断主振型的形状特点。

例 10 - 11 试验算例 10 - 8 所求得的主振型是否满足正交性。

解：由例 10 - 8 计算结果可知：质量矩阵和刚度矩阵分别为

$$[M]=m_3\begin{bmatrix}1.5 & 0 & 0\\ 0 & 1.5 & 0\\ 0 & 0 & 1\end{bmatrix};\quad [K]=k_3\begin{bmatrix}4.5 & -2 & 0\\ -2 & 3 & -1\\ 0 & -1 & 1\end{bmatrix}$$

三个主振型分别为

$$[Y^{(1)}]=\begin{bmatrix}1\\ 2\\ 3\end{bmatrix};\quad [Y^{(2)}]=\begin{bmatrix}1\\ 1\\ -1.5\end{bmatrix};\quad [Y^{(3)}]=\begin{bmatrix}1\\ 0.75\\ 0.25\end{bmatrix}$$

（1）验算主振型的第一正交性

$$\begin{aligned}[Y^{(1)}]^{\mathrm{T}}[M][Y^{(2)}]&=[1\quad 2\quad 3]m_3\begin{bmatrix}1.5 & 0 & 0\\ 0 & 1.5 & 0\\ 0 & 0 & 1\end{bmatrix}\begin{bmatrix}1\\ 1\\ -1.5\end{bmatrix}\\ &=(1\times 1.5\times 1+2\times 1.5\times 1-3\times 1\times 1.5)m_3\\ &=0\end{aligned}$$

同理可以求出

$$[Y^{(1)}]^{\mathrm{T}}[M][Y^{(3)}]=0$$

$$[Y^{(2)}]^{\mathrm{T}}[M][Y^{(3)}]=0$$

（2）验算主振型的第二正交性

$$
\begin{aligned}
[Y^{(1)}]^T[K][Y^{(2)}] &= [1\quad 2\quad 3]k_3\begin{bmatrix}4.5 & -2 & 0\\ -2 & 3 & -1\\ 0 & -1 & 1\end{bmatrix}\begin{bmatrix}1\\ 1\\ -1.5\end{bmatrix}\\
&=(0.5+1-1.5)k_3\\
&=0
\end{aligned}
$$

同理可以求出

$$[Y^{(1)}]^T[K][Y^{(3)}]=0$$
$$[Y^{(2)}]^T[K][Y^{(3)}]=0$$

由此可知，例 10 - 8 所求出的主振型满足第一正交性和第二正交性，其计算结果正确无误。

10.7　多自由度体系在简谐荷载作用下的受迫振动

由 10.4 节阻尼对振动的影响分析可知，单自由度体系在简谐荷载下的受迫振动，如果简谐荷载的频率处于共振区以外，则阻尼的影响较小；而在共振区范围内时，不考虑阻尼也能反映共振现象。因此，本节的讨论，不考虑阻尼的影响。

10.7.1　刚度法

为简便，先讨论两个自由度体系在简谐荷载下的受迫振动，然后再推广到 n 个自由度体系。

1. 建立运动方程

如图 10 - 42 所示的两个自由度体系，其上受有同频率的简谐荷载 $F_{P1}\sin\theta t$ 和 $F_{P2}\sin\theta t$ 的作用。将质点作为隔离体（参见 10.5 节中 10.5.1 及图 10 - 30），可写出其振动微分方程如下

$$\left.\begin{aligned}m_1\ddot{y}_1+k_{11}y_1+k_{12}y_2=F_{P1}(t)\\ m_2\ddot{y}_2+k_{21}y_1+k_{22}y_2=F_{P2}(t)\end{aligned}\right\}\qquad(10-125)$$

这就是两个自由度体系在简谐荷载作用下用刚度法建立的振动微分方程。与自由振动的方程式（10 - 72）相比，此处只多了荷载项 $F_{Pi}(t)$：

$$\left.\begin{aligned}F_{P1}(t)=F_{P1}\sin\theta t\\ F_{P2}(t)=F_{P2}\sin\theta t\end{aligned}\right\}\qquad(10-126)$$

2. 求解运动方程

由于荷载为简谐荷载，在平稳阶段各质点也做简谐振动，故仍然设受迫振动部分位移的解答为

$$\left.\begin{aligned}y_1=Y_1\sin\theta t\\ y_2=Y_2\sin\theta t\end{aligned}\right\}\qquad(10-127)$$

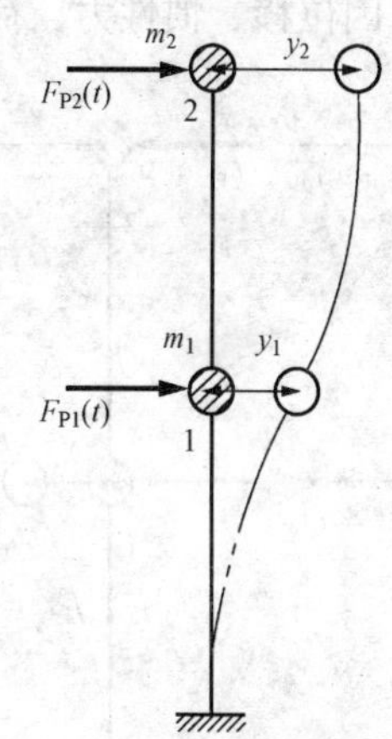

图 10 - 42　两个自由度体系在简谐荷载作用下受迫振动—刚度法示意图

将式（10 - 126）和式（10 - 127）代入式（10 - 125），消去

公因子 $\sin\theta t$ 后，可得

$$\left.\begin{aligned}(k_{11}-\theta^2 m_1)Y_1+k_{12}Y_2&=F_{P1}\\k_{21}Y_1+(k_{22}-\theta^2 m_2)Y_2&=F_{P2}\end{aligned}\right\}\tag{10 - 128}$$

这是以质点位移幅值 Y_1、Y_2 为未知量的代数方程组。由此可解得质点位移的幅值。位移幅值 Y_i 为正号，表示与 $F_{Pi}(t)$ 同方向达到最大值，负号表示与 $F_{Pi}(t)$ 反方向达到最大值。

由式（10 - 128）可以解得位移幅值为

$$Y_1=\frac{D_1}{D_0};\quad Y_2=\frac{D_2}{D_0}\tag{10 - 129}$$

式中

$$\left.\begin{aligned}D_0&=\begin{vmatrix}(k_{11}-\theta^2 m_1) & k_{12}\\ k_{21} & (k_{22}-\theta^2 m_2)\end{vmatrix}\\D_1&=\begin{vmatrix}F_{P1} & k_{12}\\ F_{P2} & (k_{22}-\theta^2 m_2)\end{vmatrix}\\D_2&=\begin{vmatrix}(k_{11}-\theta^2 m_1) & F_{P1}\\ k_{21} & F_{P2}\end{vmatrix}\end{aligned}\right\}\tag{10 - 130}$$

求得位移幅值 Y_1、Y_2 后，由式（10 - 127）可得到各质点的位移

$$\left.\begin{aligned}y_1&=Y_1\sin\theta t\\y_2&=Y_2\sin\theta t\end{aligned}\right\}$$

最大动位移可表示为

$$(y_1)_{d,\max}=Y_1;\quad (y_2)_{d,\max}=Y_2$$

3. 确定惯性力

由式（10 - 127）还可得到各质点的惯性力

$$\left.\begin{aligned}F_{I1}&=-m_1\ddot{y}_1=m_1Y_1\theta^2\sin\theta t\\F_{I2}&=-m_2\ddot{y}_2=m_2Y_2\theta^2\sin\theta t\end{aligned}\right\}\tag{10 - 131}$$

因位移、惯性力、荷载同时到达幅值，动内力也在同一时间到达幅值。动内力幅值的计算可以在各质点的惯性力幅值及荷载幅值共同作用下按静力分析方法计算。

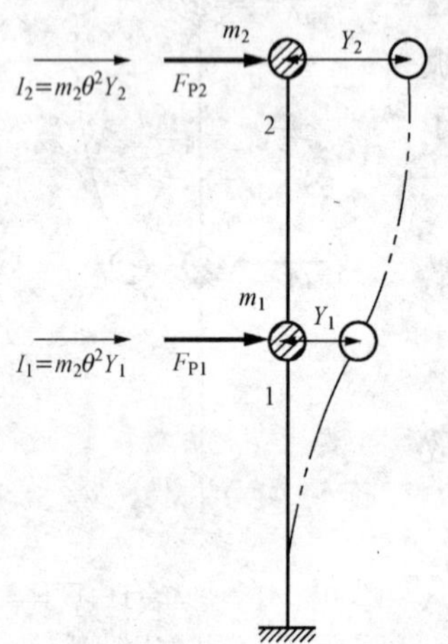

图 10 - 43　荷载和惯性力幅值

设惯性力幅值以 I_1、I_2 表示，则有

$$\left.\begin{aligned}I_1&=m_1\theta^2Y_1\\I_2&=m_2\theta^2Y_2\end{aligned}\right\}\tag{10 - 132}$$

4. 求最大动内力

现以如图 10 - 42 所示体系为例，在求出惯性力幅值 I_1、I_2 后，可在 I_1、I_2、F_{P1}、F_{P2} 作用下（图 10 - 43），由静力平衡条件计算任一截面的动内力幅值，或绘制动内力幅值图；也可以利用叠加法公式绘制动力弯矩幅值图或计算任一截面动内力幅值。

应当注意，动内力有正负号的变化，在与静荷载下的内力

叠加时须加以考虑。

例 10 - 12　如图 10 - 44（a）所示为两个自由度体系，质量 m_1、m_2 分别沿 y_1、y_2 做水平方向振动。试求体系质量处的最大水平动位移，并绘制最大动力弯矩图。已知 $\theta=3\sqrt{\dfrac{EI}{ml^3}}$。

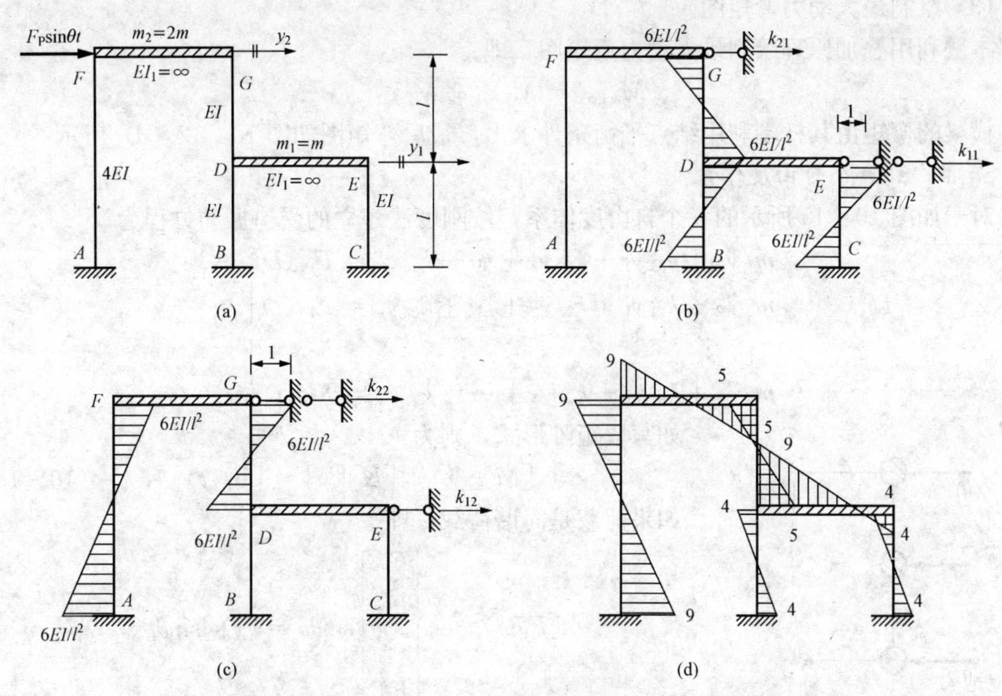

图 10 - 44　例 10 - 12 图

(a) 两个自由度体系；(b) $\overline{M}_1$ 图；(c) $\overline{M}_2$ 图；(d) $M_{d,\max}$图$\left(\times\dfrac{F_P l}{8}\right)$

解：（1）求刚度系数。

在两横梁的 E、G 两点各加一水平附加链杆，令其分别产生单位位移，由此绘出单位弯矩图，即 $\overline{M}_1$ 图和 $\overline{M}_2$ 图，如图 10 - 44（b）、（c）所示。分别取横梁为隔离体，利用静力平衡条件可得

$$k_{11}=\frac{12EI}{l^3}\times 3=\frac{36EI}{l^3};\quad k_{22}=\frac{12EI}{l^3}+\frac{6EI}{l^3}=\frac{18EI}{l^3};\quad k_{12}=k_{21}=-\frac{12EI}{l^3}$$

（2）计算位移幅值。

由题已知荷载的幅值为：$F_{P1}=0$，$F_{P2}=F_P$。并将 $m_1=m$、$m_2=2m$ 和各刚度系数、荷载幅值以及 $\theta=3\sqrt{\dfrac{EI}{ml^3}}$代入式（10 - 128）

$$\left.\begin{aligned}\left(\frac{36EI}{l^3}-\frac{9EI}{l^3}\right)Y_1-\frac{12EI}{l^3}Y_2&=0\\-\frac{12EI}{l^3}Y_1+\left(\frac{18EI}{l^3}-\frac{18EI}{l^3}\right)Y_2&=F_P\end{aligned}\right\}$$

根据式（10-129）、式（10-130）解联立方程组，即可求得位移幅值（质量处最大水平动位移）为

$$(y_1)_{d,max}=Y_1=-\frac{F_P l^3}{12EI};\quad (y_2)_{d,max}=Y_2=-\frac{3F_P l^3}{16EI}$$

其中，位移幅值为负，表示当干扰力向右达到幅值时，则位移向左达到幅值。

(3) 绘制最大动力弯矩图。

本题利用叠加原理绘制最大动力弯矩图，即

$$M_{d,max}=\overline{M}_1Y_1+\overline{M}_2Y_2$$

其中横梁的弯矩由其杆端利用结点平衡条件求出，最后弯矩图如图 10-12（d）所示。

5. 推广到 n 个自由度体系

对于如图 10-45 所示的 n 个自由度体系，按刚度法建立的受迫振动方程为

$$\left.\begin{aligned}m_1\ddot{y}_1+k_{11}y_1+k_{12}y_2+\cdots+k_{1n}y_n&=F_{P1}(t)\\m_2\ddot{y}_2+k_{21}y_1+k_{22}y_2+\cdots+k_{2n}y_n&=F_{P2}(t)\\\vdots\qquad\qquad\qquad\qquad\vdots\qquad\quad&\;\;\vdots\\m_n\ddot{y}_n+k_{n1}y_1+k_{n2}y_2+\cdots+k_{nn}y_n&=F_{Pn}(t)\end{aligned}\right\}\tag{10-133}$$

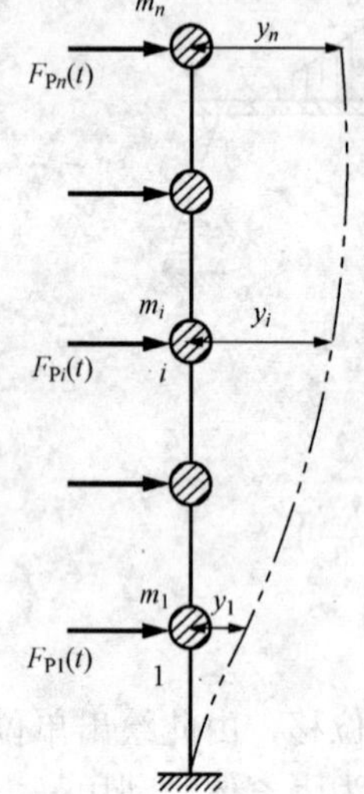

图 10-45 n 个自由度体系在简谐荷载作用下受迫振动—刚度法示意图

如写成矩阵形式，则为

$$[M][\ddot{y}]+[K][y]=[F_P(t)]\tag{10-134}$$

如果荷载是简谐荷载，即

$$[F_P(t)]=\begin{bmatrix}F_{P1}\\F_{P2}\\\vdots\\F_{Pn}\end{bmatrix}\sin\theta t=[F_P]\sin\theta t$$

则在平稳振动阶段，各质点也做简谐振动：

$$[y]=\begin{bmatrix}Y_1\\Y_2\\\vdots\\Y_n\end{bmatrix}\sin\theta t=[Y]\sin\theta t\tag{10-135}$$

代入受迫振动方程式（10-134），消去公因子 $\sin\theta t$ 后，得

$$([K]-\theta^2[M])[Y]=[F_P]\tag{10-136}$$

式中系数矩阵称为动力刚度矩阵，其行列式可用 D_0 表示，即

$$D_0=|[K]-\theta^2[M]|\tag{10-137}$$

如果 $D_0\neq0$，即动力刚度矩阵的逆矩阵存在，则由式（10-136）可解出质点位移幅值 $[Y]$ 为

$$[Y]=([K]-\theta^2[M])^{-1}[F_P]\tag{10-138}$$

进而可求得任意时刻 t 各质点的位移 $[y]$［计算公式为式（10-135）］。

还可以求出相应的惯性力幅值：

$$I_i=m_i\theta^2Y_i\quad(i=1,2,\cdots,n)\tag{10-139}$$

下面讨论 $D_0=0$ 的情形。由多自由度体系自由振动的频率方程式（10-90）可知，如果

$\theta=\omega$，则 $D_0=0$，此时式（10-136）的解 $[Y]$ 趋于无穷大。由此看出，当干扰力的频率 θ 与体系的任一自振频率 ω_i 相等时，就可能出现共振现象。对于具有 n 个自由度的体系来说，在 n 种情况下（$\theta=\omega_i$，$i=1, 2, \cdots, n$）都可能出现共振现象。

10.7.2　柔度法

如图 10-46 所示两个自由度体系，承受简谐荷载 $F_P(t)=F_P\sin\theta t$ 作用，在任一时刻 t，质点 1、质点 2 的位移分别为 y_1 和 y_2［图 10-46（a）］。根据柔度法建立受迫振动微分方程的思路是：y_1 和 y_2 应当等于体系在惯性力 $-m_1\ddot{y}_1$、$-m_2\ddot{y}_2$ 和荷载 $F_P\sin\theta t$ 共同作用下产生的位移［图 10-46（a）］。

设 Δ_{1P}、Δ_{2P} 分别表示由荷载幅值 F_P 所产生的质点 1、质点 2 的静力位移［图 10-46（b）］，则质点 1、质点 2 的位移为

$$\left.\begin{aligned}y_1&=(-m_1\ddot{y}_1)\delta_{11}+(-m_2\ddot{y}_2)\delta_{12}+\Delta_{1P}\sin\theta t\\y_2&=(-m_1\ddot{y}_1)\delta_{21}+(-m_2\ddot{y}_2)\delta_{22}+\Delta_{2P}\sin\theta t\end{aligned}\right\}\tag{10-140}$$

上式也可以写为

$$\left.\begin{aligned}\delta_{11}m_1\ddot{y}_1+\delta_{12}m_2\ddot{y}_2+y_1&=\Delta_{1P}\sin\theta t\\\delta_{21}m_1\ddot{y}_1+\delta_{22}m_2\ddot{y}_2+y_2&=\Delta_{2P}\sin\theta t\end{aligned}\right\}\tag{10-141}$$

这就是两个自由度体系在简谐荷载作用下用柔度法建立的振动微分方程。

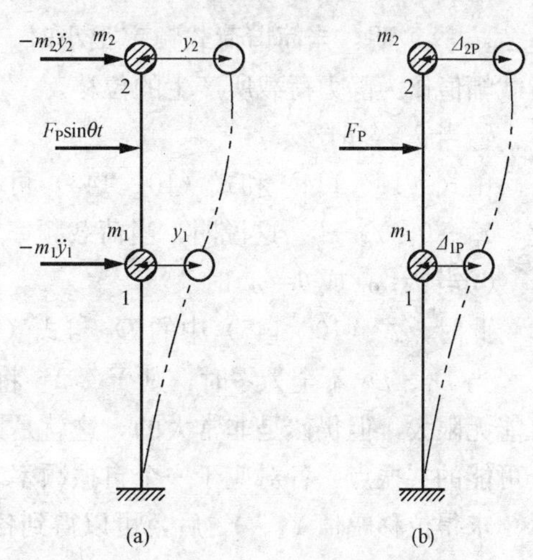

图 10-46　两个自由度体系在简谐荷载作用下受迫振动—柔度法示意图
（a）动荷载、惯性力和位移；（b）荷载幅值产生的静位移

式（10-141）为非齐次线性常微分方程组，通解包含两部分：齐次解对应的一部分为按自振频率 ω 振动的自由振动部分，由于阻尼的作用而很快衰减消失；与特解对应的一部分为由于荷载作用按荷载频率 θ 振动的简谐振动部分，这一部分为平稳阶段的纯受迫振动。本文只讨论稳态受迫振动部分。

设平稳阶段的解为

$$\left.\begin{aligned}y_1&=Y_1\sin\theta t\\y_2&=Y_2\sin\theta t\end{aligned}\right\}\tag{10-142}$$

式中　Y_1、Y_2——分别为质点 1、质点 2 的振幅值。

将式（10-142）代入式（10-141），消去公因子 $\sin\theta t$，并整理后得

$$\left.\begin{aligned}(\delta_{11}m_1\theta^2-1)Y_1+\delta_{12}m_2\theta^2Y_2+\Delta_{1P}&=0\\\delta_{21}m_1\theta^2Y_1+(\delta_{22}m_2\theta^2-1)Y_2+\Delta_{2P}&=0\end{aligned}\right\}\tag{10-143}$$

这是以质点幅值 Y_1、Y_2 为未知量的代数方程组。由此，可解得位移幅值为

$$Y_1=\frac{D_1}{D_0};\quad Y_2=\frac{D_2}{D_0}\tag{10-144}$$

式中

$$\left.\begin{aligned}D_0&=\begin{vmatrix}(\delta_{11}m_1\theta^2-1) & \delta_{12}m_2\theta^2\\ \delta_{21}m_1\theta^2 & (\delta_{22}m_2\theta^2-1)\end{vmatrix}\\ D_1&=\begin{vmatrix}-\Delta_{1P} & \delta_{12}m_2\theta^2\\ -\Delta_{2P} & (\delta_{22}m_2\theta^2-1)\end{vmatrix}\\ D_2&=\begin{vmatrix}(\delta_{11}m_1\theta^2-1) & \Delta_{1P}\\ \delta_{21}m_1\theta^2 & -\Delta_{2P}\end{vmatrix}\end{aligned}\right\}\tag{10 - 145}$$

现对振幅解答的几种情况分别加以讨论：

①当 $\theta\to 0$ 时

由式（10 - 144）和式（10 - 145）可得，$D_0\to 1$，$D_1\to\Delta_{1P}$，$D_2\to\Delta_{2P}$；则 $Y_1\to\Delta_{1P}$，$Y_2\to\Delta_{2P}$。这说明：当简谐荷载频率很小时，其动力作用很小。此时，质点位移幅值，相当于荷载幅值作为静力荷载所产生的位移。

②当 $\theta\to\infty$ 时

由式（10 - 144）和式（10 - 145）可得，分母 D_0 不为零，而分子 $D_1\to 0$，$D_2\to 0$；因此，$Y_1\to 0$，$Y_2\to 0$。这说明，当荷载频率非常大时，动位移非常小。

③当 $\theta=\omega_1$ 或 $\theta=\omega_2$ 时

此时，式（10 - 145）中的 D_0 与式（10 - 103）中的 D 相同，于是有 $D_0=0$。

当 D_1、D_2 不全为零时，则 Y_1、Y_2 将趋于无限大。实际上，由于阻尼的存在，振幅不可能无限大，但仍然是非常大的，这就是共振现象。由此可知，两个自由度体系，存在着两个可能的共振点，各对应于一个自振频率。

求得位移幅值 Y_1、Y_2 后，可以得到各质点的位移、惯性力和惯性力幅值。

位移：

$$\left.\begin{aligned}y_1&=Y_1\sin\theta t\\ y_2&=Y_2\sin\theta t\end{aligned}\right\}\tag{10 - 146}$$

惯性力：

$$\left.\begin{aligned}-m_1\ddot{y}_1&=m_1\theta^2Y_1\sin\theta t\\ -m_2\ddot{y}_2&=m_2\theta^2Y_2\sin\theta t\end{aligned}\right\}\tag{10 - 147}$$

惯性力幅值：

$$\left.\begin{aligned}I_1&=m_1\theta^2Y_1\\ I_2&=m_2\theta^2Y_2\end{aligned}\right\}\tag{10 - 148}$$

因位移、惯性力、荷载同时到达幅值，动内力也在同一时间到达幅值。动内力幅值的计算可以在各质点的惯性力幅值及荷载幅值共同作用下按静力分析方法计算。故按柔度法计算最大动内力时，可将位移达到幅值 Y_1、Y_2 时的干扰力幅值 F_{P1}、F_{P2} 以及各质点的惯性力幅值 $I_1(=m_1\theta^2Y_1)$、$I_2(=m_2\theta^2Y_2)$ 一起，沿 y 坐标方向施加于结构相应的位置上（注意：所含 Y_i 项要带本身正负号），然后按静力计算，即可求得动内力（内力幅值）；也可以利用叠加原理进行计算，如任一截面的弯矩幅值，可由下式求出

$$M_{d,\max}=\overline{M}_1I_1+\overline{M}_2I_2+M_P$$

式中 I_1、I_2——分别为质点 1、质点 2 的惯性力幅值；

$\overline{M}_1$、$\overline{M}_2$——分别为单位惯性力 $I_1=1$、$I_2=1$ 作用时，任一截面的弯矩值；

M_P——动力荷载幅值单独作用下同一截面的静力弯矩值。

对于其他内力，如剪力、轴力等，也可按同样方法计算。

例 10-13　如图 10-47（a）所示简支梁为两个自由度体系，已知动力荷载的幅值 $F_P=4.8\text{kN}$，$\theta=30\text{s}^{-1}$，梁的 $E=210\text{GPa}$，$I=1.6\times10^{-4}\text{m}^4$，$mg=20\text{kN}$。试求体系两质量处的最大竖向位移，并绘制最大动力弯矩图。

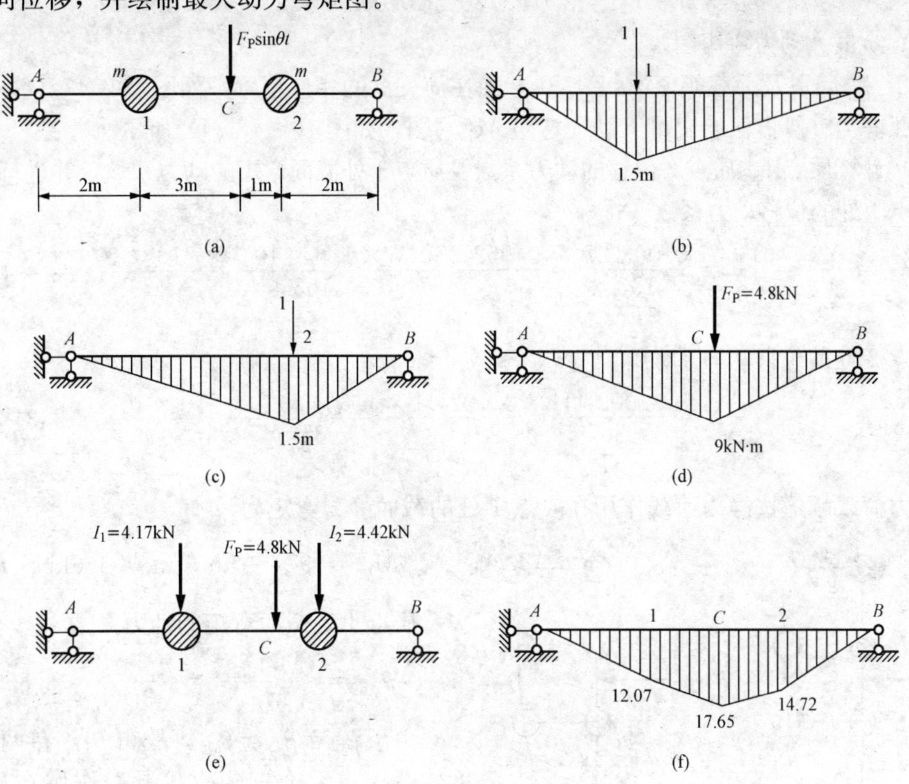

图 10-47　例 10-13 图

（a）受简谐荷载的两个自由度体系；（b）$\overline{M}_1$ 图；（c）$\overline{M}_2$ 图；（d）M_P 图；

（e）荷载和惯性力幅值；（f）$M_{d,max}$图/(kN·m)

解：（1）求柔度系数。

分别绘出单位力作用在质点 1、质点 2 的振动方向上及荷载幅值作用下的 $\overline{M}_1$ 图、$\overline{M}_2$ 图和 M_P 图，分别如图 10-47（b）～（d）所示。采用图乘法计算可得

$$\delta_{11}=\delta_{22}=\frac{6}{EI};\quad \delta_{12}=\delta_{21}=\frac{14}{3EI};\quad \Delta_{1P}=\frac{153}{5EI};\quad \Delta_{2P}=\frac{35}{EI}$$

（2）计算位移幅值 Y_1 和 Y_2。

将 $m_1=m_2=m$、$\theta=30\text{s}^{-1}$ 以及各柔度系数的数值代入式（10-143），可得

$$\left.\begin{aligned}\left(\frac{6}{EI}m\times30^2-1\right)Y_1+\left(\frac{14}{3EI}m\times30^2\right)Y_2+\frac{153}{5EI}=0\\ \left(\frac{14}{3EI}m\times30^2\right)Y_1+\left(\frac{6}{EI}m\times30^2-1\right)Y_2+\frac{35}{EI}=0\end{aligned}\right\}$$

将 m 及 EI 的数值代入方程组，解出体系两质量处的最大竖向位移（位移幅值）

$$Y_1 = 0.002\,27\text{m} = 2.27\text{mm}$$

$$Y_2 = 0.002\,41\text{m} = 2.41\text{mm}$$

(3) 计算惯性力幅值 I_1 和 I_2。

$$I_1 = m_1\theta^2 Y_1 = 2.04\times 30^2\times 0.002\,27\text{kN} = 4.17\text{kN}$$

$$I_2 = m_2\theta^2 Y_2 = 2.04\times 30^2\times 0.002\,41\text{kN} = 4.42\text{kN}$$

(4) 绘最大动力弯矩图。

将 I_1 和 I_2 以及荷载幅值 $F_P=4.8\text{kN}$ 加在简支梁的相应位置，如图 10 - 47 (e) 所示。按照静力计算方法绘出最大动力弯矩 $M_{d,\max}$图，如图 10 - 47 (f) 所示。

(5) 计算质点 1、质点 2 位移的动力系数及质点 1 处截面弯矩的动力系数，并进行比较。

质点 1 处的位移动力系数

$$\beta_{Y1} = \frac{Y_1}{y_{1st}} = \frac{Y_1}{\Delta_{1P}} = \frac{0.002\,27}{\frac{153}{5EI}} = \frac{0.002\,27\times 5\times 1.6\times 10^{-4}\times 210\times 10^6}{153} = 2.49$$

质点 2 处的位移动力系数

$$\beta_{Y2} = \frac{Y_2}{y_{2st}} = \frac{Y_2}{\Delta_{2P}} = \frac{0.002\,41}{\frac{35}{EI}} = \frac{0.002\,41\times 1.6\times 10^{-4}\times 210\times 10^6}{35} = 2.31$$

动力荷载幅值按静力荷载作用在质点 1 处的截面静力弯矩为

$$M_{1st} = 9\times\frac{2}{5}\text{kN}\cdot\text{m} = 3.6\text{kN}\cdot\text{m}$$

质点 1 处截面弯矩的动力系数

$$\beta_{M1} = \frac{(M_1)_{d,\max}}{M_{1st}} = \frac{12.07}{3.6} = 3.353$$

由于 $\beta_{Y1}\neq\beta_{Y2}\neq\beta_{M1}$，故可知，在两个自由度体系中，无论简谐荷载是否作用在质点上，各质点的位移动力系数是不相同的，而且同一截面的位移动力系数与弯矩动力系数也不相同，因此，整个体系没有一个统一的动力系数，这是与单自由度体系不相同的。

仿照两个自由度体系的柔度法即可推广到 n 个自由度体系。

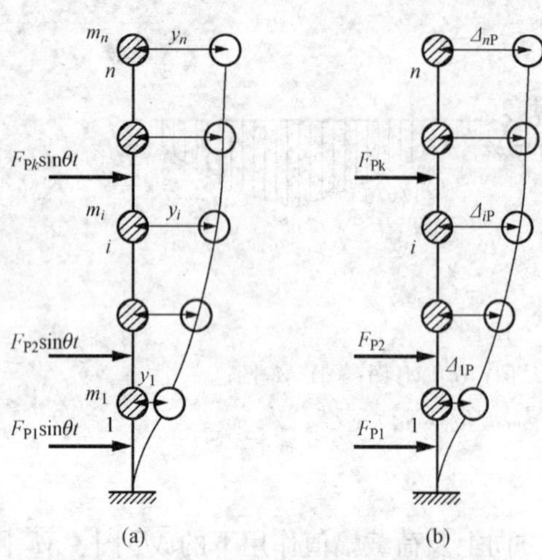

图 10 - 48 n 个自由度体系在简谐荷载作用下受迫振动—柔度法示意图

(a) 动荷载、惯性力和位移；(b) 荷载幅值产生的静力位移

对于如图 10 - 48 (a) 所示的 n 个自由度体系，在简谐荷载作用下，按柔度法建立的振动方程为

$$\left.\begin{aligned}
\delta_{11}m_1\ddot{y}_1+\delta_{12}m_2\ddot{y}_2+\cdots+\delta_{1n}m_n\ddot{y}_n+y_1&=\Delta_{1P}\sin\theta t\\
\delta_{21}m_1\ddot{y}_1+\delta_{22}m_2\ddot{y}_2+\cdots+\delta_{2n}m_n\ddot{y}_n+y_2&=\Delta_{2P}\sin\theta t\\
\vdots\qquad\qquad\qquad\qquad&\qquad\vdots\qquad\qquad\vdots\\
\delta_{n1}m_1\ddot{y}_1+\delta_{n2}m_2\ddot{y}_2+\cdots+\delta_{nn}m_n\ddot{y}_n+y_n&=\Delta_{nP}\sin\theta t
\end{aligned}\right\}\tag{10 - 149}$$

写成矩阵形式

$$[\delta][M][\ddot{y}]+[y]=[\Delta_P]\sin\theta t \tag{10-150}$$

式中，$[\Delta_P]=[\Delta_{1P}\quad\Delta_{2P}\quad\cdots\quad\Delta_{nP}]^T$ 为简谐荷载幅值使各质点产生的静力位移列阵，如图 10－48（b）所示。

由于在平稳振动阶段，各质点也做简谐振动，故设平稳振动阶段的解为

$$[y]=[Y]\sin\theta t \tag{10-151}$$

式中　$[Y]=[Y_1\quad Y_2\quad\cdots\quad Y_n]^T$——体系中各质点位移幅值列阵。

将式（10－151）代入式（10－150），消去公因子 $\sin\theta t$ 后，得

$$(\theta^2[\delta][M]-[I])[Y]+[\Delta_P]=[0] \tag{10-152}$$

解此方程组，即可求得各质点在纯受迫振动中的位移幅值。

由式（10－148）知任一质点 m_i 的惯性力幅值为

$$I_i=m_i\theta^2Y_i\quad(i=1,2,\cdots,n) \tag{10-153}$$

所以

$$Y_i=\frac{I_i}{m_i\theta^2}\quad(i=1,2,\cdots,n) \tag{10-154}$$

多自由度体系在简谐荷载作用下的最大动内力，可采用列写幅值，然后按静力计算的方法；也可利用内力叠加公式进行计算，如截面的弯矩幅值，可由下式求出

$$M_{d,\max}=\overline{M}_1I_1+\overline{M}_2I_2+\cdots+M_P \tag{10-155}$$

对于其他内力，如剪力、轴力等，仍可按同样方法计算。

10.8　多自由度体系在一般动力荷载作用下的受迫振动

本节采用振型分解法讨论多自由度体系在一般动力荷载作用下的受迫振动问题。

在一般动力荷载作用下，n 个自由度体系的振动方程由式（10－134）给出，即

$$[M][\ddot{y}]+[K][y]=[F_P(t)] \tag{10-156}$$

在通常情况下，$[M]$ 和 $[K]$ 并不都是对角矩阵，因此，方程组是耦合的，必须解联立方程。当 n 较大时，求解工作繁重。为了简化计算，可以采用坐标变换的手段，使方程组由耦合变为不耦合，称为解耦。

10.8.1　解耦

首先，进行正则坐标变换：

$$[y]=[Y][\eta] \tag{10-157}$$

式中　$[y]$——旧坐标 y_1，y_2，…，y_n，代表质点的实际位移，称为几何坐标；

$[Y]$——新旧两种坐标之间的转换矩阵，即主振型矩阵，它是以各振型向量作为列向量构成的矩阵。$[Y]$ 是非奇异矩阵，因而能保证新旧坐标间存在确定的单值关系；

$[\eta]$——新坐标 η_1，η_2，…，η_n，是把 $[y]$ 按 $[Y]$ 分解时的组合系数，称为正则坐标。

由式（10 - 157）可得

$$[\ddot{y}]=[Y][\ddot{\eta}] \tag{10 - 158}$$

式（10 - 157）也可以写成展开式

$$[y]=[Y^{(1)}]\eta_1+[Y^{(2)}]\eta_2+\cdots+[Y^{(n)}]\eta_n \tag{10 - 159}$$

这是将各振型分量沿动位移 1、2、…、n 方向加以叠加，从而得出质点的总位移。因此，η_i 就是把实际位移［y］按主振型分解时的组合系数，这种将各固有振型分别乘以相应组合系数然后叠加求质点位移的方法称为振型分解法。

将式（10 - 157）、式（10 - 158）代入式（10 - 156），有

$$[M][Y][\ddot{\eta}]+[K][Y][\eta]=[F_P(t)] \tag{10 - 160}$$

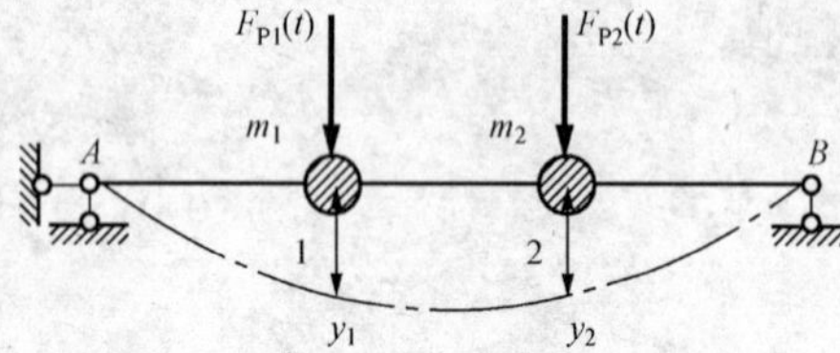

图 10 - 49　两个自由度体系在一般动力荷载作用下的受迫振动

现以如图 10 - 49 所示的两个自由度体系为例加以说明。设已知条件为：干扰力 $F_{P1}(t)$、$F_{P2}(t)$；体系的自振频率 ω_1、ω_2；主振型 $[Y^{(1)}]=\begin{bmatrix}Y_{11}\\Y_{21}\end{bmatrix}$、$[Y^{(2)}]=\begin{bmatrix}Y_{12}\\Y_{22}\end{bmatrix}$。则展开式（10 - 159）写为

$$[y]=[Y^{(1)}]\eta_1+[Y^{(2)}]\eta_2$$

将式（10 - 160）两边同时左乘以 $[Y^{(1)}]^T=[Y_{11}\quad Y_{21}]$，得

$$[Y^{(1)}]^T[M][Y][\ddot{\eta}]+[Y^{(1)}]^T[K][Y][\eta]=[Y^{(1)}]^T[F_P(t)] \tag{10 - 161}$$

其中，第一项

$$[Y^{(1)}]^T[M][Y^{(1)}\quad Y^{(2)}]\begin{bmatrix}\ddot{\eta}_1\\\ddot{\eta}_2\end{bmatrix}=[Y^{(1)}]^T[M]\{[Y^{(1)}]\ddot{\eta}_1+[Y^{(2)}]\ddot{\eta}_2\}$$

$$=[Y^{(1)}]^T[M][Y^{(1)}]\ddot{\eta}_1+[Y^{(1)}]^T[M][Y^{(2)}]\ddot{\eta}_2$$

式中，最后一项中 $[Y^{(1)}]^T[M][Y^{(2)}]$ 为第一正交条件（等于零）；

同理，第二项

$$[Y^{(1)}]^T[K][Y^{(1)}\quad Y^{(2)}]\begin{bmatrix}\eta_1\\\eta_2\end{bmatrix}=[Y^{(1)}]^T[K]\{[Y^{(1)}]\eta_1+[Y^{(2)}]\eta_2\}$$

$$=[Y^{(1)}]^T[K][Y^{(1)}]\eta_1+[Y^{(1)}]^T[K][Y^{(2)}]\eta_2$$

式中，最后一项中 $[Y^{(1)}]^T[K][Y^{(2)}]$ 为第二正交条件（等于零）。

于是式（10 - 161）成为

$$[Y^{(1)}]^T[M][Y^{(1)}]\ddot{\eta}_1+[Y^{(1)}]^T[K][Y^{(1)}]\eta_1=[Y^{(1)}]^T[F_P(t)] \tag{10 - 162}$$

方程式（10 - 162）只含一个变量 η_1 及其对时间的导数 $\ddot{\eta}_1$。引入符号

$$\left.\begin{aligned}M_1&=[Y^{(1)}]^T[M][Y^{(1)}]\\K_1&=[Y^{(1)}]^T[K][Y^{(1)}]\\F_1(t)&=[Y^{(1)}]^T[F_P(t)]\end{aligned}\right\}$$

其中，M_1 称为广义质量，K_1 称为广义刚度，$F_1(t)$ 称为广义荷载，则有

$$M_1\ddot{\eta}_1+K_1\eta_1=F_1(t)$$

此式对应于第一主振型。这样，就把联立方程变成了独立方程。

同样，将式（10-160）两边同时左乘以$[Y^{(2)}]^{\mathrm{T}}=[Y_{12}\quad Y_{22}]$，得

$$M_2\ddot{\eta}_2+K_2\eta_2=F_2(t)$$

此式对应于第二主振型。

10.8.2　解耦后运动方程的一般形式

由以上分析，可直接写出解耦后运动方程的一般形式

$$M_i\ddot{\eta}_i(t)+K_i\eta_i(t)=F_i(t)\quad(i=1,2,\cdots,n) \tag{10-163}$$

将式（10-163）两边同时除以M_i，再考虑自振频率的平方$\omega_i^2=\dfrac{K_i}{M_i}$，则得

$$\ddot{\eta}_i(t)+\omega_i^2\eta_i(t)=\frac{F_i(t)}{M_i}\quad(i=1,2,\cdots,n) \tag{10-164}$$

这就是关于正则坐标$\eta_i(t)$的运动方程，与单自由度体系的振动方程式（10-22）完全相似。

因为，由M_i组成的广义质量矩阵$[M^*]$以及由K_i组成的广义刚度矩阵$[K^*]$都是对角矩阵，即

$$[M^*]=\begin{bmatrix}M_1&&&\\&M_2&&\\&&\ddots&\\&&&M_n\end{bmatrix};\quad[K^*]=\begin{bmatrix}K_1&&&\\&K_2&&\\&&\ddots&\\&&&K_n\end{bmatrix}$$

所以，对于n个自由度的体系，关于正则坐标$\eta_i(t)$的运动方程式（10-164），是彼此独立的n个一元方程。

10.8.3　运动方程的解

对于方程式（10-164）的解答可参照式（10-38）的杜哈梅积分写出。在初始位移和初始速度为零的条件下，其解为

$$\eta_i(t)=\frac{1}{M_i\omega_i}\int_0^t F_i(\tau)\sin\omega_i(t-\tau)\mathrm{d}\tau \tag{10-165}$$

正则坐标$\eta_i(t)$求出后，再代回式（10-157）或式（10-159），即得出几何坐标$[y(t)]$。从式（10-157）来看，这是进行坐标反变换。从式（10-159）来看，这是将各个主振型分量加以叠加，从而得出质点的总位移，所以本方法又称为主振型叠加法。

例10-14　试用振型分解法计算如图10-50所示刚架各楼层的振幅值。已知：第二层上作用有水平简谐荷载$F_P(t)=20\sin\theta t\,\mathrm{kN}$，每分钟振动200次。

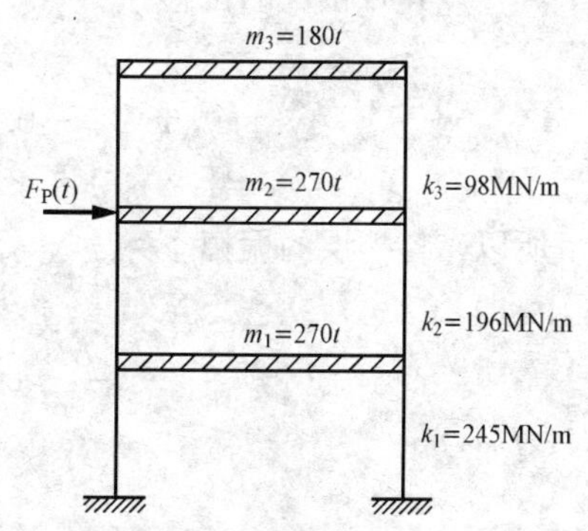

图10-50　例10-14图

解：(1) 求自振频率。由例10-8已经求出：

$\omega_1=13.47\mathrm{s}^{-1}$；　$\omega_2=30.12\mathrm{s}^{-1}$；　$\omega_3=46.67\mathrm{s}^{-1}$

(2) 确定振型。由例10-8中的图10-36(a)～(c)所示三个主振型并令振幅$Y_{3i}=1$，进行标准化振型，则主振型矩阵

$$[Y]=\begin{bmatrix}0.333 & -0.664 & 4.032\\0.667 & -0.663 & -3.022\\1 & 1 & 1\end{bmatrix}$$

(3) 计算广义质量。由 $M_i=[Y^{(i)}]^T[M][Y^{(i)}]$，可得

$$M_1=\begin{bmatrix}0.333\\0.667\\1\end{bmatrix}^T\begin{bmatrix}270 & 0 & 0\\0 & 270 & 0\\0 & 0 & 180\end{bmatrix}\begin{bmatrix}0.333\\0.667\\1\end{bmatrix}\mathrm{t}=330.06\mathrm{t}$$

$$M_2=\begin{bmatrix}-0.664\\-0.663\\1\end{bmatrix}^T\begin{bmatrix}270 & 0 & 0\\0 & 270 & 0\\0 & 0 & 180\end{bmatrix}\begin{bmatrix}-0.664\\-0.663\\1\end{bmatrix}\mathrm{t}=417.72\mathrm{t}$$

$$M_3=\begin{bmatrix}4.032\\-3.022\\1\end{bmatrix}^T\begin{bmatrix}270 & 0 & 0\\0 & 270 & 0\\0 & 0 & 180\end{bmatrix}\begin{bmatrix}4.032\\-3.022\\1\end{bmatrix}\mathrm{t}=7035.17\mathrm{t}$$

(4) 计算广义荷载。由 $F_i(t)=[Y^{(i)}]^T[F_P(t)]$，可得

$$F_1(t)=\begin{bmatrix}0.333\\0.667\\1\end{bmatrix}^T\begin{bmatrix}0\\20\sin\theta t\\0\end{bmatrix}=13.34\sin\theta t\,\mathrm{kN}$$

$$F_2(t)=\begin{bmatrix}-0.664\\-0.663\\1\end{bmatrix}^T\begin{bmatrix}0\\20\sin\theta t\\0\end{bmatrix}=-13.26\sin\theta t\,\mathrm{kN}$$

$$F_3(t)=\begin{bmatrix}4.032\\-3.022\\1\end{bmatrix}^T\begin{bmatrix}0\\20\sin\theta t\\0\end{bmatrix}=-60.44\sin\theta t\,\mathrm{kN}$$

(5) 求正则坐标。对于简谐荷载作用，正则坐标为：$\eta_i=\dfrac{F_i(t)}{M_i(\omega_i^2-\theta^2)}$，于是可求得

$$\eta_1=-0.000\,157\sin\theta t\,\mathrm{m}=-0.157\sin\theta t\,\mathrm{mm}$$
$$\eta_2=-0.000\,0675\sin\theta t\,\mathrm{m}=-0.0675\sin\theta t\,\mathrm{mm}$$
$$\eta_3=-0.000\,004\,95\sin\theta t\,\mathrm{m}=-0.004\,95\sin\theta t\,\mathrm{mm}$$

(6) 计算各楼层的位移。

$$y_1=0.333\eta_1-0.664\eta_2+4.032\eta_3=-0.0275\sin\theta t\,\mathrm{mm}$$
$$y_2=0.667\eta_1-0.663\eta_2-3.022\eta_3=-0.0452\sin\theta t\,\mathrm{mm}$$
$$y_3=1\times\eta_1+1\times\eta_2+1\times\eta_3=-0.229\sin\theta t\,\mathrm{mm}$$

所以，各楼层的振幅

$$[Y]=\begin{bmatrix}-0.028\\-0.045\\-0.230\end{bmatrix}\mathrm{mm}$$

10.9　无限自由度体系的自由振动

严格的讲，任何弹性体系都属于无限自由度体系。为解决实际问题而通过各种途径将其简化为单自由度或有限自由度体系进行计算，只能得出近似结果。这种计算对于弹性体系在动力荷载作用下的描述是不完整的，较为精确的计算是按无限自由度体系进行分析，并由此可以了解近似算法的应用范围和精确程度。对某种类型的结构（例如等截面直杆）来说，直接按无限自由度体系进行分析也有其方便之处。

在无限自由度体系的动力计算中，除取时间 t 作为独立变量外，还需取位置坐标 x 作为独立变量。因此，梁的位移要表示为二元函数 $y(x,t)$，体系的运动方程是偏微分方程。

本节即以如图 10 - 51 所示等截面梁的弯曲振动为例，讨论无限自由度体系的自由振动运动方程及其自由振动的计算方法。

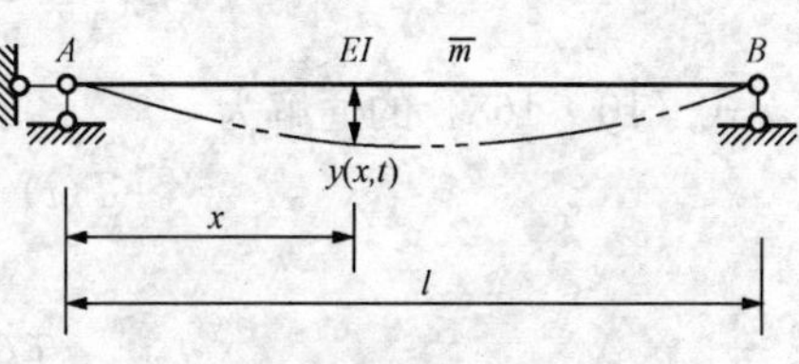

图 10 - 51　等截面梁的自由振动

等截面梁弯曲振动时的动力平衡方程可以借助梁的静力平衡方程导出：

由材料力学可知，梁的挠曲线方程（略去剪切变形影响）为

$$EI\frac{\partial^2 y}{\partial x^2}=-M$$

故有

$$EI\frac{\partial^4 y}{\partial x^4}=-\frac{\partial^2 M}{\partial x^2}=q$$

在自由振动情况下，唯一的荷载就是惯性力，即

$$q=-\overline{m}\frac{\partial^2 y}{\partial t^2}$$

这里，$\overline{m}$ 为单位长度的质量。因此，等截面梁弯曲时的自由振动微分方程为

$$EI\frac{\partial^4 y}{\partial x^4}+\overline{m}\frac{\partial^2 y}{\partial t^2}=0 \tag{10 - 166}$$

式中，挠度 y 是横坐标 x 和时间 t 的函数，所以上式是一个偏微分方程。

偏微分方程式（10 - 166）可用分离变量法求解。为此，设挠度 y 的解是位置坐标函数和时间函数的乘积，即

$$y(x,t)=Y(x)T(t) \tag{10 - 167}$$

也就是说，这里所设的振动是一种单自由度的振动。在不同的时刻 t，弹性曲线的形状不变，只是幅度在变。$Y(x)$ 表示曲线形状，$T(t)$ 表示位移幅度随时间变化的规律。将式（10 - 167）代入式（10 - 166），可得

$$EI\frac{\mathrm{d}^4 Y(x)}{\mathrm{d}x^4}T(t)+\overline{m}Y(x)\frac{\mathrm{d}^2 T(t)}{\mathrm{d}t^2}=0$$

经整理后，得

$$\frac{EI}{\overline{m}}\frac{\frac{d^4Y(x)}{dx^4}}{Y(x)}=-\frac{\frac{d^2T(t)}{dt^2}}{T(t)}=\omega^2$$

上式第一个等号的左边项只与 x 有关，第一个等号的右边项只与 t 有关，而 x 与 t 彼此独立无关，为了维持此式恒等，该两项须等于同一常数，故设 ω^2 为常数，于是偏微分方程式（10 - 166）分解为两个独立的常微分方程：

$$\frac{d^2T(t)}{dt^2}+\omega^2T(t)=0 \tag{10 - 168}$$

$$\frac{d^4Y(x)}{dx^4}-\lambda^4Y(x)=0 \tag{10 - 169}$$

式中

$$\lambda^4=\frac{\omega^2\overline{m}}{EI} \quad 或 \quad \omega^2=\frac{\lambda^4EI}{\overline{m}} \tag{10 - 170}$$

式（10 - 168）的通解为

$$T(t)=C_1\sin\omega t+C_2\cos\omega t$$

或

$$T(t)=a\sin(\omega t+\alpha)$$

代入式（10 - 167），得

$$y(x,t)=Y(x)a\sin(\omega t+\alpha)$$

将常数 a 合并到待定函数 $Y(x)$ 中，上式可写为

$$y(x,t)=Y(x)\sin(\omega t+\alpha) \tag{10 - 171}$$

由式（10 - 171）可看出，具有均布质量杆件的自由振动，是以 ω 为频率的简谐振动，$Y(x)$ 是其振幅曲线，代表梁的主振型，称为振型函数。

为确定频率 ω 及其相应的主振型，则应求解方程式（10 - 169），其通解为

$$Y(x)=C_1\cosh\lambda x+C_2\sinh\lambda x+C_3\cos\lambda x+C_4\sin\lambda x \tag{10 - 172}$$

式中 C_1、C_2、C_3、C_4——待定系数。

求出 $Y(x)$ 之后，即可进一步求出相应的转角、弯矩以及剪力的表达式。

根据边界条件，可以写出包含待定系数 C_1、C_2、C_3、C_4 的四个齐次方程。为了求得非零解，要求方程的系数行列式为零，这就得到用以确定 λ 的特征方程（频率方程）。λ 确定后，由式（10 - 170）可求得自振频率 ω。对于无限自由度体系，特征方程为超越方程，有无限多个根，因而有无限多个频率 $\omega_n(n=1,2,\cdots,n)$。对于每一个频率，可求出 C_1、C_2、C_3、C_4的一组比值，于是便可得到相应的主振型 $Y_i(x)$。

对于每一个频率和振型，微分方程有一个特解

$$y_i(x,t)=Y_i(x)\sin(\omega_it+\alpha_i) \quad (i=1,2,\cdots,n)$$

而方程式（10 - 166）的通解应是这些特解的线性组合，即

$$y(x,t)=\sum_{i=1}^{\infty}a_iY_i(x)\sin(\omega_it+\alpha_i) \tag{10 - 173}$$

式中的待定常数 a_i 和 α_i 应由初始条件确定。

例 10 - 15 试求如图 10 - 52（a）所示等截面梁前两阶的自振频率和振型。

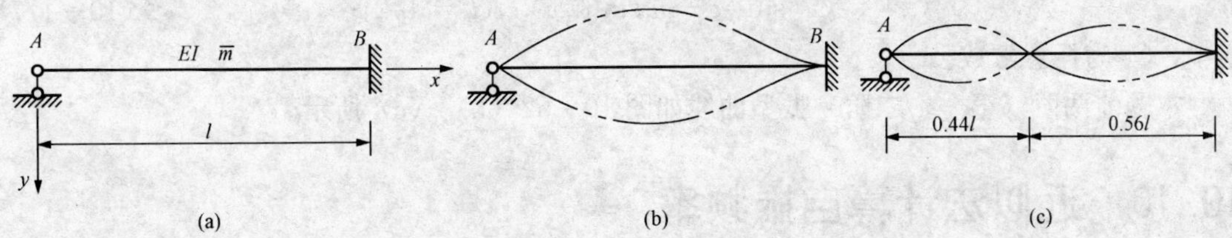

图 10 - 52　例 10 - 15 图

(a) 等截面梁；(b) 第一振型；(c) 第二振型

解：(1) 求自振频率。

由梁左端的边界条件

$$\left.\begin{aligned} Y(0) = 0, C_1 + C_3 = 0 \\ Y''(0) = 0, C_1 - C_3 = 0 \end{aligned}\right\}$$

可解得 $C_1=C_3=0$，振幅曲线简化为

$$Y(x) = C_2 \sinh\lambda x + C_4 \sin\lambda x \tag{10 - 174}$$

梁右端的边界条件为

$$\left.\begin{aligned} Y(l) = 0, C_2 \sinh\lambda l + C_4 \sin\lambda l = 0 \\ Y'(l) = 0, C_2 \cosh\lambda l + C_4 \cos\lambda l = 0 \end{aligned}\right\} \tag{10 - 175}$$

令此齐次方程组的系数行列式为零，即

$$\begin{vmatrix} \sinh\lambda l & \sin\lambda l \\ \cosh\lambda l & \cos\lambda l \end{vmatrix} = 0$$

即

$$\sinh\lambda l \cos\lambda l - \cosh\lambda l \sin\lambda l = 0 \tag{10 - 176}$$

于是，解得

$$\lambda_i l = \left(i + \frac{1}{4}\right)\pi \quad (i = 1,2,3,\cdots,n)$$

$$\lambda_1 l = 3.927$$

$$\lambda_2 l = 7.069$$

由式（10 - 170）可得自振频率算式

$$\omega_i = \lambda_i^2 \sqrt{\frac{EI}{\overline{\overline{m}}}} = \frac{(4i+1)^2\pi^2}{16l^2}\sqrt{\frac{EI}{\overline{\overline{m}}}} \quad (i = 1,2,3,\cdots,n)$$

所以第一、第二自振频率为

$$\omega_1 = \frac{15.42}{l^2}\sqrt{\frac{EI}{\overline{\overline{m}}}}; \quad \omega_2 = \frac{49.97}{l^2}\sqrt{\frac{EI}{\overline{\overline{m}}}}$$

(2) 求振型曲线。

每一个自振频率 ω_i 有自己的主振型 $Y_i(x)$。将 $\lambda_i l$ 的值代入梁右端边界条件的第一式，引入系数 η_i，则

$$\eta_i = -\frac{C_2}{C_4} = \frac{\sin\lambda_i l}{\sinh\lambda_i l} \quad (i = 1,2,\cdots,n)$$

将 η_i 代入式（10 - 174）并整理，得到第 i 阶振型算式

$$Y_i(x)=C_4(\sin\lambda_i x-\mu_i\sinh\lambda_i x)\quad(i=1,2,\cdots,n) \tag{10-177}$$

式中，C_4 为任意常数。

本题前两阶（第一、二阶）振型曲线如图 10-52（b）、（c）所示。

10.10 近似法计算自振频率

前面研究了计算自振频率的精确方法，在自由度数目较多的情况下，计算工作很繁重。从实用的要求来说，特别是求解基本频率时，有必要采用近似的计算方法。常用的近似方法有以下三种：

（1）能量法：对体系的振动形式给以简化假设，但不改变结构的刚度和质量分布，然后根据能量守恒原理求得自振频率。

（2）集中质量法：将体系的质量分布加以简化，以集中质量代替分布质量，用有限自由度体系代替无限自由度体系求频率。

（3）迭代法：采用近似算法求解，算出自振频率。

10.10.1 能量法求第一自振频率——瑞利（Rayleigh）法

瑞利法的出发点是能量守恒原理，即一个无阻尼的弹性体系自由振动时，它在任一时刻的总能量（应变能 U 与动能 T 之和）应当保持不变，即

$$\text{机械能}=\text{应变能}(U)+\text{动能}(T)=\text{常数}$$

以梁的自由振动为例，其位移可表示为

$$y(x,t)=Y(x)\sin(\omega t+\alpha)$$

式中 $Y(x)$——振型函数，表示梁上任意一点 x 处的振幅；

ω——自振频率。

将此式对 t 微分，可得出速度表达式

$$\dot{y}(x,t)=\omega Y(x)\cos(\omega t+\alpha)$$

梁的弯曲应变能为

$$\begin{aligned}U&=\frac{1}{2}\int_0^l\frac{M^2(x,t)}{EI}\mathrm{d}x=\frac{1}{2}\int_0^l EI[y''(x,t)]^2\mathrm{d}x\\&=\frac{1}{2}\int_0^l EI[Y''(x)\sin(\omega t+\alpha)]^2\mathrm{d}x\\&=\frac{1}{2}\sin^2(\omega t+\alpha)\int_0^l EI[Y''(x)]^2\mathrm{d}x\end{aligned}$$

其最大值为

$$U_{\max}=\frac{1}{2}\int_0^l EI[Y''(x)]^2\mathrm{d}x$$

梁的动能为

$$T=\frac{1}{2}\int_0^l\overline{m}(x)[\dot{y}(x,t)]^2\mathrm{d}x=\frac{1}{2}\omega^2\cos^2(\omega t+\alpha)\int_0^l\overline{m}(x)[Y(x)]^2\mathrm{d}x$$

其最大值为

$$T_{\max} = \frac{1}{2}\omega^2 \int_0^l \overline{m}(x)[Y(x)]^2 \mathrm{d}x$$

当 $\sin(\omega t + \alpha) = 0$ 时，位移和应变能为零，速度和动能为最大值，而体系的总能量即为 $T_{\max}$。

当 $\cos(\omega t + \alpha) = 0$ 时，速度和动能为零，位移和应变能为最大值，而体系的总能量即为 $U_{\max}$。

根据能量守恒原理，可知

$$T_{\max} = U_{\max}$$

由此，求得计算频率的公式为

$$\omega^2 = \frac{\int_0^l EI[Y''(x)]^2 \mathrm{d}x}{\int_0^l \overline{m}(x)[Y(x)]^2 \mathrm{d}x} \tag{10 - 178}$$

如果梁上还有集中质量 $m_i (i = 1,2,\cdots,n)$，则上式应改为

$$\omega^2 = \frac{\int_0^l EI[Y''(x)]^2 \mathrm{d}x}{\int_0^l \overline{m}(x)[Y(x)]^2 \mathrm{d}x + \sum_{i=1}^{n} m_i Y_i^2} \tag{10 - 179}$$

式中，n 表示集中质量的数目。

上式就是瑞利法求自振频率的公式。能量法的关键是假设振型函数 $Y(x)$：如果其中假设的位移形状函数 $Y(x)$ 正好与第一主振型相似，则可求得第一频率的精确值。如果正好与第二主振型相似，则可求得第二频率的精确值。但瑞利法一般用于计算第一自振频率 ω_1 的近似值。

通常可选取结构的某个静力荷载 $q(x)$（例如结构自重）作用下的弹性曲线作为 $Y(x)$ 的近似表示式，然后由式（10 - 179）即可求得第一频率的近似值。此时，应变能可用相应荷载 $q(x)$ 所做的功来代替，即

$$U = \frac{1}{2}\int_0^l q(x) Y(x) \mathrm{d}x$$

而式（10 - 179）可改写为

$$\omega^2 = \frac{\int_0^l q(x) Y(x) \mathrm{d}x}{\int_0^l \overline{m}(x)[Y(x)]^2 \mathrm{d}x + \sum_{i=1}^{n} m_i Y_i^2} \tag{10 - 180}$$

如果选取结构自重作用下的变形曲线作为 $Y(x)$ 的近似表达式（注意：如果考虑水平振动，则重力应沿水平方向作用），则应变能可用重力所做的功来代替，即

$$U = \frac{1}{2}\int_0^l \overline{m} g Y(x) \mathrm{d}x + \frac{1}{2}\sum_{i=1}^{n} m_i g Y_i$$

则式（10 - 179）可改写为

$$\omega^2 = \frac{\int_0^l \overline{m}(x) g Y(x) \mathrm{d}x + \sum_{i=1}^{n} m_i g Y_i}{\int_0^l \overline{m}(x)[Y(x)]^2 \mathrm{d}x + \sum_{i=1}^{n} m_i Y_i^2} \tag{10 - 181}$$

例 10-16 试用能量法计算等截面两端固定梁的第一自振频率。设 EI=常数，梁单位长度的质量为 $\overline{m}$。

解： 取梁在自重即均布荷载 q 作用下的弹性曲线作为振型函数，即

$$Y(x)=\frac{ql^4}{24EI}\left(\frac{x^4}{l^4}-2\frac{x^3}{l^3}+\frac{x^2}{l^2}\right)$$

代入式（10-181），则有

$$\omega_1^2=\frac{q\int_0^l Y(x)\mathrm{d}x}{\overline{m}\int_0^l[Y(x)]^2\mathrm{d}x}=\frac{q\int_0^l\frac{ql^4}{24EI}\left(\frac{x^4}{l^4}-2\frac{x^3}{l^3}+\frac{x^2}{l^2}\right)\mathrm{d}x}{\overline{m}\int_0^l\left(\frac{ql^4}{24EI}\right)^2\left(\frac{x^4}{l^4}-2\frac{x^3}{l^3}+\frac{x^2}{l^2}\right)^2\mathrm{d}x}$$

$$=\frac{\frac{q^2l^5}{720EI}}{\frac{q^2\overline{m}l^9}{576\times630(EI)^2}}=\frac{504}{l^4}\times\frac{EI}{\overline{m}}$$

故第一自振频率

$$\omega_1=\sqrt{\frac{504}{l^4}\times\frac{EI}{\overline{m}}}=\frac{22.45}{l^2}\sqrt{\frac{EI}{\overline{m}}}$$

本例的精确解为 $\omega_1=\frac{22.37}{l^2}\sqrt{\frac{EI}{\overline{m}}}$，故误差为 0.36%。由此可见，用能量法求基本频率能够得到较好的结果。

采用瑞利法计算 ω_1，其计算结果一般均高于精确值。这是因为假设某一与实际振型有出入的特定曲线作为振型曲线时，相当于给体系上施加了某种约束，从而增大了体系的刚度，使其变形能增加，从而导致计算的自振频率偏大。

10.10.2 集中质量法求自振频率

在本章第 10.1 节讨论动力计算简图时实际上已经提到此方法。

把体系中的分布质量换成集中质量，则体系即由无限自由度换成单自由度或多自由度。关于质量的集中方法有很多种，最简单的是根据静力等效原则，使集中后的重力与原来的重力互为静力等效（它们的合力彼此相等）。例如，每段分布质量可按杠杆原理换成位于两端的集中质量。这种方法的优点是简便灵活，可用于梁、拱、刚架、桁架等各类结构。

例 10-17 试用集中质量法计算如图 10-53（a）所示简支梁的自振频率。设 EI=常数，梁单位长度的质量为 $\overline{m}$。

解： 在图 10-53（b）、（c）、（d）中，分别将梁分为二等分段、三等分段、四等分段，每段质量集中于该段的两端，这时体系分别简化为具有一个、两个、三个自由度的体系。根据这三个计算简图，可分别求出第一频率、前两个频率、前三个频率。

（1）如图 10-53（b）所示单自由度体系：

$$\omega_1=\sqrt{\frac{1}{m\delta_{11}}}=\frac{1}{\sqrt{\frac{\overline{m}l}{2}\times\frac{l^3}{48EI}}}=\frac{9.8}{l^2}\sqrt{\frac{EI}{\overline{m}}}$$

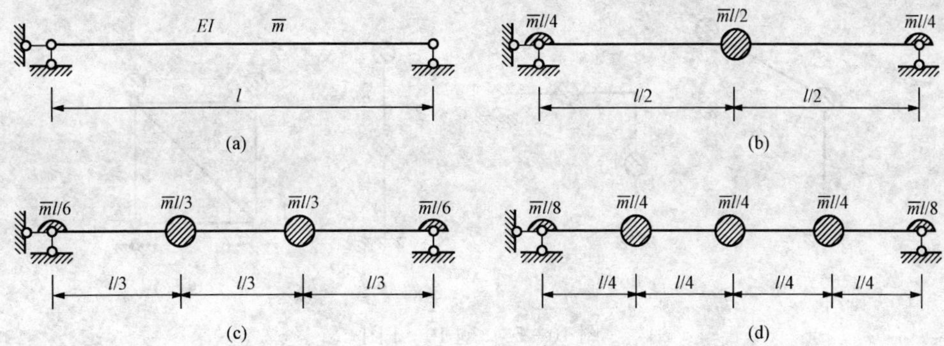

图 10-53　例 10-17 图

(a) 等截面均质简支梁；(b) 简化为单自由度；(c) 简化为两个自由度；(d) 简化为三个自由度

其精确解为 $\omega_1=\dfrac{9.87}{l^2}\sqrt{\dfrac{EI}{\overline{m}}}$，误差为$-0.7\%$。

(2) 如图 10-53 (c) 所示两个自由度体系：

此时，频率方程为

$$\begin{vmatrix} \delta_{11}m_1-\dfrac{1}{\omega^2} & \delta_{12}m_2 \\ \delta_{21}m_1 & \delta_{22}m_2-\dfrac{1}{\omega^2} \end{vmatrix}=0$$

式中，$m_1=m_2=\dfrac{1}{3}\overline{m}l$，柔度系数为

$$\delta_{11}=\delta_{22}=\frac{4l^3}{243EI};\quad \delta_{12}=\delta_{21}=\frac{7l^3}{4867EI}$$

代入频率方程，解得

$$\omega_1=\frac{9.86}{l^2}\sqrt{\frac{EI}{\overline{m}}};\quad \omega_2=\frac{38.2}{l^2}\sqrt{\frac{EI}{\overline{m}}}$$

$\omega_2=\dfrac{39.48}{l^2}\sqrt{\dfrac{EI}{\overline{m}}}$，故此时 ω_1 和 ω_2 的误差分别为-0.1%和-3.24%。

(3) 如图 10-53 (d) 所示三个自由度体系：

$$\omega_1=\frac{9.865}{l^2}\sqrt{\frac{EI}{\overline{m}}};\quad \omega_2=\frac{39.2}{l^2}\sqrt{\frac{EI}{\overline{m}}};\quad \omega_3=\frac{84.6}{l^2}\sqrt{\frac{EI}{\overline{m}}}$$

其精确解 $\omega_3=\dfrac{88.83}{l^2}\sqrt{\dfrac{EI}{\overline{m}}}$，故此时 ω_1、ω_2、ω_3 的误差分别为-0.05%，-0.7%，-4.8%。

复 习 思 考 题

10-1　试确定如图 10-54 所示质点体系的动力自由度。除注明者外，各受弯杆件$EI=$常数，各链杆 $EA=$常数。

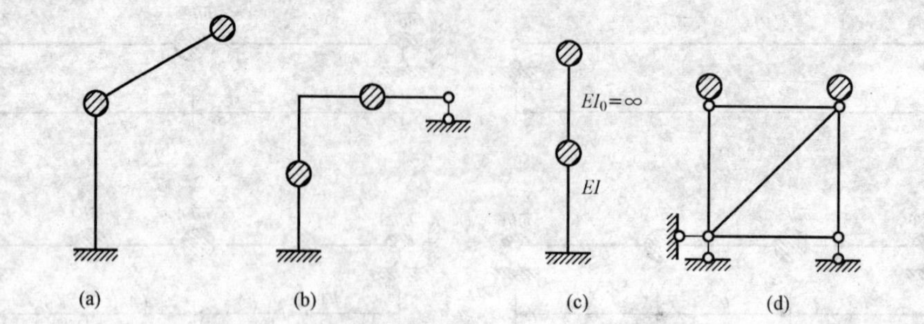

图 10 - 54　题 10 - 1 图

10 - 2　试求如图 10 - 55 所示梁的自振周期和自振频率。已知：梁端有重物 $W=1.23\text{kN}$；梁重不计，$E=21\times10^4\text{MPa}$，$I=78\text{cm}^4$，$l=1\text{m}$。

10 - 3　试求如图 10 - 56 所示梁的自振频率。

图 10 - 55　题 10 - 2 图　　图 10 - 56　题 10 - 3 图

10 - 4　试求如图 10 - 57 所示体系的自振频率。

10 - 5　试计算如图 10 - 58 所示刚架水平振动的自振频率。

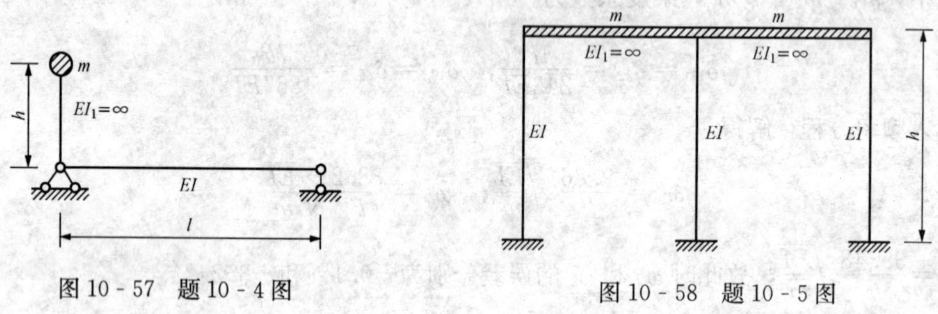

图 10 - 57　题 10 - 4 图　　图 10 - 58　题 10 - 5 图

10 - 6　试计算如图 10 - 59 所示桁架竖向振动的自振频率。已知：$m=4\text{t}$，$E=2.06\times10^2\text{GPa}$，$A=20\text{cm}^2$。

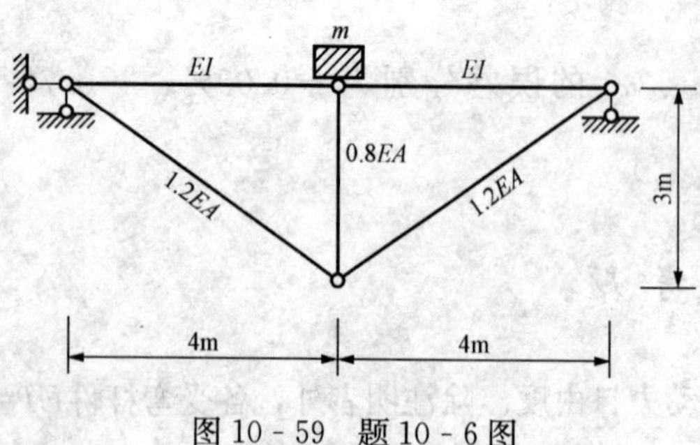

图 10 - 59　题 10 - 6 图

10 - 7　试求如图 10 - 60 所示简支梁的最大位移。已知 $m=5\text{t}$，$v_0=10\times10^{-3}\text{ m/s}$，$E=24.5\text{GPa}$，$I=6.4\times10^{-3}\text{m}^4$。

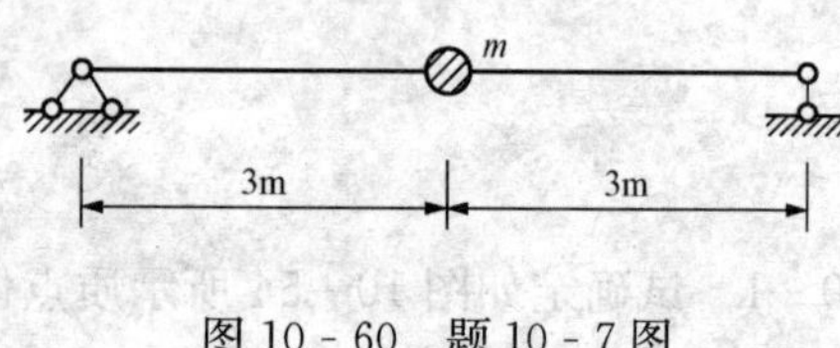

图 10 - 60　题 10 - 7 图

10-8　试求如图 10-61 所示简支梁在 $F_P\sin\theta t$ 作用下引起的中点位移幅值，并比较两者的结果。设EI=常数，不考虑阻尼的影响，$\theta^2=2\omega^2$，$k=\frac{4}{\delta}$ [δ 为图 (a) 的柔度，ω 为图 (a) 的自振频率]。

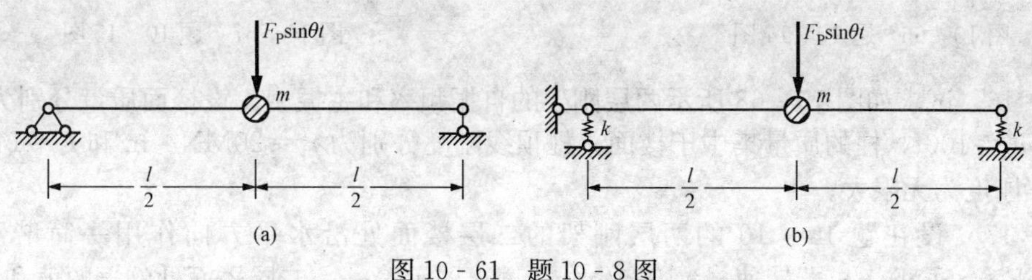

图 10-61　题 10-8 图

10-9　有一单自由度体系做有阻尼自由振动，通过测试，测得 5 个周期后的振幅降为原来的 12%（设初始速度为零），试求其阻尼比 ξ。

10-10　如图 10-62 所示结构在柱顶有电动机，电动机和结构的质量都集中于柱顶，W=20kN，电动机水平离心力的幅值 F_P=2.5kN，电动机转速 n=550r/min，柱顶线刚度 $i=\frac{EI_1}{h}=5.88\times10^8\text{N}\cdot\text{cm}$。试求电动机转动时的最大水平位移和柱端弯矩的幅值。

10-11　如图 10-63 所示一个 500N 的重物悬挂在刚度 $k=4\times10^3\text{N/m}$ 的弹簧上，假定它在简谐力 $F_P\sin\theta t$(F_P=50N) 作用下做竖向振动，已知阻尼系数 c=50N·s/m。试求：(1) 共振频率；(2) 共振时的振幅；(3) 共振时的相位角。

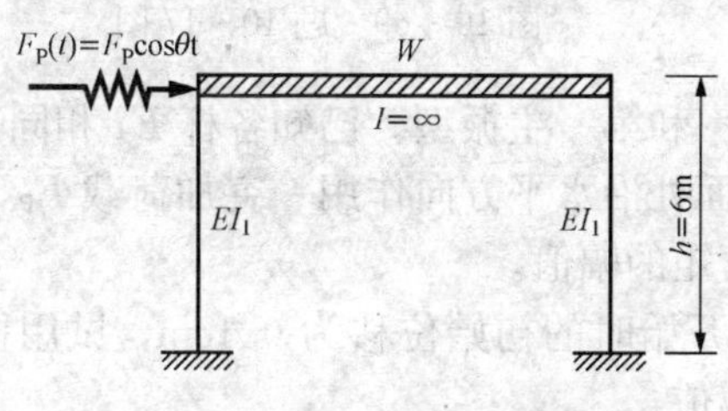

图 10-62　题 10-10 图

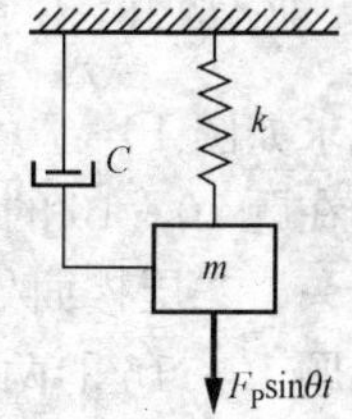

图 10-63　题 10-11 图

10-12　试求如图 10-64 所示梁的自振频率和主振型。

10-13　试求如图 10-65 所示刚架的自振频率和主振型。

10-14　试求如图 10-66 所示双跨连续梁的自振频率。已知 l=100cm，W=1000N，$E=2\times10^5$MPa，$I=68.82\text{cm}^4$。

10-15　试求如图 10-67 所示三跨连续梁的自振频率和主振型。已知 l = 100cm，W = 1000N，E = 2 × 10^5MPa，$I=68.82\text{cm}^4$。

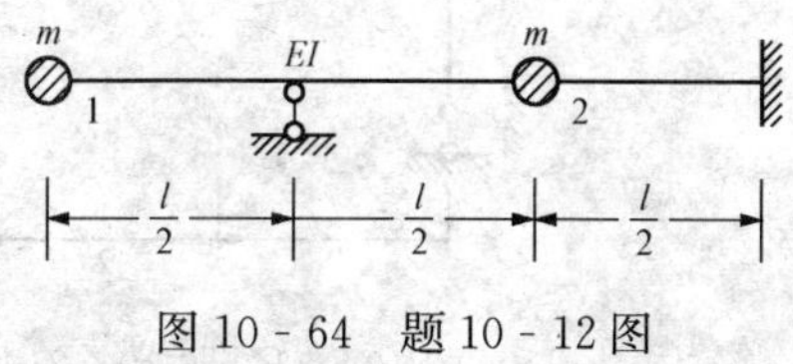

图 10-64　题 10-12 图

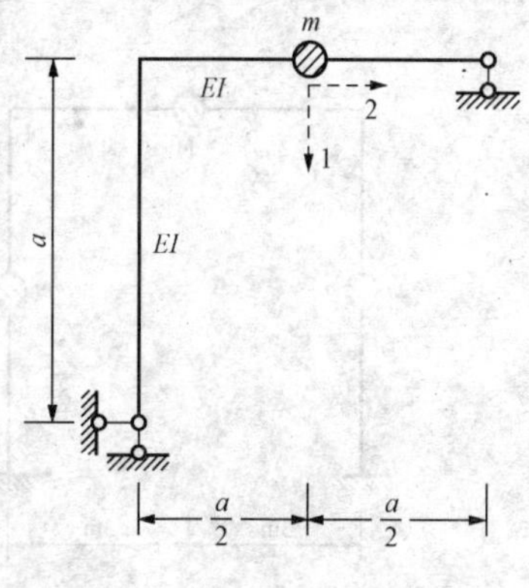

图 10-65　题 10-13 图

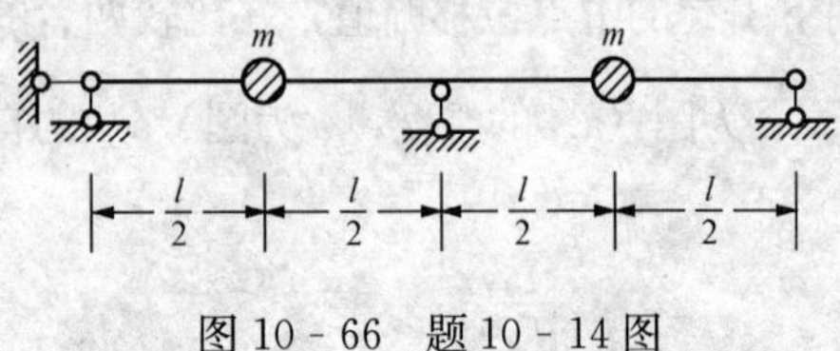

图 10 - 66 题 10 - 14 图

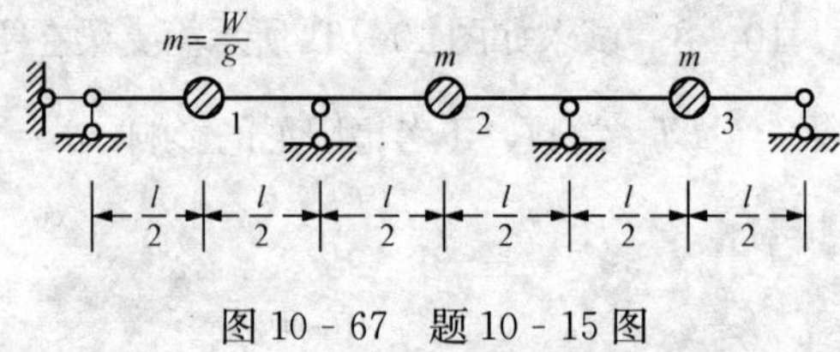

图 10 - 67 题 10 - 15 图

10 - 16 试求如图 10 - 68 所示两层刚架的自振频率和主振型。设楼面质量分别为 $m_1 =$ 120t 和 $m_2 =$100t，柱的质量集中于楼面，柱顶线刚度分别为 $i_1 =$20MN · m 和 $i_2 =$14MN · m，横梁刚度为无限大。

10 - 17 设在题 10 - 16 的两层刚架的二层楼面处沿水平方向作用一简谐干扰力 $F_P\sin\theta t$（$F_P = 5$kN），机器转速 $n=150$r/min。试求图示第一、二层楼面处的振幅值和柱端弯矩的幅值（图 10 - 69）。

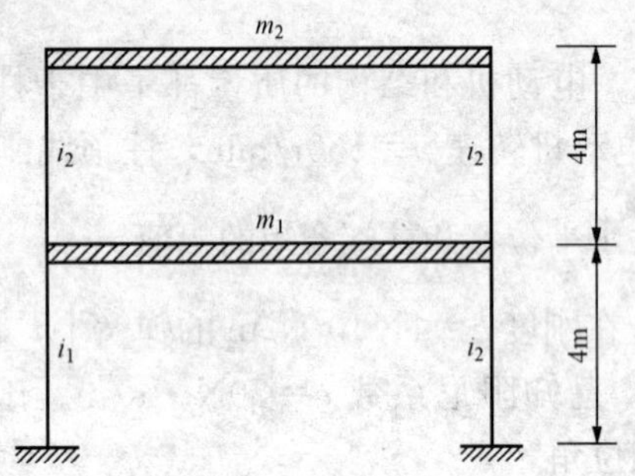

图 10 - 68 题 10 - 16 图

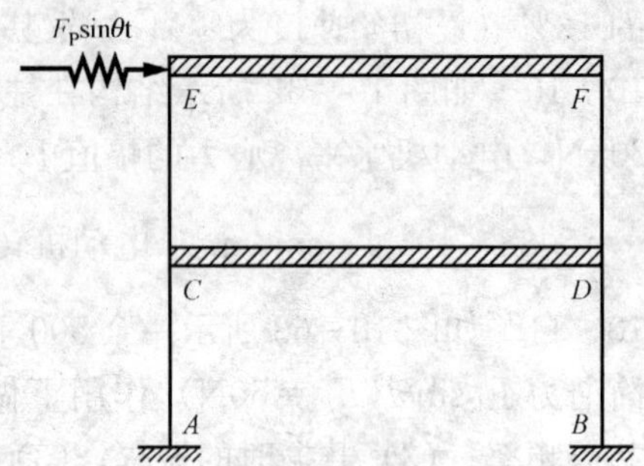

图 10 - 69 题 10 - 17 图

10 - 18 试求如图 10 - 70 所示体系的第一频率和第一主振型。已知各杆 EI 相同。

10 - 19 设在题 10 - 16 的两层刚架的二层楼面处沿水平方向作用一突加荷载 F_P，试用振型叠加法求第一、二层楼面处的振幅值和柱端弯矩的幅值。

10 - 20 设题 10 - 16 的两层刚架顶端在振动开始时的初始位移为 0.1cm，试用振型叠加法求第一、二层楼面处的振幅值和柱端弯矩的幅值。

10 - 21 试求如图 10 - 71 所示刚架的最大动弯矩图。设 $\theta^2 = \dfrac{12EI}{ml^3}$，各杆 EI 相同，杆分布质量不计。

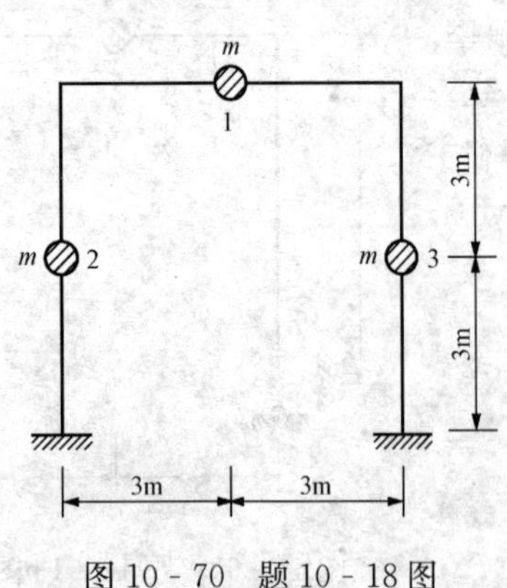

图 10 - 70 题 10 - 18 图

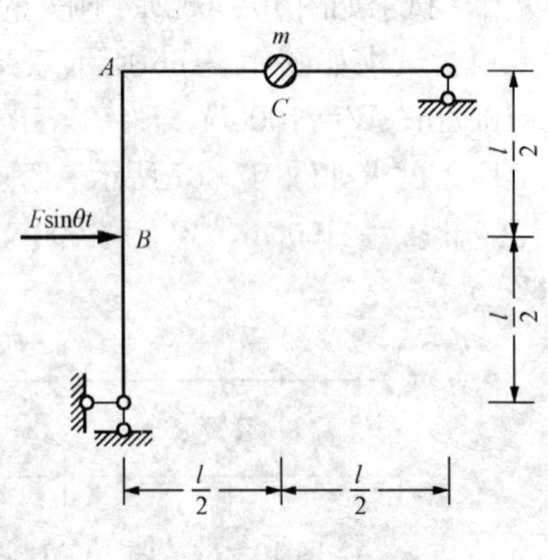

图 10 - 71 题 10 - 21 图

10 - 22　试求如图 10 - 72 所示两端固定梁的前三个自振频率和主振型。

10 - 23　试求如图 10 - 73 所示梁的前两个自振频率和主振型。

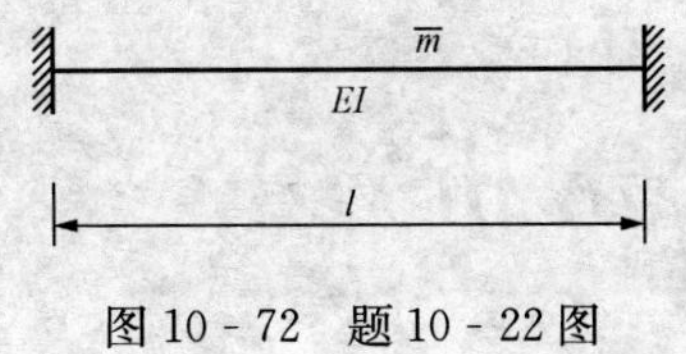

图 10 - 72　题 10 - 22 图

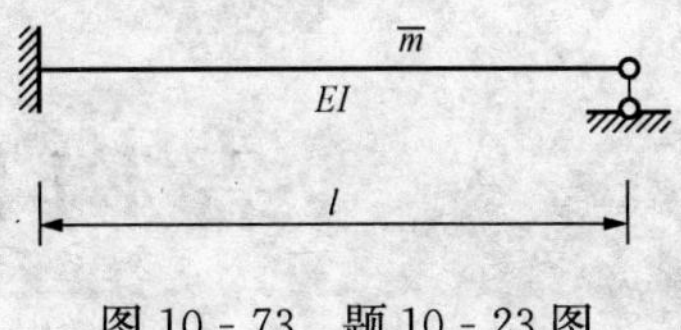

图 10 - 73　题 10 - 23 图

第 11 章

结构的稳定分析

结构的受压承载力取决于它的强度和稳定性，所以，结构设计时既要进行强度验算同时也要进行稳定验算，而且稳定验算对某些结构而言显得非常重要。本章主要内容包括：压杆弹性稳定的基本概念；两类稳定问题；稳定分析的两种方法——静力法和能量法；有限自由度体系和无限自由度体系的稳定分析；组合结构、刚架和拱的稳定分析方法。其中，弹性稳定的基本概念、稳定分析的两种方法、有限自由度体系的稳定分析是重点内容。

要求掌握稳定性问题的概念，能利用静力法和能量法计算简单结构的稳定性。

11.1　结构稳定的基本概念

房屋和桥梁等建筑结构及其组成构件，在荷载作用下，外力和内力必须保持平衡。但平衡状态下有稳定和不稳定之分，当为不稳定平衡状态时，轻微扰动将使结构或组成构件产生很大的变形而最后丧失承载能力。当荷载逐渐增大，结构除了可能发生的强度破坏外，还可能发生如图 11-1 所示的突然弯曲的失稳破坏，即原始平衡状态可能由稳定状态转变为不稳定平衡状态，这种现象称为失去稳定性或简称失稳。结构失稳时的荷载称为结构的临界荷载，记为 F_{Pcr}。理论上将结构的失稳现象分为两类——分支点失稳和极值点失稳。下面以压杆为例说明这两类稳定问题。

11.1.1　分支点失稳

对于理想的中心受压直杆，即完善体系或者理想体系，轴向荷载逐渐增加到一个临界值时，杆件若受到一个横向干扰就会发生微小弯曲，在干扰消失后，压杆不能恢复到原有的状态，而停留在新位置呈弯曲受压的平衡状态，这表示均匀受压的直杆丧失了直线平衡的稳定性。当直杆两端铰支时，如图 11-2（a）所示，该轴压荷载的临界值为 $F_{Pcr}=\dfrac{\pi^2 EI}{l^2}$，称为欧拉力 F_{PE}。在各种结构中都有类似的情况，受压构件在外荷载增加至某一临界值时，构件的轴线将发生屈服而使结构丧失承载能力。这种失稳就是分支点失稳，也称第一类失稳。

如图 11-1（a）所示承受节点荷载的刚架，在原始平衡状态中，各柱单纯受压，刚架发生弯曲变形；在新的平衡形式中，刚架产生侧移出现弯曲变形。如图 11-1（b）所示为承受静力的圆拱，在原始平衡形式中，拱单独受压，拱轴保持为圆形；在新的平衡形式中，拱轴不再保持为圆形，出现压弯组合变形。又如图 11-1（c）所示悬臂窄条梁，在原始的平衡形式中，梁处于平面弯曲状态；在新的平衡形式中，梁处于斜弯曲扭转状态。又如，十字形、T 形、L 形

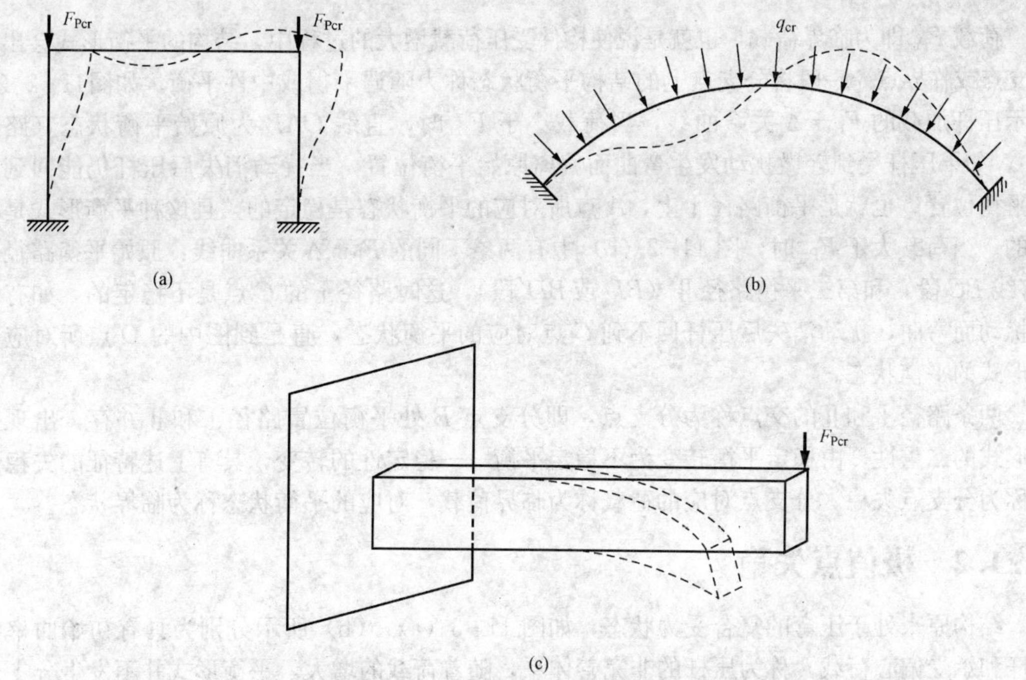

图 11-1　分支点失稳示意图

(a) 受结点荷载的刚架；(b) 受静水压力的圆拱；(c) 窄条梁

断面的开口薄壁直杆，在轴压荷载的作用下，可能首先发生绕轴扭转的失稳变形。

如图 11-2 (a) 所示两端铰支直杆，当轴压力较小时，压杆单纯受压而不发生弯曲变形 (即挠度为 0)，此时压杆不会因瞬时扰动而转向新的平衡状态，即处于稳定的平衡；但是如果压杆受力增大至大于 F_{Pcr} 的时候，压杆的原始平衡状态不再是唯一的平衡形式，压杆既可处于直线形式的平衡状态，也可以过渡到新的弯曲形式的平衡状态，即处于不稳定的平衡，压杆丧失了正常的承载力。

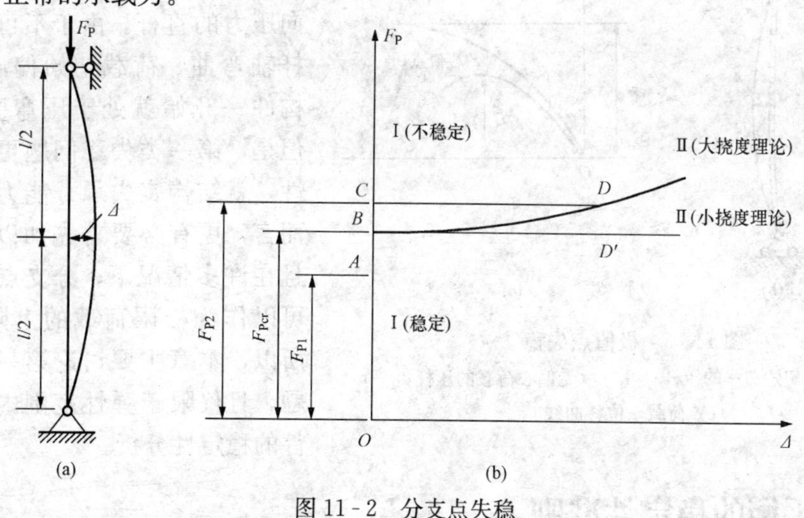

图 11-2　分支点失稳

(a) 理想中心受压杆；(b) F_P—Δ 曲线

荷载 F_{Pcr} 即为临界荷载，也就是说使构件受压荷载增大的过程中，结构的平衡形式会出现分支点或临界点。一般将分支点上的结构平衡状态称为随遇平衡或中性平衡。如图11-2（b）所示压杆加载的 $F_P-\Delta$ 关系曲线，当荷载小于 F_{Pcr} 时，直线 OAB 为原始平衡状态（路径Ⅰ），如果压杆受到轻微扰动发生弯曲而偏离原始平衡位置，当扰动消失后压杆仍能回到原始平衡位置。也就是平衡路径Ⅰ上，A 点所对应的平衡状态是稳定的，且这种平衡形式是唯一的。当荷载大于 F_{Pcr} 时，图11-2（b）中有两条不同的 $F_P-\Delta$ 关系曲线：原始平衡路径Ⅰ（直线 BC 段）和第二平衡路径Ⅱ（BD 或 BD' 段），这时路径Ⅰ的 C 点是不稳定的，如有轻微扰动而弯曲，扰动消失后压杆回不到 C 点对应的平衡状态，直是到图中的 D 点所对应弯曲形式的平衡状态。

两条路径Ⅰ和Ⅱ的交点称为分支点，即分支点 B 处平衡位置路径Ⅰ和Ⅱ并存，出现平衡形式的二重性，由稳定平衡转变为不稳定平衡——稳定性的转变，具有上述特征的失稳形式称为分支点失稳。分支点对应的荷载称为临界荷载，对应的平衡状态称为临界状态。

11.1.2 极值点失稳

结构原来处于压弯的复合受力状态，如图11-3（a）、（b）所示分别为具有初始曲率的压杆和承受偏心荷载，称为压杆的非完善体系，随着荷载的增大，平衡形式并不发生分支现象。在受力变形的状态只有量变而无质变的情况下，结构丧失承载能力。每一个 F_P 值都对应着一定的变形挠度，但其关系为非线性。如图11-3（c）所示为荷载位移曲线，B 点对应的最大荷载值称为极限荷载 P_u，达到此值时，即使减小荷载，变形仍会继续增大，即失去平衡的稳定性。极限荷载小于中心受压时的临界荷载，图11-3（c）中的曲线 OC 是假设构件材料为无限弹性时的情况。在极值点处平衡路径由稳定平衡转变为不稳定平衡，因此这种失稳称为极值点失稳，即第二类失稳，极值点相应的荷载称为临界荷载。

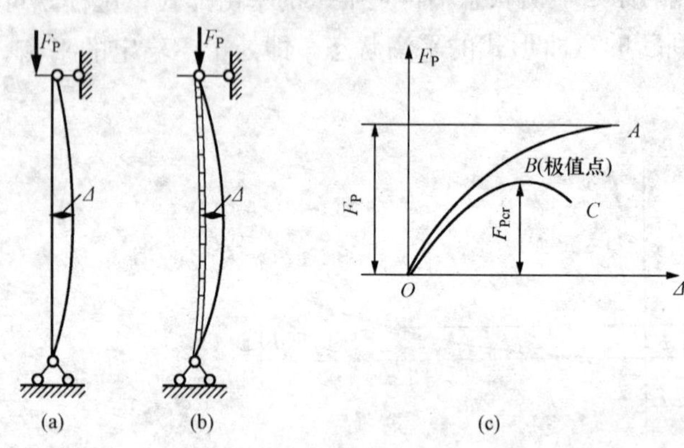

图11-3 极值点失稳

（a）有初始曲率的压杆；（b）承受偏心荷载的压杆；（c）荷载—位移曲线

在实际构件和结构中往往难以区分上述两类失稳问题，如承受轴向压力的直杆，由于不可避免存在杆轴弯曲、荷载初始偏心等因素，构件一开始就处于压弯受力状态。但是，第一类失稳问题更具有典型性，就结构丧失承载能力的突发性而言，更有必要首先加以研究；而且在许多情况下，分支点临界荷载可以作为极限荷载的上限来考虑。所以，本章主要讨论第一类失稳问题，且仅限于弹性范围内结构、构件的稳定性分析。

11.1.3 平衡的稳定性准则

满足静力平衡条件的某结构体系，当受到微小的扰动偏离原来的平衡位置时：若因此在该体系上产生指向原来平衡位置的力（正恢复力），当此扰动去除后该体系能迅速回复到原来位置时，则原来的平衡状态是稳定的，或称稳定平衡；若产生背向原来平衡位置的力（负恢复力），从而使偏离越来越大，则原来的平衡状态是不稳定的，或称不稳定平衡；若受扰动后不产生任何作用于该物体的力，当扰动去除后，既不能恢复原来的平衡位置又不继续增大偏离时，则为中性平衡。这就是稳定的静力准则。中性平衡状态是从稳定平衡状态过渡到不稳定平衡状态的荷载称为临界荷载。利用静力准则可以确定该临界荷载的大小。

结构体系的平衡稳定性还可用体系的总势能 Π 来判别。总势能 Π 是结构体系内的应变能 U 和外荷载势能 V 两者的和。如果体系受到微小扰动而变形，体系的总势能 Π 增加，则原来的平衡状态是稳定的；假如总势能 Π 减少，则原来的平衡状态是不稳定的；假如总势能 Π 不变，为稳定平衡，是极大值时，为不稳定平衡。这就是稳定的能量准则。

弹性体系的应变能 U 是体系在外力作用下储藏在体系内的一种能量，它标志着外力去除后恢复变形的能力。变形后应变能增加，因而始终为正值；而外荷载的势能 V 在变形后则往往是减少的，因而始终为负值，由此可以看到上述两稳定准则在物理意义上的联系。当为稳定平衡时，由能量准则可知：微小扰动必须使总势能 Π 增加，这就要求微小扰动后应变能的改变大于外荷载势能的改变，因而扰动去除后，体系内有一恢复力，这与静力准则中规定稳定平衡在微小扰动后体系中产生正恢复力是完全一致的。当结构从原来的平衡位置偏离到一个新的平衡位置的时候，若 $U>V$，表示体系具有足够的应力势能克服荷载的作用而使压杆回复到原有的位置；若 $U<V$ 则相反，压杆已不能复原；若 $U=V$ 则表示压杆处于随遇平衡。从 $U=V$ 出发去求解临界荷载，可应用能量守恒原理。体系的总势能写作 $\Pi=U+V$，它可以表示成变形状态中若干个位移参数的二次函数。势能驻值原理为能量法提供了一个理论基础：体系处于平衡时，对应于微小、可能的位移结构的总势能一阶变分为零 $\delta\Pi=0$。

11.2　稳定分析方法及两类稳定问题的分析

结构稳定弹性分析的目的是防止不稳定状态或随遇平衡状态的发生，找到维持稳定平衡的最大荷载——临界荷载参数。建立计算公式所依据的状态就是随遇平衡状态（即分支点状态）。

与动力计算中自由度类似，当一个体系发生弹性变形时，确定其变形状态所需的几何参数的数目称为稳定自由度。在结构的稳定分析中，有两种分析方法和两种常用的方法，即静力法和能量法，这里以单自由度体系为例进行说明。

11.2.1　静力法和能量法

结构稳定分析的静力法就是根据结构刚刚开始进入新的平衡形式时的状态建立平衡方程，从而求解临界荷载。

如图 11-4（a）所示是一个最简单的弹性体系，其中竖杆为无限刚性、弹簧铰支座的转动刚度为 k_M。在柱顶竖向荷载作用下求临界荷载，当平衡状态发生改变时竖杆的新位置如图中虚线所示，其微小的倾角位移为 θ，则支座反力矩为 $k_M\theta$。柱顶偏移量为 $l\sin\theta$，运用静

力平衡条件$\sum M_A=0$，则

$$Fl\sin\theta - k_M\theta = 0 \tag{11-1}$$

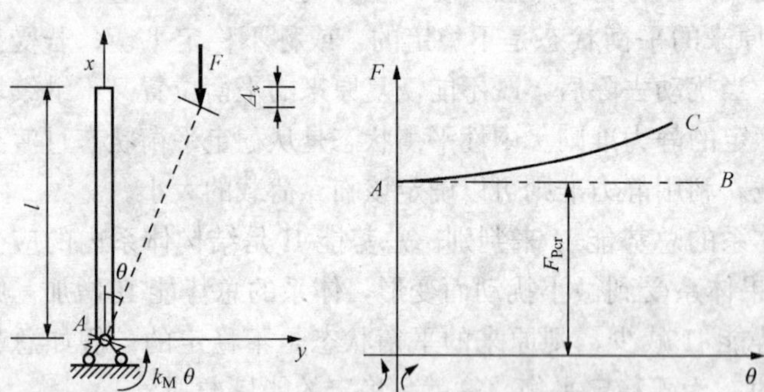

图 11-4 单自由度体系失稳

(a) 平衡的新形势；(b) 荷载—位移曲线

变形较小时近似取 $\sin\theta=\theta$，则式（11-1）可变为

$$\theta(Fl-k_M)=0$$

若 $\theta=0$，表示处于起始位置上的平衡；若 $\theta\neq0$ 且任意微小时，则可得

$$Fl-k_M=0 \tag{11-2}$$

即为体系的平衡方程。当体系到达平衡状态时，临界荷载为$F_{Pcr}=k_M/l$。

如果弹簧为无限弹性，即容许体系发生大变形，由式（11-1）可得到 $F=k_M/l\sin\theta$，可知 θ 值与 F 值一一对应，如图 11-4（b）所示，但是其分支点荷载 F_{Pcr}与小变形情况相同。

结构稳定分析的另一种方法称为能量法。

平衡稳定性的能量准则，可利用势能驻值原理 $\delta\Pi=0$ 求解。就是说，若弹性结构的某处位移发生一个任意微小位移，并不导致体系总势能的改变，则该结构处于平衡状态。至于平衡的稳定性，则应由势能函数 Π 的曲线变化趋势，即二阶变分来判断。若在原有的平衡位置上 $\delta^2\Pi>0$，表示势能为极小，犹如一个小球位于凹曲面的底部，为稳定平衡状态；若 $\delta^2\Pi<0$，表示势能为极大，犹如小球位于凸曲面顶部，为不稳定平衡；而 $\delta^2\Pi=0$，则表示势能随处相等，犹如小球位于水平面上处于随遇平衡状态，也称为中性平衡状态。因此，体系总势能的 $\delta\Pi=0$ 和 $\delta^2\Pi=0$ 是平衡稳定性的能量准则。

对于多数承受轴压的弹性结构，稳定分析的关键在于确定使随遇平衡成为可能时的荷载值，所以，若在一个全新且可能实现的变形状态中，如该荷载的作用满足平衡条件，这就无需检查系统的平衡稳定性条件，新状态下总势能具有驻值就可作为临界状态的充分必要条件

$$\delta\Pi=\delta(U+V)=0 \tag{11-3}$$

由此可求得临界荷载。

仍以如图 11-4 所示的最简单的弹性体为例，在柱顶轴向荷载作用下，设定变形后的新状态为竖柱发生微小倾角 θ，对此可以写出弹性铰变形势能

$$U=\frac{1}{2}M_A\theta=\frac{1}{2}k_M\theta^2 \tag{11-4}$$

荷载势能

$$V=-F\Delta_x=-Fl(1-\cos\theta) \tag{11-5}$$

荷载势能定义为荷载在其方向的位移 Δ 上所做功的减少，即所做功负值。将式（11-5）中 $\cos\theta$ 展开成级数后取值

$$\Delta_x=l(1-\cos\theta)=l\left[1-\left(1-\frac{\theta^2}{2!}+\frac{\theta^4}{4!}+\cdots\right)\right]\approx\frac{l\theta^2}{2} \tag{11-6}$$

故有

$$\Pi = U + V = \frac{\theta^2}{2}(k_M - Fl) \tag{11-7}$$

根据 $\delta\Pi = \frac{d\Pi}{d\theta}\delta\theta = 0$，由于 $\delta\theta$ 是任意的，故有 $\frac{d\Pi}{d\theta} = 0$，于是得

$$\theta(k_M - Fl) = 0 \tag{11-8}$$

这与根据静力平衡方程所得到的方程式一致，可见势能驻值原理就是用能量的形式表示平衡条件。由式（11-8）得稳定方程及临界荷载值 $F_{Pcr} = \frac{k_M}{l}$。能量法与静力法所求得的结果是一致的。

若根据式（11-7）来分析一下总势能（位移的二次函数）与荷载值的关系，可以看到：当 $F < \frac{k_M}{l}$ 时，Π—θ 曲线如图 11-5（a）所示，$\theta=0$ 处势能是稳定的；当 $F > \frac{k_M}{l}$ 时，Π—θ 曲线如图 11-5（c）所示，$\theta=0$ 处势能为极大，平衡时是不稳定的；图 11-5（b）表示当 $F = \frac{k_M}{l}$ 时总势能恒等于 0，体系处于中性平衡状态，或过渡状态、临界状态，这个荷载值称为临界荷载 F_{Pcr}（与 11.1.1 节中进行比较）。这些特征也存在于多自由度体系中。

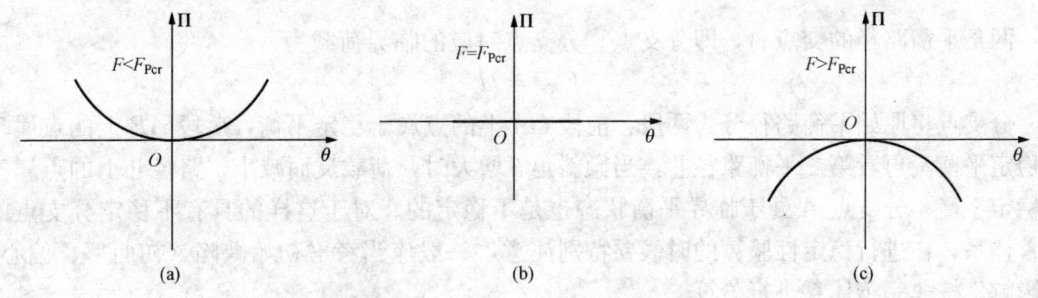

图 11-5　势能与位移的关系

（a）$F < F_{Pcr}$；（b）$F = F_{Pcr}$；（c）$F > F_{Pcr}$

11.2.2　单自由度体系的分支点失稳分析

如图 11-6 所示为一刚性压杆，承受中心压力 F_P，底端 A 为铰支座，顶端 B 有水平弹簧支撑，其刚度系数为 k。这是一个单自由度完善体系。

（1）按大挠度理论分析。当 AB 杆处于竖直位置时，如图 11-6（a）所示，显然体系还能够维持平衡，这种平衡形式就是原始平衡形式。当如图 11-6（b）所示的倾斜位置为分支点时，则满足 $\sum M_A = 0$，平衡条件如下

$$F_P(l\sin\theta) - F_R(l\cos\theta) = 0 \tag{11-9}$$

其中，弹簧反力 $F_P = kl\sin\theta$，即得

$$(F_P - kl\cos\theta)l\sin\theta = 0 \tag{11-10}$$

平衡方程（11-10）有两个解。第一个解为

$$\theta = 0 \tag{11-11}$$

这就是前面叙述的原始平衡形式。在图 11 - 7 中，其 $F_P-\theta$ 曲线由直线 OAB 表示，称为平衡路径Ⅰ。

第二解为

$$F_P = kl\cos\theta \tag{11-12}$$

这是新的平衡形式，由图 11 - 7 所示 $F_P-\theta$ 中的曲线 AC 表示，此即为第二条平衡路径Ⅱ。

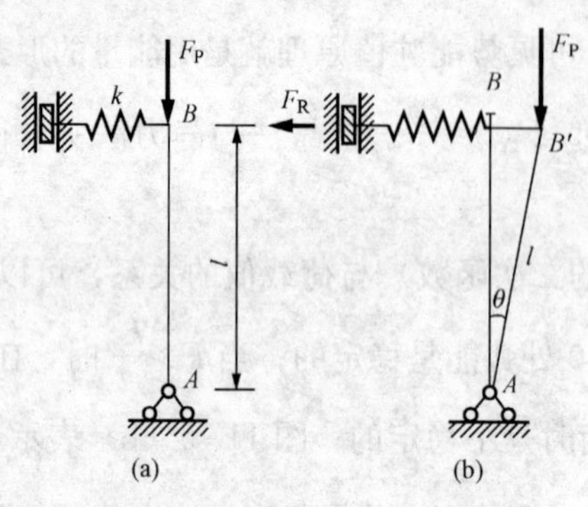

图 11 - 6 单自由度分支点失稳

(a) 原始平衡形式；(b) 新的平衡形式

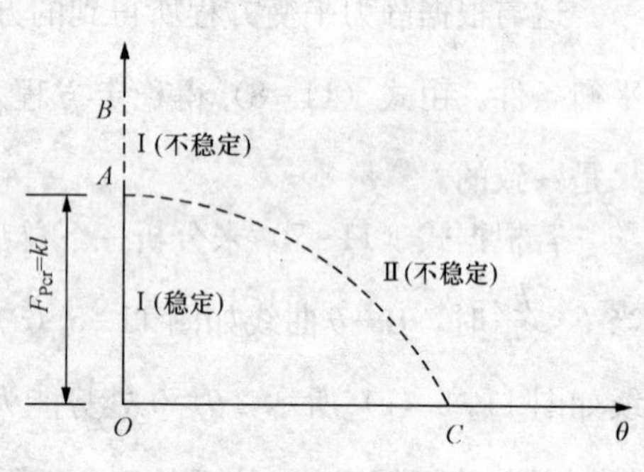

图 11 - 7 $F_P-\theta$ 曲线

两条平衡路径的交点 A，即分支点。分支点对应的临界荷载为

$$F_{Pcr} = kl$$

分支点将原始平衡路径分为两段：前段 OA 上的点属于稳定平衡，后段 AB 上的点属于不稳定平衡。再看第二平衡路径Ⅱ，当倾斜角 θ 增大时，荷载反而减小，路径Ⅱ上的点属于不稳定平衡；分支点 A 处于临界平衡状态也是不稳定的。对于这样的具有不稳定分支点的完善体系，在进行稳定性验算的时候要特别注意，一般应当考虑初始缺陷（初曲率、偏心）的影响，按非完善体系进行验算。

(2) 按小挠度理论分析。设 $\theta\ll 1$，则式 (11 - 9)、式 (11 - 10) 简化为

$$F_P l\theta - F_R l = 0 \tag{11-13}$$

$$(F_P - kl)l\theta = 0 \tag{11-14}$$

其第一个解仍为 $\theta=0$，第二个解变为

$$F_P = kl \tag{11-15}$$

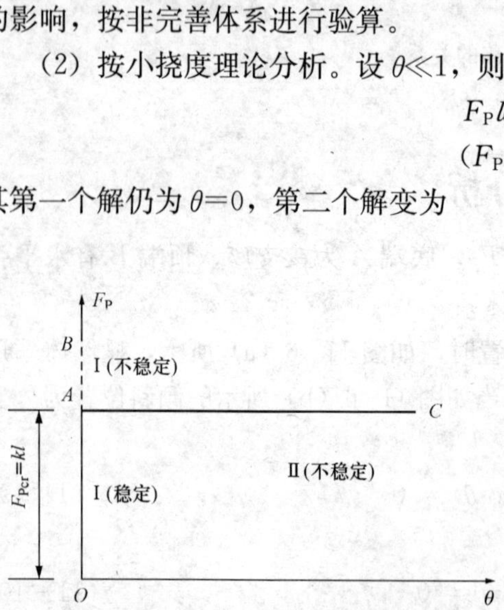

两条平衡路径Ⅰ和Ⅱ如图 11 - 8 所示，其中路径Ⅱ简化为水平直线，因而路径Ⅱ上的点对应于随遇平衡状态。

与按大挠度理论计算所得结果进行比较，可以看出小挠度理论能够得出关于临界荷载的正确结果 (kl)，但是却未能反映当 θ 较大时平衡路径Ⅱ的下降趋势，而平衡路径Ⅱ对应于随遇平衡状态的结论，则是由于采用简化假定而带来的一种假象（即误差）。

图 11 - 8 $F_P-\theta$ 曲线

11.2.3　单自由度体系的极值点失衡分析

如图 11-9（a）所示的单自由度非完善体系，杆 AB 的初始倾角为 ε，其余条件与图 11-6相同。

（1）按大挠度理论分析。加载开始后杆件就进一步倾斜，到达图 11-9（b）时，弹簧反力

$$F_R = kl[\sin(\theta+\varepsilon) - \sin\varepsilon]$$

平衡条件为

$$F_R l\sin(\theta+\varepsilon) - F_R l\cos(\theta+\varepsilon) = 0$$

由此得到

$$F_P = kl\cos(\theta+\varepsilon)\left[1-\frac{\sin\varepsilon}{\sin(\theta+\varepsilon)}\right] \tag{11-16}$$

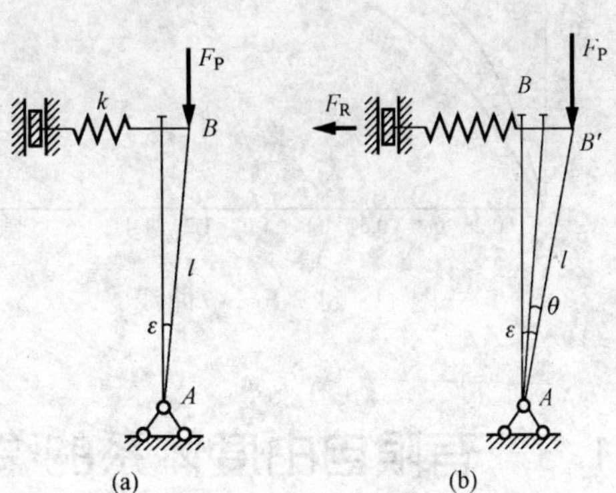

图 11-9　单自由度分支点失稳

（a）原始平衡形式；（b）新的平衡形式

由于具有不同的初始倾角 $\varepsilon=0.1$ 和 $\varepsilon=0.2$，其对应的 F_P—θ 曲线也不同，如图 11-10（a）所示。为了比较，图中还给出了 $\varepsilon=0$ 时的完整体系的 F_P—θ 曲线。

F_P—θ 曲线具有极值点。令 $\dfrac{dF_P}{d\theta}=0$，得

$$\sin(\theta+\varepsilon) = \sin^{1/3}\varepsilon$$

相应的极值荷载为

$$F_{Pcr} = kl(1-\sin^{2/3}\varepsilon)^{3/2} \tag{11-17}$$

F_{Pcr}—ε 曲线如图 11-10（b）所示。

从图 11-10 中可以看到，这个非完整体系的失稳形式是极值点失稳。临界荷载值 F_{Pcr} 随初倾角 ε 的变化而变化，ε 越大则 F_{Pcr} 越小。

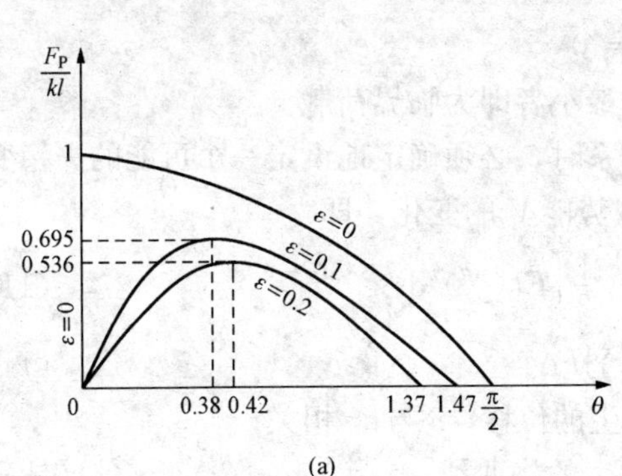

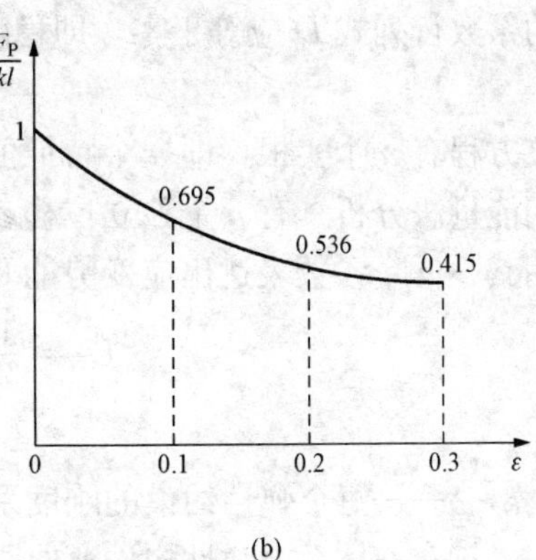

图 11-10　F_P—θ 及 F_{Pcr}—ε 曲线

（a）原始平衡形式；（b）新的平衡形式

（2）按小挠度理论分析。设 $\theta \ll 1$，$\varepsilon \ll 1$，则式（11-16）和式（11-17）可以简化为

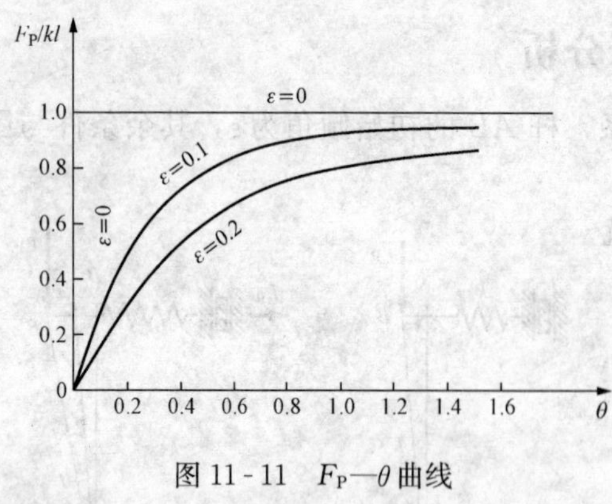

图 11-11 F_P—θ 曲线

$$F_P = kl\frac{\theta}{\theta+\varepsilon} \quad (11-18)$$

$$F_P = kl \quad (11-19)$$

当 $\varepsilon=0.1$ 和 $\varepsilon=0.2$ 时，其 F_P—θ 曲线如图 11-11 所示，各条曲线都可以以水平直线 $\frac{F_P}{kl}=1$为渐近线，并得出相同的临界荷载值 $F_{Pcr}=kl$。

与大挠度理论的结果相比较，可以看出对于非完善体系，小挠度理论未能得出随着 ε 的增大 F_{Pcr}会逐渐减小的结论。

11.3 有限自由度体系的稳定分析

一个体系的变形形式的独立位移参数（或称坐标）的数目称为体系的自由度。在稳定问题分析中，体系的变形形式指的是临界状态的一个新平衡形式，也称为失稳形式，它当然应该满足位移边界条件。如图 11-4 所示刚性竖柱具有底部弹簧支座，这可以看作一座具有较大刚度的底座并放置在弹性地基上的独立水塔的力学模型。它的失稳形式应该是立杆产生绕 A 的转动，位移参数应该取刚性柱的倾角 θ 或柱顶的水平位移 y_1，所以，其临界荷载只需要一个方程即可求得。

当一个体系具有两个和两个以上的独立位移参数时，按其随遇平衡的二重性特点，同样可以选用静力法或能量法进行分析。本节将分别以静力法和能量法计算两个算例，请读者进行比较。

用静力法分析具有 n 个独立位移参数的体系时，可以对新的变形状态建立 n 个平衡方程，即关于 n 个独立位移参数的齐次方程，根据所对应失稳形式该 n 个参数不能全为零，故方程的系数行列式 D 应等于零，即稳定方程（特征方程）：

$$D = 0$$

该方程有 n 个实根，即 n 个特征值，其中最小者即为临界荷载。

用能量法分析具有 n 个独立位移参数的体系时，必须确定地设定一个可能的失稳变形状态，用其中 n 个参数表达出应变势能 U 和荷载势能 V 的变化，即

$$U = \frac{1}{2}\sum k\delta^2 + \frac{1}{2}\int EI(y'')^2 \mathrm{d}s \quad (11-20)$$

$$V = -\sum F\Delta_x \quad (11-21)$$

式中　k，δ——每个弹性约束的刚度系数和发生的位移，δ 与 a_i 相关；

EI，y''——体系中弹性构件弯曲刚度和发生的挠曲线，$y=\sum a_i\varphi_i(s)$，$\varphi_i(s)$ 是满足边界条件的已知函数；a_i 是待定的任意参数；

F，Δ_x——每个外荷载和相应的位移，例如刚性杆端的轴向位移 $\Delta_x=\frac{l\theta^2}{2}$。

该变形状态总势能为 $\Pi=U+V$，考虑势能驻值条件，可得

$$\delta\Pi = \frac{\partial\Pi}{\partial a_1}\delta a_1 + \frac{\partial\Pi}{\partial a_2}\delta a_2 + \cdots + \frac{\partial\Pi}{\partial a_n}\delta a_n = 0$$

由于 δa_1，δa_2，…，δa_n 的任意性，则必然有

$$\frac{\partial\Pi}{\partial a_i} = 0 \quad (i = 1,2,\cdots,n) \tag{11-22}$$

因此，就得到一组含有 a_1，a_2，…，a_n 的齐次线性代数方程，设 a_i 不全为零，故方程的系数行列式必须等于零，即得稳定方程，从而确定该体系的临界荷载。

例 11-1　如图 11-12（a）所示是一个具有两个变形参数的体系，其中 AB、BC、CD 各杆为刚性杆，在铰结点 B 和 C 处为弹性支撑，其刚度系数都是 k。体系在 D 段有水平压力 F_P 作用。

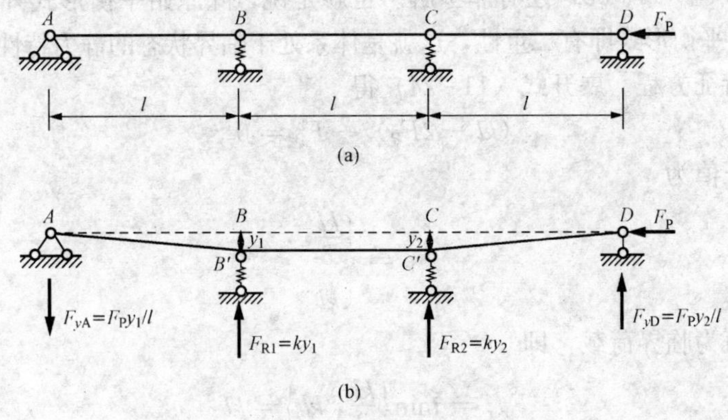

图 11-12　例 11-1图

（a）原始平衡状态；（b）新平衡状态

解：（1）静力法。

设体系由原始平衡状态（水平位置）［图 11-12（a）］转到任意变形状态［图 11-12（b）］，设 B 点和 C 点的竖向位移分别为 y_1 和 y_2，相应的支座反力为

$$F_{R1} = ky_1;\ F_{R2} = ky_2$$

同时，A 点和 D 点的支座反力为

$$F_{xA} = F_P(\rightarrow);\ F_{yA} = \frac{F_P y_1}{l}(\downarrow);\ F_{yD} = \frac{F_P y_2}{l}(\downarrow)$$

变形状态的平衡条件为

$$\left.\begin{aligned} \sum M_{C'} &= 0 \\ \sum M_{B'} &= 0 \end{aligned}\right\}$$

$$\left.\begin{aligned} ky_1 l - \left(\frac{F_P y_1}{l}\right)\times 2l + F_P y_2 &= 0 \\ ky_2 l - \left(\frac{F_P y_2}{l}\right)\times 2l + F_P y_1 &= 0 \end{aligned}\right\}$$

即

$$\left.\begin{aligned} (kl - 2F_P)y_1 + F_P y_2 &= 0 \\ F_P y_1 + (kl - 2F_P)y_2 &= 0 \end{aligned}\right\} \tag{11-23}$$

这是关于 y_1 和 y_2 的齐次方程。

如果系数行列式不等于 0，即

$$\begin{vmatrix} kl-2F_{\mathrm{P}} & F_{\mathrm{P}} \\ F_{\mathrm{P}} & kl-2F_{\mathrm{P}} \end{vmatrix} \neq 0$$

则零解（即 y_1 和 y_2 全为 0）是齐次方程（11-23）的唯一解。也就是说，原始平衡方程形式是体系唯一的平衡形式。

如果系数行列式等于零，即

$$\begin{vmatrix} kl-2F_{\mathrm{P}} & F_{\mathrm{P}} \\ F_{\mathrm{P}} & kl-2F_{\mathrm{P}} \end{vmatrix} = 0 \tag{11-24}$$

则除零外，齐次方程（11-23）还有非零解。也就是说，除原始平衡形式外，体系还有新的平衡形式。这样，平衡形式即有二重性，这就是体系处于临界状态的静力特性。方程（11-24）就是稳定问题的特征方程。展开式（11-24）得

$$(kl-2F_{\mathrm{P}})^2 - F_{\mathrm{P}}^2 = 0$$

由此解得两个特征值为

$$F_{\mathrm{P}} = \begin{cases} \dfrac{kl}{3} \\ kl \end{cases}$$

其中最小的特征值为临界荷载，即

$$F_{\mathrm{Pcr}} = \min\left\{\frac{kl}{3},\ kl\right\} = kl$$

将特征值代回式（11-23），可以求得 y_1 和 y_2 的比值。这时位移 y_1、y_2 组成的向量称为特征向量。如将 $F_{\mathrm{P}}=\dfrac{kl}{3}$代回，则得 $y_1=-y_2$，相应的变化曲线如图 11-13（a）所示。

如将 $F_{\mathrm{P}}=kl$ 代回，则得 $y_1=y_2$，相应的变化曲线如图 11-13（a）所示。图 11-13（b）为临界荷载相应的失稳变形形态。

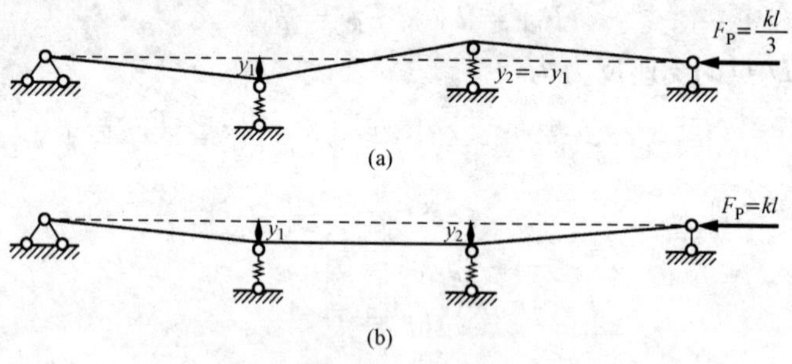

图 11-13 例 11-1 失稳形态

（a）变形曲线；（b）失稳变形形态

（2）能量法。在图 11-12（b）中，D 点的水平位移为

$$\lambda = \frac{1}{2l}\left[y_1^2 + (y_2 - y_1)^2 + y_2^2\right] = \frac{1}{l}(y_1^2 - y_1 y_2 + y_2^2)$$

弹簧支座的应变能为

$$U=\frac{k}{2}(y_1^2+y_2^2)$$

荷载势能为

$$U_P=-F_P\lambda=-\frac{F_P}{l}(y_1^2-y_1y_2+y_2^2)$$

$$=\frac{1}{2l}[(kl-2F_P)y_1^2+2F_Py_1y_2+(kl-2F_P)y_2^2]$$

由势能驻值条件：

$$\frac{\partial E_P}{\partial y_1}=0;\ \frac{\partial E_P}{\partial y_2}=0$$

得

$$\left.\begin{array}{l}(kl-2F_P)y_1+F_Py_2=0\\ F_P+(kl-2F_P)y_2=0\end{array}\right\}$$

所以，可知势能驻值条件等价于位移表示的平衡方程。能量法以后的步骤和静力法完全相同。

势能驻值条件的解包括全零解和非零解，求解非零解时，先建立特征方程，然后求解，得出两个特征值 F_{P1} 和 F_{P2}，其中最小的特征值即为临界荷载 F_{Pcr}。

例 11-2　试写出如图 11-14（a）所示临界荷载的特征方程。B、C 两处荷载均沿杆轴（B 铰处有竖向荷载 F），杆 DEF 为等截面，弯曲刚度为 EI。

解： 本例受压刚性杆的节点 B、C 之水平位移 y_B、y_C 是两个独立参数，弹性杆 DEF 则为节点 B、C 提供了弹性支撑。

（1）静力法。设临界荷载状态时受压刚性杆的新位置如图 11-14（b）中虚线所示，杆 DEF 相应的变形曲线如图 11-14（c）所示。为求 B、C 两处水平链杆的作用力，需在如图 11-14（c）所示连续梁发生变位的情况下，求其两支杆处的反力 F_{BE}、F_{CF}。为了清楚地反映 y_B、y_C 各个支点的影响，分别设各个支点位移单独发生，不难求得其相应的弯矩分布分别如图 11-14（d）、（e）所示。于是得到

$$F_{CF}=\frac{-30EI}{7l^2}y_B+\frac{12EI}{7l^2}y_C=\left(\frac{-10}{7}y_B+\frac{4}{7}y_C\right)\frac{C}{l}$$

$$F_{BE}=\frac{96EI}{7l^3}y_B-\frac{30EI}{7l^3}y_C=\left(\frac{32}{7}y_B-\frac{10}{7}y_C\right)\frac{C}{l}$$

它们作用于结点 B、C 处的方向如图 11-14（b）所示，式中 $C=\frac{3EI}{l^2}$。

建立两个平衡方程

$$\left.\begin{array}{ll}\sum M_B=0 & \frac{F}{2}(y_C-y_B)-\left(\frac{-10}{7}y_B+\frac{4}{7}y_C\right)C=0\\ \sum M_A=0 & \frac{F}{2}y_C+Fy_B-\left(\frac{-10}{7}y_B+\frac{4}{7}y_C\right)2C-\left(\frac{32}{7}y_B-\frac{10}{7}y_C\right)C=0\end{array}\right\}$$

整理后得到关于两个位移参数的方程

$$\left.\begin{array}{l}\left(\frac{10}{7}C-\frac{F}{2}\right)y_B-\left(\frac{4}{7}C-\frac{F}{2}\right)y_C=0\\ \left(\frac{-12}{7}C+F\right)y_B+\left(\frac{2}{7}C+\frac{F}{2}\right)y_C=0\end{array}\right\}$$

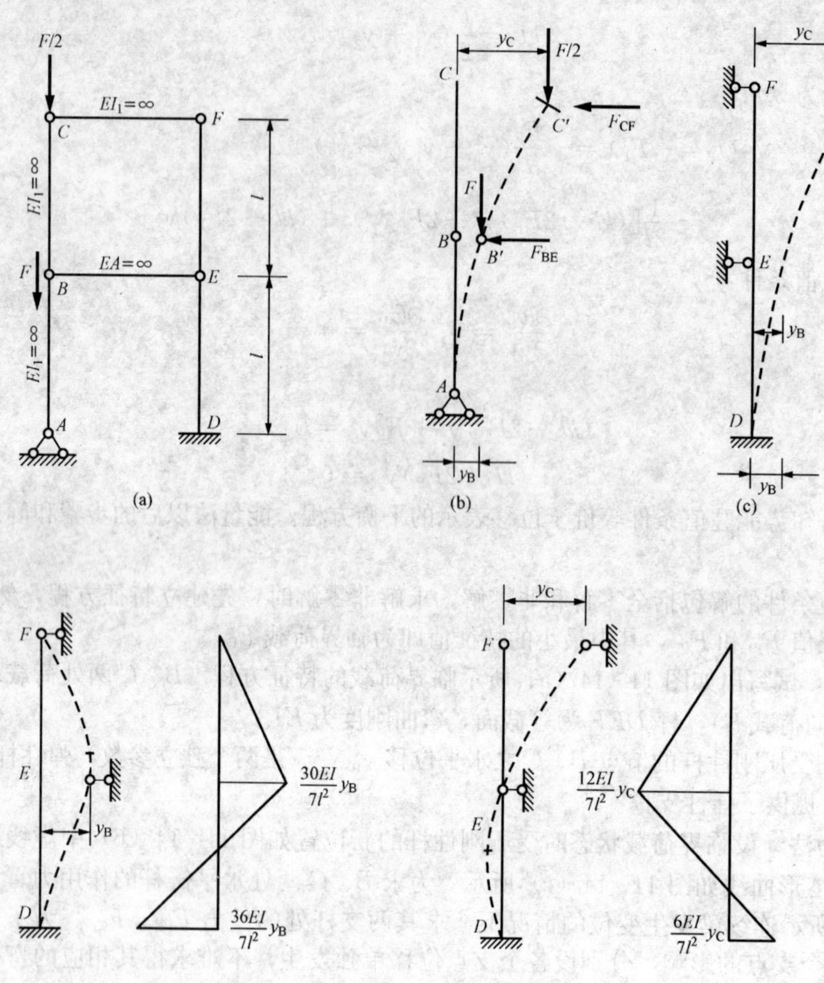

图 11-14 例 11-2 图

(a) 原始状态；(b) 杆 *ABC* 变形曲线；(c) 杆 *DEF* 变形曲线；
(d) 位移 y_B 单独发生时杆 *DEF* 弯矩分布；(e) 位移 y_C 单独发生时杆 *DEF* 弯矩分布

因临界状态新位置的不全为零，故有稳定特征方程为

$$\begin{vmatrix} \left(\frac{10}{7}C-\frac{F}{2}\right) & -\left(\frac{4}{7}C-\frac{F}{2}\right) \\ \left(\frac{-12}{7}C+F\right) & \left(\frac{2}{7}C+F\right) \end{vmatrix}$$

即为

$$\frac{3}{4}F^2-\frac{14}{7}CF+\frac{28}{49}C^2=0$$

解得临界荷载为

$$F_{cr}=\min\{1.9526,\ 14.0743\}\frac{EI}{l^2}=1.9526\frac{EI}{l^2}$$

(2) 能量法。

临界状态的变位亦如前设［图 11-14 (c)］，B 点的竖向位移

$$\Delta l_{B}=l-\sqrt{l^{2}-y_{B}^{2}}=l\left[1-\sqrt{1-\left(\frac{y_{B}}{l}\right)^{2}}\right]\approx l\left[1-1+\frac{1}{2}\left(\frac{y_{B}}{l}\right)^{2}\right]=\frac{y_{B}^{2}}{2l}$$

同理，可得 C 点的竖向位移

$$\Delta l_{C}=-\frac{1}{2}\left[\frac{(y_{C}-y_{B})^{2}}{l}+\frac{y_{B}^{2}}{l}\right]-\frac{y_{B}^{2}}{2l}$$

则可求出体系的荷载势能为

$$V=-\frac{1}{2}\times\frac{F}{2}\left[\frac{(y_{C}-y_{B})^{2}}{l}+\frac{y_{B}^{2}}{l}\right]-\frac{1}{2}F\frac{y_{B}^{2}}{l}$$

$$=-\frac{F}{4l}(4y_{B}^{2}-2y_{B}y_{C}+y_{C}^{2})$$

计算体系的弹性变形能，可依据图 11-14 (d)、(e) 所示的弯矩分布得

$$U=\frac{1}{2}\int\frac{M^{2}}{EI}\mathrm{d}x$$

其中，弯矩 M 为 y_B、y_C 的函数，即 $M=M(y_B)+M(y_C)$，累计积分可分为 AB、BC 两段以图乘代替，令 $C=\frac{3EI}{l^2}$，得到

$$U_{AB}=\frac{C}{49l}(62y_{B}^{2}+6y_{C}^{2}-30y_{B}y_{C})$$

$$U_{BC}=\frac{C}{49l}(50y_{B}^{2}+8y_{C}^{2}-40y_{B}y_{C})$$

总势能 $\Pi=U_{AB}+U_{BC}+V$，应用临界状态的势能驻值条件，可得

$$\frac{\partial\Pi}{\partial y_{B}}=0\quad\frac{C}{49l}(224y_{B}-70y_{C})-\frac{F}{4l}(8y_{B}-2y_{C})=0$$

$$\frac{\partial\Pi}{\partial y_{C}}=0\quad\frac{C}{49l}(28y_{C}-70y_{B})-\frac{F}{4l}(-2y_{B}+2y_{C})=0$$

即有关位移参数的齐次方程为

$$\left.\begin{aligned}\left(\frac{32}{7}C-2F\right)y_{B}-\left(\frac{10}{7}C-\frac{F}{2}\right)y_{C}=0\\-\left(\frac{10}{7}C-\frac{F}{2}\right)y_{B}+\left(\frac{4}{7}C-\frac{F}{2}\right)y_{C}=0\end{aligned}\right\}$$

根据随遇平衡状态的 y_B、y_C 不全为 0，于是得稳定特征方程

$$F^{2}-8\frac{EI}{l^{2}}F+\frac{48}{7}\left(\frac{EI}{l^{2}}\right)=0$$

结果与静力法一致。

总之，静力法的解题思路是：先对变形状态建立平衡方程，然后根据平衡形式的二重性建立特征方程，最后，由特征方程求出临界荷载。而能量法的解题思路是：先写出势能表达式，建立势能驻值条件，然后应用位移有非零解的条件，得出特征方程，求出荷载的特征值 F_{Pi} $(i=1, 2, \cdots, n)$，最后选取最小值，即得临界荷载 F_{Pcr}。

11.4 无限自由度体系的稳定分析计算——静力法

前面讨论了有限自由度体系的稳定问题，下面讨论无限自由度体系的稳定问题，压杆稳定是其典型代表，所以就压杆稳定以静力法进行讨论。

前面已经对静力法的基本思路进行了说明，其也适用于无限自由度体系，而在无限自由度体系中，平衡方程是微分方程而不是代数方程，这是与无限自由度体系的不同之处。

下面主要以实例来说明无限自由度体系问题。

11.4.1 等截面压杆

具有弹性的压杆承受轴向压力作用而发生失稳（屈曲）时，其任一点或任一微分段 dx 处的挠度均为独立的位移参数，所以弹性压杆的稳定分析是无限自由度问题。

这里所研究的压杆符合如下假定：

（1）理想的中心受压直杆。

（2）材料在线弹性范围内，服从胡克定律。

（3）构件的屈曲变形微小，其轴线曲率 $\frac{1}{\rho}=\frac{y''}{(1+y'^2)^{\frac{3}{2}}}$ 可近似采用 y''。

用静力法求解各种弹性压杆的临界荷载，仍是根据随遇平衡的二重性，先设一符合支承边界条件的微弯状态，建立平衡方程，对无限自由度体系而言这是平衡微分方程；求解此微分方程并利用边界条件，可得一组关于未知位移参数的齐次代数方程。如满足位移参数不全为零的要求，应使其系数行列式等于零，这就是特征方程（稳定方程），它将由无穷多个特征值组成，其中最小值即为临界荷载。

例 11-3 如图 11-15 所示为一等截面压杆，下端固定，上端有水平支杆，现采取静力法求其临界荷载。

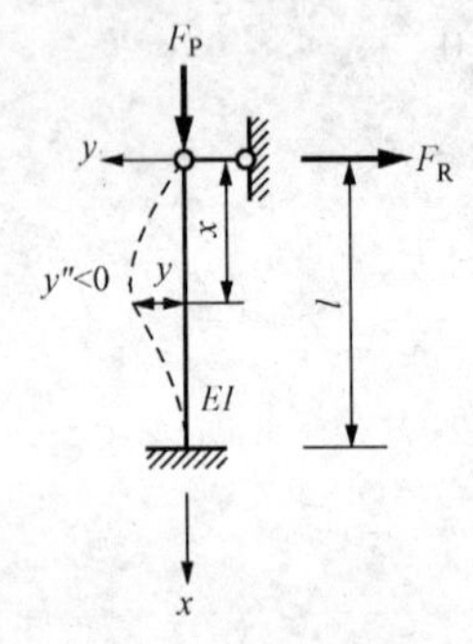

图 11-15 等截面压杆

解：在临界荷载下，体系出现新的平衡形式，如图中虚线所示。柱顶有未知水平力 F_R，弹性曲线的微分方程为

$$EI\frac{d^2y}{dx^2}=-M=-(F_Py+F_Rx)$$

或改写成

$$y''+\alpha^2y=-\frac{F_Rx}{EI}$$

其中

$$\alpha^2=\frac{F_P}{EI}$$

上式的解为

$$y=A\cos\alpha x+B\sin\alpha x-\frac{F_Rx}{F_P}$$

常数 A、B 和未知力 F_R 可由边界条件确定。

当 $x=0$ 时，$y=0$，由此可得 $A=0$。

当 $x=l$ 时，$y=0$ 和 $y'=0$，由此可得

$$\left.\begin{aligned} B\sin\alpha l-\frac{F_{\mathrm{P}}}{F_{\mathrm{R}}}l=0 \\ B\alpha\cos\alpha l-\frac{F_{\mathrm{P}}}{F_{\mathrm{R}}}=0 \end{aligned}\right\} \tag{11-25}$$

因为 $y(x)$ 不恒等于 0，所以，A、B 和 F_{R} 不全为 0。由此可知，式（11-25）中系数行列式等于 0，即

$$D=\begin{vmatrix} \sin\alpha l & -l \\ \alpha\cos\alpha l & -1 \end{vmatrix}=0$$

将上式展开得到如下的超越方程

$$\tan\alpha l=\alpha l$$

上式可以用图解法求解：作 $y=\alpha l$ 和 $y=\tan\alpha l$ 两组线，其交点即为方程的解答（图 11-16），结果得到无穷多个解。因为弹性杆有无限多个自由度，因而有无穷多个特征荷载值，其中最小的一个是临界荷载 F_{Pcr}。由于 $(\alpha l)_{\min}=4.493$，得到

$$F_{\mathrm{Pcr}}=4.493^2\frac{EI}{l^2}=20.19\frac{EI}{l^2}$$

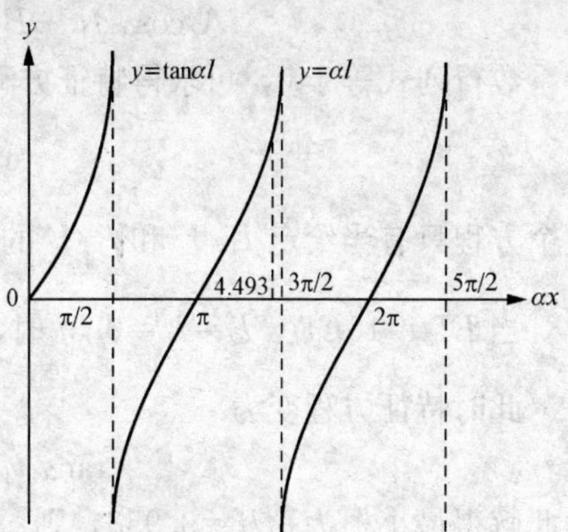

图 11-16　方程的解答

11.4.2　变截面压杆

例 11-4　试求如图 11-17 所示阶形柱的特征方程。

解： 弹性曲线微分方程为

$$\left.\begin{aligned} EI_1\frac{\mathrm{d}^2y_1}{\mathrm{d}x^2}+F_{\mathrm{P}}y_1=0,\quad \text{当 } 0\leqslant x\leqslant l_1 \\ EI_2\frac{\mathrm{d}^2y_2}{\mathrm{d}x^2}+F_{\mathrm{P}}y_2=0,\quad \text{当 } l_1\leqslant x\leqslant l \end{aligned}\right\}$$

上式可以改写成

$$\left.\begin{aligned} y''_1+\alpha_1^2y_1=0,\quad 0\leqslant x\leqslant l_1 \\ y''_2+\alpha_2^2y_2=0,\quad l_1\leqslant x\leqslant l \end{aligned}\right\} \tag{11-26}$$

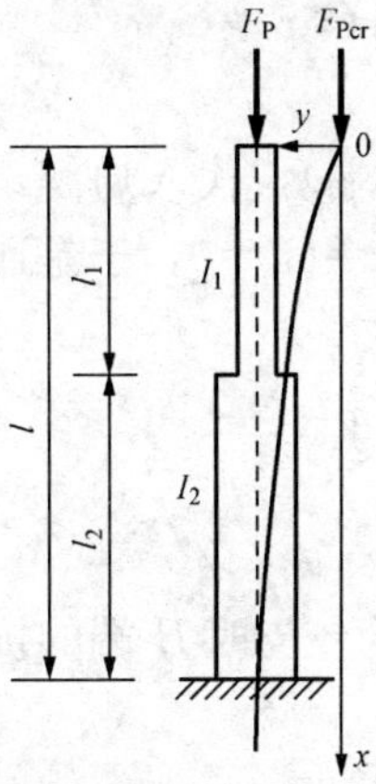

式中

$$\alpha_1^2=\frac{F_{\mathrm{P}}}{EI_1};\ \alpha_2^2=\frac{F_{\mathrm{P}}}{EI_2}$$

式（11-26）的解答为

$$y_1=A_1\sin\alpha_1x+B_1\cos\alpha_1x$$

$$y_2=A_2\sin\alpha_2x+B_2\cos\alpha_2x$$

积分常数 A_1、B_1 和 A_2、B_2 由上下端的边界条件和 $x=l_1$ 处的变形连续条件确定。

当 $x=0$ 时，$y_1=0$，由此可得

$$B_1=0$$

图 11-17　例 11-4 图

当 $x=l$ 时，$\frac{dy}{dx}=0$，由此可得

$$A_2 - B_2 \tan\alpha_2 l = 0$$

当 $x=l_1$ 时，满足变形连续性条件，$y_1=y_2$ 和 $\frac{dy_1}{dx}=\frac{dy_2}{dx}$，由此可得

$$A_1 \sin\alpha_1 l_1 - B_2(\tan\alpha_2 l \sin\alpha_2 l_1 + \cos\alpha_2 l_1) = 0$$
$$A_2 \cos\alpha_1 l_1 - B_2\alpha_2(\tan\alpha_2 l \cos\alpha_2 l_1 - \sin\alpha_2 l_1) = 0$$

由系数行列式等于 0，可求得特征方程为

$$\tan\alpha_1 l_1 \tan\alpha_2 l_2 = \frac{\alpha_1}{\alpha_2}$$

这个方程只有当给定 I_1/I_2 和 l_1/l_2 的比例时才能求解。

当 $EI_2=10EI_1$，$l_2=l_1=0.5l$ 时，$\alpha_1=\sqrt{\frac{F_P}{EI_1}}$，$\alpha_2=\sqrt{\frac{F_P}{10EI_1}}=0.316\alpha_1$。

此时特征方程变为

$$\tan\alpha_1 l_1 \tan(0.316\alpha_1 l_1) = 3.165$$

由此解得最小根为 $\alpha_1 l_1=3.953$，则

$$F_{Pcr} = \frac{3.953^2 EI_1}{l_1^2} = 25.33\,\frac{\pi^2 EI_1}{4l_1^2}$$

11.4.3 弹性支承压杆

下面举例分析具有弹性支撑的截面、变截面压杆的稳定问题。

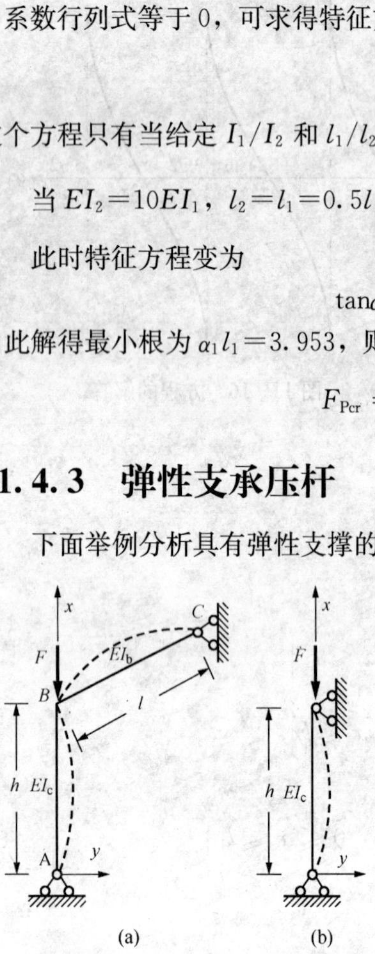

例 11-5 求图 11-18（a）所示轴心受压刚架柱 AB 的临界力 F_{cr}。

图 11-18 刚架柱的计算简图

解： 采用普遍适用的四阶平衡微分方程

$$y^{IV} + \alpha^2 y'' = 0$$

其中 $\alpha^2=\frac{F}{EI}$。

微分方程的通解为

$$y = C_1 \sin\alpha x + C_2 \cos\alpha x + C_3 x + C_4$$

代入边界条件：

（1）$x=0$ 时，$y=y''=0$（简支端），代入通解，可得 $C_2+C_4=0$ 和 $-\alpha^2 C_2=0$，可得 $C_2=C_4=0$，于是通解化为

$$y = C_1 \sin\alpha x + C_3 x$$

（2）$x=h$ 时，$y=0$，代入上式，可得

$$C_1 \sin\alpha h + C_3 h = 0$$

（3）$x=h$ 时，$y'=\theta=M/k$，式中 $k=3EI_b/l$，是斜梁 BC 当 C 端为铰支时 B 端的抗弯刚度，$M=-EI_b y''$ 是节点 B 处的端弯矩，可得

$$C_1\alpha\cos\alpha h + C_3 = -\frac{EI_c l}{3EI_b}(-C_1\alpha^2 \sin\alpha h)$$

整理后写为

$$C_1\left[\alpha h\cos\alpha h-\frac{I_c l}{3I_b h}(\alpha h)^2\sin\alpha h\right]+C_3 h=0$$

由系数行列式等于零，得

$$\Delta=\begin{vmatrix}\sin\alpha h & h\\ \alpha h\cos\alpha h-\dfrac{I_c l}{3I_b h}(\alpha h)^2\sin\alpha h & h\end{vmatrix}=0$$

展开此行列式，整理后得

$$\tan\alpha h=\frac{3\alpha h}{3+\dfrac{I_c l}{I_b h}(\alpha h)^2} \tag{11-27}$$

式中$\frac{I_c l}{I_b h}$是柱 AB 和斜梁 BC 线刚度的比。当此比值已知时，可求解超越方程（11-27），解出 α 的最小值，再由 $\alpha^2=F/EI$ 得到临界荷载 F_{cr}。由此可知，该柱的临界荷载的大小与柱和梁的线刚度比值有关。现取几种特殊情况讨论如下：

（1）设 $I_c l/I_b h=0$，由式（11-27）得

$$\tan\alpha h=\alpha h$$

解得 α 的最小根 $\alpha h=4.493$，得临界荷载 $F_{cr}=\alpha^2 EI_c=20.19\frac{EI_c}{h^2}=\frac{\pi^2 EI_c}{(0.7h)^2}$。说明$\frac{I_b}{l}\gg\frac{I_c}{h}$时，该刚架柱相当于下端铰支上端固定的单根柱。

（2）设 $I_c l/I_b h=\infty$，由式（11-27）得

$$\tan\alpha h=0$$

解得 α 的最小根 $\alpha h=\pi$，得临界荷载 $F_{cr}=\frac{\pi^2 EI_c}{h^2}$。说明$\frac{I_b}{l}\ll\frac{I_c}{h}$时，该刚架柱相当于两端铰支的单根柱。

（3）设 $I_c l/I_b h=1$，由式（11-27）得

$$\tan\alpha h=\frac{3\alpha h}{3+(\alpha h)^2}$$

解得 α 的最小根 $\alpha h=3.726$，得临界荷载 $F_{cr}=13.88\frac{EI_c}{h^2}=\frac{\pi^2 EI_c}{(0.843h)^2}$。此临界荷载介于上端为固定支座和铰支座之间的值。

在材料力学中已经学过理想压杆在几种简单的支撑情况下的临界荷载，例如，图 11-19 中的各种截面、等长压杆的临界荷载可用欧拉公式表示为

$$F_{Pcr}=\frac{\pi^2 EI}{(\mu l)^2} \tag{11-28}$$

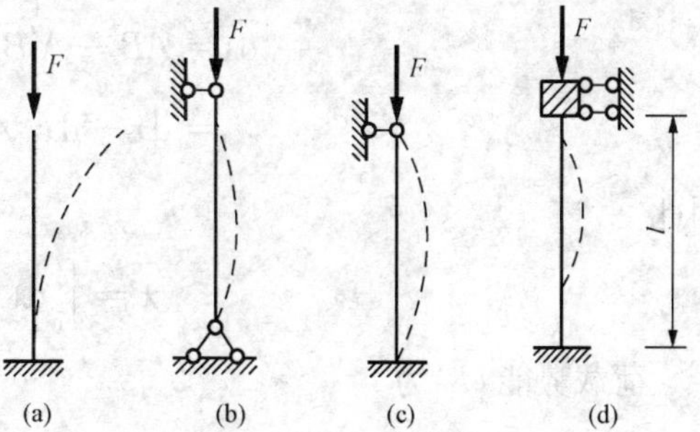

图 11-19　弹性压杆的稳定

(a) μ 为 2.0 的压杆；(b) μ 为 1.0 的压杆；(c) μ 为 0.7 的压杆；(d) μ 为 0.5 的压杆

其中长度系数 $\mu^2=\frac{F_{PE}}{F_{Pcr}}$，反映了不同的支撑情况对临界荷载的影响，图中的压杆长度系

数分别为 2.0、1.0、0.7、0.5。

11.5 无限自由度体系的稳定分析计算——能量法

无限自由度体系的临界荷载 F_{Pcr} 仍可根据下列能量特征来求得：对于满足位移边界条件的任一可能状态，求出势能 E_P；由势能的驻值条件 $\delta E_P=0$，得包含待定参数的齐次方程组；为了求非零解，齐次方程的系数行列式应为零，由此求出特征荷载值；临界荷载 F_{Pcr} 是所有特征值中的最小值。

下面以图 11-20（a）所示压杆为例，说明具体算法。

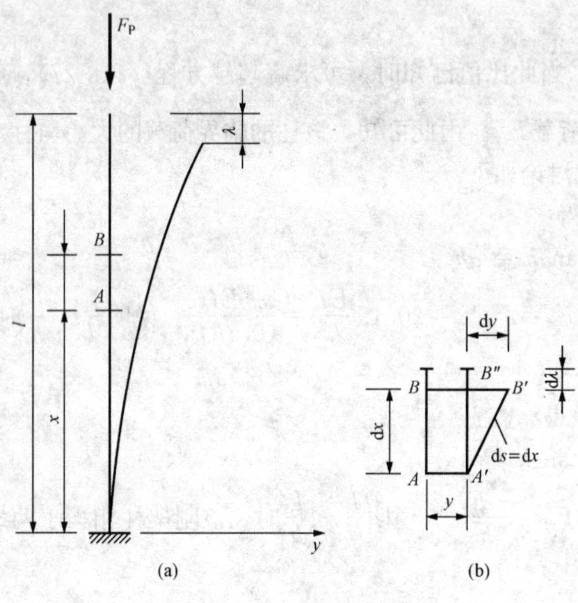

图 11-20 压杆变形

（a）压杆变形；（b）微段变形

设压杆有任意可能位移，变形曲线为

$$y=\sum_{i=1}^{n}a_i\varphi_i(x) \tag{11-29}$$

其中 $\varphi_i(x)$ 是满足位移边界条件的已知函数，a_i 是任意参数，共 n 个。这样，原体系被近似地看作是具有 n 个自由度的体系。

先求弯曲应变能 U，得

$$U=\int_0^l \frac{1}{2}EI(y'')^2\mathrm{d}x=\frac{1}{2}\int_0^l EI\left[\sum_{i=1}^{n}a_i\varphi''_i(x)\right]^2\mathrm{d}x \tag{11-30}$$

再求与 F_P 相应的位移 λ（压杆顶点的竖向位移）。为此，先取微段 AB 进行分析［图 11-20（b）］。弯曲前，微段 AB 的原长为 $\mathrm{d}x$。弯曲后，弧线 $A'B'$ 的长度不变，即 $\mathrm{d}s=\mathrm{d}x$。

由图可知，微段两端点竖向位移的差值 $\mathrm{d}\lambda$ 为

$$\mathrm{d}\lambda=AB-A'B'=\mathrm{d}x-\sqrt{\mathrm{d}s^2-\mathrm{d}y^2}=\mathrm{d}x-\mathrm{d}x\sqrt{1-y'^2}\approx\frac{1}{2}(y')^2\mathrm{d}x \tag{11-31}$$

因此

$$\lambda=\int_0^l \mathrm{d}\lambda=\frac{1}{2}\int_0^l (y')^2\mathrm{d}x \tag{11-32}$$

荷载势能 U_P 为

$$U_P=-F_P\lambda=-F_P\frac{1}{2}\int_0^l\left[\sum_{i=1}^{n}a_i\varphi'_i(x)\right]^2\mathrm{d}x \tag{11-33}$$

体系的势能为

$$E_{\mathrm{P}}=U+U_{\mathrm{P}}=\frac{1}{2}\int_{0}^{l}EI\left[\sum_{i=1}^{n}a_i\varphi''_i(x)\right]^2\mathrm{d}x-F_{\mathrm{P}}\frac{1}{2}\int_{0}^{l}\left[\sum_{i=1}^{n}a_i\varphi'_i(x)\right]^2\mathrm{d}x \tag{11-34}$$

由势能的驻值条件 $\delta E_{\mathrm{P}}=0$，即

$$\frac{\partial E_{\mathrm{P}}}{\partial a_i}=0\quad(i=1,2,\cdots,n) \tag{11-35}$$

得

$$\sum_{j=1}^{n}a_j\int(EI\varphi''_i\varphi''_j-F_{\mathrm{P}}\varphi'_i\varphi'_j)\mathrm{d}x=0\quad(i=1,2,\cdots,n) \tag{11-36}$$

令

$$K_{ij}=\int EI\varphi''_i\varphi''_j\mathrm{d}x \tag{11-37}$$

$$S_{ij}=F_{\mathrm{P}}\int\varphi''_i\varphi''_j\mathrm{d}x \tag{11-38}$$

则式（11-36）的矩阵形式为

$$\left[\begin{bmatrix}K_{11}&K_{12}&\cdots&K_{1n}\\K_{21}&K_{22}&\cdots&K_{2n}\\\vdots&\vdots&&\vdots\\K_{n1}&K_{n2}&\cdots&K_{nn}\end{bmatrix}-\begin{bmatrix}S_{11}&S_{12}&\cdots&S_{1n}\\S_{21}&S_{22}&\cdots&S_{2n}\\\vdots&\vdots&&\vdots\\S_{n1}&S_{n2}&\cdots&S_{nn}\end{bmatrix}\right]\begin{bmatrix}a_1\\a_2\\\vdots\\a_n\end{bmatrix}=\begin{bmatrix}0\\0\\\vdots\\0\end{bmatrix} \tag{11-39}$$

可简写为

$$(K-S)a=0 \tag{11-40}$$

式（11-39）是对于 n 个未知参数 a_1，a_2，…，a_n 的 n 个线性齐次方程。

根据特征荷载和特征向量的性质，参数 a_1，a_2，…，a_n 不能全为零，因此系数行列式应为零，即

$$|K-S|=0 \tag{11-41}$$

其展开式是关于 F_{P} 的 n 次代数方程，可求出 n 个根，由其中的最小根可确定临界荷载。

上面介绍的解法有时称为里兹法，即将原来的无限自由度体系近似地化为 n 次自由度体系，所得的临界荷载近似解是精确解的一个上限。对这一现象可作如下解释：求近似解时，从全部的可能位移状态中只考虑其中一部分，这就是说，使体系的自由度有所减少（例如将无限自由度变为有限自由度）。这种将自由度减少的做法，相当于对体系施加某种约束。这样，体系抵抗失稳的能力通常就会得到提高，因而这样求得的临界荷载就是实际临界荷载的一个上限。

例 11-6　如图 11-21（a）所示为两端简支的中心受压柱，试用能量法求其临界荷载。

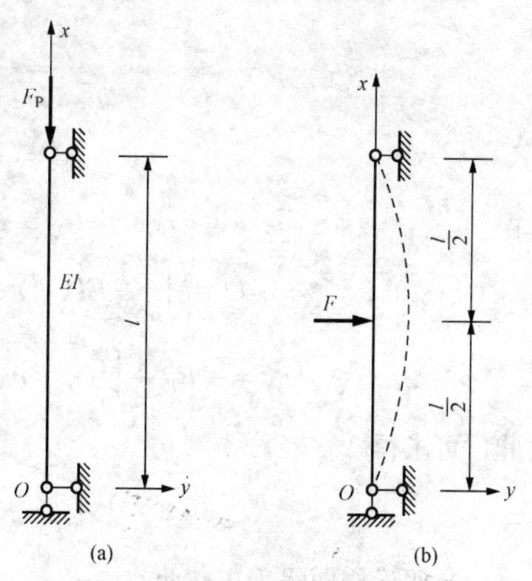

图 11-21　例 11-6 图
（a）原体系；（b）失稳压杆

解： 简支压杆的位移边界条件为：当 $x=0$ 和 $x=l$时，$y=0$。

在满足上述边界条件的情况下，选取三种不同的变形形式进行计算。

(1) 假设挠曲线为抛物线

$$y = a_1 \frac{4x(l-x)}{l^2}$$

这相当于在式（11-29）中只取一项，则

$$y' = \frac{4a_1}{l^2}(l-2x)$$

$$y'' = -\frac{8a_1}{l^2}$$

求得

$$U = \int_0^l \frac{1}{2} EI(y'')^2 \mathrm{d}x = \frac{32EIa_1^2}{l^3}$$

$$U_P = -F_P \frac{1}{2}\int_0^l (y')^2 \mathrm{d}x = -\frac{8F_P}{3} \times \frac{a_1^2}{l}$$

$$E_P = \frac{32EIa_1^2}{l^3} - \frac{8F_P}{3} \times \frac{a_1^2}{l}$$

由势能驻值条件$\frac{\mathrm{d}E_P}{\mathrm{d}a_1}=0$，得

$$\left(\frac{64EI}{l^3} - \frac{16F_P}{3l}\right)a_1 = 0$$

为了求非零解，要求 a_1 的系数为零，得

$$F_{Pcr} = \frac{\frac{64EI}{l^3}}{\frac{16}{3l}} = \frac{12EI}{l^2}$$

(2) 取跨中横向集中力作用下的挠曲线作为变形形式，则当 $x \leqslant \frac{l}{2}$时

$$y'' = -\frac{M}{EI} = -\frac{1}{EI}\frac{F}{2}x$$

$$y' = -\frac{F}{EI}\left(\frac{x^2}{4} - \frac{l^2}{16}\right)$$

求得

$$U = \int_0^l \frac{1}{2} EI(y'')^2 \mathrm{d}x = \int_0^{\frac{l}{2}} EI(y'')^2 \mathrm{d}x = \frac{F^2 l^3}{96EI}$$

$$U_P = -F_P \frac{1}{2}\int_0^l (y')^2 \mathrm{d}x = -F_P \int_0^{\frac{l}{2}} (y')^2 \mathrm{d}x = -\frac{F_P F^2 l^5}{960E^2 I^2}$$

由此，可求得

$$F_{Pcr} = \frac{10EI}{l^2}$$

(3) 假设挠曲线为正弦曲线

$$y = a\sin\frac{\pi x}{l}$$

则

$$y' = a\frac{\pi}{l}\cos\frac{\pi x}{l}$$

$$y'' = -a\frac{\pi^2}{l^2}\sin\frac{\pi x}{l}$$

求得

$$U = \int_0^l \frac{1}{2}EI(y'')^2 \mathrm{d}x = \frac{EIa^2}{2}\left(\frac{\pi}{l}\right)^4\int_0^l \sin^2\frac{\pi x}{l}\mathrm{d}x = EIa^2\left(\frac{\pi}{l}\right)^4\frac{l}{4}$$

$$U_{\mathrm{P}} = -F_{\mathrm{P}}\frac{1}{2}\int_0^l (y')^2\mathrm{d}x = -\frac{F_{\mathrm{P}}}{2}a^2\left(\frac{\pi}{l}\right)^2\int_0^l \cos^2\frac{\pi x}{l}\mathrm{d}x = -F_{\mathrm{P}}a^2\left(\frac{\pi}{l}\right)^2\frac{l}{4}$$

由此，可求得

$$F_{\mathrm{Pcr}} = \frac{\pi^2 EI}{l^2}$$

(4) 讨论。假设挠曲线为抛物线时求得的临界荷载值与精确值相比误差为 22%，这是因为所设的抛物线与实际的挠曲线差别太大的缘故。

根据跨中横向集中力作用下的挠曲线而求得的临界荷载值与精确值相比误差为 1.3%，精度比前者大为提高。如果采用均布荷载作用下的挠曲线进行计算，则精度还可以提高。

正弦曲线是失稳时的真实变形曲线，所以由它求得的临界荷载是精确解。

例 11-7　如图 11-22 所示为一等截面柱，下端固定、上端自由。试求在均匀竖向荷载作用下的临界荷载值 q_{cr}。

解：选取坐标系如图 11-22 所示。两端位移边界条件为

当 $x=0$ 时，$y=0$；当 $x=l$ 时，$y'=0$。

根据上述位移边界条件，假设变形曲线为

$$y = a\sin\frac{\pi x}{2l}$$

先求应变能

$$U = \frac{EI}{2}\int_0^l (y'')^2\mathrm{d}x = \frac{EIa^2\pi^4}{32l^4}\int_0^l \sin^2\frac{\pi x}{2l}\mathrm{d}x = \frac{EI\pi^4 a^2}{64l^3}$$

再求外力做的功。由于微段 $\mathrm{d}x$ 倾斜而使微段以上部分的荷载向下移动，下降距离 $\mathrm{d}\lambda$ 可由式 (11-31) 算出。这部分荷载所做的功为

$$qx\,\mathrm{d}\lambda = qx\,\frac{1}{2}(y')\mathrm{d}x$$

因此所有外力做的功为

$$W = \frac{1}{2}\int_0^l qx(y')^2\mathrm{d}x = \frac{q\pi^2 a^2}{8l^2}\int_0^l x\cos^2\frac{\pi x}{2l}\mathrm{d}x$$

$$= \frac{0.149}{8}q\pi^2 a^2$$

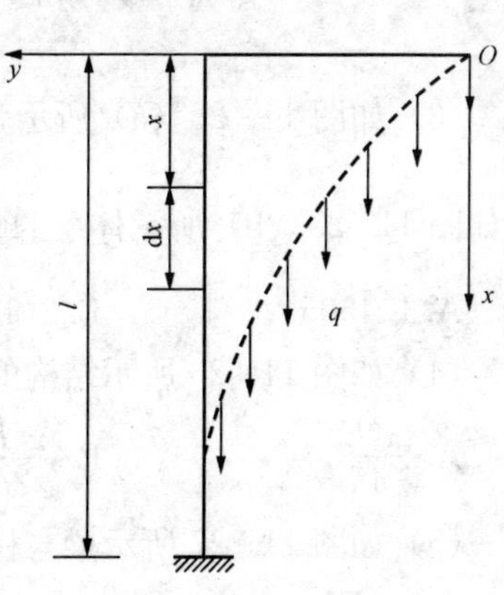

图 11-22　例 11-7 图

体系的总势能为

$$E_P = U + U_P = U - W = \frac{EI\pi^4 a^2}{64l^3} - \frac{0.149}{8}q\pi^2 a^2$$

由 $\delta E_P = 0$，可求得临界荷载 q_{cr} 的近似解

$$q_{cr} = \frac{\pi^2 EI}{8 \times 0.149 l^3} = 8.27\frac{EI}{l^3}$$

与精确解 $7.837\frac{EI}{l^3}$ 相比，误差为 5.5%。

复 习 思 考 题

11-1 选择题

(1) 若将图 11-23 (a) 所示结构中压杆 AB 的稳定计算简化为图 11-23 (b) 的计算简图，则 A 端的转动刚度 k 为（　　）。

A. $\frac{2EI}{l}$　　B. $\frac{4EI}{l}$　　C. $\frac{6EI}{l}$　　D. $\frac{8EI}{l}$

(2) 如图 11-24 所示体系的临界荷载 P_{cr} 为（　　）。

A. $\frac{18EI}{(2n+1)lH}$　　B. $\frac{12EI}{(2n+1)lH}$　　C. $\frac{18EI}{(n+2)lH}$　　D. $\frac{12EI}{(n+2)lH}$

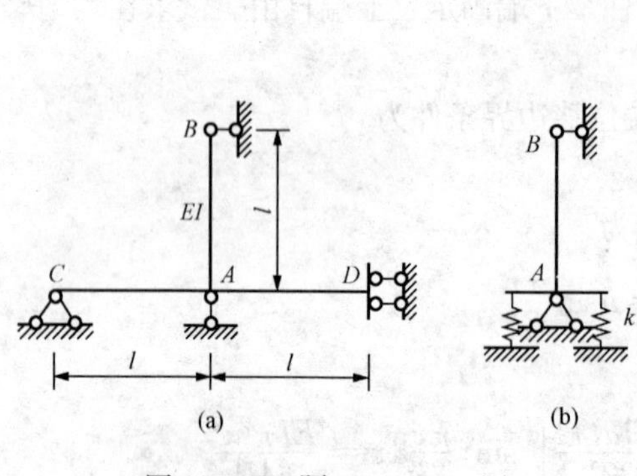

图 11-23 题 11-1 (1) 图

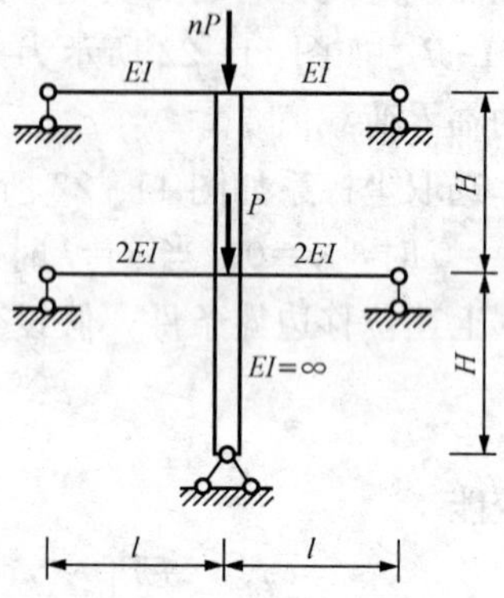

图 11-24 题 11-1 (2) 图

(3) 如图 11-25 (a) 所示弹性支承体系失稳时的特征方程为：$\frac{EI\alpha}{k} = \cot\alpha l$，$\alpha = \sqrt{\frac{P}{EI}}$，则如图 11-25 (b) 所示体系的临界荷载 $P_{cr} =$（　　）$\frac{EI}{l^2}$。

A. 1.4505　　B. 2.1459　　C. 2.2741　　D. 2.4074

(4) 如图 11-26 所示结构的临界荷载等于（　　）。

A. $\frac{\pi^2 EI}{4l^2}$　　B. $\frac{\pi^2 EI}{2l^2}$　　C. $\frac{\pi^2 EI}{l^2}$　　D. $\frac{2\pi^2 EI}{l^2}$

(5) 如图 11-27 所示梁与柱刚接的有侧移压杆体系，其临界荷载 P_{cr} 为（　　）。

A. $\frac{\pi^2 EI}{3l^2}$　　B. $\frac{\pi^2 EI}{l^2}$　　C. $\frac{3\pi^2 EI}{l^2}$　　D. $\frac{\pi^2 EI}{(0.5l)^2}$

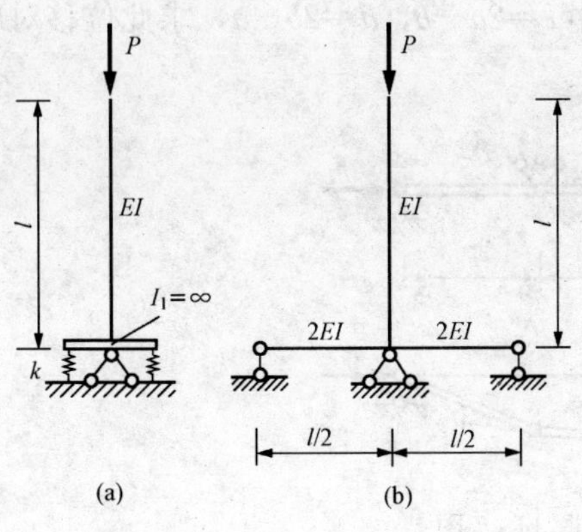

图 11 - 25　题 11 - 1（3）图

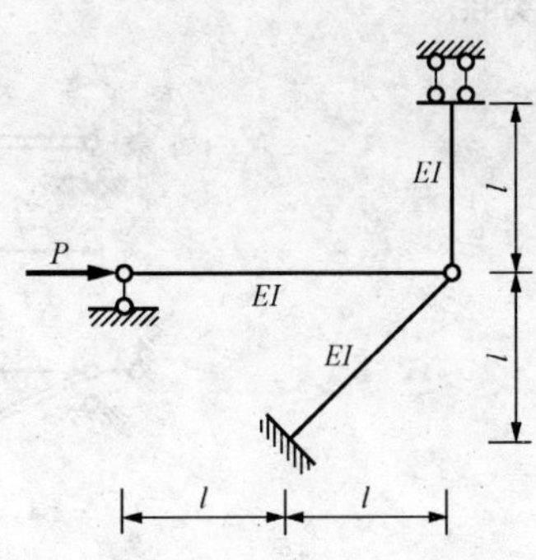

图 11 - 26　题 11 - 1（4）图

11 - 2　试画出如图 11 - 28 所示结构的计算简图。

11 - 3　求如图 11 - 29 所示完善体系的临界荷载，k 为弹簧刚度，k_r 为弹性抗转刚度。

11 - 4　试用能量法求如图 11 - 30 所示刚性杆件的临界荷载，β 为抗移弹性支座的刚度，即发生单位位移所需的力。

11 - 5　用静力法求如图 11 - 31 所示弹性支承压杆的稳定方程。

11 - 6　如图 11 - 32 所示结构，当立柱失稳时，求临界荷载 q_{cr}。

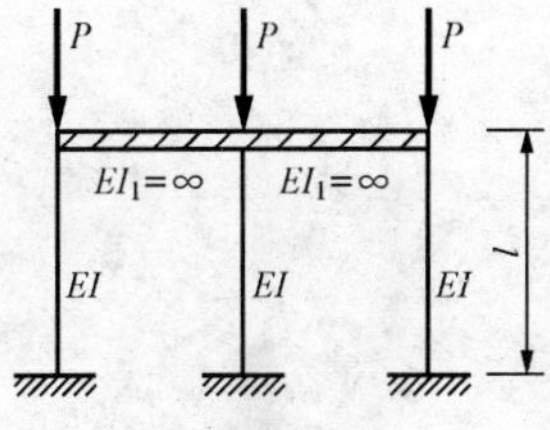

图 11 - 27　题 11 - 1（5）图

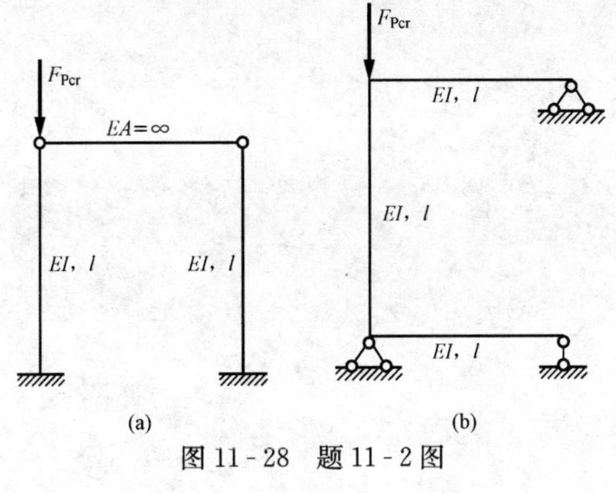

图 11 - 28　题 11 - 2 图

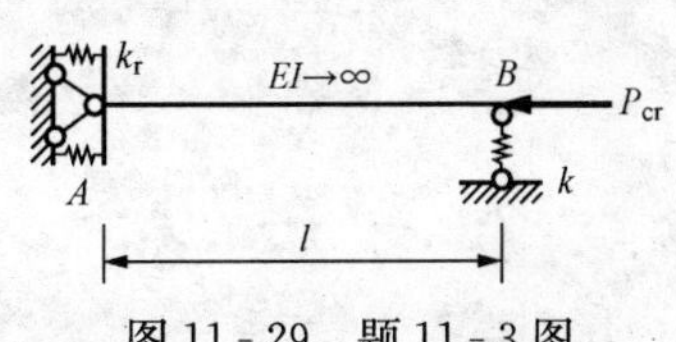

图 11 - 29　题 11 - 3 图

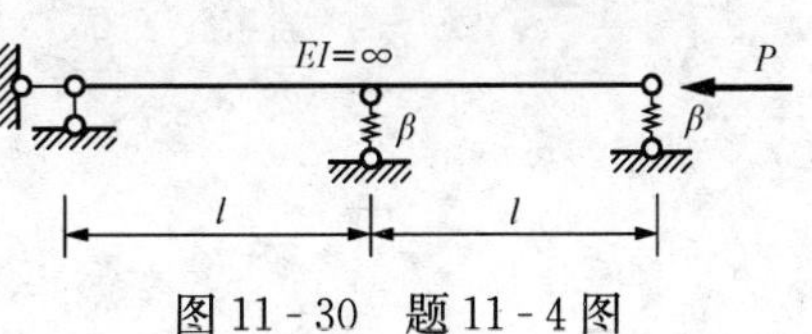

图 11 - 30　题 11 - 4 图

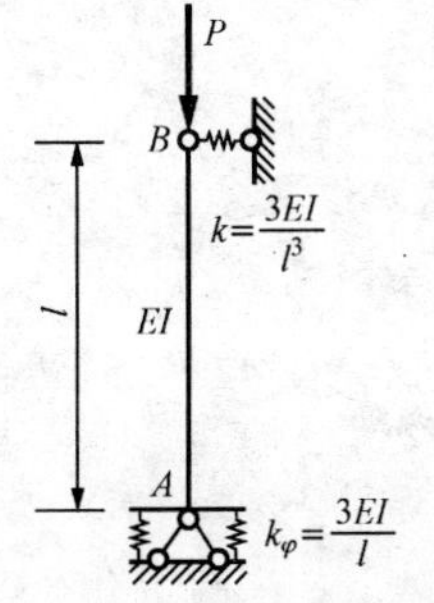

图 11 - 31　题 11 - 5 图

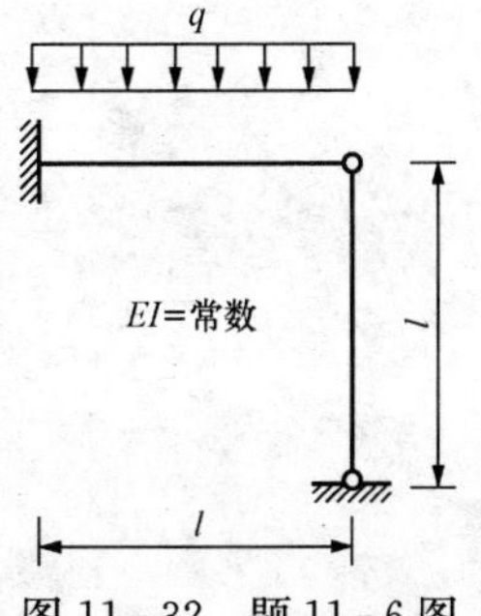

图 11 - 32　题 11 - 6 图

11-7 如图 11-33 所示体系，可能位移中 $c=2a-b$，$d=2b-a$，求此位移对应的应变能与外力势能。

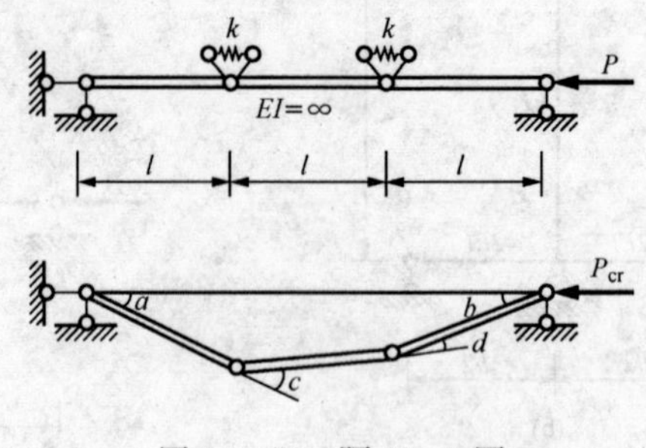

图 11-33 题 11-7 图

第 12 章

结构的极限荷载分析

本章是在学习结构的弹性计算的基础上，讨论塑性材料杆件结构的塑性极限分析的理论和方法，为结构的塑性设计打基础。本章学习的主要内容有极限弯矩、塑性铰和极限状态的概念；超静定梁的极限荷载；比例加载时判定极限荷载的一般定理以及刚架的极限荷载。

要求理解极限弯矩、塑性铰和极限状态等概念。掌握确定连续梁极限荷载的两种求法——机构法和试算法。刚架极限荷载的求法可作为选学的提高内容。

12.1 概述

前面各章主要讨论结构的弹性计算。在计算中假设应力与应变间为线性关系，材料服从虎克定律，荷载全部卸除后结构没有残余变形，以此为依据的计算称为弹性分析。利用弹性分析所得的最大应力 σ_{max}不超过材料的极限应力除以安全系数，以此为依据来确定构件的截面尺寸或进行强度验算，即

$$\sigma_{max} \leqslant \frac{\sigma_y}{n} = [\sigma]$$

式中 σ_y——材料的极限应力，对于塑性材料（如软钢等），为屈服极限 σ_y；脆性材料（如铸铁），为强度极限 σ_b；

n——大于 1 的常数，称为安全系数，对于结构在正常使用条件下的应力和变形状态，弹性计算能够给出足够准确的结果；

$[\sigma]$——材料的许可应力。

以上这种利用弹性分析计算内力，并以许可应力为依据来确定截面尺寸或进行强度验算，就是弹性设计采用的做法。弹性设计方法在长期的设计实践中逐步地暴露了它的缺点，对于塑性材料的结构，特别是超静定结构，当最大应力达到屈服极限，甚至某一局部已经进入局部阶段时，结构并没有破坏，也就是说并没有耗尽全部承载能力。弹性设计没有考虑材料超过屈服极限后结构的这一部分承载力，因而弹性设计是不够经济合理的。

塑性设计方法是为了消除弹性设计方法的缺陷而发展起来的。在塑性设计中，首先要确定结构破坏时所能承担的荷载（即极限荷载），然后将极限荷载除以荷载系数得出容许荷载，并以此作为依据进行设计。

为了确定结构的极限荷载，必须考虑材料的塑性变形，进行结构塑性分析。在结构塑性分析中，为了简化计算，通常假设材料为理想弹塑性材料，其应力—应变关系如图 12 - 1 所示。在应力 σ 到达屈服极限 σ_s 以前，应力—应变为线性关系，即 $\sigma=E\varepsilon$，如图中 OA 段所

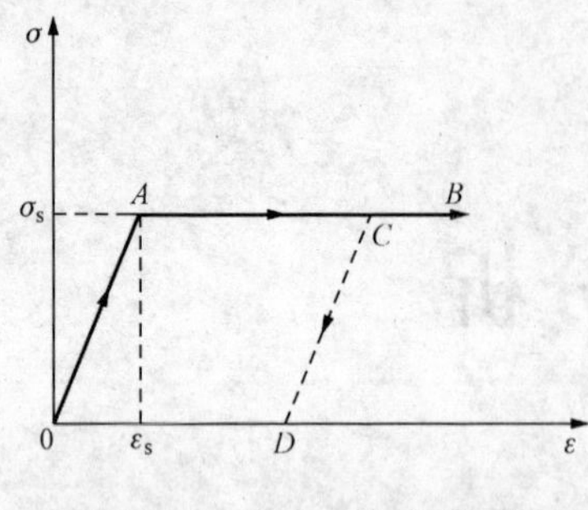

图 12-1 应力—应变关系图

示。当应力达到屈服极限时，材料进入塑性流动状态，应力不再增加，而应变可继续增大，如图中 AB 段所示。如果塑性流动达到 C 点后发生卸载，则 ε 的减小值 $\Delta\varepsilon$ 与 σ 的减小值 $\Delta\sigma$ 成正比，其比值仍为 E，$\Delta\sigma=E\Delta\varepsilon$，如图中 CD 段所示，这里 $CD/\!/OA$。由此看到材料在加载与卸载时情形不同：加载时是弹塑性的，卸载时是弹性的。还可以看到，在经历塑性变形后，应力与应变之间不再存在单值对应关系，同一个应力值可对应不同的应变值，同一个应变值可对应不同的应力值。要得到弹塑性问题的解，需要追踪全部受力变形过程。由于以上原因，结构的弹塑性计算比弹性计算要复杂一些。

在本章中对结构弹塑性变形的发展过程不做全面分析，而只是集中讨论梁和刚架的极限荷载，因而可用最简便的方法解决问题。

12.2 极限弯矩、塑性铰和极限状态

12.2.1 理想弹塑性材料的矩形截面梁

以理想弹塑性材料组成的承受纯弯曲作用的矩形截面梁（图 12-2）的情况为例，说明一些基本概念。

随着 M 的增大，梁会经历一个由弹性阶段→弹塑性阶段→塑性阶段的过程。实验表明无论哪一个阶段，梁弯曲变形的平面假定都是成立的。各阶段截面应力变化过程如图 12-3 所示。

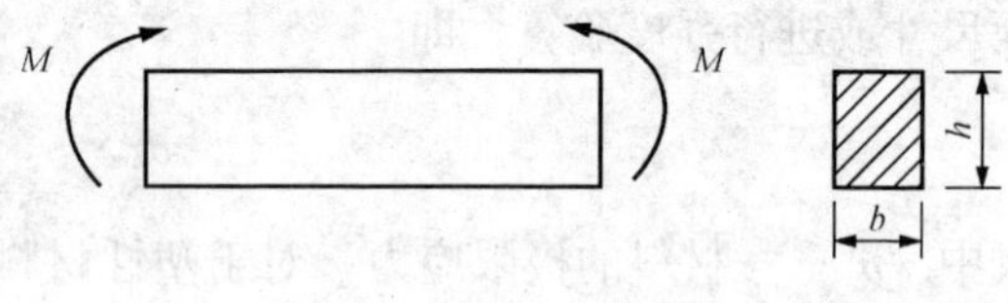

图 12-2 纯弯曲梁

图 12-3（b）表示截面处于弹性阶段。这个阶段结束的标志是最外面纤维处的应力达到屈服极限 σ_s，此时的弯矩

$$M_s=\frac{bh^2}{6}\sigma_s=W\sigma_s \tag{12-1}$$

称为弹性极限弯矩，或称为屈服弯矩；式中 $W=\dfrac{bh^2}{6}$ 为矩形截面的弹性截面系数。

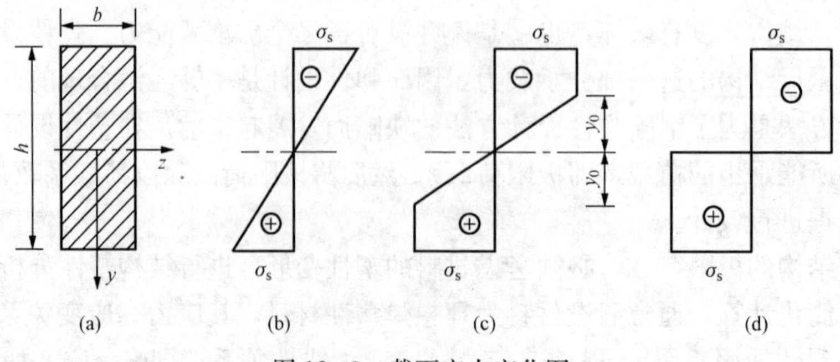

图 12-3 截面应力变化图

图 12-3（c）表示截面处于弹塑性阶段。这时截面在靠外部分形成塑性区，其应力为常数，$\sigma=\sigma_s$；在截面内部（$|y|\leqslant y_0$）则仍为弹性区，称为弹性核，其应力为直线分布，$\sigma=\sigma_s\dfrac{y}{y_0}$。

图 12-3（d）表示截面达到塑性流动阶段。在弹塑性阶段中，随着 M 的增大，弹性核的高度逐渐减小，最后达到极限情形 $y_0\to 0$。此时相应的弯矩为

$$M_u=\frac{bh^2}{4}\sigma_s=W_u\sigma_s \tag{12-2}$$

这个弯矩是该截面所能承受的最大弯矩，称为极限弯矩；式中 $W_u=\dfrac{bh^2}{4}$ 为矩形截面的塑性截面系数。

由式（12-1）和式（12-2）看出，对于矩形截面

$$\frac{M_u}{M_s}=\frac{\sigma_s W_u}{\sigma_s W}=\frac{W_u}{W}=1.5$$

极限弯矩为弹性极限弯矩的 1.5 倍。

当截面达到塑性流动阶段时，在极限弯矩保持不变的情况下，两个无限靠近的相邻截面可以产生相对有限的转角，这种情况与带铰截面相似。因此当截面弯矩达到极限弯矩时，这种截面可称为塑性铰。塑性铰与普通铰的相同之处是铰两边的截面可以产生有限的相对转角。塑性铰与普通铰的两个重要区别为：①普通铰不能承受弯矩，而塑性铰能承受极限弯矩；②普通铰是双向铰，即可以围绕普通铰的两个方向产生自由转动，而塑性铰是单向的。如果加载至出现塑性铰后再行减载，由于减载时应力增量与应变增量仍保持直线关系，截面仍恢复其弹性性质。由此可得塑性铰的一个重要特征，塑性铰只能沿弯矩增大方向发生有限的相对转角；如果沿相反方向变形，则截面立即恢复其弹性刚度而不再具有铰的性质。因此塑性铰是单向铰。

以上主要是对矩形截面进行讨论的。对于其他截面形式，也可得出类似的结果。

12.2.2　有一个对称轴的任意截面梁

如图 12-4（a）所示为只有一个对称轴的截面。下面指出要注意的一些问题。

在弹性阶段，应力为直线分布，中性轴通过截面的形心［图 12-4（b）］。

在弹塑性阶段，中性轴的位置将随弯矩的大小而变化［图 12-4（c）］。

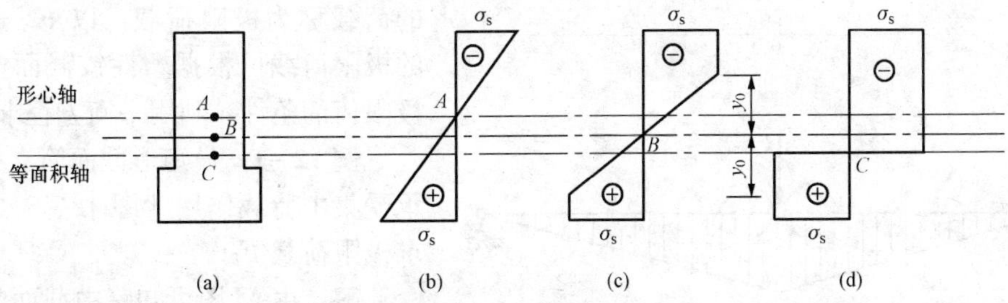

图 12-4　单轴对称截面

在塑性流动阶段［图 12 - 4（d）］，受拉区的应力均为常量（σ_s 和 $-\sigma_s$）。根据平衡条件，截面法向应力之和等于零，由此得

$$A_1 = A_2$$

这里 A_1 和 A_2 分别为受拉区和受压区面积。由此可见，塑性流动阶段中性轴应平分截面面积。此时可求得极限弯矩如下

$$M_u = \sigma_s(S_1 + S_2) = \sigma_s W_u \tag{12 - 3}$$

这里，S_1 和 S_2 分别为面积 A_1 和 A_2 对等面积轴的静矩，$W_u = S_1 + S_2$ 称为截面的塑性截面系数。

极限弯矩与弹性极限弯矩之比值

$$\alpha = \frac{M_u}{M_s} = \frac{W_u}{W}$$

α 与截面形状有关，称为截面形状系数。几种常用截面的 α 值如下：

矩形 $\alpha = 1.5$

圆形 $\alpha = \frac{16}{3\pi} = 1.7$

薄壁圆环形 $\alpha \approx 1.27 \sim 1.4$（一般可取 1.3）

工字形 $\alpha \approx 1.1 \sim 1.2$（一般可取 1.15）

12.2.3 静定梁的极限荷载

现在讨论梁在横向荷载下的弯矩问题，材料仍假设为理性弹塑性材料。通常剪力对梁的承载能力的影响很小，可忽略不计，因而前面在讨论纯弯曲时导出的关于截面的屈服弯矩 M_s 和极限弯矩 M_u 的结果在横向弯曲中仍可采用。

下面仍按照由弹性阶段到弹塑性阶段最后达到极限状态的过程进行讨论。

在初期，各个截面的弯矩均不超过弹性极限弯矩 M_s。继续加载直到某个截面首先达到 M_s 时，弹性阶段便告终结。此时荷载称为弹性极限荷载 F_{Ps}。

当荷载超过 F_{Ps} 时，在梁中即形成塑性区。

随着荷载的增大，塑性区逐渐扩大。最后在某截面处，弯矩首先达到极限值，形成塑性铰。对静定梁来说，此时结构已变为机构，挠度可以任意增大，承载力已无法再增加。这种状态称为极限状态，此时的荷载称为极限荷载，以 F_{Pu} 表示。梁的极限荷载可根据塑性铰截面弯矩等于极限值的条件，利用平衡方程求出。

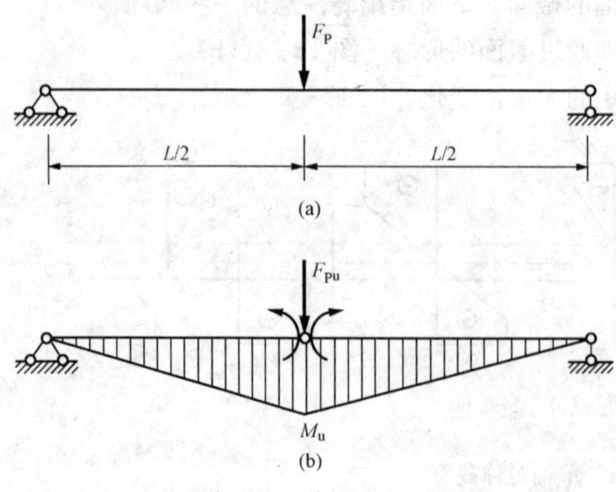

图 12 - 5　例 12 - 1 图

例 12 - 1　设矩形截面简支梁在跨中承受集中荷载作用［图 12 - 5（a）］，试求极限荷载 F_{Pu}。

解：由 M 图可知跨中截面的弯矩最大，在荷载达到极限荷载时，塑性铰将在跨中截面形成，这里弯矩达到极限值

M_u [图 12-5 (b)]。由静力条件，有

$$\frac{F_{Pu}L}{4}=M_u$$

由此得

$$F_{Pu}=\frac{4M_u}{L}$$

12.3　超静定梁的极限荷载

12.3.1　超静定梁的破坏过程和极限荷载的特点

从上节的讨论中可知，在静定梁中，只要有一个截面出现塑性铰，梁就成为机构，从而丧失承载能力以致破坏。由于超静定梁具有多余约束，因此必须出现足够多的塑性铰，才能使其变为机构，从而丧失承载能力以致破坏，这一点与静定梁是不同的。

下面以图 12-6 (a) 所示等截面梁为例，说明超静定梁由弹性阶段到弹塑性阶段，直至极限状态的过程。

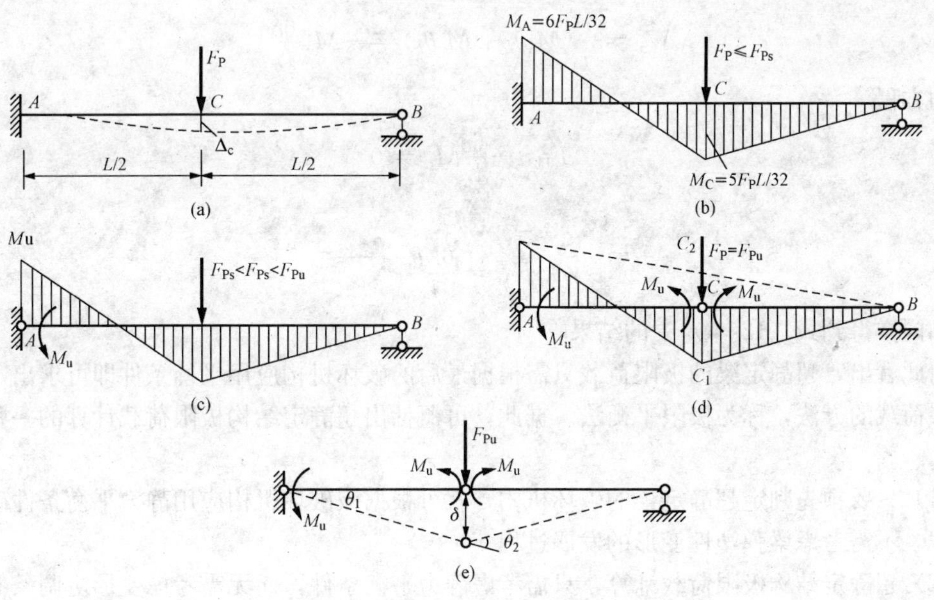

图 12-6　等截面一次超静定梁

梁处于弹性阶段（$F_P\leqslant F_{Ps}$）的弯矩如图 12-6 (b) 所示，在固定端处弯矩最大。

当荷载增加到超过 F_{Ps}后，塑性区首先在固定端附近形成并扩大，然后在跨中截面也形成塑性区。此时随着荷载 F_P 的增加，弯矩图不断地变化，不再与弹性 M 图成比例。随着塑性区的扩大，在固定端截面形成第一个铰，弯矩图如图 12-6 (c) 所示。此时在加载条件下，梁已转化为静定梁，但承载能力尚未达到极限值。

当荷载继续增加时，固定端的增量为零，荷载增量所引起的弯矩增量图相应于简支梁的

弯矩图。当荷载增加到使跨中截面弯矩达到 M_u 时，在该截面形成第二个塑性铰，于是梁即变为机构（具有一个自由度），而梁的承载能力即达到极限值。此时荷载称为极限荷载 F_{Pu}，相应的弯矩图如图 12-6（d）所示。

极限荷载 F_{Pu}可以根据极限状态的弯矩图，由平衡条件推出来。在图 12-6（d）中，连接 A_1B 线，三角形 A_1C_1B 应是简支梁在荷载 F_{Pu}作用下的弯矩图，故跨中竖距 $C_2C_1=\frac{F_{Pu}L}{4}$；另一方面，$C_2C_1=CC_1+\frac{1}{2}AA_1=1.5M_u$，因此有

$$\frac{F_{Pu}L}{4}=1.5M_u$$

由此得极限载荷

$$F_{Pu}=\frac{6M_u}{L} \tag{12-4}$$

另外，极限荷载 F_{Pu}也可应用虚功原理来求。图 12-6（e）所示为破坏机构的一种可能位移，设跨中位移为 δ，则 $\theta_1=\frac{2\delta}{L}$，$\theta_2=\frac{4\delta}{L}$，外力所做功为

$$W=F_{Pu}\delta$$

内力所做的功为

$$W_i=-(M_u\theta_1+M_u\theta_2)=-M_u\frac{6\delta}{L}$$

有虚功方程

$$F_{Pu}\delta-\frac{6\delta}{L}M_u=0$$

即得

$$F_{Pu}=\frac{6M_u}{L}$$

因此，同样得到式（12-4）中的结果。

由此看出，超静定梁的极限荷载只需根据最后的破坏机构应用平衡条件即可求出。这种求极限荷载的方法，称为极限平衡法。据此，可概括出超静定结构极限荷载计算的一些特点如下：

（1）只要预先判定超静定梁的破坏机构，就可根据该破坏机构应用静力平衡条件确定极限荷载，不需考虑梁弹塑性变形的发展过程。

（2）超静定结构极限荷载计算，只需考虑静力平衡条件，而无需考虑变形协调条件，因而比弹性计算简单。

（3）温度改变、支座移动等因素对超静定结构的极限荷载没有影响，因为超静定结构变为机构之前，先成为静定结构，所以这些因素对最后的内力状态没有影响。

12.3.2 连续梁的极限荷载

现在讨论连续梁破坏机构的可能形式。设梁在每一跨度内为等截面，但各跨的截面可以彼此不同。又设荷载的作用方向彼此相同，并按比例增加。在上述情况下可以证明：连续梁只可能在各跨里形成破坏机构［图 12-7（a）、（b）］，而不可能由相邻几跨联合形成一个破

坏机构［图 12-7（c）］。事实上，如果荷载同为向下作用，则每跨内最大负弯矩只可能在跨度两端出现。因此，对于等截面梁来说负塑性铰只可能在两端出现，故每跨内为等截面的连续梁只可能在各跨内独立形成破坏机构。

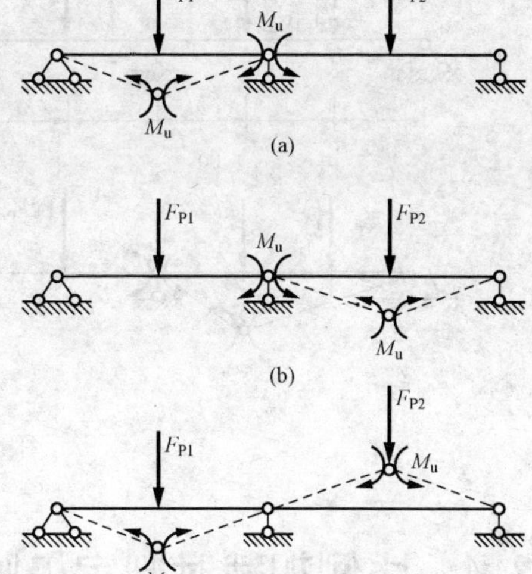

图 12-7　连续梁的可能破坏机构

根据连续梁的这种破坏特点，可现对每一个单跨破坏机构分别求出相应的破坏荷载，然后取其中的最小值便得到连续梁的极限荷载。

例 12-2　如图 12-8（a）所示的连续梁中，每跨为等截面梁。设 AB 的极限弯矩 $1.5M_u$，CD 跨的极限弯矩为 M_u。试求此连续梁的极限荷载 F_{Pu}。

解：先分别求出个跨独自破坏时的破坏荷载。

BC 跨破坏时［图 12-8（b）］：

$$1.2F_P\Delta = 1.2F_Pa\theta_B = M_u\theta_B + M_u(\theta_B + \theta_C)$$

又

$$\theta_B = \theta_C$$

所以

$$F_{P1} = \frac{2.5}{a}M_u$$

E、B 处形成塑性铰，AB 跨破坏时［图 12-8（c）］：

$$\begin{aligned} F_P\Delta_1 + F_P\Delta_2 &= F_Pa2\theta_A + F_Pa\theta_A \\ &= M_u\theta_B + 1.5M_u(\theta_A + \theta_B) \end{aligned}$$

又

$$\theta_B = 2\theta_A$$

所以

$$F_{P2} = \frac{2.167}{a}M_u$$

D、B 处形成塑性铰，AB 跨破坏时［图 12-8（d）］：

$$F_P\Delta_1 + F_P\Delta_2 = F_Pa\theta_A + F_Pa\theta_B = M_u\theta_B + 1.5M_u(\theta_A + \theta_B)$$

又

$$\theta_A = 2\theta_B$$

所以

$$F_{P3} = \frac{1.833}{a}M_u$$

比较以上结果，可知 D、B 处形成塑性铰时 AB 跨破坏，所以极限荷载为

$$F_{Pu} = \frac{1.833}{a}M_u$$

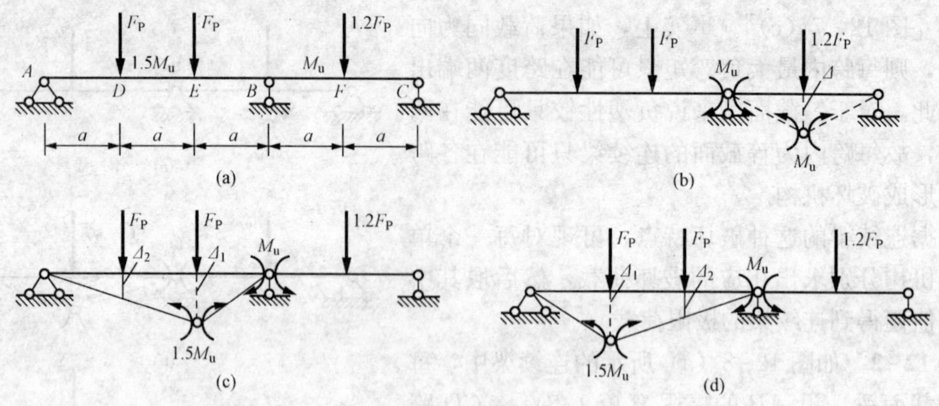

图 12-8 例 12-2 图

12.4 比例加载时判定极限荷载的一般定理

12.4.1 比例加载时极限荷载的几个定理

由于静定梁和超静定梁的破坏形式比较容易确定，所以前述方法即可简便地求得其极限荷载。但若结构可能有多种破坏形式时，就要判别哪一种是实际的破坏形式，以便确定极限荷载。为此，应用以下有关确定极限荷载的几个定理，并只限于讨论比例加载的情况。所谓比例加载有两层意思：第一，所有荷载变化时都彼此保持固定的比例，整个荷载可用一个参数 F_P 来表示，即所有荷载组成一个广义力；第二，荷载参数 F_P 只是单调增大，不出现卸载现象。

结合梁和刚架这类主要抗弯的结构形式进行讨论，假设材料是理想弹塑性的，截面正极限弯矩与负极限弯矩的绝对值相等，而且忽略轴力和剪力对极限弯矩的影响。

根据前述梁的极限荷载计算，可归纳出结构处于极限受力状态时应当同时满足的三个条件：

(1) 平衡条件：在结构极限受力状态中，结构的整体或任一局部都能维持平衡。

(2) 内力局限条件（又称屈服条件）：在极限受力状态中，任一截面的弯矩绝对值都不超过其极限弯矩，即 $|M| \leqslant M_u$。

(3) 单向机构条件：在极限受力状态中，已有某些截面的弯矩达到极限弯矩，结构中已经出现足够数量的塑性铰，使结构成为机构，能够沿荷载方向（即使荷载做正功的方向）做单向运动。

引入两个定义：

(1) 对于任一单向破坏机构，用平衡条件求得荷载值称为可破坏荷载，用 F_P^+ 表示。

(2) 如果在某个荷载值的情况下，能够找到某一内力状态与之平衡，且各截面内力都不超过其极限值，则此荷载值称为可接受荷载，用 F_P^- 表示。

由上述定义可知，可破坏荷载 F_P^+ 只需满足上述条件中的 (1) 和 (3)；可接受荷载 F_P^- 只需满足上述条件的 (1) 和 (2)；而极限荷载则需同时满足上述三个条件。由此可见，极限荷载既是可破坏荷载，又是可接受荷载。

下面给出四个定理及其证明。

(1) 基本定理：可破坏荷载 F_P^+ 恒不小于可接受荷载 F_P^-，即 $F_P^+ > F_P^-$。

证明：取任一可破坏荷载 F_P^+，对于相应的单向机构位移列出虚功方程，得

$$F_P^+ \Delta = \sum_{i=1}^{n} |M_{ui}| |\theta_i|$$

式中　n——塑性铰的数目；

M_{ui}，θ_i——分别是第 i 个塑性铰处的极限弯矩和相对转角。

根据单向机构条件，式 (12-4) 右边原应为 $M_{ui}\theta_i$，其值恒为正值，故可用其绝对值来表示。F_P^+ 和 Δ 均为正值。

再取任一可接受荷载 F_P^-，相应的弯矩图称 M^- 图。令此荷载及其内力状态经历上述机构位移，可列出虚功方程：

$$F_P^- \Delta = \sum_{i=1}^{n} M_i^- \theta_i \tag{12-5}$$

这里 M_i^- 是 M^- 图中在第 i 个塑性铰处的弯矩值。

根据内力局限条件

$$M_i^- \leqslant |M_{ui}|$$

可得

$$\sum_{i=1}^{n} M_i^- \theta_i = \sum_{i=1}^{n} |M_{ui}| |\theta_i|$$

将式 (12-4) 和式 (12-5) 代入上式，由 Δ 为正值，故可得

$$F_P^+ \geqslant F_P^-$$

这就证明了基本定理。

由上述基本定理可导出下面三个定理。

(2) 唯一性定理：极限荷载值是唯一确定的。

证明：设存在两种极限内力状态，相应极限荷载分别为 F_{Pu1} 和 F_{Pu2}。由于每个极限荷载既是可破坏荷载 (F_P^+)，又是可接受荷载 (F_P^-)，因此如果把 F_{Pu1} 看作 F_P^+，F_{Pu2} 看作 F_P^-，则有

$$F_{Pu1} \geqslant F_{Pu2}$$

反之，如果把 F_{Pu2} 看作 F_P^+，把 F_{Pu1} 看作 F_P^-，则有

$$F_{Pu2} \geqslant F_{Pu1}$$

由于以上两式要同时满足，因此有

$$F_{Pu1} = F_{Pu2}$$

这就证明了极限荷载值是唯一的。

应当指出，同一结构在同一广义力作用下，其极限内力状态可能不止一种，但每一种极限内力状态相应的极限荷载值则彼此相等。换句话说，极限荷载值是唯一的，而极限内力状态则不一定是唯一的。

(3) 上限定理（或称为极小定理）：可破坏荷载是极限荷载的上限；或者说极限荷载是

可破坏荷载中的极小者。

证明：因为极限荷载 F_{Pu}是可接受荷载，故由基本定理即得

$$F_{Pu} \leqslant F_P^+$$

（4）下限定理（或称为极大定理）：可接受荷载是极限荷载的下限；或者说，极限荷载是可接受荷载中的极大者。

证明：因为极限荷载 F_{Pu}是可破坏荷载，故由基本定理即得

$$F_{Pu} \geqslant F_P^-$$

由以上定理可知，可破坏荷载 F_P^+、可接受荷载 F_P^- 和极限荷载 F_{Pu}之间有以下关系：

$$F_P^- \leqslant F_{Pu} \leqslant F_P^+$$

也可写成

$$F_P^- = F_{Pu} = F_P^+$$

12.4.2 计算极限荷载的机构法和试算法

以上将介绍两种求极限荷载的近似解，并给出精确解的上下限范围；也可以用来求极限荷载精确解。以下将介绍求极限荷载的基本方法——机构法和试算法。

根据上限定理求极限荷载的方法称为机构法。即列出结构所有可能的破坏机构，从相应的各种可破坏荷载中取其最小值，便是极限荷载的精确解。如果只是从所用的可能破坏机构中选取了一种或几种可能破坏机构，则相应破坏荷载的最小值是极限荷载的极限解（上限）。

根据唯一性定理求极限荷载的方法称为试算法。即选择一种极限破坏机构，并验算相应的可破坏荷载是否同时也是可接受荷载。也就是说，求出此破坏机构的内力分布，如果这一内力分布能够满足内力局限条件，则这一可破坏荷载又同时是可接受荷载。平衡、单向机构和内力局限三个条件都能得到满足。根据唯一性定理，这个荷载就是极限荷载。如果求得的内力分布不能满足内力局限条件，则此破坏荷载不是可接受荷载，自然也不是极限荷载，而只是极限荷载值的上限。

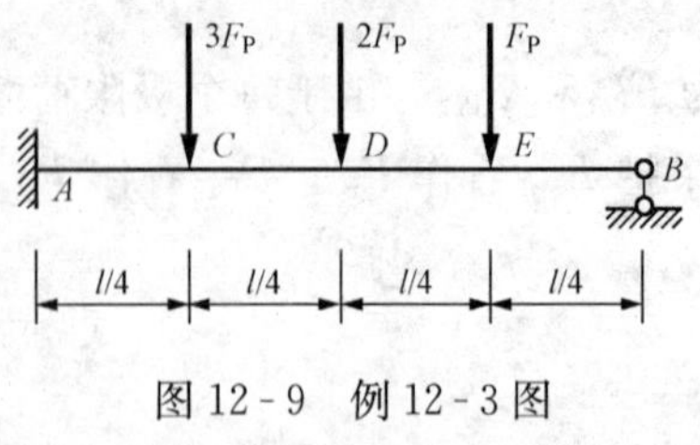

图 12-9 例 12-3 图

例 12-3 如图 12-9 所示等截面超静定梁的极限荷载、截面极限弯矩为 M_u。

解：（1）试算法。考虑截面 A、C 出现塑性铰而形成的破坏机构［图 12-10（a）］，施加一可能位移，并建立虚功方程。设 E 点竖向位移为 δ，则有 $\theta_A=\frac{12\delta}{l}$和 $\theta_B=\frac{4\delta}{l}$，虚功方程为

$$9F_{P1}\delta+4F_{P1}\delta+F_{P1}\delta = M_u\theta_A+M_u(\theta_A+\theta_B)$$
$$= M_u\frac{12\delta}{l}+M_u(\frac{12\delta}{l}+\frac{4\delta}{l})$$

所以求得

$$F_{P1} = 2\frac{M_u}{l} \tag{12-6}$$

作相应的弯矩图时，先由 AC 段隔离体求得 $F_{RA}=8\dfrac{M_u}{l}$，再由 $\sum F_y=0$ 并利用式（12-6），得到

$$F_{RB}=4\frac{M_u}{l}$$

于是可作出弯矩图如图 12-10（b）所示。不难看出，这一内力状态不能满足内力局限条件，荷载 $F_{P1}=2\dfrac{M_u}{l}$ 是可破坏荷载而不是可接受荷载，极限荷载值

$$F_{Pu}<F_{P1}=2\frac{M_u}{l}$$

再考虑如图 12-11（a）所示的破坏机构，截面 A、D 出现塑性铰。因 $\theta_A=\theta_B=\dfrac{4\delta}{l}$，故可得到

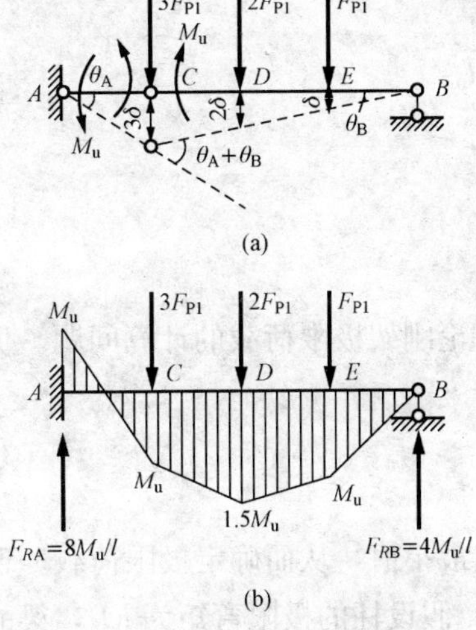

图 12-10　破坏机构 1

（a）A、C 塑性铰机构；（b）相应内力状态

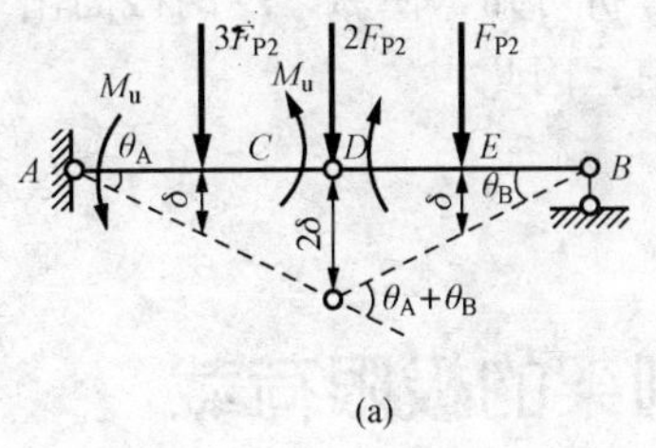

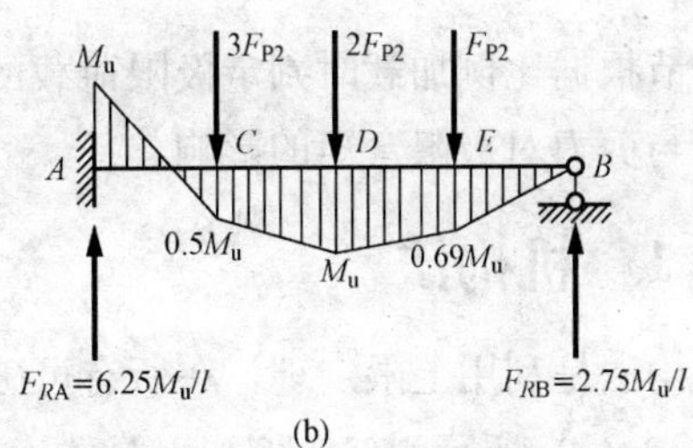

图 12-11　破坏机构 2

（a）A、D 塑性铰机构；（b）相应内力状态

$$3F_{P1}\delta+4F_{P2}\delta+F_{P2}\delta=M_u\left(\frac{4\delta}{l}+\frac{8\delta}{l}\right)$$

所以

$$F_{P2}=1.5\frac{M_u}{l}$$

其相应的弯矩图如图 12-11（b）所示。这一内力状态满足了内力局限条件，相应的荷载就是极限荷载

$$F_{Pu}=1.5\frac{M_u}{l}$$

（2）机构法。该梁为一次超静定，形成破坏机构时，应出现两个塑性铰。也就是说，除固定端 A 外，在跨中还应出现一个塑性铰。这样，这超静定梁就可能有三种破坏机构。

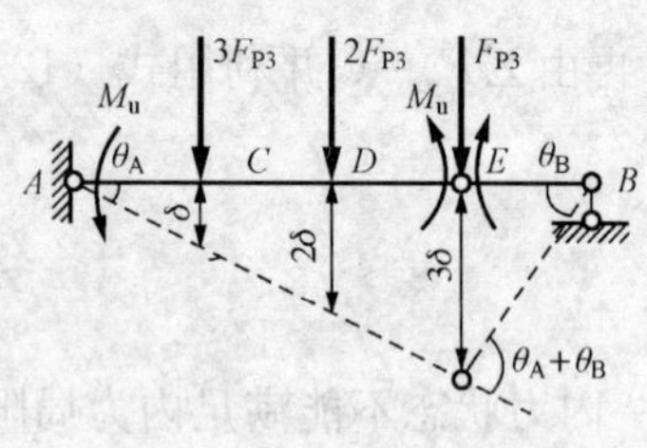

图 12-12 破坏机构 3

首先，考虑 A、C 两截面出现塑性铰的机构，求得其可破坏荷载 $F_{P1}=2\frac{M_u}{l}$ ［图 12-10 (a)］。其次，考虑在 A、D 出现塑性铰的机构，求得相应的可破坏荷载 $F_{P2}=1.5\frac{M_u}{l}$ ［图 12-11 (a)］。最后，设 A、E 两截面出现塑性铰（图12-12），因为 $\theta_A=\frac{4\delta}{l}$，$\theta_B=\frac{12\delta}{l}$，得到虚功方程

$$3F_{P3}\delta+4F_{P3}\delta+3F_{P3}\delta=M_u\left(\frac{4\delta}{l}+\frac{16\delta}{l}\right)$$

由此解得

$$F_{P3}=2\frac{M_u}{l}$$

由以上分析可知，使 A、D 两截面出现塑性铰的可破坏荷载值最小。极限荷载是可破坏荷载的最小值，因此

$$F_{Pu}=F_{P2}=1.5\frac{M_u}{l}$$

12.5 刚架的极限荷载

本节根据比例加载时判定极限荷载的一般定理，讨论刚架极限荷载的计算问题。仍不考虑轴力与剪力对极限弯矩的影响。

12.5.1 机构法

机构法是利用上限定理，在所有可破坏荷载中寻找最小值，从而确定极限荷载。现以如图 12-13 (a) 所示刚架为例加以具体说明。在刚架中，假设柱的极限弯矩为 M_u，梁的极限弯矩为 $1.5M_u$。

在应用上限定理时，首先要确定破坏机构的可能形式。如图 12-13 (a) 所示集中荷载作用下，刚架的弯矩图是由直线组成的，因而塑性铰只可能在 M 图的直线段端点出现，即在 A、B、C、D 和 E 五个截面处可能出现塑性铰。由于梁、柱截面的极限弯矩值不同，B 和 D 截面塑性铰只可能在柱顶处发生。这样，可能的破坏机构共有三个，如图 12-13 (b)、(c) 和 (d) 所示。

其次，对每一机构分别列出虚功方程，求出相应的可破坏荷载。最后在可破坏荷载中取最小值，即得到极限荷载

$$F_{Pu}=3.5\frac{M_u}{l}\text{(读者可自行验证)}$$

其破坏机构如图 12-13 (d) 所示。

机构法对于简单刚架是方便的。对于复杂的刚架，由于可能的破坏形式有很多种，容易遗漏一些破坏形式，因而得到的最小值不一定就是极限荷载，而只是其上限。

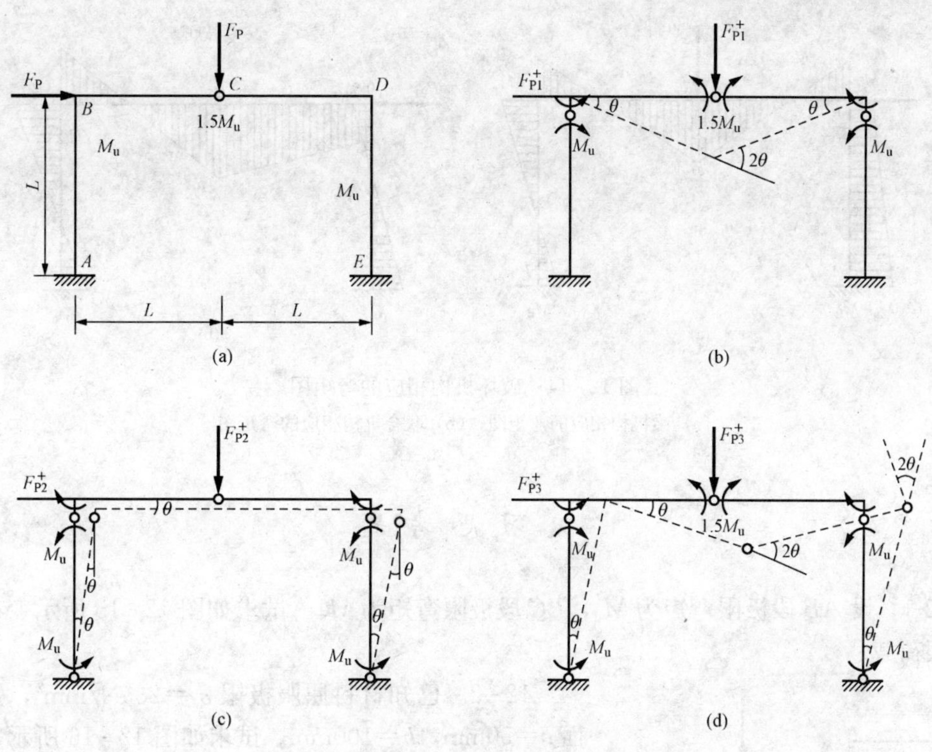

图 12-13　刚架和破坏机构

（a）刚架；（b）梁机构；（c）侧移机构；（d）联合机构

12.5.2　试算法

试算法是利用唯一性定理，检验某个可破坏荷载是否同时又是可接受荷载。根据这一定理可求出极限荷载。

仍以图 12-13（a）所示刚架为例。先考虑图 12-13（b）所示机构，由虚功方程求出可破坏荷载 $F_{P1}^+=5\dfrac{M_u}{l}$，再进一步画出 M 图，检验是否同时满足内力局限条件。由于截面 B、C 和 D 的弯矩已知分别是 M_u、$1.5M_u$ 和 M_u，故可画出横梁弯矩图如图 12-14（a）所示。但两个立柱的弯矩仍是超静定的，可取 M_E 为未知量，由平衡条件求得 A 截面弯矩 $M_A=5M_u-M_E$。由此看出，M_A 和 M_E 两者之中至少有一个超过极限弯矩 M_u，所以，F_{P1}^+不是可接受荷载，因而不是极限荷载。

再考虑如图 12-13（d）所示机构，由虚功方程求出可破坏荷载 $F_{P3}^+=3.5\dfrac{M_u}{l}$，其弯矩图如图 12-14（b）所示，内力局限条件能够得到满足。因此，F_{P3}^+又是可接受荷载，根据唯一性定理，也就是极限荷载。刚架的破坏机构如图 12-13（d）所示。

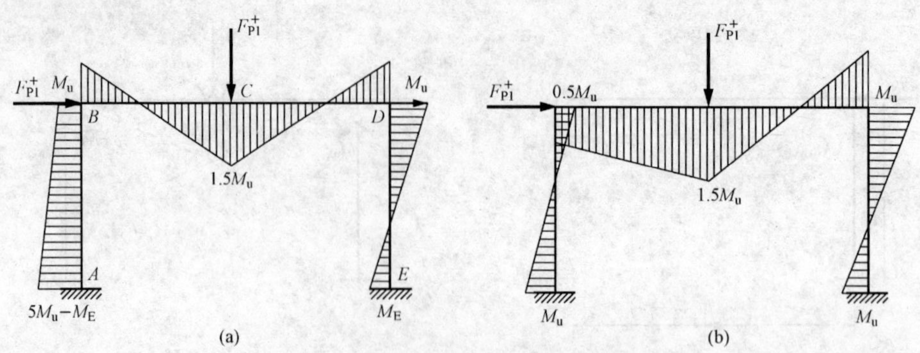

图 12 - 14　破坏机构相应的弯矩图

(a) 梁机构相应的弯矩图；(b) 联合机构相应的弯矩图

复 习 思 考 题

12-1　设 AB 段极限弯矩为 M_u'，BC 段极限弯矩为 M_u。试求如图 12 - 15 所示变截面梁的极限荷载。

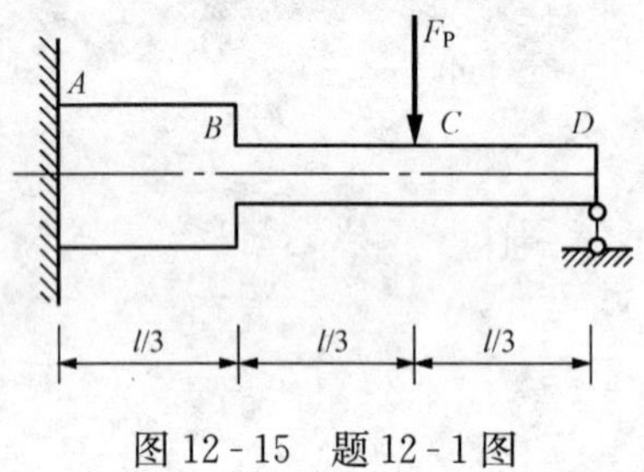

图 12 - 15　题 12 - 1 图

12 - 2　已知材料屈服极限 $\sigma_s = 235\text{N/mm}^2$，矩形截面 $b=50\text{mm}$，$h=100\text{mm}$。试求如图 12 - 16 所示等截面静定梁的极限荷载。

12 - 3　试求如图 12 - 17 所示等截面静定梁的极限荷载。已知 $M_u = 20\text{kN}\cdot\text{m}$。

12 - 4　试求如图 12 - 18 所示单跨等截面超静定梁的极限荷载。

12 - 5　试求如图 12 - 19 所示连续梁的极限荷载。

12 - 6　试求如图 12 - 20 所示刚架的极限荷载。

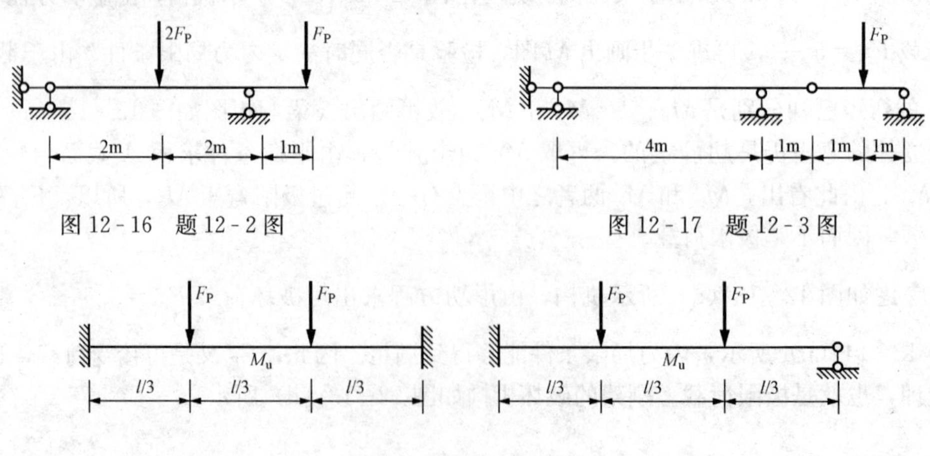

图 12 - 16　题 12 - 2 图

图 12 - 17　题 12 - 3 图

图 12 - 18　题 12 - 4 图

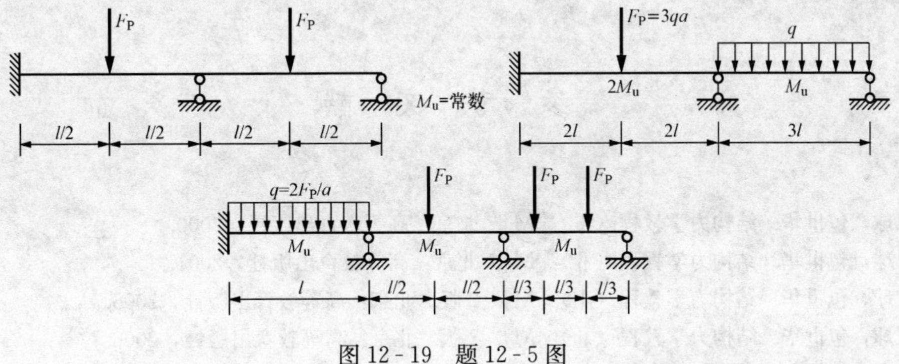

图 12 - 19　题 12 - 5 图

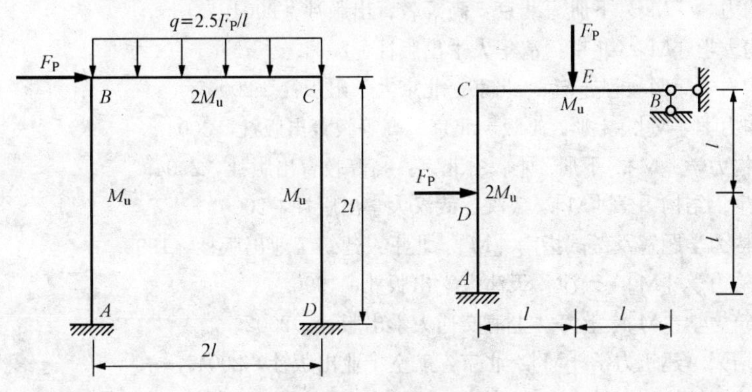

图 12 - 20　题 12 - 6 图

参 考 文 献

[1] 龙驭球，包世华. 结构力学教程（Ⅰ）[M]. 北京：高等教育出版社，2000.
[2] 龙驭球，包世华. 结构力学教程（Ⅱ）[M]. 北京：高等教育出版社，2001.
[3] 龙驭球，包世华. 结构力学教程（Ⅰ）[M]. 2版. 北京：高等教育出版社，2006.
[4] 龙驭球，包世华. 结构力学教程（Ⅱ）[M]. 2版. 北京：高等教育出版社，2006.
[5] 朱慈勉. 结构力学 [M]. 上册. 北京：高等教育出版社，2004.
[6] 朱慈勉. 结构力学 [M]. 下册. 北京：高等教育出版社，2004.
[7] 王焕定. 结构力学 [M]. 北京：清华大学出版社，2004.
[8] 张系斌. 结构力学简明教程 [M]. 北京：北京大学出版社，2006.
[9] 李廉锟. 结构力学 [M]. 上册. 4版. 北京：高等教育出版社，2004.
[10] 李廉锟. 结构力学 [M]. 下册. 4版. 北京：高等教育出版社，2004.
[11] 王伟，张金生. 结构力学 [M]. 武汉：武汉大学出版社，2000.
[12] 邓秀太. 结构力学题解及考试指南 [M]. 北京：建筑工业出版社，1995.
[13] 刘尔烈. 结构力学 [M]. 天津：天津大学出版社，1996.
[14] 潘立本. 建筑力学 [M]. 上海：上海交通大学出版社，2002.
[15] 沈建康，王培兴. 建筑力学 [M]. 北京：航空工业出版社，2004.
[16] 蔡新，孙文焕. 结构静力学 [M]. 南京：河海大学出版社，2001.
[17] 胡兴国. 结构力学 [M]. 武汉：武汉大学出版社，1997.
[18] 萧允徽，张来仪. 结构力学 [M]. 上册. 北京：机械工业出版社，2006.
[19] 萧允徽，张来仪. 结构力学 [M]. 下册. 北京：机械工业出版社，2007.
[20] 洪范文. 结构力学 [M]. 北京：高等教育出版社，2007.